高等学校心理学专业课程教材

"十二五"普通高等教育本科国家级规划教材

心 理 学 史

Xinlixue Shi

（第 2 版）

主编　叶浩生

副主编　贾林祥　汪凤炎

高等教育出版社·北京

内容提要

　　本书为"十二五"普通高等教育本科国家级规划教材,是在2005年版基础上的修订版。本书从历史的角度追溯了西方心理学、中国心理学、苏俄心理学的产生和发展过程,介绍了西方心理学的历史渊源和主要流派、中国古代心理学思想、中国近现代心理学、苏联心理学和当代俄罗斯心理学的主要内容。本次修订过程中,西方心理学史部分改动较小,增加了对班杜拉及其社会认知行为主义的介绍;中国心理学史部分改动较多,增加了一些新的内容;苏俄心理学史部分删去了人学学派等内容。同第1版一样,由于中国心理学和苏俄心理学的加入,使得本书的内容更丰富、视野更开阔、体系更完备,较好地凸显了精品价值。

　　本书适合心理学各专业的本科生、研究生使用,也可供广大的心理学爱好者参考阅读。

图书在版编目(CIP)数据

心理学史 ／ 叶浩生主编. —2 版. —北京:高等教育出版社,2011.5(2022.1 重印)

　ISBN 978-7-04-031043-6

　Ⅰ. ①心… 　Ⅱ. ①叶… 　Ⅲ. ①心理学史-世界-高等学校-教材 　Ⅳ. ①B84-091

　中国版本图书馆 CIP 数据核字(2011)第 030672 号

策划编辑	单　玲	责任编辑	王建强	封面设计	王　雎	版式设计	王艳红
责任校对	杨凤玲	责任印制	田　甜				

出版发行	高等教育出版社	网　　址	http://www.hep.edu.cn	
社　　址	北京市西城区德外大街4号		http://www.hep.com.cn	
邮政编码	100120	网上订购	http://www.landraco.com	
印　　刷	北京七色印务有限公司		http://www.landraco.com.cn	
开　　本	787mm×960mm 1/16			
印　　张	33	版　　次	2005 年 8 月第 1 版	
字　　数	580 千字		2011 年 5 月第 2 版	
购书热线	010-58581118	印　　次	2022 年 1 月第 14 次印刷	
咨询电话	400-810-0598	定　　价	56.80 元	

本书如有缺页、倒页、脱页等质量问题,请到所购图书销售部门联系调换

主　编　叶浩生
副主编　贾林祥　汪凤炎

执笔人(以姓氏笔画为序)
邓　铸　叶浩生　任　俊　严由伟　汪凤炎
周　宁　郑发祥　郑荣双　施春华　贾林祥
麻彦坤　樊琴华　霍涌泉

目　录

第一编　西方心理学史

第二编　中国心理学史

第三编　苏俄心理学史

绪　　论

第一节　　心理学与心理学史

　　心理学是人类理解自我的探求,是人类在探索自然规律的同时,不断认识自我和人性奥秘的努力。目前对心理学的通常定义是:心理学是研究行为和心理历程的科学。如果说普通心理学是对心理学研究范围和内容的横向展开,那么心理学史则从纵向探讨心理学思想或理论形成、发展的历史与规律问题。正如美国心理学史家黎黑(T. H. Leahey)曾指出的,研究心理学史是为了理解心理学是什么以及它曾经是什么,因为要理解当前,就必须理解以往。

　　对于心理学的历史,艾宾浩斯(Hermann Ebbinghaus)的概括最为精辟:心理学虽有一长期的过去,但仅有一短期的历史。以1879年冯特(Wilhelm Wundt)在德国莱比锡大学建立第一个心理学实验室为标志,心理学的历史被划分为两大时期:实验心理学建立之前的漫长的前科学心理学时期和实验心理学建立之后的科学心理学时期。也就是说,心理学作为一门独立的科学,只有百余年的历史。与年轻的心理科学相比,心理学史的研究更是晚近的事情。以20世纪60年代为分野点,心理学史的发展大致经历了两个阶段。

　　第一个阶段是20世纪60年代之前的心理学史研究。这一阶段中,最值得提起、最不能忽略其贡献的有三位心理学家:波林(Edwin G. Boring),他的经典著作《实验心理学史》于1929年出版,1950年再版,此书的问世使心理学史成为大学心理学专业普遍开设的必修科目;1933年海德布莱德(Edna Herdbreder)出版《七种心理学流派》,对当时诸如构造主义、精神分析、行为主义、格式塔等心理学流派作了精彩介绍;1949年,墨菲(G. Murphy)出版《近代心理学历史导引》,修正了波林在《实验心理学史》中忽略应用心理学的不足,对这一领域给予了更多关注。但总体说来,这一时期对心理学史的研究还处于零散、孤立的状态。

　　第二阶段是20世纪60年代之后,心理学史作为一个特定研究领域正式开始。以罗伯特·华生（R.I.Watson）为代表的心理学史家对这一领域做出了积极贡献——成立组织,建立心理学史档案馆,创办专业杂志。1960年,罗伯特·华生在《美国心理学家》杂志上发表《心理学史:一个被忽略的领域》,随后动员一群有志于心理学史研究的心理学家加入美国心理学会（APA）,从而于1965年产生了APA的第26个分会,即心理学史分会。同年,阿克隆（Akron）大学建立了美国心理学历史档案馆,华生被任命为档案馆的顾问委员会主席;心理学史的专业杂志《行为科学的历史》创刊,华生又担任主编。由此,罗伯特·华生成为心理学史走向专业化研究的主要推动者。

经过几十年的稳步发展,心理学史取得了长足进步。一是研究队伍不断壮大,APA心理学史分会成员从1965年的234人发展到1995年的1 000多人;二是专业研究水平不断提高,各种心理学会议和期刊上的心理学史文章显著增加,以至于APA于1998年专门开辟出《心理学史》杂志;三是心理学史成为心理学专业的核心课程,并被作为一种不容忽视的整合力量被心理学教学和研究所重视。

第二节　心理学史的范围与内容

本书所涉及的心理学历史与体系,主要包括三部分内容,即西方心理学史、中国心理学史和苏俄心理学史。

首先,西方心理学史就是研究西方国家中作为主流心理学存在和发展的历史。而所谓的西方国家是指包括英国、法国、德国在内的欧洲国家和加拿大、美国在内的北美国家。其中美国心理学的历史在西方心理学史的论著中占据很大的比例,原因是进入20世纪后,美国心理学逐步取得了领先地位,世界的心理学研究中心很快从德国转移到了美国。这一方面是由于希特勒当政时期的法西斯主义迫使犹太血统的心理学家移居美国,德国心理学的力量散失了;另一方面得益于美国将进化论观念与本土的实用主义哲学渗透到心理学中,注重心理学与社会实际的结合,以至于当时的许多心理学流派,如行为主义、新行为主义、精神分析的自我心理学以及社会文化学派、人本主义心理学和现代认知心理学都在美国产生或传播。时至今日,美国心理学仍在西方心理学中居主导地位。这使得我们在撰写西方心理学史时,不得不把美国心理学的流派和理论放到一个主要的地位。

西方心理学从哲学的母体中脱颖而出,在这一过程中自然科学,特别是生理学和物理学对心理学的独立起到了很大的推动作用。许多早期的心理学家既是哲学家也是生理学家。1879年冯特在德国莱比锡大学建立第一个心理学实验室，标志着科学心理学的建立，但此时的心理学还是一个学派林立、各种理论观点纷争的时代，从早期德国的内容心理学与意动心理学之争，发展到美国的构造心理学与机能心理学之争，再到后来产生的行为主义、精神分析、格式塔学派，包括进一步分化出来的新行为主义、新精神分析，以及皮亚杰学派。大致上可以说，20世纪50年代之前的西方心理学为行为主义和精神分析所平分秋色。50年代以后，继行为主义和精神分析之后的心理学第三势力——人本主义心理学产生了。随后，50年代末和60年代初又诞生了现代认知心理学。目前，人本主义心理学和认知心理学是西方心理学的两个主要发展方向，其他心理学流派都在不同程度上受到这两种研究取向的影响。以上是我们对西方心理学发展历史的简要概括，也是我们研究西方心理学史的主要内容。

其次，中国心理学史研究中国心理学存在和发展的历史，主要分为两个历史时期：中国古代心理学思想史和中国近现代心理学史。中国传统文化中蕴涵着丰富的心理学思想，古人对心理现象的思考就提出了六大对立的基本问题，即人贵论、身心论、性习论、知行论、性情论、理欲论，它们构成了中国古代心理学思想的范畴论。在具体的心理学思想中，中国古代心理学又涉及人的心理的方方面面，比如教育心理学思想、释梦心理学思想、心理卫生思想、情欲心理学思想、性情心理学思想、军事心理学思想等，本书选取前三个方面做详细论述。

至于中国近现代心理学史，是研究中国近代以及现代心理学形成和发展的历史。中国史学研究中，一般将1840年的鸦片战争视为是中国近代史的开端，而将1919年的五四运动作为中国现代史的开端。但鉴于中国心理学历史发展的"特殊性"，16、17世纪明朝时西方近代心理学的思想就已传入中国，这些思想对中国近代心理学的发展起到了一定影响。为此，我们在界定中国近代心理学史的年限时，就不完全以中国通史的历史分期来划定，而将中国近代心理学史的启蒙时期追溯至16、17世纪。近代心理学思想中，一方面有诸如龚自珍、梁启超等学者以经验描述和思辨方法为主体的心理学论述，但更主要的还是通过早期教会学校以及通过翻译西方心理学论著，使西方心理学思想在近代的中国得以初步传播。中国现代心理学史的历史时期与中国现代史的划分基本上是一致的，它分为两个时期：19世纪末至20世纪40年代，是中国现代心理学的建立时期。这一时期以中国古代和近代心理学思想为历史渊源，以传入西方心理学为主要特征，其主要代表人物有郭任远、张耀翔等心理学家；从1949年10月中华人民共和国成立至今，是中国现代心理学的发展时期。这一时期经历了学习改造阶段、初步繁荣阶段、遭遇挫折阶段、重新恢复阶段和飞速发展阶段。目前中国心理学已经取得了长足进步,表现在:一是心理学研究机构和教学机构不断发展壮大,二是人才培养上了一个新台阶,三是与国外心理学同行开展的学术交流活动日益增多。

最后一部分我们要介绍的是苏俄心理学史。所谓苏俄心理学,就是指苏联与俄罗斯的心理学,包括十月革命前俄国的、苏联时期的以及现在的俄罗斯的心理学。十月革命前的俄国心理学存在着一场唯物主义与唯心主义路线的激烈斗争,谢切诺夫(I. M. Sechenov)、巴甫洛夫(I. B. Pavlov)、兰格(N. N. Langer)等人是心理学中唯物主义路线的代表,其中巴甫洛夫用条件反射的实验方法研究大脑皮层的机能,创立了高级神经活动学说和高级神经活动的类型说,为苏联以及世界心理学的发展做出了重要贡献。格罗特(Gelot)、切尔班诺夫(K. I. Chelpanov)是这一时期心理学唯心主义路线的主要代表。

十月革命后,苏联建立了第一个社会主义国家,当时尖锐的意识形态斗争也影响到苏联心理学,形成了以布隆斯基(P. P. Blosky)、柯尔尼洛夫(K. H. Kolnilov)和维果茨基(L. Vygotsky)为代表的马克思主义学派,和以切尔班诺夫为代表的内省心理学派,最终马克思主义取得苏联心理学领导权。鲁宾斯坦(S. L. Rubinstein)是苏联心理学理论体系的主要奠基人,他提出的意识和活动统一原则以及决定论原则对于建立马克思主义心理学具有重要的历史意义。这一时期,维果茨基、列昂节夫(Leontiev)和鲁利亚(Luria)形成了维列鲁学派,即社会文化历史学派。他们认为,人的心理除了受生物进化规律所制约,还受社会的文化历史发展规律的制约。社会文化历史学派与鲁宾斯坦学派和人学学派一起构成了苏联心理学的三大学派。20世纪60年代以后,苏联心理学经过拨乱反正、解放思想,进入了一个迅速发展的时期,出现了巴甫洛夫学说的新发展、个性研究的新发展、洛莫夫(B. F. Lomov)对感觉研究的新进展等历史性突破。

苏联解体后,俄罗斯心理学仍然坚持马克思主义哲学对心理学的指导,并且注重心理学理论与社会实践相结合的问题,要求心理学工作者"走出实验室",去研究社会生活和经济建设中出现的课题。目前俄罗斯心理学有三大研究中心:俄罗斯科学院心理学研究所、俄罗斯教育科学院心理学研究所和莫斯科大学心理学系。

以上三部分内容就是我们这本心理学史所涵盖的范围,西方心理学史、中国心理学史以及苏俄心理学史的发展过程就构成了本书的主要研究对象。

第三节　学习心理学史的意义

历史是对人类过去事件的解释性研究，它既包括记录历史资料，也包括对这些资料的解释和评价。学习历史使人明智。诚如心理学史家罗伯特·华生所指出的那样："忽略历史并不意味着我们能摆脱历史的影响。"一方面，历史知识能帮助我们避免过去的错误，如果我们对历史无知，致命的错误将重犯，人类将不得不一再解决相同的问题，即常言所说："不明以往者必将重蹈其辙"。另一方面，历史进程中存在一定的发展模式或方向，当它被正确描述和解释时，将有助于我们理解未来，从而更好地把握未来趋向。对于心理学而言，由于其学科的特殊性，学习和研究心理学史的意义就更为突出，可以概括为以下四个方面：

一、学习心理学史有助于理解心理学的现在和未来

百年对一个人来说，历时漫长，对一门学科而言却相当年轻。与其他许多学科相比，心理学尚处于婴幼儿阶段，其理论的主体以及大部分经典研究形成于百年的前半时期，现代心理学研究的许多课题都具有历史的延续性。比如，天性与教养的问题，智力概念的问题，一百多年前就被提出，时至今日仍然是心理学家探讨的重要课题之一。可以这样说，从感知觉到心理治疗的每一个研究领域，现代心理学都与它的过去有着千丝万缕的联系，要想真正地理解当前心理学正在研究什么以及为什么研究这些，我们必须知道今日之前的心理学家都做了些什么，以及心理学历史变迁的轨迹和实质是什么。反之，如果我们忽视对以往历史的研究，就必然割断理解今日心理学的合理来源，使它成为无源之水、无本之木。对此，美国心理学史家舒尔茨（D. Schultz）曾准确地概括："由于人的极端复杂性，若干世纪之前提出的关于人类本性的许多问题现在仍然以各种不同的形式提出来。因此，像心理学中那样的问题的连续性是其他各门科学中找不到的。这样，在心理学中存在着一种与过去更加直接和更明确的联系……现代心理学也是只有与其过去的发展联系起来时，它才是有意义的。"

同时，学习心理学史又是把握心理学未来的关键。弗洛伊德在其著作《一个幻觉的未来》中论述道："我们对过去和现在知道得越少，我们对未来的判断就越难以准确。"因为正如我们在前面提到的，历史发展中存在着一定的模式或运动方向，如果能准确地描述和解释其中有价值的信息，则有助于我们更好地认清未来方向。比如，心理学在重大理论问题上常常表现出

一种两极摇摆的特点,在诸如理性与非理性、内源论与外源论等问题上表现尤为明显。同时还呈现出一种否定之否定的规律,如早期的意识心理学将意识和经验视为心理学研究对象,后来行为主义强烈主张心理学应研究可观测的外显行为,但目前认知心理学又重新关注意识和经验。当然,这并非毫无意义的回归,而是一种螺旋式的上升,人类的心理学知识在这一过程中不断得到增长和提升。通过了解心理学的历史,从总体上掌握其发展规律,对我们判断心理学的未来是有助益的。

二、心理学史为心理学提供了一种整合力量

心理学史不仅是联结心理学过去、现在和未来的纽带,并且成为日益多样化和专业化的心理学的一种整合力量。尽管作为独立学科的历史并不长,但心理学发展到20世纪中后期变得越来越分裂,其缺乏整合的现状已成为许多人的共识。理论心理学家科克近年来多次指出,在原则上心理学的领域也太宽阔了,不能为任何单纯的方法论或理论的体系所包揽,因为它包括从感觉到精神病的每一件事情。心理学的单一领域不再存在,研究神经网络的认知神经心理学家,与研究各种管理系统效率的工业心理学家,以及研究儿童情感和社会化的发展心理学家,这些人在专业领域上很难有交流空间。但是,如果要寻找所有心理学家共同拥有的一个事情,那就是心理学的历史。

心理学史作为心理学专业的核心课程之一,既是历史课程更是心理学课程,学习心理学史对心理系的学生来说是一种真正的基础,对心理学的研究者而言也是一种真正的基础。心理学史家墨菲曾经表达过这样的观点,要在分支繁多的心理学中找出统一性不论有多么困难,至少有一种统一性我们可赖以确定方向,进行鉴别和综合的,那就是历史的稳定的统一。从发展心理学到变态心理学,从认知心理学到工业心理学,心理学史将各种似乎毫无关联的心理学领域联系起来,它使理解影响、发展和关系成为可能,为心理专业的学生和研究者提供了一种综合性的经验,也为日益分裂的心理学科提供了一种整合的力量。

三、学习心理学史有助于提高理论素养

从事心理学的研究工作,光掌握各自领域里的专业知识和研究方法是不够的,因为心理学所研究的是作为最高物质形式的人类大脑,它所面临的问题较之自然科学更抽象、更复杂,影响因素也更难以控制,这就要求研究者必须具备较高的理论素养。而学习心理学史有助于提高我们的理论素养。

首先,循着历史上著名心理学家对心理学一些基本问题的探讨轨迹,可以锻炼我们的理论思维能力。心理学中有一些著名的论争,比如构造主义与机能主义之争,狄尔泰和艾宾浩斯关于描述心理学与说明心理学之争,人本主义心理学对行为主义和精神分析的批评,等等,考察心理学家们是如何提出问题、论证观点的,并理解这些争论的实质,对我们理论思维的提升有好处。其次,学习分辨心理学史上形形色色、纷繁复杂的理论,有助于提高我们判断问题的能力。在西方心理学史上,存在着许多心理学观点,有些是对人的心理本质的正确认识,有些则是片面、歪曲的认识;既有唯物主义的心理学思想,也有唯心主义的荒谬观点;既有辩证分析的观点,也有形而上学的机械论观点。在对具体理论做具体分析时,在区分正确与错误观念时,在把心理学家的哲学基础与专业成就、政治观点与学术观点区别开来时,我们判断问题的能力就得以提高。最后,在梳理心理学发展的来龙去脉时,我们分析问题、解决问题的能力获得提高。心理学理论和流派的发展纵横交错,有些流派是在继承以往心理学理论的基础上发展起来的,是对前人观点的发扬光大,比如现代认知心理学是对格式塔心理学、皮亚杰心理学的一脉相承,有些则是以批驳以往理论为前提建立起来的,比如行为主义对意识心理学的反叛,人本主义对行为主义和精神分析的超越。清晰地把握心理学各种理论、流派之间的内在联系和相互影响,无疑可以提高我们的心理学理论素养。

四、学习心理学史有助于培养健康的怀疑与批判精神

心理学的历史知识能够减少我们对某一种理论观点或方法论的盲目崇拜,使我们具有健康的怀疑和批判精神。一方面,对心理学历史知识的了解,使我们相信,不存在一种能够解释一切的理论体系,也不能以单一的方法论取代所有的方法论。在对心理学百年发展史进行总结之时,许多心理学家认识到,将实证主义方法奉为圭臬是导致心理学发展困境重重的症结所在,因为实证主义方法对有着高度重复率的自然现象具有应用价值,但未必运用于难以重复和无可复制的心理现象,因此心理学应根据研究的不同主题采取多元的研究方法。另一方面,对心理学历史知识的了解将有助于我们从流行的观念中脱身。在心理学发展进程中,往往出现一些理论观点被夸大的现象,比如历史上曾经有过的颅相学、骨相学,当时在西方风行了一个世纪,后来被证明缺乏科学依据,最终从历史舞台上隐退。再来看现代心理学主流的认知心理学,虽然它被视为一种突破性的革命,但也并非一种万能处方,其所建构的脑功能计算机模型,只是一种心理生理法则或对统计处理的一种最新趋向分析。因此,尽可能多地掌握心理学的历史知识,将增

强我们对心理学目前或未来可能出现的一些新理论、新趋势的判断能力,使我们摆脱那种盲目相信某一事件是新纪元、具有特别重要性的观念,使我们健康地怀疑,合理地批判,既能够敏锐地发现那些代表潮流发展趋向的新理论,又能够识别那些终将被历史长河冲刷掉的夸大其词和伪科学方法。

第四节　心理学史的编纂学原则

历史不仅记录以往,而且要处理以往。这种处理包括对所收集的历史资料进行梳理、检验、鉴别和评价等工作。如何将这些历史研究成果撰写成系统的论著,这就涉及历史编纂学的问题。历史编纂学是专门研究史学著作的编写方法和原则的科学,即史学家如何向外输出自己的研究成果。大体说来,历史编纂学有三种含义:第一,字面意思指历史写作本身,包括研究技术和针对研究特定领域的策略;第二,指历史编写体系的特征,比如编写者注重心理学的纯理论研究还是应用研究,是否具有忽略女性和少数民族文化的倾向,这些都会影响到历史著作的具体形态和特征;第三,指历史编写中要面临和解决的一些典型哲学问题。历史编纂学的第三种含义是我们重点讨论的问题。目前心理学家针对如何处理历史编写中存在的哲学问题,提出了两种撰写心理学历史与体系的方式,即"旧史"和"新史"。这两种方式蕴涵着具有对立倾向的编纂学原则。所谓"旧史"强调伟大心理学家的成就,关注心理学内部的经典研究和突破性发现,并且以目前的观念来评判以往的理论和成就,即旧史采取的是伟人说、内在历史观和现在主义的编纂学原则。"新史"与之相反,它倾向于时代精神说、外在历史观和历史主义的编纂学原则。在 20 世纪 50 年代以前,西方心理学史的编撰是以旧史的形式进行的,20 世纪 60 年代中期以后,出现了新史编纂方法。

一、伟人说与时代精神说

究竟是什么创造了历史?在解释心理学历史动因和规律时,存在着伟人说和时代精神说的争论。伟人说强调特定人物在特定环境中的决定作用,认为伟人凭借其天才和人格力量而把他们的意志加诸历史。像弗洛伊德(S. Freud)之于精神分析,华生(J. B. Watson)之于行为主义,罗夏(H. Rorschach)之于墨迹测验一样,心理学的重要历史事件源于伟大心理学家的开创性贡献,没有这些伟人,历史将会改观。但更多的心理学家主张时代精神说,认为伟人说忽略了社会和历史的复杂性,将创造历史的实际影响力量过于简单化,既没有回答个人是如何被其所处环境影响的问题,也没有看到一定的"文化气氛"和"思想模式"对历史事件的作用。波林是时代精神的积极倡导者,对他而言理解历史意味着理解影响人们生活于其中的历史力量,时代精神的作用就是社会的、文化的条件阻止或促进科学的发展。舒尔茨、黎黑等人也赞同波林的观点,比如黎黑曾说:"时代精神是一德文词Zeitgeist,其意为时代(Zeit)的精神(geist),持有这种观点的人深信历史非'伟人'的行动决定,而是由巨大超人的非人为力量所决定。宣扬时代精神说的人们说,如果弗洛伊德被扼杀于摇篮之中,则会有另一个人创立精神分析学说,因为该观念早就存在于19世纪的时代精神之中。"

但时代精神说在解释历史成因时也存在问题。如果将"为什么20世纪初出现了精神分析而不是人本主义心理学"这样的问题,简单地归结为"因为时代精神",那实际上等于什么也没有解释,因为时代精神本身不能作为一种神秘的推动力量而存在。目前的普遍看法是,单独用伟人说或时代精神说都无法全面说明心理学历史发展的动因和规律,我们应采取两者平衡的观点。一方面,如果没有社会文化和思想氛围的支持,个人的理论体系将无法获得养分。另一方面,如果不出现独特的、创造性的伟人,某些思想可能永远不会成为公众知识的一部分。因此,历史改变的进程可充分地被人的和非人的因素所解释,我们研究心理学历史必须将个人力量和时代精神综合起来考察,辩证统一地处理伟人说和时代精神说。

二、现在主义与历史主义

应该站在哪个角度来理解历史,是为了当前而理解过去,还是为了过去而理解过去,这就是心理学史中的现在主义与历史主义之争。现在主义根据研究者目前的知识观、价值观来解释和评价历史事件,认为历史之所以有意义是因为我们需要它来讨论现实的事实与趋势,现在主义要求心理学史家在陈述、展示历史事件时要古今类比、以今论古,充分展示历史事件的现实意义与当下价值。与此相反,历史主义将历史事件置于所发生的历史情境中予以考察,根据当时的知识观和价值观来理解历史事件,即将对心理学历史事件的分析与解释放在广阔的历史背景下展开,摈弃现实的功利意义,以还历史的客观性和真实性。

在某种程度上,我们很容易根据现有的观点去评判过去,因为我们的思维是被当前所处的环境和经验塑造而成,要想摆脱其影响并不容易。我们都知道美国人亨利·哥德达所进行的移民智力测验,它使大批的移民被评定为智力缺陷,从而被遣送回国。如果以现在主义的观点看,我们会认为哥德达所使用的智力测验是有问题的,其带有明显文化偏见的结论也是令人难以相信的。但从历史主义的观点出发,我们也许能够更深入地理解哥德达测验的前因后果。首先,当时的社会深受进化论思想影响,人们相信智力是自然选择的结果,因而具有遗传性。其次,包括智力测验在内的所有带科学标签的新技术为当时的人们所推崇。最后,美国政府害怕被移民潮所淹没。以上这些原因造成了在今天看来可笑,但在当时却是合理的哥德达智力测验。在编写心理学历史时,要想完全避免现在主义是困难的,毕竟史学家也是当前环境的产物,但看到现在主义的片面性和危险性,有意识地以历史情境来理解历史事件是重要的。具体来说,对心理学理论和心理学家的贡献,要放在过去的历史条件下进行评价,而不能用今天的标准来看待。同时,对今天心理学理论的分析,也不能忘记其历史继承性和进步性。

三、内在历史观与外在历史观

编写心理学历史时,是追寻着心理学内在发展的逻辑,还是关注心理学发展的外在影响因素,这就构成了历史编纂学中的内在历史观与外在历史观之争。在西方心理学界,早期的心理学史家大多持内在历史观,其论著的主要内容是心理科学内部发生的事情,注重理论和方法演变的细节描述,关注学科内部的思想发展历史。比如采取内在历史观所写的心理学史,常常遵循着从内省方法到实验方法,从元素主义到整体主义,从构造主义到机能主义,从行为主义到认知心理学的线索展开。但随着时代的推移,越来越多的人持外在历史观,他们强调考察影响心理学发展的外部动因,从社会文化、政治经济、其他学科等外部条件入手,分析心理学历史发展的进程。应该看到,无论内在历史观还是外在历史观,都有其偏颇、片面之处,不能全面深刻地揭示心理学发展的真正动因。极端的内在历史观失去了历史情境的丰富性和复杂性,使心理学的发展置于社会历史的真空,这样编写出的心理学史视野狭小,脱离社会实际。而极端的外在历史观又孤立地强调了社会历史条件对心理学的影响,简单地把心理学视为外界影响的受体,没有表达对心理学思想的充分理解,也不能说明重要心理学家的贡献。因此,在编纂心理学史时,我们应该做到内外兼顾,内外平衡,既注重心理学科内部思想的发展逻辑,又关照影响心理学发展的外部力量。

总之,每本心理学史论著的作者都必须首先阐明其历史编纂学原则。比如,黎黑在其著作《心理学史——心理学思想的主要趋势》的序中,首先指出他更倾向于时代精神说和外在历史观。但西方学者在编写心理学史时,往往没有看到每一种倾向的合理之处,常常各执一端,未能将各种倾向辩证地统一起来。这是在本书编写中要注意的问题,我们力求运用马克思主义的辩证唯物论和历史唯物论,将这些历史编纂学原则辩证地统一起来。

第一编

西方心理学史

第一章

西方心理学的历史渊源

西方心理学的诞生主要归功于两个方面的文化演进和策动,一是西方哲学思想的长期孕育,二是西方近代科学的适时催生。本章将分三节对此做出阐述。第一节着重分析西方心理学在古代哲学中的艰难启蒙历程,第二节着重分析西方心理学在近代哲学中的发展变化,第三节则从科学发展史角度考察西方心理学的科学起源及其相关成就。

第一节　古代西方的哲学心理学思想

出于对自然万物的景仰以及对社会生活的追求,西方人很早就开始了关于自然本原和人类本性的思索。

一、古希腊早期的哲学心理学思想

西方关于人类灵魂的最早研究,可从古希腊哲学家留存的文字残片中找到可考的依据。

(一)米利都学派

米利都学派是古希腊哲学的第一个学派。泰勒士(Thales,约前 624—前 547)、阿那可西曼德(Anaximander,约前 610—前 546)和阿那可西美尼(Anaximenes,约前 588—前 524)是这一学派的三个代表,也是西方最早的哲学家。这一学派因为其代表人物都出生于古希腊的米利都而得名。

泰勒士认为,水是万物的本原,万物因水而获得"生命"。他认为,万物因生命而充满着灵性,并因为具有灵魂,万物才具有运动的能力。其中,磁石吸引铁,就是最好的例证。这是欧洲最早的物活论思想。

阿那可西曼德放弃了泰勒士的物活论立场,提出了更为抽象的"无限"论,认为无限是一切存在物的始基,万物在无限的对立和分离中产生,而后又复归于无限的物质始基。这种产生、发展和变化的过程具有某种规律,而这种规律就是"命运"。

阿那可西美尼继承了本学派的物活论方法,认为"气"是万物的始基。他认为,灵魂也是气,因为生命个体呼吸的是气,呼吸停止了,生命也就终结了;当然,神灵也是气,无限的气就是神,它弥漫于整个宇宙之中。

米利都学派描绘出了一个充满神奇的世界。有学者评价到:"米利都学派的这三位代表都对作为心理现象的原始形式——灵魂作了可贵的探索。虽然他们的观点还十分朴素甚至不乏幼稚,但是他们代表着人类的认识水平的进步,标志着心理学思想的起源。"(叶浩生,2000,pp. 15 - 16)

(二)毕达哥拉斯学派

毕达哥拉斯(Pythagorus,约前570—前490)出生于古希腊的萨摩斯岛,是一位著名的数学家、天文学家、哲学家和政治活动家。毕达哥拉斯学派第一次对灵魂作了较为系统的阐述,反映出当时的希腊人对灵魂问题开始具有一定的认识水平。

第一,灵魂的性质。毕达哥拉斯学派认为,灵魂是由某种物质所构成。他们认为,灵魂可能是空气中的尘埃,或者是推动尘埃运动的东西。他们甚至提到精液的所谓"热气",也许就是灵魂。他们还认为,灵魂是一种"和谐",由肉体中热和冷、湿和干等对立元素和谐而成。毕达哥拉斯认为,灵魂具有数的性质,服从数的关系和比例,因为数是万物的本原。

第二,灵魂的分类。毕达哥拉斯认为,灵魂可以分为三个部分:表象、心灵和生气。动物有表象和生气,只有人类才有心灵。灵魂的位置从心脏到脑,在心脏的部分是生气,心灵和表象则都是在脑里。各种感觉就是这两部分的点滴流露。

第三,语言、灵魂、神经三者之间的关系。毕达哥拉斯认为,灵魂从血液中取得养料,灵魂嘘气时展现的就是语言。灵魂是形成语言的元素,与语言不可分。灵魂通过血管、肺和神经而实现语言的功能。

第四,灵魂的产生和变化——灵魂轮回说。毕达哥拉斯学派认为,灵魂的理性部分是不死的,灵魂依照命运的规定,从一个生物体中转移到另一个生物体中。他们认为,灵魂转移的原因在于灵魂有罪,对罪的惩罚造成了灵魂的轮回。灵魂在循环转世中,实现了灵魂的纯化,灵魂也因此而获得新生。毕达哥拉斯学派的灵魂轮回说,带有明显的唯心主义、神秘主义和宗教成分。

(三)爱菲索学派

本学派因赫拉克利特(Heraclitus,约前525—前475)出生于古希腊的爱菲索而得名。

赫拉克利特认为,世界并不是神创造的,火是万物的本原。万物都有火的特性,充满着热烈的运动和变化。于是,他提出"一切皆流,无物常住",

"没有人能两次踏进同一条河流"等人间箴言。（冒从虎等，1985，p.38）这些观点对认识灵魂的性质具有积极的意义。

赫拉克利特反对灵魂不死、灵魂轮回的宗教迷信学说，认为灵魂生于火，是火的热气。火，有生就有灭。根据这个道理，他认为灵魂可以分"干"和"湿"两个部分，干燥的灵魂最有智慧，湿的灵魂在追求享乐的同时，也使灵魂在水中逐渐灭亡。

赫拉克利特区分了理性思维和感性知识的不同内涵和作用，认为理性思维在探寻事物发展的"逻各斯"（内在规律）方面具有重要作用，而感性知识则是获取感觉经验的主要渠道。

另外，赫拉克利特还朦胧地认识到灵魂和身体之间的关系，认为灵魂好比位居蛛网中央的蜘蛛，身体好比整张蛛网，身体任何部位的牵动都将联结位居中央的灵魂。

（四）爱利亚学派

这一学派因产生于意大利的爱利亚城而得名。塞诺芬尼（Xenophanes，约前565—前473）是爱利亚学派的先驱。他批判当时人们对神的看法，主张从心灵和形体上区分人和神，反对神的拟人化。同时，他还提出"意见"是通过感官获得的，而真理是靠思想获得的。

巴门尼德（Parmenides，约前525—前445）则以"存在"和"非存在"的哲学范畴，对理性认识和感性认识做出了进一步分析。他认为，通过理性认识，人们从变动不居的世界中获取恒定不变的本质，即存在。存在是永恒的，没有产生和消亡。由感觉而知的世界是变化的、不稳定的，是非存在。他告诫人们，不要被眼睛和耳朵引入歧途，因为感觉是不可靠的，感觉只能提供"意见"。

（五）原子论学派

本学派主张，世界的本原均为某种极为基本的单元所构成，比如"根"、"种子"、"原子"等。恩培多克勒（Empedocles，约前495—前435）认为，万物皆由水、土、火、气等四根组合而成，并因"爱"和"恨"两种动力而使四根产生结合和分离。他还从爱恨等情感比喻出发，认为万物皆可"同类相知"。具体地说，因为"爱"的力量，物体的四根元素均可发出各自的"流射"，通过感官的特殊孔道，与感官内的物质元素相接触，从而产生感觉。

而阿那克萨戈拉（Anaxagoras，约前500—前428）则以相同的哲学立场以及相似的认识方法，提出了几乎完全不同的哲学观点。他认为，世界是由无限多样的可以无限分割的微小粒子所构成的。这种粒子具有一个相同的名称，即种子。种子的结合和分离，产生了千变万化的世界。而这种结合和分离，皆由"心灵"所推动，并由心所知。心灵具有外在的独立性。它无所不在,又洞察一切,是一种不可感知的精神实体。那么,事物之间又是怎么产生感觉的呢?阿那克萨戈拉则提出了异类相知的主张。他认为,物的成分只有相异,才能相知。比如,以冷而知热,以苦而知甜,以暗而知明,以白而知黑。

上述原子论哲学家的观点,带有明显的物活论倾向,但在后来的德谟克里特(Democritus,约前460—前370)那里,有关灵魂和感觉的认识,则显得更加贴近唯物主义倾向,有些观点已接近于当代心理学的研究成果。

德谟克里特是原子论的创始人,达到了古希腊早期自然哲学的最高研究成果。他认为,原子是最微小、不可再分的物质微粒;虚空代表没有存在物的空间。世界是由这样的原子和虚空所构成的。同样,灵魂也是由原子构成的,而且是由最精致的原子组成的,是最圆的,与火一样最具有能动性。生命是身体原子与灵魂原子的结合体。身体的运动则是灵魂原子所提供的活力。

至于感觉的产生过程,德谟克里特则在恩培多克勒的流射说和孔道说基础上,提出了影像说,认为被感知的物体表面有一些流射物,叫做影像。这种影像与事物本身相似。它透过空气,到达感官,从而产生感觉。当然,影像还必须与感官的孔道相适合,否则就不会产生感觉。他还认为,感知觉都具有约定的性质。人们约定是甜的感觉,那个对象就是甜的;约定是苦的感觉,那个对象才是苦的。

二、古希腊繁荣时期的哲学心理学思想

就在古希腊自然哲学不断取得进步的同时,一种以人为研究对象的哲学流派,也在不断地孕育和扩张。以创始人普罗泰哥拉等为代表的智者学派,强调人的重要性,主张"人是万物尺度",关注知识和经验的性质与关系。从此,古希腊哲学家对心理的看法,逐步从世界的自然属性拓展到人的社会属性。这是西方哲学家在心理观发展史上的一次飞跃。

苏格拉底(Socrates,前469—前399)是智者派的另一代表人物。他认为,哲学的研究对象就是人的精神自我。他的一句名言——"认识你自己",至今赫然刻在古希腊德尔斐神庙门前的石碑上。在这种哲学观念指导下,长期以来,他试图在人性、幸福、意动和欲望中找出伦理的规律,并以"产婆术"教学方式闻名于世界教育史和心理学史。当然,智者派在西方心理学史上的贡献,还在于它催生了蕴涵丰富心理学思想的几位伟大的哲学家和思想家,其中最为著名的要算柏拉图和亚里士多德。

(一)柏拉图

柏拉图(Plato,前427—前347)出生于雅典附近的伊齐那岛,是西方唯

理论思想的先驱。柏拉图提出了著名的理念论思想,它构成了柏拉图全部思想体系的核心。

柏拉图认为,人类社会可以分为"现实世界"和"理念世界"。现实世界除了现实的自然事物和社会现象之外,还有事物的影子或肖像,是一个外在的物与影的世界。而理念世界则是数量的、本质的和自然规律的世界,亦称内在的"概念"世界。为了说明两个世界的存在,他就灵与肉的性质、内涵、关系和特点等,做了大量的详细的论述。

第一,事物是可以认识的。当感官具备了分辨不同事物的能力之后,便出现了感觉。比如眼睛是一团不燃烧的温柔的火,它发出的光与现实世界是同质的。当眼睛内部的光和外部的光结合在一起时,便产生了事物的影像。

第二,事物的本质只有灵魂才能认识。事物除了具体的形态和影像之外,还有"相"。它可以进入人类的理念世界,并被"灵魂"认识和把握。

第三,人类灵魂由理性和非理性两个部分构成。激情和欲望代表着非理性。当理性处于支配地位时,激情和欲望则处于附属地位。反之,激情和欲望也可以支配理性。只有理性、激情和欲望三者和谐统一,人才会处于最佳的心理状态。

第四,人类灵魂是有等级的。第一等是统治者和哲学王的灵魂,具有最高级的理性,其美德是智慧;第二等是武士的灵魂,充满着人类的激情,其美德是勇敢;第三等是平民的灵魂,充斥着非理性的欲望,其美德是自制。

第五,灵魂可以净化。柏拉图认为,人的肉体是污浊的,灵魂因受肉体的污染而变得不够圆满,造成灵魂中激情和欲望的不纯洁。肉体中所充满的欲望和情感,还不断地干扰着灵魂的领悟和沉思。

第六,学习、记忆与灵魂。灵魂依附肉体时,便构成人类可知的理念世界。当灵魂脱离肉体之后,人类的其他个体可以通过学习而使灵魂复得,并得到不断恢复,其中回忆就是恢复灵魂在黑暗中对肉体的骚动。灵魂的欲望活动,通常是肉体欲望受到压抑的表现。

柏拉图是人类思想史上的一位巨人。他的理性主义心理学思想全面揭开了欧洲心理学史的序幕,在西方文化史上留下了深深的足迹。但是,他的心理学思想具有浓厚的唯心主义色彩,其根本目的在于试图表达其"理想国"式的哲学主张,因而有些观点正如同时代的其他哲学思想一样,是朦胧而初步的,而有些观点,比如灵魂等级观、灵魂不朽观等则显得十分荒谬,并给后世造成了许多消极的影响。

(二)亚里士多德

亚里士多德(Aristotle,前384—前322),柏拉图的学生,古希腊最著名的哲学家、思想家和科学家,西方心理学思想的主要先驱者之一。他一生著作颇丰,其中《论灵魂》是欧洲心理学史上第一本心理学专著。他的心理学思想主要见诸他的相关著作之中。

1. 灵魂论

亚里士多德认为,灵魂是生命的动力,是生命的最终原则,同时又是身体的形式。通俗地说,一个有生命的躯体,必须有灵魂。没有灵魂,就没有生命。灵魂和躯体共同构成生命,而躯体则是灵魂的工具,灵魂通过躯体实现自己的功能。这种认为身心统合于一体,又认为身心具有相对独立性的思想倾向,构成了亚里士多德一元论与二元论并举的独特的灵魂观。

从上述基本观点出发,亚里士多德认为,不同的生命形式具有不同类型的灵魂。植物只具有营养能力的生命形式,它的灵魂只能通过营养的吸收和消化来促进成长。动物除具有营养功能外,还有感觉的功能,因此,动物所具有的是感觉事物的灵魂。人则不但包含了动物和植物的所有功能,而且具有人类独特的理性功能,即通过思维来超越当前直接感知情境的能力,因此,人具有理性灵魂。在这三类生命形式中,人的灵魂是最高级的。在灵魂的结构上,亚里士多德反对柏拉图所提出的知、情、欲三分法。

2. 四因论

为了解释包括灵魂在内的世界的本质,亚里士多德提出了"四因论",认为世界的运动变化应该来源于四类因素的影响,即质料因、形式因、动力因、目的因。质料表示事物的性质和内容,形式表示事物存在的方式或状态,动力表明事物在质料和形式之间不断转变或运动的力量,而目的则表明事物发展变化的目标状态或缘由。套用他的观点,躯体应该是生命的质料,灵魂则是生命的形式,同时,生命必须具备生存的力量,并不断地追求生命的目标和意义,这样,一个完整的生命则构成了一副活生生的存在。亚里士多德的"四因论",在当时较好地说明了自然万物、生命、灵魂等现象的生成与消亡的过程,并构成他的儿童"成长论"的思想核心,他认为儿童的发展也与上述"四因"有关。

3. 感觉论

亚里士多德在《论灵魂》等著作中,较全面地论述了感觉的定义、功能和分类,较详细地分析了多种感觉的产生、变化和特点。他认为,感觉主要是一种辨别的官能,是客体在感官上留下的印象。当新的客体出现时,对事物的感觉就会发生相应的变化。他把感觉分为两大类,即特殊感觉和共同感觉。特殊感觉包括视、听、嗅、味、触五种具体的感觉。而共同感觉则包括时间、形状乃至记忆、想象、睡眠和梦等意识活动。

亚里士多德在分析感觉时,认识到了感觉与记忆、联想、睡眠以及梦等心理现象的联系,推测了感觉与灵魂、意识、自觉状态的关联。亚里士多德认为,共同感觉中包括了自我感觉,人的各种意识活动都是自我感觉的一种表现。不仅如此,共同感觉还是觉醒的心理基础。共同感觉活动停止了,人们就由觉醒进入睡眠状态。他还对错觉做了分析,提出了著名的双指夹球错觉。后人称之为"亚里士多德错觉"。

4. 记忆观

亚里士多德从日常观察入手,探讨了记忆的本质、特性、类别和条件,认为记忆是过去的事物所留下的印记的再生,记忆代表着过去经验的一组意象,是感知活动的结果,具有"过去的"时间特性。并且,人的联想、情感、材料组织方式等因素,明显地影响着一个人的回忆效果。亚里士多德的研究虽然是一种观察描述,但是在两千多年前能有这样的认识水平,确实难能可贵。

除此之外,亚里士多德还对想象、欲望、动机等做过探讨。他认为想象是事物离开之后所留存下来的感觉,并以一种运动的方式引发以前出现过的运动。而人的欲望常常与善的东西或某种具有长远利益的"愿望"相一致,有时则会出现矛盾冲突,表现为愿望或动机的冲突。

亚里士多德是古希腊繁荣时期最后一位伟大的哲学家、思想家,一位百科全书式的学者。他的心理学思想初步确立了心理学的知识体系。他在著作中所使用过的概念、所提出过的观点,对后世心理学产生了巨大的影响。在以后相当长的历史时期里,人们遇到一些无法解决的问题时,常常希望从亚里士多德的著作中查找出明确的答案。

三、古希腊晚期与古罗马时期的哲学心理学思想

亚里士多德以后,古希腊哲学的伟大时代就告结束。从此,古希腊晚期以及古罗马时期的哲学与科学,失去了往日的自信和创造,失去了往日的大器与恢弘。

(一)斯多亚学派

斯多亚学派认为,物质与灵魂之间不存在对立,宇宙之间的差异最终不过是度的不同。他们认为,人的灵魂是物质的,而物质只是理性的载体,所以,人们应该顺从"宇宙理性"。听命天意,顺受一切是人的本性,因为一切事物都是宇宙理性的表现,是前定的。

关于认识过程问题,斯多亚学派比起亚里士多德和柏拉图等人尚有一些新的进展,比如,他们认为,所有知识都必须从个别事物的感知出发,感知是客体在心灵中留下的印象。个体心灵是一张空洞无物的白纸,任由各种感觉在上面"书写"。

（二）伊壁鸠鲁学派

伊壁鸠鲁（Epicuros，前341—前270）认为，灵魂具有原子实体的性质，并具有超然的运动性和轻盈性，像一股弥散于整个身躯的精微的气息，主动地将生命带给身体的各个部分。他认为，灵魂是四种成分的混合物，即热气、冷气、类似的气息或风，最后一种是"无名成分"。无名成分是感觉之所在，它可以主动运行，是灵魂的灵魂。

伊壁鸠鲁试图以机械的反映论来解释人的感觉。在继承恩培多克勒的流射说和德谟克里特的影像说的基础上，他提出了自己的影像流射说。他认为，各种感觉的产生都是由外物射出的粒子流或影像，通过相适应的感官渠道，不断运动所形成的。他甚至认为，人的思想也是由于影像流入心中所造成的，不过流入心中的影像更加精细而已。因此，在他的认识当中，人的感觉、知觉、想象甚至观念，在性质上都是相通的。

（三）新柏拉图学派

新柏拉图学派由于鲜明地体现出柏拉图的理念论和神秘主义思想色彩而得名。

普罗提诺（Plotinus，204—270）设定了一个名为"太一"的概念，认为世界万物是从"太一"那里流溢出来。亘古不变的太一，首先流溢出伟大的心智——"奴斯"，然后，从奴斯中又流溢出世界灵魂，从世界灵魂中再流溢出个体灵魂，最后，由灵魂流溢出物质世界。

普罗提诺强调心智和灵魂在大千世界中的地位，认为思维就是心智的回转运动，心智世界是绝对的思维，感性事物的概念和本质存在于绝对思维之中，亦即心智之内。概念在心智中被思维，也就是概念的存在。他还指出，最高形式的思维是"无激情"，因而，情感由于干扰了心智活动而被贬为低层次的存在。

（四）古罗马宗教哲学

在新柏拉图学派流行的同时，一股以基督教为代表的宗教文化开始在古罗马迅速发展。在古罗马宗教哲学中，蕴涵着一些具有宗教色彩的心理学思想，构成了这一历史发展阶段的特有景象。

奥古斯丁（Aurelius Augustinus，354—430）认为，人是灵魂与肉体的结合，人的本性在于灵魂，灵魂是生命的主宰者。但他又认为，灵魂和肉体同时都是上帝创造的，可以各自独立存在，肉体服从灵魂，灵魂服从上帝。为了全面阐述自己的基本立场和观点，奥古斯丁对大量的心理学问题进行了研究。

第一，灵魂与肉体的结合。灵魂和肉体是一种"不相混合的联合"。每个人都有一个"外在的人"和"内在的人"。前者如外形、身躯等，后者则是

"理性灵魂的深幽之处"。

第二,灵魂如何主宰肉体。奥古斯丁认为灵魂与脑有着密切联系,并支配着身体的生命过程,灵魂接受来自各种感官进入脑中的印象,并输送运动到肌肉,使肌肉发出各种动作。

第三,灵魂与各种相关心理要素。他认为,感觉、记忆、理智、意志都是灵魂的官能,是灵魂的能力或作用。身体则是灵魂接受外物的媒介。奥古斯丁在亚里士多德官能论基础上,对灵魂的官能做了大量的分析。奥古斯丁因此成为官能心理学的创始人。

在灵魂与知识、学习的关系上,他认为"真理就居住在人的内心",知识是感觉材料与内心真理之光,即理性规则的结合,这种结合是以记忆为中心环节的,并在记忆中上升为概念。

第四,灵魂的内省。他认为理性在把握内外感觉时,需要进行判断,同时又会产生怀疑,而怀疑者就是灵魂。通过怀疑,灵魂明确了自己的存在,并可以进一步地认识自己。奥古斯丁是心理学思想史上第一位主张灵魂内省的著名学者,又称第一位内省主义者。

第五,灵魂与意志自由。他认为,意志是灵魂的活动,意志自由是灵魂的禀性。但是,人类的意志是有缺陷的。当意志追求低于灵魂的身体时,则会造成秩序的颠倒,产生伦理的恶,这就是犯罪。意志的正当目标应该是敬慕高于灵魂的上帝。信奉上帝,惩恶扬善则可以减少犯罪。由此看出,奥古斯丁心理学思想的根本目的在于维护宗教教义。

四、西方中世纪的经院哲学心理学思想

5 世纪末至 14 世纪是西欧封建社会形成、发展和繁荣时期,历史上一般称之为"中世纪"。封建社会在政治上高度集权,在意识形态上整肃划一。在以神学为精神核心的封建社会里,西欧哲学界必然地演化出直接承袭于奥古斯丁宗教哲学,以论证基督教教义为宗旨,直接为神学、为封建统治阶层服务的哲学形态——经院哲学。在中世纪的哲学心理学思想中,占主导地位的是官能心理学思想,中心内容是灵魂及其官能。(郭爱妹,2000,p.115)

在经院哲学形成初期,厄理根纳(Scotus Eriugena,810—877)认为,上帝是最高的存在和万物的根本原因,感觉、智慧和理性三位一体地反射于人,是灵魂的生命,是神的体现。人的灵魂就是神本身。

把经院哲学推向历史顶峰的是托马斯·阿奎那(Thomas Aquinas,1225—1274)。他紧随亚里士多德的思想,大量吸收了伊本·西那等人的观点,提炼出了灵魂的"结构列表"。他将灵魂分为植物性灵魂、运动和欲

望的灵魂两大类。运动和欲望的灵魂又分解为理性灵魂和易感的灵魂两个方面,如此类推,阿奎那编制出了一张灵魂结构的详解图,比较全面地反映了阿奎那的官能心理学思想。

不仅如此,阿奎那对认识论也做了自己的阐述。他认为,感觉不仅是灵魂的活动,而且是肉体与灵魂复合体的活动。他认为人的认识开始于感觉,经历了由感觉到理智知识的发展过程。在此过程中,认识活动依次按有形事物、可感形式与抽象形式来体现。他在分析人的认识能力和认识发展的过程时,将人的认识过程区分为四个阶段,即感性影像、理智影像、印入影像和陈述影像等。他认为认识是由外到内的活动,意欲是由内到外的活动,而人的运动则是由意欲来推动的。

随着阿拉伯文明的传入,经院哲学内部出现了唯名论与唯实论的大论战。在阿奎那时代,罗吉尔·培根(Roger Bacon,1214—1292)就以其卓越的经验科学思想预示了新时代的曙光,威廉·奥康(William Ockham,1300—1350)等哲学家也进一步弘扬了唯名论思想。

罗吉尔·培根认为,经验是知识的源泉,经验在认识过程中具有重要的作用。人类认识的自然途径是从感性知识到理性知识,其中实验科学及其方法具有重要的证实意义。他创立的感觉认识论,详细论述了感觉从简单到复杂、最后到事物判断的感性认识过程,成为以后经验论者分析感觉现象的主要思路和方法。罗吉尔·培根当之无愧地成为了英国经验论的先驱。

奥康是中世纪后期最有影响的思想家。他以心理学的术语论证普遍知识的产生过程,从而否定了柏拉图的理念论和亚里士多德的官能论,并毫不留情地推翻了中世纪所谓"上帝的心灵观念"。他认为,普遍知识或概念是某一类事物的分类性表述,是一种逻辑推理性的术语,它在表明同类事物的含义的同时,也表明事物之间的关系。他认为,人的认识过程是先由个别事物引起感觉,然后记忆把感觉保存下来,从记忆中又产生感受,而后从中再得到一般理性。认识活动就是这样从感性直观到理性认识。人们的认识开始是直觉的直观的知识,然后才是抽象的普遍的知识。

奥康认为以往哲学家的一些理论或观点过于累赘与重叠。他主张采用尽可能简化的解释方法,将过去一切不必要的重叠的东西,像"剃除毛发"一样,全部去掉。比如,就灵魂与官能的关系而言,他认为,"官能"应该是灵魂的一部分,所谓官能只不过是心理活动的一种名称,官能这样的概念因此必须给予"剃除"。鉴于奥康这种激进的方式和态度,人们赠送他"奥康剃刀"的美誉。奥康的哲学标志着经院哲学的结束,他的观点强烈地暗示着文艺复兴的到来。(赫根汉,2003,p.132)

五、文艺复兴时期的哲学心理学思想

文艺复兴时期大约从 14 世纪开始,一起延续到 17 世纪结束。这一时期,欧洲封建制度逐渐走向衰弱和瓦解,残酷的封建宗教神权不断受到社会世俗力量的挑战,古希腊与古罗马时期的传统文化渐渐回归并得到复兴,随之而来的心理学思想也得到了多元化的发展。其中,最值得关注的是人文主义和自然哲学家的心理学思想。

强调人性的张扬,强调人的价值和尊严,反对禁欲主义,反对神学和教会对人的禁锢,是人文主义者最重要的立场和观点。

阿里吉利·但丁(Alighieri Dante,1265—1321)认为,人有意志自由,人能够自己做出正确的判断。爱拉斯谟(Erasmus,1466—1536)则指出,人有无限的潜力,人是后天造就的,教育可以做到任何事情。而朱安·路易斯·斐微斯(Juan Luis Vives,1492—1540)反对研究所谓灵魂的本质,认为一切知识都从感觉开始,从感觉到想象、从想象到理性是人的认识道路,主张从经验来研究心理现象,认为心理现象可以直接研究。这些人文主义者的心理学思想对中世纪的经院哲学无疑是一种解体力量。

除此之外,文艺复兴时期还有一批自然哲学家。他们也提出了一些带有明显自然倾向的思想和观点。

库萨·尼古拉(Cusanus Nicolaus,1401—1464)认为,人的本性都是和谐统一的,人的认识过程从低级到高级,可以分为感觉、理智、思辨理性和直觉理性四个阶段。各个阶段又相互联系,较高阶段的认识活动包含了较低阶段的认识功能,并主动对低级阶段发挥作用。

达·芬奇(Da Vinci,1452—1512)的主要贡献在于对视知觉和人类表情的研究。他认为,人的远近知觉依赖于五个线索,即线条透视、空气透视、移动透视、项目透视和双眼视差等。在绘画实践中,他还认识到,人物的动作可以表现他的精神状态,每一种情绪都有其相应的表情。他认为,相面术、相手术是毫无科学依据的。

波纳蒂特·特勒肖(Bernardino Telesio,1509—1588)则提出了"物质"这一概念。他认为,自然界统一于物质,物质世界是永恒不灭的。人的一切心理活动都属于物质的灵魂。物质的灵魂是一种生命的灵气。这种灵气是一种液态物质集中于脑,并沿管状的神经,分布于全身。人们借助于灵气物质产生感觉。观念加诸感觉之上,形成知觉,从而觉察到万事万物的相似与差异,并从中获得普遍的概念。可见,感觉在心理活动中具有很重要的地位。

针对经院哲学中的神学思想,乔尔丹诺·布鲁诺(Giordano Bruno,

1548—1600）认为，传统宗教意义的上帝是不存在的，其实上帝就是自然，即万物的自然规律。宇宙是物质的，精神实体处于物质的内部。他认为，人的灵魂存在于人的肉体之中。离开了人的肉体，灵魂即不复存在。并且，灵魂依赖于躯体的物质结构，即使最有天赋的动物，也不可能具有人那样的智慧。布鲁诺的心理学思想是对中世纪经院哲学的最坚决的反叛。

总之，文艺复兴运动是一场彻底的精神解放运动。人文主义给心理学思想带来了人的价值和尊严，自然哲学则给人们指出了自然的取向以及经验的方法，为欧洲近代心理学的发展开启了人文与科学的大门。

第二节　近代西方的哲学心理学思想

从 17 世纪开始，以英国为代表的欧洲资产阶级，在经济上逐步获得了社会的支配地位，在政治上谋求国家政权的革命也相继取得成功。为了进一步巩固自己的政权地位，欧洲资产阶级始终重视和鼓励发展适合自身利益的哲学与科学文化。于是，在欧洲资产阶级活跃的社会形态中，在积极开展自然科学研究的同时，深入研究人类的知识、经验及其形成过程，成为 17 世纪至 19 世纪近代哲学研究的重要特征。经验主义和理性主义从而构成了近代欧洲哲学的先进文化方式，并直接反映在近代欧洲哲学的心理学思想之中。

一、近代西方哲学奠基者的心理学思想

文艺复兴运动的结束，标志着新兴资产阶级文化逐步取得了胜利，西方社会形态开始进入了社会转型阶段。文艺复兴长期积累的先进文化，需要人们进行总结和发展，两位哲学巨匠应运而生。在全面介绍近代西方哲学心理学思想之前，我们有必要首先了解他们的心理学思想。

（一）弗兰西斯·培根

弗兰西斯·培根（Francis Bacon，1561—1626），英国近代哲学家和科学家，科学的实用主义和现代概念的奠基人，现代实验科学的真正鼻祖。

培根极力反对论证或解释宗教神学的经院哲学，主张以权威的观察取代权威的假设，主张用归纳法研究自然界，即广泛地收集各种经验材料，以实验和观察为基础，进行理性的分析，最后找出事物的规律。他提出“知识就是力量”，主张用科学的知识来探求世界万物的本原和规律，用科学的知识来冲破宗教的藩篱，用科学的知识来化解人类的愚昧。

这些思想和观点，极大地冲击了当时的经院哲学和宗教神学，推动了自

然科学的进步和经验主义心理学的发展,对以后的经验主义心理学影响很大。培根是经验主义心理学的思想先驱。

(二)笛卡儿

勒内·笛卡儿(Rene Descartes,1596—1650),法国哲学家,17世纪欧洲大陆唯物主义的奠基者和主要代表人物,杰出的数学家、物理学家和生理学家,近代西方哲学心理学的创始人之一。

笛卡儿反对中世纪经院哲学,反对以信仰作为知识的基础,主张知识应建立在理性的基础之上,把理性作为判断一切的标准。为了打破经院哲学思想的束缚,笛卡儿认为,世界上除了"我"的存在之外,一切存在皆可怀疑,并且只要"我"的精神始终不断地"怀疑",那么,精神的我就会始终存在。由此,"我思故我在"成为了笛卡儿的经典名言,也是他奉行的最重要的哲学信条。在这里,存在于笛卡儿心中的"我",实际上泛指人的精神活动,他认为人的精神是一种物质之外独立存在的实体,这是一种典型的二元论思想。

基于这样的哲学理念,笛卡儿提出了自己的心理学观点。第一,天赋观念论。笛卡儿认为,观念可以分为两类,即天赋的观念和外界的观念。天赋的观念是与生俱来的,是人类先天的理性所赋予的,而不是由经验得到的。他认为,天赋的观念最为真实。第二,内省法。笛卡儿从先验的理性论出发,认为"心"的知识是直接的,可以通过自我观察来洞悉人类意识这个内部世界。

但是,笛卡儿的上述观点只是以理性思考的方式存在于他的哲学体系之中。一旦在解释自然界的物质现象或问题时,他则持有另外一种观念了。他认为,物质的根本特性是广延性,物质与空间是相统一的。物质在空间中的运动是一种机械运动。人也不例外。人的肉体是一种自动的机器,人类身体上的物质通过一种机械的运动,完成其物质和空间的统一。他认为,神经是一种中空的管子,管道内有一种细线,还有一种像风和火那样精微的流质,叫做动物精气。人的动物精气储藏在脑室之中,并通过神经向任何方向传导。心灵则是借助脑内的松果体来自由控制动物精气的流向。当人在日常活动中,其感官受到刺激时,细线则被拉动,影响到松果体,于是心灵便有了感觉,而后,心灵通过松果体将动物精气流向某些肌肉,于是肌肉便发生了某种动作。这就是笛卡儿的身心交感论。笛卡儿在描述身心交互影响过程的时候,第一次描述了后人所称的反射过程的反射弧。

依照身心交感论的理解,笛卡儿还专门论述了情绪的本质、种类和机制。他认为,情绪是由外物和体内变化所引起的,是靠身体内部的动物精气和血液的动荡所激发并维持的一种被动的心理状态。他还认为,有些情绪主要是心的作用,比如阅读文学作品时的情绪感染,而有些情绪则是由于身体对心的影响,比如由肉体激发而起的欲望。情绪是一种身心交互影响的结果,所以,各种情绪过程总是伴随着各种表情动作,同时,体内心脏和血液循环也会发生一定的变化。在情绪的分类上,笛卡儿认为,人类有惊奇、爱悦、憎恶、欲望、欢乐和悲哀六种原始情绪,其他的情绪都是由这几种原始情绪组合或分化而成的。这些原始情绪,都同一定的对象相联系。比如新异的事物会引起人的惊奇,有益的对象联合引起的适意的情绪就是爱悦,等等。

笛卡儿的哲学观点对近代西方哲学产生了巨大的影响。无论是唯物主义哲学流派,还是唯心主义哲学流派,都可以在笛卡儿的哲学中找到思想渊源。不仅如此,笛卡儿还极大地推动了近代心理学的发展。"笛卡儿标志着近代心理学的实际的开端。笛卡儿主要是哲学家,但也是科学家、生理学家,而又是生理心理学和反射学的始祖。"(波林,1981,p. 180)

二、经验主义心理学思想

经验主义认为,知识的可靠源泉是人的感觉经验,观察和实验是科学研究的成功途径。这就是经验主义心理学的基本观点。经验主义表现为两种学术形态:一是联想主义心理学,二是感觉主义心理学。

(一)联想主义心理学

联想主义心理学产生于英国,并主要在英国获得了长足的发展。联想主义心理学除了具有经验主义心理学关于知识经验的基本观点之外,最突出的特点是围绕认识过程的产生和发展这一中心论题,就联想的本质、分类、特征和规律等开展了系列研究,并清晰地反映出联想主义心理学的前后发展脉络。

1. 霍布斯

托马斯·霍布斯(Thomas Hobbes,1588—1679),英国唯物主义经验论和联想主义心理学的先驱,近代机械唯物主义的奠基人。

霍布斯认为,人是一架按照力学性质运动的机器,心理是身体的运动和影像。外物对感官的压力,通过神经、其他传导索和黏膜的媒介,传达到大脑和心脏,在感官中引起"反压力",由此形成对外物的影像,即感觉。当感觉消退成为过去时,就成为记忆。记忆的总和就是经验。而想象则可以分成两类:简单想象和复合想象。简单想象由感觉到的某一物体的整体所引起。复合想象则是局部感觉的累加,或者是心中对一系列活动的观察和描述。梦也是一种影像。由于人在睡眠状态中,脑和神经对体外作用于感官的压力非常不敏感,体内某些部分的兴奋就会影响脑和神经,从而产生影像,这就是梦。梦里出现的与现实不一致的影像,可以全部或部分地从感觉影像中推导出来。

霍布斯用前后相连的"思想系列",来表述人的联想。尽管他不使用联想这一名词,但却较为清楚地描述并区分了自由联想和控制联想的含义和区别。

2. 洛克

约翰·洛克(John Locke,1632—1704),英国唯物主义哲学家,英国经验主义心理学的主要创立者,联想主义心理学的主要倡导者。

洛克反对笛卡儿的"天赋观念说",提出了著名的"白板说"。他认为,人的心灵就像一块"白板",上面没有任何字迹,一切认识都是从后天的感觉经验中得来。而经验又分为两种类型,一种是外部经验,另一种是内部经验。外部经验直接来源于感觉,是人的心灵直接观察外界事物而产生的观念。内部经验来源于反省,是人的心灵转向内部并考察自己的心理活动而产生的观念。这种反省,以感觉方式产生的外部经验作为最终基础。另外,洛克还把经验分为简单观念和复杂观念,并依此阐释知识的构成。他认为,简单观念是人的心灵经过感觉和反省而得到的,是心灵的被动接受,是不可再分的最基本的观念。而复杂观念是人的心灵经过比较、抽象等活动,从简单观念中构造出来的,是心灵的主动创造,并可以进一步被分解为更细微的简单观念。

洛克在西方心理学史上第一次提出并使用了"联想"的概念。洛克认为,联想就是观念的联合,即把心理现象分解为简单成分,然后再把这些成分联合成为复杂的观念。观念的联合可以选择两种方式,一是自然的联合,二是习得的联合。自然的联合是指事物(或观念)之间的天然联系。习得的联合是指人们后天经过重复或养成某种习惯,使经验由简到繁进行的相互结合。

洛克对人类的错觉也做了研究。他认为,错觉是某些事件对感觉者的神经施加影响的结果,是感觉到的神经微粒的不同运动。比如,将双手置于冷热不同的两盆水中,然后将两手同时放入同一温度的一盆水中,人便会产生一只手热一只手冷的感觉。洛克这个实验所描述的错觉,心理学史上称之为"洛克错觉"。

洛克对人类的知觉也做了研究。他认为,深度和距离知觉是因为人们依据两方面线索完成的,一是客观条件因素,比如光亮和阴影;二是心灵的因素,比如无意识的判断和推理。这为后来实验心理学的知觉研究提供了重要启示。

3. 贝克莱

乔治·贝克莱(George Berkeley,1685—1753),近代西方主观唯心主义哲学的创始人,英国唯心主义经验论心理学思想的主要代表。

贝克莱认为,意识是第一性的,物质是第二性的。物质"只存在于心中","我之所以说我写字用的桌子存在,那是因为我看见它,摸到它",是因为"存在就是被感知"。因此,贝克莱反对洛克关于知识来自感觉的观点。他认为,知识来自于主观经验,人类知识仅仅是经验的一种功能。在他看来,知识、观念、经验、心灵等主观现象与客观物质是同一的。他否认物质的实在性,因而彻底否认主观感知与感知对象的差异,否认了心理的客观来源。

为了证明其观点的合理性,贝克莱深入研究了感知觉的诸多现象,分析经验在感知觉产生过程中的重要作用。他以感觉的相对性,知觉的恒常性,月亮错觉,双眼辐合,立体知觉,距离知觉等现象作为研究范例,通过大量的研究分析,得出了感知觉来自于主观经验的最后结论。当然,贝克莱也反对笛卡儿的天赋观念论。他明确反对距离知觉的先天倾向,认为心灵是根据经验才产生距离知觉的。虽然贝克莱是主观唯心主义经验论者,但他在感知觉领域中所提出的部分现象,却被现代心理学的实验所证明。

4. 休谟

大卫·休谟(David Hume,1711—1776),唯心主义经验论思想家,贝克莱哲学的继承者,近代英国不可知论的著名代表。

休谟曾经研究所谓"人的科学",以人的认识、情感、趣味、道德和社会行为等一切有关的方面,作为研究对象。他提出过一套所谓的实验方法,其中包括四个部分:第一,仔细地阐述需要研究的特殊心理学问题;第二,追溯每种心理现象的起源;第三,适当考虑可替代的方式;第四,尝试发现与现有结论相反的证据。这种实验的实质,就是主张"对人性的精密研究完全建立在经验之上",认为任何关于人的结论都是从经验中获得的,都不能超出经验,并只能以经验作为其可靠性的依据。因此,休谟还提出了"深奥精确"的研究方式,要求以"规范的方式对人性进行解剖",以"发现其最深奥的源泉和原则"。为此,休谟把人性分解为最原始的知觉(即意识)元素,进而研究意识的基本特性以及心灵的最基本活动。

休谟认为,印象是对当前刺激的最强烈最生动的知觉,观念则是较不生动的知觉,是知觉对象未在眼前时的内部经验。简单的印象和观念是不能进一步分解的知觉的最小单位。复杂的印象和观念则由若干简单印象或观念复合而成,于是便有了"观念的联想"。联想是"人类本性的最基本的和普遍的性质",并因观念的相似性、时空接近性和因果性等原因,构成联想的三大基本法则。他认为,这三大"联想律"反映了人类本性的普遍原则。

休谟因反复使用联想一词,进而使得洛克首创的联想概念,逐步地在社会上流行起来。

依照观念的复合性、联想性,休谟对观念的关系、样式和实体问题进行了研究,对洛克提出的"复杂观念"进行了分析。尤其是因果关系学说,成为休谟经验主义心理学思想中最重要、最有特色的一个部分。休谟将观念的关系区分为精确的与或然的两类,而或然关系中具有感知和推理两个部分。其中推理则属因果关系。休谟将经验的推理性质明确区分出来,为心理学的意识研究做出了贡献。

5. 里德

托马斯·里德(Thomas Reid,1710—1796),苏格兰教会牧师,哲学教授,休谟"神学怀疑论"的反抗者。

为了维护神学教义和传统哲学的统治地位,里德对休谟的理论和观点进行了猛烈的抨击,其间混杂着许多神学宗教的成分,但有些心理学观点值得人们关注。

首先,里德认为,感觉和知觉应该明确区分出来。感觉表示一种感官印象,是在意识中经验到的感觉器官的活动,而知觉表示一个客体的存在,即知觉者不仅意识自己的感觉经验,而且具有被知觉的"是什么客体"的概念。知觉的产生依赖于感觉,而感觉为什么又可以扩展为知觉,那只能是"神的意志"了。

其次,里德认为,"观念的联想"这个术语纯粹是心理学的"虚构",因为在知觉中只有三个元素,即知觉者、知觉行动和知觉客体。与知觉行动直接发生联系的是知觉客体,而不是代表客体的观念。人们认识世界是"直接的"而非传递式的,这样的世界就是我们每个人在一般意义上的世界,因而观念绝不是联想。

再次,里德不反对经验在人们熟知的感知觉现象中的作用,但是,这种作用绝不是休谟所说的联想关系,而是心灵的一种暗示。这种暗示体现了人们的感觉和思想,并形成某种观念或关系的信念。里德希望用暗示来取代联想的存在及其作用。

最后,为了强调理性的先天价值,里德启用"官能"一词来解释某种先天的"心灵能力",并与一般能力相区别。他认为,一般能力是通过使用、练习和学习所获得的,是后天的,比如下棋、打球、盖房子等,而官能则是原始的和自然的,是我们天生所具有的认识能力,比如记忆、判断、知觉等能力。可见,里德的所谓"官能",实际是指现代心理学中的心理过程。里德认为,官能具有积极的能动的特性,是一个统一的连贯的整体。这种观点是具有积极意义的。但是,他认为这些官能是先天的,甚至是"全能的上帝给了我这理解的能力",看不到生物遗传的作用,这对后来的一些学者产生了消极影响。

6. 哈特莱

大卫·哈特莱(David Hartley,1705—1757),英国第一位生理心理学思想家,近代英国唯物主义经验论思想的代表。

哈特莱用丰富的医学知识系统地阐述了神经系统的生理功能,从神经、脊髓、脑等神经解剖学的角度,分析了感觉的产生过程。他认为,脑和脊髓都与神经有着结构性联系,神经系统的完整性使感觉有效地发挥作用并对肌肉进行控制。他认为,神经是一些"坚韧的毛细状物",是一种持续不断的、像头发丝一样的微细结构。这种连续不断的结构使整个大脑、脊髓和神经都相互联系起来,而其内部的微细结构使神经能够接受振动的传导。

哈特莱把神经振动划分为两种,即振动和微振。前者主要是感觉印象和运动的神经振动,它以头部神经和脊髓神经为媒介,而后者是意象和观念的神经振动。但哈特莱却认为,心理过程与脑的生理过程是相互平行的。

哈特莱认为,联想是依靠"无限微小"的神经振动来实现的,足够次数的振动可以引发另外相关的神经振动,这就是联想。这些联想符合接近律法则,但这种接近是一种能动的积极组织起来的接近,因而有同时性联想和继时性联想之分。这些联想发生于观念学习之中,也发生于手工艺术、风俗习惯等人类生活的各个方面。不仅如此,人类的情绪、意志、想象等都有联想的作用。最难能可贵的是,哈特莱的上述心理学思想竟然是在对休谟一无所知的情况下独立完成的,因此,有人将哈特莱誉为英国的笛卡儿。

7. 布朗

托马斯·布朗(Thomas Brown,1778—1820),苏格兰学派的著名代表,联想主义心理学的主要发展者。

一方面,他同意里德的观点,主张用"暗示"代替或改善联想的作用,强调暗示在精神生活中的主动性。他反对休谟观念联想的被动性,并进一步将暗示分为两种。一是"简单暗示",指由于感觉经验的作用,使一个观念紧跟着另一个观念而出现。二是"关系暗示",指在知觉两个对象时能够立即觉察到它们之间的相互关系。这种"关系暗示"不是感觉的直接给予,而是心灵自身的一种能动作用,体现了精神生活的理性能力。

另一方面,布朗又积极探讨联想(或暗示)的内在规律,丰富并发展了联想主义心理学体系。他提出了三条联想主律,九条联想副律。三条联想主律包括接近律、相似律和对比律。九条联想副律分别是:(1)经验的持久性,(2)原始经验的生动性,(3)频率,(4)事件的新近性,(5)经验的独特性,(6)原初的体质差异,(7)情绪的变化,(8)生理状态的变化,(9)以往的习惯。布朗所提出的联想律，对后续的学习理论、教学原则等领域的研究和发展做出了重要的贡献。

8. 穆勒父子

詹姆斯·穆勒（James Mill，1773—1836），英国机械联想主义的典型代表，联想主义心理学的主要传播者。

他赞成意识是由元素构成的，并且感觉和观念是组成意识的基本元素，各种复杂的心理现象都是在联想的作用下，使这两类元素发生各种联合的结果。而这种结合依靠的是一种所谓的心理机械动力，并且按照力学原理来运行。这是一种极端又机械的看法。实际上，人的心理现象并不是完全靠联想的作用来实现的，是否服从力学原理至今也尚未可知。

约翰·斯图尔特·穆勒（John Stuart Mill，1806—1873），詹姆斯·穆勒的长子。他与其父亲一样，是一位联想主义心理学的发展者。所不同的是，他的主要工作集中在联想律的修正上，并在接近律、相似律、频因律基础上，增加了一条"不可分律"。除此之外，他还提出了几个备受心理学史家关注的问题。

首先是心理科学观问题。他认为，心理学应该从哲学和生理学中分离出来，成为一门独立的科学。尽管人类本性是"人类心灵所能进行的最复杂、最困难的研究主题"，但在其发展初期成为一门"不太精确"的科学，是完全可能的。为此，他主张采用科学实证的方法，把心理学"从经验主义中"拯救出来，用实证的经验和观察来研究心理学。约翰·穆勒是受实证主义影响最早的一批心理学思想家。

其次是关于性格形成和个体性问题。他认识到以往的心理学所寻找的都是一般的普遍规律，尤其是联想律的研究更是如此。他主张建立性格形成学，探讨性格与个体性的特征和意义。

最后是心理化学观问题。他反对用力学观点解释心理现象，主张借用化学研究的世界观和方法论，来探讨心理的结构和相互作用。尽管他不是提出心理化学观的第一人，但他对此做了系统阐述。他的这种观点一度深刻地影响着后来学者关于所谓"心理元素"的认识。

9. 培因

亚历山大·培因（Alexander Bain，1818—1903），苏格兰哲学家和心理学家，联想主义心理学晚期的最主要代表，心理学从哲学思辨向科学实证转型的中继者。

在培因看来，心理学应该是一门经验的和实验的科学分支。心理学研究既要利用实验发现，也要利用经验观察。因此，他在自己的心理学著作里，大量引用生理学、解剖学、生物学，甚至物理、化学等自然科学成果，以期强化心理学的实验科学性质。

当然,他所说的实验发现,并没有明确指出是现代意义上的心理学实验室实验,因而,在人们讨论心理学学科独立的标志问题时,对培因的贡献存在较大争议。但培因在推动心理学从经验主义哲学思辨向实验科学转变的过程中所起的巨大作用,却是无可争议的。

第一,培因强调神经系统结构和机能的分量是空前的。在其心理学著作中,他详细地描述了脑、脊髓和外周神经系统的具体结构及其机能特点,并对大脑皮层的功能定位作了综合阐述,应该说,培因为了奠定心理学的生理科学基础,已经极尽了当时生理解剖科学之可能。他创设的"先生理后心理"的心理学教材编写体例,至今依然在影响一些国家心理学教科书的编写。

第二,培因的联想学说是实验心理学诞生之前,英国联想主义所达到的最高点。他用了很大篇幅,系统整理和阐述了联想的特点和规律。仅接近律和相似律两个主要原则,他就用了 220 页之巨。在联想主义心理学家中,还没有一个人像培因那样对人的心理现象进行过如此丰富的分析。

第三,在培因的胸前,人们始终要为他别上一枚勋章,那就是他于 1876 年创办了世界上第一份心理学杂志——《心灵》。当时,许多著名的心理学家都为它撰写了论文,以至于人们曾经试图以 1876 年作为心理学学科独立的年代标志。

(二)感觉主义心理学

感觉主义心理学发源于英国,但主要在法国占据主导地位。法国感觉主义心理学最突出的特点是,具有明确的唯物主义立场和观点,为实验心理学的反映论及其方法论留下了宝贵的思想财富。

1. 拉·美特利

朱利安·奥弗雷·德·拉·美特利(Julien Offray de La Mettrie,1709—1751),18 世纪法国唯物主义哲学家,机械唯物主义哲学心理学思想的早期代表。

拉·美特利认为,人是一部机器,身体的各个部位犹如机器的各种零件。他认为,所谓心灵,实际上是一个毫无意义的空洞的术语,感觉才是思维认识的唯一源泉。他坚持认为,"除了感官之外,再没有更可靠的向导,感官就是我们的哲学家"。感觉是其他一切心灵活动的基础,"如果没有感觉能力,心灵就不能发挥它的任何功能"。

拉·美特利是一位唯物主义战士。他设计了 10 项特别的实验,依据自己的亲身经历和实验观察,极力反对当时人的信仰权威。尽管几次被迫流亡,但他始终认为,对于心灵本质的看法,只有医生最有发言权,只有观察和实验才能真正揭示心灵究竟是什么。

2. 孔狄亚克

埃蒂耶纳·博诺·德·孔狄亚克（Etienne Bonnot de Condillac，1715—1780），德国唯物主义哲学家，感觉主义心理学的代表之一。

孔狄亚克借助笛卡儿等哲学家采用过的"雕像类比"，从一种简单的气味嗅觉开始，推导出人类整个心理活动的内容和行为，其中包括注意、记忆、想象、比较、判断、辨别，甚至情感和意志。但是，孔狄亚克得出的是与笛卡儿等人完全相反的结论，即人类的知识不是来自天赋的观念，而是来自感觉。他认为感觉包含了灵魂的全部，感觉是一切知识的来源。

3. 爱尔维修

克劳德·阿德里安·爱尔维修（Claude Adrien Helvetius，1715—1771），德国唯物主义哲学家，唯物主义心理学思想家。

与其他感觉论者不同的是，爱尔维修将感觉论的立场和观念用于社会生活问题的分析。爱尔维修主动抛弃政府的巨额薪俸，自觉地走上了背离现实政权，挑战宗教神旨的道路。他由此而建立的伦理道德主张曾给西方的思想文化以重要的影响。

除了感觉论之外，爱尔维修认为人与人之间所见到的精神上的差异，是由于他们所处的不同环境，由于他们所受的不同教育所致，环境和教育对人们的智力和品格起着决定的作用。另外，他还提出"需要是情绪的尺度"，指出需要产生欲望，人对欲望满足与否的体验则产生各种情绪。由此看来，爱尔维修开始认识到情绪和需要的联系及其对行为的推动作用。这与现代唯物主义情绪理论非常接近。

4. 狄德罗

德尼·狄德罗（Denis Diderot，1713—1784），法国唯物主义哲学家，机械唯物主义哲学心理学思想的杰出代表。

狄德罗认为，物质只有一种普遍的基本性质——感受性，并且这种感受性可以随着物质的转化而转化，可以随着物质形式从无机物到有机物，从低级生命到高级生命，乃至人类演化的不断升华而升华。狄德罗认为，这就是感觉和意识的起源。换句话说，感觉和意识起源于物质的属性。

他还认为，世界是物质的，物质又是运动变化的。物质的运动变化可以带来感觉和意识的变化。他明确主张，思维应该是物质高度发展的产物，是人脑的机能，人脑是感觉、思维的中枢。狄德罗的这些含有丰富辩证法思想的唯物主义观点，代表了同时代机械唯物主义的最高水平。他提出了"非常接近现代唯物主义"的心理本质观。这在西方心理学史上是十分可贵的。

5．霍尔巴赫

保尔·亨利希·迪特里希·霍尔巴赫（Paul Heinich Dietrich Holbach，1723—1789），法国唯物主义哲学家，机械唯物主义心理学思想的集大成者。

霍尔巴赫认为，大脑是心理的器官，世界上没有不朽的灵魂。他强烈抨击唯心主义的灵魂观念。他认为，所谓不朽灵魂，完全是杜撰出来的毫无根据的想法，这些想法经过唯心主义者、神学家们不断地穿凿附会，因而变得更加扑朔迷离、神秘莫测，致使人们因此而陷入精神迷宫，虔诚地相信上帝创造了人，并认为人的灵魂真的可以不朽了。霍尔巴赫鲜明的唯物主义心理学立场和观点，戳穿了笼罩着西方千百年心理学思想史的唯心主义灵魂观。

不过，霍尔巴赫也像其他感觉主义者一样，"片面夸大了感觉经验，看不到理性认识与感性认识之间质的差别。同时，他们把人视为机器，忽视了人的主观能力，犯了严重的机械主义错误"。（郭斯萍、郭本禹，1998，p. 45）

当然，感觉主义者仍然属于经验主义哲学家。他们和联想主义哲学家们一样，始终坚持经验在认识发展过程中的重要地位，强调实验及观察在获取新知、从事科学研究中无可替代的作用，从而对科学心理学的诞生做出了重要的贡献。

三、理性主义心理学思想

理性主义心理学强调理性知识在认识过程和科学发展中的重要作用，为哲学心理学的研究提供了新的视野。

（一）斯宾诺莎

巴鲁奇·德·斯宾诺莎（Baruch de Spinoza，1632—1677），荷兰伟大的唯物主义唯理论哲学家。

斯宾诺莎认为，世界是由实体构成的，心灵和肉体是同一实体不可分割的两个部分。心灵和肉体表现出多种多样的属性和样式。它们是平行存在的，并且心灵中观念的次序和联系与身体变化的次序和联系相一致，反过来也是如此。

斯宾诺莎将认识分为三个阶段。他认为，第一阶段是感觉，通常得到的是感性知识，感性知识是混乱的，不确定的，偶然的，是错误的来源；第二阶段是理性，人们依此获得理性知识，把握住事物的必然性，由于理性知识是从正确观念的推理中得来的，因而是正确的；第三阶段是直观，这是认识的最高阶段，所获得的直观知识直接把握了事物的本质，既是必然的，也是绝对可靠的。

斯宾诺莎对人的情绪做了深入研究，认为情绪与身体的欲望有着密切联系,所有的情绪都是围绕欲望而发生的。他认为,情绪可以分为两大类,一是基本情绪,包括快乐、悲哀和欲望等三种;二是派生情绪,由基本情绪派生出无限多样的具体形式。他还认为情绪具有动机的功能和自我保存的功能。情绪的动机性质,为现代情绪理论所证实。

（二）莱布尼茨

戈特弗里德·威廉·冯·莱布尼茨(Gottfried Wilhelm Von Leibniz,1646—1716),17世纪德国著名的哲学家、数学家、物理学家,欧洲大陆唯理论哲学的系统化者。

莱布尼茨的单子说是其哲学思想的核心内容。他认为,万物皆由能动的单子堆积或聚集而成。人的灵魂和肉体也是一样,完全是由单子构成的。基于这样的单子理念,他认为心灵并不是一块白板,而是像一块天然具有纹路的大理石,心灵所具有的概念原则等"自然禀赋",早已潜藏于其固有的纹路之中。这些自然禀赋通过感觉的机缘,即当感官与外界对象相遇时,才会变得清楚明白,从而产生人的心理。至于心灵和肉体的关系,他认为二者之间不可能发生交互作用,而是上帝预先设定的一种和谐关系,因为上帝在创世之初,就设定了每个单子必须是和谐一致的。

莱布尼茨还认为,单子可以是多层次的。植物、矿物由微觉单子构成,动物由稍高一级的具有清晰知觉和记忆能力的单子构成,人由具有思维、理性能力的单子构成,而上帝则由具备"统觉"能力的单子构成。上帝因而具有全智和全能,一切必然真理都在上帝之中。莱布尼茨的心理学思想具有明显的唯心主义倾向。

（三）沃尔夫

克里斯蒂安·沃尔夫(Christian Wolff,1679—1754),近代德国的哲学家、数学家。

沃尔夫对心理学做了许多的系统化工作。首先,他将莱布尼茨的理论加以系统化。他反对洛克的白板说,认为人的一切心理现象都是主动的具有理性的固有观念。其次,他运用理性分析的方法,将理性主义与经验主义心理学思想结合起来。他既承认人的"内感官"的经验力量,承认内部经验事实以及由此直接总结出来的经验资料,又承认心灵的推论能力,承认单凭理性即可掌握宇宙的本质,并且认为,任何得自于经验事实的假设都必须由相应的理性认识来补充,并接受理性认识的分析和检验。再次,他还进一步将亚里士多德的官能心理学思想加以延伸并系统化,因而有人称沃尔夫是"官能心理学之父"。最后,沃尔夫运用数学的方法,研究了许多心理学问题。他主张心理是可以进行测量的,因而他也被看做心理测量思想的开创者。

（四）康德

伊曼努尔·康德（Immanuel Kant, 1724—1804），德国古典唯心主义和辩证法哲学的创始人。

康德既反对旧的唯理论哲学，又反对经验主义的怀疑论哲学。他认为，旧的唯理论没有对人的认识能力详加考察，便武断地认为人们单凭理性而不需要经验的帮助就能够认识真理，而经验主义怀疑论则对什么都不确证，没有对人类的认识能力详加考察就妄下结论。怎么办呢？康德认为，必须采用先验的"批判的方法"。康德从"先天综合判断"的角度，提出了三种方法论，即先验感性论、先验分析论和先验辩证论，其目的在于证明知识来源的真正可能。

同时，康德又希望调和唯理论与经验论的矛盾。他承认知识来源于感觉，但又认为经验中得来的知识不具有普遍性、必然性。从另一角度看，他一方面认为理性的概念必然陷入谬误推理和自相矛盾，但又认为知识的普遍性和必然性是人的先验的直观形式和知性范畴所赋予感觉材料的。这是一种典型的唯理论思维方式。不过，他终究认识到经验论与唯理论各自所存在的不足，对以后的哲学和心理学思想的发展，产生了重要的影响。

另外，康德是历史上最早宣称心理学不可能成为一门科学的著名学者。不过，康德并没有因此而对心理学的独立进程造成重大影响。

（五）赫尔巴特

约翰·弗里德里希·赫尔巴特（Johann Friedrich Herbart, 1776—1841），近代德国唯心主义哲学家、教育家和心理学家，科学心理学的理论先驱。

赫尔巴特坚持认为心理学完全可以成为一门科学，并且认为，这门科学既不是哲学的分支，不是脑生理学的分支，也不是纯粹的实验室科学，而是以形而上学、经验观察和数学手段为基础的独特的科学。他认为，一切知识都来源于感觉和个人的经验，这就要求科学心理学必须依靠实验和观察以积累知识材料。但是要使新的经验和过去的经验结合起来，并深入解析各个经验因素成分之间的相互关系，以总结经验，找出规律，就需要形而上学。形而上学可以为科学心理学提供理性思辨，因为实验获得的资料往往是"经验散片"。

赫尔巴特希望用数学方式来表达心理学知识和原理。赫尔巴特不畏数学发展水平的限制，不畏心理数量化的艰辛，大胆地投身于心理学数学化的尝试，客观上推动了心理数学的运用和发展。（严由伟、叶浩生，2001）赫尔巴特对科学心理学的理论构想反映了当时的理性主义与实验科学逐步走向融合的发展趋势。

除此以外,赫尔巴特对心理学的贡献是多方面的。他认为,心理学应该以灵魂为核心的研究对象,而灵魂是由各种不同的观念所组成的意识内容。灵魂内的各种观念不是消极被动的,而是积极主动的充满活力的力量,它们之间既可以相互冲突,又可以按融合、复合等方式进行结合,并整合成统一的整体的灵魂。

针对观念在人脑中发生时隐时现的现象,赫尔巴特提出了"意识阈"概念。他认为,"一个概念若要由一个完全被抑制的状态进入一个现实观念的状态,便须跨过一道界线,这些界线便为意识阈"。(波林,1981,p. 288)意识阈概念具有重要的时代意义。现代心理学的阈限、意识、无意识等重要术语,最早均受到了"意识阈"的启发。

赫尔巴特还将莱布尼茨、康德等人提出的统觉概念进一步现实化,并结合对学习过程的观察和研究,提出了"统觉团"学说。他认为,所谓统觉,其实质应该是把分散的感觉刺激纳入意识的核心,形成一个统一的整体,以便使人们清晰地意识到观念的内容,使其成为意识关注的中心。统觉现象在学生的学习过程中经常会发生,在时间上可以连续地出现多种统觉。前后发生的不同的统觉,各自形成一个相对的整体。这些整体分别都是一种"统觉团"。如果没有已知事物的统觉团,则难以对未知事物进行同化或统觉。学习的目的或意义就在于让学生在已知的统觉团基础上,形成新观念的统觉团。为此,赫尔巴特还专门设计了"四阶段教学法",在教育界形成了广泛的影响,其持续性在欧美竟然达到了半个多世纪。由于统觉团学说的实际贡献,赫尔巴特不仅成为最早强调"教育学必须以心理学为基础"的教育理论家,而且还是教育心理学、教学法实际运用的教育实践家。统觉团是赫尔巴特最著名的概念(墨菲等,1980,p. 80)。

(六)陆宰

鲁道夫·赫尔曼·陆宰(Rudolf Hermann Lotze,1817—1881),近代德国哲学心理学家,实验心理学的先驱者之一。

和赫尔巴特一样,陆宰认为心理学应该是科学的,但不是实验的科学心理学。在他看来,科学心理学离不开哲学,仅仅依靠精确的物理学和化学是不能对心理现象作出满意的解释的,尤其是诸如生命的意义等。

陆宰关于心理物理学和记忆心理学的许多研究对后世产生了重大影响(杨韶刚,2000,p. 388)。不过,他更主要的工作在于用生理学观点解释心理学现象,客观上为传统的哲学心理学过渡到实验心理学做出了贡献。其中,"部位符号说"是陆宰心理学思想中最有影响的学说。

他认为,所谓空间知觉是由接受刺激的身体部位所留下的特殊符号同某种运动经验逐渐结合的产物。比如,当皮肤受到外物的刺激时,由于皮肤不同部位的厚薄、软硬、紧张度和皮下组织的经验模型各不相同,皮肤不同的部位就留下了特殊的部位符号。即使不同部位受到相同的刺激,不同部位所留下的符号也会使人感受到是哪一部位受到了刺激。部位符号留下的这些"附带印象"引起了空间的观念。这些观念结合当时主体的运动或动作状态,人们即使在黑暗中也能辨别相应的位置,进而形成空间知觉。陆宰的"部位符号说"为解释复杂的空间知觉问题提供了研究思路。

当然,受赫尔巴特的启发,陆宰除了认可"无意识"的存在之外,在研究空间知觉过程中还提出了认识活动的"内隐因素",为实验心理学的认知过程研究提出了新的课题。

理性主义心理学在弘扬理性文化的同时,与经验主义心理学相辅相成,共同推动了实验心理学的成功孕育和发展。

第三节　西方近代的科学心理学思想

西方千百年来的科学成就,为心理学的诞生创造了重要条件。

早在古希腊时代,希波克拉底(Hippocrates,前460—前370)从医学解剖角度,发现了人脑与心理活动有着密切的联系。他认为,"由于脑,我们思维,理解,看见,听见"。他还提出了"体液说",认为黏液、黄胆汁、黑胆汁和血液"形成了人体的性质"。

500多年后,盖伦(Galen,130—200)对西方古代医学进行了系统整理,明确了人脑与心理活动的关系,认为脑是"理性灵魂"的器官。他还进一步发展了希波克拉底的体液说,将四种体液与人类的脾气特点联系起来(赫汉根,2003,p.59),成为历史上最早的气质学说。

但从科学发展史角度而言,真正对西方心理学起着巨大推动作用的科学力量,只能是19世纪以后有关自然学科所取得的伟大成就。近代自然科学既为实验心理学的产生提供了知识储备,又为其产生提供了方法上的准备。

一、天文学与心理学

1796年,英国天文学家马斯基林(Nevil Maskelyne)发现他的助手金内布鲁克(David Kinnebrook)观察星体通过的时间"延误"了近一秒钟,对此他大为恼火,并因此解雇了金内布鲁克。但金内布鲁克深信自己始终是敬业的。这是怎么回事?

英国柯尼斯堡天文学家贝塞尔(Friedrich Bessel,1784—1846)开始调查这类事件。在 1813 年到 1822 年间，他分别对不同经验水平的天文工作者进行实验测量。结果发现，即使是很有观测经验的天文学家，相互之间竟然也有一种不可抗拒的时间误差。贝塞尔的研究报告发表之后，引起了学者们的广泛注意。一种旨在测定人与人之间反应时误差（时称"人差"）、设法找出星体实际通过时间与人们观测时间之间的数值关系的研究，迅速开展起来。这种数值关系，当时被称作"人差方程式"。

当时，从事人差方程式研究的全部人员均为天文工作者。实际上，他们的研究与其说是天文学分析，倒不如说是心理学分析。因为人差方程式的问题核心，并不是天体运行的变化，而是观测主体本身——人的视觉反应的变化及其影响因素。人差方程式的研究方式和方法，给实验心理学研究直接地送去了两个重要的礼物：复合实验和反应实验。

（一）复合实验

贝塞尔（1822）认为，星体印象加在"眼耳"感觉之上的一刹那，人们不及时进行比较，是造成时间延误的原因。另外，观察者之间花费不同的时间使先前印象加入后续印象，也是造成时间延误的原因。贝塞尔所谓"加"的意思，就是复合的意思。此后的人差方程式研究发现，感觉、知觉均会出现"复合"现象，而"复合"是需要时间的。

随着生理学研究成果的更新，人们对"复合"问题的理解逐渐深化了许多。特别是当"复合"时间变为负数的时候，引起了人们进一步研究的兴趣。开初，人们以"先入现象"来解释复合时间的减少或负数，但是，心理学家冯·戚希（Von Tchish）的钟摆实验却提出了新的问题，即除了注意和态度的倾向会影响复合的时间之外，对单纯某一印象的反应过程本身也有时间长短的差异。

（二）反应实验

从天文学家那里学得反应实验的是荷兰生理学家唐得斯（Franciscus Cornelius Donders，1818—1889）。他从视觉渠道，测定一个预定的运动，对一个预定的刺激做出。如，对刺激 A 做出反应 a。后来，他又以几种刺激分别要求对象做出相对应的反应，以此测定人们选择各个刺激所需的时间。如，对刺激 A、B、C，分别做出对应的反应 a、b、c。不仅如此，他还以几种刺激方式，要求对象仅就其中某一种刺激做出反应，用于测定对"某一"刺激的辨别反应时间。如，在刺激 A、B、C 中辨别 A 以后，仅就刺激 A 做出反应 a。这就是后来实验心理学最为常用的三种反应时实验，即简单反应时、选择反应时和辨别反应时实验。

在反应时计算上，唐得斯认为，应以简单反应时为基数，减去或除掉基数之后，可取得辨别反应时或选择反应时。这种方法叫做"减除法"。反应法和减除法,是早期实验心理学进行反应时实验的基本方法。

二、生理学与心理学

1790 年以后,西方生理学开始了一个快速发展的繁荣时期,这个时期神经科学的科研成就为实验心理学的诞生提供了丰富的营养。

(一) 大脑机能研究

1. 颅相学

弗朗茨·约瑟夫·加尔(Franz Joseph Gall,1758—1828)曾经生动地提出了颅相学。他认为,人的心灵可以依照头颅外形进行分区。这些分区表明了脑的结构和机能特征。另外,人们甚至可以从颅骨的外形分析出人的心智和个性。比如,某区域的颅骨凸起,说明该区域对应的脑部位的功能可能过分发达;某区域的颅骨凹陷,说明该部位脑功能发育不足。颅相学的提出,一直未能被科学家们认可,但是,在一般人群中却有广泛影响,给学术界的触动也逐渐增强。颅相学主张的"脑是心理的器官"以及脑的机能定位的观点,刺激了后人对脑的不同部位的机能研究。

2. 大脑机能统一说

法国著名生理学家皮埃尔·弗卢龙(Pierre Flourens,1794—1867)反对颅相学的头颅外形分区,同时也不主张对头颅内的脑机能进行明确的分区定位。他认为,尽管中枢神经系统可依照其性质和机能分为几个主要的不同的部分,但是,中枢神经系统的机能并不是分割独立的,而是构成统一的整体。神经系统,尤其是大脑的机能应该是统一的。为此,弗卢龙做了许多高明的脑部手术实验,证明了脑叶机能综合统一的特点。弗卢龙的观点,在当时成为了脑生理学界的主流观点。他的"切除法"也为其他学者从事大脑机能的研究提供了借鉴。

3. 言语运动中枢的发现

法国著名的外科医生保罗·布洛卡(Paul Broca,1824—1880),在医学临床中对一位多年不能说话的病人给予了高度的关注。该病人除了不能说话之外,其他相关机能均很正常。碰巧的是,1861 年该病人因其他疾病而死亡。在解剖该病人的脑部组织时,布洛卡发现病人左脑大脑皮层第三额回的部位,曾经受过明显的损伤。布洛卡分析认为,该区域受损是造成病人不能说话的关键因素。他认为,该区域主管人们说话时肌肉的协调运动,是言语运动中枢。布洛卡的发现被后来的实验所印证。于是,该区域被命名为"布洛卡区"。"布洛卡区"的发现,对弗卢龙的大脑机能统一说提出了严峻的挑战,从而重新吸引了许多学者对大脑机能定位问题的重视。布洛卡创立的临床法,为研究人脑机能提供了方便,因为弗卢龙的切除法是难以用于人脑的活体实验的。

4. 运动和感觉中枢的发现

1870年,法国医生古希塔维·弗里奇(Gustav Fritsch,1838—1927)在给伤员包扎脑创伤时,偶然碰到大脑皮层的某一部位,发现伤员对侧肢体能够产生不自主的运动。同年,艾德尔德·希齐格(Eduard Hitzig,1838—1907)使用电流刺激人的大脑皮层的某一部位,即可引起眼的运动。他又以兔子做同样的实验,也得到相同的结果。弗里奇和希齐格联合做了大量的系统的实验,居然发现,人脑不仅存在运动中枢,而且运动中枢内部还进一步存在更加具体的中枢分区。经过几年细微的工作,历史上第一张运动中枢分布图终于被描绘出来。

1870年,约翰内斯·缪勒(Johanes Müller,1801—1858)提出,大脑中存在五个中枢。后来,有人明确找到了视觉中枢,触觉和听觉中枢也相继被发现了。

运动和感觉中枢的发现有力地推动了对心理现象赖于产生的重要的生理基础——大脑机能的深入研究。

(二)神经生理学研究

1. 贝尔-马戎第定律

查尔斯·贝尔(Charles Bell,1774—1842)早在1807年就发现,脊神经存在着多种神经。从功能上划分,可以分为感觉神经、运动神经和混合神经,并且在脊神经根上处于不同的位置,分别是后根和前根。贝尔还预见了缪勒明确规定的神经特殊能,并认为五种感觉各自归因于五种神经。贝尔的这些成果发表于1811年的单行本中,印数为100册。后来,马戎第(Francois Magendie,1783—1855)在未知情的条件下,单独地在法国开展了同样的工作,其实验设计更加细致周到,因而其结果更加具有说服力。马戎第将研究成果及时发表于正式学术期刊上,引起了学术界广泛的关注。

这种脊神经生理功能及其神经部位的差异,后来被命名为贝尔-马戎第定律,这条定律开启了神经生理心理学研究的新的里程碑。

2. 反射动作研究

很早以前,盖伦和笛卡儿分别都提出过"反射"的思想,但是,真正第一次使用"反射"一词的人则首推阿斯特律克(J. Astruc)。1736年,他认为动物的感觉通过脊髓或脑反射出来,再通过其他神经而产生运动,像照镜子一样,光的"入角和反射角相等"。后来,关于反射的研究更加具体、准确而深入。19世纪上半叶,马沙尔·荷尔(Marshall Hall,1790—1857)和缪勒分别综合了反射研究的相关成果。荷尔(1832)认为,反射仅仅依靠脊髓,常常是无意识的。缪勒(1833)则补充认为,部分反射可以通过脑。缪勒的观点在 1863 年被独立工作的俄国生理学家谢切诺夫(Ivan M. Sechnov,1829—1905)所证实。这些研究打通了客观世界与心理世界的联系渠道,为深入研究心理活动的生理机制提供了基本思路。

3. 神经冲动电性质的发现

在物理学有关电原理的启发下,1780 年,伽伐尼(Luigi Galvani,1737—1789)发现蛙腿肌肉在内外连续被两种不同的金属连接起来时,可以引起肌肉的反复抽搐。1831 年,法拉第(Michael Faraday,1791—1867)发现了电磁感应,发明了用于刺激神经的感应电流计。应用这种方法,杜布瓦-莱蒙(1848—1849)完成了有关动物电的著名研究。不久之后的相关研究也发现,神经传导并非动物精气的运动,而是一种生物电的冲动。神经冲动电性质的发现具有重要的意义。当时使用的正电荷、负电荷、极化等概念,至今依然用于解释神经纤维的生物电传导。

4. 神经冲动传导速率的研究

19 世纪上半叶,人们普遍以为神经冲动的传导速度极为迅速,甚至有些人还认为应与光速差不多。但是,1850 年,赫尔姆霍茨(Hermann Von Helmholtz,1821—1894)的研究打破了这种猜测。他使用自己发明的筋肉测量计,以电刺激蛙的神经,然后测量筋肉伸缩与神经长度的关系,结果发现蛙神经的传导速率每秒还不到 50 米。后来,他用同样的方法,对人的神经传导速率进行了研究,结果发现人的神经传导速率每秒在 50～100 米之间(实际是每秒 123 米)。

这项测量工作对心理学研究的贡献是不可低估的。首先,它让心理学家明确认识到,人类的心理过程原来是可以进行实验和测量的,认识到过去一直非常神秘的灵魂居然可以时间化,从而引导人们坚定地走上了心理学科学化的道路。其次,该项工作所创立的研究方法,与天文学的反应时测量结合起来,整合出一套更加完善的方法,为新的实验心理学测量人类的反应过程提供了有效工具。

5. 神经特殊能学说

早在 1811 年,贝尔就收集了前人许多的观察资料,对神经的性质和作用做了重要的阐述,对神经与感觉的关系也做了许多描述。应该说,他的工作是有创见的。遗憾的是,他并没有概括出一个明确的适合的概念,以准确表达他所观察到的种种现象。

1826 年,缪勒用"神经特殊能"这个概念,表达了自己和贝尔的理解,并于 1838 年对有关问题做了系统的讨论,从此,"神经特殊能"学说得以广泛传播。

缪勒所说的"能",意指"性质",即实现某种生理机能的性质。神经特殊能是指每种感觉神经都有它自己的特殊性质。这种特殊性质规定了感觉仅仅反映适合感觉神经自身性质的内容,而非外界事物的本身。比如,眼睛的感觉神经具有"反映"光线的特殊性质,耳朵的感觉神经具有"反映"声音的特殊性质。至于感觉神经具有哪些具体的特殊规律,缪勒则专门为此归纳为十项法则。比如第六项:"每种感觉神经都仅能产生一种感觉,不可能产生他种感觉器所具有的感觉;因此,甲种感觉神经不能代替或完成乙种感觉神经的机能"(波林,1981,p.95)。

神经特殊能学说为神经生理学的研究制定了一些最基本的法则和方向,对生理学的科学发展产生了深远的影响。由于神经特殊能学说所涉及的感觉范畴,同时还是早期心理学研究的重要对象,这对拓展人类认识过程的研究领域和深度,无疑起到了"敲门砖"的作用。

(三) 感觉生理学的研究

感觉生理学研究是神经生理学对大脑机能研究的自然拓展。有关感觉的分类及其生理机制,在 19 世纪获得了诸多突破,为实验心理学的诞生做了许多知识和方法上的储备。

在视觉方面,借助视网膜棒状细胞和锥状细胞的发现,人们得知网膜视域特点的分布状况,以及网膜中心和边缘存在着视觉差异,并由此陆续发现了盲点、色盲、色混合、视后像、视觉适应等重要的视觉现象。为了更好地解释这些视觉现象,赫尔姆霍茨(1856)还专门提出了"三色说"(红、绿、蓝),海林(Ewald Hering,1834—1918)提出了"四色说"(红、绿、黄、蓝)。惠斯顿(Houston,1833)则以网膜的不对应性来解释双眼视差在立体视(知)觉中的作用。在研究手段上,实体镜的发明以及后续的多种改良方法,对色觉研究具有重要作用。

在听觉方面,借助耳的核心构造的发现,赫尔姆霍茨(1863)提出了"共鸣说",认为听觉是由声音的不同频率与耳蜗内基底膜上相应的纤维发生共鸣而产生的。

其他感觉的研究也有重要进展。在皮肤感觉研究上,做了触觉、压觉、温觉、冷觉等分类,对皮肤触觉的测量,成为以后的心理物理学的开端。当时,还分别发现了味蕾和鼻黏膜上的味觉或嗅觉器官,并对它们的刺激物做了实验分类。

三、物理学与心理学

物理学对近代西方心理学的影响最突出地表现在两个方面:一是物理学实验方法通过生理学研究的渠道,为实验心理学的产生创造了重要的条件;二是物理学与心理学结合而成的心理物理学,对实验心理学的诞生产生了最为直接的影响。

（一）韦伯定律

恩斯特·韦伯（Ernst Heinrich Weber，1795—1878），德国莱比锡大学的解剖学、生理学教授。

韦伯在研究人的皮肤触觉时，发现了"差别阈限"，而且两点触觉的差别阈限是一个"差数"，他将此命名为"最小可觉差"。后来，在实验重量的差别阈限时，他又发现，"最小可觉差"并不是刺激量之间的绝对差数，而是一个比例差数，是"刚刚可觉察刺激量变化的最小差异重量"与"基数重量"之比，并且这个比例差数是一个常数。比如，以30克作为基数重量进行刺激，当刺激强度增加至31克时就可以觉察出重量的变化，那么，最小可觉差即为1克。1克是重量基数为30克时的差别阈限。但是，当重量刺激改为60克与61克时，61克则不能辨别，必须增加到62克才能辨别。可见，重量的差别阈限应该修正为（62−60）/60。根据这个规律，韦伯大胆地设定差别阈限的计算公式为 $K = \Delta I / I$，并在后续的所有感觉的实验中得到了验证。其中 I 代表原来的刺激量，ΔI 代表刚能引起感觉差异的刺激增加量，K 代表一个常数。根据这个公式，人们可以计算出多种感觉现象的差别阈限。这就是著名的韦伯定律，这在心理学史上是第一个心理数量法则。

（二）费希纳的心理物理学

古斯塔夫·费希纳（Gustav Theodor Fechner，1801—1887），一位立志于成为哲学家的物理学家，长期工作于德国的莱比锡大学。

费希纳认为，心与物之间的关系是可以运用数学进行表达的精确的数量关系。为此，他在心物关系上做了许多工作。他认为，人的感觉强度难以实现直接测量。感觉强度的核心，实际上就是感觉器官的感受性，即感觉能力。他发现，人的感受性应该区分为两种。一种是差别感受性，反映人对刺激物最小变化的差异量的感觉能力，可以用差别阈限来衡量。另一种是绝对感受性，反映人对引起感觉的最小刺激量的感觉能力，可以用绝对阈限来衡量。这是心理学史上第一次对感觉能力进行的划分。

他认为，要测量人的感觉强度的大小，可以间接地通过测量"刺激量"的变化来确定。费希纳发现，感觉强度按算术级数增加，而相应的刺激量必须是按几何级数增加，因此，应以"对数关系"来表达感觉强度与刺激强度之间的数量关系。经过他的仔细测算（1860），其公式应为 $S = K \lg R$。其中 S 代表感觉强度，R 代表刺激强度，K 为常数。这个法则的设立，无疑在韦伯定律基础上更进了一步。人们不仅可以计算出差别阈限常数 K，而且对难以把握的感觉强度有了更为精确的运算。这就是人们熟知的韦伯−费希纳定律。

　　为了测量刺激量的大小,费希纳借用物理学的方式,创立了三种研究方法,即最小可觉差法、正误法和均差法,并在著名的《心理物理学纲要》(1860)中做了详细的介绍。这些方法为后来的心理学实验研究提供了最有力的手段和工具。

　　至此,实验心理学的雏形逐渐显露出来,费希纳也当之无愧地成为新的实验心理学的奠基者。心理学研究的新时代即将来临。

第二章

冯特与实验心理学的建立

心理学经过两千多年在哲学内部的长期发展,到了19世纪中叶以后,哲学已为心理学积累了不少概念和理论,自然科学特别是生理学的发展为心理学准备了科学的基础知识和研究方法。心理学成为独立科学的条件已经具备,心理学摆脱哲学的附庸地位成为独立的实验科学的条件已经成熟了。

第一节　冯特的实验心理学

科学心理学的建立应归功于德国心理学家冯特。冯特综合哲学心理学的体系和自然科学的方法和技术,于19世纪后半期建立了实验心理学。冯特因此被称为"实验心理学之父"。

一、冯特的生平

威廉·冯特(Wilhelm Wundt,1832—1920)出生在德国曼汉市附近巴顿的一个牧师家庭。冯特的家族中不少是知识分子、科学家、教授。在这样的背景中,冯特13岁就进入天主教大学的预科学习,后来因为不喜欢那种学校,便转入海德堡的一所学校,19岁那年从该校毕业。之后,冯特决定学医,并在1855年以优异的成绩获得医学博士学位。1856年,冯特到柏林大学跟随"生理学之父"约翰内斯·缪勒学习和研究生理学。1858年后,冯特担任著名生理学家赫尔姆霍兹的助手长达十余年,协助指导学生作肌肉收缩和神经冲动传导的实验。1875年到1917年,冯特在莱比锡大学任教。正是在莱比锡大学,冯特创立了世界上第一个心理学实验室,从而为心理学赢得了独立的地位。有趣的是,这个心理学实验室直到1885年才得到校方的正式承认并同意注册,之前一直是冯特自己出资维持。此后世界各国的许多青年学生慕名前来学习。1881年冯特创办了心理学专门刊物《哲学研究》,发表莱比锡实验报告,1903年又改名为《心理学研究》。1889年,冯特被任命为莱比锡大学校长,1920 年去世,终年 88 岁。

冯特学识渊博,一生著述丰富。据冯特女儿的统计,冯特的著作有五百余种,涉及心理学、哲学、逻辑学、语言学、物理学、伦理学、宗教学等诸多领域。

冯特的主要著作有:《对感官知觉理论的贡献》(1858—1862)、《关于人类和动物心灵的讲演录》(1863)、《生理心理学原理》(1873—1874)、《心理学大纲》(1896)、《语言学史与语言心理学》(1901)、《心理学导论》(1911)、《民族心理学》(共十卷,1900—1920)。

在《对感官知觉理论的贡献》一书中,冯特第一次阐述了他关于实验心理学的思想,主张建立一门实验的和社会的心理学,并在此书中首次提出了"实验心理学"一词。该书被称为冯特构建新心理学的行动纲领,并与费希纳的《心理物理学纲要》一起被认为新心理学诞生的标志。

《关于人类和动物心灵的讲演录》一书表达了冯特对心理学的诸多构想,涉及了许多与实验心理学有关的问题,对新心理学的形成产生了巨大的影响。这是一部关于如何构建新心理学的系统之作,是一部"生理学家未加点缀的心理学"著作(车文博,2001,p.211)。

《生理心理学原理》前后共修订过 6 次,从一卷扩充为三卷,内容更为丰富,思想更为成熟,是冯特实验心理学思想成熟的标志。波林评价其"是近代史上一部很重要的书",是冯特"由生理学家转变为心理学家的标志"。(波林,1981,p.364)该书也被后来的研究者推崇为科学心理学史上最伟大的著作,被认为科学心理学的独立宣言。

相对冯特的其他著作而言,《心理学大纲》一书是一部通俗的心理学读物。在该书中,冯特第一次提出了"感情三维度说"。

《语言学史与语言心理学》一书阐述了冯特关于语言学的思想。冯特早年对语言学的研究成果基本上反映在该书中,其中关于语言过程或言语机制的理论与现代心理语言学的结论有惊人的相似之处。

《民族心理学》是冯特研究人类高级心理过程的社会心理学专著,其中采用了历史研究的方法,涉及语言、艺术、神话、宗教、风俗、法律、道德领域。该书阐述了冯特对新心理学进一步的思考,如将新心理学分为了实验心理学与社会心理学(民族心理学)两部分。这是一部内涵丰富、意义深远的著作。

此外,冯特的其他著作还有:《生理学教程》(1864)、《医学物理学手册》(1867)、《逻辑学》(1880—1883)、《论朴素实在论和批判实在论》(1887—1889)、《伦理学》(1886)、《哲学引论》(1901)等。

二、冯特的心理学体系

（一）冯特心理学的理论体系

冯特创建的心理学不同于传统的哲学心理学，这种新心理学是以实验法为支撑的，着重研究人类意识经验的内容、结构及其组合规律。冯特雄心勃勃，力求通过对人类意识经验的探索而掌握人类心灵的整体规律，其最终目的是"成为关于心灵认识的拿破仑"（黎黑，1998，p. 346）。由于冯特的心理学研究经常使用实验方法，并通过对人类整体意识经验内容的分析、还原以探求其规律，因此，冯特的心理学常常被称为意识心理学、实验心理学、内容心理学、元素心理学以及构造心理学。

冯特心理学体系是由两部分构成的。其中，第一部分是个体心理学，第二部分是民族心理学。个体心理学研究个体的意识过程，也就是通常所说的实验心理学；民族心理学则是以人类的高级精神过程作为研究对象，也就是社会心理学。

冯特在一生的研究中，将绝大部分时间用于个体心理学的构建。他遵循自然科学的传统，运用实验内省法，努力使心理学能够获得自然科学一样的地位。另外，冯特在晚年投入了大量的精力，采用分析和研究语言、艺术、神话、宗教、社会风俗、法律和伦理等社会历史产物的方法，专门研究了民族心理学。

（二）冯特心理学的内容

1. 心理学的对象

冯特认为，心理学与自然科学一样，都是关于经验的科学。不同的是，自然科学的研究对象是间接经验，心理学的研究对象是人类的直接经验。冯特将人类的经验分为两部分，即经验的主体与经验的客体。经验的主体部分包括感觉、感情、意志等因素，这些因素是主体直接经验到的；经验的客体部分则是人通过对外部世界的经验间接推论而获得的。冯特认为，心理学的研究对象是人直接经验到的因素。他说："一块石头、一棵植物、一种声音、一束光线，在作为自然现象处理时是矿物学、植物学、物理学等的对象，然而就同时是观念而论，它们又是心理学的对象。"（车文博，2001，p. 213）

冯特将心理学的研究对象与自然科学的研究对象统一起来，使得心理学摆脱了旧的哲学心理学的研究范式，客观上促进了心理学在科学道路上的发展。但是，冯特混淆了心理与经验、经验与客观事物的区别。这实质上是一种主观唯心主义的观点。

2. 心身关系理论

　　在身心关系问题上冯特主张身心平行论。他认为,人的心理与生理是两个独立的过程,尽管二者具有协调性,但并不存在因果关系。冯特说:"心理现象不可能像因果关系那样涉及身体现象。尽管心理过程与体内明确的生理过程相联系,尤其与脑内的生理过程相联系,但是这种联结关系只能被认作是同时存在着的两个因果系列的平行,由于它们条件的不可比较,不会直接发生相互干扰等问题。"(冯特,1997,p.470)

　　冯特把心理与生理过程看做两个独立的过程,把心理只限于心理,将生理过程尤其是脑的过程排除在外。这实际上是把生理现象与心理现象看做两种独立并存的本质,这在本质上是一种唯心主义的二元论。

　　虽然冯特的身心二元论在理论上是错误的,但是也具有积极的意义。冯特把生理过程与心理过程截然分开,在某种意义上避免了将生理过程与心理过程相混淆,也避免了将心理过程简单地还原为生理过程。通过身心平行论,"冯特不再把心理学看做生理学的简单延伸"(黎黑,1998,p.349),加强了对心理现象自身规律的研究,促进了心理学的发展,为心理学的独立提供了有利的条件。

　　3. 心理学的研究方法

　　冯特主张心理学研究必须借鉴自然科学的研究方法,以此来摆脱传统哲学对心理学研究的束缚。冯特从其理论体系出发,确定了两种心理学研究方法。

　　(1)实验内省法

　　冯特认为心理学的研究对象是直接经验,而物理学的研究对象也是经验。在这个意义上,心理学的学科性质是自然科学。因此,心理学研究也可以采用物理学式的实验方法进行。冯特对实验方法非常欣赏,认为实验方法可以使心理学真正成为一门科学。他充满信心地说:"实验乃是自然科学取得决定性进步的源泉,它使我们的科学观产生了革命。现在,让我们将实验应用于心理科学吧。"(冯特,1997,p.11)

　　冯特主张将内省法与实验法结合起来。内省法是心理学特有的研究方法,是指通过个体对自己内心活动的观察、体验和陈述来研究其心理活动的方法。冯特认为,单纯的内省法是任意的和无法控制的,并不能对科学心理学产生积极的作用,必须将自然科学的实验法与内省法结合起来,才具有科学性和可靠性。在此基础上,冯特提出了实验内省法。他将实验内省法定义为:借助于实验进行内省的心理学方法,是一种科学的内省形式。在实验内省法中,被试被置于标准的、可以重复的情境之中,并要求用简单的、确定的回答来作出反应,这样就可以保证心理学研究的确定性与控制性。冯特将实验法引入心理学研究之中,与内省法相结合,一方面改造了传统的内省法,另一方面也增强了心理学研究的科学性。

（2）民族心理学的方法

在探讨实验内省法的同时,冯特还发现了其他的心理学研究方法。随着对自己早期的心理学计划的调整,冯特不再将心理学视为纯粹的自然科学,而是把它作为一门介于"自然科学"与"精神科学"之间的学科。基于此,冯特认为实验内省法局限于实验被试的心理研究,只适于探讨更为严格的心灵的生理方面。冯特说:"我们无法对心理本身开展实验,只能在它的外围进行实验,也即对那些与心理过程密切联系的感觉和运动器官进行实验。"(冯特,1997,p.350)

冯特明确指出了实验内省法的局限性。他认为,对于人类的高级心理过程必须采用实验内省法以外的方法进行研究。冯特提出了民族心理学的研究方法,认为民族心理学的研究方法适合于"精神科学"研究,适合于探讨历史过程中,特别是在语言、神话和风俗中所表现出来的心理创造活动的内部过程。受到赫尔巴特等人的影响,冯特在《民族心理学》一书中指出,民族心理学的方法与实验方法具有同样的地位。冯特试图借助于对人类的文化产物的分析,进而说明人类高级心理过程,揭示社会心理的发展规律。民族心理学的方法弥补了实验内省法在研究人类高级心理过程方面的不足,有助于探讨人类心理发展的全面规律。

4. 心理学的任务

冯特的心理学思想更多的是受到了英国联想主义心理学思想以及心理化学观点的影响。因此,冯特特别重视对心理经验进行元素分析,以求探讨心理元素复合的规律。冯特指出,心理学的任务就是研究心理复合体的元素及其构造的方式与规律。在此基础上,冯特将心理学的任务概括为三个方面:一是心理有哪些元素,二是心理复合体的结构如何,三是心理复合体形成有哪些规律。(车文博,2001,p.217)

（1）意识经验的分析

冯特认为,人类的各种意识状态都是以复合的形式出现的,人类复杂的意识内容可以被分解为最基本的单位,即心理元素。心理元素构成了意识过程,最基本的心理元素有两种:感觉与感情。感觉呈现人的经验的客观内容,而感情显示了经验的主观内容。感觉具有强度与性质两种特性。按照强度与性质的不同,感觉可以划分为视觉、听觉、触觉、嗅觉、味觉以及肤觉。在冯特看来,感情是伴随感觉而产生的,是感觉的主观补充,是感觉的伴随物。比如,严冬时住在温暖的屋子里,在感觉到身体温暖的同时也伴随着一种幸福感或满足感。

冯特认为感情与感觉一样,也具有性质和强度。1896年,冯特提出了感情三度说。他认为存在着三对方向相反的基本感情:愉快-不愉快,兴奋-沉静,紧张-松弛。比如,吃糖的时候,不仅感觉到甜味,同时还会产生愉快感,与愉快相对的是不愉快的感情。不同的颜色会导致不同的主观体验,如看到红色会引起兴奋之感,而青色会引起沉静之感。又比如听节拍器响声,当期待的"咔哒"声到来前,心里常有紧张感,而当"咔哒"声刚过去,则会立刻产生松弛感。在感情三度说中,每一个维度代表了一对感情元素沿相反方向的不同程度的变化,三个维度相交于零点。每一种具体的情感体验就可以按照这三个维度而确定它所处的位置。冯特的感情三度说在当时引起了人们对情绪、情感的广泛研究和争论。他的学生铁钦纳坚决反对这一学说。铁钦纳认为,冯特对感情的另外两个维度的补充并不合理,甚至完全没有必要。铁钦纳认为,无论是兴奋与沉静还是紧张与松弛都不构成如愉快与不愉快那样一种心理上的截然相反的过程。在他看来,无论兴奋和沉静,还是紧张与松弛,都不是一种单纯的感情因素,而是包含了有机体感觉的一种复杂的心理经验。

冯特的感情三度说将人类的感情视为既是心理上的主观体验,又是伴随有某种身体的反应。这在当时具有积极的影响。尽管冯特试图根据感情三度说的相关实验,从生理方面(如脉搏、呼吸等)找到相应的曲线、指标,但没有成功。不过,冯特的这种尝试推动了情绪的生理基础的研究。

(2)意识经验的复合

冯特认为,一方面,人类的意识经验可以被分解为心理元素;另一方面,心理元素也可以按照一定的原则和规律结合成各种心理复合体。冯特认为心理元素是通过联想和统觉而形成各种意识经验的。

冯特受到联想主义思想的影响,借用了联想主义心理学的核心概念"联想"来说明心理元素的结合方式。他认为联想的方式有四种基本形式:

融合:即不同的心理元素融为一体。心理复合体一经形成,就是一个整体了。

同化:即人们常常用等同性的观点来对待新的经验,人们总是习惯于为一个新的经验寻找一个与之类似的匹配物。

复合:不同种类的感觉或感情共同组成一个复合体,如听到枪声的时候就会联想到枪的形象。冯特的这一概念来自于赫尔巴特。

相继性联想:即记忆的联想,如再认、回忆。

冯特认为通过联想的方式组合成心理复合体是一种被动的过程,不受意志的影响。除此之外,心理元素的组合过程还可以通过统觉的方式进行。冯特继承了德国统觉心理学思想,认为统觉是一种创造性的综合,受意志的影响,是一种主动的过程,包括关联、比较、综合、分析依次上升的四种统觉组合的功能。冯特强调统觉的主动性与统合性,认为心理元素通过统觉的创造性综合形成了与原来成分不同的、新的心理复合体。统觉体现了冯特心理学中的整体性思想。但是,后来的心理学家很少采用冯特提出的"统觉"概念,甚至抛弃了这一概念。

冯特认为心理复合体的形成有三个基本规律或原则。

创造性综合原则:不同的心理元素组成了心理复合体,心理复合体就具有了新的性质。新的性质并不是原有的心理元素的简单相加。冯特的这种心理化学思想来自约翰·穆勒的思想,但冯特并不是彻底的心理化学主义者,冯特更强调统觉的作用。

心理关系原则:指心理元素之间的相互关系决定了各个元素的意义,也就是每一个心理内容都通过与其他的心理内容所处的关系而获得意义。冯特通过心理关系原则表达了重视整体关系的观点。

心理对比原则:指心理内容中一些相互对立的内容由于对立而加强。例如感觉中的对比现象,刚喝完苦味的药水,紧接着喝糖水会觉得比平时甜。

三、对冯特的评价

(一)冯特的历史贡献

1. 冯特的最大贡献就是使心理学成为了一门独立的学科

"心理学有一个长的过去,但却只有一个短的历史。"(车文博,2001,p. 227)西方心理学虽然有很长的过去,但是一直是哲学的附属品,长期处于哲学式的内省与思辨之中,没有自己的独立地位。

冯特反对灵魂说,主张无灵魂的心理学,强调心理学对象的特殊性与独立性。他说:"今天的心理学,既不愿意向哲学否认它有权占据这些问题,又不能对哲学问题和心理学问题的密切关系进行争辩。但是,在某一个方面,它已经经历了立场观点的剧烈变化。它拒绝承认心理学研究在任何意义上依赖于以往的形而上学结论,它宁可把心理学与哲学的关系颠倒过来。"(冯特,1997,p. 2)冯特明确指出心理学要从哲学中分化出来,保持学科的独立性。冯特充分吸收了当时的哲学心理学、生理学以及心理物理学的成就,将实验法引入心理学研究,并建立了世界上第一个心理学实验室,使得心理学成为一门独立的学科。美国心理学史研究者墨菲说:"在冯特出版他的《生理心理学》与创立他的实验室以前,心理学几乎像个流浪儿,一会儿敲敲生理学的门,一会儿敲敲伦理学的门,一会儿敲敲认识论的门。1879 年,它才算是有个安身之处和一个名称。"(墨菲等,1980,p. 230)正是因为冯特的不懈努力,心理学从此成为一门独立的学科。

2. 冯特创立了新心理学——实验心理学

冯特之前的心理学并不具有科学研究的特征,而更多的是依靠直观的猜测与推断。与冯特同时代的,甚至比冯特更早的有些研究者也作过一些探索,比如,费希纳在 1860 年就出版了《心理物理学纲要》,但他们都没有进行更为系统的研究。冯特充分吸收了前人、同时代研究者的成果,并对这些成果做了许多整合的工作,明确地提出了促使心理学成为独立学科的理念。

冯特将实验法运用到心理学研究中具有划时代的意义,心理学研究从此真正步入了科学研究的领域,仅仅用了 20 年的时间就完成了一百多项实验研究任务。其研究涉及人类心理意识的诸多方面,主要有五个方面:第一,对人类感知觉的研究。第二,对反应速度的研究。第三,对注意分配和注意广度的研究。第四,对人类感情的研究。第五,对字词联想的研究。通过这些专业的研究,实验心理学取得了科学地位。

3. 培养了一支国际心理学专业队伍

冯特不仅创立了科学心理学,而且极大地促进了心理学研究队伍的壮大,为心理学在世界范围内的发展奠定了基础。莱比锡心理学实验室的建立,吸引了世界各国青年纷纷来到莱比锡学习心理学的实验方法,冯特的心理学实验室成为当时科学心理学研究人才的摇篮。来自各国的学生学成回国后,将科学心理学的研究方法带向各地,他们中间有的继续宣传冯特的思想,有的创建新的心理学实验室,有的努力建立自己的心理学体系,相当部分的学生后来都成为本国心理学发展的先驱。根据萨哈金(W. S. Sahakian)的统计,先后到冯特实验室学习的学生人数具体有:德国人(包括奥地利人)136 名,巴尔干人(罗马尼亚、保加利亚人等)13 名,英国人 10 名,美国人 14 名,俄国人 3 名,丹麦人 2 名,日本人 2 名,法国人 2 名(Sahakian,1982,pp. 137 – 138),其中有 34 人成为心理学界的知名学者,如美国的霍尔、卡特尔、安吉尔、闵斯特伯格,英国的铁钦纳、斯皮尔曼,德国的屈尔佩,俄国的别赫切列夫等。

(二)冯特的历史局限

冯特的理论体系显得庞杂和混乱,这与他的学术经历有密切关系。他早年受到了宗教的影响,同时还受到了德国古典唯心主义哲学的深刻影响。这些学术经历使得冯特在建立科学心理学体系的时候没有彻底性,理论体系因而也显得矛盾重重。

冯特将心理学的研究对象与自然科学的研究对象界定在同一范围,认为都是对经验的研究。这实质上是以经验取代了客观现实,混淆了经验与客观现实的区别,具有主观唯心主义的倾向。

冯特尽管宣称将实验法引入心理学研究,但是仍然没有摆脱内省主义的影响。内省法在他的研究中占有相当重要的地位。冯特认为内省法是心理学的主要研究方法,而实验法只能用于简单的心理现象,是内省法的一种辅助手段。冯特无法摆脱实验法与直接经验之间的矛盾,最后只能保留了内省法,并将内省法置于更重要的地位。

冯特尽管主张整体的心理学观,但是仍然具有元素主义的倾向。冯特运用心理化学的观点,强调把人类意识经验分解成简单的元素,并从中探寻心理元素的组合规律,带有明显的还原主义色彩。

无论怎样,冯特仍然是心理学发展史上一位举足轻重的人物,为心理学发展做出了不可磨灭的贡献。正如美国著名心理学家霍尔所讲的:"冯特到任何时候都将作为伟大的里程碑而永垂不朽。"(车文博,2001,p.226)

第二节 与冯特同时代的其他德国心理学家

一、艾宾浩斯

(一)艾宾浩斯的生平

艾宾浩斯(1850—1909)是德国实验心理学家,出生于德国巴门的一个商人家庭。17岁进入波恩大学,学习历史与哲学,其后曾在哈勒大学与柏林大学学习。1873年获得哲学博士学位,普法战争时曾在军队服务。1886年任柏林大学副教授,1894年任布雷斯劳大学教授,1905任哈勒大学教授。1867年前后,艾宾浩斯偶然在巴黎的一家旧书摊上买了一本费希纳的《心理物理学纲要》,费希纳研究心理现象的数学方法大大地影响了艾宾浩斯,他从此决心像费希纳一样,通过严格的系统的测量来研究记忆,用实验法研究人类的高级心理过程。1890年和1894年先后在柏林大学与布雷斯劳大学建立了心理学实验室。1890年艾宾浩斯与柯尼希(Konig)共同创办了《心理学与感觉生理学期刊》,该杂志的编辑包括赫尔姆霍斯基、黑林、缪勒、斯图姆夫等著名学者。1893年,艾宾浩斯发表了色觉理论。1909年,他应邀参加美国克拉克大学成立20周年校庆的时候,因突患肺炎去世,终年59岁。

艾宾浩斯的主要著作有:《记忆》(1885)、《心理学原理》(1897—1908)。其中,《记忆》被认为是艾宾浩斯最重要的著作。"这是划时代的,这不仅由于它所涉及的范围和文章风格的新颖,而且因为它立即被看做实验心理学突破了研究高级心理过程的障碍。艾宾浩斯开创了一个新领

域。"（舒尔茨,1982,p.75）

（二）艾宾浩斯关于记忆的研究

艾宾浩斯是心理学史上第一个对记忆开展实验研究的人。由于受到了联想主义思想的影响,艾宾浩斯批判了古典联想主义者缺乏科学论证的推论,创造性地运用实验法来研究记忆。艾宾浩斯对记忆的实验研究打破了冯特的禁区,冯特认为高级心理过程是不能用实验法研究的。因此,艾宾浩斯对记忆的实验研究具有伟大的创造性。

1. 研究的方法

首先,艾宾浩斯创造了无意义音节的研究方法。艾宾浩斯注意到记忆过程中的识记材料具有相当的复杂性,没有统一性。为了加强研究的客观性,艾宾浩斯认为在实验中不能采用有意义的文字材料,因为有意义的文字材料本身包含了旧经验的影响及意义联想。艾宾浩斯在实验中创造了一种无意义音节的方法,最大限度地保证了实验研究的客观性。无意义音节是用两个辅音中间加上一个元音所构成的,是一个没有任何语义的音节。艾宾浩斯用德文字母编成了 2 300 个无意义音节,如 ZOG、NOZ、GHD 等,然后由几个音节合成一个组,进而组合成一份实验材料。由于这些无意义音节材料没有意义的联想,也排除了知识经验的干扰,只能依靠反复背诵才能记住,因此,就保证了记忆实验研究的科学性。

其次,艾宾浩斯创造了节省法。艾宾浩斯在测量记忆效果时采用了两种方法:完全记忆法和节省法。所谓完全记忆法就是根据一词完全记住所需要的重复学习次数来计算分数的方法。艾宾浩斯为了更好地从数量上测量每次记忆的效果,还创造了节省法。节省法就是要求被试在第一次完全记住之后,隔一段时间后再学再背,然后对比前后两次记忆所花时间的长短,计算出两次记忆过程中所节省的时间和记忆次数。

2. 研究的贡献

首先,艾宾浩斯发现了人类记忆保持与遗忘的规律。他发现了在记忆保持过程中存在一条规律性的曲线,即著名的"艾宾浩斯曲线"。"艾宾浩斯曲线"揭示了人类的遗忘规律是"先快后慢",即学习后的不同时间里的保存量是不同的,遗忘的发展是不均衡的。在识记后的短时间内遗忘得比较快、比较多,以后保持量趋于稳定地下降,到了相当时间后几乎就不再遗忘。这表明了遗忘量与时间量之间是函数关系,遗忘量是时间的函数。后来的许多研究都证实了艾宾浩斯所揭示的规律。艾宾浩斯揭示的遗忘规律使人们具体了解了遗忘的进程,从而也帮助了人们采取相应的措施与遗忘作斗争。

其次,艾宾浩斯还对记忆做了大量的定量研究,并得出了一些有意义的发现:一是揭示了音节组的长度与速度的关系。随着音节组长度的增加,背诵的次数急剧上升。二是发现学习有意义的材料比学习无意义的材料速度要快得多。有意义材料的识记与无意义材料的识记的效果比例是1:10。三是发现了诵读的次数越多,时间越长,则记忆保持就越久。四是发现分配学习的效果要比集中学习好。五是发现了音节组内各项的顺序与记忆保持的关系。音节组内各个音节彼此相邻的保持效果要好于那些远隔和反向的音节。

最后,艾宾浩斯1867年创造了填充测验法。填充测验是指将测验题目中某些地方用括号代替,要求被试填出遗漏的字、词、短语或符号图案,以便考察被试的语文能力、观察能力、注意能力、记忆能力以及有关知识。这是一种测定儿童智力的工具,后来被广泛地运用于智力测验和学力测验,人们又习惯将之称为"艾氏测验"。

3. 评价

艾宾浩斯在心理学史上第一次运用实验法研究高级心理过程,开辟了实验心理学研究的新领域。尤其是在记忆研究方面取得了杰出的成就,第一次对记忆作数量分析,揭示了人类记忆保持与遗忘的一般规律。艾宾浩斯的研究极大地促进了实验心理学的发展。但是,艾宾浩斯的研究也存在一些缺陷:第一,艾宾浩斯只对记忆做了数量上的分析,而没有涉及记忆内容的性质。第二,在记忆研究中过分依赖无意义音节,这与现实生活有相当的距离,由此得出的结论难免脱离现实生活。第三,回避了人类记忆是一个复杂的过程,将记忆简单地看做机械重复的结果。此外,艾宾浩斯对心理学理论和体系并没有什么特殊的贡献,没有形成正式的体系。

总体来说,艾宾浩斯的研究工作是富有创造性的。

二、格奥尔格·缪勒

(一) 缪勒的生平

格奥尔格·缪勒(Georg Elias Müller,1850—1934),德国心理学家,1850年生于德国萨克森州的哥里马,早年曾在莱比锡大学和柏林大学学习哲学与历史。1872年转入哥廷根大学跟随陆率学习了一年。次年,他写出了论文《感觉的注意学说》,并因此获得了博士学位。1876年获得讲师资格。1881年继任陆率在哥廷根大学的教授席位,时间长达40余年,直到1921年退休。缪勒的研究兴趣十分广泛,曾经研究过哲学、历史、考古学、艺术史、自然科学等。同时,他对心理学也有着强烈的兴趣。在哥廷根大学的四十余年工作中,缪勒花费了大量时间研究心理学问题。1881年到1922年,缪勒装备了很完善的心理学实验室,与冯特的莱比锡大学心理学实验室不相上下,并吸引了许多来自欧美的学生,开展了多方面的实验心理学研究,培养了一些有成就的心理学家。

与冯特不一样,缪勒是一位纯粹的心理学家。尽管缪勒没有像冯特那样提出一种心理学体系,但是他专注于心理学研究。缪勒的研究贡献也很实在,以至于铁钦纳的《实验心理学》第二卷延迟了两年,以便加进缪勒新著中的材料。

缪勒的主要著作有:《心理物理学基础》(1878)、《心理物理法的观点和事实》(1903)、《记忆与想象活动的分析》(3卷,1911—1917)、《复合说与格式塔学说》(1923)、《心理学纲要》(1924)、《论色觉:心理物理学研究》(2卷,1930)。

(二)缪勒的主要研究

缪勒的研究是纯粹的心理学研究。与冯特不同,尽管缪勒早期受了哲学训练,但他的研究并不涉及哲学问题。波林因此评价道:"只有缪勒才脱离了其初恋的哲学,而专攻于心理学。"(波林,1981,p. 420)缪勒专门研究视觉和听觉的心理物理学,并涉及记忆问题。

1. 心理物理学的实验研究

缪勒在心理物理学方面的贡献主要体现在修订和补充了费希纳的心理物理学理论。缪勒受到了费希纳的影响,但是并不完全赞同费希纳的心理物理学观点。他既吸收了费希纳心理物理学的成果,又修正了其观点。缪勒反对费希纳在心理物理学上的心物平行论观点,强调要确立其生理基础。缪勒不同意费希纳把刺激进入心灵的损失称为"通行税"的心物二元论。费希纳认为,当感觉兴奋性从生理传递到心灵时,感觉传入总要损失一些,而且这种感觉传入的损失量与所增加的刺激量比例数是相同的。缪勒则认为,这种损失是由于神经系统上的原质有所消耗发生的。那个先前引起感觉的神经兴奋已经产生相当的氧化作用,要产生刚刚觉察到的差别感觉,就需要增加相应强度的刺激才有效果。因此,这种损失不能以心理物理学来解释,而要用生理心理学来说明。缪勒还继海林之后提出了心理物理学的定理,即心理过程如何与生理过程相当的原理,这是格式塔心理学的同型论的前身。此外,缪勒还对费希纳的心理物理学实验技术作了改进。

2. 颜色视觉的研究

缪勒对颜色视觉做过相当多的研究,并广泛地批评和详细地说明了费希纳心理物理学的研究。缪勒修改并补充了海林的色觉说。海林的色觉说假定,感觉是由新陈代谢的同化作用与异化作用引起的。这种假定解释不了这样一种现象,即同化作用一般不引起感觉。因此,缪勒认为海林的色觉说并不完全科学。此外,按照海林的假定,彩色或黑色互相平衡后应该没有任何感觉,但实际上还有灰色的感觉。缪勒便假定大脑皮质中存在着灰色的作用,所以在彩色与黑色平衡后仍有灰色的感觉。缪勒的这个假定被后来许多人接受,包括海林学说的支持者。

3. 记忆的实验研究

缪勒很早就开始了学习和记忆的实验研究。缪勒卓有成效的研究工作进一步验证和扩大了艾宾浩斯的许多研究结果。缪勒与助手以及他指导的学生进行了许多记忆实验研究。

首先,缪勒发现艾宾浩斯的方法过于客观化,在从事学习研究的时候,不记录任何内省的心理过程。缪勒认为艾宾浩斯的研究使得人类的学习过程变成了一种机械的或自动的过程,而事实上,人类的学习过程是一种非常活跃的心理过程。因此,缪勒在采用艾宾浩斯的客观研究方法的同时,还加上了内省报告。缪勒通过研究证实,实验中被试的学习不是机械地进行的,被试是非常主动地从事学习的,是在有意识地组织和组合材料,甚至还在无意义音节中去寻找意义。

其次,为了使记忆实验研究更加精确,缪勒与舒曼共同发明了记忆鼓,使得在记忆实验中对记忆材料的统计更加精确。另外,缪勒发现整体学习比分段学习效果好。他认为,将学习材料一遍又一遍地诵读直至理解和背诵全文的效果,要比将材料分成段或部分地分段学习的效果好。这一结论有道理,但是不能绝对化,因为这里面涉及诸如学习材料的性质、个体的学习习惯以及知识经验等诸多因素。

再次,缪勒发现定势对记忆效果有很大影响。缪勒在与舒曼进行重复辨别研究的时候,发现了定势的现象,即多次判断一个标准刺激物较重于一个比较刺激物以后,即使呈现一个比标准刺激物更重的比较刺激物时,被试仍做出标准刺激物重于比较刺激物的判断,反之亦然。缪勒指出,定势就是对某一特定的知觉活动的准备性心理倾向。这个发现也对屈尔佩的思维试验产生了很大的启发作用。

最后,缪勒还与格式塔心理学展开了论战。缪勒提出复合说来对抗格式塔心理学。缪勒认为,复合就是集合或理解,而集合掌握又分为两种:一种是同时集合掌握,另一种是继时集合掌握。缪勒认为,集合掌握比较容易引起,引起集合掌握的因素称为内聚因素。内聚因素包括空间因素、经验因素等多项。缪勒认为格式塔所谓的"完形"就是一种复合的性质。缪勒试图用"复合"取代"完形"。格式塔心理学的主要代表苛勒1925年发表《复合学说与完形学说》一文,与缪勒展开辩论。这场辩论在当时的心理学界引起了很大的震动。

三、缪勒的学生

缪勒创建的心理学实验室吸引了大量的学生前来学习,缪勒一生培养了许多有成就的学生,为心理学的发展做出了杰出的贡献,因此也被国际心理学界誉为"德国心理学界的老专家"。

缪勒的学生中有不少对心理学发展做出贡献的人,如匹尔捷克、舒曼、乔斯特、杨施、鲁宾以及卡茨等人。

(一)匹尔捷克

匹尔捷克(Alfons,Pilzecker 1865—1920)从1886年到1900年一直在哥廷根大学进行研究工作。他早期研究注意,1889年在缪勒的指导下写出了博士论文《感觉的注意学说》,这与缪勒1873年发表的论文同名。此后,匹尔捷克还与缪勒共同研究记忆,采用联对法研究记忆,论述了方法与反应时间对于指示联想强度的重要性。

(二)舒曼

舒曼(F. Shulman,1863—1940)曾是缪勒在哥廷根大学的学生与助手。1894到柏林作斯顿夫的助手,后来先后在苏黎世大学和法兰克福大学任教。舒曼与缪勒在记忆研究中发明了记忆鼓。舒曼的研究特长是关于视觉的空间知觉研究。舒曼与格式塔心理学有着某些联系,他曾经帮助韦特海默制作了用于似动现象实验的仪器。

(三)乔斯特

乔斯特(Adolph Jost,1870—1920)于1895年采用"无误联想法"得出了乔斯特法则,即若给予新旧两种联想同样的复习次数,那么旧联想的保持效果要优于新联想。"乔斯特法则"后来被缪勒与匹尔捷克的研究进一步发展了。缪勒与匹尔捷克认为反应时间可以用来表示联想的强度。

(四)杨施

杨施(Erich Rudolf Jaensch,1883—1940)于1920年首次提出了"遗觉像"的概念。杨施认为,遗觉像就是指在刺激消失后遗留下来的清晰视觉影像。例如,一些人在看完一幅画后,会在灰墙上看到同样的画面,而且画面的细节非常清晰,仿佛是复制的一样。这种现象往往存在于儿童时期,青少年和成年人较少见。而且,并不是所有的儿童都具有遗觉像,大概有5%的儿童有这样的经验。杨施认为可以按照遗觉像来划分人格类型:一种是B型的人,记忆影像经验是生动的,也称为整合型;另一种是T型的人,记忆影像经验不生动,也称为非整合型。不过,对于遗觉像的成因、实质、作用等问题仍没有明确的结论。

（五）鲁宾

鲁宾（Edgar John Rubin,1886—1951）是丹麦著名心理学家,哥本哈根学派的奠基人。1915 年,鲁宾因为研究视觉中图形与背景的关系获得博士学位。鲁宾将视觉的结构分为图形与背景两部分,图形是视野中有明显标志的部分,印象更为深刻,更占优势。背景则是指视野中的其他部分。图形与背景的关系并不是固定不变的,它们之间可以相互转化。随着人的注意点的转移,图形与背景的关系会相应变化,这也体现了知觉的选择性。这种整体的关系被后来的格式塔心理学理论吸收。

（六）卡茨

卡茨（David Katz,1884—1953）曾经担任缪勒的助手长达 11 年,1906 年获得博士学位。卡茨以研究颜色现象闻名。赫尔姆霍兹曾用无意识推理来说明色觉、空间大小以及形状知觉的恒常性。他认为,我们能在不同环境中辨别出同一有色物体,例如,我们能在日光下分辨出煤是黑色的,雪是白色的,同样我们也能在黑暗中清楚地辨别出煤是黑色的,雪仍然是白色的。赫尔姆霍兹认为这是因为我们日常经验的无意识推理的结果。海林不同意赫尔姆霍兹的观点,认为这是由于大脑皮质受同一刺激而留下的"记忆颜色"所产生的。

卡茨赞同赫尔姆霍兹的观点,也主张用心理经验来解释。卡茨 1911 年出版了《颜色世界》一书,指出有三种颜色模式。第一种是表色,是在客体上知觉到的二维色;第二种是泛色或膜状色,是在分光镜上观察到的;第三种是三维色,是三维的半透明体可证明的。卡茨的多重结构思想与格式塔心理学的观点接近。

总之,缪勒及其学生对心理学研究做出了杰出的贡献。缪勒的工作主要属于内容心理学的范畴。但是缪勒并不拘泥于冯特的内容心理学,也不完全遵循还原主义的方法论。缪勒主张并支持学生采用现象学的整体描述。这与格式塔心理学有着某些关联,有人甚至还将缪勒称为格式塔心理学的先驱。因此,不能简单地把缪勒称为内容心理学家。缪勒及其学生对心理学的贡献很大,以至于波林评价道："就影响及学派而言,缪勒仅次于冯特而已。"（波林,1981,p.425）

第三章

构造心理学与机能心理学的对立

构造主义心理学在基本理念和方法上深受冯特的实验心理学的影响,与机能主义心理学存在着明显的对立和冲突。这种对立和冲突对西方心理学产生了广泛而深远的影响。

第一节　铁钦纳的构造心理学

构造主义心理学是由美国心理学家铁钦纳创立的。在学习和了解铁钦纳构造心理学的基本理论之前,有必要对铁钦纳的工作和生活有一大致了解。

一、铁钦纳的生平

铁钦纳(Edward B. Titchener,1867—1927)出生于英格兰奇切斯特的名门望族。由于父亲英年早逝,铁钦纳的童年比较困窘,而这并没有影响到他接受良好的教育,优异的学习成绩为他赢得了许多奖学金,其中的马尔文学院奖学金使他有幸进入了这所英国著名的学校。在马尔文学院,他同样表现得十分出众,频繁获奖,以至于在他又一次上台领奖时,负责颁奖的美国大使、著名的诗人洛厄尔(James R. Lowell)调侃地说:"我不愿再看到你了,铁钦纳先生。"

中学毕业后,铁钦纳到牛津大学学习哲学,并于1889年获得哲学学士学位。随后铁钦纳又在牛津大学的生理学实验室工作了一年,在此期间他翻译了冯特第三版的《生理心理学》,并因此对生理心理学产生了浓厚的兴趣,遂决定去莱比锡跟随冯特研习生理心理学。铁钦纳到莱比锡两年以后就获得了博士学位。虽然铁钦纳只跟冯特学习了两年的时间,但这两年却对铁钦纳的学术生涯产生了持久、决定性的影响,他接受并坚持冯特心理学的基本理念和方法,并且一直把自己视为忠实的冯特主义者。

完成学业回到牛津大学后,铁钦纳发现要想在英国得到一个固定的心理学教席非常困难,因为牛津大学并不重视心理学研究。所以铁钦纳就转赴美国,准备接替安吉尔在康乃尔大学的教职和研究工作。1892 年,铁钦纳到达康乃尔大学,三年之后,荣升教授。铁钦纳在康乃尔大学生活了整整 35 年,直到他去世。在这 35 年中,铁钦纳培养了 54 名心理学博士,并且发表了大量论著,其中包括 216 篇论文和评论,翻译了多部冯特和屈尔佩的著作,出版了《心理学纲要》(1896)、《心理学入门》(1898)、《实验心理学》(1901—1905)和《心理学教科书》(1909—1910)。他的《系统心理学:绪论》一书,由韦尔德根据他未完成的遗著于 1929 年编辑出版。

作为教师,铁钦纳的讲课很有吸引力。他所在的心理学系的同事都来听他开的研究生课程,从中了解了许多心理学的新发现和理论洞见,而研究生则为他的博学和睿智所折服。铁钦纳还是一个要求严格、一丝不苟的教师。他为学生指定研究课题,认为他提出的问题才是真正的心理学问题,并且要他们服从他的权威。

铁钦纳不仅是个成功的学者和教师,而且兴趣广泛、才华横溢。由于从小生活在以罗马废墟闻名的奇切斯特城,他一生都对历史感兴趣,还收藏珍稀古币。他精通哲学、自然科学,擅长文学和音乐。他卓有建树和多姿多彩的一生,为心理学史留下了浓墨重彩的一笔。

二、构造心理学的哲学基础

铁钦纳虽然在康乃尔大学整整工作了 35 年,在美国度过了自己的学术生涯,但他却认为:"我本人显然是个英国的心理学家,如果这个形容词意味着国籍的话;假如它意味着一种思维方式,我希望自己也是如此。"(Roback,1964)并且,他一直是"在美国的一个代表德国心理学传统的英国人"(Boring,1957,p.410)。由此看来,铁钦纳并不认同美国的文化和思维方式,而一直坚守欧洲文化传统。因此,虽然构造心理学产生于美国,却带有明显的欧洲文化的烙印。

(一) 经验主义

铁钦纳在跟随冯特学习心理学之前,在牛津大学研习哲学。17 至 19 世纪的英国哲学,经验主义和联想主义占主导地位,铁钦纳深受其影响。这两种哲学思想连同经验批判主义一起,成为构造心理学主要的哲学基础。

经验主义主张摆脱宗教神学的玄思,将经验世界作为哲学的对象,把知识置于经验的基础之上。虽然经验主义认为观念和经验还有其他来源,如天启、反省和内在感觉,但它强调人类所有知识和观念都来源于感觉印象。然而感觉所提供的只是一些认识材料,是一些简单观念或认识元素。简单观念虽然是实在的,但对于人的认识而言是不够的,心灵通过自己的创造能力,将这些简单观念构成新的复杂观念,成为心灵的模型或原型。经验主义对铁钦纳的影响表现在,他以心理学的研究对象即意识,分析为元素,指出人的意识和心理现象就是由这些元素构成的。

（二）联想主义

联想主义可上溯到柏拉图。他认为,在时间上同时发生的事件倾向于在心灵中被联系起来,产生联想。亚里士多德则根据对自己回忆的研究,提出了三条联想律,即相似律、对比律和接近律。联想主义通过 17 到 19 世纪的英国哲学家的努力,成为哲学中用来解释心理的一个主要概念。英国联想主义的基本理念是,心理事件是由联想规律控制的,在意识中发生的一切是由心理事件彼此之间的联系决定的。从联想主义的角度来看,心理学主要有以下三个问题:为什么心理事件能产生联想? 控制联想形成的规律是什么? 心理事件经过联想之后是否发生了变化? 铁钦纳构造心理学所提出的基本任务与之十分相似,表现出了联想主义的痕迹。

（三）实证主义

实证主义,主要是马赫和阿芬那留斯的经验批判主义,也对铁钦纳产生了深刻的影响。实证主义是一种比较复杂的哲学观念,它主张关于世界的正确知识必须以自然科学的方法为基础,那些超越客观事实的宗教和哲学思辨性的概念是无效的。马赫和阿芬那留斯的经验批判主义是实证主义的第二代。在马赫看来,物质不是第一性的,而要素,即感觉,是第一性的。物质以及自我都是要素的复合。马赫把经验当做哲学的出发点,接受了贝克莱关于物是感觉的复合的观点。与贝克莱不同的是,他用要素代替感觉,使要素成为一种非心非物的中性东西,认为这样可以避免主观片面性。要素不是精神或物质的实体,它是一种假定或函数关系,只有在一定的关系或相互依存中,才可获得物理或心理的性质。阿芬那留斯是一位马赫主义者,不过,他没有继承马赫的要素概念,而是提出了纯粹经验的概念。这个纯粹经验既可以是物理的东西,又可以是心理的东西。他声称这样做的目的,是要清除经验的客观基础和主观内容。阿芬那留斯又将纯粹经验分为两种,即从属经验和独立经验。

马赫和阿芬那留斯对铁钦纳的影响表现为:其一,他们以感觉为哲学研究的出发点,铁钦纳则以感觉为其心理学研究的起点,并把它视为心理的基本元素。因此,铁钦纳的心理学体系可被视为"与冯特唯意志论明显对立的感觉主义"(黎黑,1990,p. 255)。其二,铁钦纳用阿芬那留斯的独立经验和从属经验,代替冯特的直接经验和间接经验。铁钦纳曾经说过:"人类经验……可以从不同的角度来看。首先,我们将把经验视为完全独立于任何一个特定的个体。我们将假设,经验一直在进行而不管个体是否在经历着它。其次,我们将把经验视为完全依赖某个特定的个体。我们将假设,只有当某人经历着它的时候,经验才可进行。"(Titchener,1923,p.6)铁钦纳不仅用马赫的经验论确立了自己的研究对象,而且还为心理学划定了范围,并将经验的从属性和独立性作为区别心理学和物理学研究对象的标准,认为心理学和物理学都研究经验,但心理学的经验是从属于个体的,而物理学的经验则独立于个体。

经验主义、联想主义和经验批判主义给构造心理学提供了认识论基础,同时也确定了构造心理学的方法论和发展方向。

三、构造心理学的体系和方法

(一)构造心理学的研究对象

同冯特相似,铁钦纳也认为心理学是一门关于心理和意识经验的科学,对象是人的经验。但是在铁钦纳看来,心理和意识是有区别的。心理是指一个人一生所发生的心理过程的总和,而意识则是指发生于任何特定的、当前时刻的心理过程的总和。他用总和来表示心理学研究的是整个经验,而不是它的一个有限部分。虽然铁钦纳将心理和意识都视为心理学的对象,但是它更重视意识,把它作为心理学研究的"直接对象"。

铁钦纳将经验分为独立经验和依存经验。在他看来,所有科学的研究对象都是经验,物理学和心理学所处理的是同样的物质和材料,区别在于物理学等自然科学研究的经验是不依赖于经验者的经验,心理学研究的是依赖于经验者的经验。"假如自然科学的经验是间接的,那又如何可以观察呢?即是说对象又如何是间接的呢?"(Titchener,1923,p.543)所以他指出,我们应当"把心理定义为人类经验的总和,认为人类经验依赖于经验着的人"(舒尔茨,1981,p.98)。

(二)构造心理学的任务

关于构造心理学的任务,铁钦纳曾作过明确的论述,就是"分析心理的结构,把基本过程从意识的缠结中拆解出来,或者把一定意识组织的组成成分分离出来"(Titchener,1898)。具体而言,构造心理学的任务有三个方面:(1)将具体或实际的心理经验分析为最简单的成分,即回答"是什么"的问题;(2)发现这些元素是如何结合起来的以及结合的规律有哪些,即回答"怎么样"的问题;(3)把这些元素和它们的生理或身体条件联系起来,即回答"为什么"的问题。

对于第一项任务,铁钦纳研究得最为充分。他把意识经验分析为三种基本元素,即感觉、意象和感情。感觉是由物理对象引起的,包括声音、光线、味道等,是组成知觉的元素;意象是一种近似于感觉的心理过程,但又与感觉不同,它在想象中或感觉刺激消失之后以及感觉刺激未出现之际皆可存在,是观念的特有元素;感情是情绪的元素,不同感情的结合形成诸如幸福和悲伤、爱和恨等情绪。铁钦纳认为情感只有一个维度或两个类别,即愉快-不愉快,而不是冯特所说的三个维度或类别。在铁钦纳看来,紧张-松弛和兴奋-沉静可以称为感觉-情感,甚至可以归之于感觉,因为它们是机体感觉和真正感情的结合。

在对意识经验分析的基础上,铁钦纳又对感觉等基本元素作了最为详尽或繁琐的分析。比如他分出的感觉元素多达44 435种,其中视觉元素32 820种,听觉元素11 600种等。

除了对意识进行分析之外,铁钦纳也对意识元素的性质作了界定。他认为意识的元素有五种,即性质、强度、持久性、清晰性和广延性。性质是指将感觉和意向等其他心理元素区别开来的特征,如一种光线的"蓝"(blueness)或一种音调的"高度"(highness)等。强度是指心理元素,如感觉的强弱程度。持久性则表明感觉和意象等心理过程持续时间的长短。清晰性主要是说明意识过程中对象和背景的区别程度,同时也指注意在意识经验中的地位。当一种意识经验处于注意的中心时,就能够被清晰地意识到,而处于注意的边缘时,清晰性就会降低。铁钦纳认为,并非所有的心理元素都具有这五种性质,比如情感就缺乏清晰性,而感觉和意象则具备以上所有性质。

在心理元素如何结合的问题上,铁钦纳没有像冯特那样提出一套具体的原则或规律,但由于这个问题是他的心理学的主要任务之一,他对此也作了阐释。他认为,组成复杂经验的一些元素会被出现的其他元素所掩盖。具体而言,铁钦纳从两个方面解释了心理元素的综合。其一是意义的语境理论(the context theory of meaning)。在铁钦纳看来,意义如同注意一样,是某种属于我们意识经验的东西,在这种意义上,它是产生感觉和意象的语境的结果。诸如感觉、意象和感情这些基本的心理元素或心理事件仅被我们所经验,它们本身不具有意义,但我们所知觉到的世界却是有意义的,这是由于心理元素的组合或安排,使得无意义的感觉形成了有意义的知觉。例如,红色本身并无意义,但是当它在意识中与一种圆形的形状、光滑的感觉以及一种甜香味联系起来的时候,我们就知觉到了一只苹果。这就是说,当红色获得了意义的同时,若干种心理元素被结合起来了。因此,意义或一客体以及一客体的整体属性,如一本书,就是个别心理元素的总和。但是铁钦纳又指出,由语境而产生的意义并不存在于个别的心理元素中。

关于心理元素结合的第二条途径,铁钦纳认为是联想,而不是冯特的统觉。他同意休谟的观点,把联想对心理学的作用视为引力对物理学的作用。他认为某一时刻在意识中出现的感觉或意象都会伴随着早期意识中曾产生过的感觉或意象,并把这种现象称为联想律。虽然联想律包括相似律、接近律、近因律和频因律等,但铁钦纳主张,所有这些联想律都可归结为接近律。借助于接近律,可以把两个同类心理元素、两个以上的同类心理元素和不同种类的基本心理过程结合起来。

构造心理学的第三个任务,实际上是要解决意识经验和生理的关系问题,也即身心关系问题。铁钦纳是一位身心平行论者。在身心平行论者看来,虽然心理和生理事件同时发生,但它们彼此并不互为因果。比如,红色的感觉不是由大脑皮层视觉中枢的神经化学事件引起的,反之亦然。但是视觉经验的变化总是伴随着大脑皮层视觉中枢的神经化学事件的变化。因此他认为,"身体过程……是心理过程的条件,对它们的说明会给我们提供心理过程的科学解释"(Titchener,1913,p.18)。他相信,可以脱离生理过程来研究心理过程,但是完整的心理学研究应该包括生理和心理之间的相关。显然,铁钦纳一方面要为心理事件寻找一个物质基础,另一方面又不想完全将其置于这个物质基础之上,这就使得心理过程或事件的"科学解释"变得含糊不清,也使得身体条件对心理事件而言似乎可有可无。

除了以上的三项任务之外,构造心理学还提出了三个问题:心理学应该被视为意识的科学吗?心理学的方法应该仅限于内省吗?心理学的主要任务应该是对心理元素的描述吗?对这三个问题的回答同三项任务一起,构成了构造心理学的主要内容和体系,也决定了它的方法。

(三)构造心理学的方法

在心理学的方法方面,铁钦纳持实证主义的观点,认为科学始于观察,而心理学中的观察就是内省。如果心理学要想成为一门自然科学,它所运用的观察方法就必须同物理学及其他自然科学一样精确。为了达到这个目标,铁钦纳给内省规定了种种限制,对内省者进行了更加严格的训练,只允许经过良好训练的观察者进行内省,认为这样才可保证内省的精确性。除此之外,内省者在内省时必须保持良好的情绪状态,对意识状态的描述要客观公正,不能把心理过程与被观察的对象(感觉与刺激)相混淆,否则就会犯"刺激错误"。铁钦纳将内省分为两个部分,即注意和记录。注意的特点是保持高度的集中,而记录的特点是精确性。通过上面的一系列措施,铁钦纳将冯特的实验内省改造成为了系统内省(systematic introspection),即有明确研究程序的内省。

总的看来,在研究方法上,铁钦纳只是对冯特的实验内省进行了改造,在某种程度上消解了实验性而突出了内省性,其结果使得内省方法的运用限制性更强,范围更小,主观性也更加明显,研究结果和效度也因而更加令人怀疑,以至于美国心理学家詹姆斯把这种内省及其结果称为"心理学家的谬误"。另一方面,这种方法也限制了构造心理学的研究范围,即只研究正常成人的心理,而将儿童、心理异常者以及动物心理排除在心理学的问题域之外,原因在于后者不能进行有效的内省。这同内省法一样,也招致了诸多批评。

(四) 构造心理学的具体研究

构造心理学的研究课题主要包括注意、联想以及情绪和情感。

在注意这一问题上,铁钦纳所作的研究较多。他将注意归于感觉,认为注意是感觉清晰性的一种表现,是由新异刺激引起的。他把注意分为被动的与主动的、有意的和无意的以及初级注意和次级注意等类型。初级注意由强烈的、新异的刺激所引起,是由刺激的特性所决定的,这种注意的产生通常是不由自主的,不受意志的控制,这是注意的第一个阶段,也是比较低级的阶段。次级注意是第二个阶段,引起次级注意的刺激物特征往往不明确,强度较低,缺乏新异性和吸引力,因此,需要意志的努力来维持注意过程。但是,如果注意的主体对注意对象产生了兴趣,这时注意就不需要意志的控制,而且可以恢复到初级注意,铁钦纳将此视为注意的第三个阶段,因为这种恢复在原有的基础上达到了一个更高的层次。除此之外,铁钦纳还对注意的持续性、惰性和注意的努力程度以及影响注意的身体条件等方面做了大量研究,取得了很多有价值的研究成果。

铁钦纳对联想的研究有三个特点:第一,将所有的联想律都归结为接近律;第二,排除了情感在联想中的作用,认为情感过程要在联想中发挥作用,必须有感觉和意象的参与;第三,铁钦纳以联想解释意义的形成。根据接近律,每一种感觉都有可能引起与此种感觉相关的感觉,由此产生了一系列的联想,从而使这种感觉获得了意义。

情绪和情感的研究也是铁钦纳心理学的主要课题之一。当时占主导地位的情绪理论是詹姆斯-朗格的情绪学说(James-Lange theory of emotion)。这个学说认为,人的情绪体验是由身体反应引起的,即先有生理变化,然后才有情绪体验。铁钦纳不同意这种看法,认为它不符合常识。按照常识,是情绪体验引起身体的反应。虽然身体反应能够引发情绪和情感,但激发情绪和情感的因素很多,如记忆中的感觉和意象、人的本能倾向、环境中的刺激以及生理状况等。

铁钦纳将情绪和情感分为三类,即情感、情绪和思想情感。其中情绪是由情感组成的,而思想情感处于最高水平,其内容比情绪和情感更加丰富。思想情感既包含着感受的成分,也包含着认识的成分,比如判别和评价等。

由上可以看出,铁钦纳对情绪与情感的解释比詹姆斯-朗格的情绪理论更具合理性,也带有明显的元素主义色彩。

四、铁钦纳的构造心理学与冯特心理学思想的关系

作为冯特的学生,铁钦纳与冯特在心理学的理念上基本相似,带有明显的冯特心理学思想的痕迹,但同时又有显著的不同。总的看来,铁钦纳的心理学主要是对冯特心理学的继承、发扬和改造。

同冯特一样,铁钦纳把经验作为心理学的研究对象,关注人类的情绪和情感问题,提倡以内省法为主要的研究方法。但他对以上几个方面进行了不同程度的改造,把冯特的直接经验和间接经验改变为独立经验和从属经验,将冯特所提出的情感的三个维度压缩为一个维度,即愉快-不愉快,又把冯特的实验内省改造为系统内省。

在对冯特的心理学思想继承和改造的同时,铁钦纳还极大地发扬了冯特的某些心理学思想。

首先,他把冯特的元素主义推向极端,对心理元素作了最为详尽的划分,扩充了心理元素的性质。

其次,他突破了冯特对内省法运用范围的限制,不但用内省法分析感知等基本的心理过程,而且用内省法研究记忆和思维等高级心理过程。

再次,铁钦纳发展了冯特心理学的自然科学性质。实质上对冯特而言,心理学是一门兼有自然科学特性和人文科学特性的杂合性科学(hybrid science)。冯特一方面沿循自然科学传统,运用实验内省法,致力于个体心理学的构建,另一方面又沿循人文科学的传统,为开展民族心理学研究做准备(车文博,1998,p.213)。在方法上,冯特并不局限于内省,还运用了社会历史产物分析法。铁钦纳却认为心理学完全是一门自然科学,无视冯特心理学的人文科学方面,并且将内省作为心理学的唯一方法。虽然铁钦纳在晚年出现了由内省转向现象学方法的倾向,但这只是在他的内省方法出现了困难(如不同个体的内省结果无法共证,内省的客观性无法保证)以后的一种变通而已。正如波林指出的,铁钦纳曾经驳斥过符茨堡的现象学,而且他始终是个守旧者(波林,1981,p.468)。

最后,铁钦纳突出了冯特心理学的分析性。虽然冯特认为对心理元素的分析是心理学研究的主要工作,但是他也注重心理元素的复合或结合,曾系统地提出了心理复合体形成的规律和原则,并作了详尽的阐释。而铁钦纳不但强调心理元素的综合必须建立在对心理元素的正确分析的基础之上,还把综合作为验证心理元素分析是否正确的一个途径。他曾经指出,当我们把一个复杂经验分析为 a、b、c 三个元素时,可以通过将它们重新组合

在一起来验证这种分析。如果通过综合恢复了那个复杂经验，说明分析就是正确的，否则就说明分析遗漏了某些组成成分（Titchener，1896/1921，p. 16—17）。显然，铁钦纳的综合是为分析服务的，而冯特的综合是分析的必然结果，是心理元素产生新质特点、人的认识从感性阶段提升到理性阶段的关键。因此，在冯特的心理学体系中，综合尤其是创造性综合具有重要的地位，但是铁钦纳却对冯特心理学中的分析更感兴趣。

五、对铁钦纳和构造心理学的评价

（一）主要贡献

构造心理学的贡献主要表现为，作为第一个从哲学中分化出来的心理学派，使心理学第一次脱离了哲学和生理学，有了正式的学术身份和结构，为新兴的实验心理学提供了有效的方法和资料，从负面推动了其他心理学派的发展。（车文博，1998，p. 256—257）

构造心理学另一个重要贡献是，用严格控制的内省法将科学的客观性和精确性引入了心理学。在研究过程中，铁钦纳一直追求科学的客观性，认为心理学的方法和物理学的方法是一样的，对物理事件的观察与对心理事件的观察是同等的。铁钦纳试图借助内省实现心理学的客观性和精确性。他指出，内省是一种严格而精确的观察，与早期哲学家有关心理的哲学思辨是不同的。因此要对内省者进行严格的训练，使他们排除无关刺激的干扰，以符合内省实验的要求，并且尽可能地进行精确的记录和测量。铁钦纳力图通过方法和方法论使心理学获得科学性，这一理念不但具有重要的价值，而且对心理学产生了深远的影响。实质上，使心理学成为一门科学的，不是研究对象，而是研究方法。这一点在冯特心理学中就表现出来了，铁钦纳不过使其更加突出而已。在当代，科学主义取向的心理学，比如认知心理学，也是通过运用信息科学的方法和方法论而获得和保持其浓厚的科学主义色彩，并且在心理学领域中处于主流地位的。

虽然铁钦纳所倡导的系统内省并没有使心理学获得客观性和精确性，并且为此招致了诸多的批评，而且他创立的心理学体系也没有生存下去，但是正如心理学史家维内（W. Viney）所言："他的严格的科学态度却被保留下来了，并且在实验倾向的心理学家中享有至高的荣誉。"（Viny，1998，p. 242）

铁钦纳作为一位出色的教师，培养了一批颇有建树的心理学家，如心理学史家波林、心理测量学专家吉尔福特和动物心理学家华虚朋等。除此之外，铁钦纳还创建了一个著名的心理学组织，即实验心理学家学会，促进了心理学家之间的交流和科学心理学的传播。

（二）主要局限

构造心理学的局限主要表现在以下几个方面。

首先,过分地限制了心理学的研究领域,将心理学的任务主要局限在对意识元素的分析上,认为任何不能被经过训练的内省者观察的心理过程,都是无关紧要的,应排除在心理学的范围之外。这样就在一定程度上阻碍了动物心理学、儿童心理学、变态心理学和医学心理学等心理学分支的产生和发展。

其次,由于铁钦纳强调心理学属于自然科学,而且是一门"纯科学",所以不主张用心理学的理论和技术解决社会问题,反对应用心理学。他认为应用心理学会损害对心理的研究,这显然是一种缺乏根据的偏见。铁钦纳之所以持这种观点,一方面是想维护心理学的"纯科学性",另一方面是他所采用的内省法使然。这种偏见使心理学严重脱离了社会现实和人类生活,成为一种"象牙塔科学",在一定程度上使构造心理学失去了发展的动力。然而也正是这种偏见给机能主义心理学提供了生长点,留下了广阔的发展空间。

最后,构造心理学研究方法单一化,过于倚重内省,使心理学不能完全脱离哲学思辨。同时它还重分析,轻整合,因而又具有内省主义和元素主义倾向。

虽然构造主义存在明显的不足,但它却是心理学史上一个比较成熟的学派,从正反两个方面给其后的心理学流派或思想提供了重要的启示。

第二节　美国机能主义心理学的兴起

机能主义是与构造主义相对立的一个流派,它没有明确的起始标志和终结点,是构造主义与行为主义之间的一个过渡。它也没有像实验心理学和构造心理学那样有冯特和铁钦纳这样的主要代言人和领袖。作为一个学派,其内部结构比较松散。但是,作为美国的第一个心理学流派,机能主义心理学与构造心理学相比,具有自己的特征。正如舒尔茨所言,机能主义探讨有机体适应环境的心理或机能。机能主义心理学集中在很实际的、功利主义的问题上,即心理或心理过程完成什么。机能主义者不从心理构成(即要素的结构)的立场来研究心理,而从心理是一种活动(机能)的集合体来研究心理,认为这种活动或机能可以在现实世界中产生显著的实际的结果。(舒尔茨,1981,p.113)

机能主义的哲学和科学基础是詹姆斯的实用主义和达尔文的生物进化论。实用主义与当时的美国社会现实和美国人的精神气质相吻合,进化论则从科学的角度论证了人的身心机能发生发展的过程。二者蕴涵了机能主义思想的脉络。

一、詹姆斯的心理学思想

詹姆斯是美国现代心理学的创始人,在美国心理学乃至整个西方心理学中都占有重要的地位。

(一) 詹姆斯的生平

詹姆斯(William James,1842—1910)出生于美国纽约一个富有而有教养的家庭。詹姆斯的父母非常重视子女的教育,并给他们提供了最好的教育机会。詹姆斯曾游学欧洲,在英国、法国和瑞士读过书,还到巴西做过生物考察,能流利地说法语、德语和意大利语,还接触到许多著名思想家、作家和心理学家,如艾默生(Ralph W. Emerson)、梭罗(Henry Thoreau)、萨克雷(William Thackeray)、冯特和赫尔姆霍茨等。1861 年,詹姆斯进入哈佛大学,学习当时比较流行的化学、生物学、解剖学和生理学等学科。但是他对文学、历史和哲学也很感兴趣。除此之外,他还学习过绘画,但因为眼疾而不得不放弃。1870 年,詹姆斯以一篇研究人身体冷效应的论文获得了硕士学位。这些生活和学习经历无疑开阔了他的眼界,丰富了他的思想,为他日后成为一位学识渊博、颇有建树的哲学家和心理学家奠定了坚实的基础。

1872 年,詹姆斯接受了哈佛大学的生理学教职。他也是在哈佛大学讲授生理学的第一人,讲授的主要内容是生理学与心理学的关系。虽然教学很成功,但他认为生理学并不是他最喜欢的学科。当时,哈佛大学没有心理学课程或专业,詹姆斯就通过观察自己的意识和周围人的行为来研究和自学心理学。1876 年,他首次为研究生开设了心理学课程,并与一家出版公司签约,准备出版一部心理学教材,即《心理学原理》。但因为种种原因,这本书直到 1890 年才出版。1892 年,他把这本书改写为《心理学简编》,作为美国大学的心理学标准课本。1882 年,詹姆斯暂时离开哈佛,重返欧洲,再一次和欧洲的心理学家、生理学家和哲学家接触。返回哈佛以后,他先后被任命为哲学教授和心理学教授。

詹姆斯一生出版和发表了许多对哲学和心理学具有重要影响的著作和论文。其中包括《心理学原理》(1890)、《信仰意志》(1897)、《与教师的谈话》(1899)、《宗教经验种种》(1902)、《实用主义》(1907)、《多元的宇宙》(1909)、《真理的意义》(1909)以及《激进的经验主义论文集》(1912)等。詹姆斯通过这些著作和论文系统地阐释了自己的心理学和哲学观点,他的著作立意清晰,语言通俗流畅,并且论述的问题贴近美国人的日常生活,极易被大众所接受,因此在美国产生了重大影响。后来这种影响又扩展到欧洲,使詹姆斯成为美国和欧洲心理学和哲学界的著名人物。

(二)心理学的研究对象和内容

詹姆斯将心理学定义为研究心理生活的现象及其条件的科学。他所说的现象是指感情、认识和愿望等。心理生活的条件则是影响心理过程的身体和社会过程。后来,詹姆斯又对这个定义作了一定的修改,认为最好将心理学界定为关于意识状态的描述和解释的科学。意识状态是指感觉、愿望、认识、推理、决心、意志以及诸如此类的事件,包括对它们的原因、条件和直接后果的研究。(车文博,1998,p. 316)詹姆斯指出,心理学除了要观察这些心理生活事件之外,还要确定心理生活事件背后的条件以及它们的目的,并且认为这是心理学家最有趣的任务。

(三)意识流学说

意识流学说是詹姆斯最具影响力的学说之一。他指出,在我们正常的经验和心理生活现象中,并非像冯特和铁钦纳所认为的那样,存在着简单的感觉、意象和情感。意识具有连续性、复杂性和关系性,意识的活动不是静态的,而是可以观察的心理事件。应将心理生活的起点确定为思想事实本身,而不是简单的感觉,人的心理和意识是连续的整体。据此他提出了意识流学说,认为意识具有以下特征:

意识是私人的。你的意识是你的,我的意识是我的,每一个人都拥有自己的思想,不可通融。

意识是变动不居的。意识是一个变化的过程。我们会持续地看、听,不断地作出推理,等等。意识的对象、条件和主体的身心状态、知识经验都会发生变化。我们的每一个思想总是独一无二的;遇到同一事实再现的时候,我们一定要按新样子思考它,而且意识永远不是绝对突然的。詹姆斯把意识分为两种状态,一种是实体状态,一种是过渡状态。前者是指思想流的静止和一般的心理活动状态,后者是指通常不被觉察的一种意识状态向另一种意识状态的过渡。正是这种过渡,使表面上看起来间断的意识成为连续的。詹姆斯在《心理学原理》一书中说:意识并不是衔接的东西,它是流动的,形容意识的最自然的比喻是"河"或是"流"。所以,意识是一个经常变化而永不中断的过程,是一种没有间断、没有分离的状态。人们平时感觉到的意识或心理活动的间断,在詹姆斯看来仍然是连续的。因为间断后的意识和间断前的意识是连成一气的,是同一自我的另一部分,意识流的大部分是这种状态。

意识具有认识的(cognitive)特性。这意味着个体知道或熟悉某个或某些对象。詹姆斯认为,我们有关外界现实的信念部分是由过去所形成的有关某一客体的观念与目前对同一客体所形成的观念之间的联系所决定的,并由此意识到,我们是具有认识性的,可以了解外界的现实的。

意识的最后一个特性是选择性。意识的选择性和兴趣的转换是意识的主要特征和机能。人们对所接触对象的兴趣不是同等的,总是有所选择的。詹姆斯认为这种选择是由刺激、审美和个体价值观的特点决定的。因此在我们决定要对什么感兴趣或对哪些客体予以关注时,不可能做到完全中立。意识选择的目的在于适应环境而求得生存。

对詹姆斯意识流学说稍加分析便可发现,在意识问题上,詹姆斯特别强调意识的特殊性与变化性,而相对忽视意识的共同性与稳定性。

(四) 自我理论

詹姆斯对自我概念也非常重视,并对其作了较为详尽的阐释,唤起了心理学家对这一问题的关注,这也是詹姆斯对心理学的重要贡献之一。詹姆斯认为,自我不是一个单独的实体,我们所具有的不是一个自我,而是许多自我。詹姆斯将自我分为客体自我(me)和主体自我(I)。前者是自我觉知、自我观察、自我评价的对象。比如某一女性可能认为自己很有能力和魅力,但也许在别人看来她既没能力又不讨人喜欢。这说明,人的主体自我有时并不准确。

詹姆斯又进一步将客体自我分为三个方面,即物质自我、社会自我和精神自我。物质自我是指个体的所有物,比如衣物、家庭、家具和其他财产等。社会自我是由许多不同的自我组成的。每个人都有许多不同的社会自我,如诚实的、顺从的、勇敢的、害羞的,等等。而表现出哪一种自我,是由我们所处的环境和扮演的角色所决定的。比如在老师或父母面前,我们可能会毕恭毕敬,但是在朋友面前,我们会表现得无拘无束。这些就反映出了我们所具有的不同的自我。如果说物质自我是外在的,那么,精神自我则是个人的、主观性的和内在的,主要是指道德和宗教观念等。

主体自我是客体自我的觉知者。客体自我不断地变化。如一个男孩在学校时是学生,回到家里是儿子。但在这种转换中,主体自我则保持着连续性,他知道扮演着两个不同的角色的是同一个人。在通常情况下,主体自我终身都具有持续性。但这种持续性有时也会出现问题,如多重人格就是主体自我持续性的解离。詹姆斯认识到,不同的自我之间充满着矛盾和张力,如果调解和处理不好,会给自我和人格造成损害,以至于影响心理健康。

(五) 习惯与本能

对习惯和本能的研究也是詹姆斯心理学思想的重要部分。詹姆斯没有给习惯下明确的定义,他指出:"当我们从外部观察一种生物时,使我们感到震动的事情之一是它们有许多习惯。"(James,1980,Ⅰ)他认为,拉小提琴、思考和成为一名士兵等都是习惯。习惯的生理基础是神经中枢之间通路的形成,因为神经系统具有可塑性,可以被生活经验所改造。人的大多数习惯是在早期的生活过程中形成的。

习惯的功能主要有如下几个方面。其一,简化达到一个既定目的的行为,使行为更加精确、更加省力。比如钢琴演奏者技艺的提高,就是弹琴习惯强化的结果。其二,习惯可以减少行为所需的意识性注意。在刚开始学习弹奏钢琴时,演奏者要不停地注意动作是否正确,然而随着动作的熟练和习惯的形成,在没有意识控制的条件下,依赖前一个动作的动觉线索他就可顺利地演奏。其三,习惯具有社会功能。它使得人们遵循社会规则和自然规律,在社会中生存下去。

关于本能,詹姆斯认为,它受习惯的抑制,具有可变性,并且受心理活动的调节。本能的可变性对动物和人类的生活是不可缺少的。与个体发展的晚期阶段相比,本能在个体发展的早期阶段有着更加重要的作用。人的心理活动的许多原因都可以归结为本能冲动,如同情心、竞争心、好奇心和愿保守秘密等,都是本能的表现。(车文博,1989,p.318)

与习惯相关的一个问题是记忆。因为习惯的形成离不开记忆,记忆保留着人们过去的经验,否则习惯就不会在一定的条件下重复出现。詹姆斯将记忆分为初级记忆(primary memory)和次级记忆(secondary memory)。前者涉及刚刚发生的,或意识中保留的最近发生过的事件,而后者涉及的是不属于目前的思想或注意的先前事件。詹姆斯相信,通过改进记忆的方法,可以提高记忆力。但不同的人其记忆力的表现是不同的,有的人擅长视觉记忆,有的人则擅长听觉记忆。

(六)情绪理论

1884年,詹姆斯发表了一篇题为《什么是情绪》的论文,引起了大量的评论和争论。作为对此的回应,詹姆斯于1894年又发表了《情绪的生理基础》一文。在《宗教经验种种》一书中,他再次对这个问题作了阐述。可见,詹姆斯对情绪问题是十分重视的。他认为情绪体验来自于对身体变化的意识,是身体变化的结果,而不是身体变化的原因。就是说,我们因为哭泣所以难过,因为打人所以发怒,因为发抖所以害怕,而不是相反。丹麦的生理学家朗格(Carl Lange)独立提出了与此相近的理论,因此这个理论又被称为"詹姆斯-朗格情绪理论"。

詹姆斯的情绪理论出现以后,受到了心理学家的高度评价,但却不被生理学家接受。生理学家坎农(Walter Cannon)就对这个理论提出了批评。他指出,如果如詹姆斯和朗格所说的那样,情绪体验是对身体活动的知觉,那么,不同的身体活动模式就应该对应于不同的情绪,如快乐、痛苦和害怕等。但是这种模式从来没有被发现过,相反,许多不同的情绪体验可以具有相同的内部生理变化,比如不管我们是幸福、生气或是害怕,都会心跳加快,血压升高。如此,怎样体验不同的情绪呢? 再者,当内部的身体变化停止以后,情绪状态仍可持续。但支持者认为,身体变化是情绪的必要条件,当我们说产生了某种情绪时,也是在说某种躯体感觉。

詹姆斯将情绪和情感的发生及其变化与生理机制联系起来,用生理反应说明情绪具有合理性,有一定价值。问题是,他将情绪的生理机制置于外周神经系统,无视中枢神经系统的作用,把外周生理反应看做情绪的唯一来源,这种解释显然是不充分的,现代生理学的发展已经证明了这一点。值得注意的是,詹姆斯虽然强调外周生理反应对情绪的作用,但同时也认为刺激情境和环境会影响人的情绪反应。这说明,詹姆斯已经意识到了认知在情绪体验和行为表现的作用,但这并没有成为他的情绪理论的主要内容。

虽然詹姆斯的情绪理论存在着明显的不足,但这些不足给以后的研究者提供了重要的启示,使他们对此进行思考、讨论,进而建立起了更加全面、更具说服力和解释力的情绪理论,例如坎农-博德的丘脑理论、沙赫特的激活归因理论和阿诺德-拉扎努斯的认知评价理论等。

(七)意志理论

詹姆斯还对意志作了专门论述。他认为意志是一种心理状态,其意义从概念上很难界定清楚,但可以在与愿望(wish)的对比中加以把握。愿望意味着想得到但不可能得到的东西,而意志所及的对象或行为则往往是可以实现的,它是采取行动的决心,决心越强,就越易采取行动。同时,意志可以指导行为,能通过练习而加强。这是因为意志有其神经生理基础,对意志的训练可以接通神经通路,以此传递意志行为。

(八)詹姆斯的心理学思想与机能主义心理学的关系

詹姆斯是机能心理学的思想先驱,这是因为:

第一,他反对元素主义和构造主义,将进化论的适应观引入心理学。他指出,心理学应该分析意识的机能和特征,研究心理是如何工作的,而不是仅仅分析心理的结构。对詹姆斯而言,人类心理的突出特征是它的适应性。心理的这种功能使我们适应生存于其中的环境并且调节我们的行为(Hothersall,1990,p.284)。此外,他将心理学界定为一门使生物适应环境的自然科学。

第二,他强调心理活动,变"静态"心理学为"动态"心理学。詹姆斯主张,心理生活的基本现象不是冯特和铁钦纳认为的那样,是感觉、意象和感情等元素的构造,而是情绪、愿望和认识等诸如此类的事件。被观察的心理事件是意识的活动而不是意识的状态。詹姆斯的意识流学说就突出地表明了意识和心理的动态特征。他认为,意识完全不是结合起来的东西,它是流动的。机能主义接受了这个论点,把心理视为一种机体有效适应生活环境的活动过程,具有动态的特性。这构成了机能主义心理学的核心观点之一。

第三,詹姆斯的实用主义为机能主义发展应用心理学提供了哲学基础。詹姆斯认为,实用主义不代表任何特别的结果,它不过是一种方法,是一种解决形而上学争论的方法,是获得实际效果的方法。这就是说,任何理论或行为,只要能产生实际效果,都具有真理的意义,都可以视为正确的。对詹姆斯而言,意识就是用来指导人们的行为以满足需要和解决问题的。如果用实用主义的观点审视心理学,心理学就不会仅仅是一门"纯科学",就必须走进现实生活,展现其实际效果。因此,机能主义心理学把意识和心理看作个体适应环境的有用工具,将它运用到教育、工业、临床等各个社会领域,充分突出了心理学的实用性。

(九)詹姆斯心理学理论的贡献与局限

詹姆斯对心理学的贡献首先表现为,作为机能主义的先驱,为机能主义心理学确定了基本的方向。除此之外,他还扩大了心理学的范围,反对铁钦纳把心理学限制在对感觉和知觉的内省分析上,认为所有的人类经验和行为,都应成为心理学的研究对象。

在研究方法上,詹姆斯提倡一种自然与开放性的朴素现象学方法,对意识进行了真实的描述。詹姆斯对心理学的贡献还表现为,他对自我概念的阐述、意识流理论中所包含的整体论思想、由于对宗教的兴趣而产生的宗教心理学思想,以及他所倡导的"外部(行为)观点",从不同方面促进了人格心理学、变态心理学、医学心理学、精神分析以及格式塔心理学、人本主义心理学和行为主义心理学的产生和发展。

詹姆斯心理学的局限主要是具有主观唯心主义、外在目的论、神秘主义和生物主义的倾向(车文博,1998,pp. 351–352)。另一个明显的局限是,他的理论和方法缺乏一致性,甚至存在着矛盾。例如,他一方面称心理学是一门自然科学,试图用生理学说明心理现象;另一方面他又对宗教有浓厚兴趣,并且认为现象学的方法才可以真实地揭示心理经验。那么,自然科学能够置于朴素的现象学基础之上吗?人的宗教性超自然的精神可以用生理学分析吗?再者,詹姆斯虽然建立了美国的第一间心理学实验室,却对实验不感兴趣,以至于邀请闵斯特伯格(Hugo Munsterberg)主持实验室的工作。而且他的许多心理学推论和假设缺乏实证基础,因此有人认为他是向"摇椅哲学家"倒退。

最后,詹姆斯对心理学采取了双重真理观,认为对心理学的真理性或正确性,一方面可以由人们对环境适应的效果来判断,另一方面则可以由自然科学的方法论来决定。这些矛盾的产生主要是由于他的实用主义哲学观，以及他的心理学体系过于庞大，在方法和方法论上很难达到统一。

二、美国机能主义心理学的科学背景

美国机能主义心理学的科学背景是达尔文的进化论。心理学史家波林对 20 世纪初的美国心理学作过评论，认为它的特点是从德国的实验主义那里继承了躯体，在达尔文那里得到了精神。美国心理学要研究的是心理的用处。（舒尔茨，1981，p. 136）

进化论的思想渊源最早可以追溯到古希腊时期，但直到达尔文，这种观点才得到确立。对达尔文进化论的形成产生影响的主要有两个方面，其一是他的随科学考察船贝格尔（Beagle）号的环球考察之旅，另一个是其祖父伊拉斯莫斯·达尔文（Erasmus Darwin）以及拉马克（Jean Lamarck）和斯宾塞（Herbert Spencer）的进化论思想。

（一）达尔文的生物进化论

1. 达尔文的生平

达尔文（Charles Darwin，1809—1881）出生于英格兰。大学毕业之后，达尔文以一个自然主义学者的身份报名参加了贝格尔号的科学考察。这次考察对他而言具有重大意义，成为他创立科学进化论的契机。

1836 年，达尔文结束了贝格尔号的环球航行。在这次航行中他虽然观察到物种可以进化以及能够对环境产生适应的现象，但却无法对其作出理论解释，直到他接触到了马尔萨斯（Thomas Malthus）的人口理论。达尔文吸收了马尔萨斯人口理论的基本思想，用它来解释物种的起源和演变。他在《物种起源》一书中写道，由于每一物种生产的个体的数量都大于可能存活的数量，其结果是频繁发生生存竞争。任何一个生物，如果在行为上出现了哪怕是微小的对自己有利的变化，在复杂和不断变化的生活条件下，就将获得较好的生存机会，这就是自然选择。达尔文的进化论思想实现了人类思想史上的一次重大变革。

2. 达尔文进化论中的心理学思想

（1）动物和人类心理的连续性

达尔文的进化论认为，高级物种由低级物种进化而来，人是动物演变的结果。任何动物不但在身体结构上具有连续性，而且在心理特征上也具有连续性。因此他指出，在心理官能上，人类与高等哺乳动物之间没有根本的区别（Darwin，1871，p. 446）。这样，就将人类心理和动物心理联系起来了。对此问题具体加以阐述的是达尔文于 1872 年出版的《人类与动物的表情》一书。他运用历史法和心理学分析法，论证了人类的表情和动物的表情有着共同的根源,并提出了表情形成的三个原理。第一个是有用的联合性习惯原理。如果某一个表情动作有利于生存,就会逐渐变成习惯保留下来,并通过遗传留给后代。第二个是对立原理。每种情绪都有一种特定的表情,且具有实用性;与之对立的情绪,就用相反的表情来表达,以此与前者形成区别。第三个是神经系统的直接作用原理,即某些情绪决定于神经系统的性质和强度。

达尔文主张动物心理具有连续性是有科学根据的。但是他没有看到人和动物心理之间在存在着连续性的同时,还有本质的区别。原因在于,人除了和动物一样具有生物性以外,还具有历史文化性,生活在一定的社会环境中。这使得人的表情和心理活动更加复杂、深刻和灵活。这也是人类的表情和心理区别于动物的本质特点。

达尔文关于动物和人的心理连续性的观点,促进了比较心理学的产生和发展。罗曼尼斯(George J. Romanes)和摩尔根(Conwy L. Morgan)就是这方面的代表人物。前者著有《动物的智慧》(1882)一书,用轶事法收集和论证动物的高等智慧,这也是第一部比较心理学著作。后者则提出了咨啬律,即一种活动,如果可以用较低级的心理机能解释,就不用较高级的心理机能解释。虽然二者的理论存在着拟人化和还原论的倾向,但他们开创了动物心理学和比较心理学的研究领域,为进一步理解动物和人类心理提供了新的途径。这也是达尔文进化论对心理学的主要贡献之一。

(2)心理适应机能

进化论的核心观点之一是"适者生存"。一个物种要生存下去,必须适应生活于其中的、不断变化的环境,否则就会被淘汰。机能主义心理学吸收了这个观点,认为人类为了生存,也需要适应环境。这样,达尔文的生物适应性就转换成了心理适应性。因此机能主义放弃了对意识结构的分析,而考虑意识可能具有的机能,关心有机体对环境的适应,倡导心理和心理学的实用功能,关注人类解决生活问题的心理过程,创立了一门有关适应和生存价值的心理学。

(3)行为选择

优胜劣汰是进化论的原则之一。根据这一原则,物种在适应环境时,身体结构或功能会出现变异,但只有那些与环境相适应并有利于生存的变异才可保留下来。因此,环境对物种的行为有选择作用。同理,机能主义提出了依据结果选择行为的模式,如桑代克(Edward L. Thorndike)的效果律就认为,那些获得满意效果的行为会被强化,以后在同样的情境中易于出现,而那些带来痛苦结果的行为出现的可能性则很小。实际上,这就是行为的选择。

（4）个别差异

根据进化论,生物具有遗传和变异的特性。遗传使亲代和子代之间有相似性,而变异则使亲代和子代、个体与个体之间产生不同,这种不同就是个体差异。在机能主义形成早期,机能主义者并未将个体差异作为重要的课题,但是在进化论的启示之下,个体差异的研究逐渐成为机能主义的研究领域之一。另一个倡导个体差异研究的科学家是高尔顿。

（二）高尔顿的差异心理学思想

1. 高尔顿的生平

弗兰西斯·高尔顿（Francis Galton,1822—1911）出生于英国的伯明翰,是个富有的银行家的儿子,达尔文的表弟。高尔顿从小就聪明过人,喜欢探险。在各地探险的过程中,他接触到了很多原住居民,这些原住居民对恶劣环境的适应性及生存能力,给他留下了深刻的印象,再加之进化论的影响,使他决定研究人类的适应性行为和个体差异,从而成为"差异心理学之父",创立了优生学,出版了许多专著,其中主要有《遗传的天才》（1862/1869）、《英国的科学家们:他们的禀赋和教养》（1874）、《人类才能及其发展的研究》（1883/1907）、《自然的遗传》（1889）等。

2. 高尔顿的具体研究

高尔顿主张遗传决定论,认为人的能力是由遗传决定的。在《遗传的天才》一书中,他就明确指出,人的自然能力来自于遗传,连续几代的优良的婚配,就会养育出具有很高天赋的后代。这个观点表明了遗传和优生的关系。例如,父亲比较有成就,那么其儿子取得成就的机会要大于其孙子,这显然是遗传的作用,也说明天赋是遗传的。为了论证他的理论的正确性,高尔顿曾经调查研究了977位各界名人。通过家谱分析法发现,他们的家族中共产生了322个名人。而在普通人口中,出现名人的比例要低得多。高尔顿进行的双生子研究也证实了这一点。

高尔顿的理论虽然得到了许多验证,但他的研究忽略了环境和其他社会因素的作用,陷入了遗传决定论。辩证唯物论认为,遗传只是人身心发展的生物基础和前提条件,给人的身心发展提供一定的可能性,其本身不具有决定作用,起决定作用的是个体后天的努力、社会环境和教育。后来,高尔顿认识到了其理论的不足,对遗传决定论作了修改,提出由遗传获得的那些天赋和智力必须与适当的环境相结合才可发挥作用。高尔顿的优生学具有重要的科学价值和社会意义,即使在今天也是如此。但是他试图通过人工选择造就所谓的优良人种,使他的生物遗传论走向了极端,产生了不良的社会影响,比如种族歧视。第二次世界大战时还被法西斯用来作为屠杀犹太人的理论借口。

在对遗传和天赋关系的研究中,高尔顿通过对个体的身体结构、智力和心理能力进行测量以取得相关资料。1884 年,在伦敦国际卫生展览会上,他开设了一个人体测量学实验室。前来作测量的人,只需花费很少的钱,就可做一系列的测量,比如视觉和听觉的敏锐度、视觉距离的判断、肺活量、拉力和握力等。测试之后,被测试者可得到测试的结果。高尔顿认为测量的分数可以反映一个人智力的不同方面,因为它们之间存在着相关。比如,一个感受性很强的人,能够较好地吸收知识,结果就成了非常聪明的人。1888 年,在一篇论文中,高尔顿提出了"相关"这一概念。1895 年,他的学生卡尔·皮尔逊(Kar Pearson)在此基础上通过进一步的研究,建立了一个表达相关的数学公式,即现在仍被频繁运用的"相关系数"。高尔顿还将"正态分布"和"回归"的概念描述引入心理学中,认为它们不但适用于描述人的身体特征的分布,也适用于描述人的心理特征的分布。

高尔顿是个极具创造力的科学家。他不但开设了心理测量室,设计了心理测量问卷,将统计学用于心理学,而且发明了一些测量仪器,其中包括测量听觉的"高尔顿哨",测量色觉的光度计和测量视觉和听觉反应时的分度钟摆等。

高尔顿对个别差异作了系统和深入的研究。他曾研究过意象、联想和记忆的个体差异。结果发现,大多数人都能形成清晰的意象,女士的意象好于男士。而科学家和数学家由于经常进行抽象思维,所以意象不够完善。高尔顿设计过两个联想测验。一个是字词联想测验,而在另一项联想实验中,他要求被试在一个很短的时间里对心理活动不加控制,然后停下来仔细审视刚才出现在头脑中的意念。他曾以自己为被试做过这个测试:他特意在伦敦的某一条大街上漫步,仔细观察映入眼帘的每一个物体,然后审视每一个物体所引起的联想。他共走了 410 米,看到了 300 件物体,发现这 300 件物体引起了大量的联想。几天之后重复这个测试,使他感到惊奇的是,上次实验中产生的联想又出现了。他还以自己做被试研究变态心理,成功地使自己在短时间内进入了变态狂的状态。除此之外,他用英国的联想主义解释记忆,还对记忆术进行了研究,首创了智力理论,将智力分为一般因素和特殊因素。这一理论被他的弟子英国心理学家斯皮尔曼(Charles Spearman)进一步阐发,形成了智力的二因素论。

高尔顿发明和设计了许多心理实验、问卷以及测量仪器和工具,将双生子比较法和统计技术引入心理学研究,丰富了心理学研究方法。他还使"象牙塔"里的心理学走进生活和社会,显示了心理学的应用价值和功能,并使个体差异的研究成为心理学的一个领域。高尔顿对个体独特性和差异性的研究,与美国人的精神气质相吻合,引起了机能主义者的兴趣,成为机能主义心理学的一个重要领域。

三、其他学者的心理学思想对机能主义心理学的影响

（一）卡特尔的心理学思想

1. 卡特尔的生平

卡特尔（James Mckeen Cattell，1860—1944）出生于宾夕法尼亚的名门。1875 年，卡特尔进入拉菲特学院。毕业之后，他到莱比锡大学跟冯特学习了一个学期，然后返回美国到霍普金斯大学学习哲学和心理学。后来他再一次到莱比锡大学并于 1886 年取得博士学位，成为从冯特那里获得实验心理学博士的第一个美国人。不久他到英国和高尔顿一起工作。回国之后，他先后任教于宾夕法尼亚大学和哥伦比亚大学，并在哥伦比亚大学创立了一个心理学实验室。1892 年，美国心理学学会成立，卡特尔是主要的创建人之一，1895 年任该学会主席，1900 年被选进美国科学院，成为进入该机构的第一位心理学家。

2. 卡特尔的具体研究

在心理学方面，卡特尔最早做的是反应时的研究。这个研究最初是在霍普金斯大学霍尔的实验室里做的。在莱比锡期间，他虽然是冯特的学生，但对冯特的内省却没有兴趣，拒绝做冯特给他指定的内省问题的研究而从事反应时的测量。由于冯特禁止在他的实验室里做与内省法无关的课题，卡特尔不得不在自己的房间里进行反应时的实验。在研究中他发现，读一个短英语单词的时间和读单个的字母的时间一样长；反应时间随感觉和注意的强度而发生变异，刺激越强，反应时间就越短。除了简单反应时，卡特尔还测量了复杂反应时、知觉和联想的速度，以及视觉和听觉敏锐度和握力等。

卡特尔十分重视个体差异，在霍普金斯大学的时候，就开始了他所谓的"心理测量的研究"，测定不同心理过程的时间。他最早提出"心理测验"这一概念。在研究理念上，卡特尔更倾向于高尔顿，自称为高尔顿的追随者。同高尔顿一样，卡特尔也认为人们的智力各不相同，且这种差别可以测量。他曾设计了一套心理测验，在形式上与高尔顿的相似，其内容包括一系列的测量感觉、运动技能和记忆的分测验。

卡特尔还首创了等级排列法。1903 年，他运用这种方法给当时的心理学家排位。其做法是，他给一些有名的心理学家提供一份心理学者的名单，让他们排序。排出的前十名是，詹姆斯、卡特尔、闵斯特伯格、霍尔、鲍德温、铁钦纳、罗夏、莱德、杜威和贾斯特罗。但是这个结果直到 1929 年第九届国际心理学大会召开时才公布。1906 年，卡特尔用同样的方法对其他科学家也作了排序。

卡特尔也积极推动心理学的应用。1921 年,他成立了一个心理学公司,为公众、教育界、工业界和政府部门提供心理测量服务。心理学公司非常成功,在他去世后该公司仍然很活跃,开发出了一些重要的心理测验量表,其中包括韦克斯勒成人和儿童智力量表以及主题统觉测验量表等。

卡特尔在哥伦比亚 20 年间,共培养了 50 名博士,其中不乏心理学界的精英,如桑代克和伍德沃斯(Robert S. Woodworth)等。到了晚年,卡特尔主要从事出版和编辑工作。他分别担任过《科学》、《心理学评论》、《心理学专刊》、《心理学月刊》、《学校与社会》、《美国科学家》和《心理学公报》等杂志的编辑。

卡特尔的心理学思想和方法与冯特和铁钦纳的心理学有着明显的区别,他倾向于高尔顿,更加突出心理学的实用性。

(二) 霍尔的心理学思想

1. 霍尔的生平

霍尔(Granville Stanley Hall,1844—1924)是美国心理学和机能主义心理学的先驱之一。他出生于一个农民家庭,在马萨诸塞州的乡村长大。由于经常接触大自然,他非常喜欢动物,以至于他成年以后每到一个城市必去动物园,他对动物的兴趣保持了终生。由于其家庭清教徒的传统,霍尔崇尚勤奋工作,笃信义务和责任,将教育视为完善自我的重要途径。霍尔 16 岁中学毕业之后,通过考试获得了教师资格,成为了一名乡村教师,但时间不长。1863 年和 1867 年,他先后进入维里森学院(Williston Academy)和威廉姆斯学院(Williams Academy)研读研究生课程,学习希腊语、拉丁语和数学。毕业之后,霍尔又进入了纽约的一所神学院。1869 年,霍尔暂离神学院到德国学习哲学。这段学习经历成为霍尔的兴趣由神学转向自然科学的转折点。1870 年,霍尔回到纽约,完成了神学院的学业。毕业之后,他曾做过家庭教师,然后在美国的一所大学里谋得了一个教职,教了四年的宗教和哲学。在这期间,他读到了冯特的《生理心理学原理》,决定辞去教职到德国去研究心理学。在去德国之前,他在哈佛获得了美国的第一个心理学博士学位。到了德国以后,他接触到了当时心理学界的许多著名人物,其中有费希纳、赫尔姆霍茨、冯特、克雷培林(Emil Kraepelin)、屈尔佩等。在赫尔姆霍茨的实验室里,霍尔作了一些重要课题,其中之一是神经冲动速度的测量。

1888 年,霍尔应邀作了克拉克大学的校长。之后,他的工作和生活遭遇到了一连串的挫折和不幸。但是他并没有消沉,仍然继续着自己的事业。1891 年,他建立了对教育进行科学研究的教育学院,刊行了《遗传心理学杂志》、《应用心理学杂志》和《美国心理学杂志》等。1920 年霍尔退休,出版了自传《一个心理学家的生活和自白》。1924年,他再次被推选为美国心理学学会主席,当年因肺炎逝世。

2. 霍尔的具体研究

霍尔对心理学的具体研究主要表现在发展心理学和教育心理学方面。

早在1883年,霍尔就开始了发展心理学的研究。他编制了一些问卷,对波士顿幼儿园的孩子进行测试。问卷中既包括自然知识,也有宗教、道德问题和他们曾听到过的故事以及做过的游戏等。霍尔从孩子们的回答中发现了许多有趣的现象。1915年,霍尔又编制了大量的测量情绪的问卷,这些问卷所搜集到的信息给他的名著《青春期》提供了许多重要的资料。《青春期》一书长达1 373页,内容极为丰富,包括与青春期有关的语言和行为发展、身心健康问题(如社交障碍、恐惧、焦虑和卫生保健等)以及青春期犯罪等。在霍尔看来,青春期是一个极不稳定,充满着矛盾、冲突、困惑、压力、紧张与兴奋的时期,因此需要社会和教育者的特别关注。霍尔呼吁加强对青春期研究的另一个原因是,他认为,儿童的行为主要依赖本能倾向,而在青春期阶段,儿童时代的行为习惯逐渐被淘汰,而作为成人的行为习惯尚未形成。所以,对青春期的研究可以促进对人类本能的认识。这显然是一种进化论的观点,进化论的确对霍尔产生了重要影响。霍尔另一个带有进化论色彩的理论是复演论(recapitulation theory)。

复演论是由德国的解剖学家海克尔(Ernst Haeckel)于1866年提出的。他认为,胚胎的发展复演了物种的发展历史。胎儿在子宫内发育成为人之前,经历了和鱼以及爬行动物类似的发育过程。比如胎儿在发展的某个阶段具有鳃裂,这就是对鱼类阶段的重复。霍尔将复演论引入心理学,用它来解释儿童的发展过程,指出儿童的发展过程是对人类发展过程的复演。例如,儿童先学会爬,然后才会走路,人类在进化过程中,也是先四肢爬行,然后才直立行走的。

霍尔对儿童心理进行了大量的研究。研究课题包括儿童生长的规律、语言的发展、儿童疾病、儿童卫生、青少年犯罪、教育方法以及儿童的恐惧、好奇心和同伴等问题。

在霍尔生活的时代,儿童心理已得到了广泛的关注,但老年人的心理研究却几乎是个空白点。1922年,霍尔的《衰老》一书出版,不但填补了老年心理学研究的空白,而且开创了毕生发展心理学的先河。在本书中,他探讨了不同文化对待老年人的态度和做法,老年人的焦虑、衰老的鉴别和如何长寿等问题,研究了当时老年人的保险状况和死亡率以及与衰老相关的问题。

霍尔心理学的显著特征是强调心理学的应用和关注社会问题。他向公众普及儿童身心发展的知识,促进公众对儿童心理和行为的理解,推动了儿童心理研究在世界范围内的开展,在一定程度上对比纳、弗洛伊德和皮亚杰的某些理论产生了影响。霍尔关心老年人的社会生活状况,呼吁美国政府为老年人提供退休和生活保障。霍尔向社会广泛地宣传心理学,使人们认识到心理学在解决实际生活问题上的重要作用及其价值,表现出了明显的机能主义倾向,并且在社会中提升了心理学的地位。

1909 年,精神分析还未得到广泛的认可。但是,当克拉克大举行 20 年校庆时,霍尔邀请弗洛伊德和荣格(Carl Gustav Jung)以及世界上其他著名的心理学家到美国讲学。这不但促进了精神分析理论在美国的传播,也使精神分析获得了国际承认,显示了霍尔在学术方面的胆识、远见和学术自由的精神。霍尔还具有出色的组织才能和创新精神:他创建了美国心理学学会(APA);建立了美国的第一个实验室;第一个将心理学应用于教育,成为教育心理学的先驱人物;开辟了老年心理学的研究领域;创建了儿童心理学……霍尔因此被视为心理学历史上最负盛名的心理学家之一。

第三节 芝加哥大学的机能主义心理学

美国的机能主义心理学有广义和狭义之分。前者是指早期的机能主义以及哥伦比亚大学的机能主义,主要以卡特尔、桑代克和伍德沃斯为代表。他们虽然没有确立机能主义心理学的研究纲领,但都具有美国机能主义心理学的共同特点,代表美国机能主义的根本倾向。后者是指芝加哥大学的机能主义,主要人物有杜威、安吉尔和卡尔。他们系统地提出了机能主义心理学的主张,阐明了机能心理学的基本观点。因此有学者认为,美国的机能主义始于芝加哥大学,发展于哥伦比亚大学(Hothersall,1990,p. 301)。

一、杜威

(一)杜威的生平

杜威(John Dewey,1859—1952)不但是美国著名的心理学家,还是著名的哲学家和教育学家。作为心理学家,他为美国狭义的机能主义心理学提供了基本概念和理论基础;作为哲学家,他传播并发展了实用主义;作为教育学家,他是"进步教育"运动的先驱。他的心理学、哲学和教育学思想在美国以及世界范围内产生了广泛的影响。

杜威是美国哲学家中最多产的一位,著述颇丰。他一生共出版了 30 多种著作,发表了近千篇论文,内容涉及哲学、教育、心理、逻辑、伦理、文化艺术和社会政治等各个方面。其中有关心理学和教育学的著作主要有:《心理学》(1886)、《怎样思考》(1910)、《教育上的兴趣与努力》(1913)、《人性与行为》(1922)、《经验与本性》(1925)、《公众及其问题》(1927)、《人的问题》(1946)、《认知与所知》(1949)等。

（二）杜威的机能主义心理学思想

虽然机能主义心理学作为一个流派不像冯特的实验心理学那样有公认的建立时间和标志，但杜威于1896年发表的《心理学中的反射弧概念》一文，被视为狭义的机能主义心理学的开始。在这篇论文中，他反对元素主义观点，认为反射弧是一个连续的整合的活动，是一个协调统一的整体。协调就是参照一个富有意义的目的组织其活动，实际上就是一种"完全的适应"（张述祖，1983，pp.35－47）。如同许多机能主义者一样，杜威也接受了达尔文的进化论思想，认为人总是生存于某种环境中，有机体要生存下去，就必须对环境做出反应，即适应环境。在人与环境的相互作用中就产生了经验，这种经验使人与环境形成一个不可分割的整体。从这个观点出发，可以认为反射弧中的刺激和反应之间存在着密不可分的联系，意识和行为也是一个机能整体，所以杜威将完整动作的机能确定为心理学的研究对象。

杜威的实用主义在广义上也被称为工具主义，即认为人的思想、观念和理论都是人的行为工具。鉴于此，杜威也把人的心理、意识看做整个有机体适应环境的一种工具。这充分显示了杜威心理学思想中的实用主义和机能主义倾向。

杜威提醒人们，反射弧中的刺激具有情境性，总是发生在一定的情境中，而个体对刺激的反应在不同的情境中也是不同的，相同的刺激在不同的情境下对个体具有不同的"心理值"，因而可引起不同的行为反应。杜威还主张用一个统一的原则来指导心理学的研究，而这个原则就是反射弧概念。他认为统一原则的要求来自于大量个别事实的积累以及科学本身界限的改变。反射弧的概念比其他概念更能满足于对一般工作假设的要求，所以可作为把多种事实归纳在一起的一个组织原则。

（三）杜威的教育思想

杜威的教育学思想也颇具特色。他的教育基本原则是"做中学"，认为教育应尊重个体性，允许学生参与教育过程。对他而言，教育的目标不是传递传统知识，而是发展学生的创造力和多方面的能力；教师的作用也不是教给学生一些教条，而是要培养学生发散思维的能力。他还强烈反对死记硬背的学习方法，认为这样不利于养成学生的民主精神。杜威的教育学观点是革命性的，对美国和其他国家的教育和教育学产生了深刻的影响。

二、安吉尔

（一）安吉尔的生平

安吉尔（James Rowland Angell，1869—1949）出生在佛蒙特州柏灵顿城的一个书香门第。这种家庭环境使安吉尔接触到许多学术界和政界的名人，为他日后的学术生涯提供了有利的条件。安吉尔曾先后担任芝加哥大学的代理校长和耶鲁大学校长，美国心理学会主席和美国国家研究委员会主席等职。他还建立了人类关系研究所，力图对人类行为进行全面的研究，并将此视为大学的基本目标。

在密歇根大学读书时，安吉尔对心理学产生了浓厚兴趣。他说心理学为他打开了一个他久已期待的新世界。安吉尔听过杜威的心理学课，对杜威本人及其所讲的心理学非常着迷。1890 年大学毕业之后，在杜威的鼓励之下，他又到哈佛大学师从詹姆斯攻读哲学硕士，仅一年便得到了学位。随后又想到莱比锡冯特的实验室工作，但是当时冯特的实验室里已人满为患，因此未能如愿。而后他进入德国的霍莱（Halle）大学攻读博士学位。但在他获得博士学位之前，他收到了明尼苏达大学的高薪聘请。出于经济和生活方面的考虑，安吉尔放弃了在霍莱大学的学业回到了美国。

（二）安吉尔的机能主义心理学思想

关于机能主义心理学，安吉尔认为它的历史可追溯到古代亚里士多德和近代达尔文的生物进化论以及斯宾塞的心理学理论。他把心理学界定为一门自然科学，认为心理学的研究对象是意识，而意识是有机体适应环境的一种生活过程。他主张用内省法和客观观察法搜集心理学资料。他认为内省是一种基本的心理学方法，其作用在于直接检查一个人自身的心理过程，观察心理活动在主体适应环境时所执行的机能。而客观观察法则主要用来补充内省法所收集不到的材料。但客观观察法所得到的事实材料也可用内省法所取得的直接知识来加以解释。除了搜集资料的方法，安吉尔认为还有组织资料的方法，即实验、生理心理学和心理物理学方法。

安吉尔指出机能主义心理学有三个特征。第一，机能主义心理学主要是确认和描述心理操作，而不是仅仅确认和描述心理经验的元素；第二，由于心理状态不是孤立存在的，所以机能主义心理学关注引起心理状态的条件和环境，并且把人的心理状态放在生物和社会环境中加以理解；第三，心理状态和事件要从它们如何促进适应性的机体活动方面进行解释，即心理事件在我们适应周围环境时发挥了什么样的作用。

关于机能心理学和构造心理学的区别，安吉尔也作了阐释。他认为二者的区别主要表现在：首先，机能心理学是关于心理操作或机能的心理学，而构造心理学是关于心理元素的心理学;机能心理学是关于意识是"怎么样"和"为什么"的心理学,构造心理学是关于意识"是什么"的心理学;机能心理学问"意识做什么",构造心理学问"意识是什么"。其次,机能心理学描述的是心理操作和实际生活条件下意识的机能。意识具有适应性,因而人可以产生活动并适应环境的需要。而构造心理学则止于对意识结构的分析。最后,机能心理学认为心与身是一体的,二者之间没有明显的区别,存在着相互作用的关系;构造心理学则持一种身心平行论的观点。

安吉尔是芝加哥机能主义的主要建立者,他强调心理活动的适应机能,对机能主义心理学的研究对象、方法性质以及机能主义心理学的特征等作了系统的阐述。尤为重要的是,他指出了心理活动和事件与生理、社会环境及实际生活条件的联系,促使心理学更加全面和客观地研究人的心理和行为。

三、卡尔

(一)卡尔的生平

卡尔(Harvey A. Carr,1873—1954)是芝加哥机能心理学的主要代表之一,他是安吉尔的学生和继承者,也是芝加哥机能心理学的完成者。如果说杜威和安吉尔的心理学理论代表着芝加哥机能心理学的初期形式,那么卡尔则代表这个学派的晚期形式。此时,机能心理学作为一个心理学流派和体系已经确定下来,在美国取得了主导地位。

卡尔是印第安纳州一个农场主的儿子。卡尔进入大学两年以后,因为健康的原因不得不中断学业,之后作过中学教师并获得科罗拉多大学的学士学位。1905年,卡尔在安吉尔的指导下完成博士论文,被授予博士学位。1908年,当华生离开芝加哥大学到约翰·霍普金斯大学时,卡尔接替了他的教职,主持华生所建立的动物实验室的工作。卡尔曾任芝加哥大学心理系主任,1927年当选为美国心理学学会主席。主要著作有:《心理学:心理活动的研究》(1925)、《1930年的心理学》(1930)和《空间知觉导言》(1935)等。

(二)卡尔的机能主义心理学思想

卡尔心理学理论的出发点是:意识是一种心理活动。心理活动包括记忆、知觉、情感、想象、判断和意志等过程,这些过程也构成了心理学的研究对象。卡尔把心理活动视为一种心理物理过程,因为它们既能被体验到,也表现为肉体的反应。卡尔指出,每一种心理活动都可以从三个方面来考察:心理活动的适应性意义、心理活动对先前经验的依赖性和心理活动对有机体未来活动的潜在影响。同理,其他心理活动,如注意、记忆、情感和意志等,都应从这三个方面加以分析。

适应性行为是卡尔心理学理论中的一个关键概念,且具有进化论的色彩。卡尔认为那些能导致适应性结果的心理行为将会被保留下来,否则就会被舍弃。卡尔将适应性行为视为行为的基本单位,并且指出,人的所有行为都试图达成适应。一种适应行为包括六个基本因素,即动机、动机性刺激(a motivating stimulus)、感觉情境(a sensory situation)、反应、刺激(an incentive)和联想。适应性行为始于动机,动机产生动机性刺激。动机性刺激是唤起适应性行为并给它提供能量的相对持久的刺激。适应性行为是对感觉情境的反应,使动机满足的事件称为刺激。联想是指刺激和反应之间的联系,而不是心理事件的联系。卡尔进一步指出,适应性行为可以在意识的两个层面上活动。意识的两个层面是自动的和无意识的以及认知的和意识的。自动层面的适应性活动不需要意识的参与,而认知层面的适应性活动则需要意识的控制。

与杜威和安吉尔不同,卡尔比较关注个体差异。他认为人的能力存在着广泛的差异,但这种个体差异,比如智商,并不是终生不变的,通过恰当的训练和生理方面的干预会得到改善和提高。心理测验也能有效地测量出个体差异。至于个体差异形成的原因,卡尔指出,不能泛泛地用环境和遗传因素加以说明,应具体问题具体分析。比如同是智障,有的是由环境因素造成的,而有的则是遗传因素使然。

卡尔提倡综合、多样的研究方法,比如内省法、客观观察法、实验法和活动产品研究法(通过对文学、艺术和宗教信仰等创造物的研究来了解人们的心理活动)。这些方法各有不同的作用和适用范围,可以根据不同的条件选择使用,相互补充,这显然是一种务实和客观的态度。

卡尔是芝加哥机能心理学的集大成者。他也接受生物进化论,把心理学归入生物科学,对适应性行为作了较为详尽的分析,强调了动机的作用,倡导多样性的研究方法。芝加哥机能心理学由于卡尔的贡献而达到了顶峰,但也存在着生物主义倾向。

第四节　哥伦比亚大学的机能主义心理学

哥伦比亚大学机能主义心理学的创始人是卡特尔,主要代表有桑代克和伍德沃斯等。虽然他们没有明确宣称自己是机能主义者,伍德沃斯还否认自己属于任何学派,但他们的理论和研究都带有机能主义心理学的特征,因而被称为广义的机能主义心理学。

一、桑代克

桑代克(Edward Lee Thorndike,1874—1949)出生于美国马萨诸塞州威廉斯堡的一个牧师家庭。他生性腼腆害羞,但从小学到大学一直成绩优异。在韦斯勒彦大学读书时,桑代克对学校要求必修的心理学课程并没有兴趣,认为它枯燥乏味。但出于获得奖学金的需要,他阅读了詹姆斯的《心理学原理》一书。这本书对他的影响非常大,改变了他对心理学的看法。1895年大学毕业之后,桑代克进入哈佛大学读研究生,并开始了对动物学习的实验研究,从此也开始了他作为心理学家的生涯。

(一)动物实验研究

桑代克是动物实验的首创者。但他第一个实验的被试是儿童。遗憾的是这个实验并不成功,也没有得到校方的支持,所以他不得不寻找其他的研究途径。后来他想到用小鸡做实验。当他苦于没有实验场所的时候,詹姆斯把自己房子的地下室给了他,这样他的实验才得以进行。在谈到用动物做实验时,桑代克说,他对动物没有特殊的兴趣,之所以这样做,主要是由于学业的需要。另一个原因可能是达尔文和摩尔根的学说对他的影响。桑代克对摩尔根的吝啬律表示赞赏,因此在研究中经常使用动物,如小鸡、猫和狗等。但他认为摩尔根所用的自然观察法存在着诸多的不足,比如只观察一个事例,结果很难具有典型性,观察的条件不能重复,条件也难以完全控制等。他因而主张采用实验法,认为实验法可以重复各种条件,以此来判定动物的行为是否偶然,并可以得到典型的结果。

1897年,因为个人的原因,桑代克离开了哈佛大学,应卡特尔的提议,准备到哥伦比亚大学。临走时,他用篮子带走了两只训练得很好的小鸡,打算研究这两只小鸡已获得的特征的遗传情况。但他很快意识到这项研究将会耗费很长的时间,因此就放弃了。到哥伦比亚大学之后,在卡特尔的帮助下,桑代克在学校一所建筑的阁楼上建立起了自己的动物实验室,设计出了迷箱,用猫作了一系列著名的实验。

桑代克的迷箱实验其实并不复杂。他把一只饥饿的猫放在一个笼子里,猫可以看得见在笼子外面放的一些食物。笼子上有一个装置,当猫触动了这个装置时,笼子的门就会打开,猫可以跑到笼子外面吃到食物。这样,猫为了获得食物,就在笼子里四处乱抓乱撞,作出许多无效的动作。当它偶然触到了开门的装置时,门被打开,猫就能够逃出来并吃到食物。经过多次尝试后,猫在笼子里的无效动作逐渐减少,成功的动作被保留下来,猫逃出笼子的速度也越来越快。

桑代克的动物实验研究取得了重要的成果。他不但以《动物的智慧:

动物联想过程的实验研究》的论文获得了博士论文,而且在动物实验的基础上,建立起了他的学习和教育学理论。

(二) 学习理论与心理测量

根据迷箱实验,桑代克提出了尝试-错误说,认为动物的学习过程是以本能活动开始的一种尝试与错误的过程。这个过程也是情境刺激与反应之间的联结,其中不存在思维和推理的作用。桑代克因此得出结论说,学习是联结的形成与巩固,而联结是行为的基本单元。联结可分为两类,一类是先天的联结,也称为本能;另一类是后天习得的联结,也就是习惯。本能是习惯的基础,习惯会因经验的作用而改变。

桑代克在动物实验的基础上,提出了三条学习律:练习律、效果律和准备律。

练习律:桑代克认为,学习就是刺激和反应的联结,这种联结需要重复,因为重复可导致联结的加强。练习律又可分为使用律和失用律。前者是指,如果一个联结经常使用,刺激和反应之间的联结就会得到加强。后者是指,如果一个联结经常不被使用,刺激和反应之间的联结就会减弱。后来经过实验桑代克发现,简单的重复并不能增强刺激和反应的联结以及反应的力量,要想提高练习的作用,练习者必须得到练习结果的反馈信息。桑代克曾做过这样一个实验,他让一名蒙上双眼的被试练习画一条长 10.16 厘米的线,尽管连续几日每日练习数百次,由于没有得到相应的反馈信息,被试画线的精确度并没有提高。但桑代克又认为,虽然对于那些比较复杂的联结而言,简单的重复练习效果不明显,但对于一些简单的、机械性的联结,重复练习还是必不可少的。

效果律:起先桑代克认为,如果刺激和反应之间的联结产生了满意的效果,这种联结就会得到强化,下次在相似的情境中就易于出现;如果刺激和反应之间的联结带来了令人烦恼或痛苦的结果,这种联结就会减弱,以后在同样的情境中出现的可能性也将减少。但是后来的实验证明,第二个结论并不正确。在小鸡跑迷津的实验中,若小鸡选择了正确的线路,就会得到食物奖赏;若选择了错误的线路,小鸡则会被关 30 秒钟的禁闭作为惩罚。实验结果表明,惩罚对小鸡走迷津并没有明显的影响,并不会减少错误的反应,而奖赏则能够强化正确的反应。根据这个实验,桑代克修正了先前的效果律。

准备律:主要说明传导单位的准备状态对动物和人的影响。如果一个传导单位准备传导,并且传导得以顺利实现,那么就会引起满意之感,否则就会引起烦恼之感。如果一个传导单位尚未准备好就强行传导,也会引起烦恼之感。比如强迫某人做某事就是如此。

　　在以上三条学习主律之外,桑代克还提出了五条学习副律:(1)多重反应原则。它指当有机体面对一个新事物或新情境时,会做出多种多样的本能的或习得的反应,直到问题得以解决,形成一种有效的联结。多重反应是学习的基础。(2)定势原则。学习者的各种条件,比如年龄、情绪状态等,会影响学习的效果以及对环境所做出的反应。学习往往以学习者当时的心理准备为前提,其中既有较稳定的定势,也有暂时的心向。(3)优势原则。在学习的初期,环境中的所有因素都会对学习产生影响。但随着学习的进行,环境中的某些因素会在学习中发挥优势作用。(4)类化反应原则。在类似的情景下,动物和人会做出类似的行为反应。(5)联合的转移律。在类化反应的作用下,已经形成的联结或反应可以从一种情境转移到另一种情境,并使学习者所做出的反应与当时的情境发生联系。

　　桑代克还同伍德沃斯一起研究学习迁移问题。他们反对形式训练说。形式训练说认为,注意力、记忆力、想象力等可以通过特定的训练而提高。桑代克和伍德沃斯则认为,学习迁移的产生,其原因在于两种学习之间存在着共同的因素或成分,而且共同成分越多,迁移的可能性就越大。

　　桑代克非常重视个体差异和对个体差异进行测量的心理测验。他曾经编制过一套名为“CAVD”的测验量表,用来测验个体在句子完成、计算、词汇和空间定向方面的能力。此外,桑代克还设计了其他一些心理测验量表,如书法量表、阅读能力量表、职业测验量表和兴趣测验量表等。

(三)对桑代克的评价

　　桑代克的贡献之一是首创动物学习实验。他用实验法代替自然观察法,增强了动物研究的客观性、精确性,同时也提高了信度和效度。动物实验不但为心理学的研究提供了新的途径,还促进了比较心理学的发展。

　　桑代克的贡献之二是对学习心理作了深入系统的研究,提出了一系列的学习律,其中的练习律和效果律以及尝试-错误说,至今仍作为基本的教育原则发挥着作用。他的学习理论不但引起了大量的研究,促进了学习心理学的产生,成为学习心理学的重要组成部分,而且对其他心理学流派(如行为主义),也产生了重要影响。

　　桑代克的贡献之三是通过心理量表的编制和运用,推动了以研究个体差异为定向的心理测量运动,进一步突出和强化了心理学的实用性和实践性。最后值得一提的是,桑代克不但具有创新精神,而且具有严格的科学精神,他通过反复的实验和实践,不断修正和完善自己的理论,显示出了一位科学家对科学孜孜以求的态度和勇于自我批判的胸襟。

　　桑代克的局限在于:

　　第一,他强调动物和人之间的连续性,而抹杀了二者之间的本质区别,将从动物实验研究中得到的结论直接用于解释人的心理和学习行为。

第二,具有机械论倾向,认为动物和人的学习不需要观念的参与,把尝试-错误式的学习和刺激与反应之间的联结作为人类学习的基础。这显然否定了人的积极性和主动性。

第三,他的迁移的共同成分说强调,在学习迁移活动中如果不存在共同成分,迁移就不可能产生。这种观点缩小了迁移产生的范围,降低了迁移在学习中的作用。

第四,桑代克是个遗传决定论者。他认为决定个体差异的因素是遗传,教育等社会因素对个体差异的形成和改变没有什么作用,只有优生才可提高人口质量。这种观点当然有其合理性,但无视教育和社会因素的作用显然是不正确的。

二、武德沃斯

(一)武德沃斯的生平

武德沃斯(Robert Sessions Woodworth,1869—1962)是哥伦比亚机能心理学的主要代表。他出生于美国马萨诸塞州的贝尔彻顿城,父亲是基督教牧师,母亲是位教师。他先后在阿墨斯特大学、哈佛大学和哥伦比亚大学取得学士、硕士和博士学位,受到过詹姆斯和卡特尔的教诲和指导。1920年,他又跟随英国利物浦大学的著名生理学家谢灵顿(Sir Charles S. Sherringgton)学习过一年。1903年至1958年,武德沃斯一直在哥伦比亚大学任教。

武德沃斯在大学时代学习过宗教、历史、数学和古典文学。他最初打算子承父业,做一名牧师。后来,他接触到心理学。在读了詹姆斯的《心理学原理》一书,听了霍尔的演讲之后,他对心理学产生了浓厚兴趣。在哈佛期间,他就和桑代克一起对梦的内容进行了记录和分析研究。他和桑代克共同研究的第二个课题是迁移训练。当时在学习迁移理论方面流行的是形式训练说,武德沃斯和桑代克设计了一个实验试图证实形式训练说的正确。实验大致是这样的:先让被试对某一重量和长度进行估计,然后从其他方面对被试的判断和估计能力进行训练,最后测验被试在重量和长度方面判断和估计能力的变化。然而出乎他们的意料的是,研究结果并不支持形式训练说。经过研究,他们发现了共同成分或因素对迁移的作用,并把迁移分为正迁移和负迁移。共同成分说一经产生就引起了广泛的注意,成为学习迁移的主要理论之一。

(二)武德沃斯的心理测验思想

武德沃斯在心理测验方面也做了大量工作。1904年,在圣路易斯城展览会上,应组织者的邀请,武德沃斯对1 100个不同肤色的个体进行了测试。他发现,同一人群中个体的差异大于不同人群之间的差异,而且很难找出一个区分不同种族或群体在生理、肤色和智力差异的简单标准。1906年,武德沃斯还主持了色彩、形式命名以及逻辑关系测验的设计工作。1917年,美国参加第一次世界大战时,武德沃斯又设计了情绪稳定性测验,以测量和研究士兵在战争期间出现的心理问题,如炮弹休克,即弹震症。这个工作为后来的神经测量奠定了基础。

(三)武德沃斯的动力心理学思想

动机和动力心理学的研究是武德沃斯心理学的重要部分。他反对机械性的刺激-反应模式,认为刺激能激发反应,而反应的形式和能量并不依赖于刺激。他举例说,扣动扳机可以使一支枪发射子弹,但是子弹射出的速度是由枪和子弹的特征共同决定的;行为反应可以由许多不同的刺激引起,而且有机体的状况和条件对行为反应也会产生影响,动机变量是行为反应的决定因素。因此他将行为反应模式由S-R改为S-O-R,肯定了人的经验和内在条件对行为反应的作用。

武德沃斯把驱力的概念引入心理学,提出了动力心理学,回答了诸如为什么我们做一件事而不做另一件事这样的问题。驱力即动机,它是行为的发动者,回答行为"为什么"的问题。武德沃斯将驱力分为三种类型:第一种是基本驱力,这是来自于有机体的基本需要,如食物、水等;第二种驱力是指神经肌肉对刺激的准备状态,例如运动员听到发令枪响以前准备起跑的状态;第三种驱力是指个人的抱负或专业兴趣。武德沃斯认为,以上的各种驱力对行为和心理过程都非常重要。与驱力相关的一个概念是机制。武德沃斯指出,机制是刺激形成反应的具体构造关系,是原因通向结果的历程,回答行为"怎么样"的问题。驱力对机制具有发动作用,而驱力只有借助于机制才能实现。机制经过多次发动之后,就可转化为驱力。

(四)武德沃斯的其他研究

无意象思维是武德沃斯研究的重要问题之一。他发现,有些意识行为出现的时候,并没有意象。1912年,武德沃斯在屈尔佩的实验室里进行了为期一年的研究,他还以自己为被试考察了无意象思维问题。基本过程是,当一个新的观念出现在头脑中的时候,就进行内省。结果发现,新观念并不像他所期望的那样经常地出现,即便新观念出现了,也没有意象的伴随。新的思维是由过去的记忆决定的,它的产生似乎并不带有特殊的内容。

在研究过程中,武德沃斯并不拘泥于任何一种方法,往往根据研究的问题而选择不同的方法。对外部刺激和反应,他用客观观察法;而对于无意象思维这种无法用客观观察法的问题,他就采用内省法。因此在研究方法上,武德沃斯是比较灵活的。

武德沃斯对心理学的最主要贡献是提出了动力心理学,其主要特征是折中主义。这不但表现在他所运用的方法上,也表现在他对心理学流派的看法上。在1931年出版的《当代心理学流派》一书中,他指出,每一个学派都是好的,但是没有一个学派是足够好的,是"最理想的",因为没有一个学派能充分地预见未来的心理学,每一个流派都是其他流派的补充。因此,他对心理学流派持一种宽容和开放的态度。这也是他对自己的"折中主义"的最好诠释。

第五节 机能主义心理学的特征及其与构造主义心理学的比较

机能主义和构造主义心理学是西方心理学史上两个重要的流派,在研究思路和方法上都存在着明显的对立,代表着两种不同的研究取向。构造主义在铁钦纳之后日渐消亡,然而,机能主义的发展则与之不同,广义地说,美国心理学今天仍然是机能主义的。今天,很大一部分当代的机能主义者正在进行关于人类学习的研究。而且,在美国,学习测验和心理测验作为研究领域的流行也是有关美国心理学的机能主义风格的充分见证。作为一种系统的观点,机能主义是盖世的成功,但也是因为有这样的成就,它已不再是一个阵线分明的心理学学派。可以说,它已经被吸收在主流心理学中。(查普林,1983,p.78)。机能主义心理学和构造主义心理学的结局为何如此不同呢? 通过对二者的比较和分析,我们能够受到一些启发,得到某些答案。

一、机能心理学与构造心理学的比较

第一,在心理学的哲学基础上,机能心理学推崇詹姆斯的实用主义哲学,而构造心理学则把马赫的经验批判主义作为指导思想。

第二,在学科性质上,机能心理学把心理学视为应用科学,强调心理和行为对环境和社会的适应性功能以及心理学理论的实用功能,并把心理学理论推广应用到教育、工业、临床医学、司法和社会政治与管理等各个领域;而构造心理学则坚持心理学是一门"纯科学",其任务是用内省的方法发现人的心理和行为的普遍规律。

第三,机能心理学还重视个别差异,积极推动心理测量运动。这样就使得心理学与人的日常生活发生了密切联系,扩大了心理学的影响。构造心

理学家对个体差异和心理学理论的应用不感兴趣,他们重理论、轻应用,重分析、轻整合,方法严格而单一,并且以方法限制心理学研究的范围,因此不可避免地要走入死胡同。

机能心理学不但主张把人的心理和行为作为一个整体来研究,还扩大了心理学的问题域,将儿童心理、动物心理、变态心理、学习与动机等纳入了心理学的视野,并以问题为中心,在方法上采取灵活务实的态度,针对不同的问题运用不同的方法。以上这些特征显示了机能心理学的实践性、包容性和开放性,使机能心理学获得了生命力和发展的动力。

二、机能心理学的局限性

第一,具有折中主义倾向,理论和方法缺乏一致性和连贯性。由于注重心理学的应用,因此机能心理学没有建立起一个统一的理论体系;在研究过程中,机能心理学既运用内省等主观方法,又运用实验等客观方法,但没有提供将二者统合起来的统一的方法论。

第二,具有生物主义倾向。机能主义者几乎都信奉达尔文的生物进化论,把心理学归结为生物科学,将意识的社会属性清洗掉,从生物学的角度把心理看做适应环境的工具。机能心理学虽然承认社会环境能影响人的心理和行为的产生、变化,但又将一切社会条件生物学化。机能心理学以生物进化原则观照人的心理和行为,漠视人区别于动物的本质特征,把从动物实验中得出的结论直接用于解释人的行为,因此具有还原论色彩。机能主义的生物主义倾向被行为主义所继承和发扬,最终使人成为一只较大的“白鼠”、“鸽子”,以及“无意识”的“行为体”。

第四章

行为主义

　　行为主义是 1913 年由美国著名心理学家华生(John Broadus Watson,1878—1958)创立并迅速遍及全球的一个重要心理学流派,被称为西方心理学的"第一势力",在心理学史上有"行为主义革命"之称。行为主义经历了早期行为主义和新行为主义等几个发展阶段。1913 年至 1930 年,主要是以华生为代表的早期行为主义的发展阶段。本章将以此为重点展开论述,并兼顾其他早期行为主义者的基本观点。

第一节　行为主义产生的历史背景

　　虽然行为主义是华生所创立的一个重要的心理学派别,但它的产生却有着深刻的社会历史背景。

一、社会背景

　　行为主义之所以产生于美国,主要与当时美国的社会生活、生产实践和社会改良的需要有关。

　　首先,行为主义的产生是对当时美国社会生活和生产实践的需要的反映。在西方科技革命的推动下,美国于 19 世纪后半期完成了工业革命并开始了城市化运动。在城市化进程中,大量的农村人口涌向城市。他们要想适应城市生活,就必须经过训练,掌握相应的生存技能,因此国家应承担起对他们进行训练的责任。美国社会生活的这一要求促使心理学家从对意识的研究转向对适应性行为的研究。同时,工业革命也极大地提高了美国的生产效率,要想再提高生产效率,仅仅通过技术改良是难以实现的,只有提高工人身体动作的效率才可能实现这一目标,这就需要对工人的总体活动效果进行研究。华生所倡导的行为主义,其目标之一就是最大限度地提高工人的工作量和工作效果,而此恰恰是当时美国社会生产实践的需要。

其次,行为主义是美国社会政治生活中进步主义运动的产物。进步主义是 19 世纪 90 年代在美国所产生的一场广泛的政治革新运动,其目的是通过撤换政治机构中的老成员,启用能够科学管理社会的贤人来对社会进行控制。"社会控制万岁……不仅使我们能够对付战争(第一次世界大战)的严酷要求,而且可以作为即将到来的和平与兄弟般关系的基础"(黎黑,1990,p.370)。因此,通过运用行为技术来达到控制社会的目的成为一种最有生命力的革新思想,行为主义似乎有可能为社会革新者提供一种合理有效地管理社会的科学工具。

行为主义正是在当时美国社会的这种生产生活实践和社会政治改良的要求下产生的。

二、哲学背景

尽管华生反对哲学,拒绝以任何形式的哲学作为自己理论的哲学基础,但实际上,他的行为主义却有着深刻的哲学渊源。机械唯物主义、实证主义和实用主义等哲学思想都对行为主义产生了广泛的影响。

(一)机械唯物主义

工业革命以来,迅速发展的自然科学对人类生活产生了深刻影响。自然科学中占统治地位的学科是力学,与此相对应的,作为当时自然科学成果总结的哲学思想是机械唯物主义。笛卡儿声称动物是无意识的,否定了动物的意识,把动物看成一种犹如自动机的机器,接受刺激而产生动作,试图对身心作机械主义的解释;拉·美特利继承并发展了笛卡儿的机械唯物主义思想,在《人是机器》一书中提出了人是机器的思想,试图对"心理进行机械主义的解释",认为"对心理事件的理解只能根据神经系统内的物质过程来进行"(Rendler,1987,p.149)。华生在创立其行为主义体系时,显然接受了这种机械唯物主义思想,他认为"人也是机器,受刺激-反应规律的制约"(叶浩生,1994,p.72)。

(二)实证主义

实证主义是 19 世纪中叶法国哲学家孔德首创的一种科学哲学,他坚持认为"有效的事实和知识只能通过科学方法来确证。……所有的事件只能通过观察、假设和实验,也即通过科学方法来解释"(Rendler,1987,p.151)。孔德把"一切科学知识都必须建立在来自观察和实验的经验事实的基础上"(叶浩生等,1998,p.183)作为其实证主义的基本原则,认为这是各种形态的实证主义哲学都必须遵守的。从实证主义这一基本原则出发,孔德认为科学的资料必须是社会的、公开的事件,是可证实的事实;单独的、私人的意识内省所得到的知识是不可靠的、不科学的。科学的任务就在于描述一切可能观察到的事实,然后指出事物的一般规律,从而达到预测和控制自然的目的。如果用无法观察的东西作为了解自然的工具,就会重蹈神学和形而上学的覆辙。早期行为主义正是根据这样的标准,放弃了对不可观察的意识的研究而将可观察的行为作为心理学的研究对象,抛弃了主观内省法而改以自然科学的客观方法作为心理学的研究方法。黎黑曾指出"整个行为主义精神是实证主义的,甚至可以说行为主义乃是实证主义的心理学"(黎黑,1990,p.416),由此也可以看出实证主义对行为主义的影响。

(三)实用主义

相对于机械唯物主义和实证主义,作为美国官方哲学的实用主义对早期行为主义的影响更为直接和深刻。实用主义哲学的代表人物都声称,实用主义就是一种强调行为、实践和生活的哲学,其要点就是强调要立足于现实生活,把获得效果当做最高目的。华生把不可直接观察和经验的意识排除在心理学的研究大门之外,把人的行为活动简化为刺激-反应的行为模式,把有效地控制人的行为作为心理学的根本目的,这些都是实用主义哲学在行为主义心理学中的具体体现。正因为如此,英国哲学家罗素在《人之分析》一书中曾把实用主义哲学家杜威也列入行为主义学派。他说:"有一个心理学派叫'行为主义',其中的主角是约翰·霍普金斯大学的华生教授。就大体讲,杜威教授也属于这一学派。"(杨鑫辉,2000,p.246)

三、神经生理学背景

神经生理学的发展,特别是俄国谢切诺夫、巴甫洛夫和别赫切列夫的神经生理学思想和观点也对行为主义的产生有着重要影响。

(一)谢切诺夫的研究

对俄国神经生理学研究中的客观方法的强调在很大程度上应该归功于谢切诺夫,他认为对心理学进行研究也应该采用生理学的客观方法。在他的理论体系中,"反射"是一个关键性的概念,它所指的就是刺激和反应之间的联结。他认为,反射不仅是动物活动的方式,也是人类心理活动的方式。在1863年出版的《脑的反射》一书中,他把意识现象看作神经反射的特例,认为诸如学习、记忆和思维这样的心理过程其实就是复杂的反射行为链。谢切诺夫曾经这样表述过行为主义的本质:"孩子看见玩具而笑……女子第一次想到爱情时的颤抖,或者牛顿发现万有引力定律并将其记录下来——对于每种情况,其最终的表现形式都是肌肉运动。"(Rendler,1987,p.159)这就是说,即使我们通常是根据主观心理过程来描述其他行动,但可观察到的唯一事件是客观的行为现象,通过对自然科学应该建立在可公开观察的事实基础上的论证,谢切诺夫坚持认为心理学也必须采用同样的客观程序。这些观点显然影响了华生对心理学性质的看法。

（二）巴甫洛夫的研究

如果没有巴甫洛夫的研究，华生的行为主义也许不可能取得如此大的成就。巴甫洛夫为华生的心理学的方法论提供了重要的经验材料。作为一位生理学家，巴甫洛夫对心理学持有强烈的保留意见，他认为"对于心理学是不是一门自然科学或者应不应该把心理学看做一门自然科学，还需要进行公开的讨论"（Rendler，1987，p. 159）。对巴甫洛夫而言，心理学就是研究心理的。他认为一种关于纯粹心理的心理学与科学方法是不一致的。

巴甫洛夫继承了谢切诺夫关于反射学和客观主义的研究成果，首创并运用条件反射法对人的高级神经活动进行了严格而客观的实验研究，提出了以条件反射学说为核心的高级神经活动规律理论。尽管其主观意图是研究神经系统，但其研究成果和实验技术却在客观上被心理学家所接受。华生几乎全盘接受了巴甫洛夫的条件反射学说和方法，并运用这些理论和方法来阐释自己的行为主义心理学思想。受巴甫洛夫的影响，华生认为，人和动物的行为，包括人的一切智慧行为都是在无条件反射基础上形成的条件反射，既然如此，就可以利用生理学中的刺激、反应、肌肉收缩和腺体分泌等客观术语来取代主观的心理、意识等概念，这样就为心理学走向自然科学的行列扫清了概念术语的障碍；而且他还进一步把条件反射法作为一种塑造人的行为活动的具体的客观研究方法，并借此达到其行为研究和行为控制的目的。显然，巴甫洛夫的观点对华生的行为主义产生了极其重要的影响。

（三）别赫切列夫的研究

别赫切列夫是俄国另一位著名的生理学家，他发展了一种运动条件作用的方法。他认为，在运动条件作用中，条件反应指的是肌肉反应，而不是巴甫洛夫条件作用中所谓的腺体分泌。除了把条件作用的范围扩展到包含肌肉反应外，运动条件作用还提供了一种更方便的方法，因为对运动性条件作用的研究没有必要使用复杂的外科技术。别赫切列夫也"通过否认对心理事件的主观解释而鼓励行为主义的取向"（Rendler，1987，p. 161），如条件性的手指收缩并不是由于心理联想的结果，而是因为在条件性作用的过程中所形成的神经联结。他于1910年出版了《客观心理学》一书，并发表了一系列的演讲，不断阐述其客观心理学思想，主张研究心理学问题时应采用客观的方法，反对用精神术语来研究心理学等。他还进一步认为，心理学是行为的科学，即使是思维这种高水平的心理过程，也是由较低水平的感觉-运动反射所组成的复合物。这些观点显然对华生的行为主义具有一定的启示。

虽然别赫切列夫鼓励研究运动性条件作用、支持建立在反射学基础上的理论解释、赞成客观心理学,但他对美国心理学的影响要比巴甫洛夫小得多。

四、心理学背景

行为主义的产生虽然受到当时美国社会的政治经济和哲学、神经生理学等外部因素的影响,但心理学内部的矛盾运动则是促使其产生的主要因素。

(一)传统意识心理学的危机

科学心理学诞生以后,一直把意识作为其研究对象。无论是内容心理学还是意动心理学,还是后来发展起来的构造主义心理学和机能主义心理学都继承了这一传统,但在对意识的理解和如何研究意识的问题上,却意见分歧,争论不断,从而造成了心理学派别之间的冲突和对立。这种争论无济于解决当时美国社会所面临的各种问题,在这些问题面前,意识心理学第一次感到是这样的无能为力和束手无策,美国心理学界乃至美国社会也因此而对意识心理学产生了强烈的不满情绪。正如巴契勒在概括1906年美国心理学的进展时所指出的那样,心理学"正在产生不满的潮流",学术上的纷争、实践上的无能以及社会的不满,最终导致了意识心理学的危机。这种危机也使美国心理学界在1910年年会后开始反思心理学的研究对象和心理学的定义。事实上,在此之前,一些对意识心理学不满的心理学家就开始了对这个问题的反思,其中麦独孤第一次把心理学界定为行为科学。在1905年出版的《生理心理学》一书中,他把心理学定义为一种"生物行为的实证科学",在稍后的《社会心理学导论》一书中,他再次重申"心理学一定要成为行动或行为的实证科学"。为了更明确地阐述其观点,他甚至以《心理学:行为的研究》作为书名。由此可见,意识心理学的危机必然导致心理学家开始从另一极来展开研究,实现心理学从研究意识到研究行为的转向。华生则顺应了心理学发展的时代要求,创立了行为主义这一新的心理学流派,实现了心理学的行为主义革命。

(二)动物心理学的发展

动物心理学是在达尔文进化论的影响下产生的。1872年达尔文出版了《人类与动物的表情》一书,认为动物与人类在各种不同情绪状态下所具有的表情在发生学上具有共同的根源,从而确立了人与动物心理发展的连续性思想。但达尔文错误地认为,人与动物的心理只有程度的差别,并无本质上的差别,这就导致在研究人的心理时,把人的心理等同于动物心理的生物化倾向以及在研究动物心理时把动物心理比作人的心理的拟人论倾向。进化论所包含的生物学化倾向被英国动物学家摩尔根所发展,他于1896年提出了动物心理研究的新观点,主张在动物心理研究中,只要能用更低级的心灵作用解释活动,就绝不用更高级的心灵作用来解释,这就是著名的"吝啬律"。继摩尔根之后,美籍德裔生物学家洛布提出了"向性学说",认为动物反应只是对刺激的直接作用,没有必要用意识的术语来进行解释,其拥护者甚至建议放弃一切心理学名词而代之以客观的名词。桑代克则发展了一种客观的机械学习理论,只注意外显的行为,而很少参照意识或心理过程,认为心理学必须研究行为,而不应研究心理元素或任何形式的意识经验,在研究动物的学习时,应尽量避免使用主观性的概念,而用刺激和反应之间的具体联结来解释学习。由于动物心理学的研究有助于理解人的心理,因而得到了迅速发展,到 1910 年,美国已有 8 所大学建立了动物心理学实验室,华生本人也是在研究动物心理所形成的观念与方法的基础上,建立了自己的行为主义思想体系。

(三) 机能心理学的进一步发展

机能主义本身并不是客观心理学,其创始人杜威和安吉尔都在心理学内部保留了意识,但相对于传统的实验心理学,机能主义心理学家已远离了那种纯粹的意识心理学。1906 年,安吉尔当选为美国心理学学会主席,其就职演说即被看做"通向行为主义的一个里程碑"(黎黑,1998,p. 523),他的整个演说充斥着这样一种观点,"机能主义是架于心灵主义和行为主义之间的一座主要桥梁,一个路站,而不是一个自主的持久性运动"(黎黑,1998,p. 523)。安吉尔认为机能心理学可使心理学家与普通的生物学关系更加密切,并且断言"这种新的生物学倾向将产生实用的益处"(黎黑,1998,p. 524)。卡特尔则公开表示对内省的不满,主张"心理学应把注意力集中于行为而不是集中于意识"(华生,1998,p. 4),从而导致了一种客观的机能心理学。可以说,正是"各种机能主义者把詹姆斯的意识概念推向了行为主义"(黎黑,1998,p. 522)。机能主义心理学的发展为华生的行为主义作了必要的理论准备。华生的行为主义就是把机能主义心理学合乎逻辑地推向极端,剔除了原来的思辨痕迹,使机能主义顺利地过渡到行为主义。正如华生本人所指出的,"行为主义是唯一彻底而合乎逻辑的机能主义"(叶浩生等,1998,p. 185)。

正是在这样的时代背景、学科背景以及心理学内部矛盾运动的基础上,华生开创了心理学研究的新时代,实现了心理学中的"行为主义革命"。

第二节　华生的行为主义心理学

　　华生是美国著名的心理学家和行为主义心理学的创始人。1894年,他进入伏尔曼大学,五年后获得硕士学位。1900年,他又在穆尔教授的建议下到芝加哥大学攻读研究生课程,师从安吉尔和唐纳森,并于1903年以《动物的教育:白鼠的心理发展》的论文获得博士学位。后留校任教,讲授心理学。在此期间,他做了大量的以动物为被试的实验,为其行为主义观点的形成奠定了坚实基础。1908年,他受聘到霍普金斯大学,在此度过了其学术生涯中最辉煌的岁月,一直到1920年。此间他还接任了《心理学评论》杂志的主编。

　　在从事实验研究的同时,华生不断思考如何对心理学进行客观的研究,逐渐形成了其行为主义的基本观点。1908年在耶鲁大学的讲演中,他第一次提出了行为主义的观点,并于1912年哥伦比亚大学的演讲中进一步阐述了这一观点。1913年,其撰写的《行为主义者眼中的心理学》一文在《心理学评论》杂志上发表,标志着行为主义心理学的诞生和行为主义革命的开始;1914年出版的《行为:比较心理学导论》则系统地阐述了行为主义心理学体系。由于行为主义适应了美国社会的生产和生活实践的需要,因此产生了重大影响,受到美国心理学界的普遍欢迎,华生也因此于1915年当选为美国心理学学会主席,并发表了《条件反射在心理学中的地位》的就职演说。1919年,华生的第二部专著《行为主义者立场上的心理学》出版,这部著作对其行为主义观点进行了全面详细的论述。

　　1920年,因爱上自己的女研究生雷纳而引起的离婚风波,迫使华生辞去了霍普金斯大学的教授职位,并因此而中断了其学术生涯。随后,华生进入商界,应用行为主义的方法进行广告宣传和市场调查。经商的同时,他还积极利用各种途径来宣传和普及其行为主义思想。1925年出版并于1930年重新修订了他的通俗读物《行为主义》,在书中他提出了积极改良社会的计划,这是他对行为主义观点的最后阐述。1945年他从商界退休,1958年去世,时年80岁。

　　1957年,美国心理学学会授予华生一枚金质奖章,以表彰其在心理学领域的卓越贡献,并称赞其工作为"现代心理学之形式与内容极其重要的决定因素之一……是持久不变而富有成果之研究路线的出发点"(舒尔茨,1981,p.213),1981年,美国心理学学会的全国学术年会还组织了一次关于"华生的生活、时代和研究"的专题会议,以纪念他对心理学作出的贡献。

一、心理学的性质和研究对象

行为主义的诞生是以华生 1913 年所发表的《行为主义者眼中的心理学》为标志的。在这篇行为主义的宣言中,华生开宗明义地宣称:

"在行为主义者看来,心理学纯粹是自然科学的一个客观的实验分支,它的理论目标就是预测和控制行为。内省并不是其方法的主要部分,其资料的科学价值也不依赖于这些资料是否容易运用意识的术语来解释。行为主义者努力想把动物的反应纳入一个统一的系统,承认在人兽之间并无分界线。人的行为尽管有其细致性和复杂性,也仅仅是行为主义者的总研究计划的一部分而已。"(Watson,1913,p.158)

这段话既界定了心理学的性质,又规定了心理学的研究对象。它包含着如下几个方面的含义:首先,心理学是一门纯粹的自然科学;其次,心理学的研究对象是行为,行为是可以外部公开观察的有机体的反应;再次,行为完全独立于意识,应该根据行为自身的特征来研究行为;最后,人类行为和动物行为都应该是心理学的研究对象。

为了使心理学真正成为自然科学的一个门类,华生严厉批评了传统的意识心理学,认为要使心理学取得与生物学、物理学等自然科学同样的地位,就必须放弃心理学研究中一切带有主观性的概念和术语,而采用更客观的研究对象和方法,因为主观性的东西是不可以观察的内隐过程,违背了经验证实原则,"若不放弃心理,便无法使心理学成为一门自然科学"(华生,1998,p.5)。那么,华生又是如何来看待行为主义与其他自然科学的关系呢?他认为行为主义与自然科学特别是生理学有着密切的联系,正如他所指出:"行为主义是一门自然科学。这门自然科学把人类适应的整个领域作为它的主要对象。它最亲密的伙伴是生理学。"(华生,1998,p.12)由于生理学热衷于研究动物器官的功能以及肌肉和神经反应的机制,因此要模仿生理学,就必须把行为看作刺激与反应的联结,而反应则必须分为肌肉收缩和腺体分泌,这样行为主义就变成了一门与生理学几乎没有差别的研究"肌肉收缩和腺体分泌"的自然科学。

华生认为,行为主义虽然与生理学有所区别,但这种区别仅仅表现在它们对问题的归类不同,而不是基本原理或具体观点的不同。生理学热衷于研究动物器官的功能以及神经和肌肉反应的机制,行为主义虽然对此也有兴趣,但对于动物特别是人从早到晚或从晚到早做些什么更感兴趣,这是因为行为主义者希冀控制人类的反应。"行为主义心理学的事业是去预测和控制人类的活动。为了做到这一点,它必须搜集由实验方法得出的科学数据。唯有如此,才能使训练有素的行为主义者通过提供的刺激来预示将会发生什么反应,或者通过特定的反应来陈述引起这种反应的情境或刺激。"
(华生,1998,p.12)

　　华生以这种还原的方式使心理学成为一门自然科学,主张心理学的研究对象为可观察的客观行为。在他看来,行为就是一种可以观察到的有机体反应,其本质是人和动物对外界环境的适应,刺激-反应是有机体所有行为的共同要素。所谓刺激,就是引起有机体反应的外界环境或身体组织内所发生的各种变化;所谓反应则是特定刺激所引起的有机体的内隐或外显的变化,而行为则是由这些简单的机体生理反应所组成的一套复杂的反应系统。但华生认为,在心理学领域中运用"刺激"这个概念时,其含义应有所扩展,刺激可以是简单的,如各种感官的适宜刺激等;也可以是复杂的,如有意义的情境,因为一种情境就是一组复合刺激,在社会生活中引起个体行为的刺激常常是复杂的刺激;而在心理学内部运用"反应"这一术语时,也应该有所补充,简单的肌肉反应、腺体分泌以及比较复杂的动作如写字、吃饭等都可以被看成反应。

　　为了更好地研究有机体的行为反应,华生对反应进行了具体的分类。根据反应能否直接观察,他把反应划分为外显反应和内隐反应;根据反应的发生是否为习得的,他把反应分为习惯反应和遗传反应。最后,他又通过组合划分反应的两个标准而把反应分为四类:外显的习惯反应,这是后天习得并表现于外的反应活动;内隐的习惯反应,这是后天习得但又必须借助于仪器或实验的帮助才能观察到的反应活动,如思维;外显的遗传反应,它是不学而能并表露于外的反应活动,包括个体各种可以观察到的本能和情绪反应;内隐的遗传反应,这是不学而能又难以观察到的个体内部的反应活动。

　　心理学不仅涉及简单反应,更经常涉及的是复杂反应。华生认为复杂反应就是动作或一组反应,它是按照一定方式联合起来的;而许多连续进行的反应联系起来,就可以形成复杂的连锁反射,经过多次重复,就能形成习惯,从而达到不依赖外部刺激就能进行活动的目的。

　　华生认为,心理学的研究对象是人和动物的行为,而人和动物的行为都是由刺激-反应的联结构成的,这样心理学通过对行为的研究就可以确定刺激和反应之间的联结规律,以便人们在已知刺激后,就能预料将会发生怎样的反应;或者当已知反应之后,就能够指出有效刺激的性质,并通过这种方法来预测和控制有机体的行为。

二、心理学的研究方法

　　基于使心理学成为一门自然科学的目的,华生特别强调研究方法的客观性,主张放弃心理学研究中传统的主观内省法而采用客观的方法来研究行为。他认为,心理学的研究方法主要有五种,分别是:观察法、条件反射法、言语报告法、测验法和社会实验法。

（一）观察法

观察法是科学研究中最古老最基本的方法。华生把观察法分为两类:

一类是不需要借助于仪器控制的观察,也就是通常所说的自然观察。使用这种方法时,观察者必须记录各种结果,检查各种事例,借助统计方法引出初步结论,然后通过进一步的观察来获得新的资料,以核对这些结论。这种观察可以使观察者了解引起反应的刺激及反应和动作的性质,但由于它对很多因素不能进行有效的控制,因而观察结果的随意性很大。这种观察法又称为不受控观察,其特点是简单易行,不受仪器的限制;缺点在于观察结果的准确性和有效性不高。

另一类是借助于仪器的观察。华生认为,任何科学的进步都与实验手段和仪器设备的改进有关,这一点已经在其他自然科学中得到充分证明。为了更精确地研究行为,心理学也需要借助于精密的仪器,来控制被试的行为反应。这种观察就是通常意义上所说的实验法。由于采用这种方法进行观察时,要受仪器设备的控制,因此又称为受控观察。

（二）条件反射法

条件反射法是华生将巴甫洛夫在生理学中首创并使用的条件反射法引入到心理学中对行为进行实验研究的一种方法。这是华生行为主义心理学中最重要的研究方法,也是最能体现其行为主义观点的研究方法。华生把条件反射法分为两大类:一类是用以获得条件分泌反射的方法,另一类是用以获得条件运动反射的方法。这种方法主要适用于以下几种情况:① 以聋哑人、婴儿以及某些病态者为被试;② 以动物为被试;③ 检验口头报告法的效果。显然,条件反射法给华生提供了一种完全客观的分析行为的方法,通过这种方法,就可把行为分解为最基本的单元,从而为在实验室内研究人的复杂行为提供了方便。

（三）言语报告法

这是研究正常人行为的一种方法,它是通过被试报告其体内的变化来实现的,又称口头报告法。华生认为,在正常人身上有一种在动物身上甚至在病态者身上也不完善的能力,即觉察自己体内所发生的变化并以口头报告的形式进行报告的能力,而且,人对各种情境的顺应更经常的是以语言方式实现的,甚至在有些情况下,这是唯一能够观察到的反应。这就决定了对正常人进行研究不仅有可能,而且必须采用口头报告的方法。但是,这种方法在西方心理学家中曾引起很大争论。有些学者认为华生采纳言语报告法足以表明他的心理学不是客观的心理学,还有学者认为,华生"以言语报告,把内省从前门赶出去而又从后门迎进来了"(高觉敷,1982,p.260)。但华生却坚持认为语言是人所特有的一种反应,因此听取别人在接受某种刺激后的语言反应,并不违反行为主义所坚持的客观性原则。不过他也承认,言语报告法是在现有实验技术条件下不得已而采用的权宜之计。他说:"心理学目前还没有观察别人体内机制变化的方法,所以我们至少部分地需要别人报告他自己的体内变化。"(Watson,1925,p.42)言语报告法虽然存在局限,有待于仪器的验证,但并不能完全弃而不用。

(四) 测验法

华生反对传统心理学把测验法归属于应用心理学的观点。他认为,测验不仅是心理学中纯粹应用的技术方法,也是心理学的一种特殊研究方法。尽管这种方法还不完善,但可运用于人类行为的分类研究。华生所说的测验法与以往的测验法有所不同,即它并不是运用语言所进行的行为测验,而是测验被试对测验刺激情境所作出的反应,这样就可以扩大测验法的范围,将其运用到有语言缺陷的人身上。

(五) 社会实验法

社会实验法,在某种程度上可以说是华生的行为主义原理在社会问题研究中的应用。华生的行为主义有两个目标,其中之一就是"形成一套能够更有效地改变社会的心理学原则"(Rendler,1987,p.170)。社会实验法就是这一目标的具体化或应用。运用社会实验法既可以考察由于社会情境的改变而引起的社会变化,也可以考察引起这种变化的社会情境。但无论如何,其最终目标都是预测和控制人的行为,更好地管理和控制社会。

华生在心理学研究方法上的转向,使心理学的研究方法日趋客观,也使心理学更接近自然科学。但客观地说,华生并没有创造新方法,只是扩充和完善了原有的方法并加以强调而已(舒尔茨,1981,p.225)。

三、在具体问题上的观点

华生不仅对心理学的基本问题进行了研究,也对一些具体的心理现象进行了研究。实际上,这些具体研究都是对其刺激-反应理论的进一步说明。

(一) 本能理论

华生对本能的看法前后并不一致。华生早期并不否认本能,只是要用反射的概念来解释本能,正如他要用反射的概念来解释一切行为一样。他认为"本能是一连串的反射,这串反射的个别元素是按照严格的遗传方式而连续进行的"(Watson,1914,p.106)。本能不仅具有保存个体生命和繁衍种族的功能,而且具有引发学习的功能。"如果一个对象既不能引起积极反应,也不能引起消极反应,那么有关这个对象的行为习惯就不可能形成,除非我们能够形成一种条件性反应。"(杨鑫辉,2000,p.262)

但是,后来华生又完全否认本能,认为在"心理学中不再需要本能的概念"(华生,1998,p.99)。在华生看来,遗传的只是身体结构,而不是身体的机能和心理特质。所谓能力、才能、气质、心理构造和性格,都是摇篮时期训练的结果。正如他所说:"行为主义者不会说,他继承了父亲的击剑能力或才能。他会说:这孩子有他父亲一样的体格,眼睛长得也很像。太像他父亲了。他父亲很爱他。在他1岁时,他父亲就给了他一把小剑,在指导他学步时就教他剑术的语言,如何攻击如何防守,等等。"(华生,1998,p.88)这就说明,作为动物的人生来就具有一定类型的结构或构造,因而能够对各种外界刺激发生相应的反应,如呼吸、心跳等。但华生认为,这些简单的反应并不是本能,而是胎儿生活环境所提供的复杂刺激的结果。而比较复杂的行为的形成,则完全来自于学习,特别是早期训练。他把学习的决定因素看做可以控制的外部刺激,而控制的最基本途径就是条件反射法。他认为"条件反射是一个单位,是已经形成的整个习惯的一个单位。换句话说,当一个复杂的习惯被完全分解之后,这个习惯的每个单位就是一个条件反射"(华生,1998,pp.201-202)。

由于华生认为"一切复杂的行为均来自简单反应的成长或发展"(华生,1998,p.124),因而,他提出了"活动流"(activity stream)概念,把行为的形成看作永无休止的活动流,认为人的全部行为都是从受精卵开始的,随着时间的流逝而变得更加复杂。为了便于说明,华生还绘制了一幅描述人一生的行为的活动流图,并认为行为主义正是通过这些活动流来理解人的行为的。

华生在本能问题看法上的转变,表明他已由"相互作用论"转向"环境决定论"。因而他特别重视学习问题,认为不仅动物的行为可以用学习和训练加以控制,人类特别是人类儿童也莫不如此。他曾夸口说:"给我一打健康的婴儿,并在我自己设定的特殊环境中养育他们,那么我愿意担保,可以随便挑选其中一个婴儿,把他训练成我所选定的任何一种专家——医生、律师、艺术家、小偷,而不管他们的才能、嗜好、倾向、能力、天资和他祖先的种族如何"(华生,1998,p.95)。在华生看来,通过条件作用这种最基本的途径并控制好外界刺激,就能形成各种符合要求的复杂行为。

(二)情绪理论

华生对詹姆斯的"情绪是对身体变化的体验"的观点表示不满,他认为意识经验不是情绪行为的必要构成要素,情绪只不过是对特定刺激所作出的身体反应。为了理解情绪,就必须对刺激以及由它所引起的身体反应作出区分。如果刺激所引起的身体反应是局限于主体的身体内部的,那么这种反应就是情绪。

通过对人类婴儿的观察与实验研究,华生认为婴儿有三种内在的情绪反应:恐惧、愤怒和亲爱,而且每种情绪都是由特定的刺激引起的。恐惧是由突然的响声或身体失去支持而引起的;愤怒是由身体运动受到限制而引起的;亲爱则是由抚摸皮肤或性感带而引起的。在华生看来,这些无条件反射的刺激以及与此相应的无条件反应是建立情绪这种复杂的条件反射性习惯模式的起点。行为主义者也像对待其他反应模式一样对待情绪,通过直接建立条件反射和迁移,使情绪反应得到显著增加。但在使用这三个有关情绪的概念时,华生很犹豫,唯恐人们从主观方面去理解,他希望除了把这些概念看做可以充分用情境和反应的术语加以说明的内容外,并不包含其他任何东西。而且,为了防止人们的误解,他甚至愿意用 X、Y、Z 来代替这三个情绪概念。

华生用条件反射法研究了情绪的发展变化并得出了一些有价值的结论。他根据艾伯特形成条件恐惧反应的实验事实,认为条件化是情绪发生和复杂化的机制。人的各种复杂情绪都是在婴儿时期就具有的三种基本情绪的基础上,通过条件作用而逐渐形成的,而且实验也表明,所形成的条件化的情绪反应具有泛化或迁移的作用。例如,当对白鼠形成条件恐惧反应后,与白鼠相似的刺激物都可引起恐惧反应;而在条件刺激精确化的条件下又可分化开来,形成分化性条件情绪反应。他还进一步认为,已经形成的不良条件性情绪反应可以通过再条件作用或解除条件作用而消除,这就说明情绪的分化是教育和训练的结果。(华生,1998,pp. 153 – 154)

(三) 思维的外周理论

一般情况下,人们认为思维是发生在大脑内部的心理过程,但华生却认为思维就是一种内隐的感官运动,"它不过是生物过程的一部分"(华生,1998,p. 232),既可以表现为类似言语的各种反应,也可以表现为非言语形式的身体反应活动,但"在外显的言语中习得的肌肉习惯对内隐的或内部的言语(思维)负责"(华生,1998,p. 233)。而且,语言习惯以及喉舌的运动在思维中起着关键作用,思维与言语在本质上没有什么区别,都可归结为语言习惯,两者只是在表现形式上不同而已。言语是一种外部的语言习惯,是大声的思维;而思维则是一种内隐的语言习惯,是无声的谈话,并且内隐的语言习惯是由外部的语言习惯逐渐演化而来的。为了证明这一点,华生提出了相应的证据:儿童早期思维时总是伴随着出声的外部言语,但后来逐渐过渡为小声言语,直到最后听不见其言语。华生坚持认为,即使在这种听不见的言语中也仍然有肌肉反应,他以"无声言语"来描述思维,但也承认动觉和情绪在思维中起作用。

华生认为,能够支持其思维的外周理论的经验性证据是非常有限的,他所提供的最好的证据是对儿童早期和聋哑人的自然观察。聋哑人在阅读和思维时总是经常出现与手势语言相联系的手部运动等,这样的观察研究对后来马克斯运用电刺激法记录轻微的肌肉活动起到了鼓励作用。马克斯让聋哑人和听力正常的人在头脑中对数进行分类,结果有70%的聋哑人表现出了明显的手部运动,而听力正常的被试中只有30%表现出这样的反应。大量的研究表明肌肉运动特别是与语言相联系的肌肉运动都是与思维相伴而生的(Rendler,1987,p.175)。这就说明人在思维时,不仅存在着外部的语言活动和身体活动,还发生着内隐的语言活动和身体活动,当内隐的语言活动和身体活动占优势时,就会出现没有语言形式的思维。

华生坚持认为不应该忽视外周事件在思维中所起的重要作用,因为思维就是"作为整体的有机体"的反应。但我们也应该认识到,华生的思维的外周理论既缺乏足够的证据,又存在着内在的模糊性,而且他如此强调外周事件以至于忽视了中枢神经系统和大脑在思维中所起的作用,这是我们在研究和学习时应该注意的一个问题。

(四) 人格理论

在华生看来,人格是个体整个行为模式的总体,是个体一切动作的总和。他给人格所下的定义是:"通过对能够获得可靠信息的长时行为的实际观察而发现的活动之总和。换言之,人格是我们习惯系统的最终产物。"(华生,1998,p.271)从这个定义中,我们可以看出,华生把人格看成在一个人身上经常地表现出来的比较稳定的各种活动的总和,这与现代心理学对人格的界定非常接近。华生认为,某一个体在某一年龄阶段的人格,就是他在这个年龄阶段的各种习惯系统或活动流的横切面部分。这样,根据某一个体人格中占优势的习惯系统,就可以对个体人格进行分类并据此而判断其主要人格特征。但"人格判断通常并不单纯依靠被研究个体的生活图表"(华生,1998,p.271),要精确地判断和了解个体的人格,还必须研究他受教育的情况、成就大小、业余爱好、生活中的情绪表现,并采用各种心理测验来进行。

人格虽然是比较稳定的习惯行为模式,但并不是固定不变的。青春期之前,是习惯行为模式形成、成熟和变化最迅速的时期,此时人格的变化也最快。成年期以后,由于大多数个体安于过一种平凡的生活,如果不是不断地受到新的环境刺激,其所形成的习惯行为模式是不会轻易发生改变的,因而其人格的变化也就非常缓慢。但有时,一个人要想获得一种新的人格,他就必须学会不同于过去的习惯行为模式,启动一种重建新人格的过程并形成新的习惯行为模式。在此过程中,他必须抛弃旧的习惯行为模式。只有这样,个体在形成新的习惯行为模式的过程中,才不会受旧的习惯行为模式的支配。至于如何才能改变人的人格,华生认为:"彻底改变人格的唯一途径就是通过改变个体的环境来重塑个体,用此方法使新的习惯加以形成。他们改变环境越彻底,人格也就改变得越多。"(华生,1998,p. 303)而且,他还认为"朋友、教师、戏剧、电影都会帮助我们塑造、重建和改变我们的人格,从来不想使自己面临这种刺激的人,将永远不会改变他的人格,成为一个完善的人"(华生,1998,p. 304)。华生的"环境决定论"主张由此可见一斑。

总之,华生的行为主义理论体系是建立在他对心理学对象和方法客观化的基础上的,他对各种具体心理现象的研究都是对其客观的"刺激-反应"的行为公式的具体应用和说明,其最终的目的在于使心理学成为一门能预测和控制人的行为的、真正的自然科学。

第三节　其他早期的行为主义者

行为主义于 1913 年问世后不久就在美国迅速风行起来,很多心理学家都主张以行为作为心理学的研究对象,强调客观方法的应用,提出了与华生接近的观点。但他们并不是华生的追随者,其观点意见也不完全一致,因而只能将他们称为其他早期的行为主义者。

一、梅耶

梅耶(Max Frederick Meyer,1873—1967)出生于德国,1892 年进柏林大学学习神学,1894 年师从艾宾浩斯学习心理学,随后又师从斯顿夫,马赫对他也产生了强烈的影响。1896 年,在斯顿夫和普郎克的指导下,梅耶获得博士学位。在英国经过短暂的停留之后,他接受了美国密苏里大学的教职,并于 1900 年建立了密苏里大学心理实验室。在其生命的最后几年中,他在迈阿密大学任教和从事研究。他先后出版了《人类行为的基本规律》和《他人心理学》两部专著。

梅耶认为,心理学应该是远离内省而集中理解他人行为的科学,只有采用客观的方法研究他人的行为,心理学才能成为一门科学。他极力主张抛弃以研究自己为主的传统心理学,而倡导研究他人行为的心理学。他认为,心理学是研究他人的科学,如果研究者关心自己的行为,就容易对观察的结果产生偏见。他还认为,要想了解人类行为在个体生活和社会生活中的意义，就不应去研究意识或其构造，而应研究行为的神经活动规律和模式。

梅耶的客观主义研究取向主要表现在，他反对传统心理学探讨意识内容的做法，而主张心理学应该探询人类实际上在做什么。他强调了刺激和反应的中心作用以及介于刺激和反应之间的神经生理学机制。虽然反射和习惯是其理论体系中的关键概念，但他也强调行为的社会决定作用。他认为，心理学既应研究基本的理论问题，也应研究应用问题。

与华生不同的是，梅耶非常重视对人类行为的研究。他强调自己不是一位形而上学行为主义者，而是一位谦和的方法论行为主义者。他认为尽管心灵、意识不是科学研究的合法对象，但心理学家也没有必要否认心灵、意识的存在。在他看来，既然心理学所研究的是公开的资料，那么当把意识公开后，也应能够进行科学研究。但是，当我们看到华生的著作时，我们就会发现，梅耶的行为主义根本缺乏行为主义的意味（Viney, 1998, p. 316）。确实，这种温和的研究取向妨碍了人们对其行为主义理论的理解，而华生鲜明的观点则受到了人们的普遍关注。

二、麦独孤

麦独孤（W. McDougall，1871—1938）出生于英国，在曼彻斯特大学和剑桥大学接受了优质的高等教育。在获得医学学位之前，他在生理学方面的成就得到了人们的普遍称赞。在剑桥大学、伦敦大学和牛津大学他都拥有一定的学术地位。后来他移居美国，进入哈佛大学研究院，并成为杜克大学心理学系主任。麦独孤一生出版了 24 部学术专著，发表论文 165 篇，内容涉及人类学、心理学和哲学等领域。

麦独孤特别强调活动、行动和行为在心理学中的作用。在华生之前，他就把心理学界定为与行为有关的实证科学，但他同时认为心理活动是有机体整个功能系统的组成部分，因而心理学既要研究经验（心理活动），也要研究行为，而且心理学与社会学和生理学是密切相关的。他早期的著作，如《生理心理学》和《社会心理学导论》反映了其学术观点的广泛性。

在麦独孤看来，目标—追求或有目的的行为是心理活动和行为的中心特征。他用"激励"一词来表示动物和人类生活的这一中心特征。他认为，从低等动物到人类，其行为都是指向满足环境中的客体的需要的。然而，遗憾的是他同时代的绝大多数心理学家都忽视了有机体活动的这一特征。虽然麦独孤强调有机体活动的目的性特征，但他并未忽视基于物质的机械性解释，他认为机械性解释原则和目的性解释原则各有其解释领域，因而人们既可以从目的性立场探讨经验性问题（心理问题），也可从机械性立场探讨神经活动。

由于心理学研究对象的复杂性,所以按照麦独孤的观点,心理学研究应使用所有可能的的方法:实验室方法、纸笔测验法、内省法、自由联想法、统计法以及场的研究方法。他和詹姆斯一样是个多元方法论者,但是在心理学研究中应该运用多种方法这一点上,他比詹姆斯表现得更明显。麦独孤坚持认为,心理学不应模仿其他科学,心理学应有勇气运用适合于其独特研究对象的方法。

然而,麦独孤似乎总是跟不上主流心理学的步伐。当大多数心理学家赞同机械性解释时,他却赞同目的行为主义;在激进的环境决定论时代,他却强调人和动物行为的本能作用。他还主张对超自然现象进行研究并帮助杜克大学建立了超自然心理学实验室。他也赞同拉马克关于生物进化论的主张,甚至还做实验来为获得性遗传提供证据。

在《心理学大纲》一书中,麦独孤把行为主义看做"一个非常畸形和可悲的侏儒",但他却认为人类的行为是心理学家感兴趣的主要问题。在麦独孤看来,"所有心理学都是或者应该是行为主义的",关于"行为主义的侏儒说"实际上反映了麦独孤对华生形而上学行为主义的蔑视。通过上面的介绍,我们可以看出,麦独孤实际上是一个非常温和的行为主义者,他非常赞同温和的实证行为主义。

三、霍尔特

霍尔特(Edwin Bissell Hort,1873—1946)出生于美国,早年丧父。在其母亲的鼓励下,于 1896 年在哈佛大学获得学士学位,1901 年又在哈佛大学获得博士学位。霍尔特深受詹姆斯的影响,不仅对心理学感兴趣,而且对哲学也具有浓厚的兴趣。毕业之后,霍尔特留校任教,在哈佛大学心理学实验室给闵斯特伯格当助教。后来,他又前往普林斯顿大学任教。在普林斯顿大学,他的社会心理学课程极受学生的欢迎。他的代表作有 1914 年出版的《意识的概念》以及 1931 年出版的《动物驱力与学习过程》。1936 年退休,1946 年去世。

在心理学上,霍尔特是当时少数几个赞同华生关于"心理学应该研究行为"的行为主义者之一。但是,相对于华生的行为主义观点,霍尔特的行为观更广泛,哲学味更浓。他认为,动力学中的很多内容在行为的发生中起着重要作用,但在华生的心理学体系中却根本没有提及。在他看来,有机体是由目标导向的,有机体的活动是建立在目的、希望和计划的基础上的。

由于霍尔特强调目的或希望在行为中的作用,有人认为他已经脱离了行为主义阵营,但霍尔特却否认了这一点。他认为,在有机体所从事的活动中,目的和希望都是可以明显观察到的,行为不是随机的而是由目标导向的。与华生不同,霍尔特并没有否认意识和心理现象的科学合法性,相反他还试图为意识和心理现象提供一种新的解释。他认为,意识与神经-生理过程和物理对象有着密切的联系。

在《意识的概念》以及《动物驱力与学习过程》等著作中,他明显地表达了其哲学和动力行为主义的思想。但霍尔特所说的行为与华生不同,他强调的是整体行为或大件行为,而整体行为或大件行为的主要特征就是目的性,即这种行为是由目标导向的。霍尔特的这一思想对托尔曼产生了深刻影响。

四、魏斯

魏斯(Albert Paul Weiss,1879—1931)出生于德国,幼年随家人移居美国。1916 年在梅耶的指导下获博士学位,后一直在俄亥俄州立大学执教,并从事儿童发展研究,其代表作为 1925 年出版的《人类行为的理论基础》和 1930 年出版的《汽车驾驶的心理学原理》。

魏斯认为,应该根据社会学和生理学的内容来理解行为。他根据生理学和社会学的知识而把心灵从行为科学中驱逐了出去。从物理一元论出发,魏斯把心理学看做物理学的一个分支,强调只能用客观方法来观察和研究人的行为,竭力排斥意识的描述和内省的方法。根据物理一元论,包括人的行为在内的世界都是由电子-质子所构成的物理世界,除此之外,不存在任何超物理的东西,如心理、意识等。这就说明,人的行为以及世界上的一切最终都可以根据物理的要素,甚至根据电子和质子的运动得到解释和说明。

魏斯还把心理学看成生理学的一个分支,但作为生理学分支的心理学所研究的行为活动不仅具有物理、生物的特性,而且具有社会的特性,正因为如此,才使心理学与生理学区分开来。为了说明心理学所研究的人类行为的特点,魏斯创造了"生物社会"(biosocial)一词,并把人类行为分为生物物理反应和生物社会反应。他认为,"生物社会"这一范畴的效用在于:多变的活动可以有相同的功能,因而可划归到具有相同反应的不同形式中去,其研究的目的就是要以物理和数学的方法来研究物理-感觉运动并据此来解释社会组织和个人成就。因此,人们又把他的心理学称为"生物社会行为主义"。

魏斯认为,人体在新生儿时是一个生物实体,后来在成长发展的过程中,在与其他有机体相互作用的过程中,才出现了适合社会的行为,因而心理学的研究任务之一就是研究社会力量对人类行为的影响。魏斯认为,儿童发展和学习是必须运用自然科学的观察和实验进行行为研究的恰当领域。在俄亥俄州立大学,他曾制定了一个大规模的儿童行为研究计划,但由于他的去世而最终搁浅。

魏斯是一位激进的行为主义者,从方法论上讲,他又是一位还原论者。他认为,心理学应该是一门严格的自然科学。

五、亨特

亨特(Walter Samuel Hunter,1889—1953)出生于美国的伊利诺伊州,1910 年在得克萨斯大学取得学士学位,1912 年在卡尔的指导下于芝加哥大学获得博士学位,先后在得克萨斯、堪萨斯、克拉克以及布朗大学工作。主要著作有《动物和儿童的延迟反应》,这是他的博士论文。这部著作刚一出版就受到人们的重视并且在心理学文献中被广泛引用。除此之外,他的主要著作还有《意识问题》、《心理学与人类行为学》以及《行为的心理学研究》。他主要致力于动物和人类的学习实验研究,其中延迟反应和时间迷津两项实验最为著名。1930 年亨特当选为美国心理学学会主席。

在 1928 年出版的《人类行为》一书的序言中,亨特说"我更喜欢把人类行为学(anthroponomy)的观点称作人类行为的科学"。他之所以把"人类行为学"看作"心理学"主要是由于心理学的心理内涵使然。"人类行为学"一词来自希腊词"anthropos"和"nomos",其中"anthropos"是指人,而"nomos"是指支配人的行为的法则。这样,人类行为学就是一门研究支配人类行为之法则的科学。在他看来,心理学不应继续研究哲学所流传下来的对象,而应努力描述和解释、预测和控制有机体对外界所作出的反应。因此,他把行为看做心理学的研究对象,与此相应也采取不同的方法来研究行为。他所采用的方法主要有现场观察法、临床法和实验法等。

亨特关于动物和儿童的延迟反应的实验研究为不同物种的表征过程提供了重要信息。实验是让动物和儿童学会由一定地点走向几只箱子中有亮光的一个,当箱子发光时,不让被试立即走过去,而是要等光亮熄灭一段时间后才让被试自由走动以观察其反应。实验发现,几乎所有的被试都能在亮光熄灭后正确走向发出亮光的箱子。这就说明如果延迟时间没有长到使被试丧失其身体的定向反应,那么他们就趋向于作出正确的反应。也就是说被试之所以能够作出正确的反应,是由于其身体的特定姿势所产生的动觉为其完成这种反应提供了信息。因此他认为,延迟反应实验是检测不同物种的认知和表征过程的一条重要途径。

亨特对心理学的很多问题都很感兴趣,二战中他还指导了人-机系统的研究,他坚持认为人-机系统不仅仅是一种机器战争,"人一定要操纵机器,因为人的效率和信念毕竟是基本的因素"。亨特是最早强调人-机问题的学者之一。由于亨特的学术观点非常广泛,而且在方法论上也持多元化取向,因此他为行为主义运动注入了新鲜血液和活力。

六、拉什里

拉什里(Karl Lashley,1890—1958)出生于美国。早年,他对生物学非常感兴趣,因此他在西弗吉尼亚大学主修动物学,1910 年大学毕业后,他前往匹兹堡大学学习并获得了动物学硕士学位;1914 年在霍普金斯大学获得博士学位。在其整个受教育过程中,拉什里只接触过一门正规的心理学课程。但在霍普金斯大学,在与华生和梅耶共同工作的过程中,他的兴趣逐渐转移到了心理学上。拉什里先在哈佛大学工作,后到耶克斯灵长类生物实验室工作。他是一位非常严谨的学者,对科学研究基金新的发展趋势感到震惊,担心大量的资金会给研究者带来沉重的压力并因此影响到科学研究过程的诚实性。其代表作有《意识的行为主义解释》(1923)和《脑的机制与智力》(1929)。1929 年,拉什里当选为美国心理学学会主席。

拉什里坚持华生的行为主义立场。他认为,心理学不应把意识作为研究对象,因为意识是不可经验到的;他也反对内省法,否定由内省获得的各种意识活动。他主张用科学的方法和客观的表述来研究客观的行为。他认为,有意识的行为和无意识的行为只是程度上的差异而无本质的区别,语言反应与身体的其他反应都是一些肌肉群的收缩。因此,反应组合形式中有无语言反应参与,只能使反应组合出现复杂程度的差异,而不会出现性质上的差异。

拉什里用老鼠和其他动物做脑摘除实验,研究了脑在学习过程中的作用。他发现,在学习过程中动物大量未损伤的脑部神经组织对被切除组织的功能有补偿作用。研究的结果使他提出了大脑皮层的整体活动原则和等功原则。所谓整体活动原则是指,切除大脑皮层对学习效率的影响的大小是以切除分量的多少为转移的,切除分量越多影响越大;而且受影响的大小,也随学习活动的复杂程度而不同,活动越复杂,受影响越大。所谓等功原则是指,皮层的一定部位,从其对任务的功效来说,本质上是与另一部分相等的。因此,切除大脑皮层的不同部位,对动物的学习效率并不发生不同的影响。

拉什里把心理学看做"对行为和意识的机械的、生理的解释",这显然是受了拉·美特利机械唯物主义思想的影响;而且他还试图采取一种经由生理学的行为观点来狭窄地界定行为主义,几乎动摇了心理学作为一门独立学科存在的基础。这种做法引起了很多心理学家的反对,他们认为行为主义的心理还原界说过于狭窄。

第四节　对行为主义的评价

行为主义问世以后,曾在心理学界引起了很大的轰动,对心理学产生了持续而深刻的影响,面对这场声势浩大的心理学运动,心理学家的评价却各不相同。

一、行为主义的贡献

(一)强化了心理学的自然科学特征

行为主义把心理学的研究对象确定为可以外部观察的行为,坚持以客观的实验方法来研究人和动物的行为,使心理学获得了与其他自然科学一样的客观性,从而在研究对象和研究方法上具有了自然科学的特征。在行为主义产生之前,心理学的研究对象只限于意识,如构造主义主要从事意识的分析研究,所得到的结论带有明显的主观性,机能主义虽然在研究对象和方法上有了一定改进,但仍保留了很多模糊性的术语,主观性色彩仍然很浓厚。这种主观性的分析研究只能使心理学作为哲学的边缘学科而存在。行为主义以客观的行为代替了主观的意识,以实验法代替了内省法,这样就可以使心理学获得比较客观的研究结果,也有利于心理学的发展。而且,客观的研究方法可以使不同的心理学家依据共同的研究对象相互交流经验、彼此验证各自的研究成果,使心理学研究结果的共证性得到明显提高,也因此强化了心理学的科学特征。

(二)扩大了心理学的研究领域

行为主义产生之前,心理学的研究只是局限于对意识的理论研究。当时虽然已经有了一定的动物心理研究实验,但由于受研究对象的约束,动物心理研究中不得不采用拟人论的倾向,这就使动物心理学不可能取得合法的地位。但在动物心理研究的过程中毕竟积累和形成了一定的观念和方法,这些对理解和研究人的心理都有一定的帮助。行为主义正是从对动物的客观行为研究中得到启示而发展起来的,而行为主义产生之后又促进了动物心理学的进一步发展,从而使动物心理学成为心理学研究的一个合法领域。儿童心理学的研究同样如此,原来主观内省的方法很难适用于儿童心理的研究,而行为主义产生后所盛行的对行为的客观观察和实验更适合于儿童心理的研究,从而使儿童心理学迅速发展起来。再者,行为主义注重对学习特别是动物学习的实验研究,并把从动物学习的实验研究中所获得的结论推广到人类的学习之中,从而促进了学习心理学和教育心理学的出现。行为主义诞生后,心理学中所出现的这些变化说明,心理学的研究领域有了进一步的扩展。

（三）促进了心理学的应用研究

尽管在行为主义产生之前,传统心理学研究中也有强调心理学应用的成分,如机能主义心理学就强调心理学的应用,但相对而言,只是局限于一般性的应用研究,而没有涉及心理学的各种具体领域。但行为主义产生之后,心理学的应用研究就成为一种趋势。由于行为主义的目标就是预测和控制人的行为,因而它特别强调社会环境对人的塑造作用,这种观点应用到教育领域,就出现了"环境决定论"和"教育万能论"的主张。目前在美国,心理学应用范围之广,涉及领域之多,是不胜枚举的。从政府机构到大、中、小学校,从工厂到生化实验室,从医院诊所到军队海关,心理学几乎无处不在。这些都部分地归功于行为主义。

二、行为主义的局限

尽管行为主义对心理学的发展起了革命性的作用,但却矫枉过正,因而其本身也存在着一定的不足和局限性。

（一）生物学化倾向严重

一方面,行为主义起源于动物心理的研究,强调动物心理研究的客观化倾向,践行摩尔根的吝啬律,从而避免了动物心理研究中的拟人化倾向;但另一方面,它却过于极端,矫枉过正,采用动物做被试并把从动物实验中发现的活动规律推广到人类身上,忽视了人类的特殊性,难免走上人性生物学化的道路。而且,行为主义否认人的心理和意识的存在,把人的行为都归结为刺激-反应的联结,而刺激、反应又还原为肌肉收缩和腺体分泌等生理活动。受吝啬律的影响,行为主义坚持人的行为都可以用生理学的术语加以解释,把人的心理现象还原为人的生理现象,从而走上了生物还原论的道路。

（二）缩小了心理学的研究范围

虽然行为主义产生之后,心理学的研究领域得到了扩展,但这只是针对心理学的分支学科而言的。也就是说,行为主义产生之后,出现了众多的心理学分支学科,从这个意义上说,行为主义确实扩大了心理学的研究范围。但就具体领域而言,行为主义否认意识、心理、内省及相关的概念,竭力主张运用客观方法研究动物和人的客观行为,其极端发展又犯了客观主义的错误,这样就难免缩小了心理学的研究范围,不仅难以真正客观地研究动物和人的心理,反而限制了对它们的研究,使心理学成为没有心理的心理学。又由于行为主义过分强调人和动物的同一性,否定人的中枢神经系统在行为中的重要作用,认为它仅起联络和传导作用,又使心理学成为没有头脑的心理学。

(三)犯了环境决定论的错误

行为主义否认生理和遗传对心理的作用,忽视刺激和反应之间人的主体性因素的作用,把人看成一架被动的刺激-反应机器,认为只要给以适宜的环境刺激,就可以塑造人的相应的行为,并认为只要知道人的反应,就可以推知他所受到的环境刺激,把环境特别是社会环境看做人的行为的决定力量。这样,行为主义在解释人的行为时,就难免要犯环境决定论的错误。

第五章

行为主义的发展

　　20世纪30年代以后,行为主义的发展进入了一个新的阶段。一些对早期行为主义无视有机体内部因素、把复杂心理现象简单化的极端观点日益引发了心理学家的不满,他们试图在不改变行为主义基本原则和立场的基础上,对早期行为主义进行改造,因而出现了所谓的"新行为主义"。

第一节　新行为主义的产生

　　新行为主义的产生,就外部条件而言,主要是受逻辑实证主义和操作主义思潮的影响;就内部原因而言,早期行为主义固有的缺陷和美国机能主义心理学的进一步发展都为其提供了必要性和可能性。

一、哲学背景

(一)逻辑实证主义

　　实证主义是一切行为主义的共同哲学基础。但在不同年代,实证主义有不同的表现形式,相应地也就影响了不同形式的行为主义。逻辑实证主义是20世纪早期出现于维也纳的一个哲学派别,其代表人物为石里克(Moritz Schlick)和卡尔纳普(Rudolf Carnap),它是马赫(Ernst Mach)经验实证主义的后代,被人们称为实证主义的第三代。逻辑实证主义继续坚持实证主义的可观察证实的基本原则和经验证实原则,但特别强调对经验进行逻辑分析。逻辑实证主义认为,一切科学命题都源于经验,对经验进行逻辑分析就是要把命题分解为各个概念,然后将各个具体概念归结为更基本的概念,将各个具体命题归结为更基本的命题。一个命题是否科学、有意义,取决于它是否能被经验证实。如果命题与经验相符,则命题是有意义的;如果不符,则是无意义的。但有时,这种直接证实要受很多因素的制约,因此也可以采用间接证实的方法,即通过已经得到证实的命题的推演,或通过对根植于观察的事实的推理所得到的知识。这种间接证实的方法拓展了科学研究的途径和可能性，从方法论上突破了早期行为主义以不能直接证实为借口而对研究人体内部因素所实施的禁忌，使推断有机体内部因素的研究成为可能。新行为主义就是在这一点上吸收了逻辑实证主义的思想，从而形成了与早期行为主义的最大区别。正因为如此，逻辑实证主义成为新行为主义的哲学思想基础。

（二）操作主义

作为对待事物的一种基本态度以及进行研究和构成理论的一种格局，操作主义的思想精神早就存在。但作为一种进行科学研究和确定科学概念的方法，"操作主义"则是美国物理学家布里奇曼（Percy Williams Bridgman）于 20 世纪 20 年代提出的。这种方法又被称为"操作思维"的方法，其目的是要使科学的术语和语言更加客观和正确，并使科学摆脱那些不能进行观察或不能在物理学上加以证明的问题。操作主义主张，一个给定的科学发现或理论构想的确实性依赖于完成这一发现或构想时所使用的那些操作的确实性。按照布里奇曼的看法，"概念就是相应的一组操作的同义语"（舒尔茨，1981，p. 247）。如，为了判断一个物体的长度，我们必须完成一定的物理操作，当测量长度的操作被规定了的时候，长度的概念也就定下来了。"因此，一个物理的概念等同于决定这个概念的一组操作或程序"（舒尔茨，1981，p. 247），任何无法以操作表达的概念都是无意义的。很多心理学家发现，这种观点对心理学很有用处，因而纷纷将这种观点应用到自己的心理学研究中。把这一观点引申到心理学中，则一切不能被操作所表达的主观意识、心理状态都是没有科学价值的。相反，如果可以用操作定义来表达，即使是对有机体内部的因素进行研究，也是可以接受的。

从严格意义上讲，操作主义并不是一种哲学流派，布里奇曼本人甚至不承认自己是一个操作主义者。但他的操作观点、思想毫无疑问对新行为主义有影响，推动了新行为主义的产生。新行为主义者正是站在操作主义的立场上来面对意识、情感和动机等早期行为主义者所回避的概念和事实的，因此，可以说"新行为主义者就是操作主义者"（高觉敷，1982，p. 275）。

二、心理学背景

（一）早期行为主义内部的危机

早期行为主义为心理学的发展和进步做出了历史性的贡献，使心理学的科学性得到了前所未有的提高，创造了心理学发展的新时代。但早期行为主义内部也存在着其自身难以克服的问题，不仅招致了行为主义之外的心理学家的批评，就是在行为主义内部，也有很多心理学家对早期行为主义表示出强烈的不满。早期行为主义的理论体系并不十分严密、完善和正确，其缺陷是非常明显的，主要表现在：

第一，从心理学的研究对象上说，早期行为主义完全否认了意识，认为意识是不能采用客观方法来研究和证实的，因而在研究过程中根本排斥了意识。事实上，意识是人类最重要的心理现象之一，它是客观存在的主观现象，心理学不能因为难以用客观方法来研究就回避或排斥它。早期行为主义给人们印象最深的就是它是"没有意识"的心理学。

第二，从心理发生的机制上说，早期行为主义根本忽视了对有机体内部条件的研究，贬低中枢神经系统在心理活动中的作用，使心理学出现了"无头脑"的现象，把人的心理活动还原为动物的心理活动。事实上，脑是心理活动发生的物质基础，没有大脑，根本就不可能产生心理。而且，行为主义过于强调外部刺激对人的影响，忽视了人的主观能动性，使得人们对行为的理解过于简单，从而给理解人类心理的复杂性和多样性造成困难。

这些都表明，早期行为主义如果再不进行修正和调整变革，其自身就会陷入困境。正是在这种情况下，行为主义内部的一些心理学家以逻辑实证主义为指导，打破了早期行为主义因有机体内部因素不能直接观察而不予研究的做法，开始面对而不是决然回避有机体内部因素这一不容回避的问题，从而导致了新行为主义的产生。

（二）机能主义心理学的影响

行为主义与机能主义有着千丝万缕的联系。机能主义不仅为早期行为主义的产生和发展提供了研究对象和研究方法上的启示，而且在早期行为主义遭遇到重重困难和众多批评之时，机能主义又为行为主义的变革提供了有力的支持。机能主义者特别是武德沃斯的动力心理学思想对新行为主义者的影响最为典型。1918 年，武德沃斯提出以 S–O–R 的公式取代早期行为主义者的 S–R 的公式，试图弥补和克服早期行为主义忽视有机体内部状况的缺点。新行为主义者正是由此受到启示，提出并使用"中介变量"的概念，探讨而不是回避有机体行为背后的机体内部因素。后来，武德沃斯又将其 S–O–R 的公式修改为 W–S–Ow–R–W，认为有机体是在外部环境的刺激作用下，对环境进行调节而产生定向并作出反应以适应外部环境的，这一思想被托尔曼所吸收。同时，武德沃斯关于人类行为发生机制和原因的思想观点，又被赫尔所吸收，赫尔关于内驱力的假设及其与行为关系的研究，都是在武德沃斯的动力心理学的思想观点的启发下提出的。此外，武德沃斯关于生理学与心理学关系的论述也促使新行为主义者注意克服早期行为主义的"肌肉收缩"和"腺体分泌"学说的缺点，而注重对行为本身的研究。托尔曼强调要研究整体行为而非分子行为，斯金纳（ Burrhus Frederick Skinner)强调对行为进行直接描述,等等,莫不是受武德沃斯思想影响的结果。

对学习过程的重视是导致新行为主义产生的另一个原因。受进化论思想的影响,机能主义者认为,对环境的适应应该是心理学研究的一个主要课题。而环境适应乃是一种学习的过程,学习能力是适应水平的标志,因此心理学家应该着力研究学习过程,只有如此,才能把握人类学习的规律并最终达到预测和控制人类行为的目的。受此影响,新行为主义者大都以此作为努力的方向,把动物学习作为研究的中心,试图通过对动物学习的研究而推论人的学习。

第二节　托尔曼的目的行为主义

托尔曼(Edward Chase Tolman,1886—1959)出生于美国马萨诸塞州的一个上等阶层家庭。在马萨诸塞技术学院毕业后,考入哈佛大学,跟随佩里和耶克斯学习哲学和心理学。最初,他想成为一个哲学家,但听了佩里的课后,他认为自己不具备足以成为哲学家的大脑,因而决定放弃这一愿望,去从事心理学研究。托尔曼深受霍尔特、麦独孤以及格式塔心理学家考夫卡和勒温的影响,因而在他的理论体系中特别强调目的和认知在动物和人类生活中的作用,他自称为"目的行为主义者",也有学者称其理论体系为认知行为主义。托尔曼的主要论文和著作有:1922年发表的《行为主义的新公式》,这是他第一次阐述其心理学观点;1932年出版的《动物和人类的目的性行为》,在这部著作中正式提出了其目的性行为主义的理论体系。此外,还有《目的与认知:动物学习的决定者》、《行为主义和目的》以及《需要的性质和机能作用》等。由于托尔曼的巨大成就,他在1937年当选为美国心理学学会主席。1957年,他获得了美国心理学学会卓越科学贡献奖。

一、心理学的研究对象:整体行为

就坚持行为主义的基本立场和原则而言,托尔曼是一位十足的行为主义者。他强烈反对构造主义以内省作为心理学的研究方法和以意识作为心理学的研究对象,坚持认为心理学必须以客观的方法来研究可以外部观察的行为。他曾经说过:"把心理学界定为对私有的意识内容的实验和分析是一道逻辑难题,因为我们如何才能把一门科学建立在被分析为私有的、不可交流的意识元素的基础上?"(Tolman,1922,p.44)他认为,解决这道难题的唯一办法,就是使心理学成为一门关于行为的科学。但托尔曼所谓的行为与早期行为主义者所谓的行为不同,他对早期行为主义在分子水平上依据刺激-反应的联结来研究行为的做法很不以为然。他认为,心理学所研究的应该是整体行为,即整个有机体的整体反应活动,而根本没有涉及早期行为主义者所谓的"行为的基本单元"(神经、肌肉和腺体的活动)。托尔曼不仅把心理学的研究对象界定为整体行为,而且认为这种整体行为具有目的性和认知性。他说,行为的目的性可以用非常客观的行为名词来解释,而无须求诸内省或有机体是怎样"感觉到"经验的。在他看来,所有行为都是由目的来指导的,如白鼠走迷津、猫试图逃出迷箱等都是由目的导向的,都在于要达到某种目的。白鼠每一次走迷津,都是越来越快地达到目标,这就是说,白鼠正在学习,正是学习这种行为为达到目的提供了高度客观的证据。

托尔曼区分了分子行为和整体行为。他认为,虽然整体行为与生理运动有关,或者说依存于生理运动,但我们在研究这些行为时并不知道,也无须知道这些行为与哪些肌肉收缩和腺体分泌有关等,因为我们所要了解的是整体行为的本质特征。那么作为整体的行为都具有哪些特征呢?托尔曼对此进行了归类,主要表现在以下几个方面:

第一,整体行为总是指向或离开一定的目标对象。因为如果要识别某一行为,总要确定这一行为所指向或所躲避的某一目标对象。任何整体行为,不论是动物的还是人类的,都具有这一显著特征。

第二,为了实现一定的目标对象,整体行为总是选择一定的途径和方式。这就是说,整体行为具有选择性的特征,为了达到目的,它总是选择一定的途径和方式而放弃另外的途径和方式。这是人和动物所共同具有的特征。

第三,为了实现一定的目标对象,整体行为所选择的途径和方式总是遵循最小努力原则。要想选择最恰当的方式或最方便的路径,有机体就必须对产生这种行为的整个情境具有一定的认知,并且对这种情境中所充满的途径、方式和障碍有一整体的认知,否则它就不可能只花费最少的时间和最小的努力,就选择出最恰当的方式和最方便的路径。这就说明,整体行为不仅具有目的性,而且具有认知性。托尔曼认为,在人类身上,这一特征表现得最为明显。

第四,整体行为具有可教性的特征。这主要是说,经过教育,整体行为是可以发生变化的。例如,白鼠走迷津所花费的时间和所作出的努力一次比一次少,就说明,它的每一尝试都从环境刺激中接受了教训,使其不断调整其所选择的路径,因而,每次走迷津,白鼠总是表现出某种程度的进步。

就这四个特征而言,第一个特征实际上是说明行为具有目的性;第二和第三个特征则表明行为具有认知的特性;而第四个特征则是对前三个特征的整体说明。正是由于行为具有目的性、选择性和认知的特性,所以任何行为都具有可教性的特征。

这些观点一经发表,迅速在行为主义阵营内引起强烈的反响。行为主义内部的很多心理学家认为,托尔曼在论述整体行为时使用了"目的"和"认知"等主观性的概念,违反了吝啬律,犯了行为主义之大忌。但托尔曼却明确宣称:"看来其他的出路是没有的,整体行为的确具有目的性,的确具有认知性。目的和认知是行为的血和肉,是行为的直接特征。"(Tolman,1932,p.10)而且他还通过对行为可教性特征的论述,把目的性和认知性都进行了数量化和客观化,从而驳斥了那种认为他所提出的目的和认知是主观东西的观点。托尔曼认为,作为整体行为的目的性和认知性的定义是完全客观的东西,这种下定义的方式是符合行为主义的客观性原则的。

二、行为的决定因素:中介变量

托尔曼强烈反对把行为看做刺激−反应的简单做法,他认为,我们可以辨别那些有助于我们说明有机体行为的有意义的心理学概念,例如,在刺激出现到作出行为反应之间,有机体内部一定会发生一系列的心理变化,并对有机体最终作出何种行为反应具有决定性的影响。因此,他认为介于环境刺激和行为反应之间的心理过程与有机体所作出的行为反应具有密切的关系,并把这种介于环境刺激和可外部观察的行为反应之间且对行为产生导向作用的心理过程称为中介变量。他认为,认知、期望、目的、假设和嗜好等都是中介变量的具体表现形式,它们同可以观察到的周围事件和行为表现相关联,并可根据这些事件和表现推断出来。他还认为,对于行为的最初原因以及最后引起的行为本身都应该进行客观的观察并在操作上给以规定。他用公式 $B=f(S、P、H、T、A)$ 来表示环境刺激(自变量)和行为反应(因变量)之间的关系,其中 B 代表行为变量,$S、P、H、T、A$ 代表自变量,在这些自变量中,S 代表环境刺激,P 代表生理内驱力,H 代表遗传,T 代表过去的经验或训练,A 代表年龄。这个公式实际上说明了行为是环境刺激、生理内驱力、遗传、过去经验以及年龄等的函数,换句话说,就是有机体的行为是随着这些自变量的变化而变化的。

托尔曼试图从可以观察到的环境刺激和行为反应之间探索有机体的内部过程,从而解答有机体之所以出现这种反应的原因问题。托尔曼曾经说过,中介变量是不能直接观察到的,但它是引起一定反应的关键,是行为的决定因素。只有搞清楚中介变量,才能回答在一定的刺激情境下为什么能引起某种可以观察到的行为反应。

最初,托尔曼把中介变量划分为需求变量和认知变量两大类:需求变量本质上就是动机,包括性欲、饥饿和安全等;认知变量则包括对客体的知觉、对探究过的地点的再认等。认知变量决定行为的知识和能力,是对"是什么"问题的回答;而作为决定行为动机的需求变量,则是对"为什么"问题的回答。中介变量既同自变量有关,又与因变量有关。由于中介变量的变化,就可引起动物行为上的差异。这种不能直接观察到的中介变量,通过实验设计并加以数量化,就可以被人们间接地推断出来。例如,他以动物被剥夺食物的时间来定义饥饿,根据某些操作的测量来定义能力,等等。总之,托尔曼对中介变量的定义是符合操作主义的原则和要求的,因而也是符合行为主义的客观性原则的。

后来,由于受格式塔心理学派勒温(Kurt Lewin)的影响,托尔曼将勒温提出的"生活空间"、"心理场"等概念引入自己的理论体系中,对中介变量进行了修改和补充,把中介变量划分为三大种类:需求系统、行为空间和信念–价值体系。需求系统相当于原来的需要变量,指的是有机体当时的生理需要和内驱力状况。行为空间相当于原来的认知变量。他认为个体产生动作的行为空间是指个体在一定时间内所知觉到的,存在于不同地点、距离和方向的各种事物,个体被有积极价值的事物所吸引,而排斥具有消极价值的事物。信念–价值体系是托尔曼所补充的一个中介变量,指个体将环境中的客体按照学习的结果来加以归类和分化,派生出一个等级顺序。

中介变量是介于刺激和反应之间的变量,代表着反应的内部心理过程。人们认为,华生的S-R公式是"空白的有机体",即排除了有机体的心理状态;而托尔曼的中介变量则深入到个体的内部心理过程,有助于说明行为的个别差异。可以说,托尔曼是在坚持行为主义基本原则的前提下来解释有机体的内部心理过程的,相对于华生的"边缘主义",他是一位"中心主义者"。托尔曼的观点,在当时被很多心理学家所接受。

三、学习理论:符号–格式塔

受格式塔心理学的影响,托尔曼坚持学习的符号–格式塔模式。他否认了桑代克的效果律,认为奖励或强化在学习中所起的作用很小。他提出了带有明显认知色彩的学习理论,认为有机体习得的是关于周围环境、目标位置以及达到目标的手段和途径的知识,学习也就是形成"认知地图"的过程,而不是习得简单、机械的运动反应。他用"符号"一词来代表有机体对环境的认知,而关于目标的意义及达到目标的手段和途径的知识则是对符号意义的认知。学习其实就是习得达到目的的符号及其所代表的意义。这就是托尔曼"符号学习"理论的基本含义,有时这一学习理论又被称为学习的符号-格式塔模式。

为了证明自己的学习理论,托尔曼提出了期待、位置学习和潜伏学习等概念,并设计了一系列的实验来说明。

(一)期待

期待是指有机体对未来事件的假设或信念。托尔曼认为,动物通过学习可以形成对未来事件的意义认识,表现出对未来事件的预先认知或推测。这种学习可以由三类不同的情境或条件引起,因而也就形成了三种类型的期待,分别是:

记忆性期待,指的是由于过去的经验而导致的对某一事件发生的可能性的期待。托尔曼借用艾里厄特(M. H. Elliot)的实验来证明自己的观点。艾里厄特的实验是安排白鼠走迷津。在实验的前9天,艾里厄特安排白鼠在干渴的驱力下走迷津,把水作为目标对象。最初的9天,出口处放着水,此时白鼠的学习与其他动物的学习没有什么区别。但第10天,安排白鼠在饥饿的驱力下走迷津,并把出口处的水换成食物,此时白鼠走迷津的错误和所用的时间都显著上升,直到第2天才恢复了先前的水平。这说明,白鼠在前9天的学习中对"水"形成了记忆性期待,当第10天的食物与这种期待不符时,白鼠的行为就发生紊乱。这就说明,白鼠的行为在一定程度上是受认知上对以往的"水"的期待所调节的,这种期待是由以往的经验所引起的,因此是一种记忆性期待。

感知性期待,指的是由当前目标物的直接刺激而引起的期待。托尔曼引用丁科巴的实验来说明感知性期待。丁科巴实验的目的虽然是检测猴子的"延迟反应"能力,但却在事实上支持了托尔曼关于感知性期待的论述。丁科巴先安排猴子看着实验者把香蕉放进两个容器中的一个,延迟一段时间后,再让猴子走进实验室,看它是否选择刚才所看到的那个容器里的食物。在后续的实验中,实验者每次都在猴子和容器之间设置屏障,并在某一次以其他食物来代替香蕉,结果猴子表现出行为紊乱现象,这是由于猴子当前的操作与其先前所形成的对"香蕉"的感知性期待不符而造成的。这个实验证明了感知性期待是存在的,并且对行为具有一定的调节作用。

推理性期待,是指由以往经验和目标物的当前刺激综合作用而产生的对未来事件的期待。托尔曼认为,在动物学习实验中,当推测的结果与行为的现实结果不一致时,也会导致动物行为的紊乱。

托尔曼认为,对三种类型的期待的研究表明,动物在达到目标之前对于目标已有一种预先的期待。如果这种期待与现实结果不符合,就会造成动物行为的紊乱。这种现象是刺激反应学习理论解释不通的。这一现象也从另一方面证明了符号学习理论是恰当的。

（二）位置学习

托尔曼坚持认为学习在本质上是位置学习，在他看来，动物在学习过程中不仅习得关于目的物的意义，也习得关于刺激情境的意义，这就是位置学习。他设计了一个十字形的迷津（见图5-1）来证明这一点。

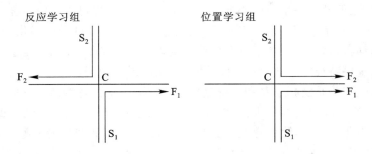

图5-1 白鼠和位置学习之一

他把白鼠分为两组，一组为反应学习组，一组为位置学习组。反应学习组或从 S_1 出发或从 S_2 出发，但都得在 C 处向右转，才能到达食物所在的位置 F_1 或 F_2。而位置学习组若从 S_1 出发，就必须向右转，才能到达食物所在的位置 F_1；如果从 S_2 出发，则必须向左转，才能到达食物所在的位置 F_2。实验结果表明，位置学习组比反应学习组学习快。位置学习组的8只白鼠试验8次就能正确通过迷津，而且连续几次都没有出现错误；而反应学习组的8只白鼠没有一只能像位置学习组的白鼠那样，其中有5只连续试验72次都没有达到标准。

这个实验表中，反应学习组的白鼠不论从何处出发，只要作出相同的反应，就能在不同的地点找到食物；而位置学习组的白鼠为了在特定的位置获得食物，就必须从不同的起点出发。也就是说，位置学习组的学习依靠的是达到目的的符号及其所代表的意义，而不是获得一系列机械的运动反应。托尔曼认为，同样的情况也可以发生在一个非常熟悉自己的城市或邻近地区的人身上，因为他在以往的经验中已经形成了关于这一地区的认知地图，他可以通过若干条不同的道路来到达同一目标。

托尔曼用"位置学习"的实验来说明，学习者并非像强化论者所预期的尝试错误那样来学习，而是根据对情境的认知，在所有选择点建立了一个完整的"符号-格式塔"模式，这种模式被托尔曼称为"认知地图"。在托尔曼看来，认知地图是动物在环境中的"符号"和动物的"推理性期待"之间所建立起来的，是动物对环境有了"顿悟"之后在头脑中所形成的类似现场的地图，即"知道"目标物所在，从而改变其行为，以适应环境的要求。

托尔曼的"符号-格式塔"理论是其全部学习理论中最基本的概念,对于说明行为的目的性、行为的整体性和行为的预期性等都是非常有效的。

(三)潜伏学习

潜伏学习是托尔曼学习理论中的一个重要方面。他认为,强化虽然有助于学习,但并不是学习的必要条件。事实上,学习也可以在没有强化的条件下进行,只不过其结果不甚明显,是"潜伏"着的。一旦受到强化,具备了操作的动机,这种结果才通过操作明显地表现出来。可见,"潜伏"也是符号学习的重要特征之一。对此,托尔曼也用实验予以说明。

这个实验是由托尔曼和杭奇克共同设计的。实验者将白鼠分成三组走迷津,一组为非强化组(甲组),这组白鼠无论在何种情况下都没有得到过食物的强化;另一组为强化组(乙组),这组白鼠总是得到强化;第三组为实验组(丙组),这组白鼠在前10天不给予强化,从第11天开始才受到强化。在实验开始前,实验者预测实验组白鼠的学习水平将与强化组一样好。实验结果如图5-2所示:

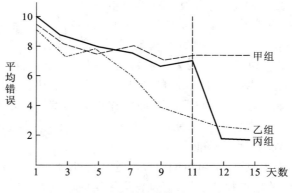

图5-2　白鼠的潜伏学习实验

托尔曼对该结果进行了分析。他认为,实验组在前10天没有受到食物强化时,动物依然学习了迷津的"空间关系",形成了认知地图,只不过未曾表现出来而已。经过食物强化,就促使其利用这一"认知地图",并最终体现出学习的进步。这也说明,强化确实能够促进符号学习,但却不是符号学习的必要条件。

四、学习的类型

托尔曼1949年在《学习的类型不止一种》中提出了六种形式的学习。尽管这种主张所产生的影响很小,但毕竟提出了"一般的学习理论是否只能建立在单一形式的学习基础之上"（Rendler，1987，p. 287）的重要问题。他所谓的六种学习类型分别是：

（一）专注

专注是指把某些特定的驱力状态与某些特定的对象联系起来的习得性倾向。这种倾向并非天生的，而是通过后天的学习获得的。专注又有正负之分，正专注使人在驱力状态下接近某一目标；而负专注则刚好相反。托尔曼认为，无论是正专注还是负专注都有利于记忆和保持，因为它们都造成了勒温所说的"紧张系统"。

（二）等值信念

托尔曼认为，当一个次级目标具有了与目标本身同样的效果时，这个次级目标就与目标本身具有了等值信念。由于这种原因，有机体在面对一个次级目标时所作出的反应就与他在目标本身面前所作出的反应相同。托尔曼所谓的等值信念与其他新行为主义者所谓的二级强化作用相同，但相对于二级强化，等值信念更多涉及社会性驱力。

（三）场的期待

场的期待指的是有机体对环境能够形成一种认知组织，知道什么符号代表什么含义。由于形成了场的期待，有机体就可利用捷径去解决问题，从而使潜伏学习、位置学习成为可能。这种类型的学习集中体现了托尔曼的认知论思想。

（四）场-认知模式

这是一种接近问题解决情境的策略或方式。托尔曼认为，这种解决问题的策略或方式可以迁移到类似的情境中。

（五）内驱力辨别

这是指有机体可以辨别自己的内驱力状态的性质，从而据此采取相应的反应方式。托尔曼认为，内驱力辨别的能力对有机体是非常重要的，因为如果有机体不了解自己的内驱力性质，它就无法确定自己的目标，也就无法采用相应的反应方式。

（六）运动性模式

为了说明刺激-反应的联结，托尔曼提出了运动性模式的概念，并接受格什里的学说，以时间和空间的接近来解释运动性模式的获得。

五、对托尔曼目的行为主义的简评

托尔曼坚持以客观方法来研究整体行为，坚持行为主义的基本原则和立场，但又不拘泥于早期行为主义的限制，提出了"中介变量"的概念，深入探讨了决定行为的有机体内部因素并赋予整体行为以目的性和认知性等特征,从而使其理论具有了认知心理学和现象学的特征。托尔曼的理论所产生的影响是多方面的,其贡献也是显而易见的。

(一) 促进了行为主义的发展

20世纪30年代以后,早期行为主义以刺激-反应的简单公式来研究和说明行为的局限性日益引起人们的不满和批评。托尔曼对"中介变量"的论述则缓和了这种局面,"给华生的行为公式打开缺口而又填补了空白"(张厚粲,1997,p.230),为行为主义的发展提供了转机。很多心理学家都对中介变量进行了高度评价。舒尔茨认为:"托尔曼的中介变量的概念对许多心理学家有帮助,虽然它至今还受到批评。中介变量只要在经验上与实验变量和行为变量联系起来,那么它对发展一种可以接受的行为理论就有价值"(舒尔茨,1981,p.252)。波林则评价道:"中介变量是现在美国每一个心理学家都知道的,用以填补情境和其他行为因素之间的相关的缺乏"(波林,1981,p.740)。黎黑也认为,"托尔曼的'中介变量'等术语对心理学语言有着持续的贡献"(黎黑,1998,p.592)。高觉敷指出:"托尔曼的弟子们为了推崇托尔曼提出中介变量的功绩,批评华生的'刺激-反应'心理学是边缘主义,而托尔曼则能在坚持行为主义的基本原则的前提下,解释有机体内部的心理过程,进入中心主义。他的这种观点,在当时为不少心理学家所接受"(高觉敷,1982,p.283)。

(二) 对认知心理学产生了重要影响

托尔曼关于行为的认知观点为后人所吸收,开创了认知心理学思想研究的先河。现代认知心理学正是吸收了他的理论和方法,以客观的方法探索内部的认知过程,从而促成了20世纪50年代末期的"认知革命"。黑咖德(Hilgard)和波尔(Bower)认为,"托尔曼通过坚持由认知过程、问题解决和创造想象所产生的问题的开放性而为行为主义注入了新的活力"(Viney,1998,p.331)。托尔曼的工作无疑是古典行为主义和现代认知心理学之间的一个重要桥梁,现代著名认知心理学家西蒙就承认他的学说中吸收了托尔曼学说中的现象学思想。正因为如此,有人把托尔曼看作认知心理学的鼻祖。

(三) 促进了学习心理学的研究

托尔曼对学习理论做出了重要贡献,他设计了很多精巧的实验来论证学习的本质和类型,特别是他对位置学习和潜伏学习的实验论证对学习心理学产生了极为重要的影响。很多心理学家都承认,他们是受了托尔曼学习理论的影响才开始反思和研究学习的过程和理论的。而且,托尔曼的学习理论还激起了辨别学习中的假设-验证模式的研究(Rendler,1987,p.284)。可以说,托尔曼的学习理论和实验丰富了学习心理学的内容和研究手段,他对学习过程中知觉和动机作用的强调,对于人们重新认识和理解学习问题也产生了重要影响。

但是,托尔曼的理论也存在着明显的不足。由于他没有提出一个系统而严密的理论体系,对很多概念也没有进行明确定义,因而他的理论显得凌乱和琐碎,受到很多心理学家的批评;他提出了有机体内部的认知问题,却又不把行为恰当地与有机体的内隐机能,如认知状态联系起来,因而也不能对行为进行更为有效的理解和解释,这也是他的理论受到批评的一个原因;对他的理论的更为尖锐的批评与他所使用的语言有关,人们认为他所使用的语言具有浓厚的主观主义和心灵主义色彩,这样就会削弱其理论的科学性;虽然他对学习进行了大量的实验研究,但大都以动物做被试,并以从动物学习实验中所得到的结论来解释和说明人类学习,这种研究方式也遭到了人们的质疑。很多其他行为主义者都认为,托尔曼的理论只能算是一种解释行为的理论,难以据之预测和控制行为,这显然与行为主义的目标相去甚远。

第三节　　赫尔的逻辑行为主义

赫尔(1884—1952)出生于美国纽约,自幼家境贫寒且身体不佳,却非常勤奋。1913 年毕业于美国密歇根大学。工作了一年之后,他又考入威斯康星大学并于 1918 年获得博士学位。1929 年,他受安吉尔之聘到耶鲁大学人际关系研究所工作。正是在耶鲁大学,赫尔开始了其逻辑行为主义的理论研究。赫尔在其学术生涯中获得了很多荣誉,1935 年当选为美国心理学学会主席。赫尔对实验心理学也产生了独特的影响,其学生斯彭斯认为"1941—1950 年间在《实验心理学杂志》和《比较心理学与生理心理学杂志》上所发表的实验报告,有 70% 都以赫尔的著作为参考"(Viney,1998,p. 322)。1937 年,赫尔发表了《心理机制和适应性行为》,初步勾画了他的理论体系大纲;1940 年出版了《机械学习的数理演绎论:科学方法论研究》,以数理演绎的方式对其理论进行了严密的阐述;1943 年出版了《行为的原理:行为理论导论》,是他对其理论体系的更臻完备的阐述;1952 年,《一种行为系统:关于个体有机体的行为导论》在赫尔去世之后出版,这是其最后一部著作。

一、赫尔理论体系的逻辑起点

受达尔文进化论思想的影响和巴甫洛夫学说的启发,赫尔认为有机体的行为从本质上说就是对环境的适应。他把这种对环境的适应性行为作为其理论体系的出发点。至于这种适应性行为的性质,他在 1937 年所发表的文章中明确提出,适应性行为是物理的、机械的,它最终要根据物质世界的原理起作用。赫尔反对把适应性行为看作非物理或心理的,因为在他看来,"心理"不过是一种用来指导和控制适应性行为的假设实体(高觉敷,1982, p.292)。赫尔进一步指出,要想从理论上考察以上两种对立的观点,就必须深入研究科学的方法论,建立一种科学的理论体系。从逻辑实证主义和操作主义方法论出发,赫尔认为这种理论体系必须具有以下几个特征:

第一,有一套众所周知的、表述清晰的公设以及一组有明确的操作性定义的重要概念和术语;

第二,从以上公设出发,以最严密的逻辑演绎出一系列相互联系的定理,包括有关领域的具体现象的定理;

第三,定理的表述必须在细节上与有关学科所观察到的已知事实相一致。如果一致,证明该定理为真;如果不一致,则证明该定理为假,是没有科学意义的。

赫尔把这个理论体系称为"假设-演绎"系统。由于这个理论体系是经由严密的逻辑演绎而来,因此又被人们称为"逻辑行为主义"。赫尔希望将这种体系运用到心理学中,使心理学最终也能像物理学、数学和欧几里得几何学等自然科学一样成为客观的科学。赫尔正是以此为目标,致力于研究刺激、反应以及刺激和反应之间的多种层次的中介变量,最终演绎出十多条公设,推论出一百多条定律和附律,从而形成了其庞大的逻辑行为主义体系。

二、心理学的性质和任务

赫尔把有机体对环境的适应性行为作为其理论体系的出发点,表明他将这种适应性行为作为心理学的研究对象。环境所提供的刺激变量和行为反应本身都是客观的、可以观察测量的;虽然影响反应发生的有机体本身的因素或者说有机体内部所发生的变化,是不能直接观察和测量的,但却可以通过假定某些中介变量的存在而予以推断,因此只要能够以数量化的方式进行描述,并使其与外在的刺激变量和反应变量紧密相连,也仍然可以客观地进行研究。赫尔认为,有机体的适应性行为所遵循的规律就是刺激-反应的联结规律。他认为有机体在进化过程中形成了两类性质不同但却密切相关的刺激-反应联结:一类是神经组织中固定的、生而具有的非习得性刺激与反应的联结;另一类是经由学习而习得的刺激-反应的联结。心理学主要研究的是习得性的刺激-反应联结。但不论哪种联结,都是可以客观观察或通过中介变量的推论而变成可以进行客观研究的。由此赫尔得出结论说:"心理学是一门真正的自然科学"(黎黑,1998,p.595)。

赫尔既然把心理学看做一门真正的自然科学,那么在心理学的研究任务上就必然会立足于心理学的学科性质上。他认为心理学的任务就是发现"'可以用几个普通方程式加以量化表达的行为规律',借此推导出个体与团体的行为"(黎黑,1998,p.595)。为了完成这一任务,赫尔对传统的刺激-反应公式进行了补充,把刺激痕迹和运动神经冲动纳入到传统的 S-R 公式之中,从而把行为公式修改为 S-s-r-R。他认为,刺激作用于有机体之后并不会立即消失,而是以刺激痕迹的方式持续一定时间并因此导致了运动神经冲动,而后才在运动神经冲动的基础上产生外在的行为反应。为了更精确地说明和预测行为,赫尔认为必须搞清楚刺激的复杂作用。在他看来,引发行为的通常不是单个的刺激而是多个刺激集合而成的一组刺激的综合作用。赫尔正是在这种假说的基础上,运用假设演绎方法推论出一整套行为原理的,并以此为契机来实现心理学"推导个体和团体行为"的任务。

三、赫尔的行为原理

赫尔的行为原理也就是他的学习理论,这可以说是新行为主义所具有的共同特征。因此,对赫尔行为原理的说明,其实就是对他的学习理论的说明。

(一) 学习的基本条件:接近与强化

赫尔认为,学习是有机体适应环境的一种重要手段,是有机体进化过程中所取得的最引人注目的成就。但究竟什么是学习呢?赫尔认为,所谓学习就是"有机体本身去自动获得那些具有适应作用的感受器-效应器联结的能力"(高觉敷,1982,p.294),通俗地讲,学习就是有机体获得刺激-反应的联结的能力。

在赫尔看来,效应器的活动与感受器的活动如果在时间上接近,那么由感受器所发出的传入神经冲动在以后引起该反应的倾向就会加强。他把这种传入和传出神经冲动之间的动力关系称为习惯强度,这是其学习理论中的一个核心概念。由此可以看出,赫尔是把时间上的接近看做学习的一个重要条件,这显然是受了早期行为主义者格什里的影响。但与格什里不同,赫尔认为接近虽然是学习的一个必要条件,但不是充分条件。在赫尔的行为原理中,还有一个起关键作用的条件,这就是强化。他认为,接近和强化是学习的两个缺一不可的条件,而且他更强调强化,因为强化是内驱力降低的必要条件,没有强化,就不可能发生学习。因此他着重研究了强化问题。

赫尔把强化分为初级强化和次级强化。初级强化就是内驱力或内驱力刺激减弱的过程;而次级强化是指那些与初级强化紧密相连的刺激,如灯光、铃声和微笑等,这些刺激经由学习也具有强化的作用,它们在一定程度上也可以减弱内驱力或内驱力刺激。

赫尔认为,强化可以增强刺激和反应之间的联结强度,即习惯强度,因此他认为习惯强度就是反应被强化的次数的函数。强化的次数越多,质量越高,习惯强度的效应就越高;相反,如果延缓强化的时间,它的效应就会减弱。

因此,赫尔认为,学习进行的基本条件就是在强化情况下的刺激与反应在时间上的接近,这也是赫尔学习理论的核心。由于赫尔强调强化作用,强调内驱力或需要的减弱,因此他的学习理论常被称为"内驱力减弱"理论或"需要的衰减"理论。

(二)行为的动力:内驱力

赫尔把因偏离最优生物条件而产生的身体需要看成动机的基础,认为有机体的生物需要对行为具有激起作用。但他并没有直接将生物需要的概念引进他的体系,而是接受了托尔曼的中介变量概念,假定了内驱力这一中介变量,以此来代替生物需要的概念,并据此来解释行为发生的动力。

赫尔认为,内驱力是一种由有机体的组织需要状态所引起的刺激,其功能是引起或激起行为。内驱力的力量可以根据生物需要被剥夺的时间或者引起行为的强度、力量或能量消耗等指标来加以确定。有机体的习惯只有在驱动状态下才能被激起,只有当内驱力激起了刺激与反应的联结力量(习惯强度)时,一个已经习得的反应才有可能发生。赫尔把一个已经习得的反应是否发生的可能性称为反应势能,这是一种具有兴奋作用的势能。在赫尔的理论体系中,反应势能也是一个中心概念。

赫尔认为,反应势能是内驱力和习惯强度的递增函数。他以 sEr 表示反应势能,以 D 表示内驱力,以 sHr 表示习惯强度。这样,根据赫尔的表述,反应势能的公式就是:

$$sEr = D \times sHr$$

上述公式说明,反应势能是由内驱力和习惯强度的乘积决定的。当内驱力为零时,反应势能就为零;当内驱力增大时,反应势能就增高,但究竟能增高到什么程度,则要根据习惯强度来决定。由此可见,内驱力在赫尔的理论中具有重要的作用。

赫尔把内驱力分为两种:原始内驱力和继起内驱力。原始内驱力与生物的需要状态相伴随,并和有机体的生存有着直接而密切的关系,这些内驱力产生于身体组织需要的状态,是有机体维持生存所必需的;继起内驱力是基于原始内驱力而发展起来的,它是指某一中性刺激由于曾伴随过原始内驱力的降低,因而也具有了内驱力的性质。

赫尔认为,内驱力对行为具有非常重要的意义。内驱力激活反应习惯,最终使反应有可能发生。每一内驱力都有其特定的刺激,有机体为了满足不同的内驱力需要而选择不同类型的刺激。

(三) 行为的抑制或消退

一个已经习得的行为反应,如果在以后的刺激条件下没有强化相伴随,就会逐渐削弱或消失,这就是行为的消退现象。我们通常认为,行为的消退是由于缺乏强化的缘故。但赫尔认为,一个行为反应之所以会消失,是由于这种行为反应被起抑制作用的偶发因素抑制的结果。

他把抑制分为两种:反应性抑制和条件性抑制,分别以 Ir 和 sIr 来表示。在条件反射实验中,如果动物在刺激物的持续作用下不断重复某种反应动作,就会产生疲劳,疲劳可以抑制动物的反应动作。这种抑制作用,就是反应性抑制。反应性抑制在操作停止后,就会逐渐消失。例如,在条件反射实验中,动物经过休息、疲劳解除后,原有的反应就会自动恢复。条件性抑制是指,如果在动物因疲劳而逐渐削弱其反应的同时,人为地增加一个刺激,这个刺激也就获得了抑制性力量,也可以抑制那个反应。条件性抑制不会随时间的流逝和反应的停止而消失,因为它是习得的。既然反应性抑制和条件性抑制都可以削弱反应,那么一个反应发生的可能性,或者一个有效反应势能($s\bar{E}r$)就是反应势能与两种抑制之间的差,用公式表示即为:

$$s\bar{E}r = sEr - (Ir + sIr)$$

有效反应势能在赫尔的中介变量系统中,"是一个关键性的理论上的构成物"(高觉敷,1982,p.297)。赫尔试图把有效反应势能同影响这些反应发生的某些变量联系起来。他认为支配反应发生的最重要的变量就是反应阈限和一些不相容反应。当其他条件相同时,有效反应势能在阈限之上,反应就会发生;对于同时存在的几个不相容的反应,哪个反应势能最大,哪个就是应该发生的反应。赫尔还主张,对反应势能进行测量时,应以反应概率、潜伏期和实验消退的抗力作为指标。

除此之外,赫尔还探讨了反应势能的波动问题,他以 sOr 来表示有效势能的波动可能性。正是由于有效势能具有波动效应,可能会影响到习得性反应的发生,因此,一个有效的反应势能还必须剔除因波动而带来的抑制作用,即:

$$s\bar{E}r = [sEr - (Ir + sIr)] - sOr$$

由于波动效应是按照或然律进行的,所以尽管它会随时间而发生变化,但对它进行预测也是可能的,只不过要收集大量的资料,根据反应的趋势来进行预测。

（四）赫尔后期对其理论的修正

赫尔后期对其理论体系作了比较重要的修正，主要体现在以下几个方面：

1. 把强化量由学习变量修正为操作变量

赫尔早期把强化量（K）看做学习变量，认为强化量的大小会影响学习的速度和性质，强化量越大，刺激与反应之间的联结强度也就越大。但一系列的实验证据表明，强化量的大小对刺激与反应之间联结的形成影响不大，但却对这一联结的操作行为有显著影响。因此，赫尔改变了早期把强化量看做学习变量的观点，认为强化量应该是一个操作变量而不是学习变量。

2. 强调刺激强度的作用，修正了早期的行为公式

赫尔早期特别强调强化对行为建立的重要性，但后期他强调了刺激强度（V）的作用，并认为刺激强度也是影响反应发生的重要因素。也就是说，一个反应的发生取决于习惯强度、内驱力、刺激强度和强化量四个因素的联合作用，缺少任何一个因素，反应都不可能发生。于是，他把行为公式最终修正为：

$$s\bar{E}r = \left[sHr \times D \times V \times K - (Ir + sIr) \right] - sOr$$

3. 对内驱力的作用问题进行了修正

赫尔早期认为由于内驱力的降低而产生了强化作用，但后期他对此进行了修正，认为不是因为内驱力本身的降低而产生了强化作用，强化作用的产生是由于内驱力刺激的降低。如饮水直接消除了嘴唇、喉头的干燥，即刻降低了干渴内驱力，这一强化作用发生得迅速而快捷，而不必经历水经由胃的消化而到血液、大脑等漫长过程。这就说明内驱力刺激降低同样可以产生强化作用。

4. 零星期待目标反应

这是赫尔后期修正其理论时提出的一个非常重要的概念，赫尔以白鼠走迷津为例对此进行了说明。由于白鼠在获得目标物之前已经对很多原本中性的刺激物产生了条件反应，而这些条件反应都是部分的、零碎的、在目标物之前出现的，因此赫尔将它们称为零星期待目标反应（rG）。

赫尔创造零星期待目标反应这一概念的目的是用来解释动物的连锁反应学习。他认为，动物在达到目标物之前的每一刺激既是对前一反应的强化，又是引发下一反应的刺激，由此而构成一个完整的行为链。同时他还想借此概念来客观地研究人类行为中的认知、意识等因素，这标志着新行为主义者对早期行为主义禁区的突破，因而意义重大。

四、对赫尔逻辑行为主义的简评

作为新行为主义的一位代表人物,赫尔以逻辑和数学方法为工具,创建了一个系统而庞大的行为理论,对心理学的发展产生了重要的影响,为心理学的理论建设做出了重要贡献。

从理论上讲,赫尔建立了一个非常精确和详细的用以说明"一切哺乳类动物的行为"的理论体系,并且从理论的角度提出了建立研究心理学的科学方法论的必要性和可能性,希望通过自己的努力使心理学彻底摆脱模糊、玄奥和深不可测的痕迹,而成为一门完全客观精确的自然科学。可以说"赫尔对系统心理学的一般理论建设的贡献,大于他自己的理论"(舒尔茨,1981,p.267)。劳里(Lowry)曾经指出:"一个真正理论天才的到来,这在任何领域都是不常有的。在心理学界所提出的非常少的人物中,赫尔的确必须列为第一流人物。"由此也可以看出赫尔对心理学的理论建设所做出的贡献。

赫尔设计了一系列控制严密的实验来研究动物的行为,并以此为依据提出了一整套关于行为的学说。其理论提出之后,产生了巨大的反响,不论是赞同还是反对他的人都对此展开了广泛的研究,以验证或批评他的理论,从而派生出了很多研究课题,繁荣了心理学的实验研究。这也可以说是赫尔对心理学的又一个贡献。

赫尔的理论影响了一大批心理学后起之秀,为心理学的发展培养了一批重要的人才。赫尔的理论提出之后,吸引了很多同事、学生和追随者,他们一方面学习赫尔的理论,一方面又不断补充、修正和发展赫尔的理论,并在学习、修正和发展赫尔理论的过程中成长为具有较大影响的心理学家,其中最有影响的人物有斯彭斯、米勒和多拉德等。正因为如此,人们才认为"没有别的心理学家像他这样显著而广泛地影响到其他许多心理学家的职业动机"(舒尔茨,1981,p.267)。

但是,赫尔的理论体系也因其庞大、复杂而受到人们的批评。事实上,"从它开始以来,已经引起了大量的批评"(舒尔茨,1981,p.267)。对赫尔理论体系的批评最主要地表现在如下几个方面:首先,其理论体系过于庞大、复杂、琐细,几乎使人无法理解,因而只能在他的实验室里使用,出了他的实验室就几乎没有什么价值。其次,由于赫尔所采用的方法过于特殊而使其理论体系缺乏概括性。他经常根据从单一实验情境中的少量动物行为研究中获得的结论来系统地描述自己的公设,并在此基础上演绎出很多有关行为的定理。人们普遍认为"基于这种极端特殊的实验证据对所有行为进行概括,是靠不住的"(舒尔茨,1981,p.266)。再次,数量化是赫尔理论体系的最大特色,但也有学者认为,在某种意义上说,赫尔成了嗜好数学的牺牲者,有时为了数量化竟把问题弄到了荒唐怪诞的程度。最后,由于赫尔采用还原论的研究方法,把高级认识活动还原为刺激和反应,同时又以动物的学习类推人类的学习,抹杀了动物和人类的本质区别,因而受到了人们的批评。

第四节　斯金纳的操作行为主义

斯金纳(Burrhus Frederick Skinner,1904—1990)出生于美国宾夕法尼亚州,并在那里愉快地度过了他的童年。受其父亲的影响,斯金纳最初想在法律方面有所作为,但他却酷爱文学,想成为一名作家,因此中学毕业后他进入纽约州的汉密尔顿学院学习文学。虽然他写的几篇小说曾受到弗洛斯特的称赞,但最终却决定放弃写作。还在汉密尔顿学院学习时,斯金纳就阅读了巴甫洛夫、罗素以及华生的著作。虽然他缺乏系统的心理学课程学习和训练,但却在哈佛大学选择了心理学专业,成为一名心理学研究生。当时哈佛大学的心理学研究中很少关注行为主义,但哈佛大学的研究计划却使斯金纳可以自主地发展其研究兴趣。1930年斯金纳获得硕士学位,次年获得博士学位,之后,他留校做了五年的研究工作。

1936年,斯金纳到明尼苏达大学任教,在实验室研究和课堂教学中他都非常具有创造性,他在教学方面的成功也激发了其学生对心理学的兴趣。斯金纳曾经回忆说,在明尼苏达大学,他的学生中有5%获得了心理学博士学位。1945年,他到印第安纳大学担任心理学系主任,三年之后,他又返回哈佛大学,担任该校心理学系的终身教授。

斯金纳一生著述颇丰,发表文章112篇,出版著作18部。其中影响较大的有:《有机体的行为》(1938)、《沃尔登第二》(1948)、《科学和人类的行为》(1953)、《自由与人类控制》(1955)、《言语行为》(1957)、《超越自由与尊严》(1973)以及《行为的塑造》(1979)等。

鉴于斯金纳对心理学的贡献,1958年美国心理学学会授予他杰出科学贡献奖;1968年,美国政府授予他国家科学奖,这是美国政府对科学家的最高奖励;1971年,美国心理学基金会授予他一枚金质奖章;1990年,美国心理学学会又授予他心理学终身贡献奖。接受此奖项8天之后,斯金纳去世,终年86岁。

一、斯金纳心理学的基本立场

从斯金纳对心理学的研究对象、心理学的性质和心理学的研究方法的论述中,我们大致可以看出其在心理学上的基本立场。

（一）心理学的研究对象

斯金纳把行为本身作为心理学的研究对象,认为心理学是一门关于行为的科学,其任务就是要对行为进行直接的、描述性的研究,因此,他有时又把心理学称为行为科学。他对以往心理学家采取间接方式研究行为、把行为的一切特性都归因于不证自明的内部实体的做法很不以为然。他认为,采取这种方式研究行为,会使心理学走上三条歧路:一是假设这个内部实体是自由的,就会出现"意志自由"的说法,而究竟什么是意志自由,它又是怎样控制行为的,这些都是难以定义和无法考证的;二是给内在实体披上科学的外衣,制造出"心理官能"、"自我"、"超我"等概念,但这些概念因缺乏科学的定义而不能说明行为;三是把神经系统当做控制行为的实体,以神经系统的功能来解释行为,这虽然"是一大进步,但不幸的是,这一转变仍然阻碍人们对行为进行直接的、描述性的研究。这一转变之所以称为进步,是因为所涉及的是行为以外的实体,它本身具有明确的物质成分,可以接受科学的考察。可是对行为的科学来说,研究神经系统,其主要作用还是把人们的注意引开,使他们不把行为当做研究的题材"(章益,1983,p.265)。

斯金纳并不认为把行为本身作为心理学的研究对象是自己的功劳。他认为科学发展史中所出现的达尔文进化论和摩尔根的动物心理学都为把行为作为心理学的研究题材做了铺垫,而华生则根据前人的研究成果,以摩尔根的方法来说明行为,最终使心理学成为一门研究行为的科学。可以说,在使心理学成为研究行为的科学方面,华生功不可没,但华生所使用的学术用语却模棱两可,而且没有从行为本身出发去寻找行为问题的答案,而是转向神经科学,从而使心理学成为一门研究肌肉收缩和腺体分泌的生理学。因此,华生的心理学研究也是在歧路上进行的。

斯金纳主张,心理学要直接对行为进行描述,要研究行为本身,并在对行为的研究中发现和描述其规律。由此看来,斯金纳所要建立的心理学,其实就是一门直接描述行为的行为科学。

（二）心理学的性质

从斯金纳操作行为主义产生的背景中可以看出,斯金纳之所以成为一名新行为主义者,最初并不是受华生的影响,而是受实证主义哲学的影响。而实证主义是一切自然科学的哲学基础,这必然会影响到斯金纳对心理学性质的看法。1967年,斯金纳指出"行为主义是一种特殊科学的哲学,它首先是在马赫、彭加勒和布里奇曼的著作中形成的"(高觉敷,1982,p. 302)。可以说,斯金纳首先从哲学上接受了行为主义,但他在对行为的实验研究中又深受华生和巴甫洛夫的影响,因而斯金纳的实验研究带有深刻的实证主义烙印。

斯金纳的心理学立场是独一无二的描述性的、严格的行为主义,他反对把心理学看做理论性的,主张心理学是完全实证性的实验研究,心理学是完全致力于行为研究的自然科学。和华生一样,斯金纳也是一个彻底的决定论者,把心理学看做自然科学的一个分支学科。强调对行为的预测和控制是斯金纳整个思想体系的中心内容,其目标是说明有害控制的不利特征和有效控制的有利特征。在具体的研究过程中,他只研究能够观察的行为,对于从理论上推论有机体内部可能发生的活动一点也不感兴趣。他认为,无论在刺激和反应之间发生什么,都不是客观的资料,因而也不能成为心理学的研究对象。这种纯粹描述性的行为主义被称为"没有有机体的探究"。他还进一步强调,行为的科学研究必须在自然科学的范围内进行,科学研究的任务就是要在先行的、实验者控制的刺激条件和有机体随后的反应之间建立函数关系。他所建立的行为公式是:

$$R = f(S)$$

其中 R 表示行为反应,代表因变量;S 表示刺激情境,代表自变量;f 表示情境刺激。有机体的行为反应就是自变量和情境刺激的函数(f)。但斯金纳也承认过去所形成的某些条件(A)确实可以改变自变量和环境刺激之间的函数关系,他把这些条件称为"第三变量",因此他的行为公式又可以改写为:

$$R = f(S, A)$$

第三变量似乎与托尔曼的"中介变量"和赫尔的"内驱力"概念没有什么区别,但斯金纳强调说两者的性质根本不同。他认为不论第三变量是外部的还是内部的,它都纯粹是有机体的一种操作,是客观的。由此也可以看出斯金纳激进的行为主义立场。

(三)心理学的研究方法

与赫尔的假设-演绎方法不同,斯金纳拥护一种不带理论结构而进行研究的、严格的经验体系,因此他总是从经验的资料开始,然后小心地、缓慢地进行试验性的概括。如果说赫尔所采用的是假设-演绎的方法,那么斯金纳所采用的则是归纳的方法。斯金纳认为,为了更好地研究行为,还需要运用反射的方法。在他看来,"一个反射就是一种刺激和一种反应之间的相互关系,而不是任何别的东西"(舒尔茨,1981,p. 269)。他认为:"描述行为的一个步骤是指明以反射这个名称来表达的相互关系。这个步骤使我们有能力来预测和控制行为"（章益,1983,p. 272）。由于斯金纳对反射的看法相当独特,因此他对行为进行研究时所采用的方法也有别于以往心理学家所采用的反射分析法,他所采用的方法是"行为分析法"。为了分析和研究动物的行为,斯金纳专门设计了用于实验的装置,这种装置被称为"斯金纳箱"。

利用这一实验装置,斯金纳设计和完成了大量的动物行为实验,系统控制和分析了影响动物行为的因素,总结了动物操作性条件作用的原理,获得了巨大的成功。他的这一套方法体系被称为行为的实验分析体系。而且,斯金纳不相信在实验中有必要使用大量的被试,并用统计法来比较各组的平均反应,他更加提倡和注意对单个被试进行彻底的研究。他认为:"一门科学只有当它的规律是针对个体的时候,它才有助于研究这一个体。一门只关心团体行为的行为科学,对我们理解特定的个案大概是不会有帮助的"（Skinner,1953,p. 19）。但是,他又认为如果控制好条件,运用这种行为分析法对单个被试进行研究,所获得的资料,即使不进行统计分析,也是有价值的。

通过对斯金纳关于心理学的研究对象、心理学的性质和研究方法的观点的分析,可以看出"斯金纳的立场是旧的华生行为主义的新生"（舒尔茨,1981,p. 269）。"华生的精神是不灭的。这种精神得到净化和纯化,并且通过斯金纳的著作而栩栩如生了"。在去世的前一天晚上所完成的最后一篇论文中,斯金纳宣称"科学心理学只能是对行为进行分析而不能去研究心理"（Viney,1998,p. 333）。由此也可以看出,斯金纳在心理学的立场上表现得比华生更为激进,因此,斯金纳又被称为"激进行为主义者"。

二、斯金纳的行为原理

斯金纳的行为原理实质上就是其操作–强化理论,因此对操作–强化理论的分析和说明,就是对其行为原理所进行的分析和说明。

（一）应答性行为与操作性行为

早在1932年,斯金纳就把行为区分为两种:应答性行为和操作性行为。应答性行为是由先行刺激所引发的,是对刺激物的回答,这种行为比较被动,要受刺激物的控制,巴甫洛夫的条件反应就属于应答性行为;操作性行为是有机体操作的行为,这种行为是主动的,代表着有机体对环境的主动适应,与行为的结果有特定的关联。操作性行为可以有效地应付有机体的环境,而应答性行为则做不到这一点。在斯金纳看来,人类的大多数行为都是操作性行为。由于操作性行为在人类学习情境中更具代表性,而且行为大多都是操作的变种,因此,斯金纳认为,研究行为科学的有效途径就是研究操作性行为。

斯金纳认为,两种不同类型的行为必然会导致两种不同的条件反射。应答性行为所导致的是"反应性条件反射",而操作性行为所导致的则是"操作性条件反射"。反应性条件反射与巴甫洛夫的经典条件反射一致,而操作性条件反射则与桑代克的工具性条件反射相类似。由于巴甫洛夫的条件反射所探究的是无条件刺激和条件刺激之间的关系,而斯金纳所强调的是反应和强化之间的关系,因此,斯金纳把巴甫洛夫的条件反射称为 S 型条件反射(强化是与刺激相联系的),而把操作性条件反射称为 R 型条件反射(强化是与反应相联系的)。

(二) 操作性条件作用的规律

1. 操作性条件反射的建立

斯金纳认为,操作性条件反射的建立依赖于两个因素:操作及其强化。他利用斯金纳箱对白鼠的操作性行为进行了一系列的研究,并从中得出了操作性条件反射建立的规律,即"如果一个操作发生后,接着给予一个强化刺激,那么其强度就增加"(Skinner,1938,p. 21)。只不过,强化增加的不是某一具体的反应,而是反应发生的概率。例如,把一只饿鼠放在斯金纳箱中,白鼠可能表现出乱窜、尖叫等多种行为。当其偶然碰到实验者有意设置的杠杆时,就会有食物落下,从而强化了白鼠按压杠杆的行为。经过多次尝试和强化,白鼠就建立了按压杠杆的操作性条件反射。而其他行为如乱窜、尖叫等则因缺乏强化而无从建立。可见,操作以及伴随其后的强化是操作性条件反射形成的关键。

动物的学习如此,人类的学习同样如此。斯金纳认为,人在周围环境中所形成的很多生活技能,诸如说话、走路、玩游戏、写字、驾驶,甚至包括道德、人格的形成以及社会文化的延续,等等,都是操作性条件作用的结果。例如,婴儿最初无意识地发出"妈"的音,母亲就会高兴地把孩子抱起来亲吻,这其实就是对孩子进行强化,如此一来,孩子便倾向于一看到母亲出现,就发出"妈"音,这样孩子就学会了叫"妈"。在斯金纳看来,操作性条件反射原理可以应用到很多场合,既可以用于消除不良的行为,也可以用于巩固理想的行为。例如,孩子偶然表现出的助人行为受到表扬后,以后在类似的情境中就倾向于更多地表现这种助人行为,当助人行为在孩子身上经常表现出来时,我们就说这个孩子已经形成了乐于助人的道德品质或人格特征。由此看来,"所谓的人格不过是一组反映强化史的行为模式"(叶浩生,1994,p. 121)。

强化在斯金纳的操作性条件反射原理中起着重要作用,但斯金纳既不同意桑代克以效果律来解释强化对操作性条件反射形成的作用的观点,也不同意巴甫洛夫关于强化增加条件反射的强度的观点。他认为，强化增强的不是某一具体的条件反射本身，它所增强的是这种反射发生的概率，或者说它增强了反射发生的倾向性。在《新行为主义学习理论》中，斯金纳曾说过这样的话："在操作性条件反射中，我们加强的是操作，旨在使作出某一反应的可能性增加，实际上是说，使某一反应更为经常。在巴甫洛夫条件反射中，我们只是增加了由刺激条件所诱发的反应的强度，缩短了刺激与反应之间的时间"（章益，1983，p. 272）。

2. 操作性条件反射的消退

斯金纳认为操作性条件反射的消退是由于强化的停止而导致的。也就是说，当一个经过条件化而增强的操作性行为发生之后，若不再伴随有强化刺激物，反应发生的频率就会逐渐降低。与操作性条件作用的形成一样，消退的关键也在于强化。但操作性条件反射并不随强化的停止而骤然停止，而是持续反应一段时间，才趋于停止，其间可能还会因为情绪的干扰而出现波动。这一从终止强化到操作性条件反射不再出现的过程就是消退过程。在实验中，斯金纳发现，一只已经习得压杆反应的白鼠在强化停止后，仍会按压杠杆 50～250 次，然后才停止反应。这就说明操作性条件反射消退过程的快慢与习得这种反应的力量的强弱成正比，如果一个反应的力量很强，或者说所建立的操作性条件反射非常牢固，那么消退的时间就长；如果一个操作性条件反射的力量很弱，则消退的时间就短。由此看来，在斯金纳的理论中，消退被看做计算操作性条件反射力量的一个指标，即他把消退过程时间的长短作为测量反应力量的一种手段。

这种现象在人类身上也有所表现，如孩子的助人行为如果总是得不到强化，这种乐于助人的行为就可能会消失；如果孩子只是偶尔受到表扬，那么当表扬等强化停止后，这种助人行为就比每次都得到表扬的助人行为所保持的时间要长。

3. 操作性条件反射的分化

所谓分化，实际上就是运用渐进的方法，强化动物操作性条件反射的某一特征以使动物形成选择性反应的过程。与操作性条件反射的建立和消退一样，操作性条件反射分化的关键因素也是强化。斯金纳在训练白鼠的压杆力量的实验中，首先是对白鼠以任何力量作出的压杆行为都予以强化。然后制定一个标准，只有当压杆行为的力量超过这一标准时才给以强化，低于这一标准的压杆行为则遵循消退原理而消退。之后，逐步提高压杆力量的标准，通过运用强化或不强化的手段来训练白鼠以不同的压杆力量作出压杆反应。多次以后，白鼠就学会了特定的、表现出选择性的反应，最初的条件反射也就形成了分化。

操作性条件反射的分化不仅在动物身上有表现，就是在人类身上也表现得很明显，人们根据分化原理而学会在特定的场合作出特定的反应，如在葬礼上表情凝重、话语低沉；在听演唱会时，则大声喝彩、鼓掌等。这些都是操作性条件反射分化的表现。

（三）强化的种类

斯金纳非常重视强化的作用，详细研究了强化物的种类、强化的性质以及强化作用的模式等问题。

1. 积极强化物与消极强化物

强化物可以分为两类，一类为积极强化物（正强化物），另一类为消极强化物（负强化物）。积极强化物是指与操作性行为相伴随的刺激物，它可以增加操作性行为发生的频率，如水、食物、奖赏等；消极强化物是指与操作性行为相伴随的刺激物从情境中被排除时，可以增强这种反应。斯金纳通常都是以食物来强化白鼠按压杠杆的行为，在这种情况下，食物就是积极强化物，因为它提高了白鼠按压杠杆的频率；但也可以安排这样的实验，即把白鼠放进一个特制的箱子里，然后给予电击，只有当白鼠按压杠杆时，电击才停止。经过几次这样的强化，白鼠就学会了按压杠杆以逃避电击。在这种情况下，电击就是消极强化物，因为它增加了白鼠按压杠杆的频率。

2. 条件强化物与概括化的强化物

斯金纳把对动物具有天然强化作用的刺激物称为原始强化物，如食物、水等。但有时与这些原始强化物相伴随的很多中性刺激物，由于条件作用也具备了强化的性质，成为条件强化物。如在白鼠按压杠杆时，同时呈现灯光和食物，白鼠可以很快形成操作性条件反射。之后，同时撤销食物和灯光，白鼠的操作性行为就迅速消退。此时，再安排白鼠按压杠杆，但不给予食物，只呈现灯光，白鼠按压杠杆的行为也会增加，说明灯光已经具有了强化性质，成为一种条件强化物。一般来说，条件强化物的力量与原始强化物的匹配次数成正比。

当一个条件强化物与一个以上的原始强化物形成联系时，这个条件强化物就由于条件作用而具备了多方面的强化作用，成为一个概括化的强化物。在现实生活中，最常见、最典型的概括化的强化物是金钱，这是因为金钱与人的衣、食、住、行等具有普遍的联系，因而具有最广泛的强化作用。但与条件强化物不同的是，当一级强化物不再伴随它们时，概括化强化物的作用依然存在。因此，概括化强化物在人类行为的习得和保持中，具有非常重要的意义。

3. 强化作用的模式

斯金纳认为强化的模式不止一种。他通过大量的实验研究总结出了一

套复杂的强化作用模式,主要有以下几种:

固定时距模式。这是指在固定的时距内给予强化,而不管有机体在这一时距内作出多少次反应。这种强化作用模式,容易使有机体在时距的开端反应较少,而在时距的终端反应增多。

变异时距模式。这种模式是用平均时距代替固定时距,即在规定的一段时间里实施一次强化,但强化的时间却不固定,有时两次强化间隔时间很短,有时间隔时间又很长。以这种模式来强化行为,则行为反应既稳定又均匀,而且常常难以消退。这种模式克服了固定时距模式的缺陷。

固定比率模式。这种模式不是在一定的时间间隔后给予强化,而是在有机体作出一定标准次数的反应后给予强化,其效果与固定时距模式类似,即在接近强化时,反应突然增多,而在强化后的一段时间里,反应则减少。

变异比率模式。这种模式保持强化比率的平均值不变,但具体实施强化时,比率的范围却有相当大的变化。这种模式的作用比固定比率模式的作用大。

这四种模式对行为的影响有大有小,但斯金纳认为,在对有机体进行强化时,不应只采用一种模式,而应联合使用多种模式。而且,这四种强化作用模式也适用于人类行为,例如,赌博所依据的就是变异比率强化模式,由于每次赌博都存在着赢的可能性,因此赌徒往往乐此不疲。

三、斯金纳行为原理的应用

斯金纳的行为原理在教学、言语行为以及社会控制等方面都得到了广泛的应用,也取得了一定的效果。

(一)言语行为

对言语行为的研究是斯金纳早期应用性研究的一项重要内容。斯金纳认为:"老鼠和人之间的唯一区别就在于言语行为这一领域。"(Skinner, 1938, p. 442)斯金纳坚持以操作强化原理来解释人类的语言。他认为言语也是一种行为,这种行为是习得的,因而它服从于强化的偶然性,并且与其他操作性行为一样,也是可以预测和控制的。

根据言语与强化反应的关系,斯金纳把言语行为概括为具有不同功能(召唤、命名、形声、复合)的四种类型,并一一分析了它们的形成(叶浩生, 1994, pp. 127 – 128)。但是,斯金纳的观点却遭到了语言学家乔姆斯基(Avram Noam Chomsky)的批评。乔姆斯基认为,斯金纳以操作强化原理来解释语言发展的做法太简单,且还原色彩太浓,这种做法在实验室中或许能够行得通,但在现实社会中却根本行不通。在此基础上,乔姆斯基进一步指出"语言是一种抽象的由规则支配的系统"(Viney, 1998, p. 335)。由此看来，以单一的操作强化原理来解释语言的获得和发展确实很难令人信服。

（二）行为原理在发展和教育领域的应用

行为原理在儿童发展领域的应用就是斯金纳依据操作强化原理设计并制作了一种机械化照料婴儿的装置——"空中摇篮"。设计这种装置的起因是：斯金纳的妻子抱怨照顾两岁之内的孩子太操心，而且那是一种奴仆式的工作。所以，为了使母亲从照顾婴儿的繁重工作中解脱出来，他就设计了"空中摇篮"这种装置。这是一个巨大的能够调节空气、控制温度、无菌的隔音房间。婴儿在室内可以自由地运动，可以做游戏，也可以睡觉，还可以避免婴儿出现一些毛病。斯金纳因设计了这种装置而受到美国一般群众特别是年轻母亲们的称赞，斯金纳的第二个孩子就是在这种"空中摇篮"中抚养的。尽管这种装置具有一定的商业价值，但并没有取得巨大成功。

行为原理在教育领域中的应用就是斯金纳设计了教学机器。斯金纳对当时流行的课堂教学感到不满，特别是他参观了他女儿所在班的课堂教学后感触更深，他认为通过一定的方式可以使教学变得更好。教学机器就是他应用操作强化原理设计和制造的教学装置。这是一种台式机械装置，内置一套教学程序，这种程序是把一门学科内容分成一系列具有逻辑联系的知识项目，并以问题形式由浅入深、由易到难渐次排列。学生只有通过前面的问题，才可以进行下一个问题，这就是机器教学。教学机器在数学、音乐等领域都得到了广泛的应用，取得了一定的成果。但其最大的弊病就是忽视了教师的人格教育活动，不利于学生良好个性的形成。

（三）社会控制计划

行为原理在社会领域中的应用就是斯金纳主张以操作强化原理进行社会控制，以建立理想的社会生活。早在《沃尔登第二》中，他就表达了这种思想，在以后出版的《自由与人类控制》和《超越自由与尊严》等著作中，他又进一步系统地阐述了这一思想。斯金纳认为，人类没有绝对的自由和尊严，因为控制无处不在，人类无法逃脱控制，自由与尊严不过是我们期望逃脱不良控制的一种愿望而已。事实上，社会上的一切都是控制，既然如此，人就不如承认这一事实，抛开自由与尊严的假面具，积极选择控制、完善控制，使人获得最大限度的自由与尊严。但如何选择和完善控制呢？斯金纳认为，要选择和完善控制，就必须发挥行为科学的作用，使用行为技术。可以说，斯金纳的这种设想是美好的，在一些实验领域也取得了一定的成效，但当把这种设想付诸社会实践时，却遇到了很大的困难。这也说明，斯金纳的理论面临着严重的挑战。

四、对斯金纳操作行为主义的简评

斯金纳是当代最杰出的心理学家之一,他以操作条件作用为核心概念,并以高度精确的实验技术精心构筑了自己的理论体系,建立了一门真正的行为科学。尽管人们对斯金纳的理论褒贬不一,但其工作无疑"极大地提高了我们预测和控制有机体行为的能力"(舒尔茨,1981,p. 280)。

斯金纳坚持极端客观的行为主义立场,凭借严谨而富有生气的观察和精确严密的行为分析方法,建立了非常精确、客观的操作行为主义体系,并且对一些难以回避的"主观"现象,也坚持以操作强化原理来进行具有说服力的解释。可以说,"斯金纳是行为主义心理学的毋庸置疑的领导人和战士,他的工作对美国现代心理学的影响,大于历史上任何其他心理学家的工作,甚至大多数批评他的人们也不得不承认这一点"(舒尔茨,1981,p. 280)。

斯金纳对推动心理学的应用研究,使心理学走向社会事务和社会实际起了重要的推动作用。他的程序教学思想即使在今天也仍然具有一定的意义。虽然他的理论在言语行为的应用上受到了人们的批评,但也给人们留下了有益的启示。

斯金纳的理论体系也招致了众多的批评,主要表现在以下几个方面:首先,人们认为斯金纳忽视了理论研究。其实,虽然斯金纳的体系是非理论的,但他并不完全反对涉及理论,只不过他反对在没有十分可靠的资料积累的情况下提出理论。其次,人们还认为斯金纳的实验研究范围太窄,忽视了行为的很多方面。批评者认为,斯金纳的实际研究只限于有限动物(白鼠、鸽子)的有限行为(按压杠杆、啄圆盘),并把从这些有限动物的有限行为研究中所获得的结论推论到所有动物甚至人类和社会生活领域,这显然是简单化、片面化的。最后,人们对斯金纳的环境决定论也持强烈的批评意见。可以说,斯金纳留给我们的是很多有待于进一步研究的课题。

第五节　班杜拉的社会认知行为主义

阿尔伯特·班杜拉(Albert Bandura,1925—　)出生于加拿大阿尔伯特州一个人烟稀少的小镇,父母俱为东欧移民。由于当地偏远落后,教育资源非常有限,好学的班杜拉只能依靠勤奋和努力来弥补学校教学条件的不足,因而他自幼就培养了很强的自学能力。

中学毕业后,班杜拉考入温哥华市的大不列颠哥伦比亚大学。大学初期的心理学选修课使他开始迷恋心理学,因此他改变了自己的专业志趣,决定以心理学研究作为自己的终生职业。大学毕业后,班杜拉来到美国依阿华大学接受更高层次的教育,他曾跟随赫尔的学生斯彭斯以及著名的心理病理学家本顿学习、研究,并分别于 1951 年和 1952 年获得硕士和博士学位。

1953 年起,班杜拉开始在斯坦福大学心理学系执教,1964 年受聘为教授,之后一直在该校任职。在这一时期,正是认知心理学日益崛起并飞速发展的时期,认知心理学的基本观点给一直接受行为主义训练的班杜拉造成了强烈的思想冲击。他慢慢认识到,以往的行为主义专注于探讨操作和外显行为,其所忽视的人的认知功能以及内部意识恰恰是人行为的决定因素。在这种情况下,班杜拉"想走一条既不同于传统行为主义,又不同于认知心理学的中庸之道,成为一名新的新行为主义者"(叶浩生,1998,p. 120)。他创立并发展了社会认知行为主义,其理论特点在于强调人的认知功能以及自我选择、自我调节机制,正因如此,班杜拉的心理学思想带有很浓厚的人文色彩。萨哈金曾明确指出:"班杜拉的社会学习理论与人本主义心理学是互相呼应的,其中包括与人本主义的价值观和伦理学的相互默契与投合。"(萨哈金,1991,p. 811)当然,在本质上,班杜拉依然是在条件反射及强化原理的指导下阐述对行为的认识,其所关注的是对行为的预测和控制,因而隶属于行为主义学派。

作为当代最有影响力的心理学家之一,班杜拉获得过众多的荣誉和奖励。1972 年,班杜拉获美国心理学会杰出成就奖。1974 年,他被选为美国心理学会主席。1977 年,他被人誉为"认知理论之父",并被推选为西方心理学会主席。此外,他还担任过美国退伍军人管理局、美国海军医疗所、美国健康研究所等机构的顾问,以及多种心理学杂志编辑的职务。班杜拉的主要著作有《青春期的攻击行为》(1959)、《攻击行为:社会学习分析》(1973)、《社会学习理论》(1979)、《思想与行为的社会基础:一种社会认知的观点》(1986)、《变化社会中的自我效能》(1989)等。

一、观察学习理论

观察学习理论是班杜拉社会认知行为主义体系中最具特色的理论之一,也是他对心理学关于行为学习领域最重要的贡献。观察学习又被称为替代性学习或无尝试学习,班杜拉将其界定为"观察者通过观察他人的行为及其强化结果而习得某些新的反应,或使他对已经具有的某些示范反应做出实际的外显操作"(班杜拉,1986,p. 549)。这说明学习者不需要直接做出反应,也不必亲身体验强化,只要观察他人在一定环境中的行为和随之的强化,就可以达到学习的目的。他还认为,相对于直接经验的学习,观察学习是一种更普遍、更有效的学习方式。

（一）观察学习的特点及类型

观察学习是一种示范作用过程,它具有以下几个特点:第一,观察学习不一定有外显的行为表现。班杜拉提出,个体能够通过观察别人的示范行为,在自己尚未表现出相应的行为之前就习得此行为,而他并不一定具有明显的外在表现;第二,观察学习不依赖于直接强化,也就是说观察者不需要亲身接受强化就可以完成学习过程;第三,观察学习具有认知性,在观察学习过程中,被知觉到的刺激事件以表象或者隐蔽的语言的形式得以表征;第四,观察学习不是简单模仿,观察学习过程除了模仿的阶段外,也有创作的成分,涉及对他人行为后果的认知过程。

观察学习具有三种基本类型:

直接的观察学习,也称做行为的观察学习,是指对示范行为的简单模仿。日常生活中的大部分观察学习属于这种类型。

抽象性观察学习,是指观察者从他人的行为中获得一定的行为规则或原理,以后在一定条件下观察者会表现出可以体现这些规则或原理的行为,却不需要模仿所观察到的那些具体的反应方式。例如,在对防御侵犯行为的模仿过程中,观察者并不需要模仿具体的防御反应,而是掌握如何处理以及防御侵犯行为的规则,在以后面临相关情境时,就会表现出适当的反应。

创造性观察学习,指的是观察者通过观察,可将各个不同榜样的行为特点组合成不同于个别榜样特点的新的混合体,即从不同的示范行为中抽取不同的行为特点,从而形成一种新的行为方式。例如,篮球运动员在学习投篮技巧的过程中,可以模仿众多投篮者的特点,综合后形成自己的投篮风格。

（二）观察学习的心理过程

在班杜拉看来,观察学习是一种信息加工活动,他按信息加工的模式,将观察学习分成四个相互关联的子过程:注意过程、保持过程、动作复现过程和动机过程。如图 5-3 所示,不同的过程涉及不同的要求和事件。

注意过程决定了个体在丰富的示范环境中选择什么样的行为作为观察的对象,也就是对榜样的知觉过程。观察者必须精确地知觉到示范行为的特点和突出的线索,才会产生学习功效。班杜拉认为,影响注意过程的因素主要有以下四个:示范活动的显著性和复杂性;观察者的知识经验、认知能力、知觉定势;榜样的年龄、性别、职业、地位、声望和权力;个体人际关系的结构特征。

保持过程指观察者将在观察活动中获得的有关示范行为的信息以符号

图 5-3　观察学习的心理过程

表征的方式储存在记忆之中以备后用的过程。班杜拉指出,经选择注意的示范信息如果没有在记忆系统中得到有效的保持,观察者便无法获得有收益的学习。保持过程涉及三种重要的内部机制:第一,示范信息的符号转换,即对外部的示范信息进行编码并转换为内部信息符号,是观察者把某种具有非时间的、相对稳定的工具作为承载示范信息的载体,并将信息承载于此的过程。第二,示范信息的认知表征,就是说,观察者将示范行为的符号信息通过语义或心象表征的方式保存在大脑中。第三,演习和保持,对示范信息的编码和表征会在感觉记忆或短时记忆转化成长时记忆的过程中发挥作用,对于长时记忆信息来说,更重要的是演习,无论是物理操作演习还是认知训练演习。

动作复现过程指将在注意和保持基础上形成的关于示范行为的内部符号表征转化为外显行为的过程。这是一个由内到外、由概念到行为的过程,该过程的完成需要以内部形象为指导,将原有行为组合成新的反应模式。在班杜拉看来,即便学习者已经有效的形成了对示范行为的内部表征或认知加工,但仍不一定可以表现出正确的行为反应。要想重现示范动作和产生最佳的行为模式,就必须具备一定的运动技能。观察者只有努力地进行悉心的练习,并在信息反馈的基础上不断自我矫正与调整,才能形成熟练的、正确的行为反应。由于在矫正与调整的过程中,学习者必须要将输入的感觉反馈信息与存在于中枢的概念模型相比较,并以之为基础纠正匹配行为,使概念与活动逐渐吻合。因此,动作复现过程实际上也是概念-匹配过程。

动机过程是指观察者在特定的条件下由于某种诱因的激发而表现出示范行为的过程,这一过程决定了哪种经由观察习得的行为最终得以表现。班杜拉认为,经过注意、保持和动作复现过程后,观察者基本已习得示范行为,但观察者是否会表现出示范行为则受其他因素的制约。当获得的行为没有实用价值或者行为后果会带来惩罚时,观察者会更倾向于不表现该行为。只有出现积极的诱因时,在足够的动机和激励的作用下观察者才会将习得的行为转化为行动。决定观察者行为表现的诱因主要有三类:一类为直接的诱因,是示范行为的执行直接导致的各种内外结果,如物质奖励、社会赞许等;一类为替代性诱因,是示范行为的执行对观察对象的影响,如看到他人行为的成功,能增加自己表现这种行为的倾向,而且观察者与观察对象越相似,替代诱因的效果越明显,那些对他人有用的行为比对他人无用的行为更易表现出来;还有一类为自我诱因,是观察者对示范行为及其结果的自我反应或自我评价,人们更愿意表现那些让自己满意的行为,而压制让自己生厌的行为。

二、三元交互决定论

在心理学领域,不同心理学家对于人性及其行为的因果决定模式有不同的见解。一种看法为个人决定论:持这种观点的学者认为个体内部的本能、特质和需要是行为的决定因素,如遗传决定论、特质理论等,这种观点往往过于强调个体单方面的决定因素,而忽视了环境的影响作用。另一种看法则是环境决定论,这种观点主张人的行为是外部环境的产物,控制了环境就可以预测和控制人的行为,代表人物有华生、斯金纳等激进的行为主义者。此外,还有很多研究者坚持互动论的立场,认为个人和环境是彼此独立的因素,二者有相互作用,联合起来影响和决定行为。班杜拉不同意这三种观点,他提出了三元交互决定论,认为环境、行为及个人的内在因素三种成分相互影响、交互决定,从而构成三元交互系统,如图5-4所示。

图5-4 个人、行为和环境
三者的交互决定

三元交互系统涉及三对双向交互决定的过程。首先是个人与行为之间的相互决定。如个人不同的动机、观念和认识使人表现出不同的行为,而行为的结果又反过来使人的动机、观念和认识发生改变。其次,个人与环境也是相互依赖、相互决定的。个人可以通过自己的性格、气质上的特征激活不同的社会环境反应,不同的环境反应又会对个人的自我评价产生影响作用,导致个人的气质与性格在某种程度上发生改变。另外,行为和环境间的关系也是如此。人的行为能影响并创造和改变环境,同时,行为作为个体改造环境的手段,受到环境条件的制约或决定,环境条件决定了哪些潜在的行为倾向于成为实际的活动。通常情况下,三元交互作用的发展和激活是密切联系、高度相关的。以看电视为例,个体的兴趣爱好决定了他在什么时间选择收看什么样的电视节目。而他们对电视节目的选择,本身也影响了电视环境的性质,因为出于对商业价值的考虑,电视台会根据收视率来调整播放的节目,这反过来又影响了观众的选择范围。因此,观众的兴趣爱好、节目选择行为和电视频道节目三者彼此相互影响。

三元交互决定并不意味着构成交互决定系统的三个因素具有同等的交互影响效果,而且三者间的交互作用模式也不是固定不变的。有时环境的影响对行为具有决定作用;有时行为是三元交互决定因素中的主要成分;有时个人的认知会在交互链中起决定作用。不过,班杜拉尤其重视的是人的因素,他把人的因素进一步概括为自我系统。在三元交互系统中,自我系统不仅作为行为的交互决定因素而起作用,也在环境影响本身的形成与对环境的知觉中处于重要地位。正是因为自我系统的重要性,所以个人至少在部分上是命运的设计者,个人成就的高低不只被外界环境所决定,更重要的是外界环境与人的因素交互作用的结果。

三元交互理论映射了班杜拉对人性的理解方式,即一方面人是自己命运的主人,另一方面人要受到外部环境条件的制约,不是无限自由的。这种对人性的认识和理解不仅决定了班杜拉的研究方法,同时也决定了他的研究内容。经典的行为主义者认为人性及其行为输出是环境的产物,他们不会研究人的自我指导能力,而班杜拉却会将研究焦点定位到自我调节能力、自我效能感、自我反省能力等方面。

三、自我效能理论

(一) 自我效能的含义及其对人的影响

在班杜拉的理论中,自我效能也可称做"自我效能感"、"自我信念"、"自我效能期待"等,它是指个体对自己能否在一定水平上完成某一活动所具有的能力、信念的感受和胜任感,它是个体对成功完成某种活动所需要的能力的预期、感知和信念判断,而不是行为或能力本身。

班杜拉认为,自我效能感作为一种极具影响力的主观信念,对人的思维模式和情绪反应有重大的影响作用。例如,它可以影响人们对行为的选择和输出,影响人们在完成任务时实际付出的努力程度,影响人们在面临挑战时的意志坚忍性,影响人们对当下任务的情绪体验,影响人们任务完成后的成功体验。班杜拉将自我效能对个体产生影响的机制概括为四种,即选择过程、动机过程、情感过程和认知过程。可以说,在一定程度上自我效能是主体自我系统的核心动力因素之一。个体的潜能能否发挥或在多大程度上得以发挥,部分取决于个体的自我效能与其实际的知识和技能储备间的协调。

（二）影响自我效能形成的因素

班杜拉指出,自我效能并非一个静态的固有属性,它会随着个体的生理、心理和社会性的发展而变化,随着个体在与环境相互作用中获得的信息而变化。在人的毕生发展过程中,个体每一阶段的自我效能会因前一阶段的社会化和当前活动结果的不同而表现出不同的发展特征。班杜拉对自我效能的形成条件及其对行为的影响进行了大量的研究,指出自我效能的形成主要受五种因素的影响,包括行为的成败经验、替代性经验、言语劝导、情绪唤起、情境条件。

1. 行为的成败经验

行为的成败经验指经由操作所获得的信息或直接经验。由于个体主要是通过亲身经历获得对自身能力的认识,因此这种亲历的掌握性经验对自我效能的影响最大。成功的经验可以提高自我效能,使个体对自己的能力充满信心;反之,多次的失败会降低对自己能力的评估,使人丧失信心。此外,这种亲历的成功或失败对个体自我效能的影响是和任务难度、个人努力程度、外界援助等因素相连的。如果任务困难、缺少援助而自身又没有投入很多的努力,那么成功则会增强自我效能,而失败则不会产生太多影响;反之,如果任务简单、外界帮助很多而自己又投入了很多努力,那么即使成功也不会提高自我效能,但失败却会使之大为削弱。

2. 替代性经验

替代性经验指个体通过观察他人的行为进而获得有关自我可能性的认识,它使观察者相信,自己处于类似情境中也会获得同样的成就水平。与观察者具有更多相似性或能力水平差不多的示范者的经验会有更强的影响作用。当一个人看到与自己类似者获得成功时,就会提高对自我效能的判断,增强自信心;而如果与自己类似的示范者遭受了失败,那么他也会认为自己没有成功的可能性,降低自我效能。

3. 言语劝导

言语劝导包括他人的暗示、说服性告诫、建议、劝告以及自我规劝,也就是个体接受别人或自己认为自己是否具有执行某一任务能力的言语鼓励。言语劝导的效果取决于劝说者的声望、地位、权威程度和内容的可信性。通常情况下,言语劝导对自我效能的影响较小,而人们在执行操作任务时的自我规劝可能会使他们付出更多的坚持和努力。

4. 情绪唤起

情绪和生理状态会影响自我效能的形成。在充满紧张、危险的场合或负荷较大的情况下,情绪易于唤起,高度的情绪唤起和紧张的生理状态会降低个体对成功的预期水准和对自我能力的评估。焦虑、烦恼、疲劳、恐惧等状态都会使人感到自己难以胜任所承担的任务。

5. 情境条件

情境条件对自我效能也具有影响作用,不同的情境会提供给人们不同的信息,某些情境比其他情境更难以适应与控制。当个体进入一个陌生而易引起焦虑的情境时,其自我效能的水平与强度会降低。

班杜拉的社会学习理论是在前人研究的基础上,特别是行为主义学习理论研究的基础上发展起来的,但他突破了旧的理论框架,把行为主义、认知心理学和人本主义思想加以融合,以信息加工和强化相结合的观点阐述了学习的过程和机制,并把社会因素引入研究中。他所建立的社会学习理论开创了心理学研究的新领域。

四、对班杜拉社会认知行为主义的评价

虽然班杜拉的社会认知行为主义本质上仍是一种行为理论体系,但他将认知心理学的研究成果纳入行为主义研究范式中,用认知的术语阐述观察学习的过程和作用,把强化理论与信息加工理论有机地结合起来。因此他的观察学习理论有别于直接的、机械的行为模仿学习,超出了传统行为主义的范畴,使解释人的行为的参照体系发生了重要的转变,填补了传统行为主义的漏洞。

此外,有别于以往行为主义心理学家的是,班杜拉更加注重社会因素的影响,把学习心理学同社会心理学的研究有机地结合在一起,改变了传统学习理论重个体轻社会的倾向。也正因为班杜拉强调学习过程中的社会因素和认知过程的重要作用,因此他的实验一般以人为研究对象,这就避免了行为主义以动物为实验对象、把由动物实验得出的结论推广到人当中的错误倾向,保证了研究结论更加具有说服力。

尽管班杜拉的社会认知行为主义思想相比于以往的研究有了很大的进步,但是其理论体系依然存在一些不完善和缺陷。首先,由于班杜拉的社会学习理论具有开放性的特征,因此它缺乏内在统一的理论框架,该理论的各个部分在彼此关联上没有非常严密的内在逻辑。另外,班杜拉忽视了发展变量的影响。他所提出的观察学习本质上是一种主动学习的过程,然而,他却没有对儿童的独立学习能力进行考察,没有对儿童处于不同发展阶段时其观察学习接受能力特征进行研究。再者,虽然班杜拉强调了人的认知能力对行为的影响,但其研究的重心仍然是行为分析,对认知因素的重视度不足。其理论缺乏对人的内在动机、内心冲突、建构方式等因素的研究,表明其理论本身仍然有较大的局限性。

第六章

格式塔心理学

19世纪末20世纪初,铁钦纳把他的构造主义心理学带到了美国,但登上美洲大陆的构造主义心理学却相继成了各个心理学流派攻击的靶子,它不光受到美国本土机能主义心理学及在此基础上发展起来的行为主义心理学的攻击,同时也受到来自实验心理学的发源地——德国的格式塔心理学流派的攻击。

第一节 格式塔心理学产生的背景及其主要代表人物

格式塔心理学也称完形心理学,它的理论虽然是反行为主义的,但它的一些观点却对新行为主义心理学产生了较大的影响。格式塔心理学既主张研究人对现象的经验,也主张研究人的整体行为。格式塔心理学的产生与其古老的思想渊源和当时的社会历史文化背景是分不开的。

一、格式塔心理学的思想渊源及产生背景

(一)古代整体论的思想传统

格式塔心理学在心理学历史上最大的特点是强调心理对象的整体性。整体性思想的核心是有机体或统一的整体构成要大于各部分单纯相加之和,这是一种和原子论思想(把整体仅仅看作部分相加的一个连续体)相对立的观点。整体论思想最早在古希腊和古罗马时代就已出现,但真正在哲学体系中得到体现还是在黑格尔(G. W. F. Hegel)的哲学之中。黑格尔用有机体的整体论来解释人类的历史,认为人类历史的基本单位是国家和民族而不是个体,国家和民族并不仅仅只是由所有的个体成员组成,它还包括文化传统、政治及经济形态、民族精神和风俗习惯等,因此,历史事件不能简单还原为个人行为,国家先于它的成员,同样整体也就先于它的部分。

除哲学之外,心理学在其发展的历史中也曾多多少少地出现了一些整体论的思想。如美国心理学之父詹姆斯就曾在其心理学理论中提出过意识

流的概念,认为意识是一个流动的整体,不可能通过分解元素而把握其属性。美国机能主义心理学家杜威也把反射弧看做一个整体,刺激与反应紧密相连、不可分开。而对格式塔心理学整体论思想产生直接影响的是"形质"学派。形质论认为在知觉中存在着一种"形质"的成分,"形质"不是感觉的简单复合,而是由感觉成分中生出的一种新东西,它最终决定着知觉的结果。

(二) 社会历史背景

20 世纪初,由于种种原因,心理学的重心开始由欧洲移向美国,但格式塔心理学却土生土长在欧洲的德国,这在很大程度上应归因于当时德国的社会历史背景。在资本主义发展史上,德国的资产阶级革命进行得相对较晚,但自 1871 年德国实现全国统一之后,德国的资本主义经济发展迅速,到 20 世纪初,德国已开始赶上并超过了英、法等老牌的资本主义国家,一跃成为欧洲乃至世界强国,统一的德国便开始打上了独霸世界的算盘。在这种社会历史条件下,德国整个社会的意识形态便是强调统一,强调主观能动性。当时的政治、经济、文化、科学等领域也都受到这种意识形态的影响,倾向于整体的研究。在这一过程中,心理学自然也不能例外。

(三) 哲学理论背景

格式塔心理学的产生除了特定的社会历史条件之外,还有自己的哲学思想背景。

第一,康德的哲学思想对格式塔心理学影响甚大。康德认为,客观世界可以分为"现象"和"物自体"两个世界,人类只能认识"现象"而不能认识"物自体",而对"现象"的认识则必须借助于人的先验范畴。也就是说,客观世界的空间、时间和因果关系等都是以一种先验的形式天赋在人的头脑里,它们通过直觉的形式被人认识到而成为人的经验,因此先验独立于经验并决定经验,是经验成为可能的前提条件。人的发展是建立在人固有的潜在观念基础之上的,"心灵原来就包含着一些概念和学说的原则,它以倾向、习性或自然的潜力而天赋在我们的心中,在适当的外在条件刺激作用下,从潜在的状态变成明晰的观念"(叶浩生,2004,p. 229)。格式塔心理学接受了这种先验论思想的观点,只不过它把先验范畴改造成为"经验的原始组织",这种经验的原始组织决定着我们怎样来知觉外部的世界。康德认为,人的经验是一种整体的现象,不能分析为简单的各种元素,心理对材料的知觉是赋予材料一定形式的基础并以组织的方式来进行的。康德的这一思想成为格式塔心理学的核心思想源泉,也成为格式塔心理学理论建构和发展的主要依据。

第二,格式塔心理学的另一个哲学思想基础是胡塞尔(Edmund Husserl)的现象学。现象学的思想早已有之。但现象学作为一种独立的学术运动始于布伦塔诺的意动心理学,胡塞尔则使现象学成为一种哲学运动。同时现象学又是一种方法论。在胡塞尔看来,现象学的方法就是观察者必须摆脱一切预先的假设,把一切已有的经验束之高阁,在此基础上对观察到的东西做如实的描述,从而使观察对象的本质展现出来。现象学的这一认识过程必须借助于人的直觉,所以现象学坚持只有人的直觉才能掌握对象的本质。胡塞尔更进一步指出了凭借直觉掌握本质的几个步骤。第一,主体要把自己已有的历史观点束之高阁,抛弃自己的先入之见所造成的联想,这样主体才能进行自主研究。第二,主体要把存在于我们意识之外的客观物质或现实也存放起来,让这些东西在头脑中搁置起来而免于被人意识到。第三,感性的还原。即以所观察到的经验为出发点,并对这些经验持保留态度。第四,本质的还原。即个体通过自我意识,对前一步所获得的经验进行概括和抽象,并把这种经验还原为一种不变的观念,这种不变的观念其实就是事物的本质。第五,先验的还原,这是对事物的一种最高水平的认识,即把对事物本质的认识还原为一种纯粹意识。

（四）科学背景

19世纪末20世纪初,科学界产生了许多新发现,其中物理学中"场论"思想的提出就是这一时期的一个重大发现,当时的科学界普遍接受了关于场的观念。科学家们把场定义为一种全新的结构,而不是把它看做分子间引力和斥力的简单相加。这一思想为格式塔心理学家们所接受和利用,他们希望借助于场的理论来对心理现象及其机制作出一个全新的解释,从而为心理学开创一片新天地。因此格式塔心理学家们在其理论中提出了一系列的新名词,如考夫卡在《格式塔心理学原理》中就提出了"行为场"、"环境场"、"物理场"、"心理场"、"心理物理场"等多个概念。

（五）心理学背景

格式塔心理学的产生还有其特定的心理学理论基础,其中主要有马赫的理论和形质学派理论。马赫是一位物理学家,是"马赫带"的发现者。他在《感觉的分析》(1885)一书中认为,感觉是一切客观存在的基础,也是所有的科学研究的基础。这样他就把感觉扩大到了一切事物,把空间、时间以及事物的性质等都认为是由感觉组成的(如认为圆周就是空间形式的感觉),而这些感觉与其元素无关。例如,一个正方形可以是红或绿、是大或小,但这绝不会损害其方形属性,即使考察者改变自己的空间方位,但他对物体的视知觉是不会改变的,即无论你从什么角度来看,正方形仍然被知觉为正方形。同时马赫也认为,物体的形式是可以独立于物体的属性的,它可以单独被个体所经验,在这里经验就是感觉。马赫的这些理论见解,特别是反元素主义的见解,直接被格式塔心理学家们所吸收和利用。

布伦塔诺的弟子克里斯蒂安·冯·厄棱费尔(Christian von Ehrenfels)进一步深化和扩展了马赫的研究。厄棱费尔认为,有些经验的"质"(这里的"质"类似于性质)不能用传统的各种感觉的结合来解释,同时这种"质"也不是马赫所说的独立的物体的存在形式,他把这种"质"命名为格式塔质,又称形质,同时认为形质的形成是由于意动。后人把研究形、形质课题的这一学派称为形质学派,它的代表人物除了厄棱费尔之外,还有亚历克修斯·麦农(A. Meinong)等。形质学派倡导研究事物的形、形质,是一种朴素的整体观,这对格式塔心理学的产生有重要的影响。形质学派虽然反对元素主义心理学,但按形质学派本身对形质的解释来看,形质本身就是一种元素(不是感觉,不是形式),"是由心理作用于感觉元素所创造的一种新元素"(舒尔茨,1981,p.287)。因此形质学派并不像格式塔心理学家们那样真正反对元素主义,他们只是增加(或发现)了一个新的元素,从某种程度上来看,形质学派的出发点似乎是为了完善元素主义的分子心理学。这样我们就不难理解为什么后来的格式塔心理学家们都否认自己和形质学派有任何关系。

其实从历史的观点来看,形质学派应该是格式塔心理学的直接前驱,这一观点可以从这两派理论的共同点来予以证明。首先,两派理论都强调经验的整体性及整体对部分的决定作用;其次,两派理论都比较侧重于对知觉问题的研究等。这一点在当代心理学史界基本得到了认同。除此之外,历史上对格式塔心理学产生一定影响的心理学理论还有一些,如舒曼、卡茨、鲁宾等人的理论也都或多或少地对格式塔心理学产生过影响。

二、格式塔心理学的三个主要代表人物

格式塔心理学(Gestalt psychology)是由德国心理学家韦特海默于1912年在德国法兰克福首创的,它的兴起比行为主义在美国的兴起还早了一年。格式塔是由德文 Gestalt 音译而成,它的原意是指形式(form)或形状(shape)。铁钦纳最早称它为完形主义(configurationism),所以后来许多人也称格式塔心理学为完形心理学。格式塔心理学开始是从反对铁钦纳的构造主义心理学起家的,但一经赢得势头,它也拿起武器开始反对行为主义。因此从本质上说,格式塔心理学是反对还原论分析的,不论这种分析是构造主义的起源还是行为主义的起源。格式塔心理学是西方心理学发展史上一个较大的流派,它的主要代表人物有三位,分别是韦特海默、苛勒和考夫卡。这些人最早是在德国开始他们的研究,但后期由于不堪忍受纳粹的迫害,大多移居到了美国。

（一）马克斯·韦特海默

韦特海默（M. Wertheimer，1880—1943）出生于布拉格，在18岁时进入布拉格大学预科，开始学习法律，但不久之后，他就失去对法律的兴趣，转而学习哲学。后来他进入了格拉茨大学，在格拉茨大学就读时曾是著名形质（form quality）学派代表人物厄棱费尔的学生。后又到柏林大学师从斯顿夫（C. Stumpf）。1904年韦特海默在格拉茨大学在屈尔佩的指导下获得哲学博士学位。韦特海默毕业之后曾在德国法兰克福大学任教一段时间。在此期间他曾一度指导过苛勒和考夫卡，因此，从某种程度上说苛勒和考夫卡也可以算作韦特海默的学生。1933年由于不堪纳粹迫害，韦特海默举家移居美国。到美国后，韦特海默一直在纽约市社会研究新学院工作，直至去世。韦特海默最大的贡献是在研究似动现象的基础上创立了格式塔心理学。他的著作不多，但在格式塔心理学上的影响最大，是格式塔心理学派的创始人。

（二）沃尔夫冈·苛勒

苛勒（W. Kohler，1887—1967）出生于波罗的海的雷维尔，先后求学于杜平根大学、波恩大学和柏林大学，1909年在柏林大学在斯顿夫的指导下获得哲学博士学位。大学毕业以后他到法兰克福大学工作，这时候韦特海默和考夫卡都还未来到法兰克福大学。一年以后当韦特海默和考夫卡都来到这里时，他们三人才真正开始了一场格式塔心理学运动。苛勒的杰出贡献是在非洲特纳里夫岛的猩猩站上做出的。1913年，普鲁士科学院邀请苛勒到西班牙的附属地特纳里夫岛的类人猿基地进行黑猩猩的研究，由于第一次世界大战的爆发，他在那儿一共待了7年。这一段时间成就了苛勒的一生辉煌，使他成了一个世界闻名的大心理学家。在对猩猩进行实验的基础上苛勒提出了自己著名的顿悟学习理论，这一理论对后来的学习心理学产生了重要影响。

（三）库特·考夫卡

考夫卡（K. Kaffka，1886—1941）出生于德国的柏林，年轻时就读于柏林大学，1909年他在斯顿夫的指导下获得哲学博士学位。1910年，他到法兰克福，开始与韦特海默及苛勒的长期交往。不过考夫卡在法兰克福大学工作的时间并不长，他于1912年就转到了德国中部的基赞大学任教，并一直在那儿工作了12年。20世纪20年代考夫卡为逃避德国纳粹而来到美国，担任美国史密斯学院心理学教授，一直工作至其去世。考夫卡是格式塔心理学最卖力的宣传员，也是三人中最多产的一位。当然，格式塔心理学派除上述三个主要的代表人物之外，还有一些其他心理学家。

第二节　格式塔心理学的主要观点及思想

格式塔心理学虽然标榜自己是反对构造主义和行为主义的,并在其理论中启用了许多新名词,但在研究对象上,格式塔心理学与构造主义和行为主义却有着惊人的相同之处。从严格意义上来说,格式塔心理学是集构造主义和行为主义两者于一身的,正如上文所指出的,它既把人的意识经验作为研究对象,又把人的行为作为自己的研究对象。关于这一点考夫卡在其著作中表达得最直接,他认为心理学是一门意识的科学、心的科学和行为的科学。

一、格式塔心理学的研究对象

(一)直接经验

格式塔心理学家认为心理学就应该研究意识,但为了使自己的心理学与在此之前的构造主义心理学有所区别,他们在实际应用过程中,尽量不使用"意识"一词,而把心理学的研究对象定名为直接经验。所谓直接经验,苛勒认为就是主体当时感受到或体验到的一切,即直接经验就是主体在对现象的认识过程中所把握到的经验。这个所谓主体把握到的经验是一个有意义的整体,它和外界的直接客观刺激并不完全一致。格式塔心理学家认为,外界的客观刺激只具有几何属性或物理属性,这些属性只有以整体的方式被人感受到以后才能成为直接经验,因此直接经验具有超几何、超物理的性质。在这里,格式塔心理学家把直接经验的范围扩得很大,它既包括客观世界,也包括主体的主观世界。

需要指出的是,格式塔心理学家们认为直接经验是一切科学研究的基本材料,苛勒曾以物理学和心理学为例作了比较。他认为物理学和心理学都以直接经验为研究的原始材料,但物理学只使用客观的量的方法对客观的直接经验进行研究,从而把握客观直接经验的量的属性;而心理学既研究客观直接经验也研究主观直接经验,这样心理学就既需要客观的量的研究,也需要借助于主要受人的主观经验影响的质的分析。比如,"在一个稍显重要的情境中观察一个人,听他讲话的声音是正常的还是颤抖的,似乎是必需的,这种观察只能是一种质的辨别。"(Kohler,1929,pp.38–39)

(二)行为

格式塔心理学的另一个研究对象是行为。正如考夫卡在《格式塔心理学原理》中指出的,心理学虽可成为意识或心灵的科学,然而我们将以行为为研究的中心点……从行为出发比较容易找到意识和心灵的地位。但考夫卡所说的行为与华生行为主义中所指的行为还是有区别的,他把行为分为显明行为和细微行为两种。考夫卡认为心理学应研究显明行为,这是一种类似于新行为主义者托尔曼所谓的整体行为(一种有目的、有意义的行为),是一种不同于华生用刺激–反应公式推导出来的关于肌肉收缩或腺体分泌的细微行为(托尔曼称之为分子行为)的行为。考夫卡进而指出,显明行为是一种环境中的活动,细微行为是有机体内部的活动,它们具有不同的生存空间。考夫卡着重研究了环境对人的显明行为的影响。他把环境分为地理环境(真实存在的客观环境)和行为环境(个体头脑中意识到的环境),并认为人的行为主要受行为环境的影响和制约。即使是面对同一个客观环境,只要不同的人产生了不同的行为环境,那他们就一定会具有不同的行为表现。

考夫卡曾举了一个很好的例子来说明行为环境对人的影响:"在一个冬日的傍晚,于风雪交加之中,有一个男子骑马来到一家小客栈。他在铺天盖地的大雪中奔驰了数小时,大雪覆盖了一切道路和标记,找到这样一个安生之地使他格外高兴。店主诧异地到门口迎接这位陌生人,并问他从何而来。男子直指客栈外面的方向。店主用一种惊恐的语调说:'你是否知道你已经骑马穿过了康斯坦斯湖?'闻及此事,男子当即倒毙在店主脚下。"(考夫卡,1935/1997,p.34)在这里,考夫卡认为地理环境是康斯坦斯湖,行为环境则是冰天雪地的平原,在这种认识状况下,这个人能骑过大湖;而当店主人告诉了他真实情况后,康斯坦斯湖这个地理环境就成了这个人的行为环境,于是他便被吓死了。

考夫卡还进一步从属性上对行为进行了分类。他认为行为可以分为三类:一是真正的行为,主要指客观世界的物理行为,包括物体的运动等;二是外显行为,即个体在他人行为环境中的行为;三是现象行为,即个体在其自身行为环境中的行为。第三种行为是格式塔心理学的主要研究对象。

二、格式塔心理学主要的研究方法

格式塔心理学的研究方法深受其思想渊源的影响,因此,总的说来格式塔心理学的研究方法与其思想渊源具有一致性。

(一)整体的观察法

格式塔心理学以直接经验作为自己的研究对象,这种直接经验是一种自然而然的现象,它只能通过观察来发现,因此格式塔心理学强调运用自然的观察法。但由于直接经验中也包括一种类似于意识的东西,而对这一部分的研究则必须依赖于主体的内省,所以格式塔心理学也不反对内省法。但格式塔心理学家强调内省不能用作分析,而只能用作观察。他们认为分析的内省法的最大错误在于用元素来肢解人的心理,即苛勒所谓的用人为的方法破坏了自然的经验,从而使心理学陷入困境。不管是观察还是内省,格式塔心理学家们都强调要从整体上去把握,这一点是格式塔心理学对后世心理学研究方法的最大贡献。

如图6-1的两条线段A、B是相等的,但看起来B线段比A线段要长,这是因为环境和这两条线段间关系的影响所致。照道理,第一种感觉经验(两条线段相等)是真实的,第二种感觉经验(两条线段不相等)是不真实的。但在格式塔心理学看来,所谓的真实的感觉经验反而是不真实的,这是用人为的方法破坏了自然经验的结果,而第二种线段长短不等的感觉经验才是真实的自然经验,因为它是人自然生成的。苛勒认为心理学如果只研究那些罕见的、不寻常的、深深隐藏着的经验的属性,就会脱离人类的实际生活。苛勒把这种以掌握事物的自然经验为目的的观察方法叫做直接观察法。

图6-1 环境影响知觉

(二)实验现象学的方法

格式塔心理学以直接经验(有时也称现象经验)和考夫卡提出的现象行为作为自己的研究对象,这使其在具体的研究中除了运用整体观察法之外,还运用了实验法。格式塔心理学所运用的实验法主要是实验现象学。这种实验法不同于一般的量化实证研究实验法,它主要表现出以下几个方面的特点:第一,实验现象学是一种以归纳为主要手段的实验,它主要通过对现象加以直观描述,进而发现其意义结构。如似动现象实验、顿悟实验等。第二,实验现象学不追求变量间的因果关系,而在于建构现象场并发现现象场的意义。第三,它主要以文字描述而不是以数量关系来反映实验,只从整体上对直接经验做质的分析。第四,现象学实验中主试必须悬置自己的先知先见而主要作为一个现象场的创立者,只对经验进行朴素且如实的描述,不作任何推论或解释。第五,在实验过程中,主试并不严格操控被试或实验对象,实验对象本身在一定程度上是一个真正意义的实验者,不仅具有工具的意义,也具有生活的意义。

通过以上的分析,我们可以对格式塔心理学的研究方法作一个简单的概括:格式塔心理学提倡现象学的描述而反对心理元素的分析,提倡整体中形式的突现而反对联想的集合,提倡对对象意义的理解而反对对感觉内容的分析和内省。

三、格式塔心理学的主要理论观点

(一) 突现论

似动现象的实验是格式塔心理学起家的重要实验,也是格式塔心理学理论创建的重要基础,这一实验是由韦特海默主持的。韦特海默用舒曼所制的速示器先后呈现线段 A 和 B(如图 6-2),如果呈现两条线段之间的时间差是 30 毫秒时,则两条线段会被看做同时出现,并构成一个 90°的角。如果呈现两条线段之间的时间差是 200 毫秒时,则是静止的两条线段一前一后出现;如果呈现两条线段之间的时间差是 60 毫秒时,则会

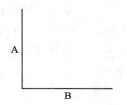

图 6-2 似动现象

引起最佳的运动现象,即可以看到线段 A 向线段 B 的移动。韦特海默把这种原本是静止的两条线段在一定条件下知觉为单线移动的现象称为似动现象,又称 φ 现象或 phi 现象。

韦特海默在解释这种现象时认为,似动现象不可能是眼球运动所致,实验已经证明,眼球的运动需要 130 毫秒的时间,实验的 60 毫秒时间之内是不可能产生眼球运动的。同样这也不是主体推理的结果,因为即使被试了解了实验的整个情况,这种似动现象也一定会产生。因此,韦特海默认为似动现象是一个依附在一定心理物理场中的崭新现象,也就是说是一个格式塔,是一种突现的现象。这种现象依附于一定的情境,是一个整体现象,不可以分析为元素。实际上格式塔在这里突出地说明了一条最基本的完形原理:在现象场中,整体不同于其各部分之和,整体先于部分而存在,整体决定着各部分的性质。这一看似简单的发现其实是对构造主义心理学的最有力的反叛。

(二) 同型论

格式塔心理学家们在研究直接经验和行为的同时,也重视探讨心理现象的生理机制。在这方面,格式塔心理学家们试图证实一个总的假设:大脑皮质区也是按照类似于完形原理而进行活动的。也就是说,在每一个知觉过程中,人脑内都会产生一种与物理刺激构造精确对应的皮质"图画",这就是同型论。绝大部分格式塔心理学家都信奉"同型论",他们认为人的生理历程与人的心理历程在结构的形式方面是完全等同的。"主张知觉场在其次序关系上与作为基础的兴奋的脑场相符合,虽然不必有完全符合的形

式。"（波林，1981，p.702）

韦特海默、考夫卡、苛勒三人虽对这一问题有一些不同的论述，但总的来说三人都持有相类似的观点。格式塔在心身关系上的这种观点主要还是来自于思辨和主观推论。这一观点从本质上否认了心理是对客观现实的反映、是人脑的机能。因此，同型论是一种典型的唯心主义二元论，它和构造主义的身心平行论如出一辙。

（三）知觉的组织原则

知觉是格式塔心理学理论的核心内容。格式塔知觉理论的最大特点在于强调主体的知觉具有主动性和组织性，并总是用尽可能简单的方式从整体上去认识外界事物。在这方面，格式塔心理学家们一方面总结前人的经验，另一方面通过大量的实验，提出了许多知觉的组织原则。这些原则描述了主体如何组织某些刺激，如何以一定的方式构建或解释我们所看到的某些刺激变量，其中的许多原则在今天仍然是知觉心理学中的重要原则。格式塔心理学的组织原则主要可以概括为以下八条：

1. 图形与背景的关系原则

当我们对某个对象进行知觉时，并不是对对象的所有方面都有清晰的感知，其中的有些方面能被我们明显地感受到而突现出来，这一部分就形成图形，而对象的另外一些方面则退居到衬托的地位形成背景。图形和背景在知觉上的性质是不同的，图形是封闭得比较好、有分明的轮廓并组织得比较严密和完整的对象；背景则是没有明确界线的同一性的空间和时间，显得不那么确定而且没有清楚的结构。图形的范围一般较小，常在背景的上面和前面；而背景所包含的范围则较大，好像在图形的后面以一种连续不断的方式在展开。图形与背景的差别越大，图形就愈有可能被我们感知；图形与背景的差别越小，图形就越不容易被我们从背景中知觉出来。军事上的伪装就是利用了图形与背景的关系理论。如图6-3，你能看出这幅图画的是一条花狗正在雪地里寻找食物吃吗？

当然，在一些特殊情况下，图形与背景会出现互相逆转的情形，如图6-4就是这样一种情况。你可能一会儿把这幅画看做一个花瓶，一会儿又把它看做两个人头，这主要是由于主体的经验不同和注意力有了不同的指向所致。

2. 接近或邻近原则

两个对象在空间或时间上比较接近或邻近时，则这两个对象就倾向于被一起感知为一个整体，如图6-5。在这个图形中离得较近的黑点就易被联系起来感知为一个整体，从而组成四条竖线条。同样，当我们生活中听到一系列响声时，我们总是倾向于把时间上接近的响声组合为一个整体，这是时间上的一种接近。

图 6-3　花狗与雪地

图 6-4　花瓶与人头

图 6-5　接近或邻近原则

3. 相似原则

刺激物的形状、大小、颜色、强度等物理属性方面比较相似时,这些刺激物就容易被组织起来而构成一个整体,如图 6-6。由于图中的圆圈和黑点分别在颜色、大小等方面各自相同,因此这个图形就很容易被感知为横线的排列。

4. 封闭原则,有时也称闭合原则

有些图形是一个没有闭合的残缺的图形,但主体有一种使其闭合的倾向,即主体能自行填补缺口而把其知觉为一个整体,如图 6-7。这个图形虽然五个角都是相对独立的,和其他几个部分不封闭,但我们在知觉它时,仍然倾向于把它知觉为一个完整的五角星而不是五个独立的角。

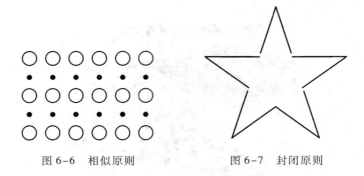

图 6-6 相似原则   图 6-7 封闭原则

5. 好图形原则

主体在知觉很多图形时,会尽可能地把一个图形看做一个好图形。好图形的标准是匀称、简单而稳定,即把不完全的图形看做一个完全的图形,把无意义的图形看做一个有意义的图形。如我们看天上的火烧云时会把它们想象成生活中的许多事物,一些风景名胜地的奇山怪石也常被人们看做各种神话、历史中的人物或生活中的情景等,这些都是利用这种原则的结果。如图 6-8,我们常常把它知觉为一个完整的猫头鹰,而不是事实上的弧线、角、圆和字母 m 等的集合。一般说来,在生活中好图形原则常常战胜接近原则而取得知觉的优势。

6. 共同方向原则,也称共同命运原则

如果一个对象中的一部分都向共同的方向运动,那么这些共同移动的部分就易被感知为一个整体,如图 6-9。在这个图形中我们看到的不是由黑点组合成的四列竖线,而是比较容易把前两列和后两列分别看做一个整体。

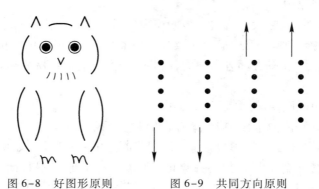

图 6-8 好图形原则   图 6-9 共同方向原则

7. 简单性原则

人们对一个复杂对象进行知觉时,只要没有特定的要求,就会倾向于把对象看做有组织的简单的规则图形。如图6-10, 我们很容易将它视为一个圆处于一个三角形里面,而不会把它视为一个圆的周围有三个角。

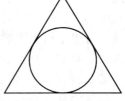

8. 连续性原则

如果一个图形的某些部分可以被看做连接在一起的,那么这些部分就相对容易地被我们知觉为一个整体。如图6-11,人们总是将这个图形

图 6-10　简单性原则

看做一条直线与一条曲线多次相交而成,很少有人会把它看做由多个不连续的弧形与一条横直线组合而成。

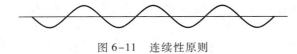

图 6-11　连续性原则

尽管以上这些原则中的许多不是格式塔首创,但格式塔心理学家们将这些原则有效地组织了起来,并进行了系统的整理,从而使其成为格式塔知觉理论中最有特色的内容之一。

（四）学习理论

尽管格式塔心理学的主要贡献是对知觉的研究,但任何心理学书在谈到学习理论时一定会提到苛勒的顿悟说。顿悟说主要是苛勒通过对黑猩猩的实验而提出的。1913—1917 年,苛勒应邀而担任特纳里夫岛类人猿基地站长。在这几年的时间里,苛勒做了大量的实验,其实验结果《人猿的智慧》于 1917 年以专著的形式出版。在这本著作里,苛勒描述了他在测验黑猩猩解决复杂问题时所采用的四类课题:第一,迂回的课题;第二,利用现成工具的课题,这一课题包括对现成工具的直接利用和间接利用两种;第三,必须利用已有条件创造一种新工具才能解决的课题;第四,建筑课题。

通过这些实验,苛勒认为,人和类人猿的学习不是对个别刺激的个别反应,而是通过对一定情境中各事物关系的理解而构成一种"完形"来实现的,是一种顿悟形式的智慧行为。当学习者理解了情境之后,会产生突然的、迅速的领悟。学习不是盲目的"试误",而是"参照场的整个形势,一种完善解决的出现"（Kohler, 1925, p. 190）。这就是苛勒关于学习的顿悟说。顿悟说的最大特点是用顿悟来反对桑代克的试误,因此顿悟说是一种和试误说完全对立的学习理论。在仔细考察苛勒的这些实验后,我们可以从苛勒的理论中抽取出顿悟的四个特点：

第一，顿悟严重依赖情境条件，只有当学习者能够理解课题的各个部分之间的关系时顿悟才会出现。顿悟说批评桑代克的试误说时认为，桑代克谜箱中的猫面临的情境太复杂，超出了动物可以理解的范畴，它不可能一下子就能对整个情境理解清楚，这就迫使猫不得不进行盲目的试误。也就是说动物只要掌握并理解了情境条件，它就会顿悟而不会再去试误。

第二，顿悟是跟随着一个阶段的尝试和错误之后产生的。但苛勒指出，这种尝试的行为并不是桑代克所说的盲目的、胡乱的冲撞，而是一种近似于行为假定的尝试程序，动物在尝试中验证自己的假定，并不断累积经验，从而最终出现顿悟。这一观点实际上是反对桑代克的练习律和效果律，因为在桑代克看来，学习成功与否只取决于多次重复的动作和这些动作所带来的满足或烦恼的结果。顿悟说认为如果多次练习能使动作巩固，那最终保留下来的应是盲目尝试的无效动作而不是最后的那个成功动作。至于效果率，格式塔心理学家认为，既然动物每次的成功动作都不完全相同，那么就无法证明上一次的成功动作的效果能对下一次的动作产生影响。

第三，顿悟是一种质变，它无需量的积累。顿悟的这一特点也和桑代克的试误有很大的区别，因为试误说认为学习是一个渐进的量变过程。

第四，顿悟是可以迁移的，特别是在类似课题中顿悟可以高度迁移。迁移理论也是格式塔心理学关于学习理论的一个重要方面。格式塔心理学认为由顿悟而获得的学习方法既能保持长久，又有利于把这种方法运用到新的相类似的课题中去，顿悟是迁移的一个决定因素。在迁移问题上，格式塔心理学家和桑代克也有明显的分歧。桑代克主张迁移的共同要素说，也就是说只有当两个或两个以上的情境存在着共同要素时，学习者从某一个情境中获得的心理机能的改进才能影响到其他情境中的心理机能的改进。格式塔心理学家们则认为，迁移不是由于两个学习情境具有共同成分、原理或规则而自动产生的，而是学习者顿悟了两个学习经验之间存在关系的结果，后人把这种迁移理论称为关系转换说。

为了证明格式塔迁移理论的正确，苛勒曾做了一个著名的迁移实验。开始时将两张深浅不同的灰色纸片放在动物面前，在较深灰色的纸片下放置有食物，较浅灰色的纸片下是空的，通过不断移动两张纸片的位置反复训练，动物就学会了只对较深灰色的纸片作出反应而获得食物。以后变换实验情境，保留原来较深灰色的纸片，用黑色纸片代替较浅灰色的纸片，食物则放置在黑色的纸片下。在这个变换了的情境中，先前经过训练的动物都会立即对黑色纸片作出反应，而不对原来和食物紧密联系的较深灰色的纸片作出反应而获取食物（较深灰色的纸片在这两个情境中是共同要素）。

这说明迁移是结构、关系的迁移而不是共同要素的迁移。

（五）创造性思维

韦特海默对思维问题进行了系统研究,特别是研究了儿童的创造性思维,并把顿悟学习原理运用到对创造性思维的探讨上。韦特海默宣称,创造性思维对儿童来说应该是思维的自然方式,但往往由于盲目的思维习惯和学校的错误训练而丧失。这是因为传统的教育制度总是迫使学生根据定义、命题、推论和三段论演绎来对思维进行分析,这样学生的思维就变得贫乏、烦琐而没有创造性,这种思维经常只是一些机械的思维程序的盲目重复,当学生遇到变化了的问题时,就不会解答了。要改变这种状况,韦特海默认为必须引导学生学会创造性思维。

创造性思维的核心是思维者关注问题的整体,要让问题的整体来决定或支配部分,同时要深刻理解整体与部分之间的关系。韦特海默在他的遗作《创造性思维》一书中列举了大量的有关创造性思维的例子来阐述自己的论点。通过他书中的例子及有关内容,我们可以概括出创造性思维的四个要点:第一,创造性思维必须理解课题的内在结构关系,同时要把课题的各个部分合并为一个动态的整体;第二,任何问题必须根据课题的结构统一性来理解和处置,并向寻求更适当的完形方向发展;第三,思维者必须认识问题的次要方面和根本方面的不同,并根据不同点而把问题的各方面形成一个层次结构,即重组问题的层次关系;第四,创造性思维不是一种纯智力活动,它受一个人的动机、情感、先前的训练等因素的影响。韦特海默的这些理论观点对近年来兴起的创造学的发展起了很大的促进作用。

第三节　格式塔心理学对心理学发展的主要影响

格式塔心理学是20世纪初兴起的一种学院派心理学,到20世纪30年代,格式塔心理学已经形成了一个比较完善的心理学理论体系,当时心理学的许多重要领域及问题都不得不根据完形论的理解来重新下定义。格式塔心理学的一些重要理论观点开始进入应用心理学、精神病学、教育学等,同样人类学家和社会学家也对格式塔理论加以关注和利用。以美国为例,当韦特海默和一些完形论者因为受纳粹的迫害而来到美国后,格式塔心理学的发展似乎又找到了一个更广阔的舞台。"特别是在(美国,作者注)东部滨海区,人们遇到成打的青年心理学研究者,他们已学会用完形概念进行思考,并能就这一方法的前景进行引人入胜的谈论,不论是在学术界以内还是以外。"(墨菲、柯瓦奇,1982,p.365)"完形心理学开始成为美国心理学的一个英气勃发的新阶段,当这些学说发表出来并散见于美国各种期刊而热心的年轻避难者自己也证明利用或不利用这些新思想会造成多么不同的后果时,完形心理学又迅速向西部挺进了。"(墨菲等,1982,p.366)

一、格式塔心理学的贡献

(一)反击元素主义心理学

格式塔心理学在许多方面做出了自己的贡献,最突出的一点是对以构造主义为代表的元素主义心理学的批判。格式塔心理学家称构造主义心理学为砖泥心理学,也即元素是砖,由联想(泥)粘在一起,认为构造心理学用内省把人的心理还原为分子、原子是人为的,不能揭示心理的实质。

(二)对人本主义心理学的兴起具有一定的促进作用

格式塔心理学强调整体论,主张心理学研究应以整体的组织来代替元素的分析,这一观念对人本主义心理学的发展有很大的影响。比如人本主义心理学的创始人马斯洛(Maslow)就曾在韦特海默的指导下学习整体分析的方法,并最终形成了人本主义心理学的整体研究的方法论原则。同样,人本主义的几个著名的代表人物也都强调对研究对象的整体体验和描述,主张心理学应是存在分析的心理学。这些都表明了格式塔心理学对人本主义心理学的潜在影响。

(三)对认知心理学的积极贡献

格式塔心理学对认知心理学的贡献可以分为两个部分。首先是对狭义的认知心理学即信息加工认知心理学的贡献。信息加工认知心理学重视研究心理的内部机制,强调从整体上对信息的输入、加工和输出进行模拟研究,这一点可以说是深受格式塔心理学的影响。其次是对广义的认知心理学的贡献,如知觉心理学、学习心理学等。我们可以毫不夸张地说,正是格式塔心理学的卓有成效的知觉研究才导致知觉心理学脱离感觉心理学而成为一个独立的分支。同样,格式塔心理学的学习理论也颇具特色,顿悟说也成为人类历史上较有影响的一大学习理论。

(四)对社会心理学的影响

场的思想最早是由格式塔心理学家们引入心理学的,这一思想后来在社会心理学中得到广泛的应用,许多社会心理学理论的建立都以此为出发点。同时,格式塔心理学卓有成效的实验现象学为后来的社会心理学的发展提供了方法论基础,实验现象学方法及其变种已成为当前社会心理学研究普遍采用的有效方法。

二、格式塔心理学的局限

（一）唯心主义的理论基础

格式塔心理学的哲学基础是先验论，带有明显的唯心主义色彩。格式塔心理学家们没有认识到人脑是心理的器官，客观世界是心理的源泉这一基本事实，从而最终导致了自己的理论研究走进了死胡同。

（二）现象学实验不够严谨，缺少客观性

格式塔学派过分依赖现象学的方法，他们的一些实验结果受人为因素的影响较大，别人很难进行重复性的验证，这就使得许多人对其实验结果的正确性和合理性产生了怀疑。

（三）许多理论观点和概念不很明确

格式塔心理学家以批判构造主义心理学而名噪一时，在它逐渐成熟后又开始高举反行为主义的大旗。也正是格式塔心理学的这种过于张扬的批判，导致格式塔心理学自己也没有建立起完整的理论体系。正如有人指出的，"或许是对别的理论指责过多，他们竟没有足够的精神和时间来构建更令人信服的理论，显得勇气有余、底气不足"（叶浩生，1998，p. 450）。同时格式塔学派在自己的理论中大量采用了数理概念，而且不加特别说明，许多概念有被滥用的倾向，这就使得格式塔心理学的理论过于晦涩深奥，使人难以理解，这一点也是格式塔学派的致命弱点。

第四节　拓扑心理学

库特·勒温（Kurt Lewin，1890—1947）是完形学派的一员，严格说属于格式塔心理学派的分支，但他的理论在完形学派中具有独创性，因此心理学史上有时会把勒温的理论当做一个独立的体系。在本书中我们把它列为一个单独小节。

勒温和韦特海默、苛勒、考夫卡几乎是同时代的人。他于1890年出生于德国的摩克尔诺，是一个德籍的犹太人，家庭相对比较富裕。他在德国20世纪初的反犹太人浪潮中受到的歧视和迫害，影响了他一生的心理学观点。他于1916年在柏林大学斯顿夫教授的指导下获得哲学博士学位。第一次世界大战期间，他曾在德国军队服兵役、参战并负了伤。战后他回到了柏林大学任苛勒的助手，他的博学多才使他成为柏林大学最受学生欢迎的老师。后因受纳粹的政治迫害，逃往美国，先后在马萨诸塞研究院、麻省理工学院等地从事心理学研究。勒温在其研究的前期主要研究个体心理学，

而后期则开始关注社会心理学,于1947年病逝于美国。

勒温对科学发展的基本结构做了分析,并以此作为自己心理学理论的基础。勒温认为科学已经经历了三个发展的时代,他分别把这三个时代命名为思辨的时代、描述的时代和建设的时代。思辨的科学时代主要指古希腊的科学,这一时期科学的主要目标是发现自然现象的基本元素或过程,其主要特征是从少数概念导出对世界的理解,如柏拉图的心身二分论、赫拉克利特的一切事物来源于火的还原论、亚里士多德的联想定律等,都是这一时期的典型代表理论。在描述的科学时代,科学的主要目标是尽可能积累较多的客观事实,并对这些事实予以准确描述和抽象分类。这一科学时期对推论则不重视,如达尔文以前的生物学就是只对动植物进行描述和分类,并没有在此基础上做出有价值的科学推论。建设的科学时代(勒温也称之为伽利略式的时代)以发现事物间关系的定律为目标,科学家能根据这些定律做出准确的推论,并以此来解决人类社会所面临的或将要面临的问题。

根据这种分类,勒温认为构造主义心理学属于一种描述性科学,纯粹是由现象的逻辑顺序维系在一起的,它对解决社会生活问题基本没有什么作用。反之,勒温认为心理学必须成为伽利略式的科学。因此,勒温在其理论中比较追求心理学的定律(主要是在一般情境中概括得到的),并根据这些定律来对个体所处于特殊情境中的行为做出有效的推论和预测。勒温的心理学理论正是基于这一思想而提出的。

一、勒温的心理动力场理论

勒温心理学研究的最大特色是对需要心理系统、紧张心理系统、团体行为、个体行为和社会气氛等的强调,是一种趋向于社会科学的心理学。同时在其理论建构中,勒温借用了拓扑学和向量学来陈述心理事件在人的心理生活空间中的移动,以及个体的这种移动要达到的目标和达到目标的途径。所以我们可以概括地说,勒温的心理学就是利用拓扑学和向量学的有关概念,来研究个体在特定区域中的行进方式以及由减弱或增强障碍所引起的部分生活空间区域变化的可能性,因此勒温的心理学又称拓扑心理学。拓扑学是几何学的一个分支,它研究的是在拓扑变换下图形保持不变的性质和关系,这种不变的性质和关系就称为拓扑性质。拓扑学不问面积和距离的大小,而是以严格的非数量方式来表述空间的内在关系。勒温的这种数学主义心理学思想在其心理动力场理论中体现得最为明显。

(一)心理环境

和其他格式塔心理学家一样,勒温也把行为作为心理学的研究对象,他提出的行为公式是 $B=f(PE)$,在这个公式里,B 代表行为,f 是指函数关系

（也可以称为一项定律），P 是指具体的一个人，E 是指全部的环境。用文字来解释这个公式的话，就是说行为是随着人与环境这两个因素的变化而变化的，即不同的人对同一的环境条件会产生不同的行为，同一个人对不同的环境条件会产生不同的行为，甚至同一个人，如果情境条件发生了改变，对同一个环境也会产生不同的行为。勒温的这种描述显然比较符合客观实际状况。

为了更确切地分析一个人在特定情境中的行为，勒温提出了心理环境这一概念。心理环境也就是实际影响一个人发生某一行为的心理事实（有时也称事件）。这些事实主要由三个部分组成：一是准物理事实，即一个人在行为时，对他当时行为能产生影响的自然环境；二是准社会事实，即一个人在行为时，对他当时行为能产生影响的社会环境；三是准概念事实，即一个人在行为时他当时思想上对某事物的概念，这一概念有可能与客观现实中事物的真正概念之间存在差异。在这里勒温提出了所谓的"准事实"，他是想借用这个概念来说明影响人行为的事实并非客观存在的全部事实，而是指在一定时间、一定情境中具体影响一个人行为的那一部分事实。这一部分事实有时候可能与客观存在的事实相吻合，有时候可能不吻合。勒温的这一思想实际上反映了他的整体论的观点。他认为物体或行为只有在它与环境之间的关系中，只有在个体和环境之间的交互作用中，才能寻找到真正的原因。也就是说，行为研究应当考虑个体和环境这两种状态，而不仅仅是考虑其中的一种。

勒温的心理环境概念和考夫卡的行为环境概念看起来有点类似，但其实它们是有所区别的。行为环境概念的外延要小于心理环境概念，考夫卡的行为环境是指一个人行为时所意识到的环境（有时候这一环境可能是一个不存在的虚拟环境），即行为人行为时头脑中具有的那个环境；而勒温的心理环境则指对主体有影响的所有事实，即不仅指行为人行为时所意识到的环境，行为人当时没有意识到但对人的行为有影响的那部分环境也属于心理环境。

（二）心理动力场

心理场是勒温心理学体系中的一个重要概念，同时也是其理论的核心。场这个概念是勒温从物理学中借用过来的。勒温认为心理场就是由一个人的过去、现在的生活事件、经验和未来的思想愿望所构成的一个总和。也就是说，心理场包括一个人已有生活的全部和对将来生活的预期。勒温又认为，每一个人心理场的过去、现在和未来这三个组成部分都不是恒定不变的，它们会随着个体年龄的增长和经验的累积在数量上和类型上不断丰富和扩展。如婴儿缺乏经验，婴儿的心理场几乎没有分化，成人则生活经验丰富，有很多阅历,因此成人的心理场就分化成了许多层次和区域。同时每个人心理场的扩展和丰富在速度和范围上又有其个别差异性。但总的来说一个人的生活阅历越丰富,他的心理场的范围就越大,层次也越多。从勒温对心理场的这些分析来看,心理场这个概念有点类似于我们平常所说的认知结构。不过在勒温的心理学中,他主要借助心理场来研究一个人的需要、紧张、意志等心理动力要素(这一点不同于我们平常所说的认知结构),因此,人们又常把勒温的心理场称为心理动力场。

为了更好地说明心理动力场,勒温又提出了一个新的概念——心理生活空间(life space),有时也简称生活空间。生活空间实际上就是心理动力场和拓扑学、向量学相结合的另一种心理学化的表现方式,$B = f(PE)$ 这一公式就代表了一个人的生活空间。按照勒温的说法,生活空间可以分成若干区域,各区域之间都有边界阻隔。个体的发展总是在一定的心理生活空间中随着目标有方向地从一个区域向另一个区域移动。而个体发展的心理过程实质就是生活空间的各个区域的不断丰富和分化,这些区域的丰富和分化沿着多个方面进行,如身体、时间、现实和非现实等方面。勒温的生活空间其实是对心理环境和心理动力场的一个总的描绘,它后来成了勒温理论中最有影响的一个概念。

(三) 行为动力

为了对个体的心理事件在生活空间中的移动做出具体的陈述,勒温首先对心理事件移动的动力作了分析。他借用拓扑学的概念来陈述心理事实在心理生活空间中的移动。但拓扑学缺乏方向的概念,勒温于是又借助数学中向量分析的概念来陈述心理事实的动力关系及其方向。勒温一生中用了很大的精力致力于心理事实在生活空间中的移动及移动的动力系统的研究,提出了他的以需要为动力的动机体系。这一动机体系主要包括六个基本概念:需要、紧张、效价、矢量、障碍和平衡。

(1) 需要是勒温心理学中行为的动力源,它主要是指个体的某种由生理条件的缺失所引起的一种动机状态,即主体对某一外界对象所产生的欲望,或达到某一目标的意向。它是从个体的内驱力或从意志的中心目标(如追求一种职业就是意志的中心目标)中派生出来的,它是行为的动力,可以激发、维持、导向行为,以使个体的缺失状态得到满足。勒温把需要分为两种:一是客观的生理需要,这是一种由生理状态的某种缺失所引起的需要,不受情境条件的影响,一般也没有特定的具体指向目标。如饥饿的人容易追求食物,口渴的人更想寻求喝水,但这里的食物和水并不是某种被确定了的具体事物,而是一种泛指。二是准需要,勒温的准需要是指在心理环境中对心理事件起实际影响的需要,也就是个体所具有的一种心理需要,如在校学生在学业上求得高分、求得成功,信写好了要投入邮箱,顾客点好了菜,服务员想要收钱等。在勒温心理学中所提到的需要一般是指第二种需要,即准需要,他认为这些准需要对人的行为起着实际的影响。

(2) 紧张是伴随需要而产生的一种情绪状态,也称内部张力。勒温认为需要的内驱力起的不是联结作用而是一种内部张力状态,当人产生某种需要时,就会伴随产生一种紧张,这时人的心理就会失去平衡,只有消除这种紧张或至少是减弱这种紧张的情境出现时,个体才能重新恢复平衡。如当孩子需要食物时,他便处于一种紧张状态,得到了食物后这种紧张状态就会缓解。反之,如果需要被满足的情境不出现,这个紧张系统就会继续存在下去,并促使人去努力进行新的尝试。

勒温认为紧张不一定经常能被人清醒地意识到,它有时是以潜伏的形式存在于我们的头脑中,特别是当紧张是由那些对个人具有潜在需要意义的外界对象引起时。但这并不能否认张力的存在,只要有适当的时机和情境,紧张就能被个体体验为朝向原来活动的压力。勒温的学生蔡加尼克在柏林大学做了一个著名的实验,后来这个实验被命名为蔡加尼克效应(Zeigarnik Effect)。

蔡加尼克分派给她的被试 18 ~ 22 个简单的问题,如完成拼图、演算数学题和制作泥土模型等。当一项任务完成到一半时,其中的一半被试被有意打断,接着去进行另一项工作,而另一半被试直到完成了任务后才去做另一项工作,这样的有意打断在不同的被试身上轮流出现。当所有的课题任务或者已经完成或者在实验过程中被打断以后(这时所有的被试都已做过一些已完成任务的工作,同时也已做过一些未完成任务的工作),蔡加尼克要求被试回想自己所有做过的任务,结果被试对未完成任务的回想率达到68%,对已完成任务的回想率只有43%。这一实验证明,半途被中止的任务要比已被完成的任务在回忆时占有优势。为什么会出现这种现象?蔡加尼克的解释是后者的准需要已经满足,它所引起的心理紧张系统业已松弛,而前者的准需要尚未满足,由此所引起的心理紧张系统仍被继续保留。

(3) 效价原是化学中的一个名词,勒温在这里用它来表示个体对一个对象喜爱或厌恶的程度,对象如果能满足个体的需要或对个体有吸引力,那么这个对象就具有正效价;对象如果对个体有威胁或惹人生厌则这个对象就具有负效价。在这里我们必须认识到,对象并非真的具有化学概念中说的那种"价"的意义,勒温所谓的效价,其实是指人在一定的情境中对对象产生的一种主观情绪体验,如对一个饥饿的人来说,米饭便具有正效价,但对一个吃得很饱的人来说米饭就具有了负效价。

(4) 矢量在数学上原指一条有向线段,勒温利用这一概念来表示对象吸引力的方向或强度。也就是说,矢量(有时也称向量)在勒温的心理学中就是指人与一定的对象间所产生的有方向的吸引力或排斥力,吸引力会使人趋向目标,排斥力会使人背离目标。假如只有一个矢量影响某人,这个人就会沿着这一矢量所指的方向发生移动;假如有两个或两个以上的矢量并以不同的方向影响某人时,那么这个人的移动就由这些力量的合力而决定;如果两个矢量之间力量相等,那么它们之间的作用就是我们通常所说的冲突。勒温曾用图示和文字对冲突的多种形式进行了精彩的分析,这些冲突主要可以分为三种类型:

第一种冲突类型是双趋冲突。这种冲突存在于一个人面临两个具有同等吸引力的正效价对象之间,他必须就其中的一个对象做出一种选择。也就是我们中国人所说的鱼和熊掌不可兼得的情境。比如一个人同时收到两份具有同等吸引力的工作邀请,他选择了其中的一项就意味着对另一项的拒绝,这样这个人就会处于摇摆不定的犹豫状态——这种状态也是一种平衡状态。但这种情况并不会维持很久,当这个人在一些因素的影响下开始向其中的一个目标移动时,这时较近的那个目标就开始增强它的吸引力,而远离的那个目标的吸引力就开始下降。这就出现了心理学上的目标梯度效应,即当目标越来越接近时,目标的激励作用和吸引力也会越来越强。

第二种冲突类型是双避冲突。这种冲突就是指一个人面临两项都想逃避的对象时,他必须就其中的一项做出自己的选择,也就是我们生活中常说的左右为难的情境。如高考时一个学生要么去读自己不喜欢的专业,要么就没有大学上。当一个人面临这种情境时,一般是在两害之中取相对较轻的一项,像上一个例子大多数人都会选择去读自己不喜欢的专业。

第三种冲突类型是趋避冲突。它是指一个人对同一个对象又趋又避,也就是我们生活中所说的又爱又恨。如一个吸烟上瘾的人既想吸烟又怕吸烟致病等。在这一种情境中正效价和负效价是平衡的,如果你向正效价一方移动时,那负效价的一方就会产生相等的排斥,因此在这种情境中矢量运动的可能性最小,所以生活中许多人戒烟经常是半途而废。

以上是三种基本的冲突方式,勒温在分析这些冲突方式时也承认生活中有更复杂情境出现的可能性,即一个人面临许多的选择目标,而每一个选择目标都有趋避的可能性,这就是现代心理学中常提到的多重趋避冲突。对这一种冲突模式,勒温只是提到而没有做具体的分析和研究。

(5)障碍是勒温动机体系中的一个重要概念。勒温认为障碍可能是物、人、社会制度、法律等,也就是说任何阻碍个体去达到预定目标的事物都称为障碍。当个体接近障碍时,障碍便具有了负效价的性质。障碍能引起人的探索行为,人在探索过程中通常是绕过障碍而达到目标,当绕不过时人就会对障碍发起攻击,通过消除障碍来达到目标。

(6)平衡也是勒温动机体系中的一个重要概念。平衡是相对于不平衡而言的,而不平衡是唤起人需要的一个前提条件。勒温把不平衡定义为"一种贯穿个人全身的程度不同的紧张状态"(查普林,克拉威克,1989,p.86)。与此相反,我们就可以把平衡解释为这种紧张状态的解除。在生活中,人的一切动机行为的最终目的都是回到平衡状态,从而使人的紧张状态得到解除。例如,饥饿、性欲望和自我实现等需要,会使人出现紧张而处于不平衡状态,当这些需要得到满足后,紧张便消除了,人也就恢复了平衡。但这种平衡只是暂时的,人在新的情境条件下又会产生新的不平衡,从而产生新的需要,出现新的紧张,人就是在这种平衡—不平衡—平衡的过程中不断得到发展的。

二、勒温的团体动力学及其发展

勒温早期主要致力于个体心理学的研究,着重研究个体的发展模式以及发展的动力问题。由于勒温采取了格式塔的整体研究原则,以个体整体行为作为自己的研究对象,这就使他的研究不得不接触对生活具有实际意义的社会因素,从而引发了他对一些社会问题的思考。另一方面,由于勒温在第二次世界大战中亲身遭遇到辛酸的经历,到美国后,他感到美国社会也存在许多问题,于是他就产生了致力于改造社会的愿望。从 20 世纪 40 年代开始,勒温组织了一群年轻的心理学家,进行了一系列社会心理学的研究和实验,并最终形成了独具特色的社会心理学理论——团体动力学。团体动力学是勒温把其早期研究个体行为的心理动力场或生活空间学说应用于研究社会问题的结果,它以研究团体生活动力为目的,主要研究团体的气氛、团体内成员间的关系、团体的领导作风等。团体动力学把群体研究与实证的实验方法结合起来,对后来的社会心理学的发展做出了很大的贡献。

勒温认为团体是一个动力整体,这个整体并不等于各部分之和,整体中任何一个部分的改变都必将导致整体内其他部分发生变化,并最终影响到整体的性质。团体不是由一些具有共同特质或相似特质的成员构成的,特质相似和目标相同并不是团体存在的先决条件。团体的本质在于其各成员间的相互依赖,这种相互间的依赖关系决定着团体的特性。勒温认为团体和个体一样都是真实的而非神秘的,因此,勒温直接就把研究个体心理学的方法搬了过来,认为生活空间的概念也一定适应于对团体的研究。勒温指出,个体和他的情境构成了心理场,与此相同,团体和团体的情境就构成了社会场;个体的行为主要由其生活空间内各区域间的相互关系决定,团体的行为也主要由团体的社会场中各区域的相互关系所决定。

（一）团体内聚力

任何一个团体都面临着内聚和分裂的压力。分裂的压力主要来源于团体内各成员间交往的障碍或团体内个体的目标与团体目标间的冲突；内聚力则是团体内抵抗分裂的力量，主要是指团体成员间的正效价或吸引力，它的强度依赖于个体求得成员资格的动力强度。分裂和内聚是团体中时刻存在的一对矛盾，一个良好的有生命力的团体必须有较强的内聚性才能防止团体的分裂。怎样增强一个团体的内聚力呢？勒温及其学生在这方面做了系列性的研究。

勒温的学生贝克设计了一个让被试成对合作完成一套图画的实验。通过这个实验贝克得出结论，团体的内聚性是在以下三种基础之一上而形成的：一是个体由于对其他团体成员的喜爱而喜爱团体，二是由于团体成员资格能赋予成员以一定声望而使团体成员喜爱团体，三是由于团体是达到个人目标的手段而使团体成员喜爱团体。同时贝克还发现，不论团体成员间相互吸引的原因如何，越是密切结合的对象越能够力求意见一致，越是密切结合的对象越受团体讨论的影响。

勒温、李波特、怀特的一个关于"专制气氛"和"民主气氛"的实验表明，团体的内聚性也受领导者的工作作风的影响。一般而论，民主气氛的小组更富有成果，内聚性较强，小组内成员对待领导的态度也较好，小组成员间的分歧干扰更少，在活动的创造性上相对也较高。与民主小组相比，专制气氛的小组在活动中不是更放肆就是更漠然，漠然的小组当小组领导不在时会爆发出更放肆的行为。当实验中故意对各小组展开攻击时，专制小组显得士气低落，并有分崩离析的倾向，而民主小组则比受攻击前团结得更紧密。另外，在这个实验中，勒温等还发现一个奇怪且令人迷惑的现象，即孩子从民主气氛过渡到专制气氛要比从专制气氛过渡到民主气氛更容易。

勒温和他的同事、学生等所做的另外一些实验也表明，团体成员对团体活动的兴趣、团体内成员的交往频率、各成员的遵从行为等，也都能影响到一个团体的内聚力。

（二）团体与行为改变的研究

勒温还对团体对其成员行为改变的影响做了系统研究。在第二次世界大战期间，由于战争的影响，勒温开始从事改变人们饮食习惯的研究。在研究中他发现，团体决定比单独做出的决定对团体中的个人有较持久的影响。在一些实验中，勒温给予一些年青妈妈以个别指导，说明婴儿用餐最好加些橘子汁。另一些年青妈妈则六人一组，让她们讨论改善孩子食谱的好处，最后达成有关婴儿用餐最好加些橘子汁的共同决定。以后的结果表明，参与团体决定的年轻妈妈要比那些接受个别指导的年青妈妈更遵守婴儿用餐加些橘子汁的做法,这说明团体强化了个人行为的改变。根据这个实验勒温得出结论:无论是训练领导、改变饮食习惯等,如果首先使个体所属的社会团体发生相应的变化,然后通过团体来改变个体的行为,这样做的效果远比直接去改变一个个具体的人更好。反过来,只要团体的价值不发生变化,个体就会更强烈地抵制外来的变化,个体的行为就不容易发生变化。这实际上就是格式塔整体比部分更重要的思想的具体体现。

勒温在这种实验研究的启发下,开始把这种方法广泛运用于社会各方面的改造上。他提出了改变社会的三个阶段:第一阶段称为"解冻",即尽可能减少或消除与团体过去标准的关联;第二阶段引进或制定一个新标准;第三阶段是"再冻结",这是在新标准之上的一种重新建构。在所有的这三个阶段中,个体都要参与团体的决定,这样比只是向每一个个体提出改变要求要好得多。如果团体与过去标准的关联明显地减少了,个体就更愿意接受新的标准;如果把新标准看作是由团体决定而不是由外界强加的,它就会更容易被人接受;如果个体参与了整个的决定过程,则新标准就会更自然地被接受。

另外,勒温也希望利用他的团体与行为改变方面的研究来解决一些社会问题,主要是关于社会问题同引起变革的观念之间的关系。他把这种解决社会生活实际问题的研究称为行动研究。在行动研究方面,勒温主要提出了几个关键问题并就这些问题做出了自己的分析和阐述。他所提出的关键问题主要有:(1)关于提高那些力图改善团体内部关系的领导者的工作效率的条件问题;(2)使来自不同团体的个人与个人之间发生接触的条件及效果问题;(3)对小团体成员的最有效的影响作用的问题,这种影响要能增强个体的归属感并能很好协调同一团体内其他成员的关系。

与此同时,勒温在行动研究中还比较关心种族冲突问题和社会偏见问题,曾亲自指导了关于社团中集体住宿对偏见的影响的研究、关于服务机会均等的研究以及关于儿童偏见的发展和预防的研究等。勒温对社会心理学的又一个重要贡献是他于1942年建立了社会问题心理学研究会,这个学会大大促进了以解决社会问题为主旨的研究。

三、对勒温理论的评价

许多人都抱有一种同感,即勒温的社会心理学的实验方案设计已经证明要比他的理论观点更有价值,也更受心理学家们的欢迎,他所留下的一些经典实验,长期以来一直被许多心理学家反复提到。我们指出这点并不是说勒温的理论对心理学的影响不大,事实上,勒温心理学研究中的一些观点和结论,就是在今天仍然有它独特的地方。我们可以发现,勒温的著作和概念已经影响了实验心理学、社会心理学和儿童心理学的多个领域,甚至在人格和动机心理学中我们也可以看到勒温的许多概念和实验技术。

(一) 勒温对心理学的贡献

勒温对心理学的贡献主要表现在以下几个方面:

勒温创造性地借用了物理学、数学等学科的概念,并把这些概念和心理学巧妙地结合起来,形成了独具特色的拓扑心理学体系,这在心理学史上绝对是一件开创性工作。

勒温把他的场论思想应用于研究社会问题,从而开创了团体动力学。团体动力学对实验社会心理学的产生起了极大的推动作用。

勒温的团体动力学的研究方式也对后来心理学的理论联系实际产生了很大的影响,如他曾把现实问题变成可控制的实验,以便社会能从严密的实验研究中获得好处,同时又可以避免学院式实验室的人为性和枯燥性。勒温的这种研究方式大大提升了心理学的应用性,同时也促使心理学开始关注我们身边的一些社会生活实际,并最终使心理学从实验室走向了社会生活。

勒温培养了一大批心理学人才,特别是培养了大量的实验社会心理学人才。勒温的学生海德、费斯廷格等就是在他的影响下才建立了社会认知心理学。

(二) 勒温心理学的局限性

勒温心理学也存在着一些不足,主要表现在以下几个方面:

勒温心理学体现着明显的主观唯心主义色彩,这一点从他的心理生活空间理论中可以得到反映,他所说的区域、疆界、移动等基本是主观想象的。同时其理论中存在了太多的不能被证明的假设。

勒温心理学理论还存在着一定的混乱,特别是混淆了主观世界和客观世界的界线。如他的心理环境、生活空间等概念有时指物理世界,有时又指纯心理世界。而且他从物理学、数学中借来的概念并没有显示出什么明显的优越性,反而在一些地方造成了心理学概念的混乱,变成了数学主义心理学。

勒温忽视了个体的发展历史。另外,他的动力学理论总是涉及一个比较小的时间差异,这使人们感到他的理论很单薄,缺乏厚度。

第七章

精神分析

精神分析产生于19世纪末叶,创始人是奥地利医生弗洛伊德。由于精神分析主要用临床观察法研究神经症和精神病患者,所以,它在研究方法上和研究对象上都不同于传统的学院心理学。精神分析是现代西方心理学的一个重要流派,它的影响远远超出了心理学,对西方的哲学、神学、社会学、伦理学、美学和文学艺术等都有广泛的影响。

第一节 精神分析的思想渊源与历史背景

精神分析的产生不是偶然的,而是有其特定的社会历史根源、文化思想渊源和心理病理学的背景。

一、社会历史条件

精神分析产生的19世纪末叶,正是资本主义由自由竞争向垄断过渡的阶段。一方面,社会贫富分化十分严重,阶级矛盾非常尖锐,大资产阶级过着穷奢极欲的糜烂生活,中小中产阶级面临破产的危险,广大劳动人民则挣扎在贫困线上;另一方面,社会竞争十分激烈,人与人之间相互不信任、欺诈,人们普遍感到精神抑郁,神经症和精神病的发病率提高,因此当时的社会迫切需要能治疗心理疾病的理论和方法。精神分析就是在这样的社会政治和经济条件下应运而生的。

19世纪末叶的奥地利还盛行着维多利亚时代的伪善道德观。在宗教和一切正式场合中,人们极力地反对性欲和享乐,但在私下里却又受到强烈的诱惑。这种陈腐虚伪的道德观在弗洛伊德所处的犹太社会里更是强烈地禁锢着人们自然的性冲动,使正常的性欲得不到满足。总之,在这样的社会环境下,性的压抑确实是许多人患心理疾病的原因。由此,弗洛伊德强调性压抑在神经症和精神病形成中的作用,并坚持把整个心理的发展都建立在性本能的基础上,这虽然是矫枉过正,但是也不足为怪。

二、文化思想渊源

精神分析作为一个流传甚广、影响甚巨的学说,必然根植于德国乃至整个欧洲丰富深厚的文化传统之中,并和那个时代的科学发展密切相关。

(一)哲学和心理学思想的影响

人们的科学研究总是要受到伟大的哲学思想的启示。首先,弗洛伊德深受叔本华(Authur Schopenhauer)和尼采(Friedrich Wilhelm Nietzsche)哲学的影响。例如,叔本华认为,无意识的意志构成了世界的本原,万物成为我们的表象即是由于这种无意识的意志的作用。而弗洛伊德认为,无意识的心理的本能欲望构成了人的一切行为的驱动力,在意识心理和行为的背后总是潜藏着无意识的动机。再如,叔本华和尼采的哲学都是非理性主义的,而弗洛伊德的精神分析也具有非理性主义的重要特征。

其次,19世纪末叶出版了大量的探讨无意识问题的书籍。其中,哈特曼(Hartamnn)的《无意识哲学》肯定对弗洛伊德产生过影响。哈特曼认为,无意识是心理的不可分割的部分,是生命的源泉和动力。可见,弗洛伊德的精神分析把无意识心理作为心理整体的绝大部分和行为的动力,正是当时的时代精神的体现。

再次,弗洛伊德还深受享乐主义哲学的影响。享乐主义哲学主张,人的行为是由趋乐避苦的欲望引起的。享乐主义有三种:现在的享乐主义、过去的享乐主义和未来的享乐主义。现在的享乐主义认为人的行为是由及时行乐所决定的,过去的享乐主义认为过去的快乐与否的经验决定现在的行为,未来的享乐主义认为人对未来能否得到快乐的预见是决定现在行为的动因。而当时流行的是未来的享乐主义。弗洛伊德主张,本我的快乐原则和自我的现实原则是对立统一的,这与未来享乐主义的哲学主张是一致的。

就心理学的思想渊源而言,弗洛伊德受到了布伦塔诺、莱布尼兹、赫尔巴特和费希纳的影响。弗洛伊德在维也纳大学学习期间,曾听过布伦塔诺的六门哲学课程,从中了解了心理现象的意向性、能动性的概念。布伦塔诺主张,心理现象不同于自然或物理现象就在于,它具有意向性、能动性。意思是,心理现象总是包含一种内容、指向一个对象的,而且,这个对象是心理上的,即可以涉及客观上并不存在的事物。弗洛伊德倾向于把心理活动和能量看做独立于外部世界的,就是直接受到了布伦塔诺的影响。另外,弗洛伊德还通过布伦塔诺接受了亚里士多德的发生学的影响。例如,他认为,精神结构的组织原则是较高水平包含着较低水平,因此,人的各种高级或复杂活动实际上包含了简单的动物本能,即生的本能或死的本能。

莱布尼兹在18世纪初提出了单子论。他主张,单子是构成世界的基本元素,不仅具有物理属性,还具有精神属性。所谓单子的精神属性是指,每个单子能在不同清晰度上意识到自身的活动。赫尔巴特将莱布尼兹的观点进一步发展,提出了意识阈限的思想。意思是,意识和无意识之间存在一个阈限,阈限上的观念可以转入阈限下而成为无意识的观念,相反,被压抑的阈限下的观念也可由于意识观念的吸引进入阈限上,成为意识的观念。费希纳继承和发挥了赫尔巴特的观点,提出了无意识的"冰山"假说。费希纳认为,人的心理类似于一座冰山,它的大部分是潜藏于水下的,并在那里受到看不见的力量的作用;意识心理受水面下的冰山和不可见的潜流的作用。弗洛伊德直接采纳了费希纳的"冰山"假说。他把心灵比喻成冰山,在水面上是意识,在水面下是无意识。另外,费希纳把无意识称为心理能量,这也被弗洛伊德所直接接受。

(二)科学思想的影响

19 世纪的科学界盛行着物理主义或自然主义、能量守恒和进化论的思想。这些科学思想主要是通过弗洛伊德大学时的老师、著名的生理学家布吕克(Ernst Brucke)对他产生了影响。

布吕克主张,一切有机体内只有物质的力,如物理的力和化学的力在起作用,心理也是一种物质能力,它源于神经细胞。弗洛伊德由此认为,人的本能欲望就是一种产生于身体内部而被心理器官所感受到的力。他还根据自然界的能量守恒的规律,认为心理的能量也只能从一种形式转化为另一种形式,但不会增加或减少。

弗洛伊德依据达尔文的进化论,相信人是由动物进化而来的。因此,他不是强调人与动物的本质的区别,而是强调人与动物在本质上的一致,例如二者都受本能的驱使。他的这一主张是生物学化的。

(三)心理病理学的背景

精神分析作为一种治疗心理疾病的理论,它的产生显然与当时的心理病理学的进展关系更加直接和密切。

人类对心理疾病的病因及治疗方法的认识经历了一个发展过程。在中世纪,由于神学和宗教的统治,人们用中邪、巫术或魔鬼附体来解释精神病的原因,并用残酷的刑法,如鞭笞、拷打、火烧和禁闭等来驱除魔鬼,企图治愈精神病。即使到了文艺复兴时代,这种状况也没有得到根本改善。不过,文艺复兴强调的人本主义精神为近代以来对精神病人也要实行人道主义的对待和治疗的主张奠定了基础。在 19 世纪,对精神病的成因的看法形成了两种相互对立的理论:生理病因说和心理病因说。生理病因说认为,精神病的主要原因是躯体方面的病变,特别是大脑的器质障碍。心理病因说认为,应该从精神的或心理的方面寻找精神病的原因。当时,在精神病学中,生理病因说占据优势。弗洛伊德的精神分析是主张心理病因说的,在这方面他主要受到法国精神病学家的影响。

心理病因说的先驱是奥地利医生麦斯麦(Friedrich Anton Mesmer)。他认为,人体中有一种动物磁液,如果它在身体中不平衡,人就会得病;而通过意识的作用,可以使它重新分配,达到身体的平衡,治愈疾病。麦斯麦术又被称为通磁术,带有鲜明的江湖骗术色彩,但它确实能够对某些疾病发生治疗作用,其机制实际上是后来所说的催眠。

19世纪英国的外科医生布雷德(James Braid)把催眠的生理机制解释为大脑前额叶的疲劳,并认为催眠的心理机制是注意力的高度集中。因此,催眠术开始为科学界所接受。

当时在法国运用催眠术治疗心理疾病形成了南锡派和巴黎派。南锡派关注催眠中的心理方面,并认为催眠和睡眠没有差异,催眠完全是暗示,与神经症无关。巴黎派强调催眠中的生理变化,认为催眠状态是一种神经症,由神经症所引起,只有神经症患者才会被催眠。

弗洛伊德与两派都有联系。他学习过暗示法和如何用它来治疗心理疾病。另外,巴黎派的领导者认为癔症是由心理因素引起的,并跟性有关,以及心理因素综合体的分裂导致癔症等观点,都给弗洛伊德以直接的启示。弗洛伊德在精神分析中进一步强调了性的因素在心理疾病形成中的作用,并把催眠术对心理疾病形成的内在机制的看法和治疗方法改编为自己的精神分析术语,如把心理分裂改为精神宣泄、心理分析改为精神分析、心理组织改为情结、意识的缩小改为压抑等。

第二节　弗洛伊德的古典精神分析

弗洛伊德的精神分析学说极富创造性,内容十分丰富,但也隐含着矛盾和明显的不足。它为后来的精神分析的发展提供了灵感的来源和争论的材料。

一、弗洛伊德的生平

弗洛伊德(Sigmund Freud,1856—1939)生于现属捷克共和国的摩拉维亚的小镇弗赖堡,父亲是一名不太成功的犹太商人。在他4岁时,全家迁居奥地利的维也纳。维也纳遂成为弗洛伊德此后生活和工作的根据地,他在那里居住了近80年,直到晚年为躲避纳粹的迫害而被迫流亡英国。

弗洛伊德聪明好学。他在1873年考入维也纳大学医学院,1881年以优异的成绩获得博士学位,这为他一生的事业奠定了基础。1882 年,他和布洛伊尔(Josef Breuer)联合开业,专门治疗和研究神经症。1885 年和 1889 年,他先后两次去法国学习催眠术。他和布洛伊尔在用催眠术治愈了几例神经症的基础上,于 1895 年合作出版了《癔症研究》。此书的出版被认为精神分析的开端,因为在采用催眠术治疗神经症的过程中,实际上已奠定了精神分析的基础。例如,他们发现,在催眠状态下说出厌恶的经验,会导致症状的减轻或消失,这被称为谈话疗法或宣泄法;在治疗的过程中,患者还可能把对自己亲人的感情转移到医生的身上,这在后来被称为移情,等等。不过,两位合作者在神经症的根源是否与性有关上意见分歧很大,弗洛伊德坚定地主张神经症根源于性的压抑,因此,两人最终不得不中断了友谊和合作。

在后来的医疗实践中,弗洛伊德逐渐放弃了催眠术,因为他发现催眠术的治疗机理不明确,而且有些患者不易被催眠。因此,他把催眠状态下的宣泄法改造成清醒状态下的自由联想法。许多患者会在自由联想中谈到自己的梦,因此,通过对梦的研究,弗洛伊德于 1900 年出版了《梦的解析》一书。该书构造了精神分析的理论框架,并对许多知识领域产生了深刻的影响,被认为弗洛伊德的精神分析学的经典著作之一。

1908 年,在奥地利西部的萨尔茨堡召开了第一次国际精神分析大会,会议决定出版《精神分析年鉴》。同年弗洛伊德组织的"心理学星期三讨论会"改为"维也纳精神分析学会"。这些标志着精神分析学派的正式成立。1909 年,他应美国著名心理学家、克拉克大学校长霍尔的邀请,赴美国参加克拉克大学成立周年纪念活动。在此次活动中,他以《精神分析的起源与发展》为题,作了五次讲演,并被授予名誉博士学位。这意味着他的理论终于赢得了国际的承认与重视。

但几乎与此同时,精神分析学派内部由于学术见解的不同,矛盾日益加深,组织开始出现分裂。1911 年,阿德勒宣布退出精神分析学会,随后创立了个体心理学。1914 年,荣格也离开精神分析学会,逐渐形成了分析心理学。但是,弗洛伊德仍然为捍卫自己的学说做着不懈的努力。因此在 20 世纪 20 年代,精神分析已经不仅是一种治疗神经症的方法,而且成为一种关于人类动机和人格的理论。

1933 年纳粹执政,弗洛伊德被迫于 1938 年离开维也纳逃亡到英国。1939 年 12 月 23 日他因患口腔癌在伦敦逝世,享年 83 岁。

弗洛伊德一生勤于著述,共有论文、著作 300 多种。主要代表作有:《梦的解析》(1900)、《日常生活的心理分析》(1901)、《性学三论》(1905)、《图腾与禁忌》(1913)、《精神分析引论》(1917)、《超越快乐原则》(1920)、

《群体心理学与自我的分析》（1921）、《自我与本我》（1923）、《文明及其缺憾》（1930）和《精神分析引论新编》（1933）等。

二、弗洛伊德精神分析的主要思想

下面概述弗洛伊德精神分析的主要思想，涉及潜意识论、精神分析的主要方法和本能论等六个主要方面。

（一）潜意识论

弗洛伊德认为，人的心理包括意识和无意识现象，无意识现象又可以划分为前意识和潜意识。所谓前意识，是指能够进入意识中的经验；潜意识则是指根本不能进入或很难进入意识中的经验，它包括原始的本能冲动和欲望，特别是性的欲望。意识、前意识和潜意识的关系是：意识只是前意识的一部分，二者虽有界限，但不是不可逾越的；前意识位于意识和潜意识之间，扮演着"稽查者"的角色，严密防守潜意识中的本能欲望闯入意识中；潜意识始终在积极活动着，当"稽查者"放松警惕时，就通过伪装伺机渗入到意识中。而且，他认为，潜意识的心理虽然不为人们所觉察，但却支配着人的一生。无论是正常人的言行举止还是心理疾病患者的怪异症状，以及人类的科学、艺术、宗教和文化活动，都受潜意识的影响和支配。

综上所述，在弗洛伊德看来，意识不过是无意识过程的产物，无意识的精神活动远比意识的精神活动更为重要。因此，精神分析的主要研究对象是无意识现象，特别是潜意识现象，而不是意识现象。这与传统心理学强调意识的重要性，并把它作为主要的研究对象形成对照。

（二）精神分析的方法

精神分析要研究潜意识现象，但是潜意识本身不能被直接认识，因此，必须通过一些独特的方法才能对它进行研究。这些方法是：自由联想法、梦的解析法和日常生活的心理分析法。

1. 自由联想法

自由联想法就是让患者处于身心放松状态，鼓励其说出脑海里涌现的任何思想观点或感情经验。使用这种方法要注意的是：第一，精神分析者不能给患者任何有意识的引导，以确保患者处在自由的联想状态；第二，患者必须如实报告自己真实想到的一切，而不管它们显得多么荒唐或毫无意义。然后，精神分析者根据患者所报告的材料加以分析和解释，直到分析者和患者都认为找到了病根为止。

2. 梦的解析法

弗洛伊德认为，梦是一种潜意识现象，是潜意识愿望经过伪装后的象征性的满足。为了揭示潜意识的愿望，他把梦境分为显梦和隐梦。显梦是人们真实体验到的梦,隐梦是梦的真正意义。梦的形成是从隐梦到显梦的伪装的过程,他称之为梦的工作,主要包括:凝缩、移置、戏剧化和润饰;梦的解析则是从显梦到隐梦的破译和探测的过程。

3. 日常生活的心理分析法

弗洛伊德认为,正常人和心理疾病患者一样都受潜意识的影响和支配,所以,他主张对正常人的小过失进行分析,认为同样可以揭示潜意识愿望。这些小过失主要有:口误、笔误、疏忽和遗忘等。

（三）本能论

由于弗洛伊德十分强调潜意识的重要性,而潜意识的内容就是本能欲望和冲动,因此,本能的概念是精神分析学的中心概念之一,本能论构成弗洛伊德精神分析学的本质。

弗洛伊德认为,本能是一种决定心理过程方向的先天状态。每一种本能都有根源、目的、对象和强度这四个特征。本能的根源是身体的状态或需要,主要是身体对某种物质或精神的欠缺。本能的目的是寻求满足,消除身体的欠缺状态。本能的对象是能满足欠缺状态的事物或手段,如性本能的对象往往是异性,攻击本能的对象是搏斗的敌手。本能的对象是可以变化的,与本能的根源没有固定联系。本能的强度取决于身体的欠缺的程度。

在早期理论中,弗洛伊德把人的本能分为性本能和自我本能,大体相当于人类的两大需要:爱与饥。性本能又被他称为里比多（libido）,是人类心理和行为的根本动力,促使人通过各种方式来寻求满足。而自我本能则趋向于避开危险,保护自我不受伤害。

经历了第一次世界大战后,弗洛伊德在晚期理论中修正了早期的本能理论。他分析了自我本能具有保守性、倒退性和强迫重复性,从而引申出死本能。他又将自我本能和性本能合并为生本能。总之,生本能代表爱与建设的力量,其目的是生命的生长与增进。死本能则代表了恨与破坏的力量,目的是死亡或回复到无生命、无机物和生命的解体状态。

（四）人格论

弗洛伊德的精神分析建立了第一个系统的心理学的人格理论,影响广大而深远。

1. 人格结构

在早期,弗洛伊德把人格分为意识、前意识和潜意识三个层次。在晚期,他进一步提出了新的人格学说。他认为,人格是由本我、自我和超我三个部分组成的。

本我是人格中最原始的、与生俱来的、潜意识的结构。它由先天的本能、欲望构成,能量直接来源于肉体。弗洛伊德形容它就像是深渊和一大锅沸腾汹涌的兴奋。本我不知道道德规范,是完全非理性的,它遵循着快乐原则,即只要受到外界刺激,导致兴奋增加,就立即要求释放本能能量和解除紧张,而不考虑外界现实状况,如时间、地点、方式和方法。弗洛伊德认为,本我是人格的深层基础,它的本能冲动是整个人格系统的能量来源。

自我是本我在与现实的接触中分化出来的那部分人格结构。自我遵循着现实原则,即它是理性的、能够审时度势的,会选择适当的对象和途径来满足本我的本能冲动。自我的能量来源于本我,且是为本我服务的。弗洛伊德把自我与本我的关系比喻成骑手和马的关系,通常骑手能够控制马的行进方向。这里值得注意的是,意识虽然属于自我,但是自我并不完全是意识的,它的一大部分仍然是潜意识的。

超我是从自我中分化出来的监督者。超我遵循至善原则,即它督促自我加强控制、引导本能冲动,使人的行为符合社会的道德规范。超我形成于幼儿期,因为光靠自我的力量不能控制本我的本能冲动,所以,超我的形成是必要的。弗洛伊德认为,儿童在幼儿期会产生与父母乱伦的本能冲动,为了压抑这种本能冲动,儿童对父母产生自居作用,从而将父母的道德观念、行为准则加以内化,这就是超我。超我包含自我理想和良心两个部分。自我理想是因为儿童的行为符合父母的道德观念,父母给予奖赏,由父母的奖励标准内化而成的;良心是因为儿童的观念和行为违背父母的道德观念,父母给予惩罚,由父母的惩罚标准内化而成的。也就是说,自我理想是善的标准,它规定了自我应该做什么;良心是恶的标准,它规定了自我不该做什么。超我是由对本我压抑而形成的,它的能量最终仍来源于本我,超我的一部分仍然是潜意识的。

弗洛伊德认为,本我、自我和超我三者是相互联系、相互作用的。特别是自我在其中要伺候三个主人:本我、超我和现实。因此,如果自我力量强大,就容易促使人格的三个子系统保持平衡,使人格得到正常发展,否则会产生自我的焦虑,容易导致神经症和人格异常。

2. 人格发展

由于弗洛伊德把性的本能冲动看成本我的主要内容,因此,他认为人格的发展是建立在性生理和性心理发展的基础上的,他的人格理论又被称为"心理性欲发展理论"。但是,他所理解的性是广泛的,不仅包括性成熟后的性,而且包括性成熟前的各种各样的活动和观念——它们都通过性感区的概念而具有性的象征意义。例如,在他看来,婴儿吸吮母亲的乳头具有性的象征意义,是婴儿的"性"活动。性感区是指在人格发展的每个阶段,都会有一个特殊的区域成为里比多兴奋和满足的中心。弗洛伊德据此把人格发展划分为五个阶段,他认为这五个阶段的顺序是不变的。

第一阶段：口唇期（0—1岁）。口唇区域为快感的中心。婴儿的活动大多以口唇为主，摄入、撕咬、含住、吐出和紧闭是五种主要的口腔活动模式。如果对一种原始模式产生固着作用，成年后就可能形成相应的人格特征。例如，如果婴儿的摄入需要未得到满足，那么摄入就会成为他行为的原始模式。成年后他将不满足于只是用口腔摄入食物，而是将摄入冲动移置、扩展到各种具体或抽象的东西上，如对金钱的贪婪和对权力的追逐等。一般地讲，婴儿的口唇活动如果得到适当的满足，成年后的性格则具有乐观、慷慨、开放和活跃等积极的人格特征；口唇活动得不到满足，成年后的性格则具有依赖、悲观、被动、猜疑和退缩等消极的人格特征。

第二阶段：肛门期（1—3岁）。肛门区域成为性感区。在这一阶段，儿童会接受排便训练，这是儿童第一次接触到外部纪律或权威，因此代表了本我与社会规范之间的冲突。一般地讲，如果排便训练过于严格，儿童会形成过度控制的行为习惯，如洁癖、吝啬和强迫的人格特征，也有可能造成儿童的反抗，从而形成过度铺张浪费、越轨的人格特征；如果排便训练过于随便，儿童在成年后容易形成肮脏、浪费、凶暴和不守秩序等人格特征。

第三阶段：性器期（3—5岁）。生殖器成为快感的中心。在这一阶段，儿童以异性父母作为自己性欲的对象，男孩对母亲产生爱恋，仇恨父亲，称为恋母情结或俄狄浦斯情结；女孩对父亲产生爱恋，仇恨母亲，称为恋父情结或厄勒克特拉情结。弗洛伊德分别用阉割焦虑和阳具嫉妒来解释男孩和女孩的这种情结的形成及其作用。他指出，儿童要解决这一阶段的危机，必须靠他们自己的先天的性别倾向和对同性父母的自居作用，也即形成超我。如果这一阶段儿童能够逐渐形成超我，那么就会形成正常的人格特征。

以上的三个阶段称为前生殖阶段。弗洛伊德认为，它们是人格发展的最重要的阶段，为成年后的人格模式奠定了基础。他主张，人格的最初形成应是在5岁左右。

第四阶段：潜伏期（5—12岁）。生殖器仍为快感的中心，但在这一阶段，儿童的里比多受到压抑，没有得到明显的表现。儿童这时已经进入学校接受正规教育，因此，将兴趣从家庭成员转向同伴，特别是同性同伴，倾向于避开异性同伴。

第五阶段：生殖期（12—20岁）。这一阶段是个体的性发育成熟期，里比多的压抑逐渐解除，生殖器成为主导的性敏感区，口唇和肛门等成为辅助的性敏感区。个体开始试图与父母分离，建立自己的生活，逐渐发展出成年人的异性恋。弗洛伊德认为，在这一阶段，个体的发展状况是否正常要受到以前各个阶段的影响，而且，个体在选择新的性对象时，总会不自觉地以自己的父母为模型。

弗洛伊德认为,个体的人格发展要想在性、心理和社会的方面都达到成熟状态,即达到生殖期人格的理想水平是很难的,很少有人能达到。因为人格在发展过程中会遇到两种危机或里比多的变异:一是固着,即不论在每个人格发展阶段满足过多或过少,都会使里比多停滞在那个阶段,从而使个体在成年后表现出该阶段的人格特征;二是倒退,即个体在人格发展过程中遇到挫折时会从高级阶段返回低级阶段,表现出低级阶段的人格。他认为固着和倒退是心理疾病产生的原因。

弗洛伊德以潜意识心理和性生理、性心理的发育为依据,建立了第一个系统的心理学的人格理论,揭示了人格结构和人格发展的深层原因和动力。他重视早期经验在人格发展中的作用,重视行为的历史原因,重视行为或人格的发展的重要性,这些宝贵的思想对人格心理学和发展心理学影响重大。但是,他过分强调性本能和潜意识的作用,忽视理性意识和社会文化环境的作用,为他的人格理论留下了明显的缺陷。

（五）焦虑与心理防御机制论

弗洛伊德在对自我功能以及神经症和精神病根源的研究中,提出了焦虑与心理防御机制的系统观点。

1. 焦虑论

焦虑是一种十分典型的心理不适状态,也是精神分析理论中的重要概念之一。精神分析是最早研究焦虑的心理学理论。

弗洛伊德探讨了焦虑的性质。他先后提出过两种焦虑理论。在早期,他认为焦虑是由被压抑的里比多能量转化而来的,即里比多难以找到正当的发泄途径所产生的一种有害的反应。他认为,个体是先有神经症,然后有焦虑;神经症为因,焦虑为果。

在后期,弗洛伊德在他的三部人格结构的基础上,提出了所谓的"第二焦虑理论"。他认为,焦虑不应被看做源于本我,而应该是产生于自我,即是自我对冲突所引起的结果的反应,是个体把冲突看做一种危险的或是不愉快的信号而产生的反应。他的这种焦虑论又被称作"焦虑的信号理论"。弗洛伊德认为,焦虑可能使个体不恰当地使用防御机制,导致心理疾病。所以,焦虑在先,为因;神经症在后,为果。

弗洛伊德认为,焦虑的发展有两个阶段。一是原始焦虑阶段,二是后续焦虑阶段。原始焦虑主要是出生创伤,即个体在刚出生时,由于内部和外部的刺激,导致里比多的大量涌现,许多需求希望得到满足,但是自我却非常弱小,无法知觉和识别,也没有适当的防御机制来应付,因而使自我产生强烈的痛苦和焦虑。弗洛伊德认为,原始焦虑或出生创伤是后续焦虑的基础,后续焦虑是作为信号的焦虑,即个体在以后的发展过程中,只要遇到无法应付的情形或自我意识到里比多的涌现使自己可能再次陷入被动无能的状态,就会以焦虑为信号,调动内部已经形成的防御机制来应付。

可见,在原始焦虑中,自我是被动地体验到焦虑,而在后续焦虑中,自我是主动地体验焦虑,并且以此为信号来调动自我的防御机制。但无论如何,焦虑实际上是早期创伤经验的反复出现。

弗洛伊德探讨了焦虑的种类。由于自我受三个主人的压制:现实、本我和超我,所以相应地形成了三种类型的焦虑。

一是现实焦虑,它以自我对外界现实的知觉为基础,源于知觉到所需要的对象的缺乏,或存在客观的真实的危险。现实焦虑相当于恐惧,有助于个体的自我保存。

二是神经症焦虑,它以自我对来自本我的威胁的知觉为基础。而且,神经症焦虑也以现实焦虑为基础,因为,人们只有当认识到自己的本能需要的满足会遭遇现实的危险时,才会恐惧自己的本能。弗洛伊德还确定了神经症焦虑的三种表现形式:第一,漂浮的焦虑,指一种普遍的疑虑,可以附着在任何思想上;第二,变态恐怖焦虑,指附着于特定对象上,对其的恐惧程度远远超出实际的危险;第三,惊恐反应,指没有明确原因的突发反应,反应本身与危险之间也无任何必然联系,个体只是通过此反应来释放本我的本能冲动,以减少本我对自我的压力,减轻焦虑。

三是道德焦虑,它以自我对来自超我尤其是良心的谴责的知觉为基础。当个体知觉到自己的行为可能违反自己信奉的道德原则时,会体验到罪恶感和羞耻感,从而使个体的行为符合个人的良心和社会道德规范。

弗洛伊德认为,个体的焦虑状态往往是两种或三种焦虑的混合状态。他的精神分析学强调了将神经症焦虑转化为现实焦虑的重要性,以最终解除现实焦虑,否则会导致人格崩溃或心理疾病。

2. 自我防御机制

弗洛伊德认为,自我防御机制是个体无意识或半意识地采取的非理性的、歪曲现实的应付焦虑、心理冲突或挫折的方式,是自我的机能。弗洛伊德的女儿安娜整理了弗洛伊德的有关论述,发现他主要提出了以下 8 种自我防御机制。

(1) 压抑。指将引起焦虑的思想观念和欲望冲动排遣到潜意识中去。弗洛伊德指出,压抑有两种类型:原始压抑,意思是个体在尚未意识到某些内容之前,就已经将其驱赶到潜意识中,即它是从未被真正意识到的潜意识内容,是代表本能的心理概念;真正压抑,意思是对已经进入意识的本能冲动,迫使其回到潜意识中。此外,压抑的概念有两层含义:一是压抑是一种主动遗忘的过程;二是被压抑的思想观念没有消失,而是在潜意识中积极地活跃着,一旦条件许可,如前意识中的"稽查者"放松警惕,它们就会伪装后进入到意识中。压抑是最基本、最重要的防御机制,因为其他防御机制都是以它为前提的。

（2）反向作用。指用相反的行为方式来替代受压抑的欲望。例如,心里对某人深怀嫉妒,但是因碍于道德观念或吃醋、报复之心等不便显露,反而表现出对对方非常热情和友善的态度。

（3）投射。指把自己内心中的不为社会接受的欲望冲动和行为归咎于他人。弗洛伊德认为,社会偏见现象即来源于投射作用。常见的精神病患者的被害妄想也来源于投射作用。例如,大学生容易对家长和老师持一定的逆反心理,这跟他们常常把自己内心中的阴影投射出去有关。

（4）否认。指个体拒绝承认引起自己痛苦和焦虑的事实的存在。在否认中,重新解释事实占有很大的成分。例如,一个考试不及格的学生,往往不愿意面对丢面子和要交钱重修的痛苦,而认为这是老师搞错了,或是在故意为难他,或这是应交的学费。

（5）移置。指个体的本能冲动和欲望不能在某种对象上得到满足,就会转移到其他对象上,或是转变驱力。前者是对象移置,后者是驱力移置。例如,学生在学习或人际交往中受挫,往往把悲伤和愤怒发泄到家里的宠物或玩具上,这是对象移置;当人的性本能受到压抑时,常常会增加侵犯行为的表现,反之亦然,这是驱力移置。

（6）升华。指将本能冲动转移到为社会赞许的方面。弗洛伊德认为,个体只有在自我是健康的、成熟的,且性本能得到部分满足时,才会采用这种防御机制。他把人类在科学、文化和艺术上的成就都归结为本能冲动的升华作用。例如,家庭经济困难的大学生,把自己对于物质的欲望升华为刻苦学习的动力。

（7）自居作用。指个体把他人的特征加到自己身上,模拟他人的行为,又称认同。弗洛伊德认为,儿童在3—5岁的性器期,正是通过自居作用才克服了对异性父母的爱恋,逐渐形成超我的。以后,个体又会以父母以外的其他重要人物自居,如老师、同伴和名人等,从而进一步内化社会的价值观和行为方式,丰富和发展自己的人格。作为一种防御机制,当个体遇到挫折时,常常比拟成功的人物或偶像,从而分享其成就和威严,减轻焦虑和痛苦。

（8）倒退。指当个体遇到挫折时,以早期发展阶段的幼稚行为来应付现实,目的是获得他人的同情,减轻焦虑。弗洛伊德认为,倒退有两种:一是对象倒退,二是驱力倒退。例如,大学生在学习上不能获得成就感,而迷恋儿童的游戏,这是对象倒退;大学生因失恋而导致过量的饮食,这是驱力倒退。

（六）社会文化观

在晚期，弗洛伊德把精神分析的理论和方法用于分析社会历史现象，从而使精神分析超出了精神病学和心理学的领域，广泛涉及人类诸多的社会文化领域，如宗教、人类学、文学、艺术和伦理学等。在此只简要介绍弗洛伊德的一般社会文化观。

弗洛伊德社会文化观的基本观点是将人性和人类文明相对立。他所理解的人性就是人的本能，特别是性本能；文明或文化就是人类社会生活本身。他认为，文明发展的动力只能来自于对个人的本能的压抑和升华，或者，文明的发展要以牺牲个人本能需要的满足为代价才能实现。他把人性中比较崇高的对他人和社会的无私的爱解释为是性爱的扩散，即避免对性爱对象的过分依赖而把爱的能量转移到其他人身上的结果，借以说明人类群体相互团结和文明得以巩固的心理原因。

弗洛伊德根据上述理论来阐述社会文化现象。例如，他主张俄狄浦斯情结是宗教和道德产生的根源。具体来说，他认为原始人类的图腾禁忌和图腾崇拜，实际上源于人类祖先的俄狄浦斯情结。甚至，原始人类在这种强烈的乱伦爱欲的支配下，确实发生过杀死父亲而又由于罪恶感向父亲乞求保护的事实。宗教中的上帝是原始人类的父亲意象的替代，道德规范源于乱伦禁忌。再如，他把文学、艺术创作的源泉和动力也解释为是俄狄浦斯情结。文学家和艺术家必须把他们被压抑的性爱冲动升华到创作领域中，才能在想象中满足自己的本能欲望，而不被它的强大能量所压倒。同样，文学和艺术品的读者和观众在阅读、欣赏作品的过程中，也能使自己的性爱冲动得到释放。

弗洛伊德从本能和心理动力的角度考察了人类文明的发展，这是富有创造性的。但是，他把文明发展与人性相对立，把人性仅仅理解成人的本能，又是极为片面的。本质上，他的社会文化观是唯心主义的。

三、对弗洛伊德精神分析理论的评价

弗洛伊德创始的精神分析，尽管片面但却深刻，在心理学史上有着不容忽视的重要性。正如著名心理学史家波林所说："谁想在今后三个世纪内写出一部心理学通史而不提弗洛伊德的姓名，那就不能自诩是一部心理学的通史了。"（波林，1981，p.814）

（一）弗洛伊德理论的贡献

弗洛伊德对于心理学和精神病学乃至于整个人类文化的贡献是多方面的。

1. 开创了无意识的研究领域

在弗洛伊德以前,心理学主要研究意识现象。例如,科学心理学的鼻祖冯特研究构成意识的主要元素,与之同时代的意动心理学家布伦塔诺虽反对冯特研究意识活动的内容,但仍将心理学的研究对象限定为感觉、知觉、思维和想象等意识活动的形式。在冯特之前的哲学心理学家中,虽然莱布尼茨、赫尔巴特和费希纳等人研究过无意识现象,但对无意识进行系统全面深入研究的无疑始于弗洛伊德。弗洛伊德把无意识现象看做人类心理的主要方面,用临床方法,对无意识的形式规律和内容进行了系统的揭示,扩大了心理学的研究领域。

2. 开辟了心理学新的研究领域

弗洛伊德的精神分析开辟了性心理学、动力心理学和变态心理学等新的研究领域。

弗洛伊德的精神分析,常被称为泛性论,因为他特别强调性本能的动机作用,并把一切看似与性无关的活动,如婴儿吸吮母亲的乳头、儿童的学习、成人的劳动等活动,都与具有性色彩的心理能量的运动联系起来。由此看来,他对性的象征心理和性本能的研究是独特的、深刻的,特别是它打破了文明时代对性研究的禁忌,使性心理有可能进入科学研究的视野。

弗洛伊德不满足于传统心理学对心理和行为的表面描述,而是用能量和系统的观点来考察它们背后的机制。他提出人类的心理可以分为意识、前意识和潜意识三个层次,分为本我、自我和超我三个结构,本能欲望构成了心理能量的动力,并驱动人格的发展呈现出五个阶段,从而开创了动力心理学研究这一新领域。

弗洛伊德对精神病、神经症的变态心理的研究迥然不同于传统,他用潜意识理论对变态心理和行为的形成原因以及有效的治疗方法进行了全新的而且是系统的研究,开创了现代心理治疗新领域。至今,精神分析还是心理治疗的基本范式。

3. 极大地影响了社会科学的各个领域

弗洛伊德的精神分析理论揭示了人类深层心理和整个的人格,成为一种可以解释个人、文化和社会历史的世界观和方法论,因此,它超越了心理学的范围,对社会科学的广泛领域产生了深刻的影响。例如,在哲学、历史、文学、艺术、美学、社会学、教育学和人类学等社会科学领域都留下了精神分析影响的深刻烙印,以至可以把社会科学的发展划分为前弗洛伊德和后弗洛伊德两个时期。

(二)弗洛伊德理论的局限

尽管弗洛伊德理论的贡献是巨大的,但是由于种种原因,它也存在明显的错误和不足。

1. 非理性主义倾向

弗洛伊德把潜意识看得比意识更重要,而且潜意识的主要内容是与社会相对立的本能欲望和冲动,这就从根本上否定了意识是心理的实质,否认了意识的主导作用。

2. 生物学化的倾向

弗洛伊德精神分析的整个体系是建立在生物学基础上的,因为他认为心理能量来自于本能冲动,心理结构的基础是本我,心理发展始终以身体不同区域即动欲区的快感为中心。这些基本的假设使他的整个学说的前提和基础就是生物学,所以,他对个人和人类的一切行为,无论是正常的还是病态的解释,都具有生物学的色彩。例如,他把宗教和道德解释为人类普遍的神经症,提出俄狄浦斯情结是它们的根源,结果是抹杀了人与动物的区别,抹杀了人的社会性本质,抹杀了社会文化环境对人的心理发展的重要作用。

3. 方法论上的局限

弗洛伊德的精神分析理论来源于他对精神病和神经症患者的治疗实践,因此他得出的是变态心理规律。但他把它们推论到所有正常人身上,结果就把正常人和变态患者混为一谈,把变态心理普遍化、绝对化了,在方法论上犯了以偏概全的错误。而且,他忽略个体和群体、个体心理和社会心理、本能和文化的差异,用关于个体、个体心理和本能的精神分析理论来解释人类社会文化和历史现象,这同样犯了方法论上的错误,体现了他持有一种庸俗的唯物论和形而上学的还原论。

第三节　其他早期精神分析学家的观点

20 世纪 20 年代,正当精神分析学开始受到国际学术界的关注和承认的时候,精神分析的内部却开始发生分裂,并且在此后精神分析的发展过程中,内部又多次发生分裂。这里要介绍的是其他早期精神分析学家的观点,他们都曾经追随弗洛伊德,但由于观点的差异,最终与他分道扬镳,另创自己的理论。他们的观点,对后来的精神分析学家影响巨大,可以看做从古典精神分析向新精神分析过渡的产物。

一、荣格的分析心理学

荣格(Carl Gustav Jung, 1875—1961)是瑞士著名心理学家和精神分析学家,分析心理学的创始人。荣格创造性的思想其实早在他遇见弗洛伊德以前就已经萌芽。1902 年,他的博士论文《论所谓神秘现象的心理学和病理学》就反映了他的学术兴趣和对心理现象的不同于弗洛伊德的更深邃的理解力。

(一)荣格的生平

荣格生于瑞士康斯坦茨湖畔的凯斯威尔小镇。他的祖父是当地一位很有名望的医生,对他选择医生的职业影响很大。他的父亲是个牧师,母亲是一位神学家的女儿,因此,他家里的宗教气氛十分浓厚。这对他以后试图在分析心理学中调和宗教传统和现代科学有着重要的影响。

荣格于 1900 年从瑞士的巴塞尔大学医学院毕业,同年成为苏黎世大学伯格尔私立精神病院的助理医生,这时恰逢弗洛伊德的《梦的解析》出版。他阅读了此书,但由于当时他还没有与神经症和精神病患者接触的丰富的临床经验,所以对弗洛伊德的观点没有留下深刻的印象。在随后的几年中,他和同事们做了大量的字词联想测验,发现了神经症和精神病患者确实存在压抑的思想观念和情感丛——后来被他称为情结。由于他的实验为弗洛伊德对潜意识的动力学的假设提供了有力的支持,从 1906 年开始,他与弗洛伊德开始了通信,当时弗洛伊德的理论还没有得到医学界的承认。1907 年,两人在维也纳弗洛伊德的家中首次见面,就连续交谈了 13 个小时,两位心理学的巨人相互欣赏,弗洛伊德视荣格为自己事业的接班人。在此后的六七年里,荣格和弗洛伊德以及其他精神分析学家广泛合作,这也为他日后创立自己的分析心理学奠定了坚实的基础。但是,荣格最终决定要继续自己早年就有的对人类精神现象的直觉和经验,而不是放弃自己的既有观点,盲目地追随弗洛伊德及其精神分析。在 1912 年,他写了《里比多的变形与象征》(英文名为《无意识心理学》),用神话分析的方法来解释梦和幻想,提出了对里比多的不同于性欲的理解。1914 年,他与弗洛伊德在学术上的分歧最终导致两人关系的破裂,他也随即退出国际精神分析学会。经过几年的深刻的自我分析和对患者的分析,他于 1921 年出版了《心理类型学》,标志着他走出了自己的心理危机,分析心理学得以创立。从 20 年代直到第二次世界大战爆发,他到非洲、美国、墨西哥、新西兰和印度等地考察了原始部落,为自己从临床经验和神话学研究中提出的集体潜意识理论找到了更多的接近于人类学研究的佐证。30 年代以后,他的论述除了涉及心理学和精神病学外,更是广泛涉及人的本性、象征、神话、文学、艺术、炼金术和宗教等领域,从而使分析心理学成为人类 20 世纪科学和文化史上最显要的理论之一,他也成为 20 世纪最重要的思想巨人之一。

荣格的一生论著甚丰,他的主要著作除了以上列出的两本以外,还有《分析心理学的贡献》(1928)、《寻求灵魂的现代人》(1933)、《分析心理学的理论与实践》(1958)、《回忆·梦·思考》(1961)和《人及其象征》(1961)等。

（二）荣格的分析心理学思想

荣格把自己的思想叫分析心理学,是为了区别于弗洛伊德的精神分析和另外一位早期的精神分析学家阿德勒的个体心理学。同时,荣格认为,分析心理学实际上可以包括一切潜意识心理现象的学说。因为他所理解的心理能量是中性色彩的、动力学的,所以无论是弗洛伊德的强调心理能量的性欲本质,还是阿德勒的强调心理能量的权力本质,都属于他的心理能量的动力学,即分析心理学。

1. 字词联想实验与情结理论

荣格和他的同事 1904 年在伯格尔私立精神病院对患者做了大量的字词联想实验,并据此提出了著名的情结理论。这不仅直接证明了弗洛伊德所谓的潜意识现象的存在,而且为他的分析心理学的心灵自主性概念提供了启示,并首次给他带来了很大的国际声誉。

字词联想实验是由英国的高尔顿于 1879 年开创的,后被冯特引入实验心理学,但他们都是从意识或联想的反应时角度来研究问题的,荣格则用这项技术来协助诊断患者的心理症结。具体的方法是,用一张单词表对被试进行测试,主试每念一个词,就要求被试迅速说出联想到的第一个词。荣格发现,患者对有些联想词会做出不同寻常的反应,包括反应时的延长、对反应词的再现错误、对反应词的重复。他把这些联想词叫做"情结指示词"。也就是说,通过对这些词的分析,就可以探测出患者心理的症结所在。

荣格在联想实验的基础上提出了著名的情结理论。他认为,情结是构成整体人格结构的一个个独立的单元,它是自主的,带有强烈的情绪,因而有自己的驱力;情结是潜意识的,但足以影响意识活动;情结属于个体潜意识的范畴,它是集体潜意识或原型和个人经验相联合而形成的;情结是人人都有的,但在内容、数量、强度和来源上因人而异。荣格认为,情结主要来源于童年的心理创伤和道德与人性的冲突。例如,一个人在儿童期经常受到父母和家人的过分关心,就会形成"自我中心情结";一个人的攻击驱力和他认为的攻击是有害的、邪恶的道德观念之间的冲突,会导致其压抑侵犯驱力,从而产生自责、自罪、自杀和焦虑情绪。

2. 人格结构理论

荣格把整个人格叫做"心灵"。他认为,心灵包含一切意识和潜意识的思想、情感和行为。它由意识、个体潜意识和集体潜意识三个部分组成。

意识是人的心灵中唯一能够被个体直接感知到的部分。自我是意识的核心,它由各种感知觉、记忆、思维和情感组成。意识和自我是一致的,都是为了使人格结构保持同一性和连续性。同时，意识也在不断发展，重新塑造和完善新的自我，他把这一过程叫做个性化（individuation）。荣格认为，个性化或人格的发展并不是以自我为主体的，人格的主体是潜意识的自性（the Self）。

个体潜意识是靠近意识的心灵，处于"潜意识的表层，它包含了一切被遗忘了的记忆、知觉以及被压抑的经验"（胡寄南，1985，p. 286）。个体潜意识是发生于个体身上的个体经验。它的内容是情结，即潜意识中的情感观念丛。个体人格大多是由其所具有的各种内容、强度、来源等不同的情结所决定的。例如，一个人对父亲的体验可以构成一种情结。那么，当父亲出现，或只要提到父亲，就会引起他的某种情绪反应，使其正常的思维活动难以顺利进行，但是他对此却没有意识到。荣格认为，心理治疗就是要帮助患者从情结的束缚下解放出来。但是，他后来认为，情结不只是消极的，实际上它常常是灵感和创造力的源泉。他还认为，情结并非源于个体的童年经验，而是根源于集体潜意识。例如，个体的父亲情结实际上并不来源于他对自己真实父亲的体验，而是根源于人类历史上好父亲和坏父亲的原型。

集体潜意识位于心灵的最深层。荣格常把它和原型、原始意象、本能等概念混用。它一般是指人类祖先经验的积淀，是人类作出特定反应的先天遗传倾向；它在每一世纪只增加极少的变异，是个体始终意识不到的心理内容。集体潜意识的概念深奥难解，既是荣格最伟大的发现，又引发了最大的争论。

荣格认为，集体潜意识的主要内容是本能和原型。本能是先天的行为倾向，原型是先天的思维倾向。原型不能在意识中直接表现，但会在梦、幻想、幻觉和神经症中以原始意象或象征的形式表现出来。荣格用了几十年来研究原型，认为原型的数目是无限的，但最重要的有：人格面具、阴影、阿尼玛、阿尼姆斯、阴影和自性。

人格面具是一个人在公开场合展现出来的人格方面，使人能够对外部世界作出恰当的反应，以得到社会的认可。但过分认可人格面具，会导致对真实自我的过分压抑。因此，从心理健康的意义上看，必须在人格面具和真实自我之间保持平衡。

阴影是心灵中遗传下来的最阴暗的、隐秘的、低劣的方面。一方面，它与个体潜意识有联系，包括一个人违背道德的所有的体验；另一方面，它与集体潜意识相连，包括心灵内部所有最受压抑的或不发达的部分。例如，人的肉体或生物性的体验常常属于阴影的范畴，但却是生命力、自发性和创造性的源泉。另外，阴影常被个体投射出去，这是造成个人的人际冲突和人类战争的心理机制。

阿尼玛和阿尼姆斯即女性意象和男性意象。阿尼玛是男性心灵中的女性成分,阿尼姆斯是女性心灵中的男性成分。它们产生于男女在世代交往中对异性的态度和体验。例如,它们常常被投射到明星和公众人物身上,造成了狂热;也被投射到自己的恋人和配偶身上,造成了迷恋。荣格认为,它们可以充当人们探索心灵内部世界的向导,对人格具有建设性,但也可能具有破坏作用。

自性是整个意识和潜意识的人格的代表,又是其核心,是人格发展力争达到的最高目标。它具有超越功能,即产生一种使对立面趋于统一的力量,从而使人格的各个方面保持和谐与平衡。

3. 心理类型学

荣格在 1913 年的慕尼黑国际精神分析大会上首次提出内倾和外倾人格,1921 年,他在《心理类型学》一书中阐述了完整的心理类型学说。荣格对心理类型的研究在分析心理学中占有重要的地位,同时,也使他成为人格类型和人格差异研究的重要开拓者之一。

首先,荣格把人的态度分为内倾和外倾两种类型。内倾型人的心理能量指向内部,易产生内心体验和幻想,这种人远离外部世界,对事物的本质和活动的结果感兴趣。外倾型人的心理能量指向外部,易倾向客观事物,这种人喜欢社交、对外部世界的各种具体事物感兴趣。

其次,荣格认为有四种功能类型,即思维、情感、感觉和直觉。感觉是用感官觉察事物是否存在;情感是对事物的好恶倾向;思维是对事物是什么作出判断和推理;直觉是对事物的变化发展的预感,无需解释和推论。荣格认为人们在思维和情感时要运用理性判断,所以它们属于理性功能;而在感觉和直觉时没有运用理性判断,所以它们属于非理性功能。

荣格把两种态度和四种机能类型组合起来,构成了八种心理类型:

外倾思维型。这种人喜欢分析、思考外部事物,尊重客观数据,生活有规律,客观而冷静,但比较固执己见,情感压抑。例如,工程师、会计师常常属于这种类型。

内倾思维型。这种人易受主观思想的影响,喜欢离群索居,独自追求自己的思想,常有创造性思想产生,但较孤僻和冷漠。例如,哲学家、思想家常常属于这种类型。

外倾情感型。这种人易受社会情境控制,非常注重与他人建立和睦的关系,思维常被压抑,没有独特的观点和见解。荣格认为,女性,尤其是在大学工作的女性多为这种类型。

内倾情感型。这种人较难接近,难以被人理解,气质属于抑郁质。内心有强烈的情感体验,多在宗教和诗歌中表达深刻的感情。荣格认为,这种类型多为女性。

外倾感觉型。这种人易对外部现实中的具体事物发生兴趣,感觉敏锐,精明求实,情绪活泼,富于魅力,但易变成追逐感官享乐的人。例如,校对员、品酒师、美食家和文艺鉴赏家常常属于这种类型。

内倾感觉型。这种人易对事物有深刻的主观感受,或对客观现象做主观解释,但缺乏思想和感情,往往通过艺术形式表现自我。例如,肖像画家常常属于这种类型。

外倾直觉型。这种人易对外部的变化有直觉,具有创造性,爱好广泛,但是做事仅凭主观预感,且缺乏耐心,难以坚持到底。例如,政治家和商人多属于这种类型。

内倾直觉型。这种人易脱离现实,富于幻想和想象,体验奇特怪异,不易被人理解,无法与人有效地交流。例如,幻想家、预言家和宗教界人士多为这种类型。

荣格划分的这八种类型是极端情况,实际上个体的性格往往是某种性格类型占优势,还有另外一种或两种性格类型居于辅助位置。他的心理类型理论已被实验心理学家证明是基本可信的。美国心理学家布里格斯和迈尔斯母女在荣格的理论基础上又增加了判断和知觉两种功能类型,这样就构成了 16 种人格类型。她们将其编制成《迈尔斯-布里格斯类型指标》(MBTI),该量表自 1976 年正式形成和发行,在人力资源测评中发挥了重要作用,从而把荣格的心理类型理论与实践紧密结合了起来。

4. 心理动力学

人格结构要正常活动,需要一个动力系统。荣格认为,心灵的能量来自外界或身体,但是,一旦外界能量转化为心灵的能量,就由心灵来决定其使用。我们的感官不断地从外界接受能量,每个心理系统也会从身体接受能量,它们使心灵处于不断变化的状态。荣格认为,心理能量也能转化为生理能量。他所理解的心理能量是一种普遍的生命力,不是性本能。他借用物理学的能量守恒原则来解释心理,即能量在心理结构中可以转移,并且可以把某一结构的部分特征也转换过去。例如,一个外倾思维型的工程师可能把被压抑的性欲望的能量用到他的工作中,并在努力工作中部分地获得性欲望的满足。或者,能量也可以从意识中转入潜意识中,如通过幻想或梦的形式表现出来。荣格还用熵原则来解释心灵结构之间的平衡,即不同的心灵结构之间存在心理能量的差异越大,心理紧张越大,持续的时间越久,获得解决后的满意感也越强。

荣格认为,心理能量有前行和退行两种流动方向。前行是有意识地适应外部世界的方向,即努力与环境的要求保持一致;退行则是潜意识地满足内在的要求,即激活被排斥的潜意识内容产生新的机能以适应现实。他认为,前行和退行的适当调整对于人格发展和心理健康是至关重要的。

荣格主张,心理的动力不仅遵循因果性原则,还符合目的性原则。因果性原则即承认过去的经验对当前的行为具有影响;目的性原则即认为未来的目标和欲望也会对当前行为产生影响。例如,他认为梦不仅可以用童年期的经验加以还原论的解释,而且可以是对未来的预演,反映了梦者对未来的期望。

5. 心理发展阶段理论

荣格认为,心理发展的最终目标是个性化,其中要经过一系列的发展阶段。他早年把人生划分成四个阶段:(1)人生第一年;(2)童年期到青春期;(3)青春期到整个成年期;(4)老年期。后来在《人生的阶段》(1930)一文中他又做了修正。

第一阶段是童年期(从出生到青春期):最初是无序阶段,儿童只有零散、混乱的意识,尚没有出现自我;然后是君主阶段,儿童产生了自我,出现了抽象思维的萌芽,但缺乏内省思维,以第三人称来指代自己;最后是二元论阶段,儿童出现内省思维,自我被分为主体和客体,儿童逐渐意识到自己是一个独立的个体。

第二阶段是青年期(从青春期到中年):随着自我意识的发展,年轻人需要摆脱对父母的依赖。但是,心理发展还不成熟。他们在面对学业、职业和婚姻等外部问题和内部的各种问题时,易盲目乐观或盲目悲观。荣格认为这一阶段是"心灵的诞生"阶段,即个体独立的心灵的产生时期。要顺利渡过这一时期,必须克服童年期的狭窄意识,努力培养意志力,使自己的心理和外部现实保持一致,以便在世界上生存和发展。

第三阶段是中年期(女性从 35 岁,男性从 40 岁开始直到老年):这是荣格最为关注的时期。中年人往往在社会上和家庭生活中都已经扎下根基,取得了辉煌的胜利,但是,却面临着体力的衰退、青春的消逝、理想的暗淡,从而出现心理危机。荣格认为,要顺利渡过这一时期,关键是懂得放弃青年时期的外倾目标,要把心理能量从外部转向内部,体验自己的内心,从而懂得个体生命和生活的意义。

第四阶段是老年期:老年人易沉浸在潜意识中,喜欢回忆过去,惧怕死亡,并考虑来世的问题。荣格认为,老年人必须通过发现死亡的意义才能建立起新的生活目标。他强调心灵的个性化,即追求最高目标——自我实现实际上要到死后的生命中才能实现,它意味着个人的生命汇入到集体的生命中,个人的意识汇入到集体潜意识中。这带有一些神秘色彩,但也蕴涵着人生的智慧和哲理。

（三）对荣格分析心理学的评价

荣格和弗洛伊德一样,虽然是受到很大争议的心理学家,但是他们及其思想都具有不可忽视的重要性。我们有必要对荣格的分析心理学进行辩证客观的分析。

1. 分析心理学的贡献

首先,分析心理学扩展了心理学的研究领域。荣格用集体潜意识理论对人类历史上诸多难题进行了研究,如:宗教问题、炼金术、神话、象征、梦和超感官知觉,他的研究对人们极具启发性。例如,他在研究宗教问题时,撇开了固定的理论化的宗教教条,而抓住鲜活的非理性的宗教体验,将宗教现象解释为个体的意识自我遭遇到潜意识中的自性原型象征,上帝意象就是自性象征之一。他把宗教心理学化,并把心理学宗教化。这为人们理解宗教心理体验和人的心理的深层提供了独特的视角。

其次,荣格开创了个体差异研究中的新领域。他的心理类型理论使他成为人格类型研究方面的先驱和最重要的代表之一。他的类型理论已经得到广泛的验证和认可,并被改编成人格类型问卷,在教育、管理、医学和文学等领域有实际的应用。

再次,荣格的字词联想实验和情结理论对西方心理学的影响很大。他的字词联想实验经过后人的改进,成为当代心理学研究的重要手段之一。测谎仪就是据此研制出来的。情结的概念是当代心理学普遍认可的基本概念。

最后,荣格式的心理治疗理论对其他学派的心理治疗家影响很大。荣格认为在心理治疗中要特别注意两点:一是不能过分拘泥于某种理论、概念和方法,而要完全站在为患者服务的角度,做到法无定法;二是强调对患者起治疗作用的不是分析家的技术,而是分析家的人格,或者,分析家与患者的相互作用对于治愈患者是至关重要的。他的这些观点和做法无疑已经成为现代各派心理治疗共同认可的要义,尽管由于种种原因,有些心理治疗学派并不公开承认接受过荣格式分析的影响。

2. 分析心理学的局限

荣格学说的核心和基石是集体潜意识概念,而集体潜意识是不可证明的"物自体",其存在只能根据一些效应来推测。他常常是根据精神病患者的妄想、炼金术士的幻想、人的梦、人类的宗教和仪式、人类的文学和历史、动物的精确复杂的本能行为等来论证集体潜意识的存在,但其实这些还不能算是科学的证明,只是一种解释。分析心理学是建立在解释学基础上的学说,而非实证主义基础上的科学理论。由于荣格本人有时混淆了这里的区别,所以导致他的学说本身确实存在逻辑不一致、含糊晦涩之处。而读者由于对此中原因不明,也常常感到困惑。

荣格崇尚直觉、整体论、目的论,不愿拘泥于可知觉的、相互分离的、机械因果的现实世界,这使他学说不可避免地具有较浓厚的神秘主义色彩。例如,他的集体潜意识概念本身就具有浓厚的神秘色彩,因为它意味着个体心灵和他人及祖先心灵的相通性、个体意识和宇宙意识的相通性、个体生命和人类生命的相通性等。

荣格和弗洛伊德一样,过分夸大了潜意识的作用,把意识降低到了附属的地位,这不符合人类心理的现实,容易导致非理性主义。另外,他只从心理学的角度分析并认为意识起源于集体潜意识的心灵,没有看到在意识起源中起决定作用的是社会环境和人类的生产生活实践,否认了心理活动的客观来源和心理发展的动力源泉,在历史观上陷入了唯心主义。

(四) 后荣格分析心理学

后荣格分析心理学是荣格的追随者们在 20 世纪中叶以后逐渐建构的。1948 年,第一所荣格学院在瑞士的苏黎世建立,专门培养荣格式治疗的心理学家,此后,其他国家也相继建立了分析心理学组织。它的中心在瑞士、英国和美国,已经成为一个有国际影响的心理学派别。这些组织继承和发展了荣格的主要心理学思想,特别是原型理论和心理治疗技术,同时也吸收了精神分析和其他心理治疗的理论、方法。

后荣格分析心理学内部实际上又可以分成几个派别。按照理论研究和临床实践上的差异,共有三个派别:(1)经典学派。这一派在理论上最重视自性原型,其他原型次之,最不看重早期经验和人格发展。在临床上最强调对自性象征的体验和分析,然后才是对移情和反向移情的分析。(2)发展学派。这一学派在理论上最注重人格的发展,其次是自性原型和其他原型。在临床上强调对移情和反向移情的分析,然后才是分析自性原型和其他原型经验。(3)原型学派。这一学派在理论上强调将意象看作原型的重要性,其次是自性概念,最后是人格发展。在临床上,最注重对意象的考察,其次是分析自性的象征经验,最后是分析移情和反向移情。

总的来看,荣格分析心理学的特点和发展趋势是:第一,思想观点呈现出多样性。三个后荣格学派就反映了分析心理学内部的分歧和张力。第二,理论更多地与治疗的实际相结合。后荣格学派的分析心理学家注重吸收和融合其他治疗学派的思想和技术,如精神分析特别是对象关系学派人本主义和存在分析等,因此,理论与治疗的实际结合更加紧密。第三,在继承荣格思想的基础上对其进行了进一步的发展。后荣格学派并非墨守成规,而是大胆地修正了荣格的观点。例如,他们批评荣格的思想中缺乏个体发展的模型,强调把成人的人格和神经症追溯到童年期的经验的重要性;主张在分析原型体验时,除了从先天的、遗传的、人类共有的维度出发外,还应注重个人的、家庭的和社会的维度;批驳荣格把自性原型看做心灵的最高统治者的观点,认为各种原型是平等的,从而重视各种心灵体验本身,而不必过分强调心灵体验的统一性和整合性;等等。第四,加强了分析心理学的科学色彩。由于科学性是心理学主流所强调的,因此,后荣格学派力图减少荣格思想的神秘性,例如他们把晦涩难懂的荣格的思想通俗化;探讨荣格思想与生态学、生物学、神经学、语言学和人类学等学科的内在联系;更加强调后天经验,如家庭和社会环境对本质上是先验的原型象征的影响;用临床方法和实证分析来为其理论提供证明;等等。

二、阿德勒的个体心理学

阿德勒是最早与弗洛伊德决裂另创自己理论的精神分析学家。他的个体心理学对后来的新精神分析和儿童教育等领域产生了重要影响。

(一) 阿德勒的生平

阿德勒(Alfred Adler,1870—1937)是奥地利著名心理学家、精神分析的早期代表,个体心理学的创始人。他出生于一个富裕的犹太商人家庭,上有哥哥和姐姐。他年幼时患有佝偻病,使他身材矮小;又患过肺病,几乎丧命。这些不幸的经历使他对身体的缺陷特别敏感,在与哥哥的比较中充满了自卑感。后来他提出克服自卑感和追求优越是人格发展的动力,正和他本人的早期经历有着密切的关系。

1888年阿德勒考入维也纳大学医学院,1895年获得医学博士学位。由于对身心的有机统一性的兴趣,他比较关注精神病学。在读了弗洛伊德的《梦的解析》后,他为弗洛伊德的观点做辩护。因此,1902年弗洛伊德邀请他帮助组建维也纳精神分析协会。1910年,他任维也纳精神分析协会的主席和《精神分析杂志》主编。尽管他是早期精神分析中的重要成员之一,但从未与弗洛伊德建立亲密的个人关系,这在很大程度上是由于他一直对弗洛伊德过分强调神经症中的性因素的观点持保留或反对态度。1907年,阿德勒发表《器官缺陷及其心理补偿的研究》,明确揭示了他与弗洛伊德的观点分歧。1911年,他又连续发表文章,表明自己对精神分析性倾向的反对态度。同年,他辞去维也纳精神分析协会主席一职,退出精神分析协会,与弗洛伊德分道扬镳。

不久,阿德勒组建了"自由精神分析研究协会",1912年改名为"个体心理学"协会,并逐渐发展为一个有广泛影响的个体心理学派。他致力于把自己的理论与儿童抚养和教育的实际相结合。1920年,他与他的学生一起在维也纳30多所中学开办了儿童指导诊所,为他赢得了国际声誉。此后,他到欧美各国演讲,受到热烈欢迎。1927 年受聘为美国哥伦比亚大学教授,1932 年任长岛医学院教授,1934 年定居美国。

阿德勒的主要著作有:《器官缺陷及其心理补偿的研究》(1907)、《神经症的性格》(1912)、《个体心理学的实践与理论》(1919)、《生活的科学》(1927)、《理解人的本性》(1929)、《生活对你应有的意义》(1932)和《儿童的教育》(1938)等。

（二）阿德勒个体心理学的主要思想

阿德勒之所以把自己的思想称为个体心理学,是为了强调人是一个不可分割的实体,有自己的独特目的,不断在寻求人生意义和追求理想,并且是一个与社会和他人不可分割的有机整体。他认为,要理解这样的个体,就只有通过理解他与其他社会成员联系的途径才能实现。

1. 追求优越

阿德勒相信人类的行为是以社会文化而非生物学为取向的。1907 年他提出"自卑感及其补偿",1908 年又提出"侵犯驱力和男性抗议"是人的行为的核心动力,1912 年改用中性化的术语"追求优越"来加以表述。在他看来,追求优越是人们行为的根本动力。

阿德勒认为,追求优越既是与生俱来的又是后天发展出来的。人在刚出生时,它只是作为潜能。但从 5 岁开始,则开始确立优越的目标,以带动心理的发展。他认为,追求优越和自卑感是密切联系的,是对自卑感的补偿。例如,一个人从小就体弱多病,他可以树立成为运动员或科学家、艺术家等目标,以此来补偿自己的自卑感,这也就构成了个体独特的心理发展过程。

阿德勒区分了追求优越的两种不同方法。一种是只追求个人优越,很少关心他人,其行为往往受过度夸张的自卑感驱使。例如,违法犯罪的人属于此类。他也提出,有些人关心他人和社会只是表面现象,实际上还是只关注个人利益。这些都是病态的追求个人优越。另一种是追求一种优越、完善的社会,使每个人都获得益处。他指出,这种人关注社会发展而不是个人利益,其成功感和价值感与其对社会的贡献密不可分。这是一种心理健康的追求个人优越的方式。

2. 自卑与补偿

阿德勒把自卑与补偿看做追求优越的动力根源。但他对自卑与补偿的本质的看法经历了扩展和修正的过程。

1907 年,阿德勒认为自卑与补偿是针对特定的生理缺陷的。例如,口吃的人会对自己的语言表达感到自卑,并促使他们加强这方面的训练,这样有可能成为演说家;体弱的人会对自己的体质感到自卑,通过加强身体锻炼,可能成为举重运动员;等等。他认为,个体对于其器官缺陷的态度至关重要,而且不是每个有器官缺陷的人都能发展出相应的能力。1910 年以后他提出,自卑与补偿其实应从针对特定的器官缺陷扩展到针对人在生理和社会等方面处于低劣状态的普遍情境。他指出,自卑与补偿是与生俱来的。因为人在婴幼儿时期,在生理、心理和社会三方面都处于劣势,需要依赖成年人才能生存,他们由此必然产生自卑和补偿。当然,这种自卑与补偿在大多数情况下是正常的健康的反应,可以驱使人们实现自己的潜能。但是,如果不能成功地进行补偿,就会产生自卑情结,导致心理疾病的发生。

3. 生活风格

阿德勒认为,每个个体追求优越的主客观条件不同,例如,目标不同、能力不同和社会环境条件不同,因此个体获得优越的方法也不同。他把个体追求优越目标的方式称为生活风格。他认为,一个人的生活风格也就是一个人自己的人格,是人格的统一性、个体性,是一个人面对问题时的方法和希望对人生做出贡献的愿望等。

阿德勒认为,生活风格在五岁左右就基本形成了,尽管此时儿童由于年幼还意识不到自己的生活风格,它只是潜意识地表现出来。儿童最初形成的生活风格取决于其家庭关系、生活条件和社会环境。例如,父母如果经常嘲笑儿童的身体缺陷或无能,使他体验到自卑,他就会力求补偿,这就是其生活风格;儿童以父母或某种现象作为自己的追求目标,那么其生活风格就会在这种追求中得到某种发展。

阿德勒提出了三种途径来帮助理解一个人的生活风格。

第一是出生顺序。阿德勒十分看重出生顺序对儿童的心理影响。他指出,在家庭中,父母对子女教养的方式或给予的关注会根据子女的出生顺序而变化,同胞兄弟姐妹之间也常常因要争得父母的爱而相互竞争。因此,长子的性格特征是聪明、有成就需要,但害怕竞争;次子喜欢竞争、有强烈的反抗性;最小的孩子有雄心,但懒散、难以实现抱负。独生子女的性格类似于长子,因为其竞争对手往往来自学校的同学。

第二是早期记忆。阿德勒根据人的记忆具有主观性、创造性和想象性的特点,认为个体对于自己早年生活的记忆往往为人们了解其独特的个性提供了线索。例如,一个成人追忆其童年的生活是轻松愉快的、自由探索的,那么,其成年后的个性可能仍是充满自信和活力的。

第三是梦的分析。阿德勒认为意识和潜意识共同构成一个统一的整体,因此,梦能够显示一个人的生活风格。例如,一个大学生经常梦见自己找不到教室或害怕上课迟到,可能显示了他在学业上的自卑心理。

4. 社会兴趣

阿德勒在后期的研究中把个体和社会联系了起来。他相信,社会性是人的本性,社会兴趣是人类必不可少的。他认为,社会兴趣是指个体对所有社会成员的一种情感,或是对人类本性的一种态度,表现为个体为了社会进步而不是个人利益而与他人进行合作。

阿德勒强调,社会兴趣根植于每个人的潜能中,是在社会环境中发展起来的,特别是早期的亲子关系会在很大程度上影响儿童能否形成成熟的社会兴趣。首先是母亲必须对孩子、丈夫和社会抱正确的态度,其次是父亲必须对孩子、妻子、工作和社会抱正确的态度。这里正确的态度是指爱、合作以及诸如此类的行为。他指出,儿童缺乏合作行为,往往跟其有一个不成功的母亲有关;儿童出现情感淡漠、对母亲的神经症似的依恋和神经症的生活风格往往跟其有一个不成功的父亲有关。他相信,正常的儿童在早期就会发展出社会兴趣,而不是像弗洛伊德认为的那样是自恋的;自恋是由于缺乏社会兴趣而造成的诸多的神经症形式中的一种,通常跟不正常的母子关系有关。

阿德勒指出,可以通过人们的职业选择、参与社会活动和爱情婚姻这三大任务的解决情况来衡量其社会兴趣的发展状况。三大任务的顺利解决反映了个体具有丰富的社会兴趣,反之则是缺乏社会兴趣。缺乏社会兴趣的人会产生两种错误的生活风格:一种是优越情结,即不顾他人和社会的需要而只顾追求个人的优越;另一种是自卑情结,即由于过分自卑而悲观失望,导致各种神经症。他还根据人们所具有的社会兴趣表现的特点,把人划分为四种类型:一是统治－支配型,即喜欢支配和统治别人;二是索取－依赖型,即喜欢依赖或无偿占有别人的劳动;三是回避型,即喜欢回避生活中的问题,以无所作为来逃避失败;四是社会利益型,即能够正视问题,以有益于社会的方式来解决问题。他认为,前三种类型的人的社会兴趣和生活风格都是错误的,只有第四种类型的人具有正确的社会兴趣和健康的生活风格。

5. 创造性自我

阿德勒认为,每个人在形成自己的生活风格时并不是消极被动的,而是能够根据自己的经验和遗传积极地建构它,这也就是创造性自我的作用。也就是说,创造性自我能够使我们成为自己生活的主人,它决定了我们对优越目标的选取、达到目标的方法和社会兴趣的发展。

阿德勒采取了一个"建筑设计"的比喻来说明在人格的建构中遗传、环境和创造性自我各自的作用。遗传和环境提供了建构人格所需的砖和水泥,创造性自我则提供了建筑的设计风格。

阿德勒还强调,创造性自我并不是一个静态的主体,而是一种包含活动在内的动力,因为生活的最显著特点在于它是一种活动,是一种运动的过程。人的行为的目的性、力量、勇气、冲动性和人的气质等都反映了生活的动力学本质,因此,为生活负责的创造性自我就必然具有动力学本质。他认为,创造性自我决定了人的心理健康与否、社会兴趣正确与否。

阿德勒的创造性自我的思想与行为主义的"刺激-反应"模式是针锋相对的,他极其重视自我及其创造性在人格形成中的作用。这深深地影响了人本主义心理学家,他们的自我概念都强调人的主观能动性。

(三)对阿德勒个体心理学的评价

阿德勒的个体心理学对西方心理学有重要的贡献,又有明显的局限性。

1. 阿德勒个体心理学的贡献

首先,阿德勒的个体心理学对当代西方心理学产生了广泛的影响。他反对弗洛伊德强调生物学因素,倡导社会文化因素在人格形成和发展中的作用,这种思想影响了霍妮、沙利文和弗洛姆等精神分析社会文化学派的成员,使他成为精神分析社会文化学派的先驱。他注重个体的创造性和对理想目标的追求,对人生持乐观态度,这对奥尔波特、罗杰斯、马斯洛和罗洛·梅等人本主义心理学家有重要影响。他重视意识自我的重要性,推动了自我心理学的研究。

其次,阿德勒的个体心理学确立了心理学的社会价值取向。心理学所研究的人并非是自然人,而是处在与他人和社会的关系之中的人。这是符合马克思主义的观点的,尽管阿德勒并非马克思主义者。他正确地认识到培养健康的社会兴趣的重要性,强调与他人相处的艺术,反对以自我为中心,倡导以社会为中心。他所确立的心理学的社会价值取向一反西方心理学中长期以来的个人价值取向,具有重要的开创意义。

再次,阿德勒的个体心理学提出了整体研究的方法论原则。自从冯特创立了科学心理学以来,心理学的主流主要采取分析研究的方法论原则,即主张对心理现象进行分析和还原。分析研究的方法论虽然有助于我们对心理现象的局部和个别的精确了解,但一味强调这种方法的科学性,排斥整体研究的方法论,却可能导致丧失对心理现象的整体和一般的正确的把握,导致我们犯"盲人摸象"的错误。他的个体心理学把人看成有机的整体,强调意识和潜意识、主观性和客观性、个体性与社会性都是相互联系的,不可截然分割的。他在研究个体时,是把其放在家庭和社会的意义场中进行的,他对个体的自卑及其补偿、追求优越、社会兴趣、创造性自我和生活风格等的研究突出了完整的人与社会的相互作用,试图全面地研究人。他对人的这种研究虽然还是过多地停留于主观上,但无疑对整体研究的方法论有促进作用。

最后,阿德勒的个体心理学推动了心理学走向应用。他非常重视心理学知识的实际应用。他和他的追随者开办了多家儿童指导诊所,积极倡导家庭环境对儿童人格的决定作用,呼吁家庭和学校要培养儿童的正确的社会兴趣,为儿童教育提供了实际的指导,有助于减少儿童和成人的违法犯罪和各种社会问题。历史证明,阿德勒成功地走出了一条将心理学理论与实际相结合、积极开展理论的应用研究的道路。他为后人如何促进心理学的发展和应用提供了有益的启示。

2. 阿德勒个体心理学的局限

首先,阿德勒的个体心理学仍然带有强烈的非理性主义色彩和生物学化的倾向。例如,他虽然强调意识自我和社会环境对人格发展的作用,但是仍然将潜意识的因素和生物因素作为最基本的制约因素。他认为作为人格发展动力的追求优越和人格发展的原因的自卑及其补偿,实际上主要是潜意识地发挥作用的,而且根源于儿童的器官缺陷或先天的由生物本能决定的软弱无能。

其次,阿德勒的个体心理学对人性的社会本质的看法仍然是肤浅的。例如,他把心理疾病的原因仅仅归结为缺乏社会兴趣和错误的生活风格,没有看到社会的异化是人性扭曲的根源。

再次,阿德勒的个体心理学带有较强的主观性和片面性。他在研究方法上强调把个体作为一个完整的有机体来分析,但是,他把整体与部分、主观与客观截然对立起来,只注重整体的描述和主观的解释,缺乏对某种心理和行为的细致研究,并片面地夸大了某些心理效应。例如,个体心理学中充斥着许多基本概念,如自卑感及补偿、追求优越、社会兴趣、创造性自我、生活风格等,它们相互联系,但却缺乏深刻性和理论的根基;他将自卑感及补偿夸大为人格发展的动因难免给人以主观片面的印象。

最后,阿德勒的个体心理学科学性不强。他使用的许多基本概念缺乏操作性定义,致使很难对它们进行验证。而且,他的学说虽然是建立在临床观察等经验研究的基础上的,但后来的许多研究并未对其科学性提供较多的支持。例如,后人对出生顺序与生活风格的关系的研究表明,出生顺序只是影响性格的一个因素,此外还有性别、年龄差异、气质、文化等其他影响因素,因此无法根据出生顺序对某种性格特质做出一致性假设。

(四) 新阿德勒学派

在阿德勒去世后,他的追随者迅速把他的个体心理学思想加以继承和发展,使之成为新阿德勒学派而闻名于世。目前在欧美已经有按照阿德勒的个体心理学体系培训学员的机构共 30 余家;阿德勒理论研究组织共 100 多个。在美国、德国、瑞士、奥地利、法国、荷兰、意大利和英国等甚至建立了全国性的阿德勒研究学会。在它们的基础上,组建了"国际个体心理学会"。出版的主要刊物有:《个体心理学杂志》、《个体心理学》和《新闻通讯》等。

新阿德勒学派的主要研究兴趣是在临床治疗和教育领域。在临床方面,新阿德勒学派发现,情绪障碍的影响因素主要有:自卑感;个体缺乏恰当的社会兴趣,如以追求更大的个人荣誉为优越目标;对于冒险和全身心地投入生活缺乏勇气;消极被动而不是积极发挥创造性自我的主观能动性;由于知觉和信念的扭曲而导致的学习失败。在心理治疗技术方面,他们将阿德勒的社会兴趣和生活风格等概念编制成问卷,用以测量患者;明确地告诉患者如何发现、确定、矫正自己的生活目标,发展社会兴趣等。新阿德勒学派的心理治疗是一种促进心理成长的疗法,因此它也被扩展到其他的心理治疗中,如认知治疗、行为治疗、存在治疗、人本主义治疗、相互作用治疗和顿悟治疗。

在教育方面,新阿德勒学派的成员建立了许多个体心理学的实验学校。他们用阿德勒的思想方法对学校体系进行改造,在20世纪七八十年代之前曾兴起过个体教育思潮。个体教育思潮和人本主义心理学的教育思潮相互融合,对当代的教育改革和教育理论的发展起到了较大的推动作用。

第八章

精神分析的发展

精神分析在弗洛伊德之后又有了许多新的发展，它们都是基于弗洛伊德理论的某种局限性，从一个新的视角提出的更深入细致的研究，与其他心理学流派和其他文化领域有着密切的联系。因此，精神分析的新发展虽然显示了弗洛伊德的局限性，但更显示了其开创的精神分析具有强大的生命力。

第一节　弗洛伊德之后精神分析的演变

由于种种原因，弗洛伊德创始的精神分析并不是一个统一的派别。一方面，弗洛伊德本人在修正和完善自己的理论，他的弟子不满于他对本能特别是性本能的过分强调，从不同的理论视角纷纷对他的理论提出强有力的挑战；另一方面，时代发展、环境变化导致精神分析发生和流行的场所发生变化，这也必然引起精神分析的变化。总的来说，弗洛伊德之后的精神分析的演变主要有两条路线：一是从精神分析内部进行的修正和发展，早期是由荣格、阿德勒等人进行的，后期包括哈特曼等人的精神分析自我心理学和克莱因等人的精神分析对象关系理论；二是从精神分析外部进行的突破和发展，结合社会学、文化学、人类学和哲学等的成果，出现了像霍妮、弗洛姆等的精神分析社会文化学派、宾斯万格和鲍斯的存在精神分析学和拉康的结构主义精神分析学等。下面简要介绍几条精神分析演变的主要线索。

一、精神分析的自我心理学

精神分析的自我心理学的核心观点是强调自我这一人格结构相对于本我的某种独立性和它本身的极端重要性。第二次世界大战后它的中心从德国移到美国。主要代表人物有弗洛伊德的女儿安娜以及哈特曼、埃里克森、斯皮茨、雅可布森和玛勒等。应该说，在弗洛伊德的理论体系中早就具有自我心理学的思想。经过安娜的整理，德国精神分析学家哈特曼最终建立了自我心理学。根据著名的自我心理学家拉波帕特的看法,精神分析的自我心理学的历史可以分为四个阶段:第一阶段是从 1886—1897 年,弗洛伊德提出最初的防御概念。第二阶段是从 1897—1923 年,弗洛伊德把自我看做一种本能,提出自我本能、自我内驱力和自我里比多学说。第三阶段是从 1923—1937 年,弗洛伊德划分了人格结构中的本我、自我和超我三种成分,给自我以相对独立的地位。安娜进一步强调自我的作用,阐述了自我的防御功能。第四阶段是从 1937—1959 年,即从 1937 年哈特曼在维也纳精神分析学会发表《自我心理学与适应问题》的著名演讲开始,这被看成是自我心理学真正建立的一年。自我心理学家布兰克夫妇把第四阶段的后限延伸到 1975 年,以马勒《人类婴儿的心理诞生》一书的发表为标志。后来他们又将前述的第三阶段(1923—1937)称为早期的自我心理学,第四阶段(1937—1975)称为后期的自我心理学(叶浩生,1998,p. 351)。

二、精神分析的对象关系学派

精神分析的对象关系学派强调本能的对象的重要性,从而把对象关系即人际关系,特别是亲子关系作为理论和临床的中心。弗洛伊德的理论隐含着对象关系的思想,但他主张人际关系的性质受制于本能的内驱力。对象关系理论在 20 世纪 40 年代中期产生于英国,60 年代通过南美洲传播到北美地区特别是美国,随后产生了美国的对象关系理论,到了 70 年代,它在美国呈现出相互融合的倾向。它的主要代表人物有德裔英国精神分析学家克莱因、英国的费尔贝恩、温尼科特和美国的克恩伯格等。

三、精神分析的社会文化学派

精神分析的社会文化学派从社会历史文化的角度,对弗洛伊德的本能决定论和泛性论提出挑战,但是仍坚持潜意识的重要性。它产生于 20 世纪 30 年代末 40 年代初的美国,主要代表人物有:霍妮、沙利文、卡丁纳和弗洛姆。那个时代的社会科学发展以及美国的社会现实都使人们易于相信,人是各种社会文化因素的产物,而不是受本能驱使的动物。精神分析的社会文化学派努力把精神分析的潜意识概念和社会文化因素相调和来解释人的心理问题和社会状况,使弗洛伊德的古典主义在美国完成了它的本土化。

四、存在主义精神分析学

存在主义精神分析学简称存在分析学,它站在精神分析的角度,对存在主义哲学进行心理学改造,使其变成探讨人的心理生活和实施心理治疗的经验科学。它产生于 20 世纪 30 年代的欧洲大陆,五六十年代后流行于美国。主要代表人物早期有:瑞士的宾斯万格、鲍斯和奥地利的弗兰克尔等,后期有:英国的莱因和美国的罗洛·梅、布根塔尔等。那个时代欧美人们的主要心理问题是因战争和经济危机带来的沮丧,很多人丧失了生活的目的和意义感,而这种生存的心理状态正是存在主义哲学关注的主题,所以将存在主义哲学心理学化就是顺理成章的。

五、结构主义精神分析学

结构主义精神分析学是用结构主义哲学特别是结构主义语言学对弗洛伊德的精神分析理论进行的重新解释。它产生于 20 世纪中期,主要代表人物是法国的拉康。它的产生主要是因为:第一,结构主义思潮在当时的人文社会科学中十分盛行;第二,在精神分析内部自我心理学居于霸权地位,并将精神分析主要局限于临床治疗的医学领域,忽视了它在社会文化领域中的广泛意义。因此,结构主义精神分析学意在用结构主义这种普遍的人文社会科学方法对弗洛伊德精神分析进行解读,使之回归。结果使精神分析进一步摆脱了生物学和医学话语,融入当代的人文科学之中。

第二节　哈特曼的自我心理学

哈特曼(Heinz Hartmann,1894—1970)生于德国一个显赫的知识家庭,早年学医获医学博士学位,并选修了许多哲学和社会科学的课程。在获得博士学位后,他在维也纳随安娜学习精神分析。第二次世界大战爆发后,他移居美国,研究自我心理学,主办《儿童精神分析研究》杂志。他曾任纽约精神分析学会会长和国际精神分析学会主席,被认为是第二次世界大战后精神分析自我心理学方面最著名的理论家、自我心理学之父。他的《自我心理学与适应问题》(1939)可以与弗洛伊德的《自我与本我》(1923)相媲美,被誉为自我心理学发展的第二块里程碑。他还出版有《自我心理学文集》(1964)。哈特曼的主要贡献是:澄清了弗洛伊德体系中关于自我心理学的一些模糊认识;把精神分析的一些命题恰当地纳入普通心理学,试图建立精神分析与学院心理学之间的联系。

一、没有冲突的自我领域

哈特曼敏锐地觉察到,古典精神分析在自我的研究方面的最大问题是过于强调自我与本我的冲突,忽视了"没有冲突的自我领域"(the conflict-free sphere)。他所说的没有冲突的自我领域,并非指空间领域,而是指一套心理机能,这些心理机能在既定的时间内可以在心理冲突的范围之外发挥作用。在他看来,诸如知觉、思维、记忆、语言、创造力的发展,以及各种动作的成熟和学习等,都属于自我的适应机能,它们不是自我与本我相互冲突的产物,而是在没有冲突的领域里发展起来的。

哈特曼的整个自我心理学体系都是以没有冲突的自我领域为基础建立起来的。这一概念的提出使精神分析对自我的研究找到了立脚点,扩展了精神分析的范围。所以,他的学说标志着自我心理学的真正建立,他被誉为自我心理学之父是当之无愧的。

二、自我的起源及其自主性的发展

哈特曼认为,自我独立于本我,是与本我同时存在的心理机能。为此他提出,自我和本我都是从同一种先天的生物学禀赋,即"未分化的基质"(the undifferentiated matrix)中分化出来的。一部分"未分化的基质"演化为本我的本能内驱力,另一部分生物学禀赋则演化为先天的自我的自主性装备(the apparatuses of ego autonomy)。他在自我起源问题上的这一修正标志着自我心理学的最重要的进展,显然具有十分深远的意义。

哈特曼认为,自我在发展上也独立于本我的本能发展,他称之为自我的自主性发展。在他看来,自我的自主性发展有两种:一是初级自主性(primary autonomy),一是次级自主性(second autonomy)。初级自主性是指那些先天的独立于本我的没有冲突的自我机能。这种自我机能一旦从未分化的基质中分化出来,就对环境起着适应的作用。在个体的心理发展中,它主要表现为一种自我机能的成熟过程。他强调,自我的知觉、思维、运动机能都有自己独特的结构和发展规律。也就是说,自我的这些特点和发展规律处在现实和本能驱力的影响之外,他称之为自我的初级自主性因素。他论述说,从半岁到1岁起,自我的初级自主性就开始成熟起来,婴儿开始发展知觉、运动、记忆、学习和抑制等机能,这些变化帮助他们更好地控制自己的身体,部分地掌握生活空间中的非生命客体,并形成一定的预测能力。显然,哈特曼提出的自我的初级自主性机能和一般的心理过程是相互联系的,从而使精神分析可以从病理学的范畴转向正常的心理范畴。

次级自主性是指从本我的冲突中发展起来,并作为健康地适应生活的工具的那些自我机能。也就是说,它们最初是服务于本我的防御机制,但逐渐演变为一种独立的结构,摆脱了冲突的领域。他认为,防御最先存在于本能中,后来可以演化为自我应付本我的手段。他用理智化作用(intellectualization)为例来加以说明。理智化作用作为防御机制是指人们为了防御潜意识动机而故意用某种智力活动来压抑它。譬如,小孩借助看小人书来压抑恋母情结。在这一过程中,一方面,理智化作用发生在本能的水平上,可以帮助解决本我与现实以及与自我的冲突;另一方面,理智化作用在自我结构的组织和利用下也可以演化为一种高级的智力成就。"这一过程还有一种现实倾向的方面,即这一反本能的防御机制同时可以被看成一种适应过程。"(车文博,1989,p.319)也就是说,作为防御机制的理智化可以演化为作为适应的自我的次级自主性。哈特曼的次级自主性的概念对于人们理解防御、适应和自我的作用是很有意义的,但也表明他在坚持自我的自主性发展上是不彻底的,因为归根结底,次级自主性仍然起源于本我。

三、能量的中性化

哈特曼认为,要想使自我彻底离开本我,实现自主性,就必须修正和扩展弗洛伊德的心理能量的概念。为此,他提出能量的中性化(neutralization),意思是指一种把本能能量改造成非本能模式的过程。他论述说,能量的中性化始于自我从本我中解脱而为自己服务之时。例如,三个月的婴儿就已经具有使能量中性化的能力。当他饥饿时,能把饥饿感和过去得到满足的记忆痕迹联系起来,用哭声来呼唤母亲。也就是说,这时他的哭不再是新生儿的无目的的哭,而是一种达到目的的手段。从而,在饥饿内驱力和呼唤母亲的联系中就存在着能量的中性化。

哈特曼的能量中性化概念是对弗洛伊德思想的进一步修正和扩展。弗洛伊德也具有能量中性化的思想。他认为,在升华作用中,自我能够直接使里比多的能量实现非性欲化。哈特曼与弗洛伊德的能量中性化思想在两个方面有所区别:一是弗洛伊德的中性化概念仅涉及性本能的非性欲化,而哈特曼强调指出中性化涉及两种本能的改造,即性本能的非性欲化和攻击本能的非攻击化;二是弗洛伊德的中性化是一个暂时的过程,例如升华作用是暂时把本能目的转变为社会可接受的目的,而哈特曼主张中性化是一个持续的过程,自我借助这一持续的中性化过程,可以贮存中性化的能量,以备自我随时随地地使用。因此,哈特曼的中性化能量只在名义上根源于本我,而实质上已经是自我的能量,不再具有本能的形态。在他的自我心理学中,中性化是一个十分广泛的概念,为自我的次级自主性提供了能量来源,能促使自我适应环境。

四、自我的适应过程

哈特曼认为,自我的适应过程就是能量的中性化过程。适应在实质上是自我的初级自主性和次级自主性共同作用的结果,是自我与环境取得的平衡。对自我的适应过程的研究是没有冲突的自我领域的必然要求。他借助弗洛伊德的自体形成(autoplasty)和异体形成(alloplasty)概念来说明个体对环境的适应。自体形成是指个体通过改变自己去适应环境,异体形成是指个体通过改变环境从而使之更适合自己的需要。哈特曼认为,这两种形式的适应都是很有用的,而哪种适应形式更适当则属于自我的高级机能。人类的适应活动总的来说是先使环境适应人的机能,然后人又适应自己创造的环境。另外,哈特曼主张人还具有第三种适应形式,即个体能够对有利于生存的新环境做出选择。

哈特曼还进一步研究了人类适应的操作手段与适应过程的关系,区分了两种适应形式:进步的适应(progressive adaptation)和倒退的适应(regressive adaptation)。前者指与心理发展方向相一致的适应,后者指为了将来或整体上对环境的适应而暂时表现出来的倒退或适应不良,也就是迂回前进。他认为,有机体的完善是高度复杂的,为此,不能仅考虑个别的心理组织过程的适应,而首先应考虑有机体的整体适应(fitting together)的重要作用。有时为了保证整体适应,个别的心理组织必须暂时表现出不适应。整体适应实际上是自我的整合机能(synthetic function),意思是:它并非自我的一个独立机能,而是各种自我机能的统合。他认为,整合机能是人类特有的,它使自我能够衡量各种利弊,比较长期和短期利益,进行正确的选择。人类自我的整合机能说明了人类的适应活动并不是被动的,而是一种克服困难、改造环境的能动的活动。

哈特曼还探讨了外部环境对适应的影响。他提出"正常期待的环境"(average expectable environment)的概念,意思是指人的正常适应和正常发展所面临的环境,是正常人可以期待和想象的环境。正常人一生的大部分时间都处在这种正常期待的环境中,因此他的个人适应和发展的要求与环境的要求相吻合。正常期待的环境是从与儿童发生作用的母亲和其他家庭成员开始的,以后则扩展到整个社会关系。哈特曼认为,婴儿的自我在正常期待的环境中借助他的自我调节机能,影响着环境,而环境又反过来影响着婴儿的自我。婴儿的自我正是在与正常期待的环境的交互作用中螺旋式地发展的。哈特曼的自我心理学强调自我和环境的调节作用,从而使精神分析从强调本我转变为强调正常的发展,这无疑具有重要的意义。

五、对哈特曼自我心理学的评价

哈特曼在继承弗洛伊德和安娜的自我心理学思想的基础上,创立了自我心理学的理论体系,他的思想又影响了后来大批的自我心理学家,如斯皮茨、雅可布森、玛勒和埃里克森等。可见,他是在弗洛伊德身后引领正统的精神分析沿着自我心理学的方向发展的引路人。

哈特曼的自我心理学对弗洛伊德和安娜的模糊的自我心理学思想进行了必要的澄清。他进行了新的理论建构,探讨了没有冲突的自我领域的心理学规律。通过把自我起源和本我起源并列起来,把自我的能量中性化,并探讨自我与环境相互作用的适应过程,他使弗洛伊德和安娜的自我心理学思想在两个根本方面得以修正:一是他改变了自我在实质上隶属于本我的看法,二是他改变了自我的机能主要是对本我的防御功能的看法。这种根本改变的一个显著的意义是扩大了精神分析的目的和范围,使古典精神分析从研究本能冲突的病态心理学向研究自我适应的正常心理学转变,从而在古典精神分析与普通心理学之间的鸿沟上架起了一座沟通之桥,使精神分析的内容能够被纳入普通心理学,这有利于精神分析的发展不脱离整个心理学的发展进程。同时,哈特曼侧重研究自我的发生和发展,从而开辟了精神分析的发展心理学。

哈特曼的自我心理学体系存在不可克服的矛盾。为了强调自我及其自主性,他将自我和本我绝对地分割开来,把对环境的正常适应归属于自我的机能,把病态的本能冲突归属于本我。因此,他未能将包括自我和本我在内的整个的人格结构与社会环境具体地统一起来,只是在自我水平上,人与环境是统一的、相互影响的;在本我水平上,环境的影响则是外在的、抽象的。另外,在哈特曼的理论体系中,对弗洛伊德的本我的决定作用的观点又是妥协的,这体现在他用能量中性化的概念来说明自我的次级自主过程,认为自我的次级过程的发展所需要的能量仍然不能摆脱本我的束缚,从而没有给自我以真正独立的能量。

第三节　埃里克森的自我同一性理论

埃里克森(Erik Homburger Erikson, 1902—1994)生于德国的法兰克福,只受过大学预科教育。1933 年他参加了维也纳精神分析学会,并追随安娜学习儿童精神分析。同年,他在美国波士顿开业。1936—1939 年在耶鲁大学医学研究院精神病学系工作,1939—1944 年参加加利福尼亚大学伯克利分校儿童福利研究所的纵向"儿童指导研究"。40 年代他曾到印第安人的苏族和尤洛克部落从事儿童的跨文化现场调查。1950 年,他拒绝在忠诚宣言上签名,离开加利福尼亚大学。1951—1960 年在匹兹堡大学医学院任精神病学教授。1960 年起任哈佛大学人类发展学教授,直到 1970 年退休。埃里克森是继哈特曼之后自我心理学的杰出代表,他进一步发展了哈特曼所重视的社会环境对自我适应作用的思想,从生物、心理和社会环境三个方面考察了自我的发展,提出了以自我为核心的人格发展渐成说。埃里克森的主要著作有:《儿童与社会》(1950,1963)、《同一性与生命周期》(1959)、《理解与责任》(1964)、《同一性:青春期与危机》(1968)、《新的同一性维度》(1974)、《生命历史与历史时刻》(1975)、《游戏与理由》(1977)和《生命周期的完成》(1982)等。

一、自我及其同一性

埃里克森强烈地拥护弗洛伊德。他主张研究的自我是弗洛伊德的三部人格结构中的一部分,但却是一种独立的力量,不再受本我和超我的压迫。他认为自我是一种有意识的心理过程;是过去经验和现在经验的综合体,并能综合进化过程中的两种力量——人的内部发展和社会发展,引导人的心理性欲的合理发展。因此,他的自我概念不再是弗洛伊德的防御性质的,而是哈特曼的自主的和具有适应性的。

埃里克森的自我概念相对于弗洛伊德是更为理智的、开放的和积极的。他把诸如信任、希望、意志、自主性、勤奋、同一性、忠诚、爱、创造、关心、智慧等品质都赋予自我,主张具有这些品质的自我能够创造性地解决人生发展的每个阶段的问题,决定个人的命运。

埃里克森特别重视自我的同一性这一品质。他相信解决我们时代人们的心理问题的策略已经从弗洛伊德时代的对性欲的研究转向了对自我同一性的研究。自我同一性是具有建设性机能的健康自我所具有的一种复杂的内部状态,包括四个方面:(1)个体性(individuality),指一种意识到的独特感,个体以一种不同的、独立的实体而存在。(2)整体性和整合感(wholeness and synthesis),指一种内在的整体感,产生于自我的潜意识整合作用。成长中的儿童有许多零碎的自我表象,健康的自我是把零碎的表象整合为一种有意义的整体。(3)一致性和连续性(sameness and continuity),指潜意识地追求一种过去和未来之间的内在一致性和连续感,感受到个体生命的连贯性并朝着有意义的方向前进。(4)社会团结感(social solidarity),指具有团体的理想和价值的一种内在团结感,感受到社会的支持和认可。他认为,自我同一性实际上就是生存感,其反面是同一性混乱或角色混乱,也就是同一性危机。① 同一性混乱指个体只具有内在零星的、少数量的同一感,或者感受不到生命向前发展,不能获得一种满意的社会角色或职业的支持。他强调自我同一性最初起源于婴儿期,但要到青春期才能正式形成。

---

① 最初埃里克森使用的是"同一性散乱"(diffusion)的概念,后来才改为"同一性混乱"(confusion)。

二、人格发展渐成论原则

埃里克森借用胎儿发展的概念,认为人的发展是依照渐成论原则而开展的一个进化过程。他主张,人的一生的生命周期可分为八个阶段,它们是固定地以不同的先后顺序逐渐展开的,且这一模式在不同文化中普遍存在,因为它是由遗传所决定的。他指出,社会环境的作用表现在能决定每个阶段是否顺利渡过,且在不同文化的社会中,各阶段出现的时间早晚可能不一致;个体的发展过程,是以自我为主导,按照自我成熟的时间表,将内心生活和社会任务结合起来,形成的一个既分段又连续的心理社会发展过程,以区别于弗洛伊德的心理性欲发展过程。

埃里克森认为,人格发展的每个阶段都存在一种冲突或两极对立,构成一种危机。他所说的危机实际上是指人格发展中的重要转折点,既可能是灾难或威胁,又可能是发展的机遇。因为危机的消极解决会削弱自我的力量,使人格不健全,阻碍对环境的适应;危机的积极解决则会增强自我的力量,使人格得到健全发展,促进对环境的适应。他指出,前一阶段危机的积极解决会增加下一阶段危机积极解决的可能性;前一阶段危机的消极解决则会缩小下一阶段危机积极解决的可能性。而一个阶段危机的解决究竟是属于积极解决还是消极解决则取决于其中积极因素和消极因素的比率,在每种解决中积极因素和消极因素都同时存在。当积极因素的比率更大时,则危机就是积极解决的,反之则相反。他指出,人格的健康发展必须综合前一阶段危机解决中的积极因素和消极因素这两个方面。例如,成长过程中有一点不信任、羞怯和自卑等消极因素,不能认为是完全不好的,因为对它们的综合可以促进一下阶段人格的健全发展。他认为,所有的发展阶段都是依次相互联系的,最后一个阶段和第一个阶段也相互联系,例如,老人对死亡的态度会影响儿童对生活的态度。因此人的发展的八个阶段构成一个环环相扣的圆圈。

三、人格发展的八个阶段

埃里克森划分的前五个阶段与弗洛伊德划分的阶段相对应,但是,他强调的重点不是性欲的作用,而是个体的社会经验。后三个阶段是他独自阐述的。

（一）基本信任对基本不信任（0—1 岁）

相当于弗洛伊德的口唇期。这个阶段的儿童对父母和成人的依赖性最大,如果能够得到他们足够的爱和有规律的照料,满足基本的需要,就能对周围人产生一种基本的信任感,反之则会产生不信任感和不安全感。儿童的这种基本信任感的形成是以后人格健康发展的基础。如果这一阶段的危机得到积极解决,就会形成希望的品质,消极解决则会形成惧怕的品质。

(二) 自主对羞怯和疑虑(1—3岁)

相当于弗洛伊德的肛门期。这个阶段儿童学会了爬行、走路、推拉和说话等。他们不仅能在一定程度上自主控制外界事物,而且能够控制大小便,因此,儿童有了自己行动的自主意愿。而这常常和父母的意愿构成冲突。其中特别常见的冲突是父母过于严厉或放任地对儿童进行控制大小便的训练。在这一阶段,如果父母能有足够的理智和耐心,对儿童的行为既给予必要的限制又给予一定的自由,就会使危机得到积极解决,使儿童形成自我控制和意志的品质,反之,危机的消极解决会形成自我疑虑。

(三) 主动对内疚(3—5岁)

相当于弗洛伊德的性器期。这个阶段的儿童的活动能力进一步增强,语言和思维能力也得到了很大的发展,表现出积极的幻想和对未来事件的规划。在这一阶段如果父母能经常肯定和鼓励儿童的自主行为和想象,儿童就会获得主动性,反之儿童就会缺乏主动性并感到内疚。如果这一阶段的危机得到积极解决,儿童就会形成有方向和目的的品质;反之,危机的消极解决会形成内疚感。

(四) 勤奋对自卑(5—12岁)

相当于弗洛伊德的潜伏期。这一阶段的儿童大多数正式进入学校,接受小学教育,学习成为他们的主要活动。如果儿童能够从需要稳定的注意力和一定努力的学习活动中获得满足,他们就能发展勤奋感,对未来自己能成为一个对社会有用的人有信心,反之则产生自卑感。如果这一阶段的危机得到积极解决,就会形成能力品质;如果危机是消极解决,就会形成自卑感。

(五) 同一性对角色混乱(12—20岁)

相当于弗洛伊德的生殖期。这一阶段儿童接受了更多的关于自己和社会的信息,并要对它们进行全面的深入思考,以为自己确定未来生活的策略。如果能做到这一点,儿童就获得了自我同一性,反之会产生角色混乱和消极同一性。埃里克森强调了同一性及其反面都与社会的要求和儿童对社会环境的适应有关。他认为,同一性的形成对个体健康人格的发展十分重要,它标志着儿童期的结束和成年期的开始。如果这一阶段的危机得到积极解决,就会形成忠诚的品质;如果危机是消极解决,就会形成不确定性。

(六) 亲密对孤独(20—25岁)

这一阶段属于成年早期。埃里克森强调,只有建立了牢固的自我同一性的人才敢于与人发生爱的关系,热烈追求与他人建立亲密的关系。因为与他人形成深刻的爱的关系,要求把自己的同一性和他人的同一性融合为一体,这就需要个体作出某种程度的自我牺牲。而没有建立牢固的自我同一性的人,会担心因与他人的亲密关系而丧失自我,他们会寻求逃避,从而产生孤独感。如果这一阶段的危机得到积极解决,就会形成爱的品质;如果危机是消极解决,就会形成两性关系的混乱。

(七) 繁殖对停滞(25—65 岁)

这一阶段属于成年期。个体已由青少年变成成年人,通常已经建立了家庭和自己的事业。如果个体已经形成了积极的自我同一性,过着充实的幸福生活,就会试图把这一切传递给下一代,或为了下一代创造更多的精神和物质财富。如果这一阶段的危机得到积极解决,就会形成关心的品质;如果危机是消极解决,就会形成自私自利。

(八) 自我整合对失望(65 岁—死亡)

这一阶段属于老年期。通常大多数人都停止了工作,处于对往事的回忆之中。如果个体能顺利渡过前面七个阶段,就会有充实幸福的生活,感到对社会有所贡献,从而具有完善感,不惧怕死亡。而在过去生活中有挫折的人,在回忆过去的一生时常体会到失望,因为他们已处于人生的终结阶段,无力再实现过去未完成的生活目标,所以对死亡感到惧怕。如果这一阶段的危机得到积极解决,就会形成智慧的品质;如果危机是消极解决,就会形成失望和无意义感。

四、对埃里克森理论的评价

埃里克森进一步发展了哈特曼所关注的社会环境对自我的适应作用的思想,对精神分析的自我心理学的发展作出了重大的贡献。首先,他在心理与社会的相互作用中来考察自我,强调了社会环境在自我形成和发展中的作用,从而将弗洛伊德的心理性欲发展理论修正为心理社会发展理论,这是自我心理学理论的突破性发展。其次,他探讨了整个生命周期中的心理社会发展阶段,而不是局限于生命的早期和青年期。他用一对特殊的矛盾来标志每一个发展阶段,认为每个阶段的任务就是围绕着这一阶段的特殊矛盾的解决而进行的,自我正是在每一阶段的冲突、危机和矛盾解决的过程中得到增强的,因此,他的人格发展渐成论具有一定的辩证因素。再次,他关于自我同一性和同一性危机的思想非常著名,广为流传,并已得到许多青少年研究的证实。

埃里克森的自我心理学理论也有明显的不足。首先,他的人格发展八个阶段的理论虽然显得较为精致且富于哲理,但仍和其他许多精神分析的理论一样缺乏科学的证明,思辨性和经验性较强,科学性和实证性较弱。其次,他的理论是一种个人—社会发展的机械平行论。也就是说,虽然他强调自我与环境、个人与社会的相互作用,但归根结底他认为自我是按照先天的成熟顺序的安排来发展的,他没有探讨社会实践活动对自我的发展的决定性作用,也没有探讨社会发展究竟是如何以个人的人格为基础的。他之所以得出个人社会发展的平行论是因为他相信,个人的心理发展过程中反映了社会的历史发展,而个人成长中遇到的危机反映了社会历史发展中出现的危机。

第四节　克莱因的对象关系理论

克莱因(Melanie Klein,1882—1960)是德裔英籍儿童精神分析学家。她于 1900 年前后在维也纳大学学习艺术与历史,早年曾希望学习医学。1914 年,她第一次接触到弗洛伊德的著作就对精神分析产生了极大的兴趣。1917 年接受著名的精神分析学家费伦茨的分析,并受其鼓励而立志从事儿童精神分析。1921 年应亚伯拉罕邀请到柏林精神分析研究所任儿童治疗专家。1922 年加入柏林精神分析学会。1924—1925 年跟随亚伯拉罕学习精神分析。1925 年应琼斯的邀请到伦敦讲学,并于次年移居伦敦,在伦敦精神分析学会一直工作到去世。

克莱因是对象关系学派的创建者。她的学术研究大约可分为三个时期:(1) 1919—1932 年,她用自己发明的游戏疗法进行儿童精神分析,对俄狄浦斯情结的早期阶段和超我的早期出现进行了探索;(2) 1933—1945 年,对发生在生命第一年里的正常发展危机理论进行重新组织,发现了抑郁性心态和躁狂防御机制;(3) 1946—1960 年,研究了出生三四个月的婴儿的发展,发现了偏执−分裂样心态。克莱因的理论表述并不清晰,这使其理论显得复杂而矛盾。她的主要著作有:《儿童精神分析》(1932)、《对精神分析的贡献:1921—1945》(1948)、《精神分析的进展》(合作主编,1952)、《精神分析的新方向》(合作主编,1955)、《感恩与嫉妒》(1957)、《儿童分析记事》(1961)和《我们成人的世界及其他论文》(1963),其中《精神分析的进展》和《精神分析的新方向》是克莱因和她的弟子编撰的论文集。

一、对象和对象关系

克莱因所说的对象(object),是指外部的真实对象,或外部对象的内在心理表征,或由儿童自身分离出去并被客体化的一部分。对象关系是对象与对象之间的联系方式,或者是"我"与"非我"之间的联系。

克莱因认为,婴儿最早面对的对象是母亲,婴儿与母亲的关系是一切对象关系的基础。儿童与母亲的对象关系可分为两个阶段:部分对象关系和整体对象关系。也就是说,儿童先是只将母亲的乳房这一部分对象加以内投,然后才将母亲这一整体对象加以内投。而且在内投的同时还伴随着分裂,即把对象分为好对象和坏对象。结果是:满足婴儿需要的乳房被他归属于"好的"对象,而拒绝满足他的乳房,被他归属于"坏的"对象;母亲的意象也被分割为"好的"和"坏的"两部分,他向这两部分对象分别投射爱和破坏性的本能冲动。克莱因认为,伴随着早期对象关系形成中的分裂现象,婴儿的自我也被分裂成"好的"自我与"坏的"自我。

克莱因认为,断乳会引起婴儿的施虐幻想,并使他从母亲的乳房这一部分对象转向母亲的身体这一整体对象。在儿童的幻想中,母亲的身体这一整体对象是包罗万象的、神奇的,它充满了丰富的食物、有魔力的粪便和新生的婴儿等。儿童试图掏空母亲的身体,并占有其中的财富,因而对母亲充满了爱与恨、嫉妒和攻击的矛盾情感。

可见,克莱因所说的对象与弗洛伊德所说的对象非常不同。弗洛伊德所说的对象是本能的目标,或称里比多关注的对象,是对于外部对象的内部心理表征。克莱因所说的对象,不仅指本能的对象,而且是相对于婴儿自身的对象,是婴儿心灵中的种种心理特征。而且,克莱因非常强调儿童的潜意识幻想的作用。弗洛伊德认为,潜意识幻想出现较晚,是自我产生后,本我分裂后才有的心理现象。而克莱因却认为,儿童的潜意识幻想很早就出现了,它具有动力性且普遍存在,影响着儿童所有的知觉和对象关系。她认为,潜意识幻想既是从外在现实中构筑起来的,又受到内部已有的信念和知识的修正,从而形成了内部的对象世界。

二、儿童发展观

克莱因通过对 2 岁到 10 岁儿童的幻想内容的分析,推断出 2 岁以前婴儿心理的结构和动力特征。在她阐述的儿童发展观中体现了她对于对象关系的具体看法。

(一)偏执-分裂样心态和抑郁性心态

首先,克莱因以"心态"(position)观来修正弗洛伊德的心理性欲发展的"阶段"(stage)观。她同意弗洛伊德的儿童的心理性欲从口唇到肛门再到生殖器的发展顺序,但她认为从一个阶段到另一个阶段的发展不仅是连续的,而且是可以反复的。她用心态取代阶段,意思是我们不是从阶段发展而来的,而是发展自两种心态:偏执-分裂样心态(paranoidschizoid position)和抑郁性心态(depressive position),二者之间存在张力(tension),所以,人在一生中,总是不断从一种心态发展到另一种心态。克莱因的上述观点暗示了她所描述的现象不是一种简单的过渡阶段,而是具有一个特殊的结构,包含了贯穿人的一生的对象关系、焦虑和防御。

偏执-分裂样心态大约是从出生到三四个月时建立起来的。在这个时期,婴儿和部分对象即母亲的乳房建立了关系。强烈的生的本能和死的本能都被投射到乳房上,母亲的乳房被分裂成好与坏两种对象,自我也被分裂成好我与坏我。在这个时期,婴儿产生了被自己摄取的坏对象所毁灭的潜意识幻想,从而导致迫害性焦虑。克莱因指出,在这一生命的最早期,最重要的事情是区分好与坏,因为危险就来自把两者混淆。因此,这一时期重要的防御机制是分裂(splitting),意思是在幻想中把属于整体的事物分开。偏执-分裂样心态的特点是:婴儿的对象关系是与部分对象的关系,占优势的机制是分裂过程和偏执焦虑。

随着婴儿感知功能的完善,他能够内投完整的对象,大约从第五或第六个月开始,直到一岁左右,他把母亲内投为一个完整的对象,进入"抑郁性心态"。一方面,由于母亲提供的食物和关爱,婴儿爱自己的母亲;另一方面,由于母亲不能总是满足他的愿望,他恨自己的母亲。所以,里比多冲动和破坏性冲动指向了同一个对象。这种仇恨和破坏冲动使得婴儿害怕自己会毁灭和失去母亲,从而陷入抑郁性心态。而抑郁性情感和对母亲的犯罪感又导致对破坏性冲动和幻想的修复。通过对防御性倒退、否认自己的攻击性和压抑攻击性冲动等心理防御机制的修复,儿童获得了责任感,克服了焦虑,对母亲建立了爱的对象关系。克莱因指出,在抑郁性心态中,对象关系以整合的方式构成了人格结构的基础。

(二)超我与俄狄浦斯情结的发展

克莱因认为,在两岁半儿童的身上已经表现出俄狄浦斯幻想和焦虑,故俄狄浦斯情结的产生应该更早。而且,超我也是很早就出现了,它不是克服俄狄浦斯情结的结果,而是俄狄浦斯情结的构成要素。这显然与弗洛伊德的观点大相径庭。

克莱因认为,在前生殖欲期,儿童已将他的冲动投射到内部对象上,使对象具有惩罚性,这就是超我。而弗洛伊德所说的超我是生殖欲阶段的,是以前的超我的一个复杂发展的后期阶段。克莱因认为,超我可追溯到口唇欲阶段,因为超我的两个方面的特征,即迫害、施虐和自我理想分别来源于坏的和好的乳房的内投。而在尿道欲和肛门欲阶段,她认为儿童的潜意识的施虐幻想分别带上了淹没、割断和燃烧的特征,以及爆炸、控制和有毒的特征。同时,儿童的潜意识幻想的坏的方面的特征越是突出,出于被迫害的焦虑和分裂的防御机制,其内投的外在父母的好的方面的特征就越是突出,这就是自我理想。

克莱因认为,在抑郁性心态阶段,俄狄浦斯情结就开始形成了。男孩和女孩的俄狄浦斯情结都产生于在前生殖欲期对母亲的依恋,而超我则促进了俄狄浦斯情结的形成和发展。她分析了女孩的俄狄浦斯情结,认为,女孩在潜意识幻想中趋向于母亲体内的阳具和其他好的东西,同时又憎恶其中坏的东西,母亲的身体成为欲望和嫉妒、仇恨和恐惧的特殊对象。她把女孩体验到的恐惧称为迫害性焦虑。弗洛伊德认为,女孩出于里比多的冲动而厌恶自己的母亲、爱慕自己的父亲。他强调了女性性欲的特点是基于性欲本身和对父亲的阴茎嫉妒。克莱因的观点与此截然不同。

克莱因分析了男孩的俄狄浦斯情结。她认为,男孩和女孩一样,也经历了一个对母亲的身体既充满欲望又憎恨,再到希望拥有像父亲一样的阳具的阶段,她称之为男孩的女性心态。她认为在很早的时候,男孩就开始了女性心态和男性心态之间的斗争。在女性心态中,他由认同母亲转向希望拥有一个好的阳具;在男性心态中,他认同父亲并对母亲的身体充满欲望。所以,男孩的阉割焦虑既来源于他的仇父恋母的敌意所引起的焦虑,又源于他对母亲的身体和她体内危险的阳具的幻想性攻击所带来的对于遭到报复的恐惧感。

克莱因认为,超我先于俄狄浦斯情结,而且促进了它的发展。因为由内投的坏的对象所引起的迫害性焦虑(超我的惩罚功能或良心)会迫使儿童更多地寻求与外在的真实父母的联系,以寻求保障和对抗焦虑。所以,儿童会试图通过真正的生殖活动来修复真实的母亲和父亲,从而促使他们与真实的父母发展出俄狄浦斯的关系。

总之,在克莱因看来,超我和俄狄浦斯情结都起源于前生殖欲期,而且超我的形成先于俄狄浦斯情结,并促进了它的发展。弗洛伊德所说的传统意义上的俄狄浦斯情结阶段则开始于儿童认识到了自己的生物学上的性别的时候。

三、游戏疗法

克莱因在综合前人的游戏疗法的基础上,用儿童的游戏来替代成人的自由联想,通过观察和解释儿童的游戏来理解儿童的潜意识幻想。由于她在游戏疗法中加入了解释技术,特别是对儿童的移情现象进行了分析,这实际上是对精神分析技术的一项创新。

克莱因认为,儿童的游戏是以象征性的行为表达自己的幻想,因此恰如成年人以梦中的歪曲的意象来表达潜意识思想和感情一样。在她之前,人们认为儿童因还依恋和依赖着他们的真实的父母而不会产生移情现象。但是,她观察到,儿童和成人一样能够对分析者产生真正的移情,而且两者都是基于对内在的父母意象的投射。她指出,既然在儿童身上分裂机制是常见的,那么,儿童会很容易把他的"好的"父母和"坏的"父母的方面投射到分析者身上。她认为,移情和分析情境的建立是相互依存的;通过对儿童移情的分析,可以帮助他们解除焦虑和攻击之间的恶性循环,增强儿童对于分析者和父母好的方面的内投和认同。她强调在这一过程中,分析者应以同情的态度解释儿童的焦虑,充分描述儿童在爱与恨、真实与虚幻等对立的需求之间所体验到的强烈冲突,以帮助儿童认识到自己的潜意识幻想,进而解除焦虑。她还认为,分析者的解释可以向儿童说明他对游戏产生阻抗的原因,可以推进游戏的顺利进行。她强调,儿童的游戏应是完全自发进行的,分析者应尽量不去干涉,偶尔参与儿童的游戏即可,应遵循的原则是有助于儿童充分表达他们的需要。

克莱因不仅对游戏治疗的机理作了上述的理论阐述,而且具体规定了游戏治疗技术在具体实施时要注意的地方,如强调了设置的游戏环境应保持时间和空间的稳定,玩具应具有安全性和个人性等,从而形成了一套比较严格的游戏治疗体系。她的游戏治疗技术为儿童治疗提供了一个全新的有效手段,对于研究儿童早期的深层次心理有重要的贡献。她的游戏疗法及其变体也被其他众多的分析者所采用。

四、对克莱因对象关系理论的评价

克莱因创立的对象关系理论对精神分析的发展作出了重要的贡献。首先,她把弗洛伊德创立的精神分析的驱力结构模式转换成对象关系模式。这一转变修正了弗洛伊德的本能理论。在她之后,对象关系理论成为英国精神分析的主流,并且是国际精神分析运动的一个重要力量。她的思想直接影响了其他对象关系学家如费尔贝恩、温尼克特和鲍尔比等的研究和精神分析的自我心理学家如科赫特的研究。其次,她对于儿童早期心理的研究是卓有成效的。例如,她探索了俄狄浦斯情结的历史,强调了前生殖欲阶段和部分对象关系在俄狄浦斯情结和超我发展中的重要性;对内投和潜意识幻想的研究,使她揭示了超我和自我的内部结构;她对男孩和女孩的性欲的研究揭示了男孩具有与母亲认同的女性心态和女孩具有被母亲及阳具迫害的焦虑;她通过对游戏疗法的分析,发展了潜意识幻想的概念;她提出的偏执-分裂样心态和抑郁性心态的概念使我们对一周岁内婴儿的心理发展有了更深刻的认识;等等。这些理论上的贡献弥补了弗洛伊德的精神分析在儿童心理学上的不足,为儿童精神分析学的建立奠定了坚实的基础。

克莱因的对象关系理论对心理治疗的影响甚巨:它已经成为家庭治疗

派别的重要分支,儿童游戏治疗技术已经被扩展而形成了世界性的游戏治疗运动。

此外,克莱因的对象关系理论还对精神分析和心理治疗以外的领域,如精神病学、儿童教育、婴儿护理、学院心理学、社会学、人类学和文艺批评等产生了直接或间接的影响。

克莱因的对象关系理论也存在明显的不足:首先,她未能明确说明儿童幻想的对象和对象的来源与关于真实他人的知觉和记忆表征之间的关系,甚至表述是矛盾的。她一方面认为,儿童是通过把内部的里比多和攻击性向外转化,赋予外部的对象,从而把外部的对象加以内投而形成最初的对象关系的,因此,对象的来源主要是内部的;另一方面又认为,对象是由对他人的真实知觉构成的,因此对象的来源是外部的。其次,她强调内部对象是构成自我和超我的要素,但关于它们是如何构成的、哪一个先被构成的解释也是模糊的。她认为最初的对象是自我的核心,超我来自自我的分裂;又认为超我来自早期的批评性的父母的意象。也未能说明自我是先天的,还是后天构成的。再次,她的对象关系理论实际上探讨的是儿童早期与母亲的关系,强调了母亲在儿童个性形成和发展中的重要性,但是却忽略了父亲的作用。最后,她对于儿童早期(两岁以内)的心理特征的看法仍然来源于主观的推论,因为她和许多精神分析学家一样,采用的是临床的方法,因此无法直接了解很小的婴儿的心理。

第五节　霍妮的社会文化精神分析

霍妮(Karen Horney,1885—1952)是生于德国的犹太人。她于1906年考入柏林大学医学院,在大学期间开始对精神分析产生兴趣。大学毕业后她又学习了三年的精神医学,1915年,在柏林大学获得医学博士学位。1914—1918年,她在柏林精神分析研究所师从弗洛伊德的著名弟子亚伯拉罕。1917年发表第一篇精神分析论文《精神分析的治疗技术》。1918—1932年,她在柏林精神分析研究所任教,开办一个私人诊所,并发表了几篇对弗洛伊德的女性心理学表示异议的文章。1932年,她为逃避纳粹的迫害移居美国,任芝加哥精神分析研究所副所长。1934年,移居纽约,在纽约精神分析研究所任职,并创办一所私人诊所,同时执教、行医和著述。由于霍妮反对弗洛伊德的传统观点,1941年她被纽约精神分析研究所解聘。她随即创立了美国精神分析研究所,担任所长直到1952年去世。

霍妮是一位杰出的心理学家,她以非凡的勇气和深邃的洞察力创立了一种新的神经症理论,成为精神分析社会文化学派的领袖人物。她的主要著作有:《现代人的神经症人格》(1937)、《精神分析的新道路》(1939)、《自我分析》(1942)、《我们内心的冲突》(1945)、《神经症与人的成长》(1950)和她的弟子整理出版的《女性心理学》(1967)。

一、神经症的文化观

霍妮首先区分了两种类型的神经症(neurosis):情境神经症(situation neuroses)和性格神经症(character neuroses)。前者仅是对特定的情境暂时缺乏适应力,如学生在考场上过分紧张,但人格还是正常的;后者是由性格的变态引起的,是人格的异常。她侧重研究的是性格神经症,简称神经症。

霍妮认为,神经症的病因在于人格,人格是从童年时代就逐渐形成的,它取决于环境。因此,为了对神经症进行诊断和治疗,就必须了解患者的人格,也就必须了解患者在整个成长过程中(现在和童年期)所处的文化环境和个人生活环境。

霍妮认识到,神经症的标准实际上因不同的文化、时代、阶级和性别而异。例如,在现代西方文化中,如果有人因别人提到他已故亲属的名字而大为恼怒,就很可能被认为是神经症;但在一种叫做基卡里拉·阿巴切(Jicar-lilla Apache)的比较原始的文化中,这种做法却被认为是完全正常的。再如,在欧洲中世纪的资产阶级中,游手好闲是完全正常的,但对近代资产阶级而言则是不正常的。可见,神经症只是对社会文化所规定的正常行为模式的偏离。

霍妮进一步提出,神经症的根源在于社会文化。她分析了现代文化在经济上是基于个人竞争的原则,所以导致的心理后果是人与人之间潜在的敌意增强。并且这种竞争和敌意已经渗透到各种社会关系中:男人之间、女人之间、男人和女人之间,以及家庭生活中的父子、母女以及子女之间。她指出,竞争性刺激无处不在,一个人从生到死、从摇篮到坟墓都会不断地遭受这一病毒的作用。竞争会使人际关系紧张,导致恐惧,害怕他人报复和害怕失败。虽然弗洛伊德也发现了人际竞争现象,但是他没有把它看成是特定文化条件的产物,而是用性嫉妒和攻击性来加以解释。

霍妮分析了导致神经症患者内心冲突的社会文化基础,认为在现有文化中存在着如下的矛盾:第一,竞争、成功和友爱、谦卑的矛盾;第二,人们不断被激起的享受需要和人们在满足这些需要方面的实际受挫的矛盾;第三,所谓的个人自由和实际受到的各种限制的矛盾。正是这些文化的困境导致了人们的心理冲突。

霍妮指出,生活于现代文化困境中的大多数人都患有程度不同的神经症,正常人和神经症患者的区别是相对的。所谓的神经症患者往往是由于其特殊经历,特别是童年经历,对这些文化困境和冲突的体验过分强烈而已。总之,神经症是时代和文化的产物。

二、神经症病理学

霍妮在神经症源于文化的思想理念指导下,提出了一整套的关于神经症的心理病因说。

(一)基本焦虑

霍妮认为在导致神经症的全部环境因素中,最重要的是早期的家庭成员之间的关系,特别是亲子关系。儿童的基本需要是获得生理上的满足和足够的安全感,但这要依赖父母的帮助才能获得。她将父母不能给儿童真正的爱、不能满足儿童的安全感的行为称为"基本罪恶"(basic evil),包括:直接或间接地支配、冷漠、怪僻行为、不尊重儿童的需要、缺乏真诚的指导、轻蔑的态度、过分地赞扬或缺乏赞扬等。如果父母经常表现出这类行为,就会使儿童产生敌意,她称之为基本敌意(basic hostility)。这样,儿童就陷入一种对父母既依赖又敌视的不幸的矛盾处境中。由于儿童的无能无助、害怕和由敌意所导致的内疚感等,他不得不压抑敌意。基本敌意及对其的压抑使人陷入焦虑,她称之为基本焦虑(basic anxiety)。它指人将基本敌意泛化到一切人和整个世界,感到世界上的一切人和事物都潜伏着危险,从而在内心不自觉地积累并到处蔓延着一种孤独和无能之感,一种自我轻视、被抛弃、受威胁的体验,一种置身于怨恨和荒诞的世界的感受。这种感受是滋生神经症的温床。而且,基本焦虑和基本敌意不可分地交织在一起,相互加强,形成恶性循环。

(二)神经症需要

敌意和焦虑会导致更深的不安全感和更深的痛苦,这时,人就会形成一些潜意识的防御性策略,霍妮称之为神经症需要(neurotic need)。她在《自我分析》一书中共列举了10种常见的神经症需要:(1)对友爱和赞许的神经症需要;(2)对主宰生活伙伴的神经症需要;(3)将自己的生活限制在狭窄范围内的神经症需要;(4)对权力的神经症需要;(5)对利用他人、剥削他人的神经症需要;(6)对社会承认和声望的神经症需要;(7)对个人崇拜的神经症需要;(8)对个人成就和野心的神经症需要;(9)对自足和自主的神经症需要;(10)对完美无缺的神经症需要。

要注意的是,上述需要本身是非神经症的,因为正常人也需要友爱、赞许、伙伴、回避、权力、成就和完美等。但如果盲目地偏执于其中的一种或少数几种,强迫地、潜意识地、不由自主地去追求满足,不能根据社会现实灵活地选择,就会导致神经症。

(三) 神经症人格

霍妮认为,神经症需要决定神经症的人格。她提出,神经症人格的类型主要有三种。

第一种是顺从型(the compliant type)。其行为方式是接近他人。这种人对友爱、赞许、伙伴或者将自己的生活限制在狭小的范围内,有着神经症的需要。主要特点是:甘心居于从属地位,常有一种“我多渺小可怜”的感受;总认为别人比自己强;潜意识地倾向于以别人对自己的看法来评价自己,自我评价随别人的褒贬而忽高忽低。他以“如果我顺从了,别人就不会伤害我”的逻辑来建立自己的安全感。

第二种是攻击型(the hostile type)。其行为方式是与人对抗。这类人对权力、剥削、声望和钱财等怀着神经症的需要。主要特点是:视生活为一场搏斗,适者生存,必须控制别人以掌握主动权;一心想超群出众、事事成功以至功名显赫;千方百计利用他人给自己带来好处;好斗但输不起;努力工作但并不真爱工作;压抑自己的感情,不愿为感情而“浪费时间”;彬彬有礼的外表隐藏着老谋深算的狠毒。他以“如果我有权力,别人就不能伤害我”为逻辑来建立自己的安全感。

第三种是退缩型(the detached type)。其行为方式是回避人。这种人对自足自立、完美无缺怀着神经症的需要。主要特征是:为逃避与他人的紧张关系而离群索居;保持与他人的距离,不以任何方式与他人发生情感联系,好比在自己周围画了一个魔圈,任何人不得侵入;不介入;自立自强;限制自己的需要;疏远自我,对自己持旁观的态度;凡事力求完美,以避免他人的帮助或指责。他以“如果我离群索居,就没有人能伤害我”为逻辑来建立自己的安全感。

同样,这三种行为方式本身并不是神经症的,因为正常人也运用顺从、反抗和回避的行为策略来应付生活难题。但神经症患者缺乏变通力,仅仅固定地运用其中的一种来应付,结果不能克服焦虑,并会陷入更深的焦虑。

(四) 神经症的自我

霍妮认为人格是完整的动态的自我(self),反对弗洛伊德把人格分成本我、自我和超我三个部分。她指出,自我有三种基本的存在形态。

第一种是真实自我(real self)。指个人成长和发展的内在力量,是人类共有的,具有建设性。它是一切成就和能力的来源。当然也存在个别差异。霍妮相信,只要身体正常和环境适当,每个人都有可能发展健全的人格。因此,真实自我是可能的自我。

第二种是理性化自我(idealized self)。指个体凭空设想的纯粹虚幻的形象,是不可能实现的形象。因此,理想化自我是不可能的自我。

第三种是现实自我(actual self)。指个体此时此地身心存在的总和。因此,它是身体的和心理的、健康的或神经症的、意识的和潜意识的。

霍妮认为,分析真实自我、理性化自我和现实自我三者之间的关系可以揭示神经症患者与自我关系的失调。正常人也有理想,这种理想与真实自我、现实自我是一致的,因此是符合实际的,有助于驱动个体的自我实现。而神经症患者的理想自我与真实自我、现实自我之间是冲突的,往往脱离真实自我,而以一种幻想的完美自我形象去贬低和排斥现实自我。当个体被理想自我所控制时,他就背负了一大堆"我应该是什么",例如,我应该诚实、慷慨、体谅、公正等,她称这种现象为"应该的专横"。

(五) 基本冲突

霍妮把神经症患者在基本焦虑基础上形成的内心冲突称为基本冲突(basic conflict)。她认为基本冲突有三种类型:一是各种神经症需要之间的冲突,因为神经症患者为了克服焦虑往往会强迫性地追求一种或少数几种需要,压抑其他需要,从而导致各种需要之间的冲突;二是对待他人的三种行为方式之间的冲突,与上面的情况相似,神经症患者强迫性地使用一种对待他人的方式,压抑其他方式,导致其他行为方式自发地发挥作用而与神经症的行为方式造成冲突;三是理性化自我与真实自我以及和现实自我之间的冲突,核心是由于理想的虚幻性而造成的真实自我的建设性力量与理性化自我的障碍性力量之间的冲突。

为了解决这些自我冲突,可能采用三种策略:自谦(self effacement),意思是贬低和憎恨自己;夸张(expansion),意思是美化自己、自信好胜;放弃(resignation),意思是放弃努力以逃避冲突。可见,这三种自我冲突的解决策略实际上分别对应于三种神经症人格类型:顺从型、攻击型和退缩型。

总之,霍妮的神经症理论的总体思路是:个体生活在充满矛盾冲突的社会文化中,因而缺乏安全感,会产生基本焦虑;为克服焦虑产生神经症需要,进而形成特定的对待他人的行为方式或神经症的人格;个体又去寻找解决冲突的策略,结果又陷入新的更大更深的焦虑和冲突之中,从而构成潜意识中的恶性循环。

三、神经症的治疗

霍妮的神经症理论直接服务于治疗目的。由上述她的神经症理论可知,她认为神经症是由焦虑、对抗焦虑的防御策略、缓和心理冲突的努力等引起的心理功能紊乱,且对这些紊乱的规定和衡量标准是特定文化规定的共同的行为模式。

霍妮反对弗洛伊德对人性和神经症治疗的悲观主义态度,主张对神经症的治疗应依靠人生来就具有的实现自己潜能的建设性力量,即帮助患者发现并发展自己的潜能。因此,她虽然也使用弗洛伊德创立的精神分析技术,如自由联想、梦的分析等,但目的是分析早期的亲子关系而非与性有关的经验。而且,她反对夸大早期经验的作用,主张分析治疗的重心是分析患者的神经症需要和人格类型,以帮助患者克服冲突,实现与他人和自我的和谐关系。

霍妮对精神分析治疗的一大贡献是倡导自我分析,因为她相信人的潜能并强调在治疗中患者的配合的重要性。她在《自我分析》中系统阐述了自我分析的态度、规则、步骤和方法。当然,倡导自我分析绝不能代替专家治疗。

四、对霍妮社会文化精神分析的评价

霍妮的理论对于精神分析的新发展有着重要的开创作用。首先,她率先提出社会文化精神分析的基本理论,成为精神分析社会文化学派的开创者和领袖,之后,沙利文和弗洛姆等相继提出了自己的精神分析的社会文化理论。其次,她的理论吸收了人类学和社会学等学科的新成果,适应变化了的社会文化条件,将弗洛伊德的本能与文化的矛盾的心理学发展为文化本身的内在矛盾的心理学,强调了人际关系的失调以及与此有关的自我内在冲突的重要性,更能帮助现代人认识和解决自己的内心冲突。最后,她对人性的看法和治疗神经症的依据是人的自我实现的潜能,从而有效地对抗了弗洛伊德以及荣格和阿德勒等早期精神分析学家的人性悲观主义,为人本主义心理学家提供了直接的启示。

但霍妮的理论也存在明显的不足。首先,她指出文化是导致神经症的根源,却没有具体分析文化作用于人的机制。她重点研究的是早期亲子关系的失调对儿童安全感的威胁,认为这是导致个体在儿童期及以后成人期患神经症的根本原因,这一方面是把丰富复杂的社会生活对个体的心理影响简单化了,另一方面也陷入了早期生活决定论。可见,她没有从根本上摆脱弗洛伊德在这一问题上的简化论和机械的因果决定论的局限。其次,她指出了现代社会文化的矛盾,却只关心个体如何去适应这种文化,没有提出社会改革的理论和要求。这相对于弗洛伊德对社会文化的批判态度,是一种倒退。

第六节　弗洛姆的人本主义精神分析

弗洛姆(Erick Fromm，1890—1980)是生于德国的犹太人。1922 年获海德堡大学哲学博士学位,曾在柏林精神分析研究所接受正规训练。1925 年加入国际精神分析学会。1930 年发表关于基督教义的演变及宗教的社会—心理功能方面的精神分析的长篇论文。1934 年为逃避纳粹迫害移居美国纽约,并入美国籍。在美国,他从事广泛的教学、理论研究和精神分析实践活动。先后在哥伦比亚、耶鲁等大学任教,担任过怀特精神医学研究所主任。1951 年到墨西哥国立大学医学院精神分析学系任教授。1957 年回美国,在密歇根州立大学和纽约大学任教授。1980 年在瑞士因心脏病发作去世。

弗洛姆是精神分析社会文化学派中影响最大的人物,是 20 世纪著名的心理学家、社会学家和哲学家。这得益于他在学术上的兼收并蓄,他接受了马克思和弗洛伊德的思想,试图用人本主义来调和马克思主义和弗洛伊德学说;受到巴考芬对母系氏族社会的研究和东方禅宗的影响;与法兰克福学派的其他代表人物有思想或工作上的联系。他的著述甚丰,主要有:《基督教义的演变》(1931)、《逃避自由》(1941)、《为自己的人》(1947)、《健全的社会》(1955)、《爱的艺术》(1956)、《马克思关于人的概念》(1959)、《弗洛伊德的使命》(1959)、《超越幻想的锁链》(1962)、《人之心》(1963)、《精神分析与宗教》(1967)、《精神分析的危机》(1969)、《对人的破坏性的分析》(1973)、《占有还是存在》(1976)和《弗洛伊德的贡献与局限》(1980)等。

一、论人的处境

弗洛姆以关于人的处境的学说为他的整个思想体系的逻辑起点。他从三个方面论述人的处境:(1) 人在生物学意义上的软弱性。意思是进化程度越高的动物,本能的调节越不完善,所以人在本能上与其他动物相比,具有最大的不完善性。而且人类的婴儿也比其他动物对父母的依赖期更长。(2) 人的存在的矛盾性。意思是人试图超越动物的本能状态,这又使人陷入一系列的困境,如个体化与孤独感的矛盾、生与死的矛盾、人的潜能实现与生命短暂之间的矛盾。(3) 历史的矛盾性。意思是随着历史的发展,后来的历史时期能够解决前一个历史时期的一些矛盾。例如,他认为当代人类掌握的高技术手段与无力将它们全部用于人类和平和人民福利之间的矛盾在未来的社会历史时期是可以解决的。

弗洛姆认为,在以上的三种处境中,最重要的是人的存在的矛盾,因为它根植于人本身,不可能被解决。特别是其中的个体化与孤独感的矛盾最具实质性,因为,人越是超越自然和本能,也就是越发展自我意识、理性和想象力,与自然、他人和真实自我的关系就越疏远。他的全部理论都是以这一观点为基础的。

二、论人的需要

弗洛姆认为,人的基本需要就是人对存在的矛盾性处境的反应。不同人满足需要的方式不同,有的是健康的,有的是不健康的。以下是几种基本需要及其不同的满足方式:

(一) 关联的需要——爱与自恋

人为了摆脱孤独感,就要与他人建立联系。如果能与他人建立健康的情感联系,这就是爱。否则,根据自己的主观臆断而不是现实本身去对待他人,就是把他人作为满足自己需要的工具或手段,这就是自恋。

(二) 超越的需要——创造与毁灭

人与其他动物一样是被抛入世界的,同样又被抛出世界。人能意识到自己作为生物的被动的命运,但又不甘心于此,于是产生了超越的需要。这种需要驱使人们去创造,或者创造的愿望无法实现,则转向破坏。

(三) 寻根的需要——母爱与乱伦

人随着成长越来越脱离了自然和母亲,于是产生寻根的需要。个体可以通过依恋母亲及其象征,如家庭、氏族、民族、国家和教会等,建立自己新的生存根基。如果过于依恋母亲及其象征,就会限制理性和个性的发展,陷入乱伦的精神病态。

(四) 同一感的需要——独立与顺从

人在成长过程中会形成自我意识。自我意识健全的个体能意识到自己的独特性。有的人只向民族、宗教、阶级和同伴等认同,寻求顺从性而丧失了独立性。

(五) 定向和献身的需要——理性与非理性

人需要确定一个为之献身的目标才能使生命有意义。有的人确定的目标是符合实际的、有意义的,这就是理性的。有的人确定的目标是神的启示、自己的种族的优越性等,这就是非理性的。

三、社会性格论

弗洛姆认为,人的性格和潜意识是在以上这些需要的基础上形成的。他提出,人与世界的关系可以分为两种:人与物的关系,表现为人要获取物,即同化(assimilation);人与人的关系,表现为人要与他人发生联系,即社会化(socialization)。所谓性格就是把人的能量引向同化和社会化过程的相对稳定的形式。他所说的能量不是里比多,而是需要。

弗洛姆认为,一个人的性格结构中可能有几种性格倾向。根据占主导地位的性格倾向可以划分性格的类型。

(一) 同化过程中的倾向

弗洛姆根据同化过程中的倾向是否具有创生性(productiveness),将人的性格分为非创生性倾向和创生性倾向。非创生性倾向包括四种类型:(1)接受倾向,这种人乐于被动地接受所需要的物质或精神产品;(2)剥削倾向,这种人用强取豪夺或狡诈欺骗从外界得到他需要的东西;(3)囤积倾向,这种人通过囤积和节约来获得安全感,讲究秩序和清洁;(4)市场倾向,这种人善于随劳动力市场的变化而随机应变,把自身也看成商品。创生性倾向的人则关心人的潜能实现。弗洛姆描述了创生性倾向的人在思维、工作和情感上的特点。在思维上,这种人具有理性,能抓住事物的本质,并客观地看待世界和自己。在工作上,这种人工作的目的是为了实现自己的潜能,而不是为了生存或被强权所迫,也不是为了填补空虚无聊。在感情上,这种人对他人有爱的情感,意思是既保持自我的完整和独立,又与他人建立积极的联系,乐意与他人结为一体。他认为爱包括关心、责任、尊重和理解四个基本要素,并提出健康的人应该体验到的一些情感,包括淡泊、温柔、同情、兴趣、责任心和整合感。

(二) 社会化过程中的倾向及其与同化过程中的倾向的联系

弗洛姆认为人在社会化过程中会形成四种不健康的性格倾向:施虐、受虐、破坏和迎合,它们与同化过程中的四种非创生性倾向剥削、接受、囤积和市场倾向是一一对应的。例如,受虐倾向者通过顺从他人或某种强大的外在势力,如上帝、权威、组织和国家等,并成为这个势力的一部分而逃避孤立无助的处境,同时也从中得到或接受所需要的东西。其余的以此类推。他认为,所谓健康的性格就是能够自发性(spontaneity)地爱和工作。自发性这一概念是1941年提出的,到1947年就变为创生性,因此二者的含义相近。

弗洛姆指出,现实的人的性格往往是各种倾向的混合,只是有一种倾向占主导地位。例如,接受倾向、剥削倾向或施虐、受虐常常是混合的。这种人的特点是在权威面前就溜须拍马、一副媚骨,在权力小的人面前就逞强欺凌、一副凶相。他把这种欺软怕硬的性格叫做施虐-受虐性格或权威主义性格或独裁性格。当然,现实人的性格中也常常有创生性倾向和非创生性倾向的混合。

（三）堕落综合征与成长综合征

弗洛姆在《人之心》（1963）中从病理学角度对人的性格进行了进一步研究，提出堕落综合征和成长综合征这两种性格类型。前者是爱死或恋尸癖、自恋、共生－乱伦的固着的结合体。后者是爱生或恋生癖、人之爱、独立性的结合体。恋尸癖、自恋和共生－乱伦三者的极端形式混合在一起，就称为堕落综合征。现实中大多数人的性格处在两种综合征之间，某种占主导地位。战争是群体堕落综合征大规模发作的结果。

（四）重占有的生存方式与重存在的生存方式

弗洛姆在《占有还是存在》（1976）中将人的生存分为重占有的生存方式和重存在的生存方式。前者关注的是对物、人、精神的占有，后者关注的则是生命的存在本身，即以爱和工作潜能的实现为生存的目的。弗洛姆的这一观点是从价值观的角度对性格类型所作的进一步分析。

弗洛姆在以上的性格理论基础上提出了社会性格的概念。社会性格是一个社会中大多数成员所具有的基本性格结构。它有如下基本特性：第一，它是群体心理，指一个国家、民族或阶级的心理；第二，它是一个群体在共同的处境下，在共同的生活方式和基本的实践活动基础上形成的；第三，它是激发一个群体的行为的共同内驱力。

弗洛姆认为，马克思和恩格斯没有说明经济基础如何决定意识形态这种上层建筑，而他提出的"社会性格"的概念可以弥补马克思主义的这一不足。因为社会性格是经济、政治和文化等因素交互作用的产物，经济基础在其中起着更大的作用，所以社会性格是联系经济基础和上层建筑的重要中介之一。具体来说，一定社会的经济基础是造成那个社会的人的处境的决定性因素，社会性格是在这种处境中形成的，因此具有共同的社会性格的人就会形成一些共同的观念，它们被一些杰出人物理论化，这就是意识形态。反过来，已经形成的意识形态又容易被具有一定社会性格的人所接受，并强化这种社会性格，通过社会性格作用于经济基础。这就是社会性格的中介作用，它不是被动的，而是作为一种能动的力量对社会进程起作用。

四、社会潜意识论

弗洛姆认为，弗洛伊德和荣格把潜意识理解为类似于一座房子的地窖部分，这就把意识和潜意识截然区分开来了，是一种实体性的理解，而潜意识和意识的区分实际上是相对的，因为它们都只是主观状态而已。因此，只要是觉察到的经验、感情和欲望等就是意识，觉察不到的就是潜意识。

弗洛姆认为，要达到解除潜意识压抑的目的，就要研究社会潜意识。社会潜意识是一个社会的大多数成员共同存在的被压抑的领域。他指出，历史上大多数社会都是少数人统治并剥削多数人,因此必然会想方设法不让大多数人意识到这种社会的不合理,必须把人们的怨恨情绪压抑下去。压抑的机制是每个社会都有一套决定人的认识方式的体系,其作用类似于过滤器。除非人们的经验能够透过这个过滤器,否则就不能成为意识。这种社会过滤器由三种要素组成:第一,语言,难以用语言表达的经验和现象则难以成为明确的意识;第二,逻辑,不合逻辑的经验被排斥在意识之外,而不同文化有不同的逻辑;第三,社会禁忌,指每个社会都排斥某些思想和感情,使之不被思考、感受和表达。在构成过滤器的三种要素中,社会禁忌是最重要的。社会潜意识和社会性格一样,是联系经济基础和意识形态的中介环节。就个人来说,它们都是个体为逃避被他人和社会所孤立和排斥而形成的心理机能。

五、现代西方人的困境与精神危机

弗洛姆终生关注的是资本主义生产方式及人们在此具体状况下形成的社会性格和社会潜意识。他的心理学所关心的核心问题是:现代西方人的困境、精神危机和出路。

(一)逃避自由

弗洛姆认为,古代社会的生产方式和社会关系限制了个人的自由,但使人感到安全。例如,那时的生产工具和劳动技能主要是从前辈那里继承下来的,生产的革新非常缓慢,人们在生产劳动过程中很少竞争,很少远离家乡。人们一生下来他们的社会地位和身份就确定了。而在现代社会,由于生产和技术的发展速度不断加快,社会变迁越来越频繁,人际竞争日趋激烈,经济危机和战争频繁难料,导致人的不安全感日益增加。在资本主义社会,表面看来人的独立和自由增加了,但人的孤独和不安全感也增加了。因此,资本主义社会的自由是不安全的自由,即"消极自由",所以人们要逃避自由。只有到未来健全的社会,人们才能获得安全的自由,即"积极自由"。

(二)异化

弗洛姆在马克思的劳动异化论的基础上,提出了现代社会的异化论。他指出,资本主义的生产方式和分配方式决定了人只能成为他人或自己的经济利益的工具,成为庞大的非人的经济机器的工具。人们只是现代化的生产劳动中的一个微不足道的环节,没有劳动和创造的快乐感;劳动的目的不是人的生命活动本身,而是获得金钱。消费也不是基于人的真实需要,而是被资本主义扩大利润而人为刺激起来的膨胀的欲望。总之,在弗洛姆看来,现代社会的异化无处不在,人与自然、他人和真实自我越来越疏远和对立,人所创造出来的现代文明反过来压抑了人性。

（三）现代人的性格和潜意识

弗洛姆指出,现代人在艰难的处境下形成了特殊的性格和潜意识。法西斯主义国家常采用施虐和破坏的方式,而民主的资本主义国家常采用迎合的方式。19世纪资本主义社会占主导地位的性格是剥削倾向和囤积倾向的结合,20世纪占主导地位的社会性格则是接受倾向和市场倾向的结合。现代人被机械的东西深深地吸引,发展各种大规模的杀伤性武器,这是恋尸癖混合着自恋的倾向。人们迷恋高科技的享受,就像婴儿依恋母亲,这是成人的乱伦倾向。因此现代人患上了堕落综合征。

（四）对纳粹主义和希特勒的心理学研究

弗洛姆认为,纳粹意识形态曾获得大众的狂热拥护并占据统治地位,因此这一现象可以用心理学来解释。首先是德国在第一次世界大战中战败,1918年签订的凡尔赛条约使德国大众感到不公平,并且这种怨恨情绪逐渐被转化为民族主义情绪。其次是垄断力量的强大和通货膨胀,使各阶级产生了不同程度的不安全感,促进了施虐和破坏等社会性格的形成。希特勒就是这些不健康的性格倾向的化身,他建立的纳粹意识形态和纳粹党又强化了大众的这些性格倾向,使这些性格倾向成为支持德国帝国主义扩张的社会心理力量。他们把疯狂地杀人看做英雄行为,把残酷地迫害犹太人看做正义的事业,这是恋尸癖的体现;这一切又是在爱国主义和民族主义的旗帜下发生的,这是自恋和乱伦的体现。

希特勒是一个典型的堕落综合征患者。他疯狂地迫害政敌和犹太人（恋尸癖）,极力鼓吹爱国主义和种族优势（自恋）,长期待在地下室并在那里结束了自己罪恶的一生（乱伦）。

（五）心理健康的概念

若以适应社会作为心理健康的标志,那么,以上描述的资本主义社会的人都是健康的。但是从人本主义的观点来看,他们都是被异化的,是极为不健康的人;相反,那些被异化的社会认为是不健康的人则是最健康的。因此,弗洛姆以"病人最健康"为题发表了他的最后的谈话。在他看来,真正健康的人必须是具有创生性倾向的人。

六、社会改革论

弗洛姆认为的理想的健全的社会是"人道主义的民主的社会主义",它是在资本主义社会已经取得的成就的基础上为克服其弊端而建立的。具体来说,这个理想社会有如下特点:在经济上,实行生产资料的公有制和国家计划经济,并使每个劳动者都积极参与到生产劳动中去;在政治上,应把民主原则贯彻到社会生活的各个领域。他认为,要实现这样的社会,不要进行暴力革命,而是通过立法和改革试验等途径来进行。他倡导建立以人本主义心理学为基础的人本主义伦理学,进而建立人本主义宗教,使自古以来的人本主义理想成为人们的信仰;改革现存的教育,培养具有批判思维的健全性格的人而不是适应病态社会的劳动者。

七、对弗洛姆的人本主义精神分析的评价

美国心理学史家(沃尔曼,1980)认为,弗洛姆对心理学有四大贡献:第一,将历史作为心理学调查的一个领域。他广泛利用历史文献,涉及希伯来历史、中世纪、宗教改革、产业革命到纳粹主义兴起等,并以这些文献作为他研究心理学问题的依据。第二,性格理论是他对心理学的重要贡献。第三,对心理学争端作伦理学解释,他始终没有忘记价值判断,他的工作具有明确的目的性,即实现人本主义的理想。第四,心理学研究的社会取向,他对社会比对个人怀有更浓的兴趣。(杨鑫辉,2000,p. 622)

弗洛姆心理学的创造性在于:他在广阔的经济、政治和文化中研究心理现象,注重分析一定经济结构中的生产方式、分配方式和生活方式对人的影响;他的研究对象不仅是少数的心理疾病患者,而且是整个社会中的各种人群;他以社会批判者和改革者自居,他的心理学实际上是他为医治社会痼疾开出的一剂良药,恢复和弘扬了精神分析的社会批判精神;他提出了社会性格和社会潜意识是联系经济基础和意识形态的中介的观点,从而揭示了经济基础和意识形态之间的作用和反作用的过程,并强调了社会心理作为一种能动的力量在社会进程中的作用;他的社会潜意识理论是对弗洛伊德和荣格等人的潜意识理论的一种发展;他以现代人的困境和精神危机作为其关注的核心问题,突出了其学说的现代性和实用性;等等。弗洛姆的理论体系涉及心理学、哲学和历史学,是一个影响广泛的体系,它增强了精神分析的生命力,丰富了现代心理学的内容。

弗洛姆的学说也具有明显的不足。他试图综合马克思和弗洛伊德,但实际上歪曲了马克思主义。马克思的学说是建立在经济学基础上的唯物主义,弗洛姆的学说是建立在心理学基础上的唯心主义。这从他提出的社会改革方案中就可以看出。他设想通过建立人本主义宗教和进行人本主义教育来达到未来的健全社会,只能是空想。

第九章

皮亚杰学派

　　心理学上的皮亚杰学派是指以皮亚杰为领袖的日内瓦国际发生认识论研究中心长期从事的有关人类认知的起源、发生、发展及其机制的学说。皮亚杰既是这一学派的召集者或发起人，更是这一学派的核心人物。他把生物学、数理逻辑、心理学、哲学等方面的研究结合起来，建立了结构主义的儿童心理学。皮亚杰学派创立于20世纪50年代，以后逐渐成熟并享誉世界。这与皮亚杰理论对人类认知发展心理学的杰出贡献是分不开的。

第一节　皮亚杰理论的思想渊源与历史背景

　　任何理论和思想的产生都不是一种"灵光一现"，而必然有它的背景和源头。皮亚杰理论的产生也不例外。皮亚杰理论既受到过先贤、圣哲的启发，又与皮亚杰本人的兴趣、阅历和所受的学术训练有着直接的关系。

一、皮亚杰的生平

　　皮亚杰(Jean Piaget，1896—1980)出生于瑞士的纳沙特尔。像许多聪明的孩子一样，皮亚杰对很多事物充满了好奇，1907年，在他11岁时，就在一本自然历史杂志上发表了一篇关于白斑雀的观察记录，这几乎奠定了他的生物学兴趣的基础。1918年，皮亚杰以软体动物研究获得了纳沙特尔大学自然科学博士学位。1919年，皮亚杰在巴黎大学学习病理心理学，其间阅读过弗洛伊德、荣格等人的著作。1920年皮亚杰到比奈实验室从事智力测验的标准化工作，在这里，皮亚杰很快发现：不同年龄的儿童经常犯不同的错误，而相同年龄的儿童所犯错误的性质也相同，而且，儿童表现出来的逻辑概念与成人的逻辑概念有很大的差异。皮亚杰感到，这其中必定蕴涵着认识论范畴的问题，从而促成了他对儿童发展心理的研究。1921年皮亚杰应日内瓦大学克拉帕瑞德(Claparède)的邀请，从巴黎回到了日内瓦，任日内瓦大学卢梭研究所的实验主任。1924年升任该校教授。从30年代开始,皮亚杰将其研究成果写成早期的五本儿童心理学著作,即《儿童的语言和思维》(1924),《儿童的判断和推理》(1924),《儿童的世界概念》(1926),《儿童的物理因果概念》(1927)及《儿童的道德判断》(1932)。这些著作成为他日后致力于研究儿童心理的发生、发展的准备阶段。1940年,皮亚杰继任卢梭研究所所长。1955年,皮亚杰在日内瓦大学创建了著名的"国际发生认识论研究中心",并担任中心主任。他创立的"发生认识论"主要研究作为知识形成基础的心理结构(即认知结构)和知识发展过程中新知识形成的机制。该中心邀请了各国著名的心理学家、逻辑学家、哲学家、语言学家、数学家、物理学家、生物学家进行跨学科的研究。皮亚杰具体领导了该中心的工作,而且完成了他以"发生认识论"命名的一系列研究。1971年,皮亚杰退休,他辞去了卢梭研究所所长职务。1980年皮亚杰逝世。

皮亚杰一生涉及过很多研究领域,生物学、哲学、数理逻辑、控制论都曾经成为他建构自己理论大厦的基石;在心理学上,皮亚杰受到过欧洲机能主义以及格式塔学派的直接影响。皮亚杰先后出版著作近50种,他的学术经历很驳杂,虽然皮亚杰以他的儿童心理学闻名于世,但皮亚杰却更愿意成为一名"发生认识论者"。正如一位传记作家所言:"他首先是一个生物学家和哲学家(严格讲是一位认识论专家),其次才是一个发展心理学家。"(博登,1992,p.1)

二、皮亚杰理论与生物学的关系

(一)生物进化论奠定了皮亚杰理论的基调

从皮亚杰的生平可以发现:皮亚杰早期所受到的学术训练主要是生物学方面的,而且皮亚杰早年的志向是"到生物学中寻求对世上万物和心灵自身的解释"。因此如果不对他的心理学赖以产生的那些生物学前提假设进行认真的分析,就不可能理解他的心理学。

皮亚杰身处19世纪晚期,这一时期生物学最独特之处就是进化论思潮的盛行。这一思潮对当时最著名的思想家,如黑格尔、马克思、孔德(Auguste Comte)、斯宾塞(Herbert Spencer)、柏格森(Henri Bergson)等人,都产生了一定的影响,并成为这些思想家共同的信念,即生命是一个进化的过程,进化不仅在宏大的宇宙范围内起作用,而且这种进化过程还涉及按某种固定的法则而进行的发展阶段。皮亚杰提到:达尔文的进化论"对科学心理学的影响更为直接,因为精神生活与行为同生物机体的情况有更紧密的关系……进化的概念却推动了儿童心理学这种精神胚胎学的发展"(皮亚杰,2002,pp.14-15)。在进化论思想影响下,"不应当从人出发来给人类下定义,相反,应当从人类出发来给人下定义"(列维-布留尔,p.7)。要研究高级智力机能,就必须研究种族的进化已经成为一种普遍的见解。皮亚杰认为:既然生物学可以求教于胚胎发生学以补充种系发生学知识的贫乏,那么何不在心理学中建立某种"智慧的胚胎学",通过考察认识的个体发生来回答人类认识发生的问题呢? 这样,皮亚杰的儿童心理研究就具有了方法论的意义。

作为一个生物学家,皮亚杰从未忽视这样一个事实,即人是生物进化的产物,人具有物质的身体,人生来就具有特定的感觉运动机制并通过这些机制与自己的环境相互作用。认识不仅仅取决于事物呈现给我们的方式,而且取决于我们作用于事物的方式。皮亚杰在关于感觉运动心理学的理解方面的出色贡献和他坚持将认识论基于感觉运动知识之上的看法,很大程度上都是缘于他的这种生物学家的敏感性。青年时代的皮亚杰似乎就窥见了可以从生物学的角度对认识问题作出解释的希望。但是,皮亚杰也清楚地意识到:在生物学和认识论之间还横着一条鸿沟,按照柏格森的观点,可以填补这条沟壑的不是哲学,而是心理学。皮亚杰也曾经提到过:在生物学和对知识的分析之间需要一种不同于哲学的东西,能满足此需要的只有心理学。考虑到个体发生可以为种系发生提供线索这一生物学原则,皮亚杰决定去探索儿童的思维,以求进一步了解人类一般知识的性质和发展。皮亚杰的发生认识论分析了获得认识的生物学前提,也就是认识在机体方面的起源和机制问题。他说:"心理发生只有在它的机体根源被揭露以后才能为人所理解。"(皮亚杰,1981,p.58)"在个体发展的情况下(语言、智力等的发展),所涉及的是在每一代人都重复的历史展开。"(皮亚杰,2002,p.3)在谈到当代心理学的研究方向时,他又提到有关个体发生发展的观点:"倘若只考察成人,人们只看到已经构成的机制;如果沿着发展的线路,就能探求机制的形成,而只有形成才是解释性的。"(皮亚杰,2002,p.80)从这里,我们可以发现:生物进化论奠定了皮亚杰理论的基调。

(二)借鉴生物学上的适应概念,解释认知的机制

对于皮亚杰来说,生物学上取得的进步正好可以用于对认知机制的阐明。对于生物学家来说,认知是一系列适应的产物,而这些适应是通过生物的形态发生、遗传和个体的顺应规律而加以解释的。作为一名生物学家,皮亚杰深信生物学的适应问题是与认知的本质和认知的可能性问题相关联的。然而在生物适应的问题上却存在着拉马克主义与达尔文主义的对立,在皮亚杰看来,这种对立可以类比于心理学和认识论中的经验主义与先天论的理性主义之间的对立。

拉马克的生物变异和演化学说倾向于将认识与经验的影响联系起来。皮亚杰总结了拉马克主义的两个核心观点,一是机体发展中器官练习的作用,一是能带来获得性遗传特征的适应的固化,也就是说,适应过程中发展的特征可以以生物学的方式遗传给后代。显然,拉马克主义同意知识的进化原则。皮亚杰同意这两个核心观点的精神,但是他指责拉马克过于强调环境作用的倾向,在拉马克看来,有机体不过是接受或多或少强加给它的"习惯"而已。在拉马克主义的观点中不能对有机体与环境的相互作用给予足够的重视,也不能对有机体自身性质的特定作用给予足够的重视。

同样,皮亚杰对认识结构的天赋论也提出了批评。他指出:比较动物行为学家洛伦兹认为人们的观念早在胚胎中就预先形成了,正像马蹄和鱼鳍早在马或鱼长成之前就在胚胎中形成了一样,这种观点不过是"先天的工作假设",没有必然性。皮亚杰指出,从生物学角度看,人的遗传是可变的,因而不存在先天的观念。

由于拉马克主义和达尔文主义倾向于要么将认知看做对现实的简单复制,要么将认知看做对环境的被动吸收和本能反应,因此,需要发展出积极的适应概念。皮亚杰设想:如果将认识看做有机体的自动结构对外界输入的主动同化,那么,就可以进而提出这些结构的性质和起源问题,以及它对外部现实产生最大限度的适应性建构的能力问题。这些摆在那些关心适应问题的生物学家面前的问题正是发生认识论的核心问题。

按照皮亚杰的观点,生物的发展是个体组织环境和适应环境这两种活动的相互作用过程,也就是生物的内部活动和外部活动的相互作用过程。皮亚杰评价拉马克学说"主要缺乏的是关于变异和重新组合的一个内在能力的概念,以及关于自我调节的主动能力的概念"(皮亚杰,1981,p.60),而行为主义所提出的 S→R 公式则是坚持了拉马克学说的精神的。他认为:"一个刺激要引起某一特定反应,主体及其机体就必须有反应刺激的能力",因而皮亚杰提出 S→R R←S 这一公式,并说:"更确切一些,应写作 S(A)R,其中 A 是刺激向某个反应格局的同化,而同化才是引起反应的根源。"(皮亚杰,1981,p.61)

皮亚杰在早期的著作中就试图寻求一种以同化和顺应的方式表达的中间的生物学解释,以期使有机体与环境之间的相互作用具有进化的和认识论的意义。借鉴生物学上的适应概念,皮亚杰提出了自己的"适应观":认知的发展既不是起源于先天的成熟,也不是起源于后天的经验,而是源于主体对客体的动作,这种动作的本质是主体对客体的适应。在皮亚杰看来,个体的每一个心理反应,不管是指向于外部的动作,还是内化了的思维动作,都是一种适应,个体心理从低级到高级的发展过程就是个体不断适应的过程。认知发展的机制就是一种适应的机制。皮亚杰在《儿童智慧的起源》一书中,着力阐述了智慧的生物学问题,并特别而详尽地追溯了婴儿与环境之间不断精致的适应过程。

三、皮亚杰理论与康德哲学的关系

自笛卡儿、莱布尼茨和康德以来,主体的观念与经验的客体之间如何相符一致的问题一直困扰着西方哲学,围绕这一问题形成了经验论与唯理论的长期对立。这一问题对于以"发生认识论"为志趣的皮亚杰来说既是一个绕不过去的问题,也是一个颇有挑战意味的问题。

在厘定前人的观点时,皮亚杰一开始采取的是一种不偏不倚的态度。

一方面,他求助于洛克、休谟、斯宾塞这些古典经验论者,因为在他看来英国经验论具有某种"发生学意义",经验论者认识到演绎推理不足以解决所有的认识论问题,这是值得肯定的。然而皮亚杰认为经验论将意识视作单调的白板,只能被动地接受经验输入,将知识视作对世界的复制,这样的说法是不能被接受的,因为:经验论者未能看到主体建构知识并非仅归因于经验,通常总是包含着建构作用,对此,经验论哲学未能把握住它的范围,也未能予以足够的重视。经验论者未能回答认识的起源问题,尤其未能对逻辑必然性给出一个满意的解释。一些早期的经验论者将逻辑原则视作归纳学习的结果。如果知识仅仅是现实的复制,仅仅是被动的接受,那么,我们怎么可能超越我们自己的时空环境呢? 皮亚杰看到,晚近的经验论者(逻辑实证主义者)的确试图对逻辑做出认识论的判断,将逻辑从归纳学习的经验知识中区分出来从而解释它们的必然性特征,但是,他们错误地"试图将之简化为一种语言",这样,实证主义的结论不仅与皮亚杰关于语言与思维关系的心理学研究结果相抵牾,而且将为什么单纯的语言习俗或抽象的语言公式可以如此有效地应用于物理世界这一问题完全地留给了神秘主义。因此,皮亚杰最终还是放弃了经验主义,正如他自己表白的那样:"在智力心理学方面,日内瓦学派就儿童的智力概念与智力运算的发展所进行的全部工作,也同样证明了主体活动在认识的形成中所起的作用,这种作用同经验主义所谓的被动经验的唯一作用是相对立的。"(皮亚杰,2002,p. 79)

另一方面,皮亚杰也求助于唯理论的解释,在他看来,唯理论正确地强调了认识主体的作用并且认识到需要有先于经验的逻辑原则。从笛卡儿的"我思故我在"的命题,到莱布尼茨的"前定和谐",唯理论者在强调主体的能动作用的同时,往往求助于上帝的旨意,这使唯理论又陷入唯心主义的泥潭。例如:婴儿为什么不能解代数题? 唯理论者们(笛卡儿、莱布尼茨、柏拉图)认为婴儿在某种意义上需要一定的经验来激活、实现或回忆起他们的先天代数或逻辑观念。这些回答显然不能使皮亚杰信服,皮亚杰反驳说:

"观察和实验以最明确的方式表明,逻辑结构是被构造出来的,而且要花足足十二年的时间才能确立。"为了努力说明逻辑知识的这种特殊性质,皮亚杰描述了从反映性抽象化和平衡性(前者不需要感觉运动学习)发展到逻辑-数学结构的过程。这种结构经常被先验论理论设想为具有向外显现必然性的东西,然而,这种结构不是学习的条件,而是学习的结果。

到了康德这里,唯理论的不足,似乎有了转机。康德的先天范畴学说首次明确区分了认识的形式和内容这两个维度。在康德看来,认识的普遍必然性是由认识的形式——知性范畴和时空直观予以保证的。康德揭示了心灵的先天原则如何适用于对象,所有客体为了成为认识的对象就必须与我们的认识范畴和建构活动相一致。在皮亚杰看来,康德的这种先天建构思想是值得保留下来的。皮亚杰承认:"看来在发生学上十分清楚的是,主体所完成的一切建构都以先前已有的内部条件为前提,而在这方面康德是正确的。"(熊哲宏,2001,p.30)由此可见:康德对于认识论主体在构造、解释人的经验中所起的能动作用的强调,是被皮亚杰所采纳的。

其次,康德哲学对皮亚杰的深刻影响,还表现皮亚杰在对主客体的相互作用的认识上。根据康德的分析,认识按其内容来说是客观的,按其形式来说是主观的,只有主客观的结合才能构成认识。皮亚杰的发生认识论正是从主、客体的统一性来研究认识论的。皮亚杰把这种统一性奠基于主客体相互作用的活动的基础之上。认识的形式与内容的发展是在统一的活动发展中得以实现的。他从活动出发,创立了内化-外化双重建构学说,阐明了认识的形式与内容、数理逻辑经验与物理经验、逻辑知识与物理知识、逻辑结构与物理知识结构的辩证发展过程。

由此,皮亚杰的认识论可概括为发生结构主义。与康德一样,皮亚杰强调意识在将经验形式化和解释经验中的结构性活动,并且相信,只有通过一定结构化原则才能经验到我们经验的一切。不同的是,康德拒绝有关空间、时间、同一和因果这些对于成人的主观经验和客观知识都是非常基本的形式和范畴的发展问题,没有以一种发展的、渐成的眼光去看待形式(范畴)。因此,康德的认识论仍然是唯心主义和形而上学的。而皮亚杰的发生认识论正是在"发生发展"这一点上与康德的经验论划清界限的。皮亚杰抛开了康德关于范畴的先验假设,直接从儿童的活动中追溯它们的起源。

皮亚杰从心理的发生发展方面来解释认识,特别是科学认识的获得。他一再强调,认识的建构是通过主客体的相互作用形成的。他说:"认识既不是起因于一个有自我意识的主体,也不是起因于业已形成的(从主体的角度来看)、会把自己烙印在主体之上的客体;认识起因于主客体之间的相互作用,这种作用发生在主体和客体之间,因而同时既包含着主体又包含着客体。"(皮亚杰,1981,p.21)"认识既不能看做在主体内部结构中预先决定了的,因为它们起因于有效地和不断地建构;也不能看做在客体的预先存在着的特性中预先决定了的,因为客体只是通过这些内部结构的中介作用才被认识的。"(皮亚杰,1981,p.6)"这种认识论是自然主义的但又不是实证主义的;这种认识论引起我们对主体活动的注意但又不流于唯心论;这种认识论同样地以客体作为自己的依据,把客体看做一个极限;这种认识论首先是把认识看做一种持续不断的建构。"(皮亚杰,1981,引言,pp.19 - 20)

他反对经验论,也反对先验论。皮亚杰曾经论述道:经验论以只有起源而没有结构的方式来描述知识的增长,而先验论则仅仅提供给我们没有起源的结构。为此,皮亚杰提出了构造论(建构论)。他认为新结构或新知识的形成实际上是一种构造的过程。因此,皮亚杰继承的是西方哲学中康德的传统,也就是在消除了英国经验主义(洛克)和德国唯心主义(莱布尼茨)思想水火不容的对立之后,认识论的研究已经进入了对康德意义上的关于知识获得最为一般和基本的条件的问题之探索和解答。皮亚杰将康德的问题置于发展的背景之下,他不再拘泥于人类是如何从一低水平的知识状态进入一个高水平的知识状态的,而是用建构主义的思想来回答这一问题,并对这一问题作出了具体微观的解释和说明。

正如皮亚杰本人明确表白的那样:"我把康德的知性范畴拿来重新考察了一番,于是形成了一门学科——发生认识论。"这就提示我们,在考察皮亚杰理论的背景渊源、学科性质和基本特征时,我们不能不看到它与康德认识论(特别是康德"先天"范畴体系)的内在联系。皮亚杰的发生认识论所研究的认识是认识的普遍形式,是保证认识达到普遍性的基本范畴,诸如空间、时间、因果性、整体、部分等的概念发展史以及它们所属的概念网络。

四、皮亚杰理论与结构主义

(一)"结构"和"结构主义"

"结构"这一概念也是皮亚杰学派的一个重要概念。这里的结构不是解剖学意义上的结构,而是一种认知的功能结构。有了它,主体才能够对客体的刺激作出反应。

所谓结构主义,可以上溯到20世纪初在语言学中由索绪尔提出的关于语言的共时性、历时性概念和心理学中格式塔学派提出的感知场概念。此后在社会学、数学、经济学、生物学、物理、逻辑等各学科领域中,都在谈结构主义,结构主义一时成了一种时髦的哲学思潮,在法语国家尤为盛行。皮亚杰作为一名属法语语系国家的学者,他的思想和理论与这一思潮是相呼应的。他自称为结构主义者。"唯结构主义者一般都认为结构是先验的,它是人的心灵和无意识能力投射于文化现象的结果,似乎不能通过经验的概括而只能通过理论模式认识它。但皮亚杰却没有把结构的起源推诿于先验论或预成论,而是创立了发生认识论去解决结构的起源问题。"(高觉敷,1987,p.98)

针对当时形式繁多的结构主义,皮亚杰进行了一番梳理,指出了结构主义的共同特点有二:第一是认为一个研究领域里要找出能够不向外面寻求解释说明的规律,能够建立起自己说明自己的结构来;第二是实际找出来的结构要能够形式化,作为公式而作演绎法的应用。于是他进一步提出了结构有三个要素:整体性、转换性、自我调节性。首先是整体性概念,即假定,整体大于部分之和。例如,在人类生物学中,人体并不是心脏、肺脏、肝脏和大脑等器官的简单相加,而是所有组成部分为之贡献的一种功能性整体。这些组成部分因与人体有关而发挥作用,在这里,人体不是一个集合体,而是一个整体。这些组成部分遵循着一套法则。转换:这是结构主义的一个主要思想。部分与部分之间、部分与整体之间有一种动态的力量存在,在这种动态力量的推动下,变化便成了一种必然的结果。正如皮亚杰所说,"所有的已知结构……毫不例外,都是转换系统"。皮亚杰发现,无论是数学还是生物学,从最根本的意义上说,它们都可视为具有转换规则的系统。结构的自我调节性就是指结构具有"自律"的特征。整体、系统被认为能自我维持、走向封闭;能支配其组成部分,并使它们发生变化;必要时能确保总体的延续。这一特征有一种所谓自动平衡的感受,因为它强调:透过应用规则,转换法则或功能,系统的生存便能得到保障。自律性的封闭和自我维持,都不应被看做限制性的或枯竭的表现,而应视为具有丰富之作用。皮亚杰的顺应作用和同化作用就是智力发展的自我约制。

结构主义作为一种思想方法,不仅被皮亚杰明晰化了,而且被皮亚杰所采用。

(二)皮亚杰理论与结构主义

皮亚杰理论与结构主义的关系源于他早年对生物学的结构概念和整体概念的注意。他在自传中说:如果在那时我知道了韦特海默和苛勒的工作,我会成为一个格式塔主义者。他自己的心理学概念与格式塔学派的区别在于更强调结构的发展,逐渐形式化并用逻辑的和代数的术语来定义。其后,随着语言学、数学和人类学中结构主义的兴起,他曾将自己的理论说成一般结构主义中的一例。

皮亚杰在《结构主义》一书里检验了现在各个研究领域里出现的主要的一些结构主义,并试图找出结构主义的一般特点。从这一些结构主义观点出发,再涉及有关结构研究的其他方面。

在皮亚杰关于结构的观点中,有三个关键概念,即整体性、转换性和自我调节性。结构是一种统一的整体,只有从相互关系中和在整体结构的位置上才能确认它的部分。在皮亚杰看来,不论是从发展上还是自我维持上来说,结构都具有动力性。结构的更替不是简单的或随机的变化,而是一种有序的转换,一种关系的结构形式或结构系统被另一种形式或系统所接替。知识只能通过积极的转换形式来获得。此外,结构是自我调节的或自主的,整体的性质可以通过各部分之间的适应性补偿转换而得以守恒。

在皮亚杰对儿童智力发展的研究中,体现了结构主义的所有特点。不过他仍然强调儿童在智慧成长的过程中扮演着主动的行为者角色。对皮亚杰而言,儿童"建构"着他们的心灵结构。即使如此,人类活动仍受到控制法则的宰制。

客观知识始终服从于一定的动作结构,这些结构是构建成的:它们既不在客体里,因为它们依赖于动作,也不在主体里,因为主体也应当学会协调自己的动作。

根据皮亚杰的意见,主体是具有积极适应机能的有机体。这种机能是通过遗传固定下来的,是每个生命机体都具有的。有机体借助这种机能去构建周围环境。智力是结构的局部情况——思想活动的结构。

机能是有机体在生物学上所特有的与环境相互作用的方式。主体所特有的两种主要机能是组织和适应。每个行为活动都是组成的,或者换句话说,都有一定的结构,它的动态方面就是适应,而适应本身是由同化和协调过程的平衡组成的。

(三)皮亚杰的结构论思想

皮亚杰认为,心理完全像身体那样,也具有结构。皮亚杰所说的认知结构是由动作或心理运算所概括形成的抽象结构。它们不是外界经验的概括,而是主体自身动作和运算中对逻辑-数理经验的协调。主体所形成的认知结构可归属于或运用于客体,以形成有关客体的广义物理知识,即知识的结构。上述过程,皮亚杰称之为双向建构,即动作和运算内化以形成认知结构(内化建构),同时,已形成的或正在形成的认知结构运用于客体以形成广义的物理知识结构(外化建构)。

皮亚杰是系统地把结构论思想引入心理学的第一人。皮亚杰认为只有作为一个自动调节的转换系统的整体,才可称为结构。人的智慧正是这样的整体,无论是动作,还是运算智慧,它们无时不在逐渐演化成一种结构。皮亚杰通过大量的观察和实验来证明主体认知结构的存在。

皮亚杰用图式一词来表示认知结构。图式是主体与环境相作用中,经过同化和顺应之后所得到的结果,它是认知结构的单元,是一组动作或操作的内化了的复现表象。它使人能对现实的复现表象进行运算,以便得出问题的答案。皮亚杰认为,图式最初来自先天遗传,一经和外界接触,在适应环境的过程中,图式就不断地变化、丰富和发展起来了。图式不是静止的而是动态的,它总向新环境中进行的新的同化和顺应过程敞开着大门。在任何时候,它们都表现出机体适应于新情境与新课题的准备状态。

皮亚杰认为认知结构产生的源泉是主客体的相互作用。相互作用的活动中蕴涵着两方面的内容:一是动作(运算)之间的协调;二是客体之间的联系。后者从属于前者,只有通过动作(或运算),客体之间的联系才能在人的思想中发生。这是双向建构的过程。在皮亚杰的认知结构发展理论中,这种动作的或运算的协调具有重要的意义,它们是主体形成认知结构的结构化工具。

在皮亚杰看来,认知结构形成的主要机能是"同化"。主体的同化性活动(动作或运算),经过重复和概括就形成一定的格式,而这些格式都趋向于综合,趋向于彼此之间的协调,这种协调是一种组织化或结构化的倾向。结构是协调的产物。

总之,皮亚杰的结构主义以其独特的结构分析区别于其他结构主义。皮亚杰在强调结构历史发展的同时,注意突出主体在结构形成中的作用。他指出:结构并不意味着主体的消失,结构不排斥认识的主体。主体的活动在结构形成过程中起着举足轻重的作用,这与宿命论的结构主义是大相径庭的。

五、皮亚杰理论与控制论

"控制论"是20世纪40年代由数学家维纳建立起来的。它是借助信息反馈进行自我调节的系统科学,维纳创立控制论曾受益于生物学和心理学,而心理学又从控制论中获得了启发。控制论由于重视自动平衡和生物学组织而受到皮亚杰的青睐,皮亚杰理论中有几个重要概念,诸如系统、平衡、调节、反馈等,均来自生物学和控制论。维纳认为,"信息反馈"概念对于心理学与对于生物学一样,是非常有用的。维纳相信,这个术语会把像目标和目的一类的心理学概念表达得清晰易懂并系统可用。他认为:有目的的行为就是运用负反馈加以控制的行为,这种控制信号来自目标,并约束可能超越目标的输出。

"目标"或"目的"本是一个心理学概念,它指主体计划干什么的观念。正是这种主体的观念在物质世界(或心理本身)信号反馈的参与下控制或调节着目的行为。皮亚杰所以坚持在感觉运动的第二阶段的行为无目的性,而有目的的行为只能在第四阶段中出现的观点,正是基于这种认识。皮亚杰在关于主体内部现实建构的心理学理论研究中,通篇运用了控制论的环境反馈概念来解释智慧行为。什么样的信息可以被能动地运用,它在有机体内将发生什么作用,都取决于被心理行为图式和操作结构调节着的反馈方式。

于是,反馈便成为各个领域中皆可以发生的过程,它包括对相宜变异的同化和顺应。在讨论到基因的这种功能时,正如皮亚杰所指出的,"在每一个领域,向系统输入该系统行为结果信息,并根据这种信息修正系统行为,就是调节的性质。"(博登,1992,p.119)对于皮亚杰来说,控制论提供了一般平衡理论的辩证法的精要。

从皮亚杰的观点来看,生物学和认知理论体系是内部调节着的整体,它们与所处的环境发生着辩证的相互作用。皮亚杰在他的理论中经常流露出对控制论的赞赏。他指出:"生命是基本的自动调节系统,""迄今为止,控制论模式是唯一能够战胜其他理论而对自动调节机制的性质作出解释的理论模式"。他又说:"控制论模式⋯⋯对我们有着特殊的作用,因为它对所有的认知机制的结构给出了指导性的表达。"(博登,1992,p.116)

皮亚杰在对控制论的讨论中,曾经表现出对"人工智能"的称道,"生命活动在许多方面酷肖一架控制论机器,具有'人工的'或'一般性的'智慧。"(博登,1992,p.121。)由控制论产生出"人工智能",皮亚杰似乎早有觉察。

综上所述:生物学、认识论、心理学,这三条研究认知的途径并不相同,却均被皮亚杰所采用。这三条途径既构成了皮亚杰理论的背景,也构成了理解皮亚杰的门径。

第二节   皮亚杰理论

皮亚杰一生兴趣广泛,涉猎过很多学科。从20世纪20年代开始,皮亚杰就着手研究认知的发生及其发展问题,50年代"国际发生认识论研究中心"成立后,皮亚杰和同事英海尔德(Inhelder)、辛克莱(Sinclair)、伦堡希(Lambercier)、泽明斯卡(Szemiska)等人组成了以他为代表的"日内瓦学派"(Geneva School),或称皮亚杰学派(Piagetians),提出了儿童智慧形成和认知机制发生、发展规律的重要理论,形成了一套完整的认知发展的科学体系,从而引起了心理学界的广泛重视。

一、皮亚杰理论中的基本假设

（一）儿童认知发展的内在主动性

皮亚杰认为，儿童智力发展的根本动力存在于儿童自身中，他不同意行为主义过于强调环境在儿童心理发展中具有重要作用的观点。他认为，儿童不是只能被动地等待着环境刺激的影响和塑造的生物体，而是刺激的主动寻求者、环境的主动探索者，儿童与环境之间构成作用与反作用的关系。因此，在很大程度上，是儿童自己在决定着自身的发展方向和水平。从这个意义出发，皮亚杰认为，任何一个年龄阶段的儿童在与外界相互作用的过程中，都有一套独特表征和解释世界的方法和原则，表现出思维的独特性。皮亚杰认为，结构是具有内在活动性的，结构必须通过主体的不断练习，才能得到加强、巩固和发展。

（二）儿童认知的发展是其心理结构的改进与转换

结构或图式是皮亚杰理论的核心概念之一。

结构的整体性，是指结构的各成分之间存在有机联系，而不是各独立成分的混合，结构中各成分和整体的变化由统一的内在规律所决定，结构的变化导致儿童智力的发展变化。

结构的转换性，是指结构不是静止的，而是处于不断的发展变化中。不同年龄阶段的儿童，其智力结构会呈现出不同的特点。

结构的自调性，是指结构的变化有其本身自行调节的规律，而不需要借助于外在的因素。因此，结构是封闭的自调性组织。

皮亚杰认为，正是由于图式的这种整体性、转换性和自调性，才使得主体能够通过与外在环境的相互作用而获得智力结构的不断改善和转换，由最初的遗传反射图式发展到后来的感觉运动图式、表象图式、直觉思维图式，最后构成运算思维图式。

（三）儿童认知发展的建构性特点

皮亚杰强调儿童认知发展的建构性特点。在皮亚杰看来，客体只有在主体结构的加工改造以后才能被主体所认识，主体对客体的认识程度完全取决于主体具有什么样的认知结构。因此，儿童对于客观世界的解释是根据他们已经知道的关于世界的知识。在皮亚杰看来，不存在纯粹的客观现实，现实是主体依据已有的认知图式对环境信息进行的建构。对现实的认识是一个能动的、积极的、活跃的建构过程，体现了主体与环境的相互作用。

二、关于认知发展的机能

(一) 组织与适应

在皮亚杰理论中,认知、智慧、智力、思维、心理被视为同义词。皮亚杰关于认知发展的理论体系,主要受其作为一个生物学家所受训练与工作经验的影响。皮亚杰发现,生物的发展是个体组织自己与适应环境这两种活动的相互作用。前者指生物发展中的内部活动,后者指它的外部活动。他将这一发现应用于人类的心理发展,把儿童认识的发展看作个体对环境适应的逐步完善和日益"智慧化"。在皮亚杰看来,儿童的认知活动产生于已有的生物学基础之上,并按照一种类似生长的行为过程迅速发展,这个行为过程是以某种方式与生物的生长或成熟相平行的。处于这一过程核心的是两种不变的机能,即组织与适应。这些机能是人类机体的固有的属性,它指引着机体全部行为的发展。皮亚杰把组织与适应看成两个相互联系的过程。他在《儿童智力的起源》一书中写道:"从生物学的观点看,组织与适应是不可分离的,它们是一个单一机制的两个相互补充的过程。组织是这一机制的内部方面,适应构成了这一机制的外部方面。"

皮亚杰把生物体机体层次上的组织机能和适应延伸至行为(心理)的层次。他认为智慧的本质就是适应。适应甚至不仅限于生物界,世上万物无不存在着联系,联系就是事物之间的相互作用,适应就是事物相互作用的过程和结果。根据皮亚杰的观点,人的一切行为或一切思想的目的是使有机体以更令人满意的方式去适应环境。

(二) 同化与顺应

皮亚杰认为,认知发展的机能——适应和组织是不变的,而它的结构——图式则是处于不断分化与整合的过程中。认知发展是机能不变与结构变化的统一体。儿童的认知结构的发展,即从儿童的认知图式演化成成人的认知图式——这一变化过程的实现,借助于个体行为适应的两种相互作用的次级机能,即同化和顺应。所谓"同化就是把外界元素整合于一个正在形成或已形成的结构"之中。当一个人在环境中遇到了新经验,并且把这个经验看作和他(她)已经具有的身体或心理动作经验完全一样或非常相似的时候,同化就发生了。然而,有时人们会遇到环境、经验和现有的任何一个图式之间,不存在良好对应关系的情况。这样的情况将迫使个体改变现有的认知图式,形成某些适合新经验的新图式,引起认知结构的不断发展变化。这种对认知结构给以增补、提炼并使之复杂的创立新认知结构的过程就称为顺应。按皮亚杰的观点,同化与顺应是相互依存的。同化与顺应之间的平衡过程,既是认识上的适应,也是人的智慧行为的实质所在。

"智慧行为是依赖同化与顺应两种智慧机能从最初不稳定的平衡过渡到逐渐稳定的平衡。"同化与顺应是认知发展的两个机能双翼。同化导致认知生长(一种量变),顺应导致认知发展(一种质变),两者的结合构成了认知适应和认知发展的机制。

三、关于儿童认知发展阶段的特点和划分依据

皮亚杰不仅认为主体的动作或运算在不断地演变成一定的认知结构,而且认为儿童的认知发展由于认知结构的不同水平而表现出明显的阶段特征。皮亚杰认为儿童从出生到成人的认知发展不是一个数量不断增加的简单累积的过程。儿童的动作图式在环境教育影响下经过不断内化、顺应、平衡,会形成本质上不同的心理结构,因而可以按照认知结构的性质把整个认知发展划分为几个按不变顺序相继出现的时期或阶段,每一阶段诞生了与上一阶段不同的认知能力,标志着儿童获得了适应环境的新方式。

(一) 关于认知阶段的特点

皮亚杰对阶段论的首次全面的概述是在 1955 年发表的《儿童和青少年的智慧发展阶段》一文中。在阶段理论方面,皮亚杰提出了三个观点:

(1) 阶段出现的先后次序固定不变,不能跨越,也不能颠倒,它们经历不变的、恒常的顺序。每一个阶段从低到高都是有一定次序的,不能逾越,也不能互换。所有的儿童都遵循这样的发展顺序,因而阶段具有普遍性。

(2) 每一阶段都有其独特的认知结构,这些相对稳定的结构决定儿童行为的一般特点,标志着一定阶段的年龄特征,儿童发展到某一阶段就能从事水平相同的各种性质的活动。但由于各种因素,如环境、教育、文化以及主体的动机等的差异,阶段可以提前或推迟,但阶段的先后次序不变。

(3) 认知结构的发展是一个连续构造的过程,是在新水平上对前面阶段进行改组而形成的新系统,每一阶段都是前面阶段的延伸,前一阶段是后一阶段的结构基础,前一阶段的结构是后一阶段的结构的先决条件,并为后者所取代。

(二) 划分认知发展阶段的依据

皮亚杰用"运算"这一概念作为划分认知发展阶段的依据,这是他从逻辑学中引进的。但皮亚杰所指的运算主要指心理运算,而不是形式逻辑中的逻辑运算。心理运算有四个重要特征:

(1) 心理运算是一种能在心理上进行的内化了的动作。例如,达到运算水平的儿童,可以在头脑中完成把瓶子里的水倒到杯子中这一动作,并预见它的结果。这种心理上的倒水过程,就是一种"内化的动作"。

(2) 心理运算是一种可逆性的内化动作。可逆性是运算的本质特征之

一。例如,不仅"在头脑中"能够把水从瓶中倒入杯中,而且能把水再从杯中倒回瓶中,恢复原状。皮亚杰对可逆性作了进一步区分,认为存在着两种可逆性:一种叫逆向可逆性或反演可逆性。其特征是,逆运算($-A$)与相应的正运算($+A$)结合时便抵消。例如儿童对将甲杯中的液体倒入较窄的乙杯的反应之一是,如果把乙杯的水倒回甲杯,液体的量并无增减(由逆向产生的可逆性)。第二种是互反可逆性,它的特点是:原运算($A<B$)与它的互反性运算($B<A$)在消除了它们之间的相差之后,可产生一个等值($A=B$)。例如,儿童对前述倒水实例的另一种反应是,认为乙杯中的水面虽增高,但容器较窄,故水量并无增加(由互反产生的补偿可逆性)。皮亚杰认为,两种可逆性支配着不同的系统。反演可逆性支配着分类的系统,它是一切类概念产生的基础;互反可逆性则具有关系运算的特征,它支配着关系系统,是理解一切事物的对称或不对称关系的基础。

（3）运算具有守恒性。一个运算总需以某种守恒性或不变性的存在为前提。运算的守恒性与可逆性有着密不可分的联系,没有对某种内容的守恒,可逆性就失去了依附。同时,守恒性是通过可逆性获得的,正是由于运算的可逆性,才使儿童对整个运算体系中的不变因素产生了清晰的、正确的认识。

（4）心理运算不是孤立存在的,它总是集合成系统,形成一种整合的整体结构。一个单独的内化动作并非运算,而只是一种简单的直觉表象。皮亚杰引用了"群集"、"群"和"格"等数学概念来概括这些整体结构的模式。

四、认知发展的阶段

这是皮亚杰发生认识论中最具实质性的部分。皮亚杰认为:认知发展不是一种数量上简单累积的过程,而是认知图式不断重建的过程。根据认知图式的性质,皮亚杰把认知发展分为如下四个阶段:感知-运动阶段;前运算阶段;具体运算阶段;形式运算阶段。当儿童从第一阶段发展到最后阶段,他们便从完全以自我为中心,对其所处的环境没有任何实际知识的婴儿,变成能熟练地运用逻辑和语言,理智地应付环境,更现实地理解客观世界是如何运行的青少年。

（一）感知-运动阶段（出生—2岁）

这一阶段主要指儿童产生语言以前的时期,儿童主要是靠感觉和动作来认识周围的事物,他们所具有的只是一种图形的知识。图形的知识依赖于对刺激形状的再认,而不是通过推理产生。

这一阶段的儿童只有动作的智慧而无表象和运算的智慧。他们仅靠感知动作图式探索周围世界（空间、时间、因果方面）的基本特征,以及形成客体不依赖主体知觉的永久性观念。皮亚杰在《智慧的起源》一书中,详细地报道了对这一阶段的观察研究,并将这一阶段分成六个分阶段:

1. 纯先天的反射行为期(0—1 个月)

这时儿童不具有有目的思维,不能区分自身与环境。如:新生儿的吮乳反射。

2. 动作习惯和知觉的形成期(1—4.5 个月)

在先天反射基础上,通过机体的整合作用,把个别的动作联系起来,形成一个新的习惯,具有了一级循环反应的特征。例如,能寻找声源,用眼睛追随运动的物体。

3. 有目的动作形成期(4.5—9 个月)

能以自己的动作使外界偶尔发生的有趣事件再次发生,具有了二级循环反应的特征。如:儿童摇动手中的拨浪鼓以便听到声音。

4. 手段和目的之间的协调期(9—12 个月)

这时期的儿童能将上述分阶段孤立的图式(动作格式)协调成手段与目的的新关系,通过手段中介达到目的。例如,儿童通过拉动一根与客体相连的绳子获取手所够不着的那个客体。

5. 感知运动智力时期(12—18 个月)

儿童通过尝试,发现产生有趣结果的新方法,有目的地通过调节来解决新问题。具有了三级循环反应的特征。

6. 智力的综合时期(18 个月—2 岁)

这是感知运动结束,前运算阶段开始的时期,它的显著特征是除了用身体和外部动作来寻找新方法之外,开始在头脑里用"内部联合"方式解决问题,运用表象模仿别人做过的行为来解决眼前的问题。这一时期的主要成就就是形成协调运动,开始出现心理表征,特别是形成客体永久性概念(皮亚杰称之为"哥白尼式的革命")。

这六个分阶段标志着婴儿从能作出反射动作到渐渐感知自己的行为作用于物体的效果,然后区分自己和物体,继而能预见人和物体,最终在心理上复现客体,在认知上对它们进行综合与处理。

(二) 前运算阶段(2—7 岁)

儿童的认知开始出现象征功能,表象或思维的萌芽开始出现,但儿童还不能形成正确的概念。

由于语言的出现和发展,促使儿童日益频繁地用表象符号来代替外界事物,重现外部活动,这就是表象思维。表象思维的特点有四个:

第一,具体形象性,借助表象进行思维,还不能进行运算。

第二,不可逆性,儿童还没有概念的守恒性和可逆性。

第三,自我中心性。

第四,刻板性,表现为:在思考眼前问题时,注意力还不能转移,不善于分配;而对于事物的性质,还缺乏等级的观念。

皮亚杰把前运算阶段分为两个分阶段:

1. 前概念或象征思维阶段(2—4 岁)

这一分阶段的标志是儿童开始运用象征符号。象征机能的产生,使儿童能够凭着意义所借对意义所指的客观事物加以象征化。皮亚杰认为意义所借与意义所指的分化就是思维的发生,同时意味着儿童的符号系统开始形成。这一分阶段,以自我言语和儿童基本上通过知觉去解决问题为特征。自我言语是伴随着儿童正在做某件事时的持续不断的口头注释,而不是一种和他人进行交流的工具。儿童在相当大的程度上依赖于知觉,这意味着他(她)在解决问题时是从直接看到或听到的东西中,而不是从他对客体和事件的固有特点的回忆中得出结论的。

2. 直觉思维阶段(5—7 岁)

这是一个儿童从依赖知觉到能通过逻辑思维解决问题的过渡时期。它一方面保留着前一阶段的某些特征,另一方面又产生了后一阶段的特征的萌芽。虽然这时儿童的认知仍然是直觉水平的,但已开始从单维认知向连续两维认知过渡。由于直觉水平没有运算可逆性,所以这时儿童的类、系列、空间、时间等观念都处于缺乏守恒性的原始状态。由于未获得可逆性,动作不能反向进行,因此,皮亚杰又称它为半逻辑即"半运算逻辑"阶段。它只能使儿童发现事物之间的依存或共变关系,而不能导致守恒概念的获得。

(三) 具体运算阶段(7—11 岁)

相当于小学阶段。儿童已具有运算的知识,这种知识使儿童能够在一定程度上作出推理。但这种思维运算仍离不开具体事物的支持。

在这一阶段,儿童思维出现了守恒性和可逆性,所以这个阶段儿童的思维活动出现了真正的运算。这是儿童第一次达到能运用逻辑进行运算,思维不再受知觉支配,而能逻辑地解决具体问题。

具体运算阶段儿童的认知特点之一是去自我中心,他能采纳别人的观点,他的语言是社会性的和交际性的,他的知觉已非中心化,注意能够转移。特点之二是,具体运算阶段的儿童获得了运算的可逆性,但具体运算的类和关系系统还未能协调起来而成为一个整体的结构。

具体运算阶段是儿童守恒能力成熟的时期。儿童的守恒现象是皮亚杰的重要发现之一,也是引起大量调查的中心问题。守恒这一术语指当物理或情境的其他方面发生变化时,那些仍保持恒定的方面或事件。当一个黏土做成的球被搓成香肠的形状或被压扁时,形状虽然改变了,但是它的重量和质量不变。在转换时期,儿童能区分什么发生了变化,什么没有发生变化,这是这一阶段儿童推理技能的一个重大进步。具体运算阶段的儿童出现了序列运算和分类运算图式,因果关系、空间、时间以及速度概念发展得更加完善。

到了具体运算后期,儿童已经能说明事件的因果关系,为解决关于关系方面的假设和命题问题做好了准备。

(四)形式运算阶段(11—15岁)

儿童不再依靠具体事物来运算,而能进行抽象的逻辑运算。

在形式运算阶段,儿童一般不再受直接看到或听到的事物的局限,也不受眼前问题的限制,能想象问题的各种情况——过去、现在或将来——并且设想出各种因素在不同情况下按逻辑可能发生的变化。尽管此时儿童还不能意识到诸如“四变换群”和“格”(组合分析)等逻辑结构,但儿童已经能运用形式运算来解决所面临的逻辑课题,如组合、包含、比例、排除、概率、因素分析等。

皮亚杰认为儿童的认知结构在此阶段达到成熟。也就是说,到形式运算阶段完成时,儿童思维性质的潜能(同成人思维的潜能相比)达到了最大限度。在此阶段以后,人们进行推理的性质就不再有结构上的改进。

到了心理发展的最后阶段,青年能拥有一切成人所具备的逻辑运算形式,此后,在青年时期和成人时期所增长的经验(不断地进行同化和顺应)使图式得以补充并更为复杂,所以成人的思维要比青少年更为成熟、更不带有自我中心遗留下来的痕迹。

五、影响认知发展的因素

皮亚杰认为,认知的发展遵循着一个“固定不变”的过程。为什么儿童的认知发展会呈现出连续的阶段呢?这是因为成熟、经验、社会环境、平衡四个因素影响的结果。

(一)成熟

主要是指神经系统的成熟。儿童某些行为模式的出现有赖于一定的躯体结构或神经通路机能的成熟。皮亚杰认为,成熟在整个心理成长过程中起着一定的作用。它是心理发展的必要条件,但不是充分条件(即决定条件),因为单靠神经系统的成熟,并不能说明计算 $1+1=2$ 的能力或演绎推理能力是如何形成的。必须通过机能的练习和习得的经验,才能增强成熟的作用。所以,“成熟仅仅是所有因素之一,当儿童年龄增长,自然及社会环境影响的重要性将随之增加”。在皮亚杰看来,成熟对认知发展的主要作用在于脑和神经系统的生长和内分泌系统的发育。虽然成熟在发展中起着明显的作用,但对它的重要性,皮亚杰并不十分重视。"神经系统成熟的作用只不过是决定了在某一特定阶段发展的可能性和不可能性。要实现这些可能性,一个特定的社会环境仍是必不可少的。由此可见,文化和教育条件对可能性的实现能够起加速或推迟的作用。"因此,成熟因素主要对认知发展起制约作用。这种制约作用随着成熟的进展而变化,在发展中的任何时候,这些制约作用所内含的潜能的实现皆依赖于儿童对他所处环境的动作。

（二）经验

经验是儿童通过与外界物理环境的接触而获得的。皮亚杰所指的经验主要有两种,即物理经验和逻辑-数理经验。物理经验是通过一种简单的抽象过程从客体本身引出的。例如,儿童通过视觉、听觉、触觉可以发现物体的颜色、重量,或者发现在其他条件相等的情况下,重量随着体积的增加而增加等知识。物理经验的最本质的特点是它来源于物体本身,它的性质是客观存在的。逻辑-数理知识,尽管也发端于主客体的相互作用,但它不是通过感知对客体本身性质的抽象,而是产生于主体对客体所施加的动作及其协调。这类经验和知识本质上不是关于客体的。如果没有主体施加的动作,它们是不存在的。皮亚杰认为逻辑-数理知识经验对形成同化性的认知结构有极其重要的意义,它为认知结构提供了结构化的素材。

（三）社会环境

是指人与人之间的相互作用以及社会文化的传递,主要包括社会生活、文化教育、语言、交往等。皮亚杰十分强调教育必须切合于儿童的认知结构。他说:"只有当所教育的东西可以引起儿童积极从事再造和再创的活动,才会有效地被儿童所同化。"皮亚杰对发展与学习相互关系的基本看法是:学习从属于发展,从属于主体的一般认知水平。他认为,"每种通过习得的学习实际上只能代表发展本身的一个任意由环境提供的方面,但仍然服从于当前发展阶段的一般性约束。"皮亚杰还认为人与人之间的社会交往对发展儿童的社会经验具有重要的作用,尤其可以帮助儿童形成和获得没有实际对象的一类概念,如"诚实"。儿童在构建和证实这类概念时,必须依赖于社会的相互作用——和同伴、父母以及其他成人的交往。发生在课堂内的事件大多是学生与学生、学生与教师之间的交往活动,这样儿童便获得了大量的社会经验,这些知识经验在认知发展中起着很重要的作用。但在皮亚杰看来,社会环境中的因素在儿童认知发展中并不起决定作用,它只能促进或延缓儿童的认知发展。

（四）平衡

皮亚杰认为平衡是不断成熟的内部组织和外部环境的相互作用,因而平衡有时指一个过程,有时指一种状态。平衡过程调节着个体与环境的交互作用,引起认知图式的新构建。平衡有三种类型。第一种形式是主体结构和客体间的平衡,即主体的结构顺应于呈现的新客体,而客体同化于主体的结构。第二种形式是主体认识图式中各子系统之间的平衡。主体从自身活动的协调中产生子系统——逻辑数理结构,从客体的协调中抽象出另一子系统——空间的物理结构,两大子系统构成人类知识的整体。它们会以不同的速度发展着,这就需要两系统之间的某种协调。这种协调就是平衡。第三种形式是主体的部分知识和整体知识之间的平衡。整体的知识不断分化到部分中,同时,部分的知识又不断地整合到整体中去。部分知识和整体知识之间的这种分化和整合不断提出新问题,又不断解决新问题,推动认识发展。在皮亚杰看来,平衡作用(达到平衡)是一种内部自我调节体系,它在影响认知发展的各种因素中起着最主要的作用,它使成熟、经验和社会环境等因素的作用协调起来,成为一个一贯的、不矛盾的整体。

六、皮亚杰理论对教育实践的影响

皮亚杰理论由于将儿童认知的发生、发展作为研究对象,因此必然对教育实践产生一定的影响。皮亚杰著有《教育科学与儿童心理学》一书,也力求将儿童心理学的研究成果用于学校教育。许多人已将皮亚杰的思想应用于儿童抚养和学校教育,包括课程顺序的安排、学习目标的选择、教学方法的评定等方面。

(一) 人们从皮亚杰关于儿童心理发展阶段的划分中引申出了教育要与儿童心理发展阶段相适应的观点

皮亚杰理论的拥护者们指出,传统的学校课程常常要求儿童以一定的顺序掌握质量、重量、体积、空间、时间、因果性、几何以及速度的概念,而这种顺序和儿童理解这些概念的自然顺序相悖。因而,许多人以皮亚杰理论为指导,尽力去探索儿童发展和学校学习活动之间的关系,纠正其中的不协调性。

皮亚杰及其拥护者的研究,不但提出了最有利于儿童学习的各学习课题的安排顺序,而且,他们还大体上指出了儿童掌握不同思维模式的大致年龄或年级水平。这样,课程的制订者们从皮亚杰关于学习课题的最佳年级安置的研究中得到了启发。早期的皮亚杰学派理论反对带有"提速"性质的教育或训练,认为那是一种过于"性急"的观念。到了70年代,皮亚杰学派改变了这种僵化的看法,认可训练给儿童心理结构带来的改变。

(二) 儿童的学习不是被动接受,而是主动探索

皮亚杰学派的研究者认为,小学教育过分强调阅读和书写会埋没智慧

的自发生长。皮亚杰认为:不成熟的教学不能带来智慧的成熟。一切有成效的活动必须以某种兴趣为先决条件。

根据皮亚杰的观点选择学习目标,教师就应把注意力放在能引起处在一定认知发展水平阶段的儿童的兴趣的、能引起他们的积极探索活动的内容上,而不是成人所规定的概念和事实上。

在皮亚杰理论基础上形成的教学方法分析中,教师的两个最基本的责任是诊断出儿童目前的心理发展阶段和提供一些旨在激发儿童在感知—运动—认识发展序列中达到较高阶段的学习活动项目。教师在指导儿童的学习活动中应如何发挥积极的作用,业已成为许多理论工作者和教学实践者探索的目标。

第三节　皮亚杰理论的发展

即使在皮亚杰理论风行之时,对皮亚杰的责难也没有停止过,特别是进入 20 世纪 50 年代中期以来,皮亚杰理论受到了空前的挑战和责难。人们批评皮亚杰的理论太注重发展的质变,而忽视了发展的量变;以逻辑结构描述认知发展,过于抽象化和形式化,无法触及行为的本质。特别是认知科学中信息加工理论的出现,更对皮亚杰理论产生了直接的冲击。随着信息加工思潮向认知发展领域渗透,人们对待皮亚杰理论存在两种倾向。一种倾向主张彻底否定皮亚杰的认知发展框架,认为皮亚杰的逻辑结构观不仅太抽象,而且有错误。另一种倾向主张对经典的皮亚杰体系作一定的修正,使之更完善和更具解释力。在持这种主张的人们看来,皮亚杰理论尽管有漏洞,但它试图阐明人的心理结构的性质及其发展过程的理论仍然是可接受的,并尝试用信息加工的思想建立各发展阶段儿童的认知模式,这就是新皮亚杰理论的由来。皮亚杰逝世以后,"新皮亚杰学派"在认知发展领域渐成气候,它在保留皮亚杰基本思想的前提下,在方法上、理论上对传统皮亚杰理论进行了突破和创新。

一般地说,采取"信息加工"的立场是"新皮亚杰学派"的显著特色之一。

"新皮亚杰学派"可以说是从经典皮亚杰理论内部衍生出来的并与皮亚杰经典理论最为接近的一个儿童认知发展学派,因为他们保留了皮亚杰理论的许多核心假设以及他的理性主义认识论。正如这一学派最著名的代表人物之一凯斯(R. Case)所概括的那样:"新皮亚杰理论源于这样一种尝试:它试图建立一种能保留皮亚杰理论的精华,同时又能扬弃它的不足之处的智力发展模式。更具体地说,我们的目标是建立起这样一种模式:它既能解释许多皮亚杰没有阐述过的发展形式,又能保留对皮亚杰发展形式本身的解释能力。"(罗比·凯斯,p. 18)

根据新皮亚杰学派的形成、发展特点,可以将这一学派的发展分为两个阶段:20 世纪 70 年代末 80 年代初以前,以帕斯卡-莱昂内为代表的早期新皮亚杰理论;20 世纪 90 年代前后,以凯斯等为代表的近期新皮亚杰理论。之所以要作出这种区分,是因为这两者之间存在较大的理论差异。

一、早期新皮亚杰学派

早期新皮亚杰理论有两个核心观点:一是发展是一个"局部过程",二是发展受到"一般约束"的限制。第一,结构变化的过程是"局部的"而不是一般的。也就是说,每一个认知结构都是在独立于其他结构的情况下集成的,这一结构的集成过程对儿童当前所处的情境以及他们原先的学习历程都很敏感。帕斯卡-莱昂内最先提出了这一观点。后来凯斯又把它进一步系统化为他的"控制结构"理论。根据这一理论,儿童的发展主要源于他们的智力控制结构的变化。这些控制结构是特定的实体,其中有三个成分:(1)对某些特定问题的基本特征的表征;(2)对这一问题在大多数情境下所涉及的目标的表征;(3)对缩短这一问题的最初和最终状态之间的距离所需的运算顺序的表征。由于儿童的控制结构与特定的问题有关,因而当这些问题越来越抽象时,控制结构与特定文化或一定的"文化圈"的关系也就越来越密切——这正是经典皮亚杰理论所忽视之处。这样,由于许多经验性因素的影响,儿童将会表现出不同的发展类型:他们生长于其中的文化和亚文化;他们在这一文化中经常遇到特定的问题;这一文化为成功地解决这些问题提供方法上的样板等。进而也能推断,儿童的发展将会因许多"个体因素"——如动机的、社会情感的,等等——而表现出差异,因为这些差异将决定儿童经常要解决的问题的目标,以及他们认为最有吸引力的达到这些目标的特定的方法。

早期新皮亚杰主义者的一项研究提出了不同的阶段模式。费舍尔等(Fischer 和 Pipp)提出了与皮亚杰略微不同的阶段模式。这些心理学家还在最佳绩效水平和典型绩效水平之间进行了有益的区分。最佳水平是指个体完成一项任务所能达到的最好成绩。Fischer 的理论是在皮亚杰的基础上提出的,他认为人们有能力在某种最佳的水平上(比如皮亚杰的形式运算阶段)做出反应,并不意味着在日常生活中他们就是如此行事的。

新皮亚杰主义者的另一项研究结果,是在皮亚杰原来提出的四阶段之外又提出了一个或更多的阶段。支持这些阶段的理论家基本上都认为可能存在后形式思维(postformal thinking),也就是以超越形式运算的方式进行的思维。后形式思维理论认为,认知发展并不在 12 岁时停止,许多认知发展都是在青少年或成人期进行的。例如,Patricia Arlin 发现,认知发展的第五个阶段是问题发现(problem finding),指的是个体不只是能解决问题,还能发现有待解决的重要问题。按照这种观点,当青少年步入成年时,他们的发展就不再是看他们解决问题的成绩有多好,而是看他们发现值得解决的问题的水平有多高。瑞格尔等(Klaus Riegel, Gisela Labouve - Vief, Juan Pascual-Leone、Robert Sternberg)提出,在形式运算阶段之外还有一个阶段,称为辩证思维(dialectical thinking)。这些研究者认为,当我们逐渐从青少年期步入成人早期,我们会认识到,大多数现实生活中的问题并非只有唯一的完全正确的答案,而其他答案就都是错误的。我们对问题的思考是逐渐发展的,因此我们首先是对问题提出某种论点,我们或者别人迟早又会提出一个与它相反的论点。最后,有人会提出一个综合性的论点,即对前面两种相反甚至矛盾的论点进行整合。确实,任何领域的专家型思维都要求具有辩证性。

对于早期新皮亚杰学派的评价,研究者们的看法并不相同。但值得肯定的是它以信息加工的观点,对发展过程作了更深入精细的分析,代表了儿童心理学发展的方向和前景。

二、近期新皮亚杰学派

近期新皮亚杰学派的发展出现了将认知理论的经验论与理性论向"中间立场"推进的趋势。"对于新皮亚杰理论家来说,他们最明显地企图跨越各种认识论的界限,然而多数理论家仍然强烈依赖不是经验论的就是理性论的方向。把他们统一起来的主要因素是他们偏爱这样的概念:发展中的任务和领域特殊因素必须严格和精确地被建模,尽管有其特殊性,发展仍然强烈地被一般成熟性质的因素所影响;这些因素的动力性相互作用通过一系列不能简单地归结为累积学习的强有力重组来推进发展。"(匡春英等,2000,p. 19)虽然仍然有必要搞清楚不同思想和理论的"认识论差异",但不同理论之间更应展开"对话"。凯斯指出:对于传统的经验论理论家来说,向中间立场的推进意味着,离开知识的原子论观,走向更多强调广泛结构和学科连贯性的观点,承认对它们加以反省的某种机制。对于传统的理性论理论家来说,向中间立场推进就意味着离开系统广泛的分析,详细地考虑领域特殊的那些因素。凯斯下面的这段话可以被看成新皮亚杰学派对皮亚杰学派的重新肯定:"皮亚杰对理性主义传统的贡献是如此里程碑式的,以致暂时模糊了在过去对这一传统所做出的重要贡献,以及在其他传统中做出的当代的和先前的贡献。在后皮亚杰时代,出现了对其他传统发生兴趣的重放的花朵,以及对理性主义传统——对皮亚杰从鲍德温那里继承来的但被低估了的某些观点——重新产生兴趣。"(匡春英等,2000,p.19)

第四节　对皮亚杰学派的评价

一、皮亚杰学派的贡献

(一)独具特色的"发生认识论"

以皮亚杰为核心的皮亚杰学派创立了独具特色的"发生认识论",对认识的发生、发展的机制旁征博引,给予了科学的阐明。皮亚杰对主客体相互作用论以及认识活动中双向建构的强调,揭示了认知形成的辩证运动规律,深化了认识论的研究。他提出活动论以反对传统的经验论和唯理论,摒弃了以往认识论问题上的机械论和唯心论的色彩,更接近实践论的正确道路。发生认识论不单独属于心理学,它还渗透于当代哲学认识论、教育学、逻辑学,甚至数学、物理学等学科领域。"可以说,当今没有一个关于认知发展的研究不是以其理论为基础或作参考的。"(高觉敷,1987,p.137)在西方,皮亚杰被视为与马克思、弗洛伊德、爱因斯坦等并列的思想巨人。

(二)皮亚杰创立的儿童心理学,开辟了心理学研究的新领域和新方法

在皮亚杰的早期和中期,他的主要的心理学同代人都是行为主义者、格式塔者和弗洛伊德主义者。人们后来才认识到,皮亚杰所提出的问题以及给出的答案比起行为主义者的学习理论更为深刻、更加卓有成效。皮亚杰关于心理结构的观点,关于心理运算和认知转换的观点,关于婴儿从其经验中建构和学习的先天认知原则的观点,都是非常重要的。这些理论与行为主义者的理论基本上是对立的。格式塔论者和弗洛伊德主义者都与皮亚杰同样关注心理结构,他们赞同皮亚杰的观点,即心理学理论必须说明不可内省的心理过程。但是格式塔论者忽视了认知发展问题,而弗洛伊德学者更为注意情绪和动机现象,却很少注意认知问题。

皮亚杰学派的儿童心理学研究服从于发生认识论的大前提,因而被皮亚杰本人看成是他的事业的"副产品",但即使作为一种"副产品",它的独创性也毫不逊色。它借助数理逻辑描述儿童的思维,将思维过程"公式化",在儿童心理学的研究中是独此一家的。

(三)皮亚杰学派开创了多学科研究的风气

皮亚杰领导的"国际发生认识论研究中心"集合了数学、物理学、生物

学、语言学、逻辑学、心理学等多学科的研究力量,整合了各方的研究成果,开创了多学科联合攻关的风气,避免了因囿于单一学科的视野而造成的孤陋寡闻。这应归功于皮亚杰本人的博学多才和远见卓识。

二、皮亚杰学派的局限

纵观皮亚杰学派的发展和走向,人们也发现了皮亚杰学派的不足之处,主要包括以下几个方面:

(一)发生认识论的生物学化倾向

皮亚杰发生认识论的基本方法是一种生物学类比。他将生物学意义上的"适应"扩展至人类社会,将"平衡化"概念也作了相应的延伸,忽略了作为社会人的根本特性,实际上有可能导致将高级心理活动还原为低级心理活动。

(二)关于儿童认知发展的结构问题

在皮亚杰理论中,结构本身是不可观察的东西,可观察的是结构的功能。这导致有人批评他的"结构"概念纯属虚构,而皮亚杰的回应也是基于将机能结构与物质结构相类比。这是皮亚杰理论带有很强的思辨色彩的关键。

(三)关于认知发展阶段

(1)儿童认知能力的发展不完全如皮亚杰所描述的那种"全或无"的形式,许多重要的认知能力在儿童十分年幼时就已存在,皮亚杰理论只关心质变过程,而不关心量变过程。

(2)形式运演并非是思维的最高阶段,有人提出辩证思维是思维发展的第五个阶段,而这正是成年人思维的特点。

(3)对认知发展阶段的描述过于抽象,应构建一个更为具体的模式,从而使之更为准确。

(4)皮亚杰的实验过于困难,不适合年幼儿童去做,因而不能发掘出幼儿应有的能力。如果研究者能设计出难度适当的任务,或者事先引入训练程序,在做皮亚杰的实验时,年幼儿童就能表现出原来被认为缺乏的认知能力。

关于影响认知发展的因素中,对社会环境因素的解释比较单薄,忽视了社会因素在儿童发展中的重要作用。

(四)皮亚杰学派对心理动机和社会因素的忽略

在人们对皮亚杰的评价中经常提及的是,皮亚杰忽视了社会和动机因素。皮亚杰在他的整个理论体系中确实为动机和情感留下了一片空白。这是皮亚杰学派作为一个庞大的理论体系所留下的缺憾。

（五）关于皮亚杰学派的研究方法

以皮亚杰为代表的"日内瓦学派"采用的研究方法称为临床法或称临床叙述技术。这一方法的核心在于从皮亚杰的结构整体理论出发，从整体上研究观察儿童。在实验中强调实验的自然性质，让儿童自由谈话，叙述活动的过程。为了避免儿童的谈话偏离主题，主试可作必要的提问，并详细记录，以便分析和判断。在研究儿童的数、空间、几何等概念时，一般采用谈话和作业相结合的方法。临床法是皮亚杰学派所独创的一种研究方法，它避免了实验室环境下的生硬和不自然，至今仍为儿童心理研究所采用。

但皮亚杰理论的总体特征却带有很强的思辨色彩，因为皮亚杰继承的是欧洲理性主义的传统，他的关于看不见的心理图式和可观测行为背后的运演的假设给人晦涩难懂的玄虚感。皮亚杰提出过许多重要的概念，如反省抽象、两种可逆性、平衡化等，但皮亚杰搜集证据的方法仅仅局限于个案观察和与儿童的谈话，缺少一种严格的实验设计，所以皮亚杰的思想或概念的建立似乎并没有相当的实证性证据的支持。这使皮亚杰理论常受到"科学"的质疑。当然，用经典的实验方法来要求皮亚杰的研究是否合适，仍然存在着争议，但皮亚杰的研究方法的确有改进的余地。在这一点上，现任皮亚杰档案馆馆长弗内歇的一段话是很有见地的："一个可行的方法就是遵循这样一条路线：将实验的方法同胡塞尔的现象学结合起来，因为在思维的研究中，很大程度上仍需借助内省的方法，尽管不是所有的思维都能意识到，仍有相当一部分处于无意识的水平。除了弗洛伊德意义上的无意识，还有另外一种认知中的无意识，这一点我们必须给予相当的关注。这大概也就是皮亚杰为什么运用自由谈话的方法的原因，它在很大程度上其实是受精神分析中自由联想法的启发。但人们也可使皮亚杰的方法更符合标准的实验研究。如诺埃尔亭（Gerald Noelting）对罗夏墨渍分析所做的改进工作。"（李其维，2000，p. 476）

总之，皮亚杰学派的理论并非尽善尽美，但毕竟瑕不掩瑜，更何况"皮亚杰是赢得批评他的人的尊敬的稀有天才"（高觉敷，1987，p. 139）。

第十章

认知心理学

第二次世界大战之后,心理学界的研究兴趣再次发生转变,对认知过程的研究重新回到心理学的前台,而且其方法体系也发生了巨大变化,心理模型建立在了新的技术背景——计算机科学基础之上,一些心理学家开始自称为认知心理学家。20世纪后半叶,认知心理学成为美国心理学中最突出的概念框架。

广义的认知心理学在冯特时代就已经发生了,因为冯特主张对意识进行分解以便作透彻的实验分析。皮亚杰和格式塔心理学家都对认知研究做出了杰出贡献,在建立理论和实验范式方面都堪称为人类认知结构探索领域的典范。但是,毕竟认知革命既不是指皮亚杰主义,也不是指完形主义,而是指信息加工理论和联结主义,信息加工的和联结主义的心理学代表了我们今天通常所说的认知心理学,即狭义的认知心理学。

第一节 认知心理学的思想渊源与历史背景

心理学中许多事件的发生可能是偶然的,但是认知心理学作为一个学科领域、一个时代,它的发生绝不是偶然的,它的思想渊源毫无疑问地可以追溯到希腊哲学、近现代哲学和现代科学技术革命,甚至某些相关的人文学科。那么,它诞生的起点在哪里呢?

一、认知心理学的开始

20世纪40年代和50年代,美国的行为主义如日中天,然而就在这一时期,认知革命的思想已经开始酝酿。1967年奈瑟尔出版的《认知心理学》标志着这一新思潮的形成,它"是信息加工的认知心理学发展过程中的一个里程碑,它标志着信息加工的认知心理学正式作为一个学派而立足于西方心理学了"(高觉敷,1987,p.48)。不过,在此之前,很难确定它的起点,更多心理学家认为1956年在认知心理学的形成与发展中作用明显,因为这一年"美国心理学界发表了一系列以信息加工观点为基础的心理学学术研究成果"(梁宁建,2003,p.13),也暗示了一种新的心理学方法的诞生。首先是乔治·米勒(George Armitage Miller,1920——　)的研究。他在有关信息接收与理解的研究中发现信息冗余可以促进理解,并在1956年发表了一篇题为《神奇的7±2:我们加工信息的容量限制》(Miller,1956)。这篇论文使记忆研究重新回到心理学中,而且它显示了如何将信息论的概念应用到人类信息加工的表述当中。米勒还使用组块(chunking)和编码(recoding)概念来强调记忆者主动地对信息进行重新编码以使记忆变得更容易。

　　其次是杰罗姆·布鲁纳(Jerome S. Bruner,1915——　)倡导的"知觉的新观察运动"(new look movement in perception)研究。与行为主义的观点不同,布鲁纳及其同事提出一种知觉观点,认为知觉者在知觉中起着积极作用,而不是一名被动的感觉资料的记录者,知觉者的人格和社会背景对知觉者的所见所闻有很大的影响。"新观察"认为范畴(category)是知觉的核心,于是布鲁纳直接转向对范畴的研究,并于1956年与古德罗(Goodnow)、奥斯丁(Austin)一起合作发表了《一项思维研究》(Bruner,Goodnow & Austin,1956),专门讨论概念形成问题。传统的行为主义把概念形成看做刺激–反应的强化,但布鲁纳等把主体看做概念的主动搜寻者,认为概念形成是一个假设检验的过程。这一研究暗示着心理表征功能的存在。

　　最后是斯蒂文森(S. S. Stevens)于1956年发表的心理物理学方面的研究。研究显示了人对刺激的知觉量与物理刺激强度之间的非线性关系。

　　1956年,对认知心理学的发生来说最具影响力的还是三个方面的研究:费斯廷格(Leon Festinger,1919——1989)的认知失调理论(cognitive dissonance theory)、西蒙(H. A. Simon)和纽厄尔(A. Newell)的人工智能逻辑理论的程序、乔姆斯基的语言学理论。费斯廷格的理论是关于个人信念之间相互作用的理论,该理论认为人的信念可能一致,也可能发生冲突。当信念发生冲突时,就会产生一种不愉快的状态,称作"认知失调",随之人就会设法去消除这种失调。费斯廷格的理论引出大量相关研究,其中包括对行为主义效果律(law of effect)的挑战,这一挑战从费斯廷格和他的同事进行的一项拧螺丝实验中得到了说明。这一理论不同于早期行为主义理论,也不同于新行为主义理论,因为它不仅注意到信念对行为的作用,而且将其作用看做一种控制机制,不只是中介变量。"在20世纪50年代,认知失调理论和社会心理学中的其他一些认知理论构成了严格的行为主义之外的一种颇具生命力的认知心理学"(黎黑,1998,p.710),它们成了一种取代行为主义的途径。

　　如果说米勒、布鲁纳、费斯廷格等人的研究区别于行为主义而深入到人的心灵,但还是充当着温和的"中介行为主义者",其作用是在行为主义世界里"恢复了对人类认知过程的兴趣"(黎黑,1998,p.709),那么,这种温和很快被乔姆斯基(Noam Chomsky,1928—)的激进所打破,他也是在1956年开始发表他的系统的语言学研究成果《语言描述的三模型》(Chomsky,1956)。乔姆斯基提出的短语结构文法能够产生所有可被"图灵机"(Turing Machine)识别的语言,可被图灵机识别的语言就是能使图灵机停机的字串,是能够被一个总停机的图灵机判定的语言。随后乔姆斯基在1957年发表了他的代表性著作《句法结构》,标志着"转换-生成语法"的诞生。这一理论的出现是对当时居于主流地位的美国行为主义语言学的一大挑战,它导致了乔姆斯基与斯金纳的激烈争辩并因乔姆斯基的胜利而加剧了行为主义的破产。转换-生成语法不是仅仅描写人的语言行为,而是要研究体现在人脑中的认知系统和普遍语法,强调要对人的语言能力作出解释。为此,转换-生成语法采用现代数理逻辑,根据有限的公理化规则系统和原则系统演绎生成无限的句子,这样就比较合理地解释了人类的语言能力。乔姆斯基从开始就看到了转换-生成语法对认知科学的意义,主张把语言学的研究和神经科学、心理学以及生物学等学科的研究结合起来,共同为探索人脑的奥秘做出贡献。

这些研究都将关注的焦点转向了人脑的内部,但人脑内部是如何工作的呢?"随着大众把计算机俗称为'电脑'(electronic brain),心理学家倾向于认为电子装置本身在思维,并且探究人脑的结构和电子计算机结构之间的相似性。"(黎黑,1998,p.716)1950年,图灵(Alan Turing)明确提出了"图灵机"模型,而1956年西蒙和纽厄尔"逻辑理论机"(The logic theory machine,简称为LTM)的成功开始为后来的信息加工心理学(processing information psychology)准备语言和框架。西蒙和纽厄尔认为"逻辑理论机"不仅是计算机智力的有力证明,也是对人类认知本质的证明。该系统的关键特征是将复杂任务分解成子目标,信息加工被表征为一系列的程序指令,而且将启发式也用于辅助决策(Newell & Simon,1956)。LTM及其后继者——"通用问题解决者"(general problem solver,简称为GPS)的研究和开发意义深远,因为它们并不简单地针对某一单一任务,它们都是通用的计算机程序,是能解决一类逻辑问题的,而且"具体程序都是通向具有普遍意义的问题解决方法的一个步骤:理解人类意识"。① 在此后的5年中,由纽厄尔和西蒙组成的研究小组,沿着LTM和信息加工语言(information processing languages,简称IPLs)启发的道路不断前进,为认知心理学的表述语言作了

---

① 摘自 Herb Simon 为纪念 Allen Newell 发表的演讲。

准备。到1967年,美国著名心理学家奈瑟尔出版了《认知心理学》一书,这不仅是第一本冠名为"认知心理学"的教材,而且它建立了一个新学科的内容范围,它在信息加工理论框架下,对前人在认知心理学方面的工作进行了历史性的总结,其突出的贡献就是发展了诸如运用反应时等间接测量方法来揭示人的内部心理活动。在奈瑟尔出版了他的著作之后,《认知心理学》杂志和《认知科学》杂志分别从1970年和1977年开始出版发行。不管是否可以说1956年是认知心理学的起点,但至今心理学家都承认,1967年奈瑟尔的《认知心理学》是现代认知心理学形成的标志。

二、认知心理学的哲学渊源

在西方文明中,对认知的研究可以追溯到古希腊。柏拉图和亚里士多德在他们关于知识的性质和由来的论说中,曾经推究了记忆和思想。这些属于哲学范畴的早期论说,终于演变成延续很多世纪的论争。对立双方是经验论者和唯理论者。经验论者相信一切知识都来自经验,唯理论者认为儿童出生时就拥有大量的先天知识。这种论争在17、18、19世纪时由于英国的哲学家们如洛克、休谟和缪勒等人维护经验论的见解,笛卡儿和康德等人提出先天论的见解而日益加剧。虽然这些论辩的核心都是哲学性的,但它们常常涉及关于人的认知的心理学构想。在这一长期的论争中,"奇怪的是并没有与此相伴的想用科学的方法来了解人的认知的企图",这是"由于我们对我们自己和我们自己的本性所持的自我中心的、神秘的和混乱的态度"。(Anderson,1980,p.8)这就是说,认知心理学的诞生也需要相应的思想解放。这一思想解放的过程就是18和19世纪哲学、生理学、数学、物理学等领域的研究逐渐淡化了对人性的神秘感,人逐渐沦为"机器"和"动物",也便成为可以采用科学方法进行分析的对象,于是实验心理学体系逐渐形成,认知心理学就是这种实验心理学体系中的一个部分、一个阶段或一次综合。

认知心理学的哲学渊源是一个复杂的问题,因为各种哲学思想在其发展中都是相互斗争又相互交融的。但是从更一般意义上来分析,认知心理学的哲学渊源首先是经验主义,以及与之一脉相承的实证主义、逻辑实证主义、行为主义;当然,理性主义在纠正和否定行为主义的机械论和还原论过程中也起到了关键作用。西方心理学自产生之日起,在研究对象和研究方法方面就表现出明显的经验主义取向。经验主义强调一切知识来源于感觉经验,感觉经验是知识的唯一源泉。这种观点作为一种对神学权威和形而上学思辨的反动有它的进步意义,推动了科学的进步。近代西方心理学正是在经验主义科学观和方法论的指导下,走上了科学的发展道路(叶浩生,

2003）。

　　行为主义带有浓厚的经验主义色彩,在科学观和方法论方面严格地贯彻了经验主义以及经验主义的现代形式——实证主义的原则。从经验主义的立场出发,行为主义坚持客观主义,排斥一切非经验的、主观的心理因素,坚持机械论、还原论观点导致了心理学家的不满,成为第一次认知革命的导火索。从20世纪60年代末70年代初开始,心理学家日益把研究的重点从外显的行为转向内部的认知过程,探索内部的认知机制在行为调节中的作用。这些心理学家接受了理性主义传统的影响,认为认知机制在知识的获得、储存和使用的过程中起着重要的作用,它把关注的焦点放在内部的认知机制上,认为在人们外显的行为背后存在着一个"认知机制",这个内在的认知机制接受输入的信息,加工信息,输出加工的结果,类似于计算机的信息加工过程。心理学的任务就是发现这个存在于刺激和行为反应之间的"认知机制",探索认知机制的特性和规律。

　　但是认知心理学依然是经验主义的。行为主义虽然作为一个学派衰落了,但是它的科学观和方法论依然稳固。正像社会建构论的代表人物之一,英国心理学家罗姆·哈里（Harre）指出的那样:"这个新的认知主义产生的背景是行为主义的消亡——但是作为一种方法论,行为主义在作为一种普遍性的理论消亡很久之后仍然存在。"（Harre,1999）它在许多方面承袭了行为主义,"经验主义的模式被完整地保留下来"（Kevin,1997）。按照经验主义取向进行研究的认知心理学主要是"实证性的",与自然科学的方法论基本一致。但把科学限于感觉经验的范围之内,科学就等于被界定为对现象的描述,科学规律也只是现象与现象之间的先后关系和相似关系。科学的发展从经验主义或实证主义那里继承的主要是"实证性的"原则,实际的研究更接近于逻辑实证主义。逻辑实证主义是现代认知心理学主要的哲学基础。

三、现代心理学自身的发展和矛盾运动

　　心理学的发展也如其他科学一样,具有自身内在的规律性和历史一致性。从这个意义上说,认知心理学是现代心理学自身发展和矛盾运动的自然结果。具体地说,它与早期实验心理学、格式塔心理学、行为主义心理学和皮亚杰的发生认识论都有着密切的继承关系。

（一）与早期实验心理学的联系

　　自冯特建立实验心理学开始,认知研究才从哲学角度转向了心理学角度。冯特借鉴了自然科学的研究手段,从心理化学的观点出发,用元素分解的方式研究认知及其他心理现象,把心理现象分解为知、情、意三方面,又把

认知过程分解为感觉、知觉、记忆、思维等。人的实在的复杂的心理活动被分割成孤立的简单过程;同时,又采取构造主义立场探讨各种心理元素构成各种心理复合体的方式和规律,并以统觉概念加以概括。这种建立在分解和化合概念上的元素主义或构造主义,虽然过于机械或僵化,暴露出冯特哲学思想的矛盾性,但是冯特及其弟子在心理学的实验室里"对感知觉、反应时间、注意等问题进行了卓越的实验研究"。"现代认知心理学继承和发展了早期实验心理学这一研究传统,例如,反应时的实验便是现代认知心理学研究的主要课题之一。"(叶浩生,1998,p. 498)因此,可以说现代认知心理学是实验心理学在推翻行为主义之后向早期实验心理学的回归。

早期实验心理学把主体的直接经验作为心理学的研究对象,提倡实验加内省(introspection)的方法。认知心理学在批判和改造的基础上,继承了冯特的内省法,提出了"口语报告分析法"(protocol analysis)或"出声思考法"(think-loud),即要求被试通过原始性的口头陈述来报告思考时的内部信息加工,特别是短时记忆的内容(叶浩生,1998,pp. 498 - 499)。

(二)与格式塔心理学的联系

格式塔心理学于 20 世纪初期兴起,它是一种反对元素分析而强调整体组织的心理学体系,是从似动现象研究开始建立自己的格式塔学说的。它认为似动现象绝不是若干元素的总和,而是一个格式塔,一个动的整体。整体是不可分析为元素的,它不等于部分的总和,它是先于部分而决定各部分的性质和意义的。格式塔心理学对知觉、思维等问题进行了大量研究,"强调完形的组织、结构等原则,认为思维是'情境的改组'或对整个问题情境的'顿悟'。这些观点对认知心理学有重大影响,如认知心理学把知觉定义为感觉信息的组织和解释,强调信息加工的主动性等。"(车文博,1998,pp. 588 - 589)甚至在有些概念中明显带有格式塔的内涵,如主观轮廓、模式识别、心理图式等。

认知心理学强调研究的整体性和内部心理机制,强调对信息的破译、编码和整合,重视内部心理活动之间的相互联系,采用模拟的方法进行综合性研究,这与格式塔心理学的观点是一脉相承的。认知心理学与格式塔心理学的研究领域比较接近。格式塔心理学集中于知觉、思维和学习等领域的研究,信息加工心理学主要是对信息的接收、编码、存储等过程的研究,涉及表征、注意、记忆、问题解决和创造性思维等。正如前文所述,格式塔心理学和信息加工心理学同属于广义认知心理学的范畴。但格式塔心理学的组织原则主要局限于知觉领域,无法解决人的复杂的意向活动和认知活动。还有,格式塔心理学一方面强调内部完形的整体性,另一方面强调现场的直接观察经验,难以深入分析直接经验与内部心理结构的作用机制。

（三）与行为主义心理学的联系

从实证心理学的角度来讲，行为主义称霸于 20 世纪的前半叶，认知心理学称霸于 20 世纪的后半叶，但前半叶的行为主义内部的中介概念早就在动摇着行为主义的理论并为认知心理学做准备。"中介行为主义在 20 世纪 50 年代是一个主要的理论观点，但它最终证明是连接 20 世纪 30 至 40 年代推论行为主义和 20 世纪 80 年代推论行为主义（认知心理学）的一座桥梁。"（黎黑，1998，p.706）认知心理学是在对行为主义的斗争中形成和发展起来的，但又与行为主义有着最密切的联系。

行为主义的研究为认知心理学提供了有效的实验方法学体系。从方法上，认知心理学是对行为主义的深化，"尤其是对那些放弃了极端观点的新行为主义，信息加工认知心理学更是继承多于批判"（叶浩生，1998，p.499）。信息加工心理学也如行为主义尽可能地使心理过程的探讨保持操作性，以期体现出客观性。信息加工心理学在"刺激—中间变量—反应"模式的基础上提出了"输入—内部信息加工—输出"这样一个与计算机操作相似的研究模式。

在理论方面看，新行为主义者托尔曼所倡导的目标-对象手段的整体行为观和带有认知综合特征的目的行为主义对信息加工心理学的兴起产生了一定的影响。认知心理学家诺尔曼提出了一个以调节系统为核心的信息加工系统，强调行为与认知的整合。"由此可见，信息加工心理学对行为主义理论不是简单地反对和拒绝，而是在否定层次上的扬弃和继承。"（叶浩生，1998，p.500）

（四）与皮亚杰的发生认识论的联系

皮亚杰的发生认识论与信息加工认知心理学虽属两种不同的认知心理学模式，但它们都在 20 世纪 60 年代前后受到许多心理学家的青睐，都在关注人的认知的内部结构或机制，都是"认知革命"的同盟者。

皮亚杰的发生认识论充满着辩证法，带有明显的系统论和整体论思想，强调世间万物都存在于统一体中，一切科学也都是相互联系的。皮亚杰受康德的影响，提出了"先天图式"的概念，并借助此概念阐述了儿童通过同化和顺应不断发展其认知结构的机制。信息加工心理学也充分体现了系统论、控制论、信息论的思想，认为人的信息加工不是一种简单的刺激—反应，而是已有认知结构中发生的信息选择、接受、编码加工、贮存、提取和使用的过程。

皮亚杰的发生认识论和信息加工心理学都不赞成行为主义，但又都表现出对行为主义方法论的改良并表现出相似的兼容性。皮亚杰用相互作用的 $S \Leftrightarrow R$ 公式来代替简单的 $S \Rightarrow R$ 单向活动模式，并进一步提出了 $S \Rightarrow AT \Rightarrow R$

公式,认为刺激是被纳入同化结构而引起反应的。信息加工心理学则提出输入⇒内部信息加工⇒输出的模式。可见,这两个学派在许多理论问题上有相似之处。但是,皮亚杰更多地受到生物学机能主义的影响,信息加工心理学则更受计算机功能类比的启示,它们是两种不同的认知心理学发展模式,在研究领域、实验操作方法、成果表述方面很少有相同之处。

　　总而言之,信息加工心理学的诞生首先是在行为主义统治下的美国心理学内部发生的,但它也受到来自美国之外的多种心理学理论的影响。随着这些理论的影响和行为主义心理学研究本身的不断深入,行为主义的缺点逐渐明显,改造行为主义的时代也就到来了。

四、相关学科的研究和社会需要的影响

　　信息加工心理学的兴起与发展,一方面是由于传统心理学的研究内容与研究方法不断发生变化的结果,另一方面是由于 20 世纪上半叶科学技术的成果为更深入、更复杂的认知研究提供了技术上的可能性,而相关学科与理论研究也为认知研究提供了思想或隐喻,甚至表述语言,这主要包括语言学和计算机科学等。此外,信息加工心理学的发生与发展还受到当时社会需要的巨大推动,特别是与系统论、控制论、信息论等有关的人因学研究的需要。

(一)心理语言学的影响

　　当行为主义的根基开始动摇时,"一种更加刺耳的有意识的革命声音来自心理学的外部,来自语言学领域"(黎黑,1998, p. 735),它给予行为主义致命一击。19 世纪,说话和听话的研究格调已开始靠拢心理学,由此形成的心理语言学(psycholinguistics)从心理学视野而非语言学的视野对语言进行研究。除强调言语和听话之外,语言学家还试图理解语言组织,以及其中的普遍性问题。语言学的一个经典课题就是语言获得,即儿童是怎样学会理解言语并说出语法正确的话语的。斯金纳在其著作《言语行为》中完全采用行为主义的观点来解释儿童的语言获得过程(Skinner,1957)。但是斯金纳的观点并不能为语言学家所接受,乔姆斯基发表了一篇详细的、措辞严厉的批判性评论,对斯金纳的观点打击很大(Chomsky,1959)。

　　乔姆斯基认为人的语言中含有很多创造性的成分,没有一个人有可能通过学习获得语言中的所有内容,其中必有很多内容是人在实践中创造和发展的(Chomsky,1959)。这一点不难理解,如果每个人都只能学习和模仿前人的语言,那么,任何一种语言都不可能发展得像现在这样丰富多彩。此外,乔姆斯基还对斯金纳提出的祈求语功能、黏性功能的解释进行了批判。

　　乔姆斯基提出了著名的转换-生成语法理论,认为句子的结构可以分

成表层结构和深层结构。表层结构是指由词法、句法构成的单词之间的联系；深层结构可用某种核心的判断句来表示，某一深层结构的语义又可以用不同表层结构的句子来表示。此外，他还认为人的语言能力主要是天赋的，正因为这样人才能在语言关键期的短短几年中使母语的听说能力获得迅速发展（叶浩生，1998，p. 502）。乔姆斯基的理论和批判充分暴露了行为主义的弱点，对信息加工心理学的形成和发展起到了积极的推动作用。

（二）人因学及相关理论研究的影响

从 20 世纪 40 年代开始，科技的迅速发展使人们面临着信息膨胀的局面，而且战争的需要推动了信息论、控制论、信号检测等理论的发展，如何提高人对信息的处理能力就成为一个紧迫的社会需要。第二次世界大战期间，大量复杂武器装备的出现，要求在很短时间内就把士兵训练得能够得心应手地操作这些武器装备，这是一项很重要的任务。战争结束后，心理学家带着这些问题回到实验室，开始了学术方面的研究。英国剑桥大学的心理学家布鲁德本特（Broadbent）研究飞行员在完成复杂任务时的技能和操作改进工作。因为在战争中发现飞行员对于机舱中大量仪表所呈现的信息难以进行有效处理，于是就要从两方面进行分析，一方面是探讨人对信息处理的能力和特点，另一方面是通过对仪表面板的重新设计，使之有利于飞行员的操作。但无论是对仪表面板的设计，还是对人的研究，所涉及的核心问题都是信息及其变换。由于信息论在心理学中的应用首先是和人-机相互作用有关的，因此，有些心理学家也把信息论对认知心理学产生的影响看做人-机研究的影响。布鲁德本特的研究成果有两方面的重要意义，首先，他在研究中发现飞行员和其他技术人员并不是被动地接收信息，而是能主动地搜寻仪表上的信息，这一发现表明人是有主观能动性的，这种能动性无法用行为主义理论加以解释。其次，他发现人的信息加工过程和自动控制中的伺服系统非常类似，即每一个伺服系统对一类特定的信息起作用，人的信息加工系统可以看做这样一些伺服系统的集合体。

信息论的研究开始于英国科学家香农（C. E. Shannon）。香农把通讯看作信息在有噪音的通道中进行传递的过程。他发展了一套关于通讯的数学理论，称为信息论。根据这一理论，非但雷达等电子设备可以被看做信号发出、转换和接收的设备，人也可以被认为是信息处理器。在这种理论的影响下，布鲁德本特开始运用信息加工观点来处理人的知觉和注意以及信息通道等心理学问题。显然这一研究是属于认知心理学范畴的，他的研究开创了信息论在心理学中应用的先例。

（三）计算机科学或人工智能研究的影响

从认知心理学的起源和发展过程来看，计算机科学对它的影响是不可忽视的,特别是对于信息加工理论的形成,计算机科学不仅提供了技术工具和描述性的语言,而且提供了有关计算理论方面的基础。可以说计算机科学对信息加工心理学的形成和发展起到了决定性的作用,尤其是图灵的工作对于人们怎样对智能进行分析和研究的影响是巨大的。在漫长的历史岁月中,人类对智能本质的探索一直没有停止过,计算机的诞生使人们对智能的理解进入了新的阶段。如果我们承认计算机具有智能的话,那么智能就可以理解为对符号的处理和计算,图灵的工作从两个方面——图灵机(Turing machine)和图灵检验(Turing test)支持了这一观点。如前文所述,图灵机和图灵检验在西蒙和纽厄尔那里得到实现,而西蒙和纽厄尔也就此迅速推动了人工智能的研究。人工智能研究的实现有一个最起码的条件,那就是要尽可能地了解人的智能结构和作用方式,因此他们在进行人工智能程序的开发过程中,对人如何解决问题的过程进行了详尽的研究。他们使用"口语报告分析法"记录和分析了国际象棋大师、简单几何问题解决者、密码算术题解决者的口语报告材料,据此提出了产生式问题解决理论,并发展和使用了信息加工语言。

随着计算机科学和人工智能研究的发展,人们越来越多地把人脑和计算机进行类比,大量的计算机科学中的术语进入了心理学研究领域。人们用储存器、缓冲器、信息储存、信息提取等概念来描写人的认知,开始借鉴机器智能的研究方法来研究人的智能。从 20 世纪 60 年代后期开始,信息加工认知心理学逐步成为心理学发展中的主流。

总而言之,人类历史发展中出现的哲学思想、科学技术、现代实验心理学、社会生活本身为信息加工心理学提供了丰富的思想源泉、研究内容、研究技术和研究动力,它可以被称为心理学研究有史以来的第一次综合。目前,虽然极端的内省主义和行为主义都已经被扬弃,但是我们看到,心理学既要研究人的外部行为,还要考察其内部的心理机制,所以内省主义和行为主义都对心理学的发展做出了历史性的贡献。

第二节　信息加工的认知心理学

当代认知心理学是一个内容广泛的学科领域,其研究涉及人的认知的所有方面,而且其概念和理论也渗透到心理学的所有分支领域。有趣的是,在第二次认知革命中崛起的联结主义研究并没有使以计算机类比为主要特征的信息加工心理学退出心理学的前沿阵地,它甚至依然作为认知心理学的主体而存在。因此要把握当代认知心理学的全貌,首先还是要把握信息加工认知心理学的基本观点、研究内容和研究方法。

一、信息加工心理学的基本观点

众所周知,计算机为信息加工心理学提供了最便利的隐喻——将人脑比作电脑,人脑像电脑一样可以通过把仅有的几种操作作用于符号,加工的信息仍以符号形式储存,加工的结构和过程可以直观地表示成流程图(flowchart)或称为"箭框模型"(boxes – and – arrows models)。人脑是一个信息加工系统,它可以对表征信息的物理符号进行输入、编码、储存、提取、复制和传递,而这一过程的完成是系列性的,不同的加工任务和加工阶段由不同的认知结构来完成,这些相对独立的认知结构既前后连接,又具有等级差异,是类似于人工智能机的人脑内部的"机器"。这一系统的结构和对信息加工的过程可以直观地表示成图 10 – 1 所示的形式(Best,2000,p. 23)。

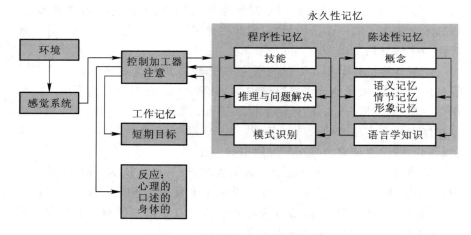

图 10-1　人类信息加工系统模式图

图 10 – 1 所示的信息加工系统,也称为"符号操作系统"(symbol operation system),主要由四部分组成,即感受器、处理器、记忆装置、效应器,其中感受器是接受信息的装置,也就是感觉系统;处理器是整个信息加工系统的控制部分,它决定着信息加工的目标、计划及计划的执行,包括图中的控制加工器和工作记忆;记忆装置,主要是指永久性记忆,是信息加工系统的一个重要组成部分,其中存放大量的、由各种符号按照一定关系联结组成的符号结构,即信息;效应器是信息加工系统对信息作出反应的部分,这是整个系统的最后结构,控制着信息的输出。这里最核心的是处理器,它又包括三个功能部分:"(1)一组基本信息过程,如制作和删除符号,制作新的符号

结构和复制、改变已有的结构,以符号或符号结构来标志外部刺激,对符号结构进行辨别、比较,并依据符号结构确定反应等;(2) 短时记忆,保持基本信息过程输入和输出的符号结构;(3) 解说器,将基本信息过程和短时记忆加以整合,决定基本信息过程的序列。对基本信息过程的序列的说明和规定即构成程序,它是信息加工系统的行为机制。"(林崇德等,2003,p. 1433)。信息加工心理学就是研究信息在信息加工系统中的传递、转换、储存和作用机制,以揭开头脑"黑箱"内的活动。

奈瑟尔在其《认知心理学》中这样总结道:"认知心理学是指感觉输入被转换、约减、精制、储存、提取和使用的所有的加工过程。"按照这个定义,认知是从感觉开始的,首先是由外部物理世界的能量作用于我们的神经和认知系统,然后被进一步加工处理。由于外部世界每时每刻都有大量的刺激作用于我们的感官,人不可能对刺激都同时进行处理,因此在转换的过程中就约减掉一部分。这种约减是完全必要和有价值的,因为它可以使我们把有限的信息加工资源集中到需要处理的信息上面,对这些信息进行精制。精制的作用和约减正好相反,它把从外界得到的信息和内部已有的信息(即已有知识经验)联系起来,使之不是作为一个孤立的刺激,而是具有一定的上下文背景的、更加丰富的、更加容易被理解的对象。定义中的储存和提取就是记忆,即把加工过的信息保存下来,并在需要的时候再提取出来。一些心理学家认为,这个定义中最重要的词是"使用",它表示"认知"是具有一定功能价值的,它能够帮助人们完成某些任务。

信息加工理论在研究人的认知时强调以下五点:信息描述、不断分解、信息的连续性、信息的动态性、物理具体化(Massaro 等,1993)。这里所讲的信息描述是指确定我们所处的环境和心理加工的信息的量和类型;不断分解是指人的认知是可以分解的,具有一定的层次结构,每一个认知过程都可以被分解成较简单的认知活动,通过实验可以发现这种层次结构;信息的连续性保证了输入的信息在加工过程中不会停滞在某个部位,而总是被及时地加工,直至到达输出端;信息的动态性是指由于人脑中的信息加工是伴随着一系列化学和电反应的,这些反应是需要一定时间的,因此任何信息加工都是需要一定时间的,即使有些活动只需要几个毫秒;物理具体化是指任何认知活动都是在一个物理系统,即人的神经系统中进行的,例如,任何一个外界物体在人脑中的表征都是和某些特殊的神经事件相联系的,不可能是完全抽象的。

二、信息加工心理学的主要研究

信息加工心理学的研究内容广泛,其中大部分研究集中于四个方面:知觉加工与模式识别、注意、记忆和问题解决等。

（一）知觉加工与模式识别研究

知觉是确定刺激物意义的过程，包括对刺激物的定向、选择、组织和解释。从这种观点来看，感觉和知觉无论在加工水平还是在心理活动的内容方面都有着明显的区别，因为感觉只是对刺激信息的觉察，尚无意义可言；而知觉信息的加工要比感觉信息复杂得多，它不仅取决于刺激信息的特征，而且在很大程度上有赖于知觉者的已有知识经验、期待等主体因素，因此不同的人对于同一事物往往会产生意义不同的知觉结果。当然，在不同个体对同一事物所产生的有差异的知觉之间，也必然存在相对的一致性，这主要是由刺激物固有的特征决定的。

信息加工心理学注重对知觉过程的精细研究，从而揭示出其内在的信息加工方式，这些加工方式主要包括：（1）数据驱动加工（data-driven processing）和概念驱动加工（concept-driven processing）（Lindary & Norman，1977），前者指从刺激作用开始的加工，也叫做自下而上（bottom-up）的加工；后者是从主体对于知觉对象的一般知识开始的加工，也叫做自上而下（top-down）的加工。（2）系列加工（series-processing）和平行加工（parallel processing），前者是指按照确定的顺序一步一步进行的加工方式，后者是指多方面刺激信息可以在不同的信息加工单元中同时进行的加工方式。（3）整体加工（global feature processing）与局部加工（local feature processing），前者是指知觉到刺激物的整体特征，后者是指知觉到刺激物的局部特征，而且在许多情况下，知觉加工会表现出明显的整体优势效应（structure-superiority effect），如字词优势效应、客体优势效应等。

知觉研究领域的重点是模式识别。模式识别（pattern recognition）是指对于外界刺激进行辨别和归类。这在日常生活和工作中都是非常重要的。生活在这个大千世界，人们接收到的刺激实在太多，如果我们不能很好地对它们进行识别，就会带来无穷的麻烦。认知心理学家对模式识别感兴趣的另一个原因是想让计算机能模拟人的这种能力，使之更加智能化。信息加工心理学中有三种代表性的理论可以在一定程度上解释信息的识别、理解和破译原理。

1. 模板匹配模型

模板匹配模型（template matching model）是根据机器的识别模式提出来的。它的中心思想是认为人的记忆系统中储存着各式各样的刺激物的模板，当输入的刺激信息正好与某一储存的模板相匹配，该刺激信息就得到破译和识别。按照生理机制来看，这些模板是由各种不同的结构和功能特点不同的细胞组成的。模板匹配模型得到一些实验结果的支持，它可能是人的多种模式识别方式中的一种或其中的一个环节。但是仅用这种机械的、严格对应的呆板匹配来解释人类高度灵活的认知过程显然是不够的,也是不经济的。

2. 原型匹配模型

原型匹配模型(prototype matching model)对模板匹配模型进行了改进,认为人在记忆系统储存的不是与外部刺激严格对应的模板,而是一类刺激的概括表征,即原型。原型是一种综合的、抽象的产物。外部刺激信息输入后,信息加工系统根据输入信息与原型的匹配程度来识别信息,一般会将刺激信息识别为与其有最佳匹配的原型,并赋予其一定的意义,使之获得理解。显然,原型匹配模型包容了模板匹配模型,同时克服了模板匹配模型不灵活、不经济的缺点,也得到更多生活经验和心理实验的支持。不过,更能体现符号加工意义的模式识别理论还是特征分析模型。

3. 特征分析模型

特征分析模型(feature analysis model)认为,主体接受输入的信息后,首先对其进行特征分析,然后将分析的结果与长时记忆中的事物特征表进行比较,一旦获得最佳匹配就获得识别。该理论认为,每一个知觉对象或模式,都是由若干元素或基本特征按照一定的关系结合而成的。同时,储存在长时记忆中的信息既不是具体事物的模板,也不是某类事物的原型,而是各种事物所具有的那些特征,以及与不同特征表对应的事物的名称。"这种假说是前两种假说的发展,成了模式识别的主导观点。特征分析的优点在于:第一,因为特征是比较简单的,所以也就容易看到;第二,对于模式至关重要的那些特征之间的关系,能够用特征分析说加以说明;第三,使用特征可减少所需模板的数量。"(车文博,1998,p. 600)特征分析模型在解释人的模式识别方面显得更为灵活和经济,而且也具有更高的抽象性。但也还是存在一些疑问,比如大量的特征表是如何储存的? 它会增加记忆负担吗?

(二)注意的研究

注意的心理机制是现代认知心理学最早开展研究的实验课题之一,其目的主要在于探明注意的选择机制,实验采用的方法主要是双耳分听技术。所谓双耳分听技术,就是通过双声道放音设备或两个不同的放声设备同时分别给两个耳朵播放不同的听觉材料,并附加相应的指示语如要求被试追随某一耳的听觉内容,以探明不同条件下被试分别对两耳信息的检测及加工特征,最早是由彻里(E. C. Cherry)开始的。从布鲁德本特(Broadbent)最早提出早期选择模型以来,认知心理学家又先后提出了中期选择模型、晚期选择模型和资源限制理论等不同观点。

1. 过滤器模型

　　彻里在双耳分听实验中发现,追随耳的信息受到被试注意,因而能得到进一步加工,非追随耳信息未被注意而不能得到加工。英国心理学家布鲁德本特受到启发,在进一步实验基础上提出了注意的过滤器理论(Broadbent,1958)。该理论认为,人的大脑皮层的加工能力非常有限,为了避免系统超载,就需要过滤器加以调节,选择出一部分信息进入高级中枢的分析阶段,于是在信息输入通道出现了瓶颈口式的过滤器。通过过滤器的信息受到进一步的加工而被识别和储存,其余信息则被阻止在高级中枢之外。这种过滤器按照"全或无"的原则进行工作,一个通道通过信息时,其他通道就关闭。当环境需要时,过滤器又转换到另一个通道,使有关信息通过。因此该理论也被称为单通道理论,它认为过滤器位于知觉之前,所以信息选择发生于信息加工的早期阶段,故称早期选择模型。

　　2. 衰减器模型

　　有证据表明,一些特别强烈的刺激或对于信息接收者特别有意义的信息,即使不是从追随耳进入加工系统也能被识别,于是特瑞斯曼(A. M. Treisman)提出衰减模型。衰减器模型认为信息通道中的过滤装置是按照衰减方式工作的。它包括两种情况:一是在知觉分析之前对输入的感觉信息给予不同程度的衰减,称为外周过滤器。一是在知觉分析之后,由于长时记忆中的项目具有不同的激活阈限值,输入信息(追随耳)未受衰减时能顺利激活有关记忆项目而得到识别,输入信息(非追随耳)受到衰减时因强度减弱而常常不能激活有关记忆项目故不能被识别,但特别有意义项目(如自己的名字)的激活阈限较低,因此能被激活和识别。这一过滤装置被称为中枢过滤器。看来选择注意不仅取决于感觉信息的特征,而且取决于中枢过滤器的作用,所以又被称为中期选择模型。

　　3. 晚期选择模型

　　晚期选择模型认为,选择性注意发生在信息加工的晚期,过滤装置位于知觉加工和工作记忆之间。该模型假定所有输入信息都到达了长时记忆,并激活其中的相关项目,然后竞争工作记忆的加工,知觉强度高的或意义较重大的信息获得进一步的系列加工,然后做出反应。这个模型能很好地解释注意分配现象,因为输入的所有信息都得到了加工;也能解释特别有意义的信息容易引起人的注意,因为储存在长时记忆中的这些项目的激活阈限是很低的。但是,这个模型不经济,它假设所有输入信息都被中枢加工。

　　与上述过滤器理论完全不同的是由卡尼曼(D. Kahneman)提出的心理资源限制理论。这种理论把注意看做心理资源,而人的心理资源在总量上是有限的。如果一个任务没有用尽所有资源,那么就可以指向另外的任务。人的心理资源可以在意识控制下进行分配。当人面临一项任务时,就会把心理资源都用在该项任务上,努力程度越高则调用的心理资源越多,活动效率就越高,但当把心理资源全部调用时,努力程度提高也不能再提高活动效率了。当面临不止一个任务时,人就要把心理资源进行分配,每个任务所占用的心理资源就会相对减少,活动效率也会相应降低。如果多项任务的完成所需要的心理资源之和超出了最大的心理资源的限度,人就无法很好地同时完成几项任务了。这个理论可以很好地解释注意分配现象和有关实验结果,但是它不能预测人的心理资源究竟有多少,如何分配。所以它仍然是不能令人完全满意的。

（三）记忆的研究

按照信息加工的观点,记忆是信息的输入、编码、储存和提取的过程,它能更全面地体现信息加工系统的工作流程,所以它也是信息加工心理学研究的核心内容之一。到目前为止,有关记忆的信息加工研究主要集中在三方面:记忆的结构、信息表征和容量,其中主要是记忆的结构和信息表征。

1. 关于记忆结构的研究

关于记忆结构的研究是从两种记忆说（dual memory theory）开始的。早在 1890 年美国心理学家詹姆斯就提出了初级记忆（primary memory）和次级记忆（secondary memory）的概念,前者指短时记忆。后者指长时记忆。1965年,沃和诺尔曼正式提出两种记忆说,即在人的长时记忆系统（long-term memory system）之外还存在着短时记忆系统（short-term memory system）。两种记忆说引出一系列的实验研究和相关理论,在这些研究基础上,阿特金森和希夫瑞（1968）进行了总结,形成了记忆的三级信息加工模型。该模型认为,记忆结构是固定的,而控制过程是可变的,记忆由感觉记忆、短时记忆和长时记忆三个存储系统组成。在信息加工过程中,外部信息首先通过感觉器官进入感觉记忆,这里对信息保持的时间非常短,只有 1 秒钟左右,然后受到注意的信息获得识别进入短时记忆。短时记忆是一个信息加工的缓冲器,其中的信息处在意识活动的中心,但是这里的容量有限,只能保留 7 ± 2 个信息组块,而且信息保留的时间也只有 1 分钟左右,除非不断对信息进行复述。复述可以使短时记忆中的一部分信息进入长时记忆。长时记忆的容量很大,对信息保留的时间也可以很长,它是我们的信息库,我们积累的大量知识经验都储存在这里。长时记忆中的信息可以在激活信号的作用下回到意识状态,供认知系统应用。

对于记忆的多存储理论也有不同意见,其中有代表性的是克雷克的加工水平说。加工水平说认为,多存储结构是不存在的,信息保持时间的长短不是由于所处系统的不同,而只是由于其受到了不同水平的加工。信息加工会留下记忆痕迹,所以记忆是信息加工的副产品。当外部信息进入信息加工系统后,既可以受到感觉的、表层的、非语义的浅加工,也可以受到结构性的、语义的深加工,这取决于当时的任务。深加工的信息可以保留更长的时间。

2. 记忆信息表征的研究

记忆信息的表征主要是长时记忆的信息表征,而长时记忆的信息也被称为知识(knowledge),即个人知识。随着近年计算机科学和人工智能的发展、知识工程的诞生,科学家们对于"知识的组织"越来越关心。人们把知识划分为两大类:陈述性知识(declarative knowledge)和程序性知识(procedural knowledge)。陈述性知识是关于事实的信息,例如,月亮是绕着地球运行的,它是一种相对静态的知识,即随时间的变化性较小;它是可以被描述的,即它可以被分解为一系列有关的事实。当然在人们头脑中保存的知识也可能包括某些错误的描述。程序性知识通常是指有关技能和解决问题过程方面的知识,如体操运动的知识、骑自行车的知识等,它们是动态的,即随时间变化较快。而且,这种知识往往不能像陈述性知识那样被很清楚地讲给别人听。另外,程序性知识在人脑中是如何组织和保存的,陈述性知识和程序性知识有什么关系,这两种知识在头脑中的编码方式有什么区别,对于认知心理学家来说,至今都还是谜。陈述性知识的表征方式既有情境性的,也有语义性的,其中语义记忆信息的表征理论主要包括网络模型和特征分析模型两类。前者认为人脑对语义的记忆是以网络形式分层存储的,所有的概念均按照逻辑的上下级关系分为若干层次,各层次的概念依次有连线相通,由此构成一个层次网络,概念的特征附着于网络的各个结点上;后者则认为概念的表征依赖于特征集,任何概念都包括一个定义特征集和一个描述特征集,两个概念的特征交叉越多,概念的重叠就越多,关系就越密切。

(四)问题解决的研究

20 世纪 50 年代中期,两种论著的发表标志着信息加工理论对问题解决研究的开始。一是布鲁纳等人的《思维研究》,主要是研究对刺激信息进行分类的认知过程;一是纽厄尔和西蒙发表的研究论文,他们在这篇论文中描述了一项工程研究情况。这项工程研究的目标就是为一台数字计算机开发程序以使它能够解决问题,这是人工智能真正的开始,也是计算机模拟的开始。工作的第一步是尽可能收集关于人解决问题的资料,以此资料的分析为基础来编制类似于人使用的解决问题程序;第二步是收集人与计算机解决同样问题时的详细资料,在分析比较的前提下修改计算机程序,以提供更接近人的行为的计算机操作模式。一旦在某一特定任务中的模拟获得成功,研究者就可以尝试在更广泛的任务中使用同样的信息加工系列和程序。

在这些研究中逐渐形成的问题解决理论,后来被完整表述在他们的长篇著作《人类问题解决》中(纽厄尔 & 西蒙,1972,pp. 787-868)。这本专著可以被称为现代认知心理学关于问题解决研究的经典之作。纽厄尔和西蒙关于问题解决的理论,可以被称为产生式问题解决理论,他们认为问题解决是对问题空间不断进行启发式搜索的过程。

关于问题解决的另一项主要研究是对专家与新手的研究。专家与新手在问题解决方面的差异,主要表现在两个方面:问题表征和问题解决方法类型的不同。专家基于在一特定领域中的知识,比新手有更丰富的问题表征,这些表征可以被看成是包含有亚图式的图式。对于专家来说,图式包含的信息往往是根据基本定律而组织起来的,而不是来自问题的表面,专家也更可能使用问题给予的信息,采用正推策略向问题目标状态推进。新手则可能提出基于可能解决方法的假设然后检验假设,这种策略的绩效较低。通过应用策略的实践,专家在正推过程中会把各种回忆起来并容易执行的操作自动化(VanLehn, 1989),通过这样的自动化和图式化,专家会把工作记忆的负担转到没有资源限制的长时记忆中去,进一步提高了问题解决的绩效和准确性。对工作记忆的解放使得他们能够有能力监控问题解决的进程和精确性。但是新手必须使用他们的工作记忆搜索问题信息和寻找多个可选的策略,就没有了足够的工作记忆空间来监测他们的问题解决进程和精确性。

就目前来讲,信息加工心理学关于问题解决的研究还很不成熟,甚至关于思维的研究都还很不成熟,这主要是因为思维的内隐性。该领域还需要积累更多资料,或者需要更有效的研究手段。

三、信息加工心理学的主要研究方法

信息加工心理学能够在行为主义统治的美国心理学世界里异军突起,而且迅速取得丰富的研究成果,成就了两位诺贝尔奖获得者,这与它在方法上的突破密切相关。概括地说,信息加工心理学是将实验法、观察法、计算机模拟相互结合,将微观研究与宏观分析相结合,将定性研究与定量研究相结合。具体地说,信息加工心理学最具代表性的方法包括因素型实验方法、眼动研究方法、口语报告分析法和计算机模拟法。

(一)实验方法

信息加工心理学的实验法尤其是以反应时和作业成绩为指标的实验受到了人们的重视。由于信息加工心理学非常强调将实验条件与实验结果即"输入"与"输出"加以对照,以推论某一心理现象的内部机制,因此它注重实验设计。与其他心理学分支相比,反应时法是其最有效的和最典型的实

验方法,主要包括减法反应时法和加因素法。

减法反应时法是指当两个信息加工系列具有包含和被包含关系时,即其中一个信息加工系列除含有另一个信息加工系列的所有过程以外,还存在一个独特的信息加工阶段或过程,这两个加工系列需要的时间差就是这个独特的信息加工阶段或过程所需要的时间。如辨别反应就包含简单反应的全部加工阶段,同时它还有一个信号分辨的心理加工阶段是简单反应所没有的,那么通过反应时间的相减就可以得到辨别的心理加工所需要的时间。很明显,心理加工越复杂,需要的加工时间就越长。例如,20 世纪 70 年代初,库柏(L. A. Cooper)和谢波德(R. N. Shepard)就用减法反应时法证明了心理旋转的存在。在 20 世纪 60 年代以前,人们一般认为短时记忆是以听觉编码的形式储存的,但是在 70 年代初波斯纳等人的实验表明,短时记忆的信息存在视觉编码,其实验根据也是减法反应时。从此实验结果可以清楚地确定,某些短时记忆信息可以有视觉编码和听觉编码两个连续的阶段,这也是认知心理学上的重大发现。

但是这种方法也有弱点,使用这种实验要求实验者对实验任务引起的刺激与反应之间的一系列心理过程有精确的认识,并且要求两个相减的任务中共有的心理过程要严格匹配,这一般是很难做到的。这些弱点大大限制了减法反应时法的广泛使用。

20 世纪中期,斯腾伯格(sternberg)发展了唐德斯(F. C. Donders)的减法反应时法,提出了加法法则,称之为加因素法(additive factors methods)。这种方法并不是对减法反应时法的否定,而是减法反应时法的发展和延伸。加法反应时法实验认为完成一个作业所需要的时间是一系列信息加工阶段分别需要的时间的总和,如果发现可以影响完成作业所需要时间的一些因素,那么单独地或成对地应用这些因素进行实验,就可以观察到完成作业时间的变化。加因素法反应时间实验的逻辑是:如果两个因素的作用是相互制约的,即一个因素的效应可以改变另一个因素的效应,那么这两个因素只作用于同一个信息加工阶段;如果两个因素的效应是分别独立的,即可以相加,那么这两个因素各自作用于不同的信息加工阶段。这样,就可以通过单变量和多变量实验,从完成作业的时间变化方面来确定这一信息加工过程的各个阶段。因此,重要的不是区分出每个阶段的加工时间,而是辨别每个加工的阶段和加工的顺序,并证实不同加工阶段的存在。加因素法假设,当两个因素影响两个不同的加工阶段时,它们将对总反应时产生独立的效应,即不管一个因素的水平变化如何,另一个因素对反应时间的影响是恒定的,这就是所谓的两个因素的影响效应有相加性。加因素法的基本手段是探索有相加效应的因素,以区分不同的加工阶段。

（二）眼动研究方法

眼动（eye-movement）即眼球运动,它有三种基本方式:注视（fixation）、眼跳（saccades）和追随运动（pursuit movement）（阎国利,2004,pp. 5 - 13）。这三种眼动方式经常交错在一起,目的均在于选择信息、将要注意的刺激物成像于中央窝区域,以形成清晰的像。眼动可以反映视觉信息的选择模式,对于揭示信息加工的内部机制具有重要意义,所以眼动的实验研究是信息加工心理学的又一先进技术。眼动实验依赖于眼动仪,眼动仪就是记录眼球运动信息的仪器。19 世纪末 20 世纪初,心理学家开始使用简单的眼动记录技术考察人在图形扫描和文字阅读中的眼动轨迹,以及这些眼动轨迹与视觉信息加工之间的关系。在 20 世纪中期以前,研究者就为心理学研究开发出许多眼动记录技术,只不过这些眼动记录技术都存在误差大、操作难和对被试眼动带来较大负担等缺点。20 世纪中期以后,摄像技术的引入,特别是计算机技术的运用推动了高精度眼动仪的研发,极大地促进了眼动研究在国际心理学及相关学科中的应用。

从近年来发表的研究报告看,利用眼动仪进行心理学研究常用的资料或参数主要包括:(1)眼动轨迹图。它是将眼球运动信息叠加在视景(visual scene)图像上形成的注视点及其移动的路线图,能具体、直观和全面地反映眼动的时空特征,由此判定不同刺激情境下、不同任务条件下、不同个体之间、同一个体不同状态下的眼动模式及其差异性。(2)眼动时间。将眼动信息与视景图像叠加后,利用分析软件提取多方面眼动时间的数据,包括注视(或称注视停留)时间、眼跳时间、回视时间、眼跳潜伏期、追随运动时间,以及注视过程中的微动时间,包括自发性高频眼球微颤、慢速漂移和微跳时间,同时可以提取不同眼动的次数,主要是在不同视景位置或位置间的注视次数、眼跳次数、回视次数等,这些时间和位置信息可用于精细地分析不同的眼动模式,进而揭示不同的信息加工过程和加工模式。(3)眼动的方向和距离。即在二维或三维空间内考察眼动方向(角度),这方面的信息与视景叠加可以揭示注意的对象及其转移过程,而且可以结合时间因素计算眼动速度。(4)瞳孔大小与眨眼。瞳孔大小与眨眼也是视觉信息注意状态的重要指标,而且与视景叠加可以解释不同条件下的知觉广度或注意广度,也可以揭示不同刺激条件对注意状态的激发。眼动心理学的研究是一个方兴未艾的领域,其技术手段、研究思想和涉及的课题领域都还处在迅速的发展过程中。

（三）口语报告分析法

口语报告分析法(protocol analysis),也称为出声思考法(think-loud),是一种由被试大声地报告自己在进行某项操作时的想法来探讨其内部认知过程的方法。口语报告多半在操作时进行,也可以在操作后通过回忆来叙述。从某种意义上说,口语报告分析法与传统的内省法比较接近,也可以认为是对内省法的批判与继承。在口语报告实验时,要求被试大声如实地报告操作时自己思考的详细内容,使内部的思维过程外部言语化,但不要他们解释情境或思维过程。被试所报告的应主要是短时记忆中保留的很快就会消失的信息。内克森和西蒙等人采用这种方法,在认知研究上取得了一定的成就。口语报告分析法已经被许多信息加工心理学家所接受和采用。

(四) 计算机模拟法

计算机模拟(computer simulation)是信息加工心理学最有代表性的一种研究方法,它是通过对心理过程的计算机模拟来认识人的心理活动过程的本身,即对人的内部信息加工过程进行逻辑分析。计算机模拟通常和理论分析结合在一起,多从程序缩减、流程分析、程序模拟三个方面入手。

程序缩减是一种以潜在性因素作为资料来源,用分离认知因素来探讨认知过程的方法。典型的设计是让被试执行两种复杂程度不同的任务,从对比的角度来探讨复杂任务的操作时间和信息加工过程。流程分析是通过编制某种计算机程序并输入计算机,如果输入的程序能正常工作,研究者至少知道某种心理过程在逻辑上是可行的,即获得逻辑合理性方面的验证。例如克拉克等人用计算机模拟的方法探讨了人对句子的理解过程。

第三节　联结主义的认知心理学

从现代认知心理学产生至 20 世纪 80 年代中期,信息加工心理学的理论研究和实验研究几乎都采用了计算机类比的方法,强调人脑对信息加工的系列性、层次性、有限性和信息的符号化特征。但是,这种研究取向在 20 世纪 80 年代遇到了严重挑战,认知心理学从内部开始发生本质性的嬗变——联结主义逐渐走向认知心理学的前台。

一、联结主义和第二次认知革命

联结主义的出现并非是 80 年代中期的偶然事件,早在 20 世纪 40 年代,它的基本思想就有所表达。但是,由于第二次世界大战后研究基金受政治导向的影响以及与人工智能开发密切相关的信息加工心理学得到加强,60 年代到 80 年代之间联结主义研究未得到足够的资金支持和重视。不过,在这期间,联结主义研究并未终止过,甚至在以感知机(perceptron)为代表的脑模型的研究方面出现过热潮。由于当时的理论模型、生物原型和技术条件的限制,脑模型研究在 70 年代后期至 80 年代初期落入低潮,直到 1986 年鲁梅尔哈特(Rumelhart)等人提出多层网络中的反向传播(BP)算法。此后,联结主义势头大振,从模型到算法,从理论分析到工程实现,都取得了重要进展。在联结主义思想形成过程中,有几位心理学家做出过重要贡献。首先是麦克洛奇(McCulloch)和匹兹(Pitts)早在 1943 年就提出了基于脑组织的加工范式,也称为"McCulloch-Pitts 神经元模型",简称 M-P 模型。接着是心理学家赫布(Donald Olding Hebb)于 1949 年提出假说:神经系统的学习是发生在两个神经细胞相互连接的突触处,突触间的联结强度是可变的,并首次给出了突触间联结权重值变化的方案,这就是著名的 Hebb 学习规则(余嘉元,2001,p. 79)。1958 年罗森布莱特提出感知器模型,该模型具有分类、自学习、分布式储存、并行处理和一定的容错性。但由于当时神经网络模型的学习规则和算法很不成熟,难以对付复杂的计算问题,人们对其发展前景持怀疑态度。特别是当时有影响的美国麻省理工学院人工智能科学家明斯基(Marvin Minsky)和佩帕特(Seymour Papert)出版了一本题为《感知机》(1969)的著作,该书认为,简单的感知器只能解决线性问题,其能力非常有限,甚至对于简单的非线性问题都难以解决。由于明斯基在学术界的权威地位,所以他的这些观点大大降低了人们对联结主义模型的研究热情,导致了其后十多年中联结主义的研究进展缓慢,直到 1982 年霍普菲尔德(Hopfield)针对联想记忆提出了一种递归网络(Recurrent Networks),并为联结主义模型引入了"能量函数"的概念,给出了模型稳定性的判据,使他所提出的模型具有联想记忆和优化求解的能力,这一年联结主义理论重新开始受到心理学家的注意。

《并行分布加工:认知的微观结构之探索》(McClelland & Rumelhart, 1986),第一次系统阐述了联结主义的观点和成就,因此这一著作被称为联结主义的里程碑式的著作。此后不久,联结主义被赞誉为认知心理学的"新浪潮"和第二次革命。正如费尔德曼(Feldman)在联结主义的早期表述中指出的那样,这一范型与符号操作范型相比,更加接近大脑的功能方式,因为人脑就是由大量神经细胞以复杂方式联结起来的。"联结主义的基本前提是:单个神经细胞不传递大量的符号信息,而是针对大量与之相似并与之以合适方式联结的单元进行计算。"(Feldman & Ballard, pp. 205-254)看来联结主义企图抛弃人脑与电脑的类比,将对认知机制的解释或理论建立在复杂的神经网络之上,这一神经网络是由大量的神经单元相互连接而成的,信息不是固着于某一神经单元,而是平行分布于网络结构中。联结主义是一种计算的研究取向,与传统的和人工智能相联系的符号加工范式有重要区别。联结主义理论代表了当代认知心理学的最新特征,显示了未来一个时期认知研究与神经科学研究之间必然的密切联系。

二、联结主义的基本观点与模型

从本质上说,联结主义也是关于人的信息加工的理论,它同样要阐述人脑是如何接收信息、传递信息、储存信息和提取信息的,但因人们已经习惯于将信息加工心理学作为计算机类比范式下的认知心理学的代名词,所以就将联结主义的认知心理学与信息加工的认知心理学并称为认知心理学的两种典型范式。那么,联结主义的认知心理学是如何解释人的信息加工过程的呢?

联结主义模式的基本构成成分包括单元和联结。单元是带有活性值(activation value)的简单加工器;联结则是单元之间相互作用的中介,单元及单元之间的联结则构成网络。一般来说联结都是加权的(weighted),权值可以是正的,也可以是负的。因此特定的输入将根据权数的提示而决定接受它的单元是兴奋还是抑制。这些联结权重决定着联结的重要性以及对通过它所联结的单元之间的影响程度。单元计算的都是纯粹数字性的值,这些数值通过联结在单元之间传递。运用这种网络时,大多是选择一些单元作为输入端。这些单元都具有由环境所赋予的活性值。其他的一些单元则被选作输出端,网络的任务就是计算与每一输入单元所对应的输出单元的数值。对于一个给定的结构而言,这确实相当于选择一套能够使其成为可能的相互联结的权重。在联结主义模式中,知识是储存在加工单元的联结之中,单元的激活表征将引起其他单元的新的激活模式。与认知主义相比,联结主义试图构建一个更接近于神经活动的认知模型,它对神经事件进行抽象表征的程度更低,与实际的神经事件有许多相似之处。在联结主义看来,认知并不能用符号运算的规则进行解释,认知其实就是相互联系的具有活性值的神经单元所构成的网络的动态整体活动,这种网络所实现的整体状态与对象世界的特征基本一致。联结主义网络模式虽然包含很多神经节,但它们本身并不起多大作用,因为神经节中不包含任何信息,它认为信息是起交互作用的神经节的激活模式,信息并不存在于特定的地点,而是存在于神经网络的联结中或权重里,通过调整权重就可以改变网络的联结关系并进而改变网络的功能,这就是"联结主义"概念的基本内涵。由于它把信息看成是分布在各个神经元及神经元的联结中,信奉通过合作并行主义的形式,运用单个加工单元来加工信息,因此又称为并行分布加工;由于它是对真实神经网络的模拟,故又称为人工神经网络;由于斯摩伦斯基(P. Smolensky)把它与符号加工范式进行了比较,认为它是处于符号层次水平和真实神经元层次之间的无意识加工,因此有时又把它称作亚符号范式。

概括上述观点,可以认为:联结主义是在描述一种假设模型,这一模型既不同于符号加工范式中由少数几个功能不同、层次分明的心理模块搭建的"箭框"结构,也不同于完全生物性质的神经网络,而是介于二者之间并近似于神经网络的信息加工模式:以神经单元及其联结构成网络,然后将信息广泛储存于神经单元的联结中,内外因素导致神经单元之间联结强度或联结权重的改变,则意味着心理状态或心理结构的改变,也包括知识结构的改变。无疑,这一模型的结构是复杂的,但可以简化表示成图 10 - 2 和图 10 - 3 所示的形式。图 10 - 2 表示的是联结主义模型中的"神经元",它近似但不同于生物神经元,所以称为人工神经元;图 10 - 3 表示的是简化了的联结主义模型,它近似但不同于生物神经网络,所以被称为是人工神经网络(Artificial Neural Networks,简称为 ANN)模型。

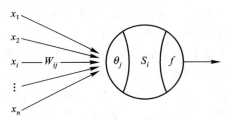

图 10-2 人工神经元的结构

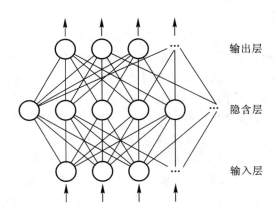

图 10-3 三层前馈人工神经网络模型

如图 10 - 2 所示,人工神经元由模拟生物神经元的结构特点而来,它一般是多输入单输出的非线性单元,也具有三个基本特性:加权、求和和传递。当有来自多方向的作用($x_1, x_2, x_3, \cdots, x_n$)时,该神经元会赋予不同信号以不同的权重值($W_{ij}$)并将各方向的作用强度整合,整合的结果决定了该神经元对其他与之联结的神经元的作用性质(激活或抑制)和强度。人工神经网络则由大量人工神经元联结而成,其典型的模型包括三层结构:输入层神经元、隐含层神经元、输出层神经元,不同层间的神经元形成交叉多维联结(包括兴奋性联结和抑制性联结),同层神经元之间无联结或只有抑制性联结。这里的输入层神经元模拟感觉神经元,隐含层神经元模拟了联合神经元,输出层神经元模拟了运动神经元。

　　人工神经网络模型最下层的输入层神经元接收外端作用,将抑制性或兴奋性事件的相关信息或能量向上传送。由于输入层向上传送的纤维分叉并与每个隐含层神经元发生突触联结,这样每个输入神经元的信息都能到达每个隐含层神经元,并以各自不同的权重在这里整合。然后每个隐含层神经元向每个输出层神经元发送信息,信息的性质和强度取决于隐含层神经元整合每个输入层神经元时的权重值。输出层神经元进一步将来自所有隐含层神经元的信息加以整合,整合的结果也取决于隐含层与输出层神经元联结的权重,整合的结果则制约着网络模型的最后输出。这就是人工神经网络模型对信息加工过程的简化表述,在理论研究中提出的假设模型和智能模拟中实际应用的网络模型要比这丰富得多、复杂得多,比如在有的网络模型中包含多个隐含层,就可以实现更为精细的信息加工;在有的网络模型中具有误差反向传播的功能(McClelland & Rumelhart,1986),其自适应性和学习能力就比较强。

　　与符号加工范式相比,利用人工神经网络模型解释信息加工过程具有更大的生态适应性,这主要是由该模型所具有的多方面特点决定的:(1) 并行结构和并行加工。联结主义模型中的各结点(人工神经元)间的联结不是串行的,而是并行的网状结构,它采用的是并行分布的信息加工模式,信息或知识也是分布地储存在各个神经单元之间的联结权重中,而不是某些神经元或某些联结权重中。无论是单个神经单元或是整个网络,都同时具有信息储存和信息处理的双重功能。正是由于大量神经单元可以同时处理信息,因此它的反应速度就大大加快了。(2) 可塑性、自学习、自组织和自适应性(余嘉元,2001,pp. 77 - 78)。各神经单元间的联结是可塑的,其联结强度可以在学习过程中得到调整和变化,因此人工神经网络具有很强的学习能力,和人脑一样有自组织和自适应性。(3) 非线性和容错性。人工神经元处于激活或抑制两种不同的状态,其在数学上表现为一种非线性关系。具有阈值的神经元构成的人工神经网络是模拟人脑的智能活动而来的,它是一个复杂的巨系统,具有非线性的特点,因此可以处理现实世界的各种非线性现象。此外,由于模型中信息的分布式储存,模型激活时会有大量神经单元的并行加工,因此,如果少数神经元受到损伤,整个系统的功能将继续有效,局部残缺甚至是错误的信息也不会从根本上影响整个系统的正常功能,这就是它的容错性。(4)非凸性。一个系统的演化方向,在一定条件下将取决于某个特定的状态函数,例如能量函数,它的极值相应于系统比较稳定的状态。非凸性是指这种函数有多个极值,故系统具有多个较稳定的平衡态,这将导致系统演化的多样性。总之,联结主义模型模拟了人脑的结构特点和功能特点,它是涉及神经科学、思维科学、人工智能、计算机科学等多个领域的交叉学科,在解释人的心理和行为方面显得更加有效。

三、联结主义模型的学习规则

联结主义模型或人工神经网络模型主要考虑的是网络连接的拓扑结构、神经元的特征、学习规则等。学习是神经网络研究的一个重要内容,它的适应性是通过学习实现的,其学习方式可分为非监督学习和监督学习。在非监督学习中,事先不给定标准样本,直接将网络置于环境之中,学习阶段与工作阶段成为一体。此时,学习规律的变化服从联结权值的演变方程。非监督学习最典型的例子是赫布学习规则。在监督学习中,要将训练样本的数据加到网络输入端,同时将相应的期望输出与网络输出相比较,得到误差信号,以此控制神经网络中单元联结权重的调整。当样本情况发生变化时,经学习可以修改单元联结的权重以适应新的环境。使用监督学习的神经网络模型有反传网络、感知器等,学习规则有赫布学习规则、Delta 学习规则和 BP 算法。

(一)赫布学习规则

赫布(1904—1985)是加拿大著名生理心理学家。在《行为的组织》中,赫布提出了其神经心理学理论。"如果一个神经细胞 A 的轴突充分接近另外一个神经细胞 B 并能使之兴奋,那么 A 重复或持续地激发 B 就会在这两个细胞或其中一个细胞上造就一种生长或代谢过程的变化,这种变化又使 A 激发 B 的效率有所增加。"(赫布,1949)这就是说,赫布认为神经网络的学习过程最终发生在神经元之间的突触部位,突触的联结强度随着突触前后神经元的活动而变化,变化的量与两个神经元的活性之和成正比。赫布学习规则是一个无监督学习规则,这种学习的结果是使网络能够提取训练集的统计特性,从而把输入信息按照它们的相似性程度划分为若干类。这一点与人类观察和认识世界的过程非常吻合,因为人类观察和认识世界在相当程度上就是根据事物的统计特征进行分类的。

由赫布提出的赫布学习规则为神经网络的学习算法奠定了基础,在此基础上,人们提出了各种学习规则和算法,以适应不同网络模型的需要。有效的学习算法,使得神经网络能够通过联结权重的调整,构造客观世界的内在表征。

(二) Delta 学习规则和 BP 算法

赫布规则在解释人的学习方面也有其局限性,如忽略了人的学习在许多情况下是有目标驱动的,期望目标也必然影响到学习规则的操作,于是后来就有监督性学习规则提出来,如 Delta 规则和 BP 算法等。"这种规则是对于具有连续函数的神经元的一种有监督的学习规则,也是一种梯度下降的学习规则,它主要是通过把完全的输出模式与完全的目标模式相比较而操作的。"[①]当输入层神经元接收到外部作用后,经过隐含层和输出层神经单元的运算得到输出,这一输出结果会与目标或期望结果比较,比较的结果会使神经网络对神经单元的联结权重作出调整和改变。这里有两条原则:"其一,权重的增量应该正比于误差的梯度;其二,权重向量的调整结果能够使误差减少。"(余嘉元,2001,pp. 77 - 78)

依靠 Delta 学习规则,鲁梅尔哈特(Rumelhart)和麦克里兰(MacClelland)等于 1986 年详细讨论了多层前馈网络的误差反传算法(Backpropagation,简称为 BP 算法)。在神经网络学习过程中,首先要有一组目标值,然后给予网络一组刺激信号对之进行训练,每次训练网络都会输出一组向量与目标值进行比较,于是多项误差汇总形成全局误差函数。误差反传使得误差函数能够指导网络对单元联结权重进行调整和改变。BP 算法的基本思想就是通过调整权重,使得误差函数的输出达到全域最低或达到全域的误差允许值。BP 算法及其以后的改进成为人工神经网络模型建构的常用操作过程。

第四节　对认知心理学的评价

认知心理学的产生与发展,特别是联结主义认知心理学的产生与发展,极大地改变了国际心理学研究的格局,已经并正在吸引众多学科的研究人员逐渐形成一个认知科学的强大阵营。回顾信息加工认知心理学产生至今,心理学无论是在理论探讨还是在研究方法上都有重大突破,也积累了丰富的实验材料。认知心理学作为心理学研究中的新方向和新方法,对心理学具有独特的贡献。但是,不管是信息加工认知心理学,还是联结主义认知心理学,都还存在难以解决的难题,表现出一定的局限性和不成熟性。

---

① 贾林祥.(2006).联结主义认知心理学.上海:上海教育出版社,p. 87.

一、信息加工认知心理学的贡献与局限

（一）信息加工认知心理学的贡献

首先,实现了心理学的研究对象的回归。信息加工认知心理学扭转了行为主义的外周论,恢复了意识在心理学中的地位,实现了对心理学研究对象的否定之否定,这是一种历史性进步。我们知道,在冯特宣布心理学独立之后,心理学曾长期以意识为研究对象。早期的意识心理学家无论其基本观点和研究方法一致与否,皆主张研究人内部主观的意识经验或心理过程。但是,到了华生掀起行为主义革命时代,心理学只能研究客观的外部行为,凡是与意识有关的心理学概念都被视为不可知的形而上学的问题而被排斥在心理学的研究范围之外。尽管新行为主义者承认意识作为中介变量的作用,但他们对内部的心理过程并没有做实质性的研究。信息加工认知心理学打破了行为主义为心理学研究设置的禁区,恢复了记忆、思维等高级心理过程在心理学研究中的合法地位。因此,从心理学研究对象的演变上看,如果说行为主义是否定意识心理学的革命,那么信息加工心理学则是否定行为主义的革命。心理学史上的这两次革命,反映了心理学研究对象的这种螺旋上升的趋势。

第二,实现了研究方法上的新突破。信息加工心理学在继承传统心理学方法的同时,吸收现代科学技术,重新将反应时作为研究人的认知活动的一个客观指标,并赋予它以新的活力。在观察被试执行认知任务时的外部行为及其结果的同时,让被试进行自我观察,口述自己的心理活动情况。这样既冲破了行为主义的禁忌,又克服了传统内省的弊端。此外,它吸收了信息论、控制论和计算机科学的成果,把人的认知过程看作信息加工过程,引入了计算机模拟技术,这在心理学研究方法上是一次重要的突破。我们知道,早期的意识心理学虽以意识和各种心理过程为研究对象,但那时由于缺乏可靠的研究方法,因而陷入内省主义的范畴。行为主义之所以抛弃了意识和心理的研究,多半是因为缺乏可靠的研究方法。信息加工认知心理学以计算机程序模拟人的心理过程,把有关认知过程的假设放到计算机上进行检验,从而找到了探索高级心理过程的一种新的方法,促进了心理学的科学化进程。

第三,初步形成了认知研究中的整体观,强调了心理活动的动态性。信息加工认知心理学以整体论的观点看待人的认知过程,它吸收信息论和控制论的观点,把人的感知、注意、表象、记忆和思维等心理过程纳入信息的输入、加工、存储和提取的完整的计算机操作过程,有利于把人的认知活动的各个环节联结为整体来探讨其各自的特点和规律,也有利于把感性认识和

理性认识结合起来,改变了过去对认知过程简单地划分和片面地理解的做法。同时,信息加工心理学把人的认知过程作为一个不断活动的过程来研究,真正地研究了心理的"活动"。而传统心理学则静态地研究人的心理,停留在对概念、术语、种类、特征等作经验性的描述,并没有把真正的心理"过程"揭示出来。在揭示心理过程的实质方面,信息加工心理学向前迈出了一大步。

此外,信息加工心理学特别重视研究各种认知策略,如记忆的策略、解决问题的策略。使用策略体现了人类智慧的重要特征,重视研究认知策略有助于理解人类智慧的本质,也为教育与发展心理学提供了丰富的资料,推动了教育实践的发展。

(二)信息加工认知心理学的局限

首先,信息加工认知心理学面临着人机类比和模拟研究的局限性。现代认知心理学家把人的认知过程同计算机的信息加工系统进行类比,以计算机模拟探讨高级心理过程,这的确开创了心理学研究的新途径,促进了心理学的发展。但是,人的认知过程毕竟不同于计算机的信息加工系统,人的心理的复杂性绝不是任何复杂的机器可以比拟的。我们知道,人是有生命的机体,是文化历史的产物。从人的生存系统来看,人是物质、生命和社会这三大系统要素的构成物。而计算机,哪怕是最精密的计算机,尽管有部分的"智慧",但仍然属于物质系统的要素。人与机器之间不可逾越的鸿沟给人机功能类比带来难以克服的困难。计算机模拟研究只能撇开构成人脑的生物细胞和构成电脑的电子元件之间的差异,而在行为水平上进行模拟。况且,模拟法本身也有其不足之处。例如,模拟研究本身可能造成循环论证,同语反复,而同一种心理过程也可以设计出不同的程序加以模拟。

第二,它从另一个方面限制了心理学研究的范围。信息加工心理学在一定程度上打破了行为主义心理学设置的禁区,重新开始研究人的认知活动的许多方面,从这个意义上来说,它扩大了心理学的研究范围。但另一方面,它把自己的研究范围局限于人的认知过程,忽视了情感、意向活动、人格、变态心理、心理治疗等领域的研究,因此说从另一方面它又缩小了心理学本应具有的研究范围。近年来,一些认知心理学家开始认识到这个问题,在情感和人格领域做了一些研究,但由于他们把人比成计算机,不能从社会水平和生理水平上探索这些心理活动,因而这方面的研究还缺乏说服力,无论从研究的质量和数量上看,都略显不足。

第三,依然未能把心理学统一到完整的理论体系上来。在西方虽然有很多心理学工作者都标榜自己是认知心理学家,但是他们对许多具体问题的看法还存在着较大分歧。他们从各自的实验结果出发,提出了很多理论模型,其中的多数又是彼此对立的,如知觉研究中的模板匹配模型和特征分析模型,注意研究中的单通道理论和衰减理论。一些理论模型不断被新的实验证据所推翻,就连一些认知心理学家也认识到信息加工心理学还缺乏知识的系统积累,缺乏统一概念,研究工作支离破碎。总之,它不可能承担起统一心理学理论的责任。

二、联结主义认知心理学的贡献与局限

联结主义为心理生活提供了很多科学的说明,已在众多心理学流派中找到了其自身的位置,很多研究者发现这一领域是富有成果的。目前,在认知心理学领域,联结主义理论或研究取向已经或正在成为一种研究的主流,但是其中也还有许多需要研究和解决的困难。

(一)联结主义认知心理学的贡献

联结主义理论是在神经生理学、神经心理学等学科的研究取得一定成果的基础上提出来的认知心理学的一种研究取向或理论,被认为是对传统人工智能理论的严重挑战。由于它把"心理活动像大脑"作为其隐喻基础,因此它对大脑的模拟更接近真实脑活动,对心理活动的解释也因此更具有说服力,被看做"在认知解释方面的一场哥白尼式的革命。"(Clark & Lutz, 1992, p. 9)

首先,信息加工的认知心理学在解决不确定的、不完善问题时遇到了困难,但是联结主义在此方面却能得心应手。基于联结主义理论的人工神经网络模型由于具备了自学习、自组织、自适应以及容错性等特点,可以解决很多更为复杂的问题。人工神经网络模型可以通过连续改变各单元之间的联结强度来实现记忆内容的模拟提取并进行模拟推理,其自身的"自我完善性"决定了只要为其提供片断的、模糊的甚至是残缺的输入,它就可以完成推理任务,给出问题的解答。联结主义的这一特性显然更加符合人脑解决问题的真实情况。

其次,联结主义对传统的符号系统理论进行了补充和修正。联结主义以其平行分布式的连续亚符号推理过程作为本质特征,对自然智能和人工智能的研究产生了巨大冲击。认知科学、心理学等许多研究领域都以联结主义理论来修正补充经典的符号加工理论。在思维领域研究中,出现了以联结主义修正或取代离散符号的产生或思维原型的理论发展趋势,如在保持符号系统理论的思维模型精髓的基础上增加联结主义理论的内容;另一方面则是完全建立联结主义思维模型,或是提出符号论和联结主义理论的折中模型。联结主义已经打破了符号加工理论的疆域,有与符号系统理论融合发展之趋势。迄今,联结主义被认为是认知心理学中最有生命力的元

理论,它可以解释人脑与电脑之间的某些差异和相似性,是对信息加工认知心理学的革命。

特别是,联结主义理论推动了认知研究领域的一次大联盟。联结主义理论从一开始就是基于多学科的研究成就和理论,涉及心理学、计算机科学、神经科学、哲学和数学等。而联结主义理论在20世纪80年代重新引起关注之后,很快在理论研究和实际应用方面显示出其独特的价值,吸引了众多学科领域中的杰出研究者,并很快取得了丰富成果。目前,我们已经看到,在"认知科学"的旗帜下,集结了来自心理学、神经生物学、计算机科学、数学、物理学、哲学、人类文化学、语言学、逻辑学等自然科学领域和人文科学领域的大批研究人员,这是一个庞大的"认知科学"的共同体。毫无疑问,我们已经看到21世纪中关于人类智能攻关研究的曙光。

(二)联结主义认知心理学的局限

作为一种新的理论和研究,联结主义也不可避免地存在局限性,它因此遭受到各种不同程度的非难,甚至有人认为联结主义理论充其量只是20世纪50年代心理学领域中行为主义的翻版,它非但不是心理学理论的发展,反而是一种历史的倒退(Fodor & Pylyshyn,1988)。我们认为,这样的批评过于绝对化,但我们也应正视联结主义所存在的缺陷。

联结主义以"心理活动像大脑"为隐喻基础,以对大脑的同构型或同态型模型为研究对象,具有生物还原倾向。众所周知,人脑是生物亿万年进化的结果。在人脑进化发展的过程中,社会历史文化无时无刻不在其上留下烙印,从而使人脑具有一定的社会文化属性。可以说,社会文化属性是人脑不同于任何其他动物脑的主要特征,文化表征是人脑优越于动物脑的主要思维形式。所以,我们不能只是从大脑内部来寻求意识的起源,意识现象绝不单是大脑细胞生理生化运动的结果。而且人脑在进化发展中借助于语言等独特的文化力量发展、丰富和完善了第二信号系统,从而使人表现出巨大的创造性。对人脑的任何模拟都还没有取得真正的成功,关于人脑活动方式的任何理论和模型也都只能是假说,况且这些假说和模型依然采用了科学研究的普遍手段——对研究对象减缩的主观表征。

信息加工的认知心理学和联结主义的认知心理学构成现代认知心理学的主体,它们共同构成20世纪心理学后半个世纪的主流方向,又在21世纪的起点上表现出新的活力。那么现代认知心理学能否代表心理学的未来呢?车文博教授(1998,p.623)总结说,目前,国际上对其持三种态度:第一种是基本否定的态度,认为认知心理学是"新瓶装老酒",仅是用新名词取代传统心理学的名词而已,这显然不符合认知心理学已经取得丰富的、独特的研究成就的事实。第二种是全盘肯定的态度,认为认知心理学的理论是

"完美无缺"的,它是心理学的未来,甚至说 21 世纪的心理学将被认知科学所代替,这也言过其实了,科学发展的本身有其自身的规律,它始终是一个起伏变化的过程。第三种态度是一分为二的态度,认为现代认知心理学的贡献是重大的、主导的、第一位的,但也存在着多方面不可忽视的重要困难和问题。

第十一章

人本主义心理学

人本主义心理学是20世纪50年代兴起于美国的一个心理学新流派,被看做继行为主义和精神分析之后西方心理学中的"第三势力"。它以其独特的研究对象和方法,极大地影响了当代西方心理学的研究取向。

第一节 人本主义心理学的思潮渊源和历史背景

人本主义心理学是超越科学实证主义范式而趋向于"以人为本"的心理学思潮。这种新思潮的产生和发展,并不是一种偶然的现象,而是时代背景、哲学思潮以及心理学内部矛盾运动的必然产物。

一、社会历史背景

人本主义思想起源于欧洲,文艺复兴时期至18世纪以前,人本主义思想一度席卷欧洲大陆。然而,作为人本主义故乡的欧洲在20世纪50年代并没有出现人本主义心理学思潮,相反却在盛行着实用主义文化传统的美国产生了一场规模宏大的人本主义心理学运动。为什么会出现这种情况?要回答这一问题,就应当从美国当时的社会历史背景出发加以认识和考察。

首先,人本主义心理学思潮满足了当时美国社会发展的需要。20世纪上半叶,包括欧洲在内的世界许多国家饱受两次世界大战的蹂躏,而唯独美国屡发战争横财,一跃成为世界头号强国。特别是二战以后,美国社会进入了一个经济高度繁荣的黄金时期,国民的物质生活水平显著提高。统计资料显示,"从1950年到1970年,美国人的家庭收入平均翻了一番,年收入从5 600美元增加到12 000美元"(扬克洛维奇,1989,p. 44)。一大批民众的生活从贫困走向了富裕。而随着经济的繁荣和社会物质生活水平的提高,人们就会追求更高的精神需要的满足。人本主义心理学强调充分发掘人的潜能、追求健康人格和自我实现等观点,正好迎合了美国社会当时精神发展的需求。

其次,美国社会在表面繁荣的背后面临着许多尖锐的矛盾和严重的异化现象,特别需要有一种新的心理学理论加以研究和解决。人本主义心理学思潮崛起的 20 世纪 60 年代,既是一个社会经济繁荣的时代,又是一个"令人头晕眼花的大旋转时期"。心理史学家赫根汉(B. Hergenhahn)曾将这个年代称为"喧嚣的时代",罗洛·梅(R. May)则称之为一个"意志瘫痪的时代"。造成这种矛盾现象的主要原因有两个:一是国内外政治形势的恶化,二是经济增长与科技发展面临着新的危机和困境。在国际形势方面,二战以后美国所处的国际形势时而缓和,时而紧张,加上核战的危险,使美国人普遍生活在"军备竞赛、冷战阴影"之中,尤其是当时核战的阴影,时刻笼罩在美国人的心头。一项盖洛普民意测验显示,当时在美国每 10 人中便有 7 人相信一场核大战将会真的爆发,或者在今后 10 年内有可能爆发。70 年代末期,美国每年的核试验达到了 2 400 多次。正如罗杰斯所说的那样,"恐怖、敌意和侵犯的存在是我们时代的紧迫问题"(马斯洛,1987,p.443)。在国内政治上,当时美国陷入越战中难以自拔,反战运动风起云涌;马丁·路德·金和肯尼迪等名人相继被暗杀;许多城市发生了种族骚乱事件……这一系列的恶性事件使美国当时的社会充满了动荡和不安。与此同时,美国在经济与科技发展过程中面临着新的问题。70 年代的"石油危机"使美国社会经济发展遇到了很大的困难,通货膨胀,失业危机加重,多数人的生活水平显著下降。科学技术在推动和支撑美国经济增长、促进社会飞速进步的同时,并没有从根本上改变美国人的生活质量,相反的却产生了许多过去没有的问题,即严重的异化现象。美国是一个长期信奉科技至上的国家,但是自然科学给人们带来的不仅是阳光灿烂的一面。事实上自然科学技术的发展并没有从根本上提高人的地位,而最先进的科技发明却常常优先用于战争,成为剥夺人的生存权的有力工具。人创造了机器,但现在机器却反过来使人不得不服从机器,人变为机器的一部分。科技发展所产生的这些严重的异化现象导致了许多人对二战以后形成的科技文化的怀疑与反省。在教育上,当时美国的学校教育存在着两大问题:一是重科学技术教育而轻视人文社会教育;二是在教育内容上重视知识技能学习,忽视品德人格教育。这种"重科学而轻人文"的教育倾向受到了社会各界的强烈批评。人本主义心理学的兴起与主张,正是代表了一种对"科技中心主义"的反省,代表了美国心理学界对时代精神挑战的一种积极回应。而传统的科学主义的心理学和以无意识心理为理论基础的精神分析心理学,则无法应对这种新的挑战。

最后,社会生活中的文化变迁、心理冲突与价值观的危机,需要有一种新的心理学理论和心理治疗模式来应对。传统的美国文化是典型的乐观主义文化，"每一个人都能成为百万富翁"、"每一个男孩都能当总统"等大众口号的流行，是美国乐观主义文化的典型反映。以往的美国人大多相信"人的幸福是由物质利益和金钱来铸成的"，因此，他们特别崇拜"白手起家的好汉"。但是在70年代，这种传统的价值信念受到了怀疑，悲观主义开始抬头，许多人陷入心灵孤独、情感焦虑、价值危机、意义性丧失等心理冲突之中而难以自拔。正如一位人本主义心理学家所说的那样："在50年代并直到60年代后期，大多数美国人相信现在比过去强，未来又将胜过现状。到1978年，这一范型完全逆转，出现了一个'真正从乐观到凄凉的历史转折'。这些'未来的人'并没有发现世界在'增强'他们的'人和自然'。"（罗洛·梅，1987，p.448）传统文化受到了冲击，年轻一代的美国人则公开反对父母以及传统的文化价值观。反校园文化、嬉皮士运动、吸毒、性解放、青少年犯罪、自杀、大学生失业等现象十分严重。仅以自杀现象为例，就可以看出当时美国年轻一代人的心理危机程度。在70年代，美国人的自杀率上升了17%，且大部分是十几、二十来岁的年轻人（扬克洛维奇，1989，p.47）。面对社会文化所导致的这些病态社会和心理冲突，当时盛行的心理分析、行为主义的理论和心理治疗模式皆显得手足无措、无能为力，因此，以探索一种人的"心理生活新方式"为己任、强调对人自身价值潜能发掘的人本主义心理学思潮也就应运而生了。

二、人本主义心理学的思想渊源

　　人本主义心理学有着深远的思想渊源和基础，它一方面继承了西方传统的人道主义和人性论精神遗产，另一方面又与西方现代哲学中的现象学和存在主义运动有着密切的关系。

（一）人性论、人道主义与人本主义心理学

　　人本主义心理学的历史源头可以追溯到古希腊时期的人性论和文艺复兴时代的人道主义思想。

　　人性问题是古代东西方思想家们竭力思考的一个重要问题。所谓人性论，是指对人的本质属性或人的主要属性"是什么"的基本主张。西方传统哲学和伦理学在人性问题的看法上，长期存在着两种对立的观点：一种是性恶论，另一种是性善论。以亚里士多德、霍布斯、弗洛伊德等人为代表的性恶论，认为人性是由人的动物本能所决定的，人是追求经济利益的动物，只有通过法律才能制约人的行为，维护社会的正常秩序。而以柏拉图、康德、卢梭为代表的性善论观点，则提出人具有潜在的善性和美德，通过教育和借助理想的社会，完全可以发掘人的这种美好天性。人本主义心理学家大多

继承了西方人性论中的性善论思想。

人道主义是文艺复兴时期出现的一种反对中世纪盛行的宗教禁欲主义的进步思潮。这一时期的人道主义思想家,继承和发展了古希腊时期人道主义的精华,冲破了中世纪以宗教神学为中心的思想束缚,提倡尊重人性,反对宗教禁欲主义,主张人性的解放和追求幸福,要求充分发展人的自由天性,使个人自由地选择自己的命运和生活。人道主义起初的含义是指能够建立一种促使个人的才能得到最大限度发展的、具有人道精神的教育制度,以后逐步发展为人道主义的哲学思想。人道主义的哲学是关于人的本质、使命、地位价值和个性发展等问题的理论观点,主张追求幸福和快乐比禁欲主义更适合于人性,现实生活比来世或宗教生活更有利于人类的文明进步。由于人道主义反对一切形式的教条主义、神权主义,因此在人类发展史上具有突出的进步意义。西方近代的人道主义特别强调尊重知识、关心人的价值尊严和人的自然天性,提出应捍卫人类社会的公平和正义。在现代西方哲学中,人道主义思想仍然占有十分重要的地位。现代人本主义心理学继承了西方人道主义的许多重要的精神资源,但人本主义心理学更强调人还具有追求真善美的高尚需要与本能,而不仅仅体现在趋乐避苦的低级天性上。

(二)现象学对人本主义心理学的影响

现象学(phenomenology)是 20 世纪西方哲学发展中的一大主流思潮。实证主义与现象学是现代西方心理学的两大认识论和方法论基础。在认识论和方法论方面,现象学哲学对人本主义心理学的影响远远超过了实证主义。人本主义心理学的方法论直接或间接地受到了现象学哲学的影响。

"现象学哲学是以人为目标的崇高事业,它通过对'纯粹意识内的存在'的研究,进而揭示人的生活界的本质,从纯粹主体性出发达到'交互主体性'(或主体间性)的世界。"(车文博,2003,p.25)现象学哲学在认识论和方法论方面有力地支持了人本主义心理学运动的发展。

现象学的主要创始人是布伦塔诺和胡塞尔。学术界普遍把布伦塔诺的"意向性现象学"称为"第一现象学",而将布伦塔诺的弟子胡塞尔所创立的"纯粹现象学"叫做"第二现象学"。第一现象学凸显了人的主观意识心理活动的对象性特征即意向性问题,"涉及指向外界的人",强调所有的意识活动都指向身体之外。第二现象学"涉及指向内部的人",是研究主观意识经验的本质的纯粹现象学。

在英文的"现象"(phenomenal)一词中,包含着"有关自然现象的、显著的、能知觉的、由感觉得到的"等意义。从认识论意义上来看,现象学是指一种研究外部世界与内部世界现象的严密学问,即有关"看"的学问。胡塞尔（E. Husserl,1859—1938）认为现象学就是"意识现象学"，是阐述人的意识本质的严格科学。哲学研究的真正对象不是物理世界，也不是感觉经验，而是人的自我意识或纯粹意识。只有对人的自我意识或纯粹意识进行准确的考察，才能作为一切知识的起点，才能给人以永恒绝对的真理。现象学主张"回到事实本身"（back to things themselves）来考察外部物理世界和内部心理世界，通过发现意识经验的本质来建立人类知识的基础。由于现象学哲学强调对人的直接经验的描述和意向性对象的分析，因此，意向性便成为现象学研究的核心主题。从方法论意义上来讲，现象学又是一种主张如实"看"的方法。现象学最主要的观点就是强调"没有先入之见"，主张把人的心理活动和内部体验作为自然呈现的现象来看待。注重对直接经验和现象的描述和审视，而不是像实证主义哲学那样重视对经验现象的因果分析与实证说明。为了确定事物的本质，现象学哲学提出了四个步骤：第一为现象学悬搁，即从因果关系和存在的假设中分离出经验；第二步为本质还原，指通过检验元素及其相互关系来分析事物的本质；第三步为遗觉的还原，人们在没有看到客体时也可以想象其外表特征；第四步为先验的还原，即描述事物的本质。现象学要求对人的意识经验"本质地看"，而不是"感觉地看"。通过对人的意识经验的现象学考察，便可以建立一门能获得绝对真理的"真正的科学"。在胡塞尔看来，对于心理学而言，现象学方法具有优先性。只有依靠纯粹的意识分析科学的现象学，才可以使心理学获得科学的基础。许多人本主义心理学者都受到了现象学哲学的影响。马斯洛指出，现象学方法更适合于研究人类的个体心理现象，由于现象学更强调自我的内在感受，因此，现象学方法应成为心理学所使用的方法。罗杰斯的以患者为中心的治疗理论也是以现象学为基础的。奥尔波特也认为对于人格和人的价值等复杂的问题，需要用现象学方法和整体的方法进行研究，而不能仅仅依赖于实验方法和统计方法。从中我们不难看出现象学哲学对人本主义心理学的影响程度。

西方现象学哲学主要关心的问题是认识论和人的意识现象的本质问题，而存在主义哲学则对人类存在的本质问题异常重视。胡塞尔的学生海德格尔把现象学转变、发展为存在主义哲学。

（三）存在主义对人本主义心理学的影响

人本主义心理学思潮也受到了西方现代存在主义哲学的影响，这种影响不仅体现在几乎所有的人本主义心理学研究者的思想中，而且涌现出了以罗洛·梅为代表的具有存在主义取向的一个人本主义心理学分支。存在主义哲学思潮在本体论上显著地影响着人本主义心理学的发展。

存在主义（existentialism）是现代西方哲学中的一个重要流派，在 20 世纪五六十年代曾是欧美最为时髦的哲学思潮。存在主义哲学所讲的"存在",并不是通常所理解的客观存在、现实存在。存在主义者认为哲学的根本任务不是揭示人与外部世界或精神之间的关系,而是要描述人的本质的存在。在他们看来,传统哲学把存在等同于普通的存在物是错误的,因为普通的存在物不能通达存在的意义。通达存在的意义必须是一种特殊的存在——人,因为只有人才能提出并把握存在的意义。人的本质存在主要是指非理性的意识活动的"存在",强调"生存"、"主观性"、"自由"、"体验"、"孤独"、"烦恼"等心理状态,才属于人的本真状态。他们否定理性和科学具有客观实在的意义,而认为人根本不能认识世界,也不可能认识自己。因此总的来讲,存在主义属于一种唯心主义哲学思潮。

存在主义哲学在本体论上十分重视这样两个基本问题:一是人性的本质是什么? 二是个体的存在意义是什么? 存在主义者在继承现象学重视研究人类共同的重要经验的基础上,进一步分析探讨了个人在自己生活中的经验,如恐惧、孤独、害怕、焦虑、责任、失望与希望、主体性与超越性等问题。存在主义哲学的基本特点是把孤立的个人的非理性意识活动视为最真实的存在,并以此作为其哲学体系的出发点。萨特称自己的哲学为"现象学本体论"。他认为心理学不仅要研究意识,也要研究人特别是人的存在。心理学的任务是检验每一个人的存在形式。如果人脱离开其赖以存在的世界,必将成为精神病患者。存在主义的社会影响基本上是消极的,但是,它提出要重视研究人的本质、尊严、人的自由和价值,以及个体存在等问题,促使人们去思考人生的意义以及现代西方社会的不合理现象,具有一定的积极意义。

"存在主义是现代西方人学中的时代精神和主要思潮。在反对客观主义和极端决定论,突出'以人为中心'的研究主题,强调人的主体性和主观性,强调直接经验的描述和意向性,强调自由、价值、选择、责任、自我和情态诸方面的研究上,存在主义和现象学给人本主义心理学提供了理论支柱。"(车文博,2003,p.25)具体来讲,存在主义对人本主义心理学的影响主要表现在两个方面:一是科学观的影响,存在主义哲学对实证主义科学观的批评使人本主义心理学家发现了传统实验心理学的不足,并使人本主义心理学接受作为"人生哲学"的存在主义为其哲学基础;另一个是价值观的影响,存在主义哲学主张面向日常生活、现实生活的态度,促使人本主义心理学家走向社会,去探讨当代人所面临的种种紧迫问题。存在主义对人本主义心理学影响最为突出的是罗洛·梅和马斯洛。存在主义哲学和人本主义心理学都认为现象学是研究人的最为适合的方法;都强调以整体的方法研究人的心理;人有自由意志,因此能够对自己的行为负责。

当然人本主义心理学与存在主义也有许多区别,其中最大的区别在于对人性的假设不同。人本主义心理学研究者认为人在本质上是善良的,人生的最主要动机是发挥内在的潜能及自我实现。而存在主义者则把人看成是既善又恶的,人类天生具有的唯一属性就是选择存在性质的自由。在萨特等存在主义者看来,人在出生时是没有本质的。作为一个独特的人,人们自由地选择自己的本质。海德格尔主张,当一个人通过他自己的选择探索生存的可能时,积极的成长就会产生。当选择进入未知世界便会引起焦虑。存在主义的首要原则是:"人除了做他自己以外什么都不是。"生命的主要动机是通过有效的选择来创造意义。没有意义就不值得生活。而如果有了意义,人就能忍受任何情况。人本主义心理学与存在主义的另一个区别在于,前者对人及其未来持有乐观的态度,而后者则比较悲观。同时,存在主义者认为意识到死亡对人的成长非常重要,人的生命是有限的,一旦人理解并处理好了生命的有限性,就能够开始过上丰富、充实、本真的生活。人本主义心理学则认为没有必要过分关注死亡问题,应该关注人的现在的真实存在和意义问题。

三、心理学背景

人本主义心理学也是心理学内部矛盾运动的必然产物。心理学自独立以来产生了构造主义、机能主义、行为主义、精神分析和格式塔心理学等众多的学派,但是到了20世纪50年代,构造主义作为一个派别已经消失,机能主义和格式塔也被吸收进其他的观点而失去了独立的学派,"只有行为主义和精神分析被认为是具有影响力的、完整的思想派别"(赫根汉,2003,p. 851)。而这两大主流思潮所提供的关于人类的心理知识,却大多是不完整的、扭曲的,因此难以在新的时代里承担起解决需要解决的问题之重担。

人本主义心理学认为,行为主义和精神分析这两大心理学势力忽视了人的心理的许多重要特性。作为美国当时主流心理学的行为主义学派,一直以追求科学化为学科建设的最高目标。为了能使心理学进入自然科学的行列,他们认为心理学必须走物理学和生物学的纯科学化道路。在行为主义者华生看来,冯特创立的实验心理学以意识为研究对象,实际上意识概念是哲学的研究范畴。心理学要成为一门真正的自然科学就不能以意识、精神为研究对象,因为自然科学以直接经验材料为基础,不能直接观察的事物就不能成为科学的研究对象。意识、心理难以被观察,所以不能成为科学的研究对象。人与动物的可观察的对象是行为,心理学的研究对象只能是外部行为。对于行为主义者而言,人没有什么独特之处,人的意识、心理也并没有什么神秘之处,人是机器,人是动物。人与动物、机器一样,并没有什么根本性的区别,都以刺激-反应的原则来支配着自己的活动。华生从根本上否认本能和人性的存在,强调人的命运完全由环境来塑造。这样一来,人在刺激、环境等外力面前,毫无自主、能动性和选择可言,只有被动接受命运。既然一切复杂活动可以分解和还原为简单的活动,心理活动也可以还原为生理的活动,因此,研究人的意识心理是没有意义的。行为主义的另一位代表人物斯金纳甚至主张,人只不过是一个有机体,人完全受环境等外力的控制和决定,根本没有什么自由、尊严与价值可言。他在《超越自由与尊严》(1971)一书中又以操作条件反射原则来解释自由、尊严等抽象的概念,提出通过行为主义的观点来改造社会、建设人与人之间相互平等的乌托邦社会。行为主义心理学试图通过抛弃对人的内部心理活动过程的研究来保证心理学科的学术地位,这对提高心理学研究的客观性和技术方法做出了历史性的贡献,但也造成了心理学研究在理论上的肤浅化和简单化,更导致了对人性理解的简单化与绝对化。如果说行为主义的研究取向是“由外向内”,那么人本主义心理学的研究取向则是“由内向外”。前者主张研究人的行为,使用客观的观察测量方法搜集资料,然后进行分析和解释;后者则强调不能单纯依靠外在的观察测量,而应该重视人的主观经验感受。

对于西方心理学的第二势力——精神分析学派而言,人的意识、心理是黑暗的。人都有精神疾病。人的一切行为完全受无意识的本能欲望的驱动,而性本能又是推动人的一切行为活动的根本动因,即使是战争、科学、艺术等人类的重大活动也不过是性本能驱动的产物。人本主义心理学家一方面肯定精神分析学派在发现无意识、引入动机和自我概念方面所做出的贡献,另一方面对他们的心理学观点也提出了批评,认为精神分析的无意识决定论、性恶论等贬低了人的价值,只看到人的无意识和潜意识中的黑暗方面,而没有看到在人性之中尚有积极、美好的东西,过于悲观和宿命。

人格心理学与格式塔的整体心理学,也是人本主义心理学的两个重要理论来源。受狄尔泰人文主义思想的影响,德国心理学家斯特恩(W. Stern)和斯普兰格(E. Spranger)提出心理学是一门关于具有体验的个人的科学。狄尔泰(W. Dilthey)提出过认识物的方法与认识人的方法的区别。人格心理学家们在继承这一思想的基础上进一步提出,个人是许多部分的整体与多元的统一。从部分来看,个人可以根据因果关系和不同因素的相互作用来研究;但从整体上看,对于个人的行为只能根据目的、价值来理解。斯特恩提出,人格构成了人的生活的最高定向和程式。斯普兰格也指出,心理学的任务不在于研究心理元素和生理过程,而在于对真正有意义活动的目的、价值的深入研究,以此来达到对人的种种精神和心理的理解与把握。

人本主义的重要代表人物奥尔波特(G. W. Allport)在德国学习期间曾经受教于人格心理学家斯特恩和斯普兰格。作为美国人格心理学之父的奥尔波特十分重视对人格特质的组织研究。格式塔学派重视对人的主观经验的实验研究,主张从整体经验中理解人的意识经验现象。他们对知觉、记忆和思维等高级心理现象进行了卓有成效的探索,对人本主义的影响也极其深远。

综上可以看出,从 20 世纪 50 年代开始,西方心理学界就有不少学者对心理学被实证主义统治的现状十分不满,认为在心理学的研究中,需要以人为本,即把人当做人来看待。由于具有这种观点的人越来越多,因而在 20 世纪 60 年代时代背景的推动下,这些具有共同思想的心理学家逐渐汇聚在一起,经过共同努力,逐渐发起并形成了一场规模较大的人本主义心理学运动。

第二节 人本主义心理学的产生和建立

人本主义心理学的形成经过了一个渐进的发展过程,大致可分为三个阶段:

一、人本主义心理学的崛起时期

20 世纪 50 年代是人本主义心理学的兴起时期。人本主义心理学的创立与马斯洛(A. H. Maslow)等人的积极努力分不开。人本主义心理学的主要开创者马斯洛早期本是一位行为主义的迷恋者,受过良好的实验心理学的训练,他"深信行为主义可以解决世界所有问题,因而专注于用狗和黑猩猩进行古典的行为主义实验室方法的研究与原理的应用"(车文博,2003,p. 111)。但是在 20 世纪 40 年代末期,他对当时盛行的行为主义的心理学主流研究取向开始表现出不满,并发表了一些"不合正统"的心理学观点,这被学术界视为美国人本主义心理学萌芽的出现。在 50 年代初,马斯洛担任布兰迪斯大学的心理学系主任,从而为人本主义心理学的产生提供了一定的有利条件。1954 年,马斯洛与 120 多名持有对行为主义不满的类似观点的学者取得了联系和交流。几年后参加联系、交流的人越来越多,这些学者后来均成为人本主义心理学研究的主要力量。同年,马斯洛出版了人本主义心理学的奠基之作——《动机与人格》。1956 年 4 月,马斯洛等人创立了人本主义研究会并讨论了人类价值的研究范围问题,次年 10 月组织了"人类价值新知识"的研讨会。1958 年,英国学者约翰·库亨(J. Cohen)出版了一本名为《人本主义心理学》的书籍,首次阐述了人本主义心理学的基本主张。在这一年,萨蒂奇(A. J. Sutich)等人创办了内部刊物《人本主义心理学杂志》。1959 年,马斯洛主编了《人类价值的新知识》一书,成为人本主义心理学发展史上的重要文献。这些重要事件和学术活动,有力地促成了人本主义心理学时代的到来。

二、人本主义心理学的形成时期

20 世纪 60 年代为人本主义心理学的形成时期,主要的标志性事件有以下几个:

(1)专门的学术刊物《人本主义心理学杂志》于 1961 年春天开始正式出版,成为阐述人本主义心理学的基本阵地。

(2)1962 年,人本主义心理学者布根塔尔(J. F. Bugental)在加利福尼亚心理学会议上发表了一篇题为《人本主义心理学:一个新的突破》的学术讲演,这一讲演稿发表在权威的《美国心理学家》(1963)杂志上,被认为是人本主义心理学发展史上的又一个里程碑式的文献。

(3)1963 年夏,人本主义心理学者在费城召开会议,出席会议的学者有 75 位,正式建立了"美国人本主义心理学会"(AAHP),布根塔尔在会议上被推选为第一任主席。本次会议颁布了人本主义心理学的四项基本原则:一是集中注意经验着的人,把经验作为主要研究对象;二是把重点放在人类所特有的像选择性、创造性、价值观和自我实现等特性上;三是在选择研究课题和方法时,注重考虑对个人和社会的意义;四是重点强调心理学应关心和重视人的尊严和价值,其核心在于使个人发现他自己的存在(车文博,2003,p.10)。

(4)1964 年夏,美国人本主义心理学会在洛杉矶召开了第二届年会,与会学者增加到了近 200 名。会议分为 4 个分组,一些企业家、社会活动家也出席了会议,扩大了人本主义心理学的影响。同年 11 月,人本主义心理学家们在康涅狄格州的老赛布鲁克举行了一次特别会议,集中讨论了"新心理学"的主要理论问题,并成立了理论委员会。与会者除了人本主义的重要人物以外,还有一些在美国心理学界享有声望的学者,如墨菲(G. Murphy)、彪勒(K. Buhler)、凯利(F. Kelley)等,表明了当时主流心理学对人本主义心理学的支持。

(5)1965 年 11 月,著名学者彪勒当选为人本主义心理学会的第二任主席,会员发展到了 500 多人。12 月,美国人本主义心理学会及《人本主义心理学杂志》与主办单位脱钩,成立了一个独立的教育学院,标志着一种有影响的第三势力心理学的出现。

(6)1969 年美国人本主义心理学会改名为"人本主义心理学会"(AHP),成为一个国际性的学术组织。

另外值得一提的是,60 年代后期,一批人本主义心理学的学术专著问世,如《心理学中的人本主义观点》(1965)、《人本主义心理学的挑战》(1967)等。罗洛·梅编辑出版的《存在心理学与精神病学杂志》(1967)也有一定的影响。

三、人本主义心理学的迅速发展时期

进入 20 世纪 70 年代以后,人本主义心理学迎来了一个迅速发展的黄金时期。1971 年,美国心理学会建立了第 32 分会。这标志着人本主义心理学家们经过 10 多年的艰辛努力,终于争取到了在美国心理学界中的合法的地位。同时,国际性的人本主义心理学学术活动组织也得到了相当的拓展。1970 年彪勒担任人本主义心理学会国际顾问委员会主席,1971 年在荷兰召开了人本主义心理学国际邀请会议,扩大了人本主义心理学在世界各地的影响。70 年代初期,人本主义心理学会在欧洲许多国家建立了国际分会,以色列、印度和南美洲的一些国家也相继成立了分会,并在伦敦、斯德哥尔摩、莫斯科、东京和香港等地举办了国际学术会议。到 1975 年,美国已有 281 个单位加入了人本主义心理学发展中心,其他 13 个国家也有 50 多个与人本主义心理学有关的学术组织或机构中心。这些组织不仅传播人本主义学术和理论观点,而且开始建立组织、开展人员培训等方面的活动,如人类潜能小组、心理剧、交朋友小组等。这一时期,美国的沃尔登大学、杜奎森大学、菲尔丁学院等高等院校纷纷开设人本主义心理学的教学计划和课程。另外,从人本主义心理学中又分化和产生出了超个人心理学派,成为人本主义心理学发展的一个新取向。但是自 20 世纪 80 年代末罗杰斯去世之后,人本主义心理学运动出现了一定的衰落。

第三节　马斯洛的人本主义心理学

马斯洛(1908—1970)是人本主义心理学主要创始人之一,被誉为"人本主义心理学之父"。他出生于纽约一个俄裔犹太人的家庭,18 岁时(1926)遵从父母之命进入纽约市立学院攻读法学专业,但由于对学习法律没有兴趣,第二个学期便离开该校而进入威斯康星州的麦迪逊大学学习心理学。马斯洛在学习心理学期间,最早接触到的是冯特和铁钦纳的构造主义心理学,但不久他就迷上了华生的行为主义。当时他以为行为主义可以解决所有问题,因而专注于动物实验,进行了大量的古典行为主义的研究。马斯洛最早的学术论文就是对于狗和黑猩猩的情绪及学习历程问题的研究。1934 年,马斯洛在著名比较心理学家哈洛(H. F. Harlow)的指导下,获

得了哲学博士学位,随后他前往哥伦比亚大学担任联结主义心理学家桑代克的助手。在对动物所进行的实验研究中马斯洛发现,一些哺乳类动物和灵长类动物在饱餐之后,仍然存在着努力不懈地解决问题的现象。强壮的猪往往比瘦小的猪更喜欢探索周围的环境。他还发现,如果允许鸡自由挑选食物,不少鸡常常会选择有益其健康的食物。马斯洛早年所做的这些动物行为实验研究,为后来建立人本主义心理学的需要、动机和自我实现理论提供了许多重要的实验根据。马斯洛还在著名人类学家本尼迪克特(R. Benedict)的指导下,对美国北部黑足部落的印第安人进行过文化田野考察。1943 年,马斯洛到纽约布鲁克林学院任教,开始接触到韦特海默的格式塔心理学、霍妮的社会文化精神分析理论,以及弗洛姆的人本主义精神分析。这些理论学说对马斯洛的思想产生了很大的影响,促使他彻底抛弃了行为主义的机械论观点,转而建立一种动力的、整体的、新的心理学范式。

1951 年,马斯洛担任了美国布兰迪斯大学的心理学系主任。在此期间,马斯洛出版了《动机与人格》(1954)、《存在心理学探索》(1962)。这两本著作奠定了人本主义心理学的理论基础。1963 年在马斯洛等人的积极倡导下建立了美国人本主义心理学会。1967 年他当选为美国心理学学会主席,还担任过美国人格与社会心理学学会主席、马萨诸塞州心理学会主席、美国美学分会主席。在晚年,他开始建设一种新的超越个人经验的心理学,这种超个人心理学构成了第四势力。1970 年 6 月 8 日,马斯洛因心脏病突发不幸去世,年仅 62 岁。

马斯洛一生勤奋,著作等身。除了上述部分代表作以外,还有《人格问题和人格发展》(1956)、《宗教、价值和高峰体验》(1964)、《健康的心灵管理》(1965)、《科学心理学》(1966)、《人性能达到的境界》(1971)等。

一、马斯洛人本主义心理学的基本主张

在心理学的研究对象问题上,马斯洛从人本主义的基本观点出发,认为意识体验是心理学研究的基本出发点,主张把个体内在的意识体验或经验作为心理学的首要研究对象。马斯洛认为,人的意识和无意识在根本上是统一的。无意识潜能远比弗洛伊德所讲的无意识本能广阔,人的无意识潜能包括许多健康的无意识,如人对真善美的追求、自我实现等趋向,并与社会价值不存在根本性的矛盾。意识与无意识的对立是人格发展水平不高的表现,越是高级的价值越依赖于人的有意识活动的积极作用。健康的人格水平是有意识与无意识的有机统一。在马斯洛看来,精神分析与行为主义在心理学的研究对象上存在着严重的缺陷。弗洛伊德向心理学提供了心理疾病的那一半,行为主义者以动物为对象所进行的实验研究,虽然对于理解

人类与动物的共性有一定的意义,但是在本质上却无益于揭示人类独特的心理特征。马斯洛还认为,主流心理学研究正常人或具有统计学上标准分数的人,提出了"正常的、适应性"的人格概念,这种所谓的善于适应的正常人格心理,事实上也是一个庸俗的、错误的变体。人们常说,要培养适应社会现实生活的人,但问题在于究竟适应哪一种社会现实生活。社会现实生活中有很多是不正常的行为方式,对不正常社会环境的适应实际上是鼓励欺骗、狡诈、不道德和不负责任等心理品质的发展。骗子、罪犯、纳粹分子和许多令人生厌的庸才,均体现出了某种适应性的努力。因此,科学心理学的宗旨是要创造出一种"阐述人的心理生活史的新方式",对健康的心理、人格作出新的、有意义和有价值的规范,从而为建立合理生活奠定普遍的理论基础。马斯洛强调只有坚持以健康的人、自我实现的人作为心理学的研究对象,"才能有最好的生活"。

在研究方法上,马斯洛认为:"传统科学特别是心理学的许多缺陷的根源在于以方法中心或者技术中心的态度来解释科学。方法中心就是认为科学的本质在于它的仪器、技术、程序、设备以及方法,而并非它的疑难、问题、功能或者目的。"(马斯洛,1987,p. 14)他强调作为一门研究人的科学的心理学,必须考虑人的特殊性,关心人类生活的意义、价值,应该以对个人和社会有意义的问题为中心,尊重人的价值与尊严,而不能陷入无价值的方法探求倾向。研究方法要顺应问题,并为问题服务。马斯洛特别提出,以方法为中心使得心理学一味追求客观性,造成其远离了人类的实际生活。同时,方法中心论也必然限制了心理学的研究范围,将心理学的研究局限在某一方法或者技术所能许可的范围之内。正确的做法应该是以对个人或社会有意义的问题为中心,以心理现象的本质为中心。因为方法必须顺应问题,为问题服务,要根据问题选择方法,而不能被方法捆住手脚。马斯洛进一步提出了整体动力论的研究方法,这种研究方法要求:首先必须了解整体,然后研究部分在整个有机体的组织和动力学中的作用;其次,对整体的理解和把握是一个反复研究的过程,即先从对于某种现象整体的模糊理解出发分析其整体结构,通过分析发现原先理解中的问题,然后再进行更有效、更精确的重建或重述等步骤;最后,整体分析重视质性的把握,侧重将整体分析为层次和等级,但并不排斥量的研究。

马斯洛几乎创建了人本主义心理学的主要理论,像人性本善论、需要层次论、存在价值论、自我实现论、高峰体验论、超越自我论、教育改革论、Z 管理学说等,他的众多理论建树在西方人本主义心理学家中首屈一指。

二、马斯洛的需要动机理论

马斯洛的需要动机理论又被他本人称为"整体动力理论"。马斯洛试图将弗洛伊德的心理动力论与格式塔心理学的整体论紧密结合起来,以整体的和动力的观点探讨人类的动机性质及特点。由于每个人都有自己的需求和愿望,有自己的能力和经验,有自己的快乐和痛苦,因此马斯洛认为了解、研究人的心理和行为,首先必须研究人的需要动机。心理学离不开对人类需要或本性的探讨。

需要问题是马斯洛人本主义心理学思想中最受关注的内容,也是人本主义心理学的支柱性理论。马斯洛式动机的出发点立足于需要上。需要是动机产生的源泉和基础,需要的性质、强度决定着动机的性质和强度。但需要与动机之间的关系是比较复杂的,人的需要往往是多种多样的,而人的行为中则常常只有一种或几种主要的动机。

马斯洛将人类的需要划分为两大类:一类是基本需要,或缺失性的需要,包括生理需要、安全需要、爱与归属的需要、尊重的需要。这些都是人生存过程中不可缺少的、普遍的生理和社会需求,属于低层次的需要。另一类是发展性的需要,也称成长的需要或超越性的需要,主要指认知的需要、审美的需要和自我实现的需要,属于个体健康成长和自我实现潜能的需要,见图11-1。只有在低层次的基本需要得到满足之后才能产生高层次的心理需要。

图 11-1 马斯洛的需要模式图

1. 生理需要

生理需要是维持个体生命存在的需要,是人的各种基本需要中最基本、最需要优先满足的一种需求,也是人与动物共同具有的需要,包括食物、空气、饮水、睡眠和性等方面的内容。马斯洛认为,在所有的需要中,生理需要占据绝对的优势地位。如果这种类型的需要得不到基本的满足,"那么生理需要而不是其他需要最有可能成为他的主要动机,一个同时缺乏食物、安全、爱和尊重的人,对于食物的需要可能最为强烈"(马斯洛,1987,p. 42)。对于一个饥饿已经达到危险程度的人而言,除了食物,其他任何兴趣都不会存在。在现代社会生活条件下,对于大多数人来讲,生理需要是容易满足的。所以生理需要在人们的生活中只起着一小部分的作用。

2. 安全需要

生理的需要相对得到满足之后,就会出现一整套寻求安全和稳定的努力。在马斯洛看来,安全需要的含义是广泛的,既有个人安全的成分,如人们对安全、稳定、保护、依赖以及免受恐吓、焦虑和混乱折磨的追求,也包括社会安全的内容,像人对秩序、体制、法律、和平、安定、有所依靠等方面的需求,以利于机体状态的健康成长。如果安全的需要得不到满足,人们就会产生受威胁感和恐惧感。假如这种状态表现得相当严重,持续的时间过长,那么处于这种状态的人,就"可以被描述为仅仅为了安全而活着"的人,正如饥饿者所表现的一样,寻求安全成为这种人的压倒一切的行为目标。

3. 爱与归属的需要

爱与归属的需要是指个人对感情、爱、友谊和对群体或团体组织归属的需要,如人们在生活中对家庭、孩子、同事朋友之间亲密关系的渴望,希望在家庭和团体中有一个位置。马斯洛认为,爱和性并不是同义的,性可以视为一种纯粹的生理需要,而爱的需要主要是感情方面的因素。爱的需要既包括给予别人爱,也包括接受别人的爱。如果一个人这方面的需要得不到满足,就会产生孤独感和被遗弃感。一个好的社会要发展、要健全,它就必须满足人的这一渴望。

4. 尊重的需要

这是低层次需要中的最后一种。马斯洛认为,所有的人都有一种获得稳定的、牢固不变的,通常是较高评价的需要或欲望,即对于自尊、自重和希望得到别人的尊重的欲望。这种需要可以分为两大类:一类是自尊的需要,如对于自身实力、成就、胜任感和能力感的期望;另一类是对来自他人的尊重的需要,如对于地位、名誉、声望或感念的欲望。在现实社会生活中,人的自尊需要如果能够得到满足,就会更有信心、更有能力和有更多的有用处感。一旦人的自尊心受到挫折,就会感到自卑、软弱和无力,最后导致失去基本的信心。马斯洛也指出,自尊的需要应该建立在一个较为现实的基础上,如果将自尊建立于不切实际的水平上,就会形成自负,这并不属于真正意义上的自尊。

5. 自我实现的需要

自我实现的需要(the needs for self-actualization)是指实现个人理想、抱负、追求，充分发挥自己潜能的欲望。马斯洛说过："一位作曲家必须作曲，一位画家必须绘画，一位诗人必须写诗，否则他始终都无法安静。一个人能够成为什么，他就必须成为什么，他必忠实于他自己的本性。这一需要我们就可以称为自我实现的需要。"(马斯洛,1987,p.53)自我实现就是使人的潜能现实化的过程，是一种成为具有完美人性的人的趋向。同时，马斯洛还认为求知的需要和审美的需要也是自我实现需要的重要内容。自我实现的一个明显表现是好奇心和求知欲。人需要认知理解和审美如同需要水和空气一样，它们有助于人的健康成长。

马斯洛认为需要各层次之间存在着密切的关系。

(1)人的需要和动机是多种多样的，而人的主要需要可以从低到高依次呈现出五种水平，前四种水平属于较低层的需要，而自我实现的需要则是高层的需要，见图11-2(图中 A、B、C 表示特定的时间)。

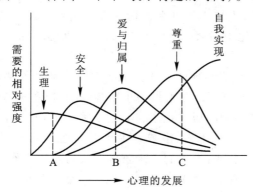

图 11-2　需要层次演进模式图

(2)低层次的需要是高层需要的基础。在一般情况下，只有满足了人的低层的基本需要之后，才会出现高层次的需要，基本需要的满足是人生存的直接的先决条件。没有低级需要的基础支持，高级需要就会倒塌。发展人的高级本性的最好方法，是首先实现和满足人的低级本性。

(3)低层次需要是人的基本需要，它们与人的生存直接相联，而高层的需要与生存很少有关系，但这种需要的满足能使人产生更大的满足感，因为它能给人带来精神上的喜悦、满足和幸福感。

(4)不同层次需要的满足所要求的环境条件不同，层次水平越高，对环境条件的要求也越高。高层需要的满足涉及许多复杂的条件和因素。高级需要也许偶然在低级需要得到满足之前出现，但如果更基本的需要长期匮乏之后就会损害人的健康,不可能从根本上维持高层需要和动机。

根据马斯洛的估计,当时美国社会中各种需要满足的比例是:生理需要85%,安全需要为70%,爱和归属的需要为50%,自尊需要为40%,自我实现的需要为10%,说明高层需要比低层需要的满足程度小得多。这可能与满足高级需要的复杂性有很大关系。

三、马斯洛的自我实现论思想

马斯洛的人本主义心理学思想早期被称为"整体动力论",后来则称为"自我实现论"。

马斯洛通过对林肯、斯宾诺莎、爱因斯坦等名人和身边的熟人进行案例研究,总结出了自我实现者的主要特征:(1)准确和充分地知觉现实;(2)自我接受与接受他人;(3)自发、自然、坦率;(4)以问题为中心,而非以自我为中心;(5)超然独立的特性与离群独处的需要;(6)自主性,即独立于文化与环境;(7)对生活的反复欣赏能力;(8)经常产生高峰体验;(9)具有社会情感;(10)仅与少数人建立深刻和密切的人际关系;(11)民主的性格结构;(12)具有明确的伦理观念;(13)富有哲理和幽默感;(14)具有创造性;(15)抵制文化适应。

马斯洛认为,自我实现的人往往依次地充分满足了生理的、安全的、归属和爱的以及尊重的需要,他们摆脱了精神病的、神经病的或其他的病理障碍,通过自己的能力和品质实现了自我的成熟和健康。同时,马斯洛以为,自我实现者在年龄特征上看,多数是中年人和老年人。"年轻人还没有形成牢固的同一感和自主性,他们尚未获得持久的爱的关系,尚未找到他们自己要为之献身的职业,或者说尚未形成他们自己的价值观、耐心、勇气和才智。"(舒尔兹,1988,p.138)当然,马斯洛也认为,自我实现的人也有缺陷。比如他们往往比较固执己见、冷酷无情、焦虑、多疑等。普通人常有的缺点在他们身上也有所表现。

马斯洛还提出了自我实现的途径:(1)充分地、无我地体验生活,全身心地投身于工作和事业;(2)作出连续成长、前进的选择;(3)承认自我存在,要让自我明显地表现出来;(4)诚实、勇于承担责任;(5)能从小处做起,倾听自己的爱好和选择;(6)要经历勤奋的、付出精力的准备阶段;(7)高峰体验是自我实现的短暂时刻;(8)发现自己的天性,使之不断成长。马斯洛所讲的自我实现主要是指个人自我完善的途径。他认为,每个人都有自我实现的潜能,其区别不过是有的人多一点、有的人少一点而已。他相信,人人都能够在某一点上达到人性的最高境界。

四、马斯洛的高峰体验论

高峰体验(peak experience)是马斯洛人本主义心理学思想中的另一个重要概念。按照马斯洛的说法,高峰体验既是自我实现者重要的人格特征,又是达到自我实现的一条重要途径。马斯洛在临床研究中发现了高峰体验这一神秘现象。在对自我实现者的人格特征研究中,马斯洛也发现几乎所有被研究的那些自我实现者,都经常谈起自己经历过的这种神秘体验。"这种体验可能是瞬间产生的、压倒一切的敬畏情绪,也可能是转瞬即逝的极度强烈的幸福感,或甚至是欣喜若狂、如醉如痴、欢乐至极的感觉。"(林方,1987,p.366)马斯洛将这种体验称之为高峰体验。他认为,人的高峰体验是一个多层级、多水平的系统,主要有普通型高峰体验和自我实现型的高峰体验这样两种类型。普通型高峰体验是指所有的人都可能在满足需要、愿望时产生的极端愉快的情绪。"几乎在任何情况下,只要人们能臻于完善,实现希望,到达满足,诸事如心,便可能不时产生高峰体验。这种体验可能产生在非常低下的生活天地里。"(林方,1987,p.370)自我实现型的高峰体验是指健康型或超越型自我实现者拥有的一种宁静和沉思的愉悦心境。在马斯洛看来,高峰体验主要有这样 5 个特点:(1) 产生的突然性;(2) 程度的强烈性;(3) 感受的完美性;(4) 保持的短暂性;(5) 存在的普遍性。高峰体验比人们预料的要普遍得多。高峰体验不仅对人的心理健康具有促进作用,而且对于提高人们的生活质量也具有重要意义,同时对社会的发展也有重要价值。

五、对马斯洛的简要评价

作为人本主义心理学的典型代表,马斯洛的观点在西方和世界各国产生了较大的反响。

许多学者认为,马斯洛开创了西方心理学研究的新取向。在心理学的历史上,研究动物行为、变态心理的人相当多,可是对健康人的正常心理探讨的学者则很少。马斯洛从人本主义的立场出发,以现象学的整体论方法,研究了健康人的心理特征和理想发展模式。这种理论不同于传统西方的实证主义的心理学研究,因而受到了学术界的肯定。在方法论上,马斯洛反对心理学中僵死的方法论和实验主义,主张对研究方法采取开放、兼容和综合的态度,突出人的主体和主观作用,强调整体分析的方法论意义。

马斯洛的需要动机理论促进了以人为中心的管理理论的应用与发展,为现代管理学的发展奠定了心理学基础。受人本主义的影响,现代管理学逐渐抛弃了传统的"经济人"或"X 人"的思想,把人看成是不断追求需要的满足、努力实现自我价值潜能的社会人。如果要调动人的工作积极性,就应当以满足人的各种需要为契机,努力创造条件,促使个体潜能得到最大限度的发挥。马斯洛的需要动机理论极大地影响了现代管理科学的发展。

但是,马斯洛人本主义心理学理论也受到了不少批评。许多心理学家认为他的研究方法可靠性低,缺乏客观的标准和严谨性。他的需要动机理论建立在"似本能"的生物决定论的基础上,而且他认为,自我实现要抵御社会文化的影响,拒绝对社会文化的适应。这种把个人与社会发展相对立起来、忽视社会作用的观点,也很难经得起社会现实的检验和批判。

第四节　罗杰斯的人本主义心理学

罗杰斯(C. Rogers,1902—1987)是人本主义心理学的主要创建者之一,他不但是美国著名的心理治疗学家,也是一位杰出的人格心理学家,更是一位蜚声全球的教育改革家。他的人格自我理论、以人为中心疗法和非指导性教育原则曾风靡世界各地。如果说"马斯洛的贡献主要表现在对人本主义心理学的理论取向与基本理论的开创,特别是对人本主义心理学的组织和领导上,那么罗杰斯的贡献则集中表现在他把在实践中总结出来的以人为中心的人本主义心理学的理论,广泛地应用于医疗、教育、管理、商业、司法等诸多社会生活领域以及国际关系当中,成为人本主义心理学最有影响的代表人物之一"(车文博,1998,p. 166)。

罗杰斯1902年生于芝加哥郊区的一个富裕的土木工程师家庭,父母都是虔诚的基督教信徒,因此,宗教对罗杰斯一生的影响很大。1919年罗杰斯中学毕业后,考入威斯康星大学农学院。进入大学之后,罗杰斯积极参与教会活动,加入了一个基督教青年会社团。1922年他被选中参加在北京召开的"世界学生基督教联合会",并在中国居住了半年。大学毕业后,罗杰斯来到纽约的一所神学院学习,同时还选修了与这所神学院相邻近的哥伦比亚大学开设的心理学和教育学课程。在这里他认识了两位著名的心理学家——华生和纽科姆,随后转入哥伦比亚大学主攻临床心理学与教育心理学,又结识了精神分析家阿德勒与临床心理学家霍林沃斯。罗杰斯1928年获得临床心理学硕士学位,1931年通过关于儿童人格适应的测量问题的论文,取得了哲学博士学位。其后任职于纽约罗彻斯特的一个"儿童指导中心",从事心理治疗工作,1939—1940年担任了罗彻斯特儿童指导中心的主任。1940—1945年受聘为俄亥俄州立大学心理学教授,1945—1957年任职于芝加哥大学心理学系,在此创建了芝加哥大学心理咨询中心。1956年,他与行为主义大师斯金纳展开了一场心理学史上著名的争论。1957 年任威斯康星大学心理学教授,在这里系统地研究了以患者为中心的心理治疗理论体系,并在对精神分裂症患者的心理治疗中形成了许多新的观点。1962 年在斯坦福大学行为科学高级研究中心担任研究员。1964—1968 年成为加利福尼亚州西部的一家"人的研究中心"的常驻研究员,主要致力于人本主义人际关系的研究,对交朋友小组和敏感性训练发生了兴趣。晚年他对教育改革和维护世界和平表现出了极大的热情。1985 年开始组织维也纳和平计划,1986 年主持了莫斯科和平研讨会。1987 年因手术后并发症去世。

罗杰斯担任过美国许多心理学重要学术团体的领导人,在学术界享有崇高的声望。他先后担任过美国心理卫生协会副会长(1941—1942)、美国应用心理学学会主席(1944—1945)、美国临床与变态心理学分会主席(1949—1950)、美国心理学学会主席(1946—1947)。早在 1950 年,英国《不列颠百科全书》就率先承认了罗杰斯对社会所作出的突出贡献。1956 年,美国心理学学会向他和另外两名著名学者斯彭斯和苛勒颁发了首届"杰出科学贡献奖",1972 年又获得美国心理学学会"杰出专业贡献奖"。在美国心理学史上同时获得这两项殊荣者,至今仍没有出现过第二人。有学者将罗杰斯列为二战以后最有影响的 100 名心理学家名单中(第四位)。20 世纪 80 年代初,对 800 名临床与咨询心理学专业工作者的调查发现,罗杰斯被视为"当代心理治疗方面最有影响的学者",超过了弗洛伊德而位居第一。在 90 年代,他仍被看做在心理治疗与咨询专业领域中最有影响的学者。他的著作已被翻译成十几种语言,在世界各地产生了广泛的影响。

罗杰斯一生勤于治学,著作惊人。先后出版著作 16 部,发表学术论文 200 多篇。代表作有:《问题儿童的临床治疗》(1939)、《咨询与心理治疗》(1942)、《来访者中心治疗》(1951)、《论人的成长》(1961)、《学习的自由》(1969)、《一种存在的方式》(1980)、《在 80 年代学习的自由》(1983)。

一、罗杰斯的人性观

罗杰斯的人本主义心理学思想与他对人性的看法有着密切的关系。人性观是罗杰斯整个理论的出发点。他的人性观大致说来,可以概括为以下几个方面:

首先,积极肯定人的本性。罗杰斯在长期的心理咨询与治疗过程中逐渐形成了自己的人性观点。他认为,人性不仅是乐观的、积极的,而且是富有建设性的。"我不赞同十分流行的观念,即人基本上是非理性的,假如不控制,他的冲动将导致他人和自己的毁灭。人的行为是理性的,伴随着美妙的和有条理的复杂性,指向他的机体奋力达到目标"。(罗杰斯,1961,p. 194)罗杰斯发现,患者"个人具有足够的能力来建设性地处理他意识到的生活的所有方面,这意味着创造一种材料能进入病人意识的人际环境,并且咨询人员颇具意味地表示出对病人的接受,把他当做一个能指导自己的人——我们可以说:在每一个有机体中,在任何程度上,都有一股向着建设性地实现它的内在可能性的潜流"。"来自我们临床经验的最革命性概念之一是一种不断增长的认识:人性最内在的核心,人的个性的最深层,人的'动物性'的基础,在本质上是积极的——基本上是社会化的、向前运动的、合理的和现实的。"(Rogers,1961,pp. 90-91)因此,他同意马斯洛的人具有"自我实现"天性的观点。但是,既然人的本性是健康的,那么又如何理解人的许多恶行呢?罗杰斯认为,文化的影响才是造成人的恶行的主要因素。

其次,强调人性是发展变化的。罗杰斯把人看成一种动态的过程,而不是固定的实体;是不断变化着的一组巨大的潜能,而不是一群固定的特征。他还将人的变化看成是人生的真谛。造成这种变化的原因,一方面是由于人的机体潜能中先天驱力的支配,另一方面是由于社会、文化的不断发展改变了人们的生存方式和行为方式,也改变了人们的信仰世界。罗杰斯认为,人并不完全是在消极地适应于社会、文化,人完全可以通过自身的变化达到对社会文化的控制和创造。不仅人的先天潜能可以提供这样的可能性,现代社会也可以创造这种可能性。

最后,人的认识活动的基础是意识和经验。罗杰斯认为人的变化过程也是由经验造成的。人本主义心理学者普遍强调人的意识和经验的主导作用,认为经验是认识活动的基础。罗杰斯指出:"科学、治疗以及生活的所有其他方面首先植根于并且依据一个人瞬间的主观经验。它从内在的、整体的和机体的经验中生长出来。"(Rogers,1961,p. 221)意识和经验研究是心理学需要继续注意的一个重要方面。罗杰斯对意识和经验作了区分。他认为,经验是一切正发生于有机体的环境中并在任何特定的时刻均可能意识到的东西,也可以称之为机体经验。意识则是许多潜在的经验用符号表示时进入人的现象场中,也就是现象经验。罗杰斯把自己的现象学方法概括为3个步骤:一是通过自身内部的参照系进行观察,取得主观的知识;二是以他人的观察审核知识,取得客观知识;三是通过移情方法理解他人,取得人际知识。他认为,现象学是建立一门良好的心理科学的基础。

二、罗杰斯的自我论和人格理论

自我论是罗杰斯人格理论和心理治疗理论的基础与核心。罗杰斯的自我论和马斯洛的自我实现论在基本观点上是一致的。他们都认为人有追求自我价值的共同趋向,但罗杰斯更强调人的自我指导能力。自我是自我经验的产物,经过引导能认识自我实现的正确方向。这是他的心理治疗与咨询以及教育理论的基础。

罗杰斯反对弗洛伊德的无意识理论把人格结构看成由本我、自我和超我构成的稳定不变的动力形态。在弗洛伊德的人格理论中,每个人的内心世界结构中都充满着不可遏制的性本能和破坏性冲动,并强烈要求得到实现和满足。为了控制和减少无意识本能的破坏性作用,人们建立了法律秩序和道德规范。罗杰斯不同意这种观点,他总结自己长期的临床心理治疗经验后认为,人的本性是善良的,而不合理的社会常常使人性受到压抑和扭曲,不合理的社会环境会使人性健康向上的力量受到摧残和破坏。在这种情况下,人性会变得盲目甚至具有破坏性力量。但是即便如此,罗杰斯仍然深信人的内心依然存在着积极向上的、自我实现的倾向。

罗杰斯认为,自我概念是指个人对自己和环境及其关系的知觉与评价。根据罗杰斯的论述,自我概念有两种类型:一种是真实的自我,是较符合现实的自我形象,即主体的自我;另一种是理想的自我,是一个人期望实现的自我形象,也就是客体的自我。自我是人格形成、发展和改变的基础,是人格能否正常发展的重要标志。他把自我看做现象场的产物和升华。同时罗杰斯指出,自我具有四个方面的明显特点:

一是自我概念属于对自己的认知范畴,包括对自己的特点的知觉,以及与自己有关的人和事物的知觉的总和。

二是认为自我概念是有组织的、比较稳定的结构,自我虽然对经验具有开放性,新的经验成分会使得这种结构发生一定的变化,但是自我概念的"完形"性质则十分稳定。

三是认为自我只能表征那些关于自己的经验,而不是控制行为的主体。这与弗洛伊德对自我概念的解释不同。罗杰斯从觉知性和描述性方面赋予自我以内容,弗洛伊德则从动力性与解释性方面理解自我。

四是认为自我是一种经验的整体模型,这种整体模型主要是有意识的或可以进入意识的东西,通常能够被人所知觉。

在自我的形成及发展方面,罗杰斯认为,自我概念是在个体与环境相互作用的过程中形成的。儿童出生以后,由最初的物我不分、主客体不分,发展到能够逐渐把自我与环境区别开来。

罗杰斯及其同事还发展出了对自我概念的测量方法。早期罗杰斯采用访谈法将与受访者谈话中所取得的资料记录下来,然后通过语义分析,对资料中与自我有关的词汇加以分类,分析自我概念的变化。后来使用标准化的 Q 分类技术(Q-sort technique)来测量自我概念。

三、罗杰斯的心理治疗观

"以人为中心的治疗"是人本主义心理治疗的重要内容,也是罗杰斯对心理学的一个突出贡献。

罗杰斯认为,一个人在自己的成长发展过程中,在与环境的长期交互作用中,逐渐把自己的"自我"一分为二:"自我"和"自我概念"。所谓自我是指真实的自我,自我概念则是一个人对自己经验和体验的知觉、认识。当自我与自我概念一致和协调时,相应的个体心理就是健康的,就能达到自我实现;相反,适应程度低的自我与自我概念则趋向不一致和不协调,就会出现心理压抑、心理失调、焦虑等各种心理障碍甚至疾病。心理障碍的根本原因是背离了自我实现的正常发展,咨询和治疗的目标在于使自我恢复正常的发展。

罗杰斯的心理治疗方法原称非指导性疗法(nondirected therapy),后又改称为"患者中心疗法"(person-centered therapy)。这种方法把改变人格的主要责任放在患者本人身上,而不是像精神分析学派那样以治疗者为中心。罗杰斯认为,人是有意识、有理性的,人们总是被有意识的思想引导的,而不是受自己不能控制的无意识力量的支配。人的最终标准是他自己的有意识的经验,这种经验能够提供一种理智和情绪的框架,人格在这个框架中持续不断地成长。他反对医生中心权威论,反对采取强制和生硬的态度对待患者,主张心理治疗者要有真诚关心患者的感情,要通过认真的听达到真正的理解,在真诚和谐的关系中启发患者运用自我指导能力,促进患者内在力量的健康成长。

传统的心理治疗普遍以"问题解决型目标"为主,以"减少痛苦症状"、"增强自信"、"选择更好的职业"等作为描述这种心理治疗类型的常用概念。罗杰斯坚持了"人格成长型"的心理治疗目标,提出人格成长型的心理治疗目标的最终效果在于人性的实现和人格的改变。次级目标则是改变自我结构,以开放的态度对待情绪经验,如减少内在冲突,增强自尊心和自我整合能力,提高对生活方式的满意度,从而成为一个充分起作用的人。他认为心理咨询和治疗的一个重要目标是填平自我概念与自我经验之间的沟壑。

为了建立以来访者为中心的心理气氛,罗杰斯认为通常需要提供以下几个方面的条件:(1) 意义性联系,强调对来访者存在的意义;(2) 来访者处于不一致状态,体验到焦虑与脆弱;(3) 双方真诚、保持一致;(4) 来访者受到无条件的积极关注和治疗;(5) 同情性或移情性理解;(6) 设身处地理解,以当事人的立场体会其心境和心理历程。这实质上就是帮助来访者,尊重他们,相信他们有成长的潜力以及自我导向的能力,理解他们的经验和体验。

罗杰斯所提出的这一新疗法与传统方法的不同之处在于:第一,打破了以往疾病论断的界限,不作疾病论断和鉴别,治疗对象不分正常病人和精神病人,而称为来访者;第二,强调治疗环境和气氛,而不太重视治疗技术技巧;第三,主张治疗师不以专家、医生自居,而是以普通人的身份出现,以平等的态度对待来访者。罗杰斯批评精神分析和行为主义的心理矫正治疗观点常常把自己的价值判断强加给病人,让他们无条件地接受,阻碍患者发挥自己的潜力。后来罗杰斯将这一方法扩展到人际关系领域,以解决社会问题甚至国际纠纷问题,其影响远远超出了心理咨询和治疗的范围。

四、罗杰斯的人本主义教育观

罗杰斯的教育思想主要反映在他的《学习的自由》(1969)一书中。有的学者对此评价说:“从来没有一本书,对教育上的改革,提出如此令人兴奋而且充满想象的主张。更没有任何作者,敢于对教育传统,作如此巨大的挑战……罗杰斯博士认为,教师和学生是一起成长的。教师和学生一样,需要不断地在学习中获取新的意义和启示。”(张春兴,1998,p.266)

罗杰斯将以人为中心的思想运用到了教育教学理论中,确立了“以学生为中心”的教育观点。他认为,教育的宗旨和目标应该是促进人的变化和成长,培养能够适应变化和成长的人,即培养学会学习的人。从这一教育目标出发,他提出学校教育应该建立以人为本、以学生为本的理念,“学校为学生而设,教师为学生而教”,“教人”比“教书”更重要。教育就是要培养学生的健康、健全的人格和心灵。通过学校教育环境气氛的不断改善,调动学生的积极性,才能发展学生的潜能,提高他们自主学习的能力。罗杰斯认为,在促进学生学习的过程中,最关键的是培养学生良好的态度、品质及人格。罗杰斯反对行为主义者和精神分析把学生看成动物或机器,“较大的白鼠”、“较慢的计算机”,更反对把学生看成自私、反社会的动物,强调要把学生当人来看待,相信学生自己的潜能。他的这种教育思想在80年代美国教育改革时代反响异常强烈,被誉为二战以来最有影响的三大学说之一。他的非指导性教学理论提出,教师要尊重学生、珍视学生,在感情上和思想上与学生产生共鸣;应像治疗师对来访者一样对学生产生共情式的理解,从学生的内心深处了解学生的反应,敏感地意识到学生对教育与学习的看法;要信任学生,并同时感受到被学生信任。这样才会取得理想的教育效果。因此,他特别提出要建立良好的师生关系,确立以自由为基础的学习原则。

在罗杰斯看来,良好的师生关系应具备的三个基本条件是真实、接受和理解。为此,他提出教师应做到:(1)要对学生进行全面的了解,对学生关心备至;(2)尊重学生的人格;(3)应与学生建立良好的、真诚的人际关系;(4)要从学生的角度出发来设计教学活动和教学内容;(5)善于使学生陈述自己的价值观和态度;(6)善于采取灵活多样的教学方法,对学生进行区别对待。罗杰斯的这些思想对当代教育产生了深远的影响。在美国许多地方也曾经出现了推广人本主义心理学教育思想的实验学校。

五、对罗杰斯人本主义心理学的评价

罗杰斯的人本主义心理学思想的主要贡献在于:

首先,开辟了心理治疗的新方法。他的心理治疗理论是继弗洛伊德之后影响最大的理论。这一理论对人的本质持积极、乐观的看法,提倡调动人的主动性和创造性,而且这种心理咨询和治疗方法模式方便易行,富有人情味。

其次,发展了心理学的人格理论,强调人格中自我的作用,重视健康人格的培养,对西方自我心理学的发展产生了重要影响。

最后,罗杰斯的人本主义心理学思想推动了教育改革的发展。他的以人为中心的教育主张,冲破了传统教育模式和美国现存教育制度的束缚,把尊重人、理解人、相信人提到了教育的首位,在突出学生学习主体的地位与作用、提倡学会适应变化和学会学习的思想、倡导内在学习与意义的理论、建立民主平等的师生关系、创造最佳的教学心理氛围等诸方面做出了贡献,促进了当代西方教育改革运动的发展。

然而,罗杰斯的整个理论体系都是建立在存在主义哲学和现象学的方法论之上的,这在一定程度上影响了其理论的科学水平。他提倡的心理治疗方法虽然取得了很大的成功,但并不具有普适性。以患者为中心的心理治疗方法对有些病人并没有多少效果。此外,他的人本主义教育改革理想色彩过多,在实践上难以操作。美国一些推广人本主义教育理念的实验学校也因学生的学习成绩不佳而很快失败了。这说明脱离了社会实践的人本主义心理学思想很难有持久的生命力。

第五节　　罗洛·梅的存在主义心理学

罗洛·梅也是人本主义心理学的主要领导者,美国存在主义心理学的创始人。学术界普遍认为:"马斯洛、罗杰斯的自我实现说和罗洛·梅的自

由选择说是人本主义的两大基础理论。"(林方,1991,p.381)

罗洛·梅(1909—1994)生于美国俄亥俄州。他的父母都没有受过教育,当他的姐姐患上精神病时,父母却认为是受知识影响太多的原因。罗洛·梅1930年毕业于欧柏林学院,获文学学士学位。上大学期间,他对古希腊艺术和哲学十分感兴趣。大学毕业后,他随同一个美术家旅行团赴欧洲,学习绘画,并研究了一些欧洲土著人及其艺术。他还参加了精神分析家阿德勒在维也纳举办的一个暑期研讨班,受阿德勒的影响,开始把兴趣转向了心理学。1933—1936年,他在美国密歇根大学担任心理咨询员,不久进入纽约联合神学院,1938年获得了神学学士学位。在此期间,他结识了侨居美国的德国存在主义哲学家蒂利希,并成为终生好友。通过蒂利希的影响,罗洛·梅对克尔凯郭尔、海德格尔和萨特等存在主义哲学发生了浓厚的兴趣,并逐渐把存在主义作为自己心理学的理论基础。

在40年代初,罗洛·梅开始学习和研究精神分析,深受著名学者沙利文、弗洛姆的影响。后进入哥伦比亚大学研究院攻读博士学位,在完成博士论文期间,他患上了当时属于不治之症的肺结核疾病,经常面临着死亡的威胁。在患病期间他学习了弗洛伊德的焦虑理论和克尔凯郭尔的恐惧体验学说,并于1949年完成了《焦虑的意义》的学术论文,哥伦比亚大学授予他该校第一个临床心理学博士学位。1952年,罗洛·梅在纽约怀特学院担任研究员,1958年当选为怀特学院的院长。曾在哈佛大学、耶鲁大学、普林斯顿大学、纽约大学、哥伦比亚大学等著名高校执教。历任纽约心理学会会长、美国心理治疗与咨询联合会主席、美国精神分析学会会长等职。1971年获美国临床心理学科学与专业卓越贡献奖,1987年美国心理学学会为其颁发了终生贡献金质奖章。

罗洛·梅一生著述很多,共出版20余部专著,发表120多篇论文。他的著作颇受学术界和公众的好评和赞誉。其中,《存在:心理学与精神病学中的一种新维度》(1958)被誉为存在主义心理学的标志性著作;《爱与意志》(1965)一书被译成20多种语言在世界各地出版,成为美国心理学界的畅销书,该书在美国曾获"爱默生奖"。其他代表作还有:《咨询的艺术》(1934)、《焦虑的意义》(1950)、《人的自我寻求》(1953)、《存在心理治疗》(1967)、《心理学与人类困境》(1967)、《存在心理学》(1994)等。

一、罗洛·梅的存在心理学观点

(一) 人的存在

在罗洛·梅的理论中,人的存在是一个基础性概念,他的所有思想几乎都是围绕着这一概念展开的。罗洛·梅指出,人的存在指的是人的整体存在,既是物质的,也是精神的。同时,他认为,人的存在是难以用语言描述的。一个人的存在,只有他自己才能体验到,别人无法了解。但是,个人的存在是他自己选择的结果,任何逃避选择的行为都不利于自我的存在。罗洛·梅毕生奋斗的一个目标是,发现人的存在的真谛,探索存在的意义,以便发现一种基本的人的心理结构,建立存在主义心理学的治疗体系。他主张,心理治疗的目的是使病人重新经验他自己存在的真实性,更充实地体会到自己存在的意义。在罗洛·梅看来,心理治疗专家的任务是增强病人的自我存在意识,因为许多精神病患者由于对自己的存在感到暧昧,极易受到外界的影响,对自己的行为失去自我控制,因此需要心理治疗者的积极帮助。

(二)人的存在的三种方式

罗洛·梅的存在主义心理学提出,每一个人总是生活在世界的存在中,即存在于世界中,并希望成为自主而独特的存在体。他认为,人在世界中的存在方式主要有三种:

第一种方式是人与环境的关系方式。这主要是指人与周围环境世界建立的存在关系。罗洛·梅认为,周围世界是一种物的世界。除了外部物理环境之外,包括个人生理的内在环境,如生理需求、本能、驱力等,也属于这种世界的存在内容。这是一个"被投入的世界",是不以人的意志为转移的。人总是被先天地投入到这个世界上来的,因此,只能被动地接受和适应自然规律及周围环境。

第二种方式是自我与他人的关系方式。也就是人际世界,即建立人与人之间关系的第二世界。这种人与人的关系,既包括个体与个体之间的相互影响,也包括个体与群体之间的相互影响,其建立的关键性基础在于意义结构的存在。罗洛·梅认为,与他人建立关系的人际世界是一种属于人的、双向的、互动的意义结构,不是对他人和社会进行适应,而是要与别人和群体建立创造性的关系,彼此影响、彼此促进,而不仅仅是被动的适应关系。

第三种方式是人与自我的关系方式,即自我的内在世界。根据罗洛·梅的观点,这是人类独有的一种自我意识世界,是以自我归属和自我意识为前提的。它是一种只有人才具有的体验,这种体验不但是主观的、内在的,而且也是一种基础,其在精确地判断自己在做什么、厌恶什么、需要什么时,表现得最为明显。因此,只有在认识自我的基础上,才能揭示人的内心世界,才能理解周围世界与人际世界对自己的意义。如果没有自我世界,人际关系世界就会变得平淡和缺乏活力。

罗洛·梅指出,这三个世界的存在方式相互依存、互为条件,过分关注其中的某一存在方式,不仅会妨碍人们对自我的真实面目的理解,而且有可能造成人格障碍,导致心理疾病的出现。

（三）存在感

存在感是个人对自身存在的一种意识和体验。罗洛·梅认为,存在感是人生的目标、支柱,是赋予人自我尊严的基础。因此,存在感就是人的本体感,属于更基本的心理层次。健康的人对自己的存在往往有着真实而强烈的体验,而缺乏存在感或存在感模糊的人,则容易受到外界的影响或干扰,对自己的行为失去控制,产生心理疾病。他认为,现代人的心理疾病不是由于性本能的压抑,而是感到自己丧失了存在的价值和人生的意义。存在感在人的成长和发展以及心理治疗中具有重要的作用。

二、罗洛·梅的人格理论

罗洛·梅的人格理论重视人的心理健康与存在的关系,试图通过揭示人格存在的构成和存在基础来建构起一种存在主义的人格心理学理论。他认为,健康的人格应该具有六大基本要素或基本特征:

1. 自我中心性

它指个体在本质上的一个与众不同的独特存在。他认为,人的存在需要保持自我中心性,即以自我的存在为中心点,将自我与他人和环境区别开来。接受自我中心性或自我独特性是心理健康的首要条件。

2. 自我肯定

它是指人保持自我中心的勇气。在罗洛·梅看来,为了形成自我中心性,人就必须不断地鼓励自己、鞭策自己,以使自我的中心和独立感趋于成熟。他认为自我肯定的勇气主要是指身体勇气、道德勇气、社会勇气和创造勇气这4种类型。身体勇气是指与生理有关的体格的力量,属于最低层次和容易被人发现的勇气;道德勇气是与人类的同情心、正义感密切联系的勇气;社会勇气是表现在人际关系交往上的勇气,是社会冷漠的反面;创造勇气是指创造行为,能发展出一种新模式、新象征的勇气,是最难实行的勇气。

3. 参与

罗洛·梅认为,所有存在的人都具有从自我中心出发,参与到他人之中的需要与可能性。虽然人是一个以自我为中心的独立个体,但由于人生活于社会之中,就必然与其他存在体或人发生关系,这样个人必然会参与到其他群体中去,即在与他人联系的过程中,相互联系、相互影响并与他人分享存在的经验。

4. 觉知

它是指人与外界接触时最直接的感觉经验,多指发现外在威胁或危险的能力。这种能力是人和动物共同具有的能力,然而在人身上可以转变为焦虑和自我意识。觉知是比自我意识更直接的经验,自我意识必须通过觉知的直接经验才能逐渐形成。

5. 自我意识

它是指人领悟自我的一种能力,是人由进化而来的独特的本质性特征。罗洛·梅认为自我意识与觉知的区别在于:觉知是直接的、具体的认知能力,而自我意识则具有间接的、抽象的认知功能。自我意识使人能跨越自己,能用语言和符号与人发生沟通,使得人拥有抽象的观念如时间和历史观念,从而利用过去的经验来发展自己、规划自己,进入其他动物所不能达到的境界。

6. 焦虑

焦虑是罗洛·梅存在心理学思想中的一个核心概念,是指人的存在面临威胁时所产生的一种痛苦的情绪体验。他认为,人在与存在世界的联系中,不可避免地会遇到各种矛盾、冲突,不断地需要面临多种选择,并需要为自己选择的结果承担责任。同时,在人的存在方式中,生命是有限的,人的身体和认知能力也是有限的,衰老、疾病、死亡是人不可避免的自然归宿,因此焦虑的产生是必然的。一定程度和数量的焦虑是正常的,是无法回避的。

三、罗洛·梅的焦虑理论

焦虑理论在存在心理学理论中占有重要的地位。罗洛·梅认为,焦虑是个人的人格及存在的基本价值受到威胁时所产生的忧虑,也就是人对威胁其存在,或使他与存在相认同的某种价值的基本反应。在 20 世纪的社会生活中,人们更是普遍面临着严重的焦虑问题。罗洛·梅从存在主义心理学的立场出发理解焦虑在人类存在中的地位和作用,探索解决焦虑问题的途径和方法。

罗洛·梅的焦虑理论显然受到了弗洛伊德的影响,但更重要的是接受了克尔凯郭尔的焦虑思想。同弗洛伊德一样,罗洛·梅也认为焦虑标志着人有内心的冲突,但是他反对将焦虑与性本能的压抑联系在一起。在罗洛·梅看来,焦虑是人对威胁他的存在、价值的基本状态的反应。

根据人们对焦虑所做的反应,罗洛·梅把焦虑划分为正常焦虑与病态焦虑两种。正常焦虑是与威胁相均衡的一种反应,并不发生压抑和内部心理冲突;而病态焦虑是指人以变态的行为方式应对焦虑,往往有压抑和心理冲突的表现。

罗洛·梅认为,焦虑的形成和产生都受到文化因素的巨大影响。由于人的基本价值观是社会文化的产物,而焦虑又是由人的基本价值受到威胁而产生的,因此,焦虑与文化必然有着直接的联系。在 19 世纪,西方人的焦虑主要是由于道德禁忌、性压抑而引发的。而在 20 世纪，传统的资本主义的价值观已不再适用，但新的生活世界观、伦理价值观又没有确立，人们的行为普遍没有固定的标准，因而导致人们无所适从、生活空虚、精神孤独、爱与意志丧失，从而产生了极度的焦虑。这种社会文化加重了人的焦虑状态。

罗洛·梅根据临床经验观察，总结了人们应对焦虑困境的基本方式：变态型的应对方式和正常或健康的应对方式。变态型的应对方式也就是消极的焦虑方式，这在神经症病人身上表现得最为明显。他们通常采用压抑、禁忌的方式，企图通过缩小自己的意识范围来消除内心的矛盾冲突，以避免所有引起困难的机会，来逃避焦虑。正常或健康的应对方式是一种积极的或建设性的解除焦虑的方式，是指人们既不逃避焦虑，也不墨守成规地避免焦虑问题，而是勇敢地面对焦虑问题。这就需要个人深信自己赖以存在的基本价值，不惧怕任何威胁。罗洛·梅指出，只有建设性地抵抗焦虑，促进爱与意志的意识沟通，才能增强人的存在感，充分发挥自己的潜能，最终达到自我实现。

四、对罗洛·梅存在主义心理学的评价

首先，罗洛·梅把欧洲的存在主义加以美国式的理解和改造，结合他自己的人生体验和心理治疗实践，创建了美国的存在心理学，并使之成为人本主义心理学的一个重要组成部分，为美国的人本主义心理学运动的发展作出了重要的贡献。他被公认为是美国人本主义心理学提倡自由选择的存在倾向的主要代表。同时，他把存在主义哲学的基本原则与精神分析学说紧密结合起来，在促进精神分析向人本主义心理学的过渡方面发挥了重要的桥梁作用，为人本主义心理学的产生与发展作出了特殊的贡献。

其次，罗洛·梅从存在主义的本体论出发，探讨了人的存在感、自我意识、价值观、社会整合、自由选择等人格观念，阐述了构成人格的主要特征。他强调人格的完整性和统一性，关注人生存于世界的三种方式，突出了自我意识在促进人格发展中的作用，这对于促进现代人格心理学的研究和发展均有重要的意义。

最后，罗洛·梅在美国首创了存在心理学的治疗理论，受到了许多临床心理学家的重视和欢迎。他的心理治疗观点提倡在治疗过程中的理解，通过医生与患者之间的交往互动关系，帮助病人理解自己的现实存在。他强调心理治疗的理解性原则、在场性原则、体验性原则和信奉性原则，重视在心理治疗中从对人的关系世界的认识出发来理解病人的存在，这种观点在一定程度上推动了心理治疗的进步，丰富了心理学对人类本性的了解。

罗洛·梅的存在主义心理学理论也有很多局限性。在他的理论中，有

许多概念和命题直接源于存在主义哲学，因此其理论看起来更多是属于哲学而不是心理学的，具有主观本体化倾向，缺少客观的科学检验。罗洛·梅的理论由于十分强调个人意志自由和先天超越能力的非社会性存在，把人的存在、自由、创造、焦虑等与社会对立起来，因而受到了很多学者的批评。同时，罗洛·梅的心理学观点中存在着浓烈的非理性主义倾向和神秘主义倾向，在一定程度上影响了其理论的科学性。

第六节　超个人心理学

　　超个人心理学（transpersonal psychology）是20世纪60年代末期在人本主义心理学的基础上发展和分化出来的新派别，因而人们把它看成人本心理学的补充与发展。有的学者认为这是一种充满着后现代智慧气息的心理学的"第四势力"。

一、超个人心理学的产生

　　超个人心理学是关于个人及其超越的心理学，是现代科学和古代智慧、西方理性主义以及东方神秘主义相结合的产物，也是试图将传统的智慧整合到现代心理学的知识系统中的一个学派。它开创了一种比人本主义心理学更宽广、更开放的研究范式。

　　超个人心理学虽然是当前西方心理学中正在发展的一个新学派，但其思想先驱者则可以追溯到詹姆斯、荣格等先辈心理学家。詹姆斯在20世纪初期讨论过超个人的心理现象问题。荣格在1917年发表的一篇论文《潜意识结构》中，首次阐述了"超个人潜意识"概念，并把"集体潜意识"看做一种超个人的潜意识活动。当代超个人心理学的主要创建者和代表人物有马斯洛、萨蒂奇（A. Sutich）、格罗夫（S. Grof）、维尔伯（K. Wilber）、塔特（C. Tart）等人。

　　在人本主义心理学逐渐被西方主流心理学承认之后，20世纪60年代中晚期，马斯洛、萨蒂奇等人却越来越不满意人本主义心理学的发展现状，认为心理学不能只关注个体的自我及其自我实现问题，而需要将自我与个人以外的世界和意义紧密联系起来，建立起一种更新的科学规范。马斯洛是最早从人本主义过渡到超个人心理学的学者，他在需要层次理论中曾提出了超个人的动机概念，其自我实现学说也强调，人的高级的自我实现带有更多的超越特征，或个人的超越性动机。马斯洛在晚年明确提出要使第三势力心理学让位给第四势力心理学。

人本主义心理学阵营中的另一位主要活动家萨蒂奇提出，"人本的取向欠缺一点什么，它并未充分地综合文化对'内在的个人'的领域所开拓的深度，也不够重视人在宇宙中的地位。"他在1968年第1期的《人本主义心理学杂志》上宣布："心理学中的第四势力，即超个人心理学正在形成。"第二年萨蒂奇等人创办了《超个人心理学杂志》(1969)。此后，超个人心理学的发展势力日益壮大。1971年成立了"美国超个人心理学会"(ATP)，1972年在冰岛召开了第一次超个人心理学国际学术会议。1973年格罗夫发起成立了"国际超个人学会"(ITA)。1978年召开的第四届国际超个人学会议的代表多达1 300余人，与会者除了心理学家以外，还有来自物理学、生理学、哲学、宗教学、经济学和文化人类学等领域的专家。美国于1975年建立了加利福尼亚超个人心理学研究院，1986年更名为超个人心理学研究院，获得硕士、博士学位独立授予权。欧洲超个人心理学会也于1987年建立，先后在法国、比利时、意大利和英国等国召开过八次国际性学术会议。日本在1996年召开了首届超个人心理学会议。我国台湾早在70年代就有学者开始研究超个人心理学，并出版有这方面的专著(李绍昆，1978；李安德，1983，1994)。近年来，在我们中国内地也逐渐开展了一些有关超个人心理学的学术活动。目前在美国，超个人心理学会的会员已达到3 000多人。但美国心理学学会多次拒绝接纳超个人心理学成为一个正式的分会，自1992年以来，APA第32分会的学术活动中一直包含有超个人心理学的内容。目前该学会正试图加入美国心理学学会，成为其中的一个分会。

二、超个人心理学的基本主张

关于超个人心理学的概念，拉乔依(Lajoie)等人对目前西方流行的40多个相关的定义进行了分析总结，在此基础上他们将超个人心理学概括为："超个人心理学是关于人性的最高潜能的研究，它承认、理解和实现人的精神、合一的意识以及意识的超越状态。"(郭永玉，2002，pp.21-22)

目前学术界普遍认为，超个人心理学虽然与哲学、宗教的关系比较密切，但是超个人心理学是心理学的一个分支，不能将它等同于哲学和宗教，更不能将它与心灵学或超心理学混为一谈。许多超个人心理学家根本不承认心灵术，也否认那些无法以科学原理解释的特异功能和现象。

超个人心理学一般不反对人本主义心理学，而是把它作为自己研究的基础和理论出发点。但是，人本主义心理学是以现实性的个体和自我实现为研究对象的，它以人性为中心，重视探讨现实水平的心理健康和意识状态的人；超个人心理学以超越性的精神为出发点，以宇宙为中心，倡导超越人类和人性,注重研究人类心灵与潜能的终极本源、终极价值和终极实现,追求超越时空限制的心理健康和人生幸福,而不像人本主义心理学那样一般地研究人的本性、潜能、价值和自我实现问题。在超个人心理学家看来,人本主义心理学还不能满足人的超越水平的自我实现和意识状态的需要,只有以更高的超越性和更广阔的范围,才能补充和发展新的心理学研究力量。超个人心理学的基本主张集中表现在以下几方面:

(1)在人性问题上,强调人的本性主要是精神的。超个人心理学研究者认为,人的本性既是心理的,也是精神的,而精神在其中又处于首要的地位。人类对精神的寻求应该成为生命的中心,因此,心理健康的定义必须包括精神的维度,只有这样才能形成对人性的完整的理解。超个人心理学的重要代表塔特指出,所谓"超个人的"也就是"精神的"。因此,强调精神训练的重要性,提升精神成长和人的意识品质,便成为超个人心理学研究的一大核心内容。

(2)在研究对象上,主张心理学要以超自我、超时空的意识现象为研究对象。超个人心理学十分重视的是那些曾被西方主流心理学轻视的,但又对个体的发展十分重要的意识状态、信念系统和价值观问题。按照超个人心理学者的观点,信念系统在人的精神生活和意识世界中起着关键性的作用,因为它包含着超越了自我、倾向于使个人与社会的目标相统一的更大的价值观,有助于推动人的健康发展和心理机能的提高。超个人心理学研究者将人视为一种"身、心、魂、神"的整体,并试图从"生物-心理-社会-精神"这四个层面建立起一种广泛的医学模式,即具有统摄性的一种人性理论或意识模型。

(3)在研究方法上,提倡开放性的多元化方法论。超个人心理学继承了人本主义的问题中心论,认为只要有助于解决超个人心理问题,无论是实证定量的方法,还是质的定性研究,不论是客观的测量数据,还是主观的自我报告,都可以被心理学研究所采用。他们提出,心理学的研究不仅要吸收自然科学的研究方法,而且特别要借鉴人文科学和社会科学的研究方法,认为只要有助于解释人的精神现象、意识经验,有助于减轻人的痛苦,包括宗教学、人类学、文艺学等学科在内的社会人文科学的研究方法,都可以在超个人心理学的研究领域发挥作用。同时,超个人心理学也倡导跨文化的方法,反对西方文化中心论、白种人优越论的倾向,强调各民族文化的平等意识。超个人心理学特别重视东方传统哲学和宗教,他们认为像印度教、佛教、伊斯兰教和中国古代道教的人性理论和践行策略等思想资源,也完全可以用现代科学的原理进行研究和推广。

(4)在研究任务方面,他们重视对不同的心理学理论体系的整合,即科学实证与理性思维的整合,内省观察、现象学分析和动力心理学的整合,东方智慧与西方超个人研究的整合。超个人心理学认为,通过这几种方式的整合可以增强心理学知识领域的重要性和有效性。

三、超个人心理学的主要理论及应用研究

(一) 意识理论

如果说行为论是行为主义的理论核心,潜意识论是精神分析的理论核心,那么超个人心理学的理论核心则是意识论。

西方传统的意识观几乎把一切改变的意识状态都看成是有害的,认为只有正常的意识状态才符合理想,而超个人心理学则认为应当全面重视对人的各种意识状态的研究,人类的意识具有一种超个人的力量。超个人心理学认为,人们日常的意识状态通常属于低层次的意识水平,许多高级的意识状态心理学还没有得到研究。"意识是人的心理生活中最少得到了解的方面之一。它作为我们存在的组成部分,既是最为熟悉的,也是最神秘的。许多人,包括普通人和心理学家,都对西方的学院心理学非常失望,重要的原因在于,学院心理学很少对人的意识经验有所揭示。"(葛鲁嘉,1996)超个人心理学家认为人的意识是多维的,将意识的这些维度中的任何一个排除于心理学之外都会导致意识理论的贫困。

当前超个人心理学的意识论研究中最有影响的学者是维尔伯,有人称他是意识研究的"爱因斯坦"。维尔伯于 1977 年提出了著名的意识谱理论(spectrum of consciousness),把人的意识划分为心灵层、存在层、自我层和影像层这样四个层次,力倡对意识的多层次、多维度的理解。维尔伯提出,心灵层指人的最内在的意识,即与宇宙认同的意识状态,这是意识的唯一真实的状态,因而又称为宇宙意识层或最高本体层;存在层即人对他自己存在于时空的心身机体的认同;自我层是指人对自我意象的认同;影像层则是对人和自我意识的某些部分的认同。在维尔伯看来,意识各层面之间的关系不是阶梯式的,而是类似于连续的光谱谱系并可以创造性地综合。他指出,只有这种包含身体、心理和精神(body−mind−spirit)的架构,才能全面地认识我们人类自己的精神、意识世界。另几位超个人心理学的主要代表如格罗夫、塔特等人,也纷纷致力于意识的非常态的研究,如无意识领域、LSD(精神致幻剂)的诱发和治疗潜能、死亡心理、超越大脑以及转换的意识状态等。

人本主义心理学与超个人心理学均属于现象学心理学的研究范畴,它们共同拓宽了意识心理学的研究领域。但是,超个人心理学与人本主义心理学在研究意识的问题上还是有一定的区别的。主要差异是:(1) 超个人

心理学注重研究非正常状态或转换状态的超越意识问题,而人本主义心理学通常探讨的问题是常态的可觉察的意识现象;(2)超个人心理学更重视研究意识的非理性内容及意识的转换状态,而人本主义侧重于对意识的内容如知觉、经验、自我概念等方面的理性意识;(3)超个人心理学集中探讨超现实的深层意识内容,而人本主义心理学更强调研究现实的表层意识状态。超个人心理学认为,不同的意识状态具有不同的功能和独特的效用。高级的意识状态与低级状态并不是对立的,而是既包含有低级状态的特性,又具有超越低级状态的功能,低级的意识状态可以产生"反向谱型"的效应。高级的意识状态需要经过训练才能达到,也就是超个人心理学所讲的转换的意识状态,在他们看来,这对于人的身心健康具有很高的价值。

(二)意识及沉思的训练与研究

超个人心理学认为,人生的意义在于摆脱日常生活中的许多不正常的意识状态,进一步转向高级的、与宇宙最高本体相认同的意识状态。当前超个人心理学十分重视探讨意识训练问题,以寻找出改变意识状态、达到自我超越境界的途径和方法。近30年来,他们总结出来的意识训练(training of consciousness)方式方法有很多,其中最为流行的是超觉静坐即超觉沉思(transcendental meditation,简称 TM)方法。超觉沉思方法是人类最古老的修身养性方法,哈佛大学的超个人心理学家本森(H. Benson)等人,参照印度瑜伽功并结合西方现代科学中的行为改变和生物反馈技术,研究出了一种简便易行的意识状态改变的方法。这种方法主要包括这样三个步骤:第一步是调整姿势,基本姿势是静坐;第二步为调整呼吸,即开始是自然呼吸,逐渐到深呼吸,闭目养神;第三步为默念真言,即默念具有真理性的名言警句,控制感觉,内视自己,最终达到集中沉思、意识豁然开朗的状态。他们认为,TM 是一种改善知觉状态的方法,即使个人的觉知系统针对自我感而进行微观审视和反思,通过对自我的反思可以达到自我的超越。因此,超越沉思训练项目并不是一种宗教或宗教行为,不需要人们改变自己的生活方式和信念。

近年来,超个人心理学者加强了对意识训练的实证研究,以验证 TM 的理论假说与实践效果,像意识沉思训练所引起的生理、心理反应和训练收效所需要的时间,探讨沉思训练与被试的年龄、职业背景和个性人格因素之间的关系,以及沉思觉知的生理、心理机能等问题,都是他们研究的热点议题。不少研究表明,沉思训练可以提高人的心理机能、促进健康长寿。目前世界上有 30 多个国家和地区近 500 多万人在进行意识沉思方面的练习活动。特别是在美国的一些学校中正在兴起一种"基于意识的教育项目"(consciousness-based education program),该项目以一种自然的、容易的"超越沉思"练习方法来发展学生的内在潜能。通过对 200 多所学校和教育研究机构的 600 多项研究的调查,证明其可以有效地扩大个人对生活和社会的信心,增强整个大脑的功能,促进认知、生理机能和对学习的基础情感,也有益于发展健康的生活类型的选择和积极的行为,促进学生形成一种平和而健康的心境。也有的研究者认为,这种练习方法还可以在发展公民意识、道德观念、自我意识和自我实现等方面发挥积极的作用。这方面的实证研究扩大了超个人心理学的学术声誉和社会影响。

(三)超个人心理治疗

在应用问题上,超个人心理学发展出了一种新的心理治疗技术,扩大了心理学的应用领域。超个人心理治疗技术企图突破长期以来西方存在的主客体分裂的意识水平,而转向超越自我的意识状态,主张通过直接作用于意识以改变人的意识状态等心理环境来体验人性的真谛,拓展人的心灵生活空间,提升人的精神境界。他们把较低级层面的康复与成长置于精神生活的体系中,以超越个人的水平来促进较低层面的身心机能的发展和康复,其目的在于激发人的内在能量和意识极限,促进自然康复,从而真正成长为一个自我超越的人。按照超个人心理学家的观点,这种方法属于一种高层次的心理治疗技术。

超个人心理治疗的临床法则主要表现在这样几个方面:(1)乐观主义和希望中心;(2)整体取向;(3)多维度和多途径;(4)精神成长的视野;(5)以个体的发展水平为依据;(6)超个人的干预策略方法可以广泛应用;(7)超个人的技术也可能有副作用,治疗成效主要取决于是否适合当事人的发展水平(郭永玉,2002,pp. 201–204)。在心理治疗实践过程中,超个人心理学家特别重视以下三个方面的问题:一是重视建立良好的超个人环境关系,帮助病人消除意识障碍,扩大自己的意识状态;二是注重对超个人心理内容的体验和探索,要求心理治疗者帮助患者通过对超个人经验和体验内容的探索来解决各种心理冲突与意识危机问题;三是强调要针对"认同、解除认同和超越自我"这些不同的阶段,开展相应的实施过程,使患者最终达到人性与宇宙、自然、世间万物合一的"无我"境界。由此可见,超个人心理学的治疗内容也不完全局限于超个人的心理范围之内,在心理治疗的方法上也有一定的灵活性和较强的适应性。

四、对超个人心理学的初步评价

超个人心理学是充满后现代气息的心理学流派,他们所提出的许多观点和研究阐述歧义很多,异常费解而难懂。我们既不能完全否定这一学派的理论实践价值,也不能过高地评价其学术意义,需要辩证地分析这一新的人本主义心理学发展取向中存在的合理性与局限性。

首先,超个人心理学进一步拓展了心理学的研究领域。它的积极意义在于,充分反映了在人性扭曲和人性异化的现代社会里,人们对人性净化的渴望,也符合人性由低级向高级发展的规律。超个人心理学所关注的是人的健康完善和超越自我的意识状态,这是西方主流心理学长期忽视及难以研究的现象。在方法论上,超个人心理学家紧密结合现代物理学、生物学等自然科学的研究成果,探讨了东方智慧与西方科学之间的共通相容之处,比较深入地研究并发现了许多超自我现象存在的合理根据,将超越自我的意识作为一种最高价值的社会意识,体现出了丰富的方法论蕴涵。在认识论上,超个人心理学提出要超越人类意识的极限,发掘人的意识潜能价值,为我们进一步深入认识及解决人类意识的有限与无限、超越与适应之间的差异问题,提供了一种新的心理学规范,具有一定的认识论意义。

其次,超个人心理学的研究有助于消除西方心理学与东方文化的隔阂及鸿沟。超个人心理学思想的一个重要特征是对东方的思想评价相当高。例如,1982 年在印度召开的第七届国际超个人学会后,格罗夫主编出版了大会论文集,书名为《古代智慧和近代科学》,其中他提出"东方的智慧相当重要,而且来自东方的贡献也很大"。超个人心理学家勇敢地承认西方心理学的文化局限性、人性的局限性,公开呼吁吸收东方文化和心理学思想的精华,学习东方包容的人性观和超越个人意识经验的方法,以东方文化中超常规的"无我"、"大我"理念来超越西方人的"本我"和"小我"的意识状态,从而开辟了东西方文化与价值观交流的新途径,有助于促进东西方文化的相互交流、理解与沟通。

最后,超个人心理学丰富了心理学的实践应用领域。超个人心理学并不完全局限于学院式的纯学术研究,他们十分重视心理学的实践应用问题,逐渐发展起了一种超个人心理治疗和意识沉思训练的技术方法,广泛应用于心理治疗、学校课堂教学和行为管理等领域,不仅扩大了超个人心理学的影响,同时也反映出了自身的社会意义和应用价值。

当然,目前超个人心理学尚处于酝酿、探索和初创阶段,它既没有形成完整的理论体系,也没有确定成熟的研究内容,特别是在许多问题上缺乏实证的研究和科学的检验,所以,对超个人心理学我们一时还很难做出最后的评价。但是目前流行的超个人心理学的理论主张,反映出了比人本主义心理学更深厚的理想主义、神秘主义和宗教主义色彩。而且超个人心理学的许多观点似乎极其神秘深奥,让人不知所云,像他们提出的心灵层、转换的意识状态等概念,十分类似于"开天目"、"开天眼"之类的古老东方神话,很难让人理解和接受。在超个人心理学的意识理论中也存在着明显的意识决定论、意识万能论倾向。其面临的理论危机与发展困境是十分严峻的。

第七节　对人本主义心理学的评价

作为当代西方心理学的新趋向之一，学术界对人本主义心理学的看法并不相同。肯定者认为，人本主义心理学是"西方心理学史上一次重大的变革"。有的学者甚至认为，人本主义心理学代表着心理学的发展方向，未来的西方心理学有可能统一在人本主义的旗帜之下。否定者则认为，人本主义心理学只不过代表了一种哲学心理学思潮，"人本主义心理学在其未成熟时便出现了衰落"。特别是人本主义心理学的重要代表人物罗杰斯去世之后，人本主义心理学在西方已经失去了昔日的辉煌。尽管争论和分歧比较严重，但是我们却无法否认人本主义心理学对现代西方心理学的巨大影响。

一、人本主义心理学的积极意义

首先，人本主义心理学在对人的实质性心理内容的阐述和揭示方面具有重要的意义。人本主义心理学在与行为主义和精神分析的对立中，把人的本性与价值提到心理学研究对象的首位，强调心理学研究要考虑人的心理特点，探讨与人类生活息息相关的高级心理问题，开拓了心理学研究人类高级精神生活的新领域。从理论上讲，它对第一势力行为主义与第二势力精神分析做了深刻的批判，并在建构一系列理论的基础上提出了一种"以人为本"的新的心理学构想。人本主义心理学正是基于对行为主义和精神分析的强烈不满而产生的一种新的流派。他们普遍强调研究人的需要、动机、价值、生活的意义、自我实现等复杂的意识心理现象，特别是把人类的需要问题看成是理解人的心理、意识和人格的核心问题，对人类需要潜能问题进行了深层挖掘和理论概括。这是人本主义的一个突出贡献。这种人本主义心理学的产生，使每一个试图考察人类意识、心理现象的科学家，都不得不重视对人类的需要等问题进行深刻的反思，不得不认真地展开对人类需要等问题的深入讨论。以马斯洛为代表的人本主义心理学在这方面进行了新的科学论证和具体的阐述，并试图从积极的层面上发掘人的潜能和价值。从当代心理学的发展来看，这一倾向所具有的积极意义是不言而喻的。

其次，人本主义心理学对心理学的学科建设有着积极的贡献。人本主义心理学和超个人心理学非常重视人的精神生活及其内在价值，在更高的层次上恢复了意识经验研究的心理学传统，开创了意识经验研究的新方法。

人本主义心理学继承了早期实验心理学的传统、狄尔泰的人文科学心理学思想和格式塔心理学的整体论传统,把人的意识经验作为一个整体来研究其特征和功能,特别是对人的高级意识经验的系统发掘对心理学的学科研究对象的拓展产生了重要的影响,使心理学的学科对象呈现出了一种"否定之否定"的研究轨迹,促进了人的意识问题在高级阶段上的复归,代表着心理学的发展和进步。正像一些西方学者所指出的那样,行为主义从内省的意识经验研究转向行为的研究,扩大了心理学的研究范围;而人本主义心理学再次转向意识经验的研究,则又一次扩大了心理学的研究空间。

再次,人本主义心理学在方法论上也具有积极的意义。人本主义心理学反对以方法为中心,强调以问题为中心并以问题为中心来选择方法。科学心理学诞生之后,一直强调以客观化和数量化的实验研究方法研究人的心理、意识现象,但是人的心理意识活动的客观性与主观性相密切联系的混合性本质特征,使得心理学家在研究方法上面临着极大的困境。面对这一困境,一些心理学研究者从改进方法入手,以适应心理意识经验的研究;另一些学者则企图以拒绝承认人的意识经验的主观性来维护心理学研究的客观性和科学性,因而使得心理学的研究出现了简单化和肤浅化的弊端,远离了人的心理世界的实质性内容。人本主义心理学坚持以问题为中心的、整体化的综合研究范式及方法论体系,为了深入研究人的高级心理意识经验,人本主义心理学者发展出了许多较为特殊的新的研究技术、方法、手段,如马斯洛的整体分析方法、内省的生物学方法,罗杰斯的 Q 分类方法、罗洛·梅的存在主义心理分析方法,弗兰克尔的意义治疗学方法等,同时还创立了研究健康人格和自我实现状态的归纳实验方法和治疗方法,试图建立一种符合人的意识和行为研究的新的科学观——"人的科学",从而为我们进一步研究人的主观心理意识世界提供了许多丰富翔实的材料。这种研究范式既是人本主义的,又是精密科学的。尽管其中还存在着不少问题,但是在心理学的方法论意义上毕竟代表了一种具有前进意义的转变。

最后,人本主义心理学在组织管理、教育改革和心理治疗等方面均有重要的应用价值。在组织管理学上,人本主义的需要动机理论不仅为行为科学、管理心理学奠定了重要的理论基础,而且为西方管理科学提供了一个新的理论支柱,促进了"以人为本"的现代组织管理理念的深入人心。在教育领域,人本主义心理学的教育思想在 20 世纪 70 年代曾在西方世界范围内掀起了一场轰轰烈烈的所谓"价值澄清"问题的大讨论,从而引发了以人为本、以学生为本教育思潮的兴起,促进了西方当代教育改革运动的发展。在心理治疗咨询方面,人本主义心理学作为当代西方心理治疗的三大流派之一,既反对自然主义的生物医学模式,也反对行为主义和精神分析的医学观点,为当代生物-心理-社会这一新的医学模式提供了人本主义心理学的理论框架和治疗方法、技术、手段,从而使人本主义心理治疗在临床心理学领域中占有了支配地位。

二、人本主义心理学的局限性

作为现代西方心理学的一种新思潮,人本主义心理学理论中也存在着不少明显的缺陷。人本主义心理学以及超个人心理学都是西方发达国家社会发展的产物,反映了西方社会人们的精神世界与心理意识世界。认识和评价它们的理论观点必须立足于西方文化的根基与现实。我们既不能盲目类比和追随,也不能不加分析地一概否定。人本主义心理学和超个人心理学为我们研究和理解人的心理、意识活动提供了一定的思想线索和理论启示,但对其理论中的许多错误内容也不能不加以抵制和批判。

第一,人性论和生物本能决定论倾向。人本主义心理学的理论出发点和基础在总体水平上仍然没有摆脱西方传统的人性论和本能论的历史局限,因而使得其许多重要理论缺乏清楚的、彻底的和深厚的理论基础。马斯洛等人的人本主义心理学思想,相对传统哲学、伦理学和宗教的思辨推理和道德说教,的确能给我们提供许多具体的资料,然而诉诸人性之爱和本能或潜能的人本心理学,由于缺乏深刻的理论基础,既难以经受强硬的现实社会实践的检验和批判,也经不起科学理性的反思和论证。同时,在人的需要问题的理解上,人本主义心理学以"潜能"或"似本能"的观点看待人的需要,离开了社会环境和满足人的需要的手段而抽象地谈论人的需要、动机问题,这在理论前提和方法上与真正理解人的经验方面存在着明显的不一致。因为人的需要不单纯是本能的、抽象的东西,而是包含着人们的实际生活中存在的多种社会需要。而离开了社会环境和人们的生活条件来研究人的高级需要的满足和自我实现,也就失去了现实意义。

第二,个人潜能价值决定论倾向。人本主义心理学虽然没有否认社会环境对人的自我实现、自我超越的影响作用,但许多人本主义心理学者所理解的社会多指"抽象的社会"或者"富人的社会"。加拿大学者巴斯曾说:"人本主义心理学没有对个体的真实的社会条件给予足够的认识,人本主义心理学仍然只是一个阶级的心理学,而与大多数人的心理健康发展毫无关系。"马斯洛等人本主义心理学者所讲的健康人格、自我实现,也多指在富裕条件下人们关心的内容。而一旦社会经济条件恶化,自我实现以及个人超越也就失去了社会基础。在60年代美国经济的黄金时期,追求高级需要、自我实现的生活方式,一度成为"社会普及运动"。但是当70年代经济处于萧条阶段,人们的低级需要的满足出现了危机之际,人本主义的理想运动很快就被人们所抛弃。因此,需要是同满足需要的手段一同发展的。人的高级心理需要、人格等必须确立在真实的价值来源的基础上才有意义。当然,人本主义的这一理论也有可能被一些努力的成功者欣赏和接受。实际上,人总是生活在充满着矛盾和相互制约的社会中,尤其是在后现代社会,要真正保持人的尊严,发挥自身潜能又谈何容易。因此,不少意志薄弱者便想通过致幻剂、吸毒等来体验自我陶醉。人本主义和超个人心理学希望以宗教的超然性来消除自我奋斗的焦虑和恐惧。当人的主观超越性、自我实现与客观环境相一致时,突出主观本体论意义是有价值的。可是,离开了社会客观限度约束的主观超越性,所谓人的自我实现、主观超越性以及个人的自我完善途径,则必然会走向意识决定论和个人决定论的覆辙。实际上,个人的自我实现与社会发展是可以相辅相成的。个体的自我实现必须依靠各种客观社会条件的支持并通过社会才能显现出来;而社会的发展也离不开个人的积极努力。如果把自我实现和社会发展抽象地对立起来,其结果必然会给两者的发展都带来损害。

第三,神秘主义倾向。人本主义心理学没有摆脱传统哲学的色彩,他们所提出的一些内省的生物学、解释学方法以及量化的方法,难以为多数人所接受。而在超个人心理学中更是走向了极端。人本主义心理学不但没有很好地把实验范式和经验范式整合起来,反而由于浓烈的神秘主义色彩,加上现象学研究方法的模糊性,使得不少主流心理学家认为人本主义心理学不过是一种哲学研究而已。这说明人本主义心理学的研究范式由于科学含量不高,在一定程度上影响了其应有的学术地位。

第二编

中国心理学史

第十二章

中国古代心理学思想的范畴论

综观中国古代心理学思想史,其基本理论观点主要有六:(1) 人贵论,它主要解决人与物的关系问题;(2) 身心论,它主要解决身与心的关系问题;(3) 性习论,它主要解决性与习的关系问题;(4) 知行论,它主要解决知与行的关系问题;(5) 性情论,它主要解决性与情的关系问题;(6) 理欲论,它主要解决理与欲的关系问题。从一定意义上讲,这六种基本理论观点也可称之为中国古代心理学思想的范畴论。

第一节　人贵论

人贵论,指万物以人为贵的理论。它解决的是人与物(包括动、植物)的关系问题,在中国古代心理学思想史上,先哲将之作为探讨人的心理的基本指导思想和逻辑起点。中国先哲一向将人与天、地并列,叫做天、地、人"三才"。人贵论思想最早大概见于《尚书·泰誓上》:"惟天地,万物父母;惟人,万物之灵。"认为天地是万物所由生的父母,人是万物中最有智慧的。人贵论自先秦产生以后,一直为后人所继承和发展,成为中国心理学思想里最具特色的一种观点。

一、人贵于万物的缘由

在万物中,人为什么是最宝贵的? 对于这个问题,有的持单因素见解,有的持多因素见解,为节省篇幅,下面主要从单因素角度阐述其中最具代表性的两种观点(汪凤炎,1999a,pp.75-77):

(一) 人贵在具有智能

这是从有无智能角度出发,认为人贵于万物的原因,在于人有智能。该观点以荀子、王充、刘禹锡、二程、王廷相和王夫之等人为代表。在中国先哲关于人贵于万物缘由的论述中,这是主流派的观点之一。《荀子·非相》曾说:"人之所以为人者,非特以二足而无毛也,以其有辨也。今夫狌狌(猩猩），形笑，亦二足而毛也。然而君子啜其羹，食其胾。故人之所以为人者，非特以其二足而无毛也，以其有辨也。"以猩猩与人作比较，指出猩猩虽与人外表相似，言笑相仿，但因其不能"辨"，故不能称之为"人"；人之所以为人，主要是由于人有"辨"的能力，用今天的话说，即具有智能。东汉王充也持人贵在具有智能的观点。《论衡·别通》说："天地之性人为贵，贵其识知也。"《论衡·辨祟》也说："夫倮虫三百六十，人为之长。人，物也，万物之中有智慧者也。"唐代刘禹锡明白提出，人为贵的缘由是人具有"天亦有所不能"的"能"与"最大"的"智"。刘禹锡在《天论》上篇里说："人，动物之尤者也。天之能人固不能。人之能天亦有所不能也。故余曰，天与人相交胜尔。"在《天论》下篇里，刘禹锡又说："植类曰生，动类曰虫，倮虫之长（指人）为智最大，能执人理与天交胜，用人之利，立人之纪。"可见，刘禹锡在这里既指出了人与动物的联系，又看到了人与动物的区别。宋代《二程遗书》卷第二下说："禽兽与人绝相似，只是不能推。""推"，指思维的类推能力。这里二程将有无思维能力作为区别人与禽兽的标准，认为人贵在有思维能力。明代王廷相认为人之所以贵于禽兽，是人的本性中具有智力和才能，使人能掌握客观事物的规律（以为自身服务）。王廷相在《鸟生八九子》里说："人为万物之灵，厥性智且才，穷通由己。"明末清初王夫之从"本能"与"习能"的角度出发，认为人贵于万物的原因，是人具有很多后天习得的"习能"；换言之，动物只靠与生俱来的几种本能而生存，人尽管没有多少与生俱来的本能，但能通过后天学习获得大量的"习能"，这样，人才贵于禽兽。王夫之在《读四书大全说》卷七《论语·季氏篇一一》里写道：

　　夫人之所以异于禽兽者，以其知觉之有渐，寂然不动，待感而通也。若禽之初出于彀，兽之初堕于胎，其啄齿之能，趋避之智，啁啾求母，呴嗅相呼，及其长而无以过。使有人焉，生而能言，则亦智侔雏鹿，而为不祥之尤矣。是何也？禽兽有天明而无己明，去天近，而其明较现。人则有天道而抑有人道，去天道远而人道始持权也。耳有聪，目有明，心思有睿知，入天下之声色而研其理者人之道也。聪必历于声而始辨，明必择于色而始晰，心出思而得之，不思则不得也。

　　现代心理学研究表明，动物心理的演化可以分为三个基本阶段：感觉阶段、知觉阶段和思维的萌芽阶段，这意味着动物的心理所能达到的最高发展水平只能是思维的萌芽阶段（曹日昌，1987，pp. 78–84）。而人则具有高度发展的智力与才能。中国先哲能认识到人贵于万物的缘由在于人拥有动物所不具有的智力与才能，这一看法与现代心理学对这一问题的研究成果有相通之处。

（二）人贵在具有很多社会性心理素质

有些学者认为，人贵于万物，是由于人具有很多社会性心理素质。该观点以荀子、董仲舒、朱熹、陆九渊和戴震等人为代表。在中国先哲关于人贵于万物的缘由的论述里，这也是一种主流派观点。荀子在《王制》篇里说：

水火有气而无生，草木有生而无知，禽兽有知而无义，人有气、有生、有知，亦且有义，故最为天下贵也。

认为人贵于万物的缘由，主要是人在有气、有生和有知的基础上，还有"义"这种社会性心理素质。这里，荀子看到了人与其他事物的区别与联系。同时，依李约瑟（Joseph Needham）在其名著《中国科学技术史》第二卷的比较可知，荀子的这一思想与亚里士多德（前384—前322）的"三级灵魂论"极相似（如表12-1所示），虽比亚氏提出的时间稍晚一些，但由于在时间上比丝绸之路的开辟早一个半世纪，肯定是荀子独立提出来的，并未受到亚氏思想的影响，这是中西方文化在源流上有相似之处的又一明证（李约瑟，1990，p.23）。更重要的是，第一，荀子的这一思想较之亚氏的上述思想更具世俗性，而没有任何神秘色彩，因为荀子是运用"知"、"义"等概念，而亚里士多德是运用"灵魂"这一极具宗教色彩、神秘色彩的概念；第二，荀子在进化上将生物和无生物联系在一起，这较之亚里士多德只从植物讲起更合逻辑性，且在生物进化序列上显得更完整（燕国材，2004，p.75）；第三，荀子明确提出了人"最为天下贵"的主张。

表12-1　荀子的心理阶梯与亚里士多德的灵魂阶梯比较示意图（李约瑟，1990，p.22）

亚里士多德（公元前4世纪） 　植物：生长灵魂 　动物：生长灵魂+感性灵魂 　人：生长灵魂+感性灵魂+理性灵魂
荀子（公元前3世纪） 　水与火：气 　植物：气+生 　动物：气+生+知 　人：气+生+知+义

据《汉书》卷五十六《董仲舒传》记载，董仲舒曾说："人受命于天，固超然异于群生。入有父子兄弟之亲，出有君臣上下之谊，会聚相遇，则有耆老长幼之施，粲然有文以相接，欢然有恩以相爱，此人之所以贵也。生五谷以食之，桑麻以衣之，六兽以养之，服牛乘马，圈豹槛虎，是其得天之灵，贵于物也。故孔子曰：'天地之性人为贵'。"认为人"有父子兄弟之亲"，"有君臣

上下之谊"，"有耆老长幼之施"，"粲然有文以相接，欢然有恩以相爱"，所以，万物以人为贵。这里，董仲舒从社会心理学思想角度来论述万物以人为贵的原因，是值得肯定的，当然，此观点中也包含有封建说教的思想，应批判地看待。朱熹在《孟子集注·告子上》中说：

> 人、物之生，莫不有是性，亦莫不有是气。然以气言之，则知觉运动，人与物若不异也；以理言之，则仁义礼智之禀，岂物之所得而全哉？此人之性所以无不善，而为万物之灵也。……徒知知觉运动之蠢然（借指低级的心理活动）者，人与物同；而不知仁义礼智之粹然（借指高级的心理活动）者，人与物异也。

从理气对立来论证人性与物性的异同，认为人性包括天赋的理与气两种因素，禀赋于天之气（即气质之性），表现为知觉运动等低级的心理活动，这是人类与动物所共有的；禀赋于天之理（即天地之性），表现为仁、义、礼、智等高级心理活动（具有社会性），这是人所独有的，人与禽兽之类动物的区别也就在此。应该说，朱熹认为心理现象有低级与高级之分，并以此将动物的心理和人类的心理区别开来，这一看法是对的；但认为人与动物的差别是由于禀得全与不全造成的，则是错误的。

据《陆九渊集·主忠信》记载，陆九渊说："诚以忠信之于人，如木之有本，非是则无以为木也；如水之有源，非是则无以为水也。人而不忠信，果何以为人乎哉？鹦鹉鸲鹆，能人之言，猩猩猿狙，能人之技。人而不忠信，何异于禽兽者乎？"这表明，陆九渊认为，人之所以贵于禽兽，是因为人有"忠信"。鹦鹉等动物尽管能像人一样"言语"，猩猩等动物虽然具有人的技能，但它们没有"忠信"，故不能超越禽兽之列。这里，陆九渊力图从社会性心理素质方面来区别人与动物是值得肯定的，但未看到鹦鹉等动物的"言语"与人的言语以及猩猩等动物的"技能"与人的技能之间的本质区别，是其不足之处；同时，陆九渊讲的"忠信"是带封建伦理纲常性质的"忠信"，今人宜批判地吸收。戴震在《原善中》也说："人之异于禽兽者，以有礼义也。"可见，戴震认为人有礼义之类的社会性心理素质，所以，人比禽兽高贵。马克思认为，人的本质不是单个人所固有的抽象物，在其现实性上，它是一切社会关系的总和。中国先哲能认识到人贵于万物，是由于人具有社会心理素质，这种看法有一定的合理之处；当然，中国古代学者强调的多是一些有利于维护封建伦理纲常的社会心理素质，对先人的这一观点应批判地吸收。

二、对人贵论思想的评价

人贵论是在中国传统文化背景中产生和发展起来的理论，这个理论的核心思想是，认为人是世界万物中最宝贵的东西，人所以贵于万物主要是人有智能与社会心理素质。"西方心理学由于受到了进化论的影响,批判了拟人说,这无疑是正确的。但因此导致了庸俗进化论,以为人与动物无别。"(高觉敷,1985,p.7)这样,西方心理学中出现的把人仅仅看作动物而忽视人的社会性,或者把人等同于一部复杂的机器等观点,是不能对人做出科学的了解的。"心理学是一门研究人的最主要的科学。心理学如果看不到人是世界万物中最可贵的东西,就会忽视了它自己的一项最重要的任务,即阐明人的最重要的本质特征和所发挥的重要作用。所以,人贵思想是心理学所需要的一种最根本的思想。没有这样的认识,就会把人和动物以至一般生物混为一谈,以致使心理学模糊了或者完全忽视了自己最核心的课题。"(潘菽,1984a,pp.103-112)可见,中国文化里的人贵论对建立科学心理学非常有帮助。既然如此,我们就应珍惜中国传统文化中产生和发展起来的人贵论思想,并以此对西方主流心理学在人性问题上所持的错误立场予以恰当的批判。还需指出,中国的人贵论与西方人本主义心理学既有相通之处,也有一定的差别。人贵论强调人与万物的区别,使人不致人禽不分、人兽不分和人物不分,这与西方人本主义心理学反对在人的研究中出现的人性兽化和机械化的倾向有一些相通之处(高觉敷,1987,pp.369-444)。但是,中国文化里的人贵论和人本主义心理学毕竟是在两种不同文化背景下产生的,二者也有一定的区别:一方面,人贵论主要是从"人类整体"出发去探讨人与物、人与禽兽的共性与异性问题,以突出人类自身的价值;而人本主义心理学主要是从"个体"(个人)出发去研究人的本性及其与社会生活的关系。可见,中国文化虽然向有尊崇"人"的传统,不过,备受青睐的是"集体人"或"抽象人",至于个体的人格则遭受"灰姑娘"般的歧视与冷遇。另一方面,与西方文化将上帝视做人的价值的主要源头的思想截然不同,中国先哲多将人性看作人的价值的主要来源,由此使得先哲(如孟子)非常重视一个人的内在道德人格,强调道德的内发过程。由此使得中国的人文精神与西方的人文精神大异其趣:前者是内在的,其根据是人的内在品性,认为人的内在品性本身是最优秀的。后者是外在的,其根据是外在的上帝,主张人之所以卓越,是世间只有人才能够获得上帝的旨意。张之洞在《劝学篇下》里说得好:"中学为内学,西学为外学。"因此,将中国文化里的人贵论与西方的人本主义心理学简单等同起来的观点有失偏颇。

第二节　身心论

又叫形神论,在身与心的问题上,中国先哲一向不太重视何者为先何者为后的探讨,却非常强调二者之间相互结合的关系;同时,从总体上看,中国先哲有重心轻身的倾向,这可说是中国人的身心论的两大特色。

先秦道家认识到人的身体和精神是相互结合而不可分离的。《老子·十章》说:"营(魂)魄抱一",虽未明言谁产生谁的问题,属于二元论的观点,但明确了形神能结合为一。当然,先秦道家有轻形重神的倾向。如《老子·十三章》说:"吾所以有大患者,为吾有身也。及吾无身,吾有何患!"庄子追求的终极目标则是使精神超越形体,进入无限自由的"逍遥游"状态。与先秦道家不同,先秦儒家如孔子直接论及身心问题的言论较少,只有荀子在《天论》篇中曾明确提出"形具而神生"的光辉思想,既明确了形先神后的关系,又主张形神结合。在身心问题上,先秦医家主张唯物一元论形神观。如《灵枢经·天年》说:"五脏已成,神气舍心,魂魄毕具,乃成为人。""百岁,五脏皆虚,神气皆去,形骸独居而终矣。"认为在人的生成过程中,是先有形体,然后有心理,形体与精神俱具才成为人,同时,神与形离则形体亦不可独存,合言之,即形与神相互结合,不可分离。

相对于先秦道家重心轻身的身心论而言,秦汉至唐时期的道家对身与心的看法的最大创新之处是:主张一种具有辩证色彩的形神观,认为应重视形与神之间的相互关系,不可偏执一方。这一思想在《淮南子》和《刘子新论》中有较典型的论述。《淮南子》卷一《原道训》说:

夫形者,生之舍也;气者,生之充也;神者,生之制也;一失位,则三者伤矣。……故夫形者非其所安也而处之,则废;气不当其所充而用之,则泄;神非其所宜而行之,则昧。此三者,不可不慎守也。

认为"形"、"气"、"神"三者之间是相互制约的关系,一荣俱荣,一损俱损。据《嵇中散集》卷三《养生论一首》记载,嵇康说:"精神之于形骸,犹国之有君也;神躁于中,而形丧于外,犹君昏于上,国乱于下也。……是以君子知形恃神以立,神须形以存,悟生理之易失,知一过之害生,故修性以保神,安心以全身。"认为形与神是相互依存的,没有"神","形"无以"立",没有"形","神"就不可能存在。嵇康的"使形神相亲,表里俱济也"的形神观较之先秦道家重心轻身的身心观要全面、合理得多。《刘子新论》卷一《清神章一》说:"形者,生之器也;心者,形之主也;神者,心之宝也。故神静而心和,心和而形全;神躁则心荡,心荡则形伤。将全其形,先在理神。故恬和养神,则自安于内;清虚栖心,则不诱于外。神恬心清,则形无累矣。"尽管《刘子新论》主张的是一种形神二元论观点,但也看到了心理(神)、心脏(心)和形体(形)三者之间的相互关系:心理通过影响心脏而影响形体,且积极的心理能促进形体的健康("神静而心和,心和而形全");消极的心理则会对形体产生伤害("神躁则心荡,心荡则形伤"),因此,若想身体健康,先要保养心理,使心理先健康。这一思想与当今医学心理学的研究成果有相通之处。早期道教的一个显著特点是,认为肉体与精神可以一起长生不死,相信通过修炼以后可使形、神俱飞升成仙,于是大都重视形与神之间相互依存的关系。据《抱朴子内篇·至理》记载,葛洪说:"夫有因无而生焉,形须神而立焉。有者,无之宫也。形者,神之宅也。故譬之于堤,堤坏则水不留矣。方之于烛,烛糜则火不居矣。身劳则神散,气竭则命终。"虽然"形须神而立焉"的观点过分夸大了精神的作用,但从总体上看,葛洪继承了汉代桓谭和王充以来以烛火喻形神的唯物主义传统,将"形"譬为"堤"和"烛",将"神"譬作"水"和"火",得出精神必须依附于形体的结论。据《养性延命录》卷上《教诫篇第一》记载,陶弘景曾说:"太史公司马谈曰:'夫神者,生之本;形者,生之具也。神大用则竭,形大劳则敝。神形早衰,欲与天地长久,非所闻也。故人所以生者,神也;神之所托者,形也。形神离别则死。死者不复生,离者不可复反,故乃圣人重之。'"这段文字与《史记·太史公自序》中记载的司马谈的言论是大致相同的,可见,陶弘景继承司马谈的思想,也主张形神是相互依存、不可分离的。不过,重视形与神之间相互依存的关系并不是将"形"与"神"放在同等重要的位置上,而是特别突出形的重要性,进而更为重视养形的作用,这在中国思想史上是"前无古人,后无来者"的思想。如据《宗玄先生玄纲论·以有契无章第三十三》记载,吴筠认为,养生"若独以得性为妙,不知养形为要",这是错误的;换句话说,养生应以"养形为要"。相对于先秦儒家而言,秦汉至唐代的儒家较为明确地探讨了形神关系。据《新论》卷中《祛蔽第八》记载,桓谭说:

> 精神居形体,犹火之然烛矣;如善扶持,随火而侧之,可毋灭而竟烛。烛无,火亦不能独行于虚空,又不能后然其烬。烬犹人之耆老,齿堕发白,肌肉枯腊;而精神弗为之能润泽内外周遍,则气索而死,如火烛之俱尽矣。……余尝夜坐饮内中,然麻烛,烛半压欲灭,即自日救见,见其皮有剥乞,乃扶持转侧,火遂度而复。则维人身,或有亏剥,剐能养慎善持,亦可以得度。

桓谭主张形死神朽,反对精神不灭论。王充也赞成这一主张。他在《论衡·论死》里说:"人之精神藏于形体之内,犹粟米在囊橐之中也。死而形体朽,精气散,犹囊橐穿败,粟米弃出也。"华佗等医家继承《内经》之传统,也重视形与神之间关系的探讨,且较之《内经》的观点更具辩证意韵。如《青囊秘箓》说:"夫形者神之舍也,而精者气之宅也,舍坏则神荡,宅动则气散,神荡则昏,气散则疲。"以"舍"喻"形",以"宅"喻"精",认为"形"是"神"的"舍","精"是"气"的"宅","舍"坏则神伤,"宅"动则气消。孙思邈在《存神炼气铭》里说:"夫身为神气之窟宅,神气若存,身康力健;神气若散,身乃死焉。若欲安神,须炼元气。气在身内,神安气海,气海充盈,心安神安。神气若俱,长生不死。若欲存身,先安神气。即气为神母,神为气子。"这说明他也看到了形与神的辩证关系:形体与精神相互依赖,缺一不可。其中,形体是精神赖以存在的物质基础,无形体则精神无所寄托;不过,精神也很重要,若无精神,形体也不能独存。当然,"神气若俱,长生不死"之语也缺乏科学依据,不过,能认识到形体与精神的辩证关系已属难能可贵。秦汉至唐时期的形神论中特别要提一下南北朝的范缜,他在《神灭论》一文中对形神问题作了大量深入的探讨。据燕国材先生的剖析,范缜形神观的主要内容可以概括为以下几个方面(燕国材,1998,pp. 278-288)。第一,为了反对神不灭论,主张"形存则神存,形谢则神灭"。范缜说:

　　或问予云:神灭,何以知其灭也? 答曰:神即形也,形即神也,是以形存则神存,形谢则神灭也。(《神灭论》)

在阐明形神关系方面,范缜的这个命题颇为完整。因为先秦荀子虽提出了"形具而神生"的命题,不过未明白地指出形谢神灭。东汉的桓谭以烛火喻形神,认为"精神居形体,犹火之然(燃)烛","烛无,火亦不能独行于虚空",虽看到形神关系的两个方面,但也不够明确、彻底。范缜继承我国先秦以来具有科学形态的形神观传统,又站在前人的肩膀上,提出了"形存则神存,形谢则神灭"的科学命题,在中国古代形神观的发展过程中前进了一大步。第二,主张形神相即说。范缜在《神灭论》里主张"形神相即",用以说明"形存则神存,形谢则神灭"的主张。这里,"即"不作"就是"解,而有"不离"(不可分割)和"不异"(不相对立)的双重意义。"形神相即"是指神不能脱离形,形也不能脱离神,二者既不相对立,也不可分割。正由于此,才会"形存则神存,形谢则神灭"。第三,主张形质神用说。范缜写道:

　　问曰:形者,无知之称;神者,有知之名。知与无知,即事有异,形之与神,理不容一。形神相即,无所闻也。答曰:形者,神之质;神者,形之用。是则形称其质,神言其用,形之与神,不得相异也。(《神灭论》)

"质"指物质实体,"用"泛指实体的作用、功能或属性。"形质神用"的含义是:人的形体是产生心理的物质基础,心理则是形体这种物质实体所表现出来的作用、功能或属性。这一观点不仅在中国古代形神观的发展史上是空前的,而且在某种意义上已经接近于现代科学心理学的水平。范缜为了进一步具体说明"形质神用"这一观点,他还采用了刀刃与锋利关系的比喻。他写道:

　　问曰:名既已殊,体何得一? 答曰:神之于质,犹利之于刃(一本作"刀");形之于用,犹刃之于利。利之名,非刃也;刃之名,非利也。然而,舍利无刃,舍刃无利。未闻刃没而利存,岂容形亡神在?(《神灭论》)

这里用刀刃比喻形体,用锋利比喻心理,说明心理对作为它的物质基础的形体来说,就像刀刃的锋利和刀刃的关系一样;形体对作为它的机能的心理来说,也像刀刃和它的锋利的关系一样。没有刀刃的"质",就没有锋利的"用";同理,人的形体若已死亡,那么人的心理也就不复存在。范缜的刃利之喻较之以往的薪火或烛火之譬要科学得多,因为后者不可能说明质用关系,即薪(烛)虽为"质",但火不能是其"用",且火本身还是"质";同时,这一薪或烛燃烧完了,而火还可以在另一薪(烛)上继续燃烧,所以自庄子以来便有"薪尽火传"之说,这一比喻显然是有懈可击的,无怪乎后世的佛教代表人物慧远等人便用来论证其"神不灭"论。第四,主张生形质用说。"形质神用说"没有回答什么样的物质才能产生心理的问题,易使人误解为任何物质都可以产生心理,甚至有的人还会钻空子而提出种种诘难。范缜于是进一步提出了生形质用说,用以完善自己的观点。范缜区分了木之质与人之质,认为不能把木之质与人之质混为一谈,而应当把二者加以区别:"人之质,非木质也;木之质,非人质也";不能说任何物质实体都能产生心理,只有人之质才有心理活动。也正因为如此,人和树木才有本质上的区别:人的本质就在于他有心理活动,"人之质,质有知也";而树木的本质就在于它没有心理活动,"木之质,质无知也"。因此,在人身上形与神是统一的,佛教徒们关于"人有二"即"有如木之质而复有异木之知"的设想是不能成立的。同时,范缜区分了死形之质与生形之质,认为死人的骨骼虽是由活人的形骸变化而来的,但活人的形骸绝非死人的骨骼。这犹如枯树的本质就是凋零,而活树的本质是开花结实。范缜的这一论点更加有力地说明了"形质神用"观点的正确性,即只有生形之质才能产生心理,人一旦死了,变成了死质,那心理便会随之而消灭,死形之质就再也不能产生心理了。第五,主张神必有本说,以此来具体地说明形神关系问题。在范缜看来,知与虑都是以形体为本的,这也是二者相统一的表现。不过,痛痒的感知以手脚为本,听的感知以耳为本,视的感知以眼为本,味的感知以口为本,嗅的感知以鼻为本,所谓"七窍亦复何殊,而司用不均"。但判断是非的思维活动是以心为本,所谓"是非之虑,心器所主"。一句话,在范缜看来,人体是一个整体,神自然没有两个。换言之,手脚等感知器官和心器虽然不同,但它们是合而为一个人体的;痛痒之知和是非之虑虽然有别,但它们也是聚合为一个神的。人体物质的统一性决定了心理活动的统一性,心理上的分工与统一,与生理上的分化和统一有着不可分割的联系。这样就不仅深刻揭示了知与虑的区别与统一,同时也科学地论证了"形神相即"、"形质神用"的正确性。燕先生认为,范缜的《神灭论》在中国古代心理学思想发展史上具有重要地位:(1) 将中国古代具有科学形态的形神观发展到了最高阶段。(2) 从理论上解决了形体与心理的关系问题。证据主要有三:一是,他以

"形质神用"说立论,将形体看作心理活动的物质实体或生理基础,而心理则是形体活动的一种机能。现代心理学认为,大脑是心理活动的器官,心理是大脑活动的机能,范缜的"形质神用"与这一观点在实质上类似。二是,他以"生形质用"说为依据,主张心理是人生形之质的特殊作用,并非是任何物质都能产生心理的。列宁说,心理不是一般物质的产物,而是以特殊方式组织起来的物质的高级产物。范缜的论点虽然与列宁的论点不能完全相提并论,但前者确实是走向后者所迈出的重要一步。三是,他从"神必有本"说出发,肯定心理是一定器官的产物,并具体指出,痛痒等感知是感知器官活动的结果,而思维则是心脏活动的结果。现代心理学的看法也基本如此,只有一点根本差异:以脑代心脏。因此,范缜形神关系的基本观点是完全正确的,而且现代心理学也是沿着这个方向来研究形神即生理活动与心理活动的关系问题的,只不过更加微观、深入、更趋科学化而已。当然,范缜的思想也有局限:一是在论证"形神相即"的前提下,有时还采用"合而为用"的例证。二是肯定人以外另有所谓妖怪和鬼一类东西的存在。三是将心脏视作心理的器官,没有认识到脑在心理活动中的主宰作用。四是只看到感知器官和思维器官之间的分工,没有看到它们之间的联系,更没有看到感知器官是受思维器官的支配。五是主张圣凡之分在于心器的不同,这就陷入了生理决定论与圣人天生说的泥潭。

由于历代服金丹者多致死,这虽可用"尸解"来搪塞,毕竟说服力不强。尤其是唐代一些帝王因服金丹而致死,导致一些道教炼丹者惹来杀身之祸。作为后起的新兴道教教派——全真教——不得不吸取这一血的教训,对原先的重形轻神的形神双修论作出深刻的反思与调整。而恰恰在唐代,以养心为主的新兴中国化佛教禅宗风靡全国,这一思潮对当时及其后的中国文人(包括全真教教主王重阳)甚至普通百姓都产生了深远的影响。再加上先秦道家本有重神轻形的传统,这种种机缘促使全真教在身与心问题上提出了不同于先行者早期道教的观点,即主张先性后命的性命双修论。这是全真教在身心观上的一大发展(汪凤炎,2000,pp. 231-232)。性命双修中的修性指清静养神,修命指运用气功来养形,这是性命双修的主旨。全真教认为性命是修行之根本,正如《重阳立教十五论·第十一论混性命》所说:"性者,神也;命者,气也……性命是修行之根本,谨紧锻炼矣。"于是提倡性命双修。不过,性命双修并不意味着性命并重,而是有一个先后的问题。全真教的主流思想是主张"先性后命"的。"所谓先性后命,大略是先教人收心降念,做对境不染的明心见性功夫,使心定念寂,然后静坐调息,按钟吕派传统内丹法程依次炼精化气,炼气化神,炼神还虚。"(任继愈,1990,p. 39)如《重阳真人授丹阳二十四诀》说:"诸贤先求明心,心本是道,道即是心,心外无道,道外无心也。""根者是性,命者是蒂也……宾者是命,主者是性。"
都是为了强调先性后命的原则。其弟子也多继承了这一观点。从这可看
出,在身与心问题上,全真教实持重心的身心合一论,这与早期道教重形的
形神合一论有较大的区别。以王安石和王廷相等为代表的儒家继承和发展
了荀子以来的唯物主义形神观。据《王文公文集》卷二十九《礼乐论》记载,
王安石曾说:"神生于性,性生于诚,诚生于心,心生于气,气生于形。形者,
有生之本。"这表明王安石是坚持唯物主义形神观的。由"形者,有生之本"
之语看,王安石在身心问题上较为重视身体。据《内台集》卷四《答何柏斋
造化论》记载,王廷相说:"气者形之神,而形者气之化。一虚一实,皆气也。
神者形气之妙用,性之不得已者也。三者一贯之道也。今执事以神为阳,以
形为阴,此出自释氏仙佛之论,误矣。夫神必藉形气而有者,无形气则神灭
矣。"王廷相的"神藉形气"的观点,在承继南北朝范缜"形存则神存,形谢则
神灭"观点的基础上,正确地论述了形、气、神三者之间的关系。在身心关
系上,五代至明清时期医家的最大发展是张景岳提出了"治形"论。张景岳
所讲的养形,其内涵包括养护内、外之形。实际上,养内形也就是养神,其目
的是为了养护"精明之宅";养外形即是保养形体。由于内、外形戚戚相关
(也即形体与精神是戚戚相关的),因此,保养外形对"神明之宅"同样也有
养护之效。张景岳的这一治形观主要是针对过去忽视养形之道而讲的。据
《景岳全书》卷二《传忠录中·治形论十七》记载,张景岳说:

> 老子曰:"吾所以有大患者,为吾有身;及吾无身,吾有何患?"余则曰:
> "吾所以有大乐者,为吾有形;使吾无形,吾有何乐。……无形则无吾矣,是
> 非人之首务哉。……奈人昧养形之道,不以情志伤其府舍之形,则以劳役伤
> 其筋骨之形,内形伤则神气为之消靡,外形伤则肢体为之偏废,甚则肌肉尽
> 削,其形可知。其形既败,其命可知。然则善养生者,可不先养此形以为神
> 明之宅?善治病者,可不先治此形以为兴复之基乎?"

针对老子过于重神而忽视形的倾向,张景岳旗帜鲜明地提出:"吾所以有大
乐者,为吾有形;使吾无形,吾有何乐?"张景岳认为人之所以存在,首先就
靠有形,如果没有形体,人也就不复存在。即"无形则无吾矣,是非人之首
务哉!"同时,张景岳从唯物主义的身心一元论出发,主张将保养心身融于
保养内、外之"形"这一体之中,这一见解是颇有新意的。综观过去的思想
家,除了早期道教外,多数人均重养神,张景岳主张"治形论",应该说有一
定的可取之处。该理论在重视养神的同时,又突出了养形在养生中的重要
性。这一观点既与早期道教重形轻神的形神双修论有差异,与老、庄重神轻
形的形神共养观更有点"势不两立",可以称之为形神并重的形神共养观。
此外,刘完素等人对先秦以来医家所主张的形神兼顾的共养观的论述也显

得更加辩证。如据《素问·玄机原病式·六气为病·火类》记载,刘完素说:"夫太乙天真元气,非阴非阳,非寒非热也。是以精中生气,气中生神,神能御其形也,由是精为神气之本。形体之充固,则众邪难伤,衰则诸疾易染,何止言元气虚而为寒尔!"其"精中生气,气中生神,神能御其形"的观点,进一步发展了形神相即的唯物主义形神观。

第三节　性习论

从心理学角度看,性习论探讨性与习的关系问题,类似于现代心理学中探讨的遗传、环境、教育与人的心理发生发展之间的关系的问题。性习论最早出自《古文尚书·太甲上》。据其记载,"习与性成"一语是商代伊尹告诫初继王位的太甲时所说的,意即习形成的时候,一种性也就和它一起形成了。这就是俗话所讲的"习惯成自然"。此后,性习论得到很多学者的支持,尤其在先秦和两汉之际特别流行,汉代之后一千多年中论及性习论的人较少,到了明清之际,这个理论又受到了重视。

关于性与习的关系,据《论语·阳货》记载,孔子曾说:"性相近也,习相远也。"认为每个人的生性(禀性)是差不多的,人的个性心理由于受到环境、教育的习染作用而差别很大。这里既没有否定人的生性是个性心理差别的自然基础,又强调了教育、环境的决定性作用,与现代心理学对这个问题的结论大致相同。据《孔子集语·颜叔子》记载,孔子又说:"少成若天性,习惯如自然。"这表明孔子赞成性习论。在中国文化里,"性相近,习相远"和"习惯成自然"这两句话也成为至理名言,广为传诵。

稍后于孔子的墨子、孟子和荀子等人都赞成慎染说,而慎染说的理论前提即是习与性成说,这表明他们实也是性习论的支持者。如《墨子·所染》主张人性如素丝,"染于苍则苍,染于黄则黄。"此观点类似于英国洛克的"白板论"。墨子认为人之所"染"若恰当,于内可提升自己的道德人格,于外可成就功名伟业,这样,"染不可不慎"。

西汉董仲舒也赞成性习论。据《汉书·董仲舒传》记载,董仲舒在《对贤良策》中曾说:"质朴之谓性,性非教化不成;人欲之谓情,情非度制不节。是故王者上谨于承天意,以顺命也;下务明教化民,以成性也;正法度之宜,别上下之序,以防欲也:修此三者,而大本举矣。"认为教育与学习是使性形成、成长起来的手段。

东汉王充在《论衡·率性》里说:"十五之子,其犹丝也。其有所渐,化为善恶,犹蓝丹之染练丝,使之为青赤也。青赤一成,真色无异。是故扬子哭歧道,墨子哭练丝也,盖伤离本,不可复变也。人之性,善可变为恶,恶可变为善,犹此类也。蓬生麻间,不扶自直;白纱入缁,不练自黑。……夫人之性犹蓬纱也,在所渐染而善恶变矣。"这表明,王充虽持人性善恶混说,但也赞成性习论,并将习可成性说成善恶可以互变了,于是,王充吸取墨子和荀子等人的观点,主张人要慎其所染。

东晋葛洪在《抱朴子外篇·勖学》里说:"盖少则志一而难忘,长则神放而易失。故修学务早,及其精专,习与性成,不异自然也。"从人的心理发展特点立论来支持性习论,颇具特色。

据《河南程氏文集》卷第六记载,程颐在《上太皇太后书》中曾说:"是古人之意,人主跬步不可离正人也。盖所以涵养气质,熏陶德性,故能习与智长,化与心成。后世不复知此,以为人主就学,所以涉书史,览古今也。不知涉书史,览古今,乃一端尔。"主张为人主者应选择一些道德高尚的人置于身边,以熏陶自己的品行。从"习与智长,化与心成"之语看,程颐也是性习论的力倡者。

明代王廷相发展了孔子以来的性习论,这从他的下面几段言论中可看出:

《答薛君采论性书》说:"凡人之性成于习,圣人教以率之,法以治之,天下古今之风,以善为归,以恶为禁,久矣。"

《慎言·保傅篇》说:"深宫秘禁,妇人与嬉游;袭狎燕闲,奄竖与诱掖也。彼人也,安有仁孝礼义以默化之哉?习与性成,不骄淫狂荡,则鄙亵惰慢。"

《慎言·问成性篇》说:"吾从仲尼焉,性相近也,习相远也。"

《石龙书院学辩》说:"理可以会通,事可以类推,智可以索解,此穷通知化之妙用也。彼徒务虚寂,事讲说,而不能习与性成者夫安能与于斯。"

第一,王廷相所讲的习既包括教育与环境两大内容,也含有行或实践的意思。第二,王廷相在论述习与性成的道理时不仅着眼于社会风气这个大环境,也注意到了居住交往这个小环境。第三,王廷相主张人要踏踏实实做事,结合实际学习,这样就能积习而成本性,就能对事理举一反三,做到触类旁通。

明末清初的王夫之受到性习论思想的影响,并对它作了颇为正确的解释。他在《尚书引义·太甲二》里说:"习与性成者,习成而性与成也。"认为积习形成的时候,性也和它一起形成了。王夫之又看到了个性形成与发展的两条规律:一是性"日生而日成之也……未成可成,已成可革"。他在《尚书引义》卷三《太甲二》里说:

习与性成者,习成而性与成也。……夫性者生理也,日生则日成也。则夫天命者,岂但初生之倾命之哉?但初生之倾命之,是持一物而予之于一日,俾牢持终身以不失,天且有心以劳劳于给与;而人之受之,一受其成形而无可损益矣。……故曰性者生也,日生而日成之也。……是人之自幼讫老,无一日而非此以生者也,而可不谓之性哉?……故性屡移而异。……未成可成,已成可革。性也者,岂一受成形,不受损益也哉?故君子之养性,行所无事,而非听其自然,斯以择善必精,执中必固,无敢驰驱而戏渝已。

主张人的个性心理是可以发展变化的,而不是一成不变的。另一是塑造易,改造难。不良个性一旦形成之后,严师益友的劝导或奖惩的运用,都难以扭转匡正。王夫之在《读通鉴论》卷十《三国·二》里说:

人之皆可为善者,性也;其有必不可使之为善者,习也。习之于人大矣,耳限于所闻,则夺其天聪;目限于所见,则夺其天明。父兄熏之于能言能动之始,乡党姻娅导之于知好恶之年,一移其耳目心思,而泰山不见,雷霆不闻;非不欲见与闻也,投以所未见未闻,则惊为不可至,而忽为不足容心也。故曰:"习与性成。"成性而严师益友不能劝勉,隆赏重罚不能匡正矣。

简言之,遗传与环境问题,在西方心理学中一直是个争论不休的问题,有所谓遗传决定论,也有所谓环境决定论。在中国传统文化的性习论里,这个问题却获得了较科学的解决。这种解决的主要途径就在于确认所谓"性"(心理机能)有两种:一种是由遗传得来的性(生性),另一种是人出生以后由学习得来的性(习性)。人的生性只有很少的几种,且人人一般都具有(性近),而习性多种多样,其发展的可能性也是无限的(习远)(潘菽,1984b,pp.379-386、401-405)。可见,性习论在不否认遗传因素的前提下,又突出了教育与环境对人的心理形成与发展的重要作用,这符合人的心理与行为的发展实际。性习论与生知论、先验论针锋相对,也与形而上学的发展观绝对相反。中国文化一向坚信人性可以改变,只不过,相对而言,改变年少者的"性"较易,改变年长者的"性"较难。

第四节 知行论

知行论,是着重说明知与行关系的理论。在中国传统文化里,知行问题不仅仅是一个认识论上的问题,更是一个伦理道德问题。认识论问题假若不与道德修养问题相结合,就很难在中国传统文化里占据一席之地而流传下来。同时,从总体上看,重行的知行合一思想实贯穿于中国传统文化的始终。先哲将知行是否统一看作关系到做人的根本态度问题,在知行统一的前提下去践履某种德性,是他们孜孜以求的理想之一(汤一介,1988,pp.5-

9）。只不过，唯物主义思想家多承认知与行是两件事，且行在知先，在此基础上再来谋求知与行的统一或合一关系；唯心主义思想家或认为知即是行，知与行是一件事，或认为知前行后，在这个前提下论述知行合一关系。另外，若从只言片语看，有些学者（如二程）仿佛更为重视知，好像持一种重知的知行合一论，但对他们的思想作整体考察，可以看出他们实也是更偏重于行，持一种重行的知行合一论。从德育心理学视角看，中国传统文化里对知行问题的这一总体看法，可概括为重行的知行统一论或重行的知行合一论。此观点在伪《古文尚书》中就已有了，在荀子那里得到明确表述，其后代有继承者，尤以王守仁所讲的知行合一说最为著名。

先哲在强调知行统一的前提下多推崇行，此思想至少可追溯至伪《古文尚书·说命中》里的"非知之艰，行之惟艰"一语。在商朝以至西周时期，不可能提出"非知之艰，行之惟艰"的命题，因那时甚至连"知"字都没有，"行"也没有后来引申发展出来的做或实践的含意。"非知之艰，行之惟艰"这种思想可能产生于春秋时期。作为一种朴素的知行观，它既显示出知与行两者之间的确存在相互脱节的可能性，又强调了知行统一的主旨，即一个人知道了就必须去做，不能只说不做，突出了行比知难（方克立，1982，pp. 3–6）。

孔子知行观的主流思想是强调知与行要统一，在此基础上，他更重视"行"。据《论语·子路》记载，孔子曾说："诵《诗》三百，授之以政，不达；使于四方，不能专对；虽多，亦奚以为？"认为读书再多，若不能用于实处，也是无益的。并且，至少自孔子起，就将言行一致作为判断"君子"与"小人"的重要标准之一。据《论语·为政》记载："子贡问君子。子曰：'先行其言，而后从之'。"邢昺在《十三经注疏·论语注疏》卷二《为政第二》中的解释是："君子先行其言，而后以言从之，言行相副是君子也。"可见，孔子非常强调做人言行要一致，对于多说少做的"小人"非常痛恨。这样，孔子虽没有明确、直接论述知行关系，但他把认识论问题与伦理道德修养问题结合起来，对后世儒家乃至整个中国传统文化的知行观都产生了重大影响。

先秦时期，在知行论上做出重要贡献的学者要首推荀子。荀子明确提倡重行的知行统一说，既将行动与认识结合了起来，又突出了"行"的重要性。《荀子·儒效》说：

不闻不若闻之，闻之不若见之，见之不若知之，知之不若行之。学至于行之而止矣。行之，明也。明之为圣人。圣人也者，本仁义，当是非，齐言行，不失毫厘，无他道焉。已乎行之矣。故闻之而不见，虽博必谬；见之而不知，虽识必妄；知之而不行，虽敦必困。不闻不见，则虽当，非仁也，其道百举而百陷也。

主张学习可以有不同的样式,但只有在知的前提下又去力行,才能达到学习的最高境界。荀子对道德实践的这一肯定,与孔、孟的观点相似。不过,荀子思想中的经验主义倾向,使他对成德的路径有了与孔、孟不同的思考。这就是:荀子强调知之再行,主张行也须知的指导,进而重视后天的学习,强调要习"礼"(主要指一套规范性的知识),认为规范性知识的学习有助于善行,《荀子》开篇就是《劝学》,其重学之情不言而喻。

西汉董仲舒最早提出知先行后的观点,否认行对知的作用。《春秋繁露·必仁且智》说:"何谓之智?先言而后当。凡人欲舍行为,皆以其知先规而后为之。"知先行后的观点看到了知对行的指导作用,却否认行对知的决定作用,是一种片面的知行观。此观点对后世学者尤其是宋明理学家产生了相当的影响,不过,二程等理学家对董仲舒的这一观点多采取这样的处理方式:既赞成知先行后,又更为重视"行",仍是持一种重行的知行合一观。

宋明时期,封建统治者重视道德修养和践履,导致学者对知行问题又进行了激烈的辩论,出现了多种观点。不过,宋代的理学家大都继承了董仲舒知先行后的观点。以朱熹为例,在知行先后问题上,朱熹认为就一个具体认识而言,先有知后有行。在《晦庵集》卷四十二《答吴晦叔》,他说:"今就其一事之中而论之,则先知后行,固各有其序矣。"在知行的轻重问题上,朱熹主张知轻行重。但从总体上看,朱熹又主张"知行常相须"。《朱子语类》卷第九说:

> 知、行常相须,如目无足不行,足无目不见。论先后,知为先。论轻重,行为重。……致知、力行,用功不可偏。偏过一边,则一边受病。如程子云:"涵养须用敬,进学则在致知。"分明自作两脚说,但只要分先后轻重。论先后,当以致知为先;论轻重,当以力行为重。

主张知与行两者不可偏废,认为知与行之间的关系是:知靠行来实现,行靠知来指导,二者不能截然分开。可见,朱熹对知与行的关系论述得较为全面、确切,超越了前人。《朱子语类》卷第十四又说:"知与行,工夫须着并列。知之愈明,则行之愈笃;行之愈笃,则知之益明。二者皆不可偏废。如人两足相先后行,便会渐渐行得到。若一边软了,便一步也进不得。然又须先知得,方行得。"这就接触到了知与行的辩证关系。朱熹既认识到知行不可截然分开,必然会提倡知与行要互相依赖、互相促进。假若只知不行,则如车的两轮,"便是一轮转,一轮不转。"(《朱子语类》卷第一百一十三)

明代王守仁以提出"知行合一"说而闻名于世,但从其"知是行之始,行是知之成"等话语看,他实际上也是主张一种重行的知行合一说。

《传习录上》说:"知是行的主意,行是知的工夫;知是行之始,行是知之成。若会得时，只说一个知已自有行在，只说一个行已自有知在。古人所以既说一个知，又说一个行者，只为世间有一种人瞒瞒懂懂的任意去做，全不解思维省察，也只是个冥行妄作，所以必说个知，方才行得是。又有一种人茫茫荡荡悬空去思索，全不肯着实躬行，也只是个揣摸影响，所以必说一个行，方才知得真。此是古人不得已补偏救弊的说话。若见得这个意时，即一言而足。今人却就将知行分作两件去做，以为必先知了，然后能行。我如今且去讲习讨论做知的工夫，待知得真了方去做行的工夫，故遂终身不行，亦遂终身不知。此不是小病痛，其来已非一日矣。某今说个知行合一，正是对病的药。又不是某凿空杜撰，知行本体，原是如此。今若知得宗旨时，即说两个亦不妨，亦只是一个。若不会宗旨，便说一个，亦济得甚事，只是闲说话。"

《传习录中·答顾东桥书》说："知之真切笃实处，即是行；行之明觉精察处，即是知。知行工夫本不可离，只为后世学者分作两截用功，失去知行本体，故有合一并进之说。真知即所以为行，不行不足谓之知。"可见，"知行合一"说是王守仁针对二程和朱熹等人"知先行后"观及其产生的一些弊端（如知行脱节、言行不一致等）提出的一种观点，认为道德认识既可指导道德行为，又是道德行为的起点；道德行为既是道德认识的具体体现，又是道德认识的结果；道德认识与道德行为之间是你中有我、我中有你的相互包含关系；强调知中有行、行中有知，主张知行不可分。从认识论角度看，王守仁的知行合一只看到了知行的机械合一，没有看到知行矛盾的对立统一，抹杀了知与行之间的本质区别，实际上是知行不分，以知代行，有合行于知与颠倒知行关系之嫌，受到了人们的批评。因为从根本上讲，人们的认识遵循行—知—行的模式，先有行后有知，然后又由知到行。当然，若从某一个具体的人看，其认识也很可能是由知至行的。

明末清初王夫之的知行理论又前进了一大步，他的知行理论含有辩证色彩，并对古代知行之辩作了正确的总结与评价。第一，对程朱的"知先行后"说、陆王的"知行合一"说以及历史上的唯心主义的知行观都作了正确评价。王夫之批判了过去一切重知轻行的唯心论知行观，在强调知与行都很重要的同时，突出了行的重要性。他在《尚书引义·说命中二》里说："《说命》曰：'非知之艰，行之惟艰。'千圣复起，不易之言也。……知非先，行非后，行有余力而求知，圣言决矣，而孰与易之乎？"认为知行并重，不赞成将它们人为地分成两截工夫。在《礼记章句》卷三十一中，王夫之对王守仁"知行合一"说进行了批评："知行相资以互用。惟其各有致功，而亦各有其效，故相资以互用；则于其相互，益知其必分矣。同者不相为用，咨于异者乃和同而起功，此定理也。不知其各有功效而相资，于是姚江王氏'知行合一'之说,得借口以惑世。"认为知与行因其各有不同的工夫而有不同的功用,这样,两者才可以相互补充而发挥更大的作用。主张先对"知"与"行"作明确的区分,在此基础上再来强调知行两者之间的统一关系,并由此批评王守仁在未界定"知"与"行"的前提下就强调知行合一的做法,这一批评有一定道理。从其"知行相资以互用"的观点看,王夫之的知行观含有辩证色彩,难能可贵。王夫之进而指出,程朱的"知先行后"说割裂了知、行关系,离行以为知,有误导人们脱离实际而只顾"空谈"的缺陷。而陆王的"知行合一"实有"以知为行"或"销行以归知"的弊病。第二,主张认识必须依赖实践才见功效,而实践却不依赖认识就能有其功用,因此,实践可以包括认识,但认识不能包括实践,即"行可兼知,而知不可兼行"。王夫之在《尚书引义·说命中二》里说:"且夫知也者,固以行为功者也;行也者,不以知为功者也。行焉可以得知之效也,知焉未可以得行之效也。……行可兼知,而知不可兼行。"第三,主张知与行二者本是相辅相成,"并进而有功"的;也就是说,如果从认识的来源来说,是行先知后;不过,假若从知对行的指导作用说,却是知先行后,即知对行有指导作用。王夫之在《读四书大全说》卷四《论语·为政篇》里说:"盖云知行者,致知、力行之谓也。唯其为致知、力行,故功可得而分。功可得而分,则可立先后之序。可立先后之序,而先后又互相为成,则由知而知所行,由行而行则知之,亦可云并进而有功。"认为两者既有分别又是统一的,这里更触及了知与行的辩证关系。第四,主张认识的目的是"实践之",这是一种朴素的实践观。他在《张子正蒙注·至当篇》中说:"知之尽,则实践之而已。实践之,乃心所素知,行焉皆顺,故乐莫大焉。"

第五节　性情论

"情"这个概念在中国大致可追溯到《尚书》。《尚书·康诰》说:"天畏棐忱,民情大可见。"古人讲的"情"与现代心理学中"情绪、情感"的概念大致相似。古人对"情"曾作过许多探讨,并且提出了一些重要的观点,性情说就是其中的一个。古人讲的"性"虽有多种含义,但从性与情的关系角度所讲的"性",实主要是指人的品性或德性,这从下文所引古人的言论里可清楚地看出。这样,性情说本指探讨品性与情感之间关系的一种学说。古人探讨性情问题的主要目的,是为其品德教育中如何妥善处理品性与情感关系提供理论依据,当然,这之中也触及情的实质。从这个视角看,中国人将性与情连用的历史至少可追溯至《周易》。《周易·乾(卦一)》说:"'利贞'者,性情也。"但真正意义上的性情说发端于孟子。《孟子·公孙丑上》说:"恻隐之心,仁之端也;羞恶之心,义之端也;辞让之心,礼之端也;是非之心,智之端也。人之有是四端也,犹其有四体也。"明确将"恻隐之心"等四心看做仁、义、礼、智等四德目的端绪。而在古人的眼中,恻隐、羞恶、辞让和是非都是情(用今天的眼光看,"恻隐"和"羞恶"是情,"辞让"中有情的成分,"是非"就不是情而是智了)。正如《朱子语类》卷第五十三所说:"恻隐、羞恶、辞让、是非,情也。仁义礼智,性也。心,统情性者也。端,绪也。因情之发露,而后性之本然者可得而见。"既然孟子主张性善论,其所讲的性是指仁义礼智之类的品性;同时,在孟子看来,人的品性就其初端而言又与"恻隐之心"等四心是同一的,而这四心实际上又可说是四情,顺理成章地讲,性情实也是合一的。可见,孟子思想里实有性情说的端芽,只是说得含蓄而已。性情说在荀子那里已有较清晰的表述。《荀子·正名》说:"性者,天之就也;情者,性之质也。"认为人的自然本性是天生就的,而情感是由人的自然本性表现出来的。荀子在这里虽事实上提出了性情说,不过,荀子的这一言论过于简洁,再加上在中国传统文化里是孟学而不是荀学处于主流地位,这样,秦汉以后的性情说主要是沿孟子的思路发展下来的,这从下文所引诸多古人的言论里可以明显看出。

孟子实主张性情合一论,并且,在孟子眼中,性均是善的,情又都是像"恻隐之心"之类的善情,这样,性与情之间实际上是一而二,二而一的,并没有什么矛盾之处。但学术思想并不因权威的一句断言而静如死水。后人在重新审视性与情的关系时,发现有许多疑难问题在孟子那里并无现成的答案。这些疑难问题归纳起来主要有二:一是人的情绪情感是丰富多彩、有善有恶的,而不是像孟子所说的那样,人只有"恻隐之心"之类的善情;另一是,自荀子提出性恶论后,性恶的思想在许多学人心中留下了深刻印象,人们由此联想到,人性中或许也有恶的成分。这样,后世学者在探讨性与情的关系问题时就面临一个难题:性与情真的合一吗?若是合一的,如何解释善性与恶情的合一关系?若不是合一的,那又是怎样的关系?另外,《礼记·乐记》提出性静情动的著名论断,对后人也产生了深远影响,使后人进一步想到,性与情的关系除了可以从善与恶的角度进行探讨外,还可以从静与动的角度进行研究。于是,后世的性情说主要沿着两条路径发展:一是从善与恶的角度来探讨性与情的关系,另一是从动与静的角度来阐述性与情的关系;其中,前一路径又可粗分为性情合一论和性情对立论等两种观点,因此,中国古代的性情说可以粗分为三类。

一、"性情一也"：性情合一论

性情合一论的含义是：人的品性与情感之间具有彼此相应的统一关系。在中国传统文化里，学者对性与情之间关系的认识以性情合一论为主流。不过，从理论上讲，持性情合一论的人要解决一个紧迫问题：如何看待性与恶情之间的矛盾？换言之，若说性皆善，而情却有善有恶，则善性怎么能与恶情相统一？孟子之后的学者对这个问题的回答不尽相同，大致而言，自汉代起至北宋王安石止，主张彻底的性情合一论的人颇多；自宋代程朱理学兴起后，受程朱理学的影响，性与善情合一论后来居上。

（一）主张彻底的性情合一论

为了说明性与情是合一的关系，刘向、荀悦、韩愈和王安石等人在继承孟子性善论的基础上，又吸收了性善恶混的思想，主张彻底的性情合一论：性有善有恶，情亦有善有恶，性与情之间是完全而彻底的一体一用、一一对应的关系，即善性与善情相对应，恶性与恶情相对应。东汉荀悦在《申鉴·杂言下》里曾说：

孟子称性善；荀卿称性恶；公孙子曰：性无善恶；扬雄曰：人之性善恶混；刘向曰：性情相应，性不独善，情不独恶。曰：问其理。曰：性善则无四凶（指共工、驩兜、鲧和三苗），性恶则无三仁（指微子、箕子和比干）；人无善恶，文王之教一也，则无周公、管蔡（以同胞兄弟的差异论证性有善恶）；性善情恶，是桀纣无性，而尧舜无情也；性善恶皆浑，是上智怀惠，而下愚挟善也。理也，未究也。唯向言为然。

可见，对于性与情，刘向的观点是：性有善有恶，情也有善有恶，并且是性情相应。荀悦也赞成刘向的这一观点，但未提出什么新见解。韩愈在继承刘向观点的基础上，又作了精细发挥。在韩愈看来，不但性与情都有上、中、下三品，而且彼此之间是一一对应的关系：天生为善的上品之性，必发为上品之情，此种情"动而处其中"，即情感表现恰到好处，无过与不及之处；"可导而上下"的中品之性，必发为中品之情，此种情感发动时，虽然有些会过头，有些会有所不及，但却想着要恰到好处地表现出来；天生为恶的下品之性，必发为下品之情，此种情都是恶的。反过来，上品之情必表现为上品之性，中品之情必表现为中品之性，下品之情必表现为下品之性。今天看来，韩愈将性与情一一对应，这一观点具有颇浓的机械论色彩。《昌黎先生集》卷十一《原性》说：

性也者，与生俱生也；情也者，接于物而生也。性之品有三，而其所以为性者五；情之品有三，而其所以为情者七。曰：何也？曰：性之品有上中下三。上焉者，善焉而已矣；中焉者，可导而上下也；下焉者，恶焉而已矣。其所以为性者五,曰仁,曰礼,曰信,曰义,曰智。上焉者之于五也,主于一而行于四;中焉者之于五也,一不少有焉,则少反焉,其于四也混;下焉者之于五也,反于一而悖于四。性之于情视其品。情之品有上中下三,其所以为情者七,曰喜,曰怒,曰哀,曰惧,曰爱,曰恶,曰欲。上焉者之于七也,动而处其中;中焉者之于七也,有所甚,有所亡,然而求合其中者也;下焉者之于七也,亡与甚直情而行者也。情之于性视其品。

王安石力倡"性体情用":性是体,情是用;善性发出的是善情,恶性发出的是恶情,所以,性情是合一的。在王安石看来,那些说性善情恶的人,只看到了性情的表面现象,没有看到性情内在的实质性关系,实质上性在内,情在外,情是性的外在表现;性是本,情是用,情是"生而有之"的自然本性的一种作用。合言之,性和情的关系是内与外、体与用的关系。这说明王安石是从体用内外合一的原则出发来论证性情是合一而不是相分的关系。王安石在《性情》里说:

性情一也。世人有论者曰,"性善情恶",是徒识性情之名而不知性情之实也。喜、怒、哀、乐、好、恶、欲未发于外而存于心,性也。喜、怒、哀、乐、好、恶、欲发于外而见于行,情也。性者情之本,情者性之用。故吾曰:性情一也。……如其废情,则性虽善,何以自明哉?诚如今论者之说,无情者善,则是若木石者尚矣。是以知性情之相须,犹弓矢之相待而用,若夫善恶,则犹中与不中也。……君子养性之善,故情亦善;小人养性之恶,故情亦恶。

王安石反对离情以言性,内中含有重视情感,反对那种枯燥冷酷、抹杀情感的禁欲主义,这一思想至今仍有可取之处。

(二) 主张性与善情合一论

彻底的性情合一论虽在宋初及其以前有着较大影响,但从"道统"的角度看,毕竟夹杂有性善恶混的思想,不合孟子思想的原旨。这样,李翱和二程就担负起继承"道统"的重任,力倡性与善情合一论:性皆善,而情有善有恶,皆善之性只与善情是合一的,与恶情则是矛盾的。这种观点后为陈淳等人继承,不过,在解释恶情的来源时,二程与陈淳的观点有明显的差异。

李翱在《复性书上》里对性与情各下了一个定义:"性者,天之命也,圣人得之而不惑者也;情者,性之动也,百姓溺之而不能知其本者也。""人之所以为圣人者,性也;人之所以惑其性者,情也。"认为性是人与生俱来的,是可使人成为圣人的良好素质和潜能;情是性在动的时候的表现,它会让人迷失本性。这一定义本是中国传统对性与情的一贯看法,并无特别之处。对于性与情的关系,李翱认为二者是相依承的。他在《复性书上》里说:

虽然,无性则情无所生矣。是情由性而生,情不自情,因性而情,性不自性,由情以明……觉则明,否则惑,惑则昏,明与昏谓之不同。明与昏性本无有，则同与不同二皆离矣。夫明者所以对昏，昏既灭，则明亦不立矣。

认为情是由性所生，离开了性就没有情；而性也不能离开情，需要通过情来体现其作用，二者互以对方为存在条件，含有一定的辩证思想。对于性与情的性质，在李翱看来，性固然是善的，但情也并不完全是恶的。李翱在《复性书中》里说：

> 曰：为不善者非性耶？曰：非也，乃情所为也。情有善有不善，而性无不善焉。孟子曰："人无有不善，水无有不下。夫水，搏而跃之，可使过颡，激而行之，可使在山。是岂水之性哉，其所以导引之者然也。人之性皆善，其不善亦犹是也。"

这里，李翱明确地说"情有善有不善，而性无不善"。既然李翱对性与情的性质有如此明确的言论，为什么还容易让人误解他是持"情恶"的见解呢？原因在于他除此之外还有更多的关于情的其他表述。如，他说："人之所以为圣人者，性也；人之所以惑其性者，情也。喜、怒、哀、惧、爱、恶、欲七者，皆情之所为也。情既昏，性斯匿矣。非性之过也，七者循环而交来，故性不能充也。"（董诰等编，1983，p. 6433）"情者性之邪也。……情者妄也邪也。邪与妄则无所因矣。妄情灭息，本性清明，周流六虚，所以谓之能复其性也。"（董诰等编，1983，p. 6436）这些言论表面上似与前面李翱说"情有善有不善"存在矛盾，实则不然。李翱说情为性之邪、妄是指其不是性之本然而言，情由性出，但已脱离了性的本质属性，李翱在此强调的是情的虚假、虚妄和容易使人迷失本性甚至为恶的特点，然而即使所有的恶都是情之所为，也不能据此就推出情全部是恶的，而是在"情既昏"的情况下才会为恶。这说明，李翱对《刘子新论》（详见下文）的性情对立论既有继承，也有一定的修正：《刘子新论》主张人的品性皆善而人情皆恶；李翱力倡更合乎孟子思想原旨的性与善情合一论：性皆善，而情有善有恶，皆善之性只与善情是合一的，与恶情则是矛盾的。

二程在承继了中国自古向有将仁、义、礼、智、信视作人性的传统之上，主张任何情都是出于性，感于外物而生的。换言之，善情是出于性，感于物而生的，恶情也是出于性，感于物而生的，善情与恶情之间的区别不在于来源上的不同，而在于是否适度："适度之情"为善情，"过之情"与"不及之情"均是恶情。

《二程遗书》卷第二十二上说："性即理也，所谓理，性是也。天下之理，原其所自，未有不善。喜怒哀乐未发，何尝不善？发而中节，则无往而不善。"

《二程遗书》卷第十八又说："问：'喜怒出于性否？'曰：'固是。才有生识，便有性，有性便有情。无性安得情？'又问：'喜怒出于外，如何？'曰：'非出于外,感于外而发于中也。'"

性是善的,而情有善有恶,这样,性与善情之间是统一的关系,恶情与善性之间则是对立的关系,若恶"情既炽而益荡",则"其性凿矣",因而二程主张"性其情",反对"情其性"。可见,为了保持善性或恢复善性,在二程看来,不能简单地灭绝情,而只能弘扬善情,节制恶情。即如《河南程氏文集》卷第八所说:"天地储精,得五行之秀者为人。其本也真而静,其未发也五性具焉,曰仁义礼智信。形既生矣,外物触其形而动于中矣。其中动而七情出焉,曰喜怒哀乐爱恶欲。情既炽而益荡,其性凿矣。是故觉者约其情使合于中,正其心,养其性,故曰性其情。愚者则不知制之,纵其情而至于邪僻,梏其性而亡之,故曰情其性。"

与二程类似,陈淳也赞成孟子的人性本具善端说,也主张性情一体,认为在心里面未发出来的是性,发出来之后就是情。既然性情一体,怎样解释性都是善的而情有善有不善这一矛盾呢? 对于这一问题的解决,陈淳采取了不同于二程的策略:将善情看做从性中发出来的,而不善情是感物欲而发动的,不是从本性中发出来的,进而主张保留善情以复善性,如果像禅宗那样将情全部视为不好的以至于用绝情灭欲的方法来复善性,性就会变成死的东西,对个体身心发展毫无用处。陈淳的这一见解为他本人及其他理学家提倡通过育情来育德的做法提供了理论依据。陈淳在《北溪字义·情》中说:

情与性相对。情者,性之动也。在心里面未发动底是性,事物触著便发动出来是情。寂然不动是性,感而遂通是情。这动底只是就性中发出来,不是别物,其大目则为喜、怒、哀、惧、爱、恶、欲七者。《中庸》只言喜怒哀乐四个,孟子又指恻隐、羞恶、辞逊、是非四端而言,大抵都是情。性中有仁,动出为恻隐;性中有义,动出为羞恶;性中有礼智,动出为辞逊、是非。……情之中节,是从本性发来便是善,更无不善。其不中节是感物欲而动,不从本性发来,便有个不善。孟子论情,全把做善者,是专指其本性之发者言之。禅家不合便指情都做恶底物,却欲灭情以复性。不知情如何灭得? 情既灭了,性便是个死底性,于我更何用?

性情合一论看到了人的品性与情感之间的密切关系,在此前提下,先人强调情感在品德教育中的重要作用,主张通过激发个体的情感和顺应人的性情来育德,这合乎人之常情,有一定的心理学依据。不过,多数学者主张将人的品性与情感合二为一,含有以情代德,情、德不分的倾向。

二、"性贞则情销,情炽则性灭":性情对立论

大约在北齐时期,从善与恶的角度来阐述性与情的关系出现了一个新

的观点,那就是《刘子新论》主张的性情对立论。它的含义是:人的品性皆善而人情皆恶,这样,情会因外界影响而与人的品性相背,产生对立状态。《刘子新论·防欲》说:

> 人之禀气,必有情性。性之所感者,情也;情之所安者,欲也。情出于性而情违性,欲由于情而欲害情。情之伤性,欲之防情,犹烟冰之与水火也。烟生于火而烟郁火;冰出于水而冰遏水。故烟微而火盛,冰泮而水通;性贞则情销,情炽则性灭。

反对刘向等人的性情相应论,认为性善情恶,二者之间是对立的关系:"性贞则情销,情炽则性灭。"

性情对立论看到了人的品性与情感相背的一面,主张通过灭情来育德,这有一定的心理学依据。因人的情绪、情感从性质上看有好坏之分,从程度上讲有适度与不适度的差异。不良情绪与情感无疑会干扰人的心性,对品德修养起消极影响;即使是好的情绪与情感,假若"过"与"不及",同样达不到修德的功效。但性情对立观过于强调情感与德性之间的对立,没有看到两者之间也有相统一的一面,这是其不足之处。如果完全按照此观点去育德,势必会走上禁欲的道路,这既不合人情也不利修德。幸运的是,在中国古代,它不占主流。

三、"情与性,犹波与水……静时是性,动则是情":性静情动说

差不多在学者从善与恶角度探讨性与情关系的同时,也有学者从静与动的角度来探讨性情问题,从而提出了性静情动说。这是从心理状态来阐述情与性的关系。该观点发端于《礼记》。《礼记》继承《荀子·正名》的思想,进一步说明:人初生时是平静的,这是天赋的本性;感应外界事物,使内心的情感活动起来,这是人的本性的一种表现。《礼记·乐记》说:

> 人生而静,天之性也。感于物而动,性之欲(当依《史记·乐书》作"性之颂",引者注)也。

这种"性静情动"的观点明确揭示了情与性的关系:情与性在本质上是一回事,从静态看是性,从动态看是情,即静的性感物而动,这动的性就是情。南北朝时梁代的贺玚进一步发展了《礼记·乐记》"性静情动"的思想,最早明确提出性静情动说,因其将动的情比作水的波纹,又叫情波说。据《礼记·中庸正义》记载,贺玚曾说:"情与性,犹波与水,静时是水,动则是波;静时是性,动则是情。"形象地把性与情喻为水之静和水之动,把情感视为个体心理过程的波动状态。情波说自提出后,为后人所普遍认同。大致成书于唐末宋初的《关尹子》在《五鉴篇》里从心、性、情关系出发描述到:"情生于心,心生于性。情,波也;心,流水;性,水也。"把心理过程视为动态过程,而

情感为这一过程的波动状态。《二程遗书》卷第十八说："问：'性之有喜怒，犹水之有波否？'曰：'然。湛然平静如镜者，水之性也。及遇沙石，或地势不平，便有湍激；或风行其上，便为波涛汹涌。此岂水之性也哉？人性中只有四端，又岂有许多不善底事？然无水安得波浪，无性安得情乎？'"可见，二程也赞成性静情动说。《朱子语类》卷六二说："横渠心统性情之说甚善，性是静，情是动，心则兼动静而言，或指体，或指用，随人所看。"《朱子语类》卷五又说："性是未动，情是已动，心包得已动未动。盖心之未动则为性，已动则为情，所谓心统性情也。……心如水，性犹水之静，情则水之流。"很显然，在性与情的关系问题上，朱熹吸收了张载"心统性情"的思想，认为性情皆出于心，情与性的联系是，情是性的发用；同时，朱熹又吸收贺场的思想，以水的动静作喻，认为情与性的区别在于心的"已动"与"未动"："心之未动则为性，已动则为情。""性犹水之静，情则水之流。"这表明，情是静态的性在外物作用下处于动态的表现，即性静情动。

性静情动说告诉人们，情是动态的性，性是静态的情，这样，在品德教育中，不能灭绝情，而要善待情，否则，善性也就不能得以保持或恢复，正所谓："皮之不存，毛将焉附？"但是，情毕竟是"动"的性，而"性"就其本性而言，是"静"的，因此，在品德教育或品德修养中，又要克制情，使之不"妄动"，否则"静"的性就会受到伤害。同时，性静情动说将情绪情感看做心理的一种波动状态，以与其他的心理现象相区别。这种观点尽管没有真正揭示出情的实质，但它毕竟从一个新的视角考察了情绪情感过程与其他心理过程的差别。它以比喻的形式从一个侧面反映了情感会引起人的生理变化并有其外部表现的思想，难能可贵。西方学者直到19世纪末才有詹姆斯（James）提出意识流的观点，主张意识的重要特征之一在于它的流动性。将情绪当做心理学上三大问题之一去研究亦多年（西方心理学概分知、情、意三大部分），说明它像水上波浪那样的不平静，只是最近的事。詹姆斯、朗格（Lange）二氏开其端，坎农（Cannon）证以实验，华生（Watson）、武德沃斯（Woodworth）才把它叙述清楚。华生说情绪是"强烈机体变化"，武德沃斯说是"一般身体的骚扰"。他们都承认无情绪时，身体的状态是平静的；平静被扰乱，情绪便发生。这与尹喜的思想完全吻合（张耀翔，1983，pp207－208）。

第六节　理欲论

"欲"这个概念在中国大致可追溯到《尚书》。《尚书·泰誓》说："民之所欲,天必从之。"中国古人讲的"欲"与现代心理学中"需要"的概念大致相似。中国古人对"欲"提出了许多观点,理欲论是其中最重要的一个观点。它在当时具有调节人们社会生活行为的作用,至今仍有借鉴意义。

一、欲和人欲的实质

理学家们讲的"欲"和"人欲",虽只有一字之差,但含义是不同的。

(一)"欲"的内涵

理学家讲的"欲",一般指人的欲望或需要,它在性质上有好坏之分。如《朱子语类》卷五说:"心如水,性犹水之静,情则水之流,欲则水之波澜。""欲之好底,如我欲仁之类;不好底,则一向奔驰出去。若波涛翻浪,大段不好底欲,则灭却天理,如水之壅决,无所不害。"在朱熹心目中,"欲"泛指人的欲望或需要,它在本质上和情一样,也是性的表现形式之一,只不过它比情的活动更为激烈罢了。同时,"欲"有好坏之分,"好底欲"一般指人的高级精神需要(如我欲仁)和人的合乎"礼"的物质需要(如维持生存的需要);"不好底欲"一般指人的不合乎"礼"的需要(如追求奢侈物质生活的需要)。需要指出,在朱熹之前,各学者在探讨欲的性质时,都没有明确对欲的好坏进行区分,朱熹首次将欲分为"好底欲"和"不好底欲"两种,这是他的一个贡献;当然,朱熹划分欲的标准具有时代局限性。

(二)"人欲"的内涵

理学家讲的"人欲",一般指人的不合乎"礼"的欲望或需要,相当于上文朱熹讲的"不好底欲"。如《朱子语类》卷四十曾说:"同是事,是者便是天理,非者便是人欲。如视听言动,人所同也。非礼勿视听言动,便是天理;非理而视听言动,便是人欲。"在这里,朱熹划分"欲"与"天理"的标准是"礼",凡是符合"礼"的"欲"就是"天理",凡是不符合"礼"的"欲"就是"人欲"。可见,朱熹讲的"天理",有时与其讲的"好底欲"含义大致相同;而他讲的"人欲",实际上是指人的不合乎"礼"的欲望或需要,与其讲的"不好底欲"含义大致相同。

根据上文所论,"欲"和"人欲"本是内涵不同的两个概念,但理学家们有时也混用之。如《陆九渊集》卷三十二说:"夫所以害吾心者何也?欲也。"此处的"欲"实指"人欲",故会"害吾心"。《吴廷翰集·吉斋漫录》卷上说:"人欲,只是人之所欲。"此处的"人欲"又实指"欲"。

二、欲、人欲和天理的关系

要准确把握"欲"、"人欲"与"理"的关系,先要弄清"理"的实质。

（一）"理"的实质

在中国文化里,理的含义众多,鉴于这里主要是探讨其与欲、人欲的关系,因此,下面仅从两个方面来揭示理的内涵。

（1）"理"实指封建伦理纲常,这是"理"的主要内涵之一。当"理"作此含义讲时,"理"不是一个心理学上的概念。如《朱文公文集》卷四十说:"天理,只是仁义礼智之总称。"《陆九渊集》卷一也说:"盖心,一心也,理,一理也,至当归一,精义无二,此心此理,实不容二。……仁即此心也,此理也。求则得之,得此理也;先知者,知此理也;先觉者,觉此理也;爱其亲者,此理也;敬其兄者,此理也;见孺子将入井而有怵惕恻隐之心者,此理也;可羞之事则羞之,可恶之事则恶之者,此理也;是知其为是,非知其为非,此理也;宜辞而辞,宜逊而逊者,此理也;敬此理也,义亦此理也;内此理也,外亦此理也。"可见,陆王心学家讲的"理",与程朱理学家所讲的"理",在内涵上有相通之处,即都是指仁义礼智信等封建伦理纲常。唯物论理学家也认为,"理"的内涵实即仁义礼智信等封建伦理纲常,故戴震为了揭露"理"之灭绝人性,曾在《孟子字义疏证·理》中愤慨地说:"人死于法,犹有怜之者;死于理,其谁怜!"

（2）"理"是对人的合乎"礼"的诸种需要的总称,这是"理"的另一种内涵。当做此含义讲时,"理"是一个纯粹心理学上的概念,相当于前文朱熹讲的"好底欲"。如《朱子语类》卷十三明确主张:"饮食者,天理也;要求美食,人欲也。"可见,在朱熹的言论中,天理实可指"饮食"之类的欲,而人欲则指"要求美食"之类的欲。朱熹的这一思想被其后的理学家所继承和发展。如王夫之在《读四书大全说·论语·里仁篇》中说:"只理便谓之天,只欲便谓之人。饥则食,寒则衣,天也。食则各有所甘,衣则各有所好,人也。""饥则食"之类的欲之所以是天理,是由于它们是维持人的生存所必需的(此种欲若不能满足,人就会被饿死或冻死),因而是合礼的;至于"食则各有所甘"之类的欲则并非人生存所必需,所以是人欲。概言之,理学家们讲的理实可总指人的合乎礼的诸种需要。关于这点,张岱年也有类似观点:"在宋代道学,凡有普遍满足之可能,即不得不满足的,亦即必须满足的欲,皆不谓之人欲,而谓之天理。如饥而求食,寒而求衣,以及男女居室,道学皆谓之天理。凡未有普遍满足之可能,非不得不然的,即不是必须满足的欲,如食而求美味,衣而求美服,不安于夫妇之道而别有所为,则是人欲。"(张岱年,1982,p.455)同时,作为总称人的合乎礼的诸种需要的理,从内容上看,包括了合乎礼的物质需要与精神需要;从层次上讲,既有"饥则食"之类的低级需要,也有"我欲仁"之类的高级需要;从性质上看,则均是合礼的,即均是"好底欲"。当然,理学家判断人的某种欲是不是理的主要标准,是维护封建统治的礼。合而言之,理学家们讲的"理",其含义是有两种的,但在他们的言论中却未做出明确的区分,只是笼统地称为"理"。

(二)"理"与"欲"和"人欲"的关系

综观理学家们关于"理"与"欲"、"人欲"关系的论述,其观点大致有二:

(1)天理人欲对立观。此观点认为,"天理"与"人欲"之间是彼此制约和对立的关系,有天理则无人欲,有人欲则无天理;天理之不明,是由于人欲昏蔽的结果。该观点以程朱理学为代表。如《朱子语类》卷十三说:"人之一心,天理存,则人欲亡;人欲胜,则天理灭,未有天理人欲夹杂者。学者须要于此体认省察之。"可见,当理学家们在"理"与"人欲"关系问题上持天理人欲对立观时,其"理"的含义可以是上文讲的两种含义中的任一种,而"人欲"一般是指人的不合乎"礼"的需要,故而"理"与"人欲"之间是一种对立或排斥的关系。但是,如前所述,二程和朱熹等人认为,"欲"一般指人的欲望或欲求,故"欲"与"理"则有统一的一面。如据《四书章句集注·孟子集注》卷二记载,朱熹曾说:"盖钟鼓、苑囿、游观之乐,与夫好勇、好货、好色之心,皆天理之所有,而人情之所不能无者。"从这可看出,在理与欲和人欲关系问题上,程朱等人虽主张天理人欲对立观,但也承认理与欲之间有统一的一面。

(2)理欲统一观。此观点反对把"天理"与"人欲"对立起来,而认为"理"与"欲"之间是统一的关系。该观点以陆王心学家和唯物论理学家为代表。陆九渊从其"天人合一"观出发,强调理欲是统一的,认为人只有一个心,来自"天理"的人心即是"道心",因而反对程朱理学家们的"天理人欲"之分。据《陆九渊集》卷三十四《语录上》记载,陆九渊说:"天理人欲之言,亦自不是至论。若天是理,人是欲,则是天人不同矣。此其原盖出于老氏。"需指出,陆九渊此处讲的"人欲",不是指人的私欲,而实指"欲",故而陆九渊认为,"天理人欲之言,亦自不是至论。"据《读四书大全说·梁惠王下篇三》记载,王夫之说:"唯然故终不离人而别有天,终不离欲而别有理也。离欲而别为理,其唯释氏为然。"必须指出,王夫之此处讲的"人欲"也不是指人的私欲,而实指"欲",故而王夫之也主张理与欲之间是统一的关系,进而主张在人欲中择天理,在天理中辨人欲。陆九渊和王夫之等持理欲统一观的人,实际上也承认理与人欲(人的私欲)之间的对立关系。如陆九渊强调心与欲之间的对立关系。《陆九渊集》卷三十二《养心莫善于寡欲》说:"夫所以害吾心者何也? 欲也。欲之多,则心之存者必寡;欲之寡,则心之存者必多。故君子不患夫心之不存,而患夫欲之不寡。"《陆九渊集》卷十一《与李宰》又曾说:"人皆有是心,心皆具是理,心即理也。"既然,心即理,而此处的欲又实指人欲,那么,心与欲的对立实际上也就是理与人欲的对立。

合而言之,在理与欲和人欲关系问题,理学家们其实都主张理与欲之间是统一的关系,而理与人欲之间是对立的关系,他们之间的观点并无本质的区别。

三、欲和人欲的功能

(一)欲的功能

欲在性质上有好坏之分,不可一概否定,更何况欲中"好底欲"就是理,于是理学家对欲多持较肯定态度,进而对欲的功能也多持较肯定态度,认为欲能起多方面的积极作用:一是,欲是促使人行动的推动力。代表人物是戴震等人。戴震在《孟子字义疏证》卷下里明确表示:"凡事为皆有于欲,无欲则无为矣。有欲而后有为,有为而归于至当不可易之谓理;无欲无为又焉有理!"二是,欲是情产生的动力基础,代表人物是罗钦顺。罗钦顺在《困知记》卷一里主张:"七情之中,欲较重。盖惟天生民有欲,顺之则喜,逆之则怒,得之则乐,失之则哀……欲未可谓之恶,其为善为恶,系于有节与无节尔。"将欲看做情产生的动力基础,此观点与现代心理学对欲的看法相暗合。三是,欲能生百善。代表人物是陈确等人。陈确在《无欲作圣辨》里说:"欲即是人心生意,百善皆从此生,止有过不及之分,更无有无之分。"

(二)人欲的功能

理学家对人欲的功能一般持较否定的态度,认为人欲多起负面的作用:一是,诱人"为不善"。像《二程遗书》卷第二十五就说:"人之为不善,欲(指人欲)诱之也。诱之而弗知,则至于天理灭而不知反。"二是,"害吾心"。如陆九渊在《养心莫善于寡欲》一文里说:"夫所以害吾心者何也?欲(指人欲)也。欲之多,则心之存者必寡;欲之寡,则心之存者必多。"三是,使情变不善。如陈淳在《北溪字义·情》说:"情之中节,是从本性发来便是善,更无不善。其不中节是感物欲而动,不从本性发来,便有个不善。"四是,嗜欲有害身心健康。如王廷相从心理卫生角度出发,认为嗜欲会损害身心健康,故而在《雅述下篇》里主张养生"大要不出少思虑,寡嗜欲"。

四、对待欲和人欲的态度

既然学者对欲和人欲的实质、欲和人欲与理的关系以及欲和人欲的功能等看法不一,必然导致他们对待欲和人欲的态度也是不一样的。具体地说,他们多承认"好底欲"的存在是合法的,而"不好底欲"是应该加以灭绝的,因此,主张对待欲的态度是:应加以节制和引导,既反对放纵情欲,又反对灭绝情欲,这就是节导说。如张载、二程和朱熹等人主张"存天理,灭人欲"。据《张载集·经学理窟·义理》记载,张载说:"今之人灭天理而穷人欲,今复反归其天理。古之学者便立天理,孔孟而后,其心不传,如荀扬皆不能知。"《二程遗书》卷第二十四说:"人心私欲,故危殆。道心天理,故精微。灭私欲则天理明矣。"《朱子语类》卷十二说:"圣贤千言万语,只是叫人明天理,灭人欲。"但是,二程又批评佛教不近人情,《二程外书》卷第十说:"佛有发,而僧复毁形;佛有妻子舍之,而僧绝其类。若使人尽为此,则老者何养?幼者何长?以至剪帛为纳,夜食欲省,举事皆反常,不近人情。"据《四书章句集注·孟子集注》卷二记载,朱熹也说:"盖钟鼓、苑囿、游观之乐,与夫好勇、好货、好色之心,皆天理之所有,而人情之所不能无者。"如前所述,朱熹还说:"心有喜怒忧乐则不得其正,非谓全欲无此,此乃情之所不能无。但发而中节,则是;发不中节,则有偏而不得其正矣。"可见,二程和朱熹只是要求人们摈弃不合理的人欲,至于合理的欲则是应该有的。合而言之,二程和朱熹等人并不是彻头彻尾的"禁欲主义"者,因为尽管他们大倡"存天理,灭人欲",也并非完全否定情欲的合理性,而是把孔子以来的伦理本位节欲观推到了高峰,欲以封建伦理束缚人们。

五、总结

从总体上看,宋明理学家对"理"和"欲"、"人欲"问题的观点是大致相同的,假若理学家们按照这样的思路——先界定理与欲和人欲的内涵、再辨析理与欲和人欲的关系,然后论及对待理与欲和人欲的态度——去探讨理与欲和人欲的问题,他们就不会发生争论了。但事实上,为什么理学家要就理与欲和人欲的问题争得不亦乐乎呢?这里关键的问题就在于概念的含混不清。由于中国古代一向重视整体思维而轻视分析思维,导致中国传统思维方式表现出一定程度的模糊性。反映在用词上,就是对多数词的内涵不作明确的界定。就理与欲和人欲三个概念而言,也是如此。理学家们在不同场合(甚至在其著作的前后文中)所使用的理与欲和人欲三个概念的含义是不同的。而这三个概念含义的不同,必然导致它们三者之间的关系发生变化,进而导致对待它们的态度也要发生变化。如当"欲"指人的欲望或需要时,它与理之间有统一的一面,也有冲突的一面,故就要存理节欲,去掉"欲"中不好的部分,而保留"欲"中好的部分;而当"欲"指人的私欲时,它与理之间是完全对立的关系,此时就要存理灭欲。可见,概念的含混不清是导致理学家们对理与欲和人欲问题进行争辩的主要缘由之一。另外,相对而言,程朱理学家偏重于讲人欲及人欲与理之间的对立关系(当然他们也看到了理与欲之间的统一关系),而陆王心学家和唯物论理学家偏重于讲欲及欲与理之间的统一关系(当然他们也看到了理与人欲之间的对立关系),导致在对待理与欲和人欲的态度上,程朱理学家较为强调存天理灭人欲,而陆王心学家和唯物论理学家较为强调存理节欲。这种对待理与欲和人欲侧重点的不同,是导致他们发生争论的又一重要缘由。同时,在封建社会,"理"总是"公"的,相对于"理"而言,"欲"和"人欲"均是"私"的,所以,宋明理学中的理欲之辨实际上是一种公私之辨。最后,作为总称人合乎礼的诸种需要的理与欲和人欲三者之间没有层次上的区别,即三者均包含人的低级需要与人的高级需要,也都包含有人的物质需要和精神需要;三者之间的唯一区别是有好坏之分:理中包含的需要均是"好底",欲中包含的需要既有"好底"也有"不好底",人欲中包含的需要则都是"不好底"。这样,从心理学角度看,理学中的理欲之辨不能看做关于低级需要与高级需要或物质需要与精神需要之争,其实质也可看做一种关于合理需要("好底欲")与不合理需要("不好底欲")的内涵、相互关系及对待二者的态度之争。理学家们主张要保存合理需要而去除不合理需要,主张区别对待欲和人欲的功能,等等,这些思想在当今社会仍具有一定借鉴意义。当然他们划分合理需要与不合理需要的标准是不合理的。并且,由于时代的局限性,理学家们一般都或多或少地赞成要存"理",因而或多或少地起到了维护封建制度之作用,可见,理欲辨中所包含的思想是精华与糟粕互见,我们要批判地吸收。今人也要从理欲辨中吸取教训,即在思维方式上,要做到整体思维与分析思维的协调发展,这样就可减少很多无谓的争论(汪凤炎,1999b,pp. 183 - 184)。有人认为,在中国古人的观念中,欲更偏重于低层次的物质需要,理代表精神需要,中国历史上的理欲之辨完全可以看成是论述有关中国古代需要心理学思想中的物质需要与精神需要的问题(彭彦琴等,1997,pp. 77 - 81)。根据上文分析可知,这种观点值得商榷。

第十三章

中国古代心理学思想史

　　根据现有研究成果,中国传统文化里蕴涵有丰富的心理学思想,其内容涉及认知心理学思想、志意心理学思想、情欲心理学思想、性情心理学思想、释梦心理学思想、社会心理学思想、教育心理学思想、文艺心理学思想、心理卫生思想、心理治疗思想、运动心理学思想和军事心理学思想等。不过,限于篇幅和本书的研究旨趣,这里不打算将中国古代心理学思想"一网打尽",而只是选择其中3个具代表性的专题作一简论,以期窥一斑而见全豹。

第一节　教育心理学思想

　　以礼仪之邦闻名于世的中国一向重视教育,中国历史上的教育大家也层出不穷,由此积淀出深厚的教育心理学思想,本节只简要论述其中的学习心理观、智能心理观和教师心理观。

一、学习心理观

　　何谓"学习"? 现代教育心理学一般认为,学习是指有机体经由练习或经验引起的,在心理(主要包括认知、品德、态度、情绪或个性心理特征等)、行为(含品行)或行为潜能上发生相对持久的变化。围绕"学习"问题的研究,出现了行为主义学习理论、认知主义学习理论和人本主义学习理论等三大学习理论。中国先哲对学习问题也进行了广泛探讨,提出了一些至今仍有价值的见解。

(一)"学习"的语义分析

　　要想透彻地把握中国人的学习心理观,先需准确把握中国人讲的"学习"的内涵。据《辞海》(1989, p. 1269)解释,"学习"一词的含义有二:(1)《礼记·月令》:"鹰乃学习。"学,效;习,鸟频频飞起。指小鸟反复学飞。(2)求得知识技能。《史记·秦始皇本纪》:"士则学习法令辟禁。"引申为效法。要了解"学"的含义,还须知道"教"的含义。许慎的《说文解字》对"教"的解释是:"上所施,下所效也。"据许慎的《说文解字》和段玉裁的《说文解字注》解释:习,数飞也,从羽,从白,凡习之属皆从习。《礼记·月令》说:"鹰乃学习。"引申之义为习执。

　　"学"字用于人,其含义是指后学者效法先学者之义,换言之,"学"本指人的模仿学习,即指一个人(通常是后学者)模仿另一个人(通常是扮演教师的人,如老师,或父母等)的学习,而不包括自我模仿之义;同时,因后学效法先学的目的,本是想获得与先学者行为类似的行为,于是,从这一意思中很容易引申出"觉悟"之义。将"小鸟练习飞翔"的"习"的含义扩大,就可指对一切事物的练习或温习,并且,其主语也就由"鸟"扩大到"人"了。"学"与"习"在开始时往往分开用,如《论语·学而》说:"学而时习之,不亦说乎。"这表明"学"与"习"本是两种不同的心理与行为方式:"学"原本主要是在学堂里进行的,相应地,"学"主要是停留在"知"上,毕竟此时教师多用"讲授法"进行教学。当然,教师在课堂上的一举一动实际上都在给学生以某种"示范",或多或少会影响学生的心理与行为;更重要的是,像工匠师傅在室内教徒弟,往往交替使用讲授法与示范法一样,后一种方法实是教弟子如何"做"。从这个意义上说,"学"之中必也包含一定的"做"。不过,相对而言,"学"侧重于"言教",即"说",尤其是当中国古代学堂里所教的知识多是道德知识而不是科技知识时更是如此。与"学"不同,"习"主要是要求"学生"要去反复练习,不能仅停留在"知"上。可见,"习"侧重于"练习",即"做"。

　　"学而时习之"虽可使"言教"与"练习"或"做"相一致,但毕竟在"学"与"习"之间给人留下"有时间间隙"的印象。若任此现象发展,势必产生"学"与"习"的分离:只"学"不"习";或者,只知盲"习",却不知"学"。为了消除这种隐患,极好简洁的先人虽然更喜欢以"字"为"词",此时却直接将"学"与"习"合起来,成为一个合成词——"学习",其目的就是直截了当地告诉人们:"学习"本是一件知行合一的事情。结果,"学习"一词就应运而生了。它的含义是:指后觉之人效法先觉之人(通常是扮演教师角色的老师或父母等),继而通过不断践履或练习的方式,让自己逐渐获得与先觉者类似的心理素质(主要包括知识经验、情绪情感体验、道德品质和人格特征等)、行为潜能和相应的行为方式,使自己的心理与行为方式乃至于自己的整个精神面貌都逐渐发生变化,最终让自己逐渐变成像先觉者一样或类似的人的过程。用一句通俗话说,"长大后,我就成了你"一语最能表白经典中式"学习观"的特色。由此可见,经典中式学习观之中并不包含创新学习之义。

经典中式学习观的长处至少有二：一是，强调"学习"本是一种"知行合一"的过程，这自然有助于提高学习的效果，若能恰当将之发扬光大，定能有效纠正今天中国学校教育里所讲的学习存在过于注重"学"而轻视"习"的弊病。另一是，强调学习者对先人已有知识经验的继承与"觉悟"，在此基础上能做到"知困"进而"自强"，达到"教学相长"的境界，使先人的宝贵知识经验得以代代相传，这有利于文明的继承与发展。经典中式学习观的不足之处是：过于强调继承先圣的知识经验，也就颇为忽视甚至贬低学习者自己的个人创新能力。这从一些成语中也可窥见一斑。如"英雄所见略同"之类的词语多具褒义，而别出心裁、异想天开、与众不同之类的词语则往往带有贬义。因过于强调模仿先圣先贤的模仿学习，这就从根本上扼杀了学生想进行创造性学习的意向，使学生的学习失去了创新的原动力，进而使学生丧失了创新意识，满脑子多是如何体悟先圣先贤的"微言大义"，结果必然会禁锢学生的创造力，这是今人研究中国人的教育心理观时应引以为戒的（汪凤炎，郑红，2008，pp. 246-248）。

（二）坚持学知论，反对生知论

人的知识、智能与德性是先天就有还是后天生成的，这是自古至今学术界争论的热门话题之一。在生知与学知问题上，虽然中国自先秦以来就有两种代表性且针锋相对的观点：一是学知论，一是生知论（燕国材等，1991，p. 29-37）；不过，就其影响而言，学知论一直处于主流地位，从而为中国人重视教育打下了坚实的理论基础。

综观孔子的诸多言论及孔子一生的所作所为，孔子本人就非常重视学知。据《论语·述而》记载，孔子明确地说过："我非生而知之者，好古，敏以求之者也。"否认自己是"生而知之者"，认为自己是一个"学而知之者"。虽然如此，毕竟孔子思想里也肯定了生知的存在，实有将学习分为生知与学知的思想，因为据《论语·季氏》记载，孔子曾说："生而知之者上也，学而知之者次也；困而学之，又其次也；困而不学，民斯为下矣。"此后，以孟子为代表的一派学人主要继承了孔子的生知思想，进而主张内求说；以荀子为代表的一派学人主要继承了孔子的学知思想，进而主张外铄说，这可说是中国教育心理学思想发展的两条"红线"，贯穿于整个中国教育心理学思想史的发展始终。

孟子将孔子的生知思想进一步明确化与扩大化，在孔子心中，只有所谓的圣人才是"生知"，而孟子主张人人都有"不学而能"的"良能"和"不虑而知"的"良知"。《孟子·尽心上》说："人之所不学而能者，其良能也；所不虑而知者，其良知也。"此思想为后人尤其是陆王心学所承继和发展。不过，孟子此处所讲的"良知良能"实只是一种端芽而不是现实的智能。在孟子看来,现实的智能也是后天习得的,并以射箭为喻进行说明。在孟子看来,智能犹如射箭技巧一样,既然射箭的技巧是后天苦练而来的,智力这种射中"条理"的技巧也只能是后天习得的。《孟子·万章下》说:"始条理者,智之事也;终条理者,圣之事也。智,譬则巧也;圣,譬则力也。由射于百步之外也,其至,尔力也;其中,非尔力也。"可见,在中国历史上,几乎找不到一个彻头彻尾的生知论者,相反,学知几乎是先哲的共识。

荀子力倡孔子的学知思想,其名篇《劝学》一文力荐学知的重要:"君子曰:学不可以已。青,取之于蓝而青于蓝;冰,水为之而寒于水。……吾尝终日而思矣,不如须臾之所学也……"认为人的知识、智能和德性只能通过实践与向前人学习才能获得。荀子的这一思想为后人尤其是唯物主义思想家所承继和发展。

《淮南子》明确主张人的智慧才能不是先天决定的,后天的学习能发展人的智慧与才能。为了增强此观点的说服力,《淮南子》从正反两面予以论证:从反面讲,一个人即使天资颇高,假若缺少后天的学习,"其知必寡",这表明发展人的智慧才能的关键因素之一是学习。《淮南子·修务训》说:"今使人生于辟陋之国,长于穷檐漏室之下,长无兄弟,少无父母,目未尝见礼节,耳未尝闻先古,独守专室而不出门,使其性虽不愚,然其知者必寡矣。"从正面讲,《淮南子》举出一些事例来说明一个人可以通过努力学习来发展自己的智能,因此,即使你本是天资平平的人,如果你肯努力学习,也能使自己的智能获得大的发展。《淮南子·修务训》说:"夫宋画吴冶,刻刑镂法,乱修曲出,其为微妙,尧、舜之圣不能及。蔡之幼女,卫之稚质,捆纂组,杂奇彩,抑墨质,扬赤文,禹、汤之智不能逮。"

韩愈主张"人非生而知之者"的学知论,认为智能是后天发展起来的,力倡一个人通过勤奋学习来发展自己的智能,并要求人们在学习过程中遍求诸师,做到"道之所存,师之所存"。韩愈在其名篇《师说》里说道:"古之学者必有师。师者,所以传道、授业、解惑也。人非生而知之者,孰能无惑?惑而不从师,其为惑也,终不解矣。生乎吾前,其闻道也固先乎吾,吾从而师之;生乎吾后,其闻道也亦先乎吾,吾从而师之。吾师道也,夫庸知其年之先后生于吾乎!是故无贵无贱,无长无少,道之所存,师之所存也。"

宋代王安石认为,一个人的聪明才智取决于两个基本因素:一是"受之天",即先天的禀赋;另一是"受之人",即后天的教育和学习。王安石说:

金溪民方仲永,世隶耕。仲永生五年,未尝识书具,忽啼求之。父异焉,借旁近与之,即书诗四句,并自为其名。其诗以养父母、收族为意,传一乡秀才观之。自是指物作诗立就,其文理皆有可观者。邑人奇之,稍稍宾客其父,或以钱币乞之。父利其然也,日扳仲永环谒于邑人,不使学。予闻之也久。明道中，从先人还家，于舅家见之，十二三矣。令作诗，不能称前时之闻。又七年，还自扬州，复到舅家，问焉。曰："泯然众人矣。"王子（王安石自称，引者注）曰："仲永之通悟，受之天也。其受之天也，贤于材人远矣。卒之为众人，则其受于人者不至也。彼其受之天也，如此其贤也，不受之人，且为众人。今夫不受之天，固众人，又不受之人，得为众人而已耶？"（《王文公文集》卷三十三《伤仲永》）

人之所难得乎天者，聪明辨智敏给之材；既行之矣，能学问修为以自称，而不弊于无穷之欲，此亦天之所难得乎人者也。天能以人之所难得者与人，人欲以天之所难得者徇天，而天不少假以年，则其得有不暇乎修为，其为有不至乎成就，此孔子所以叹夫未见其止而惜之者也。（《王文公文集》卷九十《节度推官陈君墓志铭》）

从智能的先天因素和后天因素之关系角度看，这两个事例说明了同一个道理：人的先天遗传素质（生性）虽是其才能发展的必要物质前提，但它只是为才能的后天发展提供了可能性，人的智能主要是通过后天的学习（广义的学习）而逐步发展起来的，这样，一个人即使资质很高，假若自己后天不努力或是没有受到后天的良好教育，也会无所作为。当然，这两个事例论述的角度是不一样的：前者以一个天资高因不重学习而泯然为众人的事例为论据；后者以一个天资高而又肯学习，只是由于早逝而影响了其更大成就的事例为论据（杨鑫辉，1994，pp. 174–175）。

明清之际的王夫之则反对生知说，力倡学知论，他在《读四书大全说》卷七里说："聪必历于声而始辨，明必择于色而始晰，心出思而得之，不思则不得也。……今乃曰生而知之者，不待学而能，是羔雏贤于野人，而野人贤于君子矣。"王夫之也明确地看到了智力的先天因素和后天因素的结合。他在《读四书大全说》卷三《中庸·第二十七章》里说："以性之德言之，人之有知有能也，皆人心固有之知能，得学而适遇之者也。若性无此知能，则应如梦，不相接续。""人心固有之知能"是先天因素，"得学而适遇"是后天因素。很明显，在王夫之看来，智、能是在先天的"固有知能"的基础上，通过后天的学习而形成和发展起来的。

（三）学习过程

对于学习过程，先哲有多种观点，其中最具代表性、完整性的是"七阶段论"，即将完整的学习过程分为 7 个阶段（燕国材等，1991，pp. 71–89）：

1. 立志

确立为学之志，这是学习的第一阶段。先哲大多主张学习须先立志。如，据《论语·子张》记载，子夏认为一个人若"博学而笃志，切问而近思，仁在其中矣"。张载在《经学理窟·义理》中也说："人若志趣不远，心不在焉，虽学无成。"

2．博学

指多闻、多见，这是学习的第二阶段。一些教育大家都力倡博学的重要性。如，据《论语·述而》记载，孔子曾说："多闻，择其善者而从之。"当然，博学不是杂乱无章地学，而必须将博与专结合起来，明白"不求于博，何以考验其约"（《朱子语类》卷十一）的道理。

3．审问

这是学习的第三阶段，即发现问题与提出问题的阶段。如据《论语·公冶长》记载，孔子就主张学习要"不耻下问。"朱熹认为一个人在博学之后要善于审问。他在《四书或问·中庸或问》里说："问之审，然后有以尽师友之情，故能反复之发其端而可思。"同时，据《朱子语类》卷十一记载，朱熹将问与疑结合起来，主张"读书无疑者，须教有疑；有疑者，却要无疑，到这里方是长进"。认为学习是一个由无疑到有疑再到无疑的过程，颇有辩证色彩。

4．慎思

这是学习的第四阶段，即思考阶段。一个人在发现问题之后，要善于思考，努力找到解决问题的途径与方法。如据《论语·为政》记载，孔子说："学而不思则罔，思而不学则殆。"据《经学理窟·义理》记载，张载曾说："书须成诵精思……不记则思不起，但通贯得大原后，书亦易记。"将记忆与思维密切结合起来。不过，中国先哲讲的"思"的含义也有局限性。因为据许慎的《说文》和段玉裁的《说文解字注》解释，"思"者"容"也。容者，深通川也；谓之思者，以其能深通也。如朱熹强调"慎思"、"谨思"、"深沉潜思"、"反复推究穷研"，才能使知识"融会贯通"。由此可见，先哲讲的思，其含义主要是指纳百川，即融会贯通地理解知识，而不包括另辟蹊径之义。换言之，先哲讲的思里无创新之义。这种意义上的"思"与上文讲的"学习"一词的含义是相辅相成的。或许正由于中国人喜欢上述含义的"学习"，也就喜欢此种含义的"思"。它们相互作用的结果，既是导致中国人的学习过程里无创造性的根源之一，也是导致中国人解决问题时擅长于求证历史或已有的先圣先贤的言论而不善长于抛开已有定论并"另起炉灶"进行实证的根源之一。而后一心态发展的结果，又使得中国人一向重视经学和史学的研究而轻视实证研究，这从经学和史学在中国传统学问里占据重要位置而"科学"在中国传统学问里微乎其微的事实里可见一斑。

5．明辨

这是学习的第五阶段，即辨析阶段。慎思之后，须要明辨。明辨既是慎思的自然发展，也是慎思的必然结果。如朱熹在《四书或问·中庸或问》里说:"辨之明,则断不差,故能无所疑惑而可以见于行。"

6. 时习

这是学习的第六阶段,即复习阶段。中国的教育大家一贯强调及时温习的重要。如据《论语·学而》记载,孔子主张"学而时习之";据《论语·为政》记载,孔子又曾说:"温故而知新,可以为师矣。"朱熹也强调及时温习的重要性,主张弟子要做到"温故而知新",而不是机械性的死记硬背,这从他对"温故知新"一语的解释里可看出。在《论语集注》卷二里,朱熹说:"温,寻绎也。故者,旧所闻。新者,今所学。言学能习旧闻,而每有新得,则所学在我,而其应不穷。故可以为人师。若夫记问之学,则无得于心,而所知有限。故《学记》讥其不足以为人师。"

7. 笃行

这是学习的最后也是最高阶段,即实践阶段。中国先哲论学,几乎都非常重视"行"。如,孔子特别重视"行",据《论语·述而》记载,孔子曾自谦地说:"文,莫吾犹人也。躬行君子,则吾未之有得。"据《朱子语类》卷六十四记载,朱熹认为:"知之愈明,则行之愈笃;行之愈笃,则知之益明。"于是强调"行"的重要性。由于重力行,先哲多认为读书应起到变化气质的作用,若一个人在未读一书之前是某样人,在读了一书之后还是此样人,就是不曾读此书。正如《二程遗书》卷第十九所说:"如读《论语》,旧时未读是这个人,及读了后又只是这个人,便是不曾读也。"这一思想是值得今之学人借鉴的。不过,先哲重视行,其行主要指个人践行封建伦理道德,与当代教育心理学讲的将所学应用于实践以解决问题的行是不太一样的。

现代教育心理学一般将学习过程分为动机、感知、理解、巩固和应用五个阶段。中国先哲关于学习过程七阶段思想,若从外在形式上看,基本上与这五个阶段相吻合:立志——动机,博学——感知,审问、慎思、明辨——理解,时习——巩固,笃行——应用。不过,从上述分析可知,若就实质而言,二者有较大的区别:一是,西人如加涅讲的学习的一般过程既考虑到学习的内部加工过程,又具有很强的可操作性;中国古人讲的学习的一般过程往往是经验的总结,没有明确揭示学习的内部加工过程。另一是,中国先哲重视行,其行主要指个人践行伦理道德规范(个人的心性修养)。如据《左传·昭公二十五年》记载,大叔转述大夫子产的话所说:"夫礼,天之经也,地之义也,民之行也。"这与当代西方教育心理学讲的将所学应用于实践以解决问题的行不太一样(汪凤炎,2008,p.242)。

(四) 学习策略

既然学习在发展人的才与德等方面起着重要的作用,那么,一个人应该怎样学习才能获得良好的效果呢? 合理路径是沿着志向→状态→学习策略进行。因志向在上文已作论述,下面只论余下两个问题。

1. "乐"、"虚"、"志":正确的学习态度

正确的学习态度至少包含三方面的内容:一是乐学。一个人若想获得良好学习效果,秘诀之一就是乐学,这样才能激发自己的学习兴趣与学习动力。如,据《论语·雍也》记载,孔子就说:"知之者不如好之者,好之者不如乐之者。"二是注意力要集中,因为注意力是学习的"门户"。这样,从正面说,一些教育大家多明确主张为学者要做到集中注意力。如孟子曾用二人学下围棋的故事(见《孟子·告子上》)来说明注意在学习中的重要作用,认为,学习的好坏在一定的意义上说不是由于智力的差异,而是取决于一个人是否"专心致志"。从反面说,为了避免已有的陈见或欲望干扰人的思维,一些教育大家提倡学习者一定要先使自己的心处于"虚"或"静"的状态。像儒家提倡为学者要慎独和内省、道家提倡学道者要心斋和坐忘、佛家要求弟子修习禅定功法,他们的一个共同目的,都是为了让人们去掉自己心中已有的陈见或欲望,让心处于清静的状态,这样才能自悟。三是要有意志。一些教育大家清楚地认识到,学习是一个漫长过程,不可能一蹴而就,若要长久地志于"道"(立长志),需要相当的意志力,为此,特别强调意志在学习中的作用,主张学习者必须要有良好的意志品质。《孟子·尽心上》讲的"掘井九轫"故事;《荀子·劝学》说的"锲而舍之,朽木不折;锲而不舍,金石可镂。"朱熹讲的"著紧用力"……其目的无非都是要人志于学习。

2. "学":学习策略

学习者要善于学习,必先掌握一些基本的学习原则与方法。为此,先哲提出了一些有效的学习策略:一是修学务早。这是主张早期教育与学习的策略。中国的教育大家多认识到学习有一个关键期,主张修学务早,因为"盖少则志一而难忘,长则神放而易失。故修学务早,及其精专,习与性成,不异自然也。"(《抱朴子外篇·勖学》)假若错过关键期,"时过然后学,则勤苦而难成。"(《学记》)这一思想为后人所继承。二是循序渐进。这指在学习要有系统有步骤地进行的策略。如孟子用"揠苗助长"的故事告诉人们,学习要依个体的身心发展规律而行,不可盲进。《二程遗书》卷第八也说:"君子教人有序。先传以小者、近者,而后教以大者、远者,非是先传以近、小,而后不教以远、大也。"三是自求自得。这是关于学习的主动性和积极性的策略。先哲意识到,通过悟获得的东西可终身"受用",用现代心理学术语讲,通过悟获得的东西进入了人的长期记忆,不易遗忘,可以随时提取出来使用,这样,通过悟得到的东西不同于通过"记闻"获得的东西,因后者会随着年龄的增长而慢慢忘记。正如王廷相在《慎言·潜心篇》里所说:"自得之学可以终身用之,记闻而有得者,衰则亡之矣,不出于心悟故也。

故君子之学,贵于深造自养,以致其自得焉。"既然一个人只有自悟自得,才可提高学习效率,于是,强调学习者应主动而积极地学习,并积极进行思考,以使自己有所悟,有所得。如《孟子·离娄上》就说:"君子深造之以道,欲其自得之也。自得之,则居之安;居之安,则资之深;资之深,则取之左右逢其原,故君子欲其自得之也。"这一见解对今人学习仍是有启示的。四是熟读精思。这指学习中强调记忆与思维紧密结合的策略。如《朱子语类》卷十说:"大抵读书先须熟读,使其言皆若出于吾之口;继以精思,使其意皆若出于吾之心,然后可以有得尔。"主张在记忆的基础上予以领会,在领会的基础上加深记忆,认为只有这样读书,才能取得理想效果。这种辩证对待记忆与思维的关系的观点与态度,与西方学习理论中联结主义过于强调记忆和认知派过于强调思维的顾此失彼的见解相比,显得颇为全面。五是触类旁通。这是讲学习的迁移规律。一个善于学习的人,必是善于将其所学知识与技能作正向迁移的人。为了做到触类旁通,先哲主张一个会学习的人要做到:以近知远,以一知万,以微知明。用今天的眼光看,"以近知远,以一知万,以微知明"实际上都是指人的推理能力和预测能力,一个人若具有较强的推理能力和预测能力,当然容易将所学的东西作正迁移,也就容易触类旁通。六是博约结合。这是讲学习中广博与专精相结合的策略。它发端于《论语·雍也》里孔子所讲的"博学于文,约之以礼"一语。为其后学者所继承和发展。如《孟子·离娄下》说:"博学而详说之,将以反说约也。"就是主张一个善于学习的人既要做到扩大自己的知识面和视野,又要做到专精。七是反复练习。中国的教育大家多深深地认识到,熟练程度的高低是影响一个人学习效率的重要条件之一,于是,多主张通过反复练习,提高熟练程度,这就是俗话说的"熟能生巧"的道理(燕国材等,1991,pp.89-116)。

二、智能心理观

(一)基本观点

依燕国材先生的分析,中国先哲在智能方面提出了如下几种基本观点(燕国材,2004,pp.774-776):

1. 智能先天基础论

此观点主张:人的智力与能力是在其与生俱来的自然素质的基础上形成和发展的。这一思想虽在先秦就有一定的萌发,但明确提出者是南宋朱熹及其高足陈淳,他们将"才"解释为才质与才能,主张才质是才能的基础,才能是才质的发展。正如陈淳所说:"才是才质、才能。才质,犹言材料质干,是以体言。才能,是会做事底……是以用言。"(《北溪字义·才》)明清时期这一智能观又得到充实和提高,它充分反映在戴震对"才"的性质所作的系统分析之中:"才"是一种完美的质料,故叫才质;由于个人的才质不同,就决定了人们的智能的差别。戴震在《孟子字义疏证下·才》里说:"才者,人与百物各如其性以为形质,而知能遂区以别焉。"

2.智能天人结合论

它主张智能是先天("天")和后天("人")结合的产物。荀子提出的"智有所合谓之智"、"能有所合谓之能"两个命题,明显地隐含这样一种思想:天生的"知"(指感知器官)必须与外物相接才能发展为智力,天生的"能"(指自然素质)也必须与外物相接才能成为能力。明确提出智能天人结合论的人是北宋的王安石。他用正反两方面的事例(神童方仲永泯为众人,节度推官陈君因早逝未有大成),说明人的智能既要"得乎天",又要"得之人",是天(先天)与人(后天)结合的产物或结果(详见前文)。把这一智能观推至高水平的是王夫之。这体现在他所提出的"竭天"论和"得学而适遇"说之中。他一方面肯定"目力"、"耳力"、"心思"、"心固有之智能"等属于"天",系先天因素;另一方面,他又承认人的这些自然禀赋必须通过"竭天"的努力,或"得学而适遇"等后天因素的影响,即天人结合方能使智能得到较好的发展。

3.智能相对独立论

对于"智力"与"能力"这两个概念,现代心理学对它们有不同的看法,主要有两种观点:一是苏联的观点。它主张能力是个大概念,智力包含在能力里面,能力包含有智力的因素,当然还有其他的因素。另一是西方的观点。它主张智力是个大概念,能力包含在智力里面,智力是由各种能力组成的。与这两种观点不同,中国先哲向有将智与能分开看的传统。智能相对独立论的含义是:智力与能力是两个独立的概念,二者既有区别,又有联系。这一思想源远流长,可以上溯至孔子。孔子虽未明确将智、能并举,但他在教育实践中对学生智能水平与特点的考察,就是区别开来进行的。例如,据《论语·公冶长》记载:"子谓子贡曰:'女与回也孰愈?'对曰:'赐也何敢望回?回也闻一以知十,赐也闻一以知二。'子曰:'弗如也;吾与女弗如也。'"这里讲的是智力。据《论语·公冶长》记载,孔子说:"由也,千乘之国,可使治其赋也……求也,千室之邑,百乘之家,可使为之宰也……赤也,束带立于朝,可使与宾客言也。"这里讲的是能力。孔子之后,智、能并举、平列的例子很多,下面择其要者略举几例:《孟子·尽心上》将良知与良能并举,也是持智、能分开的观点,但仍不太明确。荀子在《正名》里则首次明确主张智与能是两个不同的概念:"所以知之在人者谓之知。知有所合谓之智。智所以能之在人者谓之能,能有所合谓之能。"在荀子看来,人生来就具有的用来认识事物的东西叫做知,人的这种知与外界事物相接触才逐渐发展成为智力。人生来就具有的从事某种活动的东西叫做活动力,人的这种活动力与外界事物相接触才逐渐发展成为能力。用现代心理学的眼光看,荀子讲的人生来就具有的东西是指素质,如各种感官的结构和机能(荀子没有认识到神经系统和脑),不过,只有这种先天的"知"或"能"(前一个能)的素质,还不一定就会有真正的智力或能力;荀子讲的"合"其实是指先天与后天的结合,只有先天和后天的结合,才能产生智和能。这说明荀子看到了智力与能力是先天因素和后天因素的结合。《淮南子》继承先秦诸子如孟子和荀子所持的智能相对独立思想的传统,也明确地将智与能视作两个独立的概念,进而主张智圆能多论。《淮南子·主术训》说:"凡人之论,心欲小而志欲大,智欲员而行欲方,能欲多而事欲鲜。……智欲员者,环复转运,终始无端,旁流四达,渊泉而不竭,万物并兴,莫不响应也。……能欲多者,文武备具,动静中仪,举动废置,曲得其宜,无所击戾,无不毕宜也。"主张智要圆通,以便使人能全面周到地考虑问题;能要多面,以便使人将各方面的事物处理妥当。现代心理学者多主张,智力属于认知活动的范畴,能力属于实际活动的范畴,《淮南子》的上述观点与此观点相暗合。王夫之的智能相对独立论思想最为系统、最为丰富,可以说他是我国古代这一智能心理思想的集大成者。智能独立论有两个主要内涵:一是智与能的区别,另一是智与能的联系。王夫之对此二者都有独到的见解。就前者看,他不但将智与能相分离,而且看到了智与能的一个显著区别:智为认识潜能,即潜在的认识能力;能是实践潜能,即潜在的实践能力。智乃"知",系"耳力"、"目力"、"心思"对外界的了解并获得成功,属于认识活动;能为"用",即作用于外部世界并取得效果,属于实际活力。智"无迹",具有内隐性;能"有迹",具有外显性。一个人的智力如何,是摸不着看不到的,因为它是头脑中的东西,没有与实践活动直接联系,所以"无迹"可寻,也可以玩弄花样,使人们对它难以估评。能力则不然,它与实践活动直接相联系,是在实践活动中表现出来的,故"有迹"可寻,也不能玩弄花样,人们对它易于估评。王夫之在《周易外传·系辞上传》第 1 章里说:"夫能有迹,知无迹,故知可诡,能不可诡。"就后者看,王夫之看到了二者的密切联系:(1) 智与能互为基础、互为条件。如王夫之在《读四书大全说·中庸注》第 33 章里说:"知者,知其然而未必其能然。乃能然者,必豫于知其然。"这说明智是能的基础或条件,一个人要参加实践活动,发挥实践能力,必须先通过智去掌握客观规律。在《周易外传·系辞上传》第 1 章里,王夫之又说:"知无迹,能者知之迹也。废其能,则知非其知,而知亦废。"这表明能也是智的基础或条件,一个人的智是通过实践能力表现出来的,不发挥其实践能力,认识能力(智力)也必将废弃。(2) 正因为智与能互为基础或条件,所以二者又互相促进、密切合作。如王夫之《读四书大全说·中庸注》第 12 章里说:"知能相因,不知则亦不能矣。"在《周易外传·系辞上传》第 1 章里,王夫之又说:"知能同功而成德业。先知而后能,先能而后知,又何足以窥道阃乎?"这里提出的"知能相因"和"知能同功"两个命题是相互联系的。"知能相因"的含义是:不能则不知,"不知则亦不能"。正因为"知能相因",所以知与能必须同功并用,方能取得功效,成就德业。如果重智轻能,或重能贱智,先智后能,或先能后智,都无法取得功效,掌握规律。(3)正因为智能互为基础,相因同功,所以二者又互相转化,共同提高。如王夫之在《张子正蒙注·三十篇》里说:"惟困而后辨之……心极于穷,则触变而即通,故曰其感速。"人们将能付诸实践时,如果一旦遇到困难,就会使出浑身解数,"心极于穷",尽可能把平常情况下所未能发挥的认识潜能发挥出来,这样能就转化为智,从而使智得到锻炼,获得提高。在《尚书引义·大禹谟二》里,王夫之又说:"言动者,己之加人者也,而缘视听以为之,则无有未尝见之、未尝闻之而以言以动者也。"在实践活动中,人们必须"缘视听以言动"。视听见闻属智力范畴,言动,意即"己之加人",属能力范畴。可见"缘视听以言动"的含义是智转化为能之义。正由于智能是密切相关的,这样,先哲又常常将二者结合起来,称为"智能"。例如,《吕氏春秋·审分》说:"不知乘物,而自怙恃,夺其智能,多其教诏,而好自以……此亡国之风也。"王充在《论衡·实知》里提出了"智能之士"的概念:"故智能之士,不学不成,不问不知。"智能这一概念是可取的,因为它既以智、能的区别为基础,又以智、能的联系为依据,乃是智与能的区别和联系的统一。它较之现在心理学中用能力吃掉智力或用智力吃掉能力的观点更有可取之处。同时,先哲关于智能相对独立的观点是十分可取的,因为在实际生活中,一个人的智力水平与其能力水平不一定是成正比的,所以,人们应当按照智能相对独立的观点,在"区别"与"统一"中去考察智力和能力,以便做到在发展智力的同时也要注意培养能力,而在培养能力的同时也要注意发展智力。

4. 智力与非智力相互制约论

它主张智力因素与其以外的一切心理因素(即非智力因素)既相互促进,又相互促退。我国古代没有非智力因素的概念,但智力与非智力相互制约论的思想却是历史悠久的。如孔子依据自己教育和治学的实践经验,既看到了智力在学习中的作用,因而主张博学、审问、慎思、明辨、时习与笃行,同时也看到了非智力因素对学习的影响,因而主张立志、好学、乐学、勤学和独立学习。这实际上就体现了智力与非智力相互制约的思想。此后历代思想家、教育家几乎都论及这种智能观。

根据上述阐述,燕国材先生得出以下结论:我国古代的智能心理思想,就其主要倾向说,是从智力或能力的外部关系去揭示其实质的。就是说,古代思想家、教育家认为,只有通过智力或能力与先天因素、后天因素、先天和后天结合、非智力因素,以及智力和能力或能力和智力等的关系,方能洞察智力与能力的性质。所以,他们很少从智力或能力的内部结构去探讨智能问题。与此相反,现代智力心理学就其主要倾向说,是从智力或能力的内部结构去揭示其实质的。就是说,现代心理学家认为,必须通过对智力或能力内部结构的剖析,才能了解智力与能力的性质。例如,西方的智力因素说、结构说,成功智力理论、多元智力理论,乃至苏联的能力理论等,都莫不如此。现代智力心理学家不大重视从智力或能力的外部关系去考察智力与能力的问题。我们认为,为了揭示任何一个概念的实质,既要考察其外部关系,也要剖析其内部结构,探讨智力或能力的实质问题也不会例外。因此,从这个意义上说,现代智力心理学与我国古代智能心理思想就具有互补的性质。即是说,在智力或能力心理学的研究中,我们就应当把考察外部关系与剖析内部结构结合起来,使其相辅相成、相得益彰。(燕国材,2004,pp. 774-776)正由于中国先哲持上述智能观,一方面,使得他们非常重视学人所长以补己之短。因为中国先哲清楚地认识到,每个人的智能都各有长短,都有值得别人学习之处,主张一个善于学习的人要做到学人所长以补己之短。如《吕氏春秋·用众》说:"物固莫不有长,莫不有短。人亦然。故善学者,假人之长以补其短。故假人者遂有天下。无丑不能,无恶不知。丑不能,恶不知,病矣。不丑不能,不恶不知,尚矣。虽桀、纣犹有可畏可取者,而况于贤者乎?"同时,先哲又明确指出,个人之智不若众人之智,因为个人的智慧是有限的,而众人的智慧是无穷的,应该发挥众人之智的积极作用。如《淮南子·主术训》说:"而君人者不下庙堂之上,而知四海之外者,因物以识物,因人以知人也。故积力之所举,则无不胜也;众智之所为,则无不成也。"这就是说一个君主或管理者只有集众智为己智,才能攻无不克、战无不胜。另一方面,先哲多主张偏知不算真正的"智",真正具有智慧的人既讲原则,也能因时制宜。如柳宗元在《断刑论下》里说:"知经(原则)而不知权(因时制宜),不知经者也;知权而不知经,不知权者也。偏知而谓之智,不智者也;偏守而谓之仁,不仁者也。知经者,不以异物害吾道;知权者,不以常人怫吾虑。合之于一而不疑者,信于道而已者也。"进而,柳宗元主张"智者谋"、"能者用"的智能观,认为智力高超的人善于谋虑,有较高的心智;有技能的人善于操作、运用,有较强的动手能力。他在《梓人传》里说:"能者用而智者谋,彼其智者欤?是足为佐天子、相天下法矣!物莫近乎此也。彼为天下者本于人。"

（二）才、性关系

在中国古籍里，常用"仁"来指德，用"智"来指智能。自孔子以来，中国人一向强调的"必仁且智"观，实则蕴涵有智力因素与非智力因素相结合的思想。同时，先哲也常用"才"来指才能、能力，用"性"来指品性、性格。从心理学角度看，才性关系也主要是探讨智力因素与非智力因素之间的关系。在这一问题上，中国先哲提出了一些宝贵看法。

魏晋时期，学者围绕才性关系展开了辩论。据《世说新语·文学篇》刘孝标注："《魏志》曰：'〔钟〕会论才性同异，传于世。'《四本》者，言才性同，才性异，才性合，才性离也。尚书傅嘏论同，中书令李丰论异，侍郎钟会论合，屯骑校尉王广论离，文多不载。"可见，当时在才性关系问题辩论中，有四大观点，可惜，"文多不载"，导致详细内容已不得而知了。不过，值得庆幸的是，记录刘劭对于才性关系研究的文献有一部分保存了下来；并且，刘劭对才性的研究较为系统，也很有创见。他根据人的性格差异来考察人才，将人才分为"兼德"、"兼材"和"偏材"三种类型。兼德之人具有最完善的性格（"九征皆至，则纯粹之德也"）；"兼材"之人则仁、义、礼、智得其一目（"兼材之人，以德为目"）；"偏材"之人性格上乖戾（"九征有违，则偏杂之材也"）。这说明刘劭是主张才性既可分离也可结合的。刘劭在《人物志·九征》里说：

性之所尽，九质之征也。然则平陂之质在于神，明暗之实在于精，勇怯之势在于筋，强弱之植在于骨，躁静之决在于气，惨怿之情在于色，衰正之形在于仪，态度之动在于容，缓急之状在于言。其为人也，质素平淡，中睿外朗，筋劲植固，声清色怿，仪正容直，则九征皆至，则纯粹之德也。九征有违，则偏杂之材也。三度不同，其德异称。故偏至之材，以材自名（"犹百工众技，各有其名也"）；兼材之人，以德为目；兼德之人（九征兼具之人），更为美号。是故兼德而至（最完美）谓之中庸，中庸也者，圣人之目（名目，即称呼）也。具体而微（九征初具而未能完善）谓之德行，德行也者，大雅之称也。一至谓之偏材，偏材，小雅之质也。

同时，从刘劭关于英雄的论述中又可清楚地看到他非常强调才与性（在"英雄"一篇里就是"聪明"和"胆力"）要结合。刘劭在《人物志·英雄》里说：

夫草之清秀者为英，兽之特群者为雄。故人之文武茂异取名于此。是故聪明秀出，谓之英；胆力过人，谓之雄。此其大体之别名也。若校其分数，则牙则须各以二分（则互须各以二分），取彼一分，然后乃成。何以论其然？夫聪明者，英之分也。不得雄之胆，则说不行（其学说、见解不能推行）。胆力者，雄之分也。不得英之智，则事不立（事业不能成功）。是故英以其聪谋始，以其明见机，待雄之胆行之。雄以其力服众，以其勇排难，待英之智成之。然后乃能各济其所长也。

合言之,虽然刘劭主张才性可分可离,但从总的倾向看,他强调才性要结合。

魏晋玄学家也讨论了才性关系。嵇康以明胆关系为例,说明才性必须相互结合,不可分离。《嵇康集·明胆论》说:"明以见物,胆以决断。专明无胆,则虽见不断;专胆无明,违理失机。"袁准认为才性关系是体用的关系,"性"是体,"才"是用。《艺文类聚》卷二十一引袁准语:"得曲直者,木之性也。曲者中钩,直者中绳,轮(车轮)桷(方的椽子)之材也。贤不肖者,人之性也;贤者为师,不肖者为资,师资之材也。然则性言其质(性是才的内在本质),才名其用(才是性的外部表现),明矣。"袁准的这一观点与刘劭的观点有相似之处。

关于才性关系,朱熹的观点较为全面。《朱子语类》卷五说:

才是心之力,是有气力去做底。心是管摄主宰者,此心之所以为大也。心譬水也;性,水之理也。性所以立乎水之静;……才者,水之气力能流者,然其流有急有缓,则是才之不同。……性者,心之理;情者,心之动;才便是那情之会恁地者。情与才绝相近,但情是遇物而发,路陌曲折恁地去底,才是那会如此底。要之,千头万绪,皆从心上来。……才也是性中出,德也是有是气而后有是德。人之有才者出来做得事业,也是他性中有了,便出来做得。

朱熹肯定了才是人性中所固有的,性与才是包含关系,性中包含有才,这与魏晋时期的"才性合"的观点有类似之处;同时,朱熹认为才与性也有区别,性是指静态的自然素质,而才是指才能或能力,这一观点又与魏晋时期"才性分"的观点有类似之处。合言之,朱熹认为性中包含才,但性与才又有区别,不能混同。

明末清初的陈确认为,宋儒把统一的人性勉强分为天地之性与气质之性,脱离了具体的人,这是错误的。在此基础上,陈确提出了性一元论观点,认为性与气、才、情不能分离。陈确说:"一性也。推本言之,曰天命;推广言之,曰气、情、才,岂有二哉?由性之流露而言,谓之情;由性之运用而言,谓之才;由性之充周而言,谓之气,一而已矣。性之善不可见,分见于气、情、才。情、才与气,皆性之良能也。"(《陈确集·别集》卷四《气情才辨》)在陈确眼中,抽象的本性是通过现实的人表现出来的,而不是像宋儒所说的那样,将性与现实的人身相脱节;同时,气、情、才均是性的具体内容。稍后的颜元也持类似观点。颜元在《存性编》卷二《性图》中说:"是情非他,即性之见也;才非他,即性之能也;气质非他,即性、情、才之气质也;一理而异其名也。若谓性善而才、情有恶,譬则苗矣,是谓种麻而秸实遂杂麦也。"可见,在才性关系问题上,陈确与颜元都赞成"才性合",并有自己的看法。

（三）"知而获智"观：一种经典的中式智慧观

中国传统文化对"智慧"的一种重要见解，即主张"知而获智"的智慧观。准确把握它的内涵及得失，对于今人正确看待智慧与培育个体智慧等都有借鉴意义。

1. "知而获智"观的核心内容及相关证据

"知而获智"中的"知"指"知识"或"认识"，并且是广义的，即与无知相对，以便将常识与科学知识（冯契，1996，p. 421）或明确知识（explicit knowledge）与默会知识（tacit knowledge）（迈克尔·波兰尼，2000，pp. 1–130）等都包括在内；"智"指智慧。相应地看，"知而获智"观的含义是：一个人只要不断地积累知识，并将之作恰当的创造性转换，就能通过"变知识为智慧"的途径而逐渐获得智慧。之所以说中国传统文化蕴涵有"知而获智"的智慧观，主要是基于两方面的证据。

（1）来自文字学上的证据

一方面，"智"字从字形上看与"知"相通。通过查阅《汉语大字典》、《殷墟甲骨文实用字典》、《金文常用字典》等工具书可知，从字形上看，现代汉语通行的"知"与"智"字在甲骨文和金文里的写法实际上都是一样的，小篆隶定后则写作"智"。为什么在"知"下加"日"使之成为"智"，而不是在"知"下加别的什么字或符号，使之既与"知"区分开，又能够表达"聪明、智慧和见识"的含义呢？对于这个问题，已有的解释多未深究。从文化心理学角度看，后来汉语之所以普遍使用"智"字来表述"聪明、智慧"之义，其原因主要有二：一是，使得"智"字书写起来更加方便、简洁，既显得更为实用，又吻合汉字一向是朝着实用、简化和规范方向发展的规律。另一是，将"智"字内蕴涵的"转识成智、且是日积月累式进行的"的思想更加清晰地表露出来。较之"智"字，"知"字的笔画虽要少一些，不过，若将"知"字用来指称"聪明；智慧"的含义，不但无法有效地将其与读作"zhī"时的"知"的诸种含义区分开，更无法让人一眼从字形上就能看出"转识成智"的思想以及"智"本是"知行合一"的思想。而"智"字之字形，其上为"知"，其下为"日"。由于中国大教育家在论学时普遍主张知行合一（详见上文），因此，"智"字下面的"日"字既有"日积月累"之义，更有"通过日日力行的方式，使之变成自身的素质"之义。这意味着，从字形上看，"智"本有"将'知识'日日力行，使之不断从陈述性知识转换成程序性知识（包含元认知知识），通过日积月累这些经过实践证明是正确的程序性知识，并将之用作为绝大多数人谋福祉，就能将'知识'转换成'智慧'"之义。一句话，从"智"的字形里可看出其内明显潜藏有"知而获智"、"转识成智"、"知行合一"的思想。

另一方面,"智"字从字义上看与"知"相通。从字义上看,在古汉语里,当"知"读作"zhī"时,本有"晓得;知道"、"知识或认识能力"、"知觉"之义。《说文·矢部》"知"字段注:"识敏,故出于口者疾如矢也。"徐锴《系传》:"凡知理之速,如矢之疾也,会意。"(《汉语大字典》,1992,p.1079)一个人若要做到"识敏,故出于口者疾如矢",显然不是一朝之功,这表明"知"里本有"个体通过日积月累、已非常熟练地掌握了某种知识,从而能熟练运用之"的含义,而这恰恰是有智慧的一种重要表现。因此,清人徐灏才说:"知,智慧即知识之引申,故古只作知。"(《汉语大字典》,1992,p.1079)由此可见,在中国先哲心里,"知"与"智"有内在的一致性与相通性,这样,当"知"读作"zhì"时,与"智"(即智慧)是相通的。事实上,古汉语里的确有许多"知"通"智"的用法。如《周易·蹇》说:"见险而能止,知矣哉!"《论语·里仁》说:"里仁为美。择不处仁,焉得知?"陆德明释文:"知,音智。"《礼记·中庸》说:"好学近乎知。"等等,这些引文里的"知"均通"智"。《辞海》也说"智"有聪明与智慧、智谋之义。如《孟子·公孙丑下》:"王自以为与周公孰仁且智?"此处一般"智"作"聪明"解。《淮南子·主术训》:"众智之所为,无不成也。"《史记·项羽本纪》:"吾宁斗智,不能斗力。"这两处的"智"一般作"智慧、智谋"解。可见,知与智二字在古汉语里常通用。由"知"通"智"的事实可以看出,"知"与"智"二字的字义里潜藏有"知而获智"的思想。

(2)出自先哲相关言论的证据

不但对"知"与"智"二字的字形和字义的分析可得出中国传统文化里蕴涵有"知而获智"的智慧观,更重要的是,中国古代出现了明确主张"知而获智"智慧观的言论,其中颇为经典的言论主要有如下几条。据《论语》记载:"樊迟问仁。子曰:'爱人。'问知。子曰:'知人。'"《老子》说:"知人者智,自知者明。"这表明,儒家孔子与道家老子二人都有这样一种相通的思想:一个人只要善于知人,善于鉴别人,就是一个智慧者;反过来说,一个人若想成为智者,就要在日常生活里学会知人,学会鉴别人。这之中明显含有"知而获智"观,只不过一个人通过这种途径获得的智慧主要是"德慧"(汪凤炎、郑红,2008,p.278)。《庄子·外物》说:"心彻为知,知彻为德。"这表明《庄子》中已有"心灵通彻是智,智慧通彻是德"的思想。《荀子·正名》说:"所以知之在人者谓之知,知有所合谓之智。"杨倞注:"知之在人者,谓在人之心有所知者。知有所合,谓所知能合于物也。"《释名·释言语》说:"智,知也,无所不知也。"明确用"知"来释"智",并认识到智者的知识极其丰富,这有一定的见地;当然,生活中不可能有在任何专业领域都"无所不知"的智者,只能说,智者在其擅长的领域比一般人要知道得多。刘劭在《人物志·自序》里说:"知人诚智,则众材得其序,而庶绩之业兴矣。"主张

"知人诚智",这显然是继承孔子与老子等人所讲的"知人者智"思想的结果。程颢与程颐说:"子曰:'致知则智明,智明然后能择。'"这是对"知而获智"观的一种简明解释。陆九渊说:"夫所谓智者,是其识之甚明,而无所不知者也。夫其识之甚明,而无所不知者,不可以多得也。然识之不明,岂无可以致明之道乎? 有所不知,岂无可以致知之道乎? 学也者,是所以致明致知之道也。向也不明,吾从而学之,学之不已,岂有不明者哉? 向也不知,吾从而学之,学之不已,岂有不知者哉? 学果可以致明而致知,则好学者可不谓之近智乎? 是所谓不待辩而明者也。"(陆九渊,1980,p.372)这表明陆九渊继承前人"知而获智"的智慧观,主张一个人通过持续不断的学习来增长自己的知识,进而将之转换成智慧,从而将智慧、知识与学习三者之间的关系讲得颇为透彻。清人徐灏说得好:"智慧即知识之引申。"

2. 对"知而获智"观的简要评价

从论证方式上看,先哲多未有意识地对"知而获智"观作系统而深刻的论述,往往只在只言片语里论及它,使得关于智慧的这一重要见解在中国经典文献里时隐时现。除此缺陷外,用现代心理学的眼光看,"知而获智"观具有两大显著优点:

一是,定义"智慧"的视角恰当。当代西方心理学中最著名的两个智慧理论——以巴特斯(P. B. Baltes)为代表的柏林智慧模式(Paul B. Baltes and Ursula M. Staudinger,1993,pp.75-80)和斯腾伯格提出的"智慧的平衡理论"(Sternberg ,2004,pp. 286-289)——都是从知识的角度来定义智慧,都承认由知识可以获得智慧。当然,在巴特斯等人所生活的时代,心理学家对知识分类的看法已有显著进步,这样,他们都明确告诉人们,智慧的重要本质之一是程序性知识(包含元认知知识与默会知识),而不仅仅是陈述性知识。对柏林智慧模式与"智慧的平衡理论"进行观照,可以明显发现"知而获智"的智慧观在思想上与它们相暗通:"知而获智"观注重从知识角度来定义智慧,主张任何智慧就其内在的组成成分看必然包含丰富而实用的知识,这不但在一定程度上揭示了智慧的本质,而且与柏林智慧模式与斯腾伯格界定"智慧"的视角是一致的,从而显示出中国先哲看待"智慧"的远见卓识。更重要的是,由于"知识"大都是可以教、可以学的(默会知识虽不能用讲授法来教,不能通过书本或口头传授来学,教师仍可通过"示范法"来教,学生则可"做中学"),"知而获智"观运用"知识"来界定"智慧",主张"知而获智",这实际上就将"智慧"纳入了可以学、可以教的范围之内,涤除了罩照在智慧身上的一切神秘光环,这是"知而获智"观的一个精妙之处。从一定意义上说,正是由于中国人很早就认识到"智慧"是可以教、可以学的;同时,一个人一旦拥有真正意义上的智慧,"入世"(如管仲)可以帮助其在事业上获得一定的成就甚至丰功伟业,"隐世"(如庄子)可以帮助其过上恬静、幸福的生活。这样,中国人才一向重视教育、重视学习,希望借此来"开民智"。

另一是,蕴涵有"转识成智"的思想。"转识成智"原为佛教用语,本义是指:一个人经历一系列的宗教修行,破除"我"、"法"二执,摆脱由"识"变现出来的现实世界而进入佛的天国的过程(方克立,1982,pp. 120–121)。这里仅是借用唯识宗的"转识成智"一语,用来指称"知而获智"观里蕴涵的一种重要而有价值的见解:变知识为智慧。"转识成智"中的"转"字很关键,它明确告诉人们,"知识"与"智慧"之间本有一定距离,二者不是一回事,千万不可"以'知'代'智'"。为了避免"纸上谈兵"、"言不尽意"等现象的发生,为了让人更好地做到"转识成智",先哲一般鼓励学人要多"亲知"与"做中学",也注重"以心传心",这之中实也没有忽视默会知识在成就个体智慧中的作用的思想。这是"知而获智"观的又一个精髓之处。此思想与斯腾伯格等人所讲的智慧观相暗通(汪凤炎、郑红,2009,pp. 104–110)。

三、教师心理观

(一) 教师的职业角色

现代心理学认为,角色(role)又称社会角色,指个体在特定的社会关系中的身份及由此而规定的行为规范与行为模式的总和。要准确把握角色的内涵,必须掌握三个要点:第一,它是一套社会行为模式,每一种社会行为都是特定的社会角色的体现;第二,它是由人们的社会地位和身份所决定的,角色行为真实地反映出个体在群体生活和社会生活中所处的位置;第三,它是符合社会期望的,按照社会所规定的行为规范、责任和义务等去行动的(朱智贤,1989,p.348)。在古人论及教师职业角色的言论里,以韩愈的观点相对最全面、合理,因而也最著名。韩愈在其名篇《师说》里说道:"古之学者必有师。师者,所以传道、授业、解惑也。"在这里,韩愈将教师的职业角色依其重要性的递减度分为三种。若再结合其他有关论述教师职业角色的言论看,在古人心中,教师的职业角色主要有四种:

1. 教师是一个"传道"者

鉴于韩愈以继承和发扬以孔、孟为代表的儒家道统所自居,这里的"道"显然主要是指儒学所推崇的"道"。在韩愈看来,教师的首要角色是"道统的传授者",其职责是向弟子准确传授儒家的道统,使之代代传下去,经久不绝。韩愈对教师角色的这一认识,若从具体的角度看,有一定的偏颇之嫌,因它只推崇儒家道统,对于道家或佛家等其他流派的"道统"则持排斥态度,这既不利于学术的"百家争鸣",也不利于开阔学生的视野;但是,若从抽象的层面看,如果将此"道"作"有关宇宙人生之根本规律"理解,认为身为人师者,最紧迫的任务是先向学生传授"有关宇宙人生之根本规律",以便让学生能够正确看待宇宙人生,正确为人处世;在此基础上,如果学生"学有余力",再教以其他学问。若作这种理解,那显然有一定的道理。

2．教师是一个"授业"者

"业"指"学业"。在韩愈看来,教师的第二个重要角色是"知识的传授者",其职责就是向弟子传授文化知识,使学生在修身养性的同时,获得一定的谋生本领。这显然至今仍是教师理所当然应扮演的一个重要角色。因为千百年来,不管社会如何变迁,教师依然承担着知识传授、能力培养的重要使命,这也是学校和教师存在的价值所在。

3．教师是一个"解惑"者

"惑"指"疑惑"。概要言之,它既可以是学生在修习学业过程中遇到的一些疑难问题,也可以是学生在人生成长过程中遇到的一些疑难问题。在韩愈看来,教师的最后一个角色是"疑惑的解除者",其职责就是要有爱心、责任与义务帮助学生解除其在身心成长过程中所遇到的各种疑难问题。这就要求教师做学生的朋友、知己,这样,学生一旦有了疑惑,才能想到向教师求助;同时,还要求教师既要有丰富的知识与经验,也必须具备一定的与学生交流的技巧,即要有"心理医生"的素质(汪凤炎、燕良轼,2007,pp.439-440)。

4．教师是学生的"模范"

中国古代历来重视教师的楷模作用,认为无论是在做人方面还是在治学方面,教师对于学生来说都是一个重要的榜样,这就要求教师不仅是知识与社会道德准则的传递者,更重要的是社会道德准则的体现者。换言之,教师应该是社会行为规范的代表,具有丰富的知识和高尚的道德素质,做学生学习的榜样。正如扬雄在《法言·学行》里说:"师哉!师哉!桐(通'童',引者注)子之命也。务学不如务求师。师者,人之模范也。"(汪凤炎,2008,pp.259-260)

(二)教师的心理素质

中国向有尊师重教的传统。《礼记·学记》说:"故师也者,所以学为君也。是故择师不可不慎也。《记》曰:'三王、四代唯其师。'"这一思想为后人所继承。如《抱朴子外篇·崇教》说:"为选明师传以象成之,择良友以渐染之。"主张慎择师友。老师既如此重要,那么,要具备怎样的条件才能算是合格的教师呢?依杨鑫辉教授的概括,一个好的教师必须具备下述心理品质,才能充分发挥教师应起的作用(杨鑫辉,1994,pp.219-221):

1．在品德修养上,有言有德,过则能改

孔子非常重视为师者要加强自身修养尤其是人品修养,以自己的实际行动为学生树立良好的榜样,以对学生的心理产生"潜移默化"的作用。据《论语·阳货》记载,孔子常对弟子说:"予欲无言","天何言哉! 四时行焉,百物生焉,天何言哉?"同时,教师自己有了过失要坦白地承认并予以改正,只有这样才能真正树立自己的威信,使学生产生处处向教师模仿的意向。所以,南北朝时的颜之推在《颜氏家训·治家》里说:"夫风化者,自上而行于下者也,自先而行于后者也。是以父不慈则子不孝,兄不友则弟不恭",要求作为儿童第一任教师的父兄,应具备良好的品德修养,言传身带。

2. 在文化知识上,好学博学,温故知新

教师应是博学多识的人。只有具备广阔的求知兴趣,才能获得广博的知识。孔子除主张好学乐学,还认为"温故而知新,可以为师矣。"(《论语·为政》)既要温习和巩固原有的知识,并从中获得新的收获,更要不断获得新的知识,这是做教师必备的基本条件。很显然,这里包含着教师需要一种探求新知、不断进取的心理品质。

3. 在教学能力上,知心救失,善于博喻

《学记》对此有精辟的见解,指出老师应具有知心救失的能力,即要了解学生的个别心理差异,只有知其心,才能因材施教,做到扬长避短,以便帮助学生克服学习中出现的"多"、"寡"、"易"、"止"的缺点。《学记》说:"学者有四失,教者必知之。人之学也,或失则多,或失则寡,或失则易,或失则止。此四者,心之莫同也。知其心,然后能救其失也。教也者,长善而救其失者也。"同时,教师不仅要传授学生以知识与技能,更要教学生如何做人,所以,在《学记》看来,一个人若仅仅只有"记问之学,不足以为人师"。

4. 在教育方法上,循循善诱,欲罢不能

一种成功的教育不仅要求教育者有广博知识和良好的教学能力,而且需具备很好的教育方法和技巧。据《论语·子罕》记载,对于孔子这位伟大教育家,正如他的大弟子颜渊所赞叹的:"仰之弥高,钻之弥坚。瞻之在前,忽焉在后。夫子循循然善诱人,博我以文,约我以礼,欲罢不能。既竭吾才,如有所立卓尔。虽欲从之,末由也已。""循循善诱",以启发学生独立思考,让学生在学习上处于"欲罢不能"之势,这是一种高超的教育艺术与能力,是教师必备的又一种心理品质。

5. 在教育态度上,学而不厌,诲人不倦

孔子从22岁开始从事教育工作,差不多有50年在教师岗位上。据《论语·述而》记载,孔子曾对学生谈到自己的为人:"其为人也,发愤忘食,乐以忘忧,不知老之将至云尔。""默而识之,学而不厌,诲人不倦,何有于我哉?""若圣与仁,则吾岂敢? 抑为之不厌,诲人不倦,则可谓云尔已矣。"这也正是孔子的教育能够成功,成为历史上伟大的教育家的一个重要原因,并且成为我国教师的一种优良传统。这种"学不厌,教不倦"的精神里,包含着对学生、对教育事业的深厚感情和顽强意志。热爱学习、热爱学生,对教育工作表现出充沛的精力和毅力,是教师应具备的情感意志品质。

6. 在师生关系上,教学相长,视徒如己

师生关系是直接影响教育效果的重要因素之一。在儒家"人本"教育思想的影响下,一些教育大家主张师生关系是一种相互平等、相互尊重、相互关心、相互爱护、相互学习的关系,反对教师以教人者自居,盛气凌人,包办代替,从而使学生人云亦云,亦步亦趋。如《学记》说:"是故学然后知不足,教然后知困。知不足,然后能自反也;知困,然后能自强也。故曰:教学相长也。"率先提出了"教学相长"的命题。此思想一直为后人所承继。韩愈在《师说》一文里就声称:"弟子不必不如师,师不必贤于弟子。闻道有先后,术业有专攻,如是而已。"《吕氏春秋》则提出了"视徒如己"的命题。《吕氏春秋·诬徒》说:"视徒如己,反己以教。""爱同于己者,誉同于己者,助同于己者。"如同将帅要有爱兵如子的心理品质一样,教师也必须具有设身处地热爱学生的心理品质。据《朱子语类》卷十三记载,朱熹曾说:"某此间讲说时少,践履时多,事事都用你自去理会,自去体察,自去涵养。书用你自去读,道理用你自去究索,某只是做得个引路底人,做得个证明底人,有疑难处同商量而已。"明确主张教师只是一个"引路底人"、"证明底人",与学生之间是平等的关系。上述这些言论与现代人本主义教育思想是相暗合的。

第二节　释梦心理学思想

现代心理学对梦的研究成果,要首推 1900 年弗洛伊德《梦的解析》一书的出版。其实,自古至今,神奇的梦曾吸引无数学者对它进行探索与研究。中国亦然。下面就从心理学角度,对中国人的梦论作一个较为系统的探讨,以期能对中国人的梦论有一个更加全面的认识,同时能为今人正确释梦起到借鉴作用。

一、"梦"的语义分析

对"梦"字的字形演变和语义作一分析(刘文英,1989,pp. 159–161),可以间接地弄清先人对"梦"的认识。

（一）"梦"字字形的演变

我国现在通用的"梦"字，是经过多次历史演变的产物，甲骨文"梦"字是个会意字。左边是一张有支架的床，右上方是一只长着长长睫毛的、被特别突显出来的大眼睛，三根同向一边倒的睫毛，表示眼球在运动，右下方曲折向下的一笔，表示人的身体。整个字形的原始含义是，人睡在床上用手指着在动的眼睛（目），表示睡眠中目有所见。《甲骨文编》说："象人依床而睡，梦之初文。"

在周朝的籀文（即大篆）中，"梦"字的笔画要比甲骨文复杂得多。东汉许慎《说文》中对此字的结构分析"从宀，从疒，夢声"，或许没有完整地解析出该字的结构，因为甲骨文梦字只表示人睡在床上，并没有因病倚床而睡之义。当然，许慎将"梦"析为"从疒"，也不是毫无来由的，因为至少自《内经》开始，中医就主张"淫邪发梦说"，将梦与人因病而睡联系起来。《内经》的这一见解，对其后的读书人（包括许慎）不能不产生一定的影响，毕竟古人往往是文史哲医不分家的。同时，《说文》说："梦，不明也。"这指出了梦的引申义是"不明"，即睡眠中梦见的东西是模模糊糊的。

籀文中梦字的笔画太多，大约在战国时期，简化出了"梦"，汉代以后"夢"字就通用了。现在用的"梦"字是 20 世纪 50 年代根据"夢"的草书笔画简化而来的。

（二）"梦"字的含义

根据对梦字的演变和古人对梦字运用的分析，《汉语大字典》（1992，p. 363）对"梦"作了如下的解释：

（1）读作 méng，其含义有四： ① 昏乱不明貌。《尔雅·释训》："梦梦，乱也。"《说文·夕部》："梦，不明也。"《诗·小雅·正月》："民今方殆，视天梦梦。"② 蒙蒙的细雨。③ 通"萌"，萌发。④ 用同"矇"。隐瞒。

（2）读作 mèng，其含义有五： ① 睡眠时局部大脑皮质还没有完全停止活动而引起的表象活动。《广雅·释言》："梦，想也。"清代王念孙疏证："《列子·周穆王篇》云：'神遇为梦。'"《书·说命上》："高宗梦得（传）说。"唐代李白的《古风五十九首》之九："庄周梦蝴蝶，蝴蝶为庄周。"② 睡眠时局部大脑皮质进行表象活动所形成的幻象。《论衡·死伪》："梦，象也。"《正字通·夕部》："梦，寐中所见事与形也。"③ 想象。《荀子·解蔽》："不以梦剧乱知谓之静。"杨倞注："梦，想象也；剧，嚣烦也。"④ 古泽名。通称云梦泽，在今湖北和湖南境内。⑤ 姓。

从以上的解释可看出，人们先是将"梦"作为动词，指"人依床而睡"时的"寐而有觉"，即人在睡眠时所发生的局部大脑皮质还没有完全停止活动而引起的表象活动；在此基础上，将这种表象活动所产生的幻象也称作

"梦"（作名词）。显然，"不明也"、"乱也"应该是梦的引申之义。

二、梦的实质

中国学者对梦的实质看法不一，概括地讲，主要有五种：

（一）"梦，卧而以为然也"

这种观点以甲骨文、《墨子》和许慎等为代表，用现代心理学眼光看，它把梦看做人在睡觉时产生的一种心理活动。从甲骨文"梦"的字形里可以看出，古人已认识到梦与睡眠紧密相关，将梦看做人在睡眠中产生的一种心理活动。《墨子·经上》曾说："梦，卧而以为然也。"认为梦中所见所闻所做之事，以为是真实存在的，但事实上并不一定存在。换句话讲，梦具有虚幻性。这里，《墨子》已把梦看做人在睡眠时知觉觉察到的一种情境，但不太明确。许慎把《墨子》的这一观点向前推进了一步，使之明确化。他在《说文解字》中说："梦，寐而觉者也（段注：寐而觉，与醒字下醉而觉同意）。""梦，不明也（段注：梦之本义为不明）。"其中，醒，指喝醉了神志不清。许慎认为，从梦的形式看，梦是人在睡眠中产生的一种模糊心境，这种心境就像人喝醉后神志不清时的心境一样；同时，从梦的内容看，其内容的真假是不能明确确定的。

（二）"梦，象也"

这种观点以王充与《关尹子》为代表，用现代心理学眼光看，它把梦看做人在睡觉时产生的一种无意想象。王充在《论衡·死伪》里明确主张："梦，象也。"在《论衡·纪妖》中，他又说："人有直梦，直梦皆象也，其象直耳。何以明之？直梦者梦见甲，梦见君，明日见甲与君，此直也。如问甲与君，甲与君则不见。甲与君不见，所梦见甲与君者，象类也。"从"梦，象也"与"直梦皆象"看，王充把梦看做一种无意想象。《关尹子》虽然没有明确主张梦是一种无意想象，但从它对梦的特征的描述看，它把梦看做一种无意想象。《关尹子·五鉴篇》说："夜之所梦，或长于夜，心无时。生于齐者，心之所见，皆齐国也。既而之宋、之楚、之晋、之梁，心之所存各异，心无方。"认为梦是人在睡眠中产生的一种无意想象，故而梦的特点是不受时间和空间限制的；同时，《关尹子》认为梦的内容与人的已有经验关系密切。

（三）"梦者形闭而气专乎内也"

这是宋代张载的看法。他在《正蒙·动物篇》里说："寤，形开而志交诸外也；梦，形闭而气专乎内也。寤所以知新于耳目，梦所以缘旧于习心。"王夫之在《张子正蒙注·动物篇》里说："开者，伸也；闭者，屈也。志交诸外而气舒，气专乎内而志隐，则神亦藏而不灵。神随志而动止者也。"可见，这里的"志"、"志隐"分别相当于现代心理学讲的"意识"、"潜意识"。张载认为

"寤"是一种觉醒的意识状态，"梦"是一种潜意识状态；寤与梦的交替转化，也就是意识与潜意识的交替转化。从内容上看，寤是凭借耳目等感知器官对外界事物进行反映，这样，其内容会不断翻新；而梦只是内心对过去生活经验的一种反映，所以，其内容只能限于旧有的资料。

需指出，张载的这一观点的渊源可追溯至《庄子》。在中国历史上，《庄子》第一次从理性的高度论及睡梦和醒觉的区别。《庄子·齐物论》说："其寐也魂交，其觉也形开。""魂交"指梦象的交错变幻，"觉"指清醒的意识。这样，《庄子》实际上是将睡梦与醒觉分开，以说明二者有不同的特征。按庄子的解释，醒觉的特征是"形开"，相应地讲，睡梦的特征是"形闭"。"形"，主要指人的有形质的肉体，特别是指人的感觉器官。"形开"、"形闭"是庄子根据道家固有思想所创造的一对很特别的概念。《老子·五十二章》说："塞其兑，闭其门，终身不勤。"奚侗说："《易·说卦》：'兑为口。'引申为凡有孔窍者可云'兑'。"（陈鼓应，1984，p. 265）可见，"兑"主要指两耳、鼻孔和口腔的通道，"门"指两只眼睛。这说明《老子》已认识到人的心理活动有多种"通道"与外界相通。《庄子》的"形开"，是指在清醒时人的各种知虑器官（"门户"，只是一种比喻说法）都面向外界开放。相应地讲，"形闭"是说人在睡眠做梦时，人的各种知虑器官则对外关闭起来。"形开"、"形闭"概念在这里带有很强的比喻性质。然而这个比喻不可小看，正是在这个比喻中庄子触及了一个很重要的问题，就是睡梦和醒觉各有不同的生理基础。这一点，至今仍然具有它的科学性。假若用现代心理学的术语说，人的心智和各种感觉器官本是人体的一个信息系统。人在清醒时，自身的信息系统对外开放，而睡眠做梦时，这个信息系统便暂时对外关闭起来。王夫之注说："开者，伸也；闭者，屈也。"人从睡眠状态清醒过来，首先是耳目视听系统开始开放；起来后由于各种活动，心智器官也工作起来；这样人就不能不同外物打交道，这就是"交诸外"。做梦则不然，人做梦时不但视听系统关闭，而且心智的理性活动也停止下来，这种状态，张载叫"气专乎内"。"气"指精气。中国古代哲学和古代医学一直认为，人体的精神活动同五脏所藏的精气直接相联系。"专乎内"，是说精气藏在五脏之内，只在体内发生变化。按照这种解释，"形开"相当于现代心理学讲的知虑器官与外界相接触并发生反应的过程、"形闭"相当于现代心理学所讲的表象、联想和想象。当然，张载当时的分析只能根据生活的经验，不可能有现代科学这样的认识。但从发展观点看，则无疑包含了现代认识的某些萌芽。至于他用"精气"说明人的精神活动，现在早已过时了。他说的"专乎内"也有点绝对化，因为做梦时仍然会受到某些外界弱刺激的影响（刘文英，1989，pp. 169–172）。

（四）"梦者心中旧事感而发也"

这是宋代张载与二程的观点。如上所述，"形开"之时，人的感官不断同外界事物接触，自然不断有新事物由耳目反映到大脑（当时误以为是"心"），从而使人的意识不断增加新的内容。正如王夫之所说："开则与神化相接，耳目为心效日新之用。"（《张子正蒙注·动物篇》）而"形闭"之时，人的感官基本停止同外界事物相接触，也就不会有新事物进入大脑。这样，睡眠中的梦象活动，其材料就只能"缘旧"，即凭借原来的印象和过去储存的信息而产生表象、联想或想象，人的梦象常常由于千奇百怪、变幻无常，觉得好像是凭空出现的。其实，每个人都可以认真地仔细地分析自己那些奇怪的梦象，其中没有一样素材不是自己曾经经历过的。因此，张载说："寤所以知新于耳目，梦所以缘旧于习心。""习心"，也就是人在清醒意识状态下长期积累而形成的心理之义，由此而为梦的产生提供了大量素材。（刘文英，1989，p. 176）对于梦的实质，二程也有类似的见解。《二程遗书》卷十八说："问：日中所不欲为之事，夜多见于梦，此何故也？曰：只是心不定。今人所梦见事，岂特一日之间所有之事？亦有数十年前之事。梦见之者只为心中旧有此事，平日忽有事与此事相感，或气相感然后发出来。故虽白日所憎恶者，亦有时见于梦也。譬如水为风激而成浪，风既息，浪犹汹涌未已也。"主张梦是人对过去经历过的事物的一种"延迟反应"，犹如风停息以后，水浪的汹涌澎湃仍未停止一样。梦的内容来源于过去经历的事物；梦的产生是由于"心中旧有此事，平日忽有事与此事相感，或气相感然后发出来"。

（五）"梦者思也"

这是明代王廷相的观点。他在《雅述下篇》里说："在未寐之前则为思，既寐之后为梦，是梦即思也，思即梦也。"主张梦的实质是人睡眠中产生的一种思考或思念。梦与思考或思念在本质上是一致的，二者的区别只在于发生的时间不同而已：梦是在睡眠中产生的一种心理现象，思考或思念是在未睡前（觉醒时）产生的一种心理现象。这里，思考是一种认识过程，而思念是一种情感过程，这表明王廷相已认识到认知因素和情感因素对梦的影响。

综上所述，中国文化对梦的实质的看法较为正确。具体表现在三个方面：一是看到了梦与睡眠的关系，多认为梦出现在人的睡眠中；二是对梦的来源认识较为正确，多把梦看做人在睡眠时感受内外刺激的结果，认为个体过去的生活经验是梦的重要来源之一；三是初步揭示了梦的特性，如梦不受时空限制和梦具有虚幻性等。这些观点与现代心理学对梦的实质看法有相通之处。如弗洛伊德就说："梦，它不是空穴来风，不是毫无意义的，不是荒谬的,也不是一部分意识昏睡而只有少部分乍睡少醒的产物。它完全是有意义的精神现象。实际上,是一种愿望的达成。它可以算是一种清醒状态精神活动的延续。它是由高度错综复杂的智慧活动所产生的。"(弗洛伊德,1986,p.37)《简明牛津英语词典》则认为,"梦就是'睡觉时流过头脑的一系列思想、形象或幻觉'。而做梦则是'睡觉时产生幻象以及各种虚构的感觉的过程'"(查尔斯·莱格夫特,1987,p.40)。

三、梦的类型

为了便于人们认识和理解梦,中国先哲曾将纷繁复杂的梦划分为不同的种类。由于划分标准不同,对梦的类型看法亦有差异,主要有六梦说、十梦说(东汉王符在《潜夫论·梦列》提出)、四梦说(在唐代释道世编的《法苑珠林·眠梦篇》里有记载)和九梦说(明代陈士元在《梦占逸旨·感变篇》里提出)等观点,其中尤以六梦说最具代表性。限于篇幅,下面仅简要简介一下六梦说。

六梦说是将梦划分为六种类型的观点。这是在中国文化里最早出现的一种关于梦的类型划分的观点,影响也最大。早在先秦时期,《周礼》就已提出六梦说。《周礼》卷二十五说:

以日月星辰占六梦之吉凶。一曰正梦(注:无所感动,平安自梦),二曰噩梦(注:杜子春云,噩当为惊愕之愕,谓惊愕而梦),三曰思梦(注:觉时所思念之而梦),四曰寤梦(注:觉时道之而梦。疏:盖觉时有所见而道其事,神思偶涉,亦能成梦,与上思梦为无所见而凭虚想之梦异也。),五曰喜梦(注:喜悦而梦),六曰惧梦(注:恐惧而梦)。

这里,括号中的"注"是东汉郑玄作的,"疏"是唐人贾公彦作的。结合郑玄的"注"和贾公彦的"疏",《周礼》所讲的六种梦,其含义分别是:(1)正梦,是指人在正常睡眠状态时产生的梦,该梦无异常的致梦原因,故梦的内容平平淡淡,梦后一般也不知不觉,于是,梦者醒来后就感觉自己"一夜无梦",睡得既稳且香。其实,心理学研究表明,"一夜无梦"是不可能的,因为任何人只要睡觉都会做梦,即便在心境平和、恬淡自然状态下也是如此。只是由于在平和心境下所做的梦的梦境太平和,既不会影响做梦者的睡眠质量,也不会在做梦者的脑中留下什么深刻的印象,人们就会产生一种错觉,以为自己没做梦。明白了这个道理,就可知道这样一个事实,所谓"圣人无梦"的说法,缺乏必要的科学依据。(2)噩梦,按郑玄引杜子春说,"噩"当为"惊愕之愕",这样,噩梦指人因惊愕而产生的梦。(3)思梦,指人因思念而产生的梦。不过,这里的"思念"与今天讲的"思念"的含义不尽相同,实乃"又思又念"之义,因为在先秦与秦汉时期,"思"的含义颇广。《尔雅·释诂下》

说:"悠、伤、忧,思也。""怀、惟、虑、念、叔,思也。"可见,这里的"思",既含有认知意义上的"思考"之义,也带有情感上的"思念"之义,这说明当时的人已看到认知因素和情感因素是重要的梦因。(4)寤梦,指人在觉醒时产生的梦。也就是俗称的昼梦或白日梦。(5)喜梦,指人因欢喜而产生的梦。(6)惧梦,指人因恐惧而产生的梦。很明显,除正梦是"无所感而梦"外,其他五梦皆是有所感而梦的,并且,这里主要是按梦的成因对梦进行类型划分的(刘文英,1989,pp. 215-218)。

《周礼》的这一观点对后世影响很大,后世的许慎、《列子》和陈士元等在论梦的类型时,都继承了《周礼》的这一观点。汉代许慎在《说文》中就引用了《周礼》的这一观点,可知许慎是赞同《周礼》对梦的类型划分的观点的。《列子》对梦的类型划分也是完全继承了《周礼》的观点。《列子·周穆王篇》说:"觉有八征,梦有六候。……奚谓六候?一曰正梦,二曰噩梦,三曰思梦,四曰寤梦,五曰喜梦,六曰惧梦。此六者,神所交也。"明代陈士元在其《梦占逸旨》中有《六梦篇第七》专论六梦:"六梦神所交,八觉形所接。六梦:一曰正梦,二曰噩梦,三曰觉梦(觉梦者,觉时所思念之而梦也),四曰寤梦,五曰喜梦,六曰惧梦,此六者,梦之候也。"这与《周礼》的观点是一脉相承的。

四、梦的成因

中国文化很重视探讨梦的成因,并形成了多种观点,其中影响较大的主要有以下四种:

(一) 因情生梦说

因情生梦说,指梦是由于人的情绪、情感所引起的一种观点。由于《周礼》、郑玄、《列子》和陈士元等人都持此观点,它在中国古代思想家中的影响最大。

前文曾讲过,《周礼》主要是按梦的成因对梦进行类型划分的。而《周礼》的"六梦说"中有四种梦(噩梦、思梦、喜梦和惧梦)的成因是情绪、情感因素,可见,《周礼》已意识到情能生梦。《列子》继承《周礼》的观点,也认为情能生梦。《列子·周穆王篇》说:"神遇为梦,形接为事。故昼想夜梦,神形所遇。故神凝者想梦自消(注:昼无情念,夜无梦寐)。信觉不语,信梦不达;物化之往来者也(注:梦为鸟而戾于天,梦为鱼而潜于渊,此情化往复也)。"这里,括号中的"注"是东晋张湛作的。可见,《列子》和张湛都认为,人的情绪、情感能使人做梦,这样,一个人若在白天能做到没有情念,那么,他夜晚就不会做梦。从"昼无情念,夜无梦寐"和"此情化往复也"等语看,因情生梦说在张湛那里已得到较为明确的阐述。真正明确提出因情生梦说的是明代的陈士元,因为他不仅论述了各种由情所产生的梦,而且作了理论上的概括,认为"此情溢之梦,其类可推也"。他说:"何谓情溢,喜则梦开,怒则梦闭,过恐则梦匿,过忧则梦嗔,过哀则梦救,过忿则梦詈,过惊则梦狂,此情溢之梦,其类可推也。"

(二)淫邪发梦说

在中国文化里,医家论梦的成因多主张淫邪发梦说。该说在中国古代医家中的影响一直占据主要位置,这种状况直到清代王清任提出脑气阻滞生梦说之后才有所改变。淫邪发梦说中,"淫"有太过之意;"邪"或称"邪气",是致病因素的总称。淫邪发梦说,意即外界各种致病因素过多侵入人的身心活动,造成人体阴阳失调,使人睡不安稳,故而易做梦。换句话讲,梦的产生是由于外部致病因素对人身心造成过多不良影响的结果。可见,淫邪发梦说试图从中医学角度揭示梦形成的生理心理机制。

淫邪发梦说最早在《灵枢·淫邪发梦篇》里得到阐述:

黄帝曰:"愿闻淫邪泮衍奈何?"岐伯曰:"正邪从外袭内,而未有定舍,反淫于脏,不得定处,与营卫俱行,而与魂魄飞扬,使人卧不得安而喜梦。

这里,《灵枢》初步揭示了梦形成的生理心理机制:第一阶段是"正邪从外袭内,而未有定舍"。这是说,人在睡眠中,各种外界因素会对人的知虑器官形成各种弱刺激。这些因素在外界环境中,可能是正常的,也可能是不正常的,但都从外界浸入人的知虑器官,即"从外袭内"。"袭内"的"袭"有一层深意,就是说,人在睡眠中对这些刺激没有精神准备,而是在不知不觉中受到这些刺激。当然,既然邪气可以"袭内",那么,"正风"也就可以"袭内",因为人在睡眠中体内的防御机能大大减弱。"未有定舍"一语则表明,这些外界因素的刺激并非人体正常的需要,因而不能被有关器官、组织所吸收而采取正常的反应。从整个发梦过程来看,这一阶段主要是提供了诱发梦象活动的外部自然条件。第二阶段是"(正邪)反淫于脏府(脏腑),不得定处,与营卫俱行"。这是说外部刺激在人体内的生理活动。"反淫于脏"是说,外部刺激由表及里,进而影响到脏腑。然而由于这些刺激并非人体在睡眠中肉体所需要,所以它们干扰脏腑活动而"不得定处",结果掺入人体正常的营卫之气而在体内到处运行。按照中医学的观点,所谓营卫二气,散布全身,内外相贯,运行不息,对人体起着滋养和保卫的作用。营气为水谷所化之精气,属阴、主血、行于脉中,有运行血液与滋养脏腑、组织等作用。卫气为水谷所化的"捍气"(形容扩散力强),属阳、主气、行于脉外,有温养、保护皮肤和肌肉以及调节汗孔开阖等作用。因为"正邪"之气掺入营卫之气,营卫之气的正常运行便受到干扰,进而使人在睡眠中又产生了一种特殊的精神活动。从整个发梦过程看,这是产生梦象活动的内部的生理基础。第三阶段是"正邪"干扰营卫"而与魂魄飞扬,使人卧不得安而喜梦"。在中医学体系中,魂魄本属于精神范畴。《灵枢·本藏》说:"五藏(脏)者,所以藏精神、血气、魂魄也。"并且,在先哲看来,精神也就是精气的活动,魂魄本身也是精气,只不过阴阳有别而已。当然,"飞扬"只是古人根据精气活动所产生的一种想象。它要说明的是,由于魂魄离开五脏而精神不安,进而由于精神不安而在其活动中产生梦象(刘文英,1989,pp. 192-193)。这整个过程,可用图 13-1 示意如下:

图 13-1　《内经》淫邪发梦示意图

　　《内经》关于梦的成因的淫邪发梦说,对后世医家影响很大。如《巢氏诸病源候论》卷四《虚劳病诸候·虚劳喜梦候》说:"夫虚劳之人,血气衰损,脏腑虚弱,易伤于邪。邪从外集内,未有定舍,反淫于脏,不得定处,与营卫俱行,而与魂魄飞扬,使人卧不得安,喜梦。……凡此十五不足者,而补之立而已。寻其致梦,以设法治,则病无所逃矣。"这段话几乎与《内经》中的《淫邪发梦篇》完全相同,可见,《巢氏诸病源候论》关于梦的成因是继承了《内经》的思想。上文"梦的类型"里,王符所讲的病梦,从其成因上看,也是吸收了《内经》淫邪发梦的思想。可见,《内经》淫邪发梦说对中国古代思想家论梦也有一定影响。

(三)感于魄识生梦说

　　感于魄识生梦说指梦是人在睡眠时有感于身体的知觉活动而产生的一种观点。这种观点是明代王廷相明确提出来的。他在《雅述下篇》说:"梦之说有二:有感于魄识者,有感于思念者。何谓魄识之感?五脏百骸皆具知觉,故气清而畅则天游,肥滞而浊则身飞扬也而复堕;心豁净则游广漠之野,心烦迫则蹋蹐冥窦而迷;蛇之扰我以带系,雷之震于耳也以鼓入;饥则取,饱则与;热则火,寒则水。推此类也,五脏魄识之感著也。"认为人的整个身躯都具有感知能力,能感知来自体外的物理刺激和来自体内的生理刺激与情绪刺激,人在睡眠时有感于身体的这些知觉运动,就能产生相应的梦境。

　　必须指出,《内经》中早就提到"甚饥则梦取,甚饱则梦予"。东汉王符曾说:"阴雨之梦,使人厌迷;阳旱之梦,使人乱离;大寒之梦,使人怨悲;大风之梦,使人飘飞;此谓感气之梦也。春梦发生,夏梦高明,秋冬梦收藏。此谓应时之梦也。"《列子·周穆王篇》说:"藉带而寝则梦蛇。"《关尹子·二柱篇》说：“将阴梦水，将晴梦火。”这些都已含有“感于魄识生梦说”的思想。王廷相正是在继承这些前人思想的基础上，才提炼出“感于魄识生梦说”的。这说明王廷相在解释梦的成因上，比前人前进了一步。

（四）感于思念生梦说

感于思念生梦说，意指梦是由于人的思念或思考而产生的。前文已讲过，《周礼》中的“思梦”，其成因，据汉代郑玄注，是“觉时所思念之而梦”，可见，《周礼》已有“感于思念生梦说”的思想。《论语》所记载的“孔子梦周公”，就其成因而言，也是因思而致梦。东汉王符讲的“精梦”和“想梦”，从其成因上看，也是由于人的思念或思考之故。因为王符曾说：“孔子生于乱世，日思周公之德，夜即梦之。此谓意精之梦也。人有所思，即梦其到；有忧即梦其事。此谓记想之梦也。”明确提出“感于思念生梦说”的是明代的王廷相。他在《雅述下篇》中说：“梦之说有二：有感于魄识者，有感于思念者。……何谓思念之感？道非圣人思扰莫能绝也，故首尾一事，在未寐之前则为思，既寐之后为梦。是梦即思也，思即梦也。凡旧之所履，昼之所为，入梦也为缘习之感。凡未尝所见，未尝所闻，入梦也则为因衍之感。……人心思念之感著矣。”主张梦是人在睡眠时有感于过去对事物的思念或思考而产生的。由此可见，中国先哲早已认识到认知因素（思考）和情感因素（思念）在梦的成因中的作用。

合而言之，中国文化论梦的成因的优点有三：一是在释梦时强调因果法则，即大都认为梦是有其成因的。这从中国先哲重视梦的成因的探讨就可看出。东汉王符甚至认为，任何梦，包括一些非常奇特的梦，都是有其成因的。他在《潜夫论·梦列》里说：“夫奇异之梦，多有故而少无为者矣。”这和弗洛伊德坚信因果法则在释梦中的作用的观点有相似之处。二是视野较为开阔，从不同角度探讨了梦的问题。如关于梦的成因，因情生梦说主要从心理学角度进行探讨，淫邪发梦说主要从医学角度和生理学角度进行探讨，而感于魄识生梦则兼顾生理学、医学和心理学三个角度进行探讨。三是初步揭示了梦的生理机制。中国先哲很早就重视探讨梦的生理机制问题。早在先秦时期，《荀子·解蔽》曾说：“心卧则梦。”认为心，睡下了，就要做梦。将“心”作为梦的生理器官，这虽不正确，但他毕竟把梦归结为人身体一器官的机能，为正确揭示梦的生理机制迈出了一步。《内经》认为，由于外界各种致病因素过多侵入人的身体，造成人体阴阳失调，使人睡不安稳，故而易做梦。这里，《内经》从中医学角度探讨了梦的生理机制问题。直至清代王清任之前，关于梦的生理机制，多是继承了荀子和《内经》的观点。清代王清任提出脑气阻滞生梦说，把梦看作人脑活动的产物，打破了统治中国几千年“心卧则梦”的传统观念，初步正确揭示了梦的生理机制。当然，中国先哲论梦的成因也有缺点:第一,论梦的成因有笼统之感,如淫邪发梦说,将各种导致梦产生的致病因素统称为"邪",但事实上,有些梦是由于自然界中风、寒、暑、湿、燥、火六种致病因素(中医是合称为"六邪"或"六淫")引起的;有些梦是由于体内脏腑功能失调而引起的,临床表现与六淫所致梦的特点相似,故而应加以区别,将前者称主"外邪",后者称为"内邪"(即内风、内寒、内湿、内燥、内火或内热)。但是中国古代学者多没有进行区分,显得笼统。第二,对梦的生理机制认识有一些错误之处。如直至清代王清任之前,中国先哲多把"心"看作梦的生理器官。

五、梦的功能

在中国古代,思想家和医家论梦时,多涉及占梦问题。涤除其中神秘乃至迷信的成分和阶级偏见,仅从心理学角度看,占梦的主要内容有二:一是探讨梦的成因;另一是探讨梦的功能。梦的成因已在上文论述了,这里只论述梦的功能。考虑到中国古代思想家、医家和文学家论梦的功能的角度不一致,下面分开探讨。

(一) 医家论梦的功能

医家论梦功能,主要集中在梦能否反映人的健康状况这一问题上。自《内经》开始,中国医家都认为,在一定程度上,梦能反映出人的健康状况,这样,中国医家在论述病症,尤其是脏腑症候时,一般都会讲到梦象;而要诊断病症,尤其是脏腑疾病时,也多要问到梦象,并会根据梦象而治病。如主张淫邪发梦说的《内经》就认为,噩梦是一种病态,从而提出了两条治疗原则:即"盛者,至而泻之立已"和"不足者,至而补之立已"。《灵枢·淫邪发梦篇》说:

黄帝曰:"愿闻淫邪泮衍奈何?"岐伯曰:"正邪从外袭内,而未有定舍,反淫于脏,不得定处,与营卫俱行,而与魂魄飞扬,使人卧不得安而喜梦。气淫于腑,则有余于外,不足于内;气淫于脏,则有余于内,不足于外。"黄帝曰:"有余不足有形乎?"岐伯曰:"阴气盛则梦涉大水而恐惧,阳气盛则梦大火而燔焫,阴阳俱盛则梦相杀。上盛则梦飞,下盛则梦堕。甚饥则梦取,甚饱则梦予。肝气盛则梦怒,肺气盛则梦恐惧、哭泣、飞扬,心气盛则梦善笑恐畏,脾气盛则梦歌乐、身体重不举,肾气盛则梦腰脊两解不属。凡此十二盛者,至而泻之立已。厥气客于心,则梦见丘山烟火。客于肺,则梦飞扬,见金铁之奇物。……凡此十五不足者,至而补之立已也。"

上面这段文字,可用图13-2示意如下:

这个示意图的含义是,《内经》主张淫邪发梦说,而做梦必有梦象;认为梦象能在一定程度上反映人的身体健康状况;因而《内经》认为可根据梦象

图 13-2 《内经》寻梦治病示意图

推知人的健康状况。若由梦象发现人的身体存在疾病,就可对症治疗。病治好的同时,外部致病因素也就被阻止了。外部致病因素既已被阻止,也就不会再侵入人体之内;这样,人就能达到身心和谐,睡眠安稳,也就不易做梦了。并且,上面这段文字所描绘的大量梦象,是概括了长期的大量的生活经验与临床经验所得,值得今人重视(刘文英,1989,p. 194)。后世医家多继承《内经》的这一思想。如《巢氏诸病源候论》就主张:"……寻其致梦,以设法治,则病无所逃矣。"

必须指出三点:一是在西方,古希腊哲人亚里士多德也曾有过噩梦可能是疾病先兆的类似论述。事实确实如此。当今医学科学验证,一个人在梦中经常发生被人追赶、心跳气促、甚或胸口压抑疼痛、惊恐万分的情景,这个人就很可能患有冠心病,心绞痛。另如梦中出现胸口被压、冷汗淋漓,这个人也可能已经得了肺部疾病。现代生理心理学也认为,人在白天或觉醒时,受到外界大量的刺激信号,使大脑无暇顾及一个疾病初起的微弱信息。另外,大脑对此也能调节。而当人在睡眠状态下,外界的信息输入大大减少,大脑许多细胞处于"休息"状态。于是,这类潜伏性病变的异常刺激信号传入大脑后,便可能使大脑相应的细胞活动起来,一旦兴奋波扩散到皮层视觉中枢,这里的脑细胞就应激起来,从而就出现各种梦境(洪丕谟,1993,pp. 9-10)。可见,中国古代中医寻梦治病的观点,与现代医学和生理心理学的有关观点有类似之处。二是中国古代医家寻梦治病的目的主要是治疗人的生理疾病,这与弗洛伊德寻梦治病主要是治疗人的心理疾病的目的是不同的。三是中国古代医家寻梦治思想有牵强附会之感。如《灵枢》等中医书,将十二盛与十五不足和梦境一一对应起来,试图根据梦的内容而确定身体的疾病,就有此嫌。

(二) 思想家论梦的功能

思想家论梦的功能,主要集中在对梦是否具有预兆吉凶祸福这一问题的探讨上,并出现了两种不同观点:

1. 主张梦不具有预兆吉凶祸福的功能

唯物主义思想家——如王充、王符、王廷相和熊伯龙等人——多持这种观点。但不同人在论述方法上也有一些细小区别,主要有两种方式。

（1）用偶然性巧合来解释梦所产生的吉凶祸福的后果。这以王充、王廷相和熊伯龙等人为代表。王充虽然承认人的直梦或梦有直验,但坚决反对梦能预见吉凶祸福。他在《论衡·卜筮》里说:"兆数之见,自有吉凶,而吉凶之人,适与相逢。……夫见善恶,非天答应,适与善恶相遇也。……夫占梦与占龟同。""适"乃"碰巧"之义,一个"适"字点明"直梦"是偶然性巧合的结果,王廷相在《雅述下篇》中说:"夫梦中事,即世中之事也。缘象比类,岂无偶合! 要之涣漫无据,靡兆我者多矣。"这里"偶合"也是偶然巧合之义。熊伯龙在《无何集·人事类·梦辨》中说:"（梦）有验,有不验者。验者,偶与梦合,愚人不知,逐以为验,其实偶然适合,非兆之先见也。""偶与梦合"说的还是碰巧符合之义,这说明梦并没有预见功能。

（2）用心理的预期作用来解释梦所产生的吉凶祸福后果。该种观点以王符为代表,这比王充等人的观点前进了一步。王符在《潜夫论·梦列》中说:"如使梦吉事,而己意大喜,乐发于心精,则真吉矣;梦凶事,而己意大恐惧,忧悲发于心精,即真恶矣。"这就揭示了梦境与吉凶祸福的关系,即人的梦境,有可能会通过影响人的情绪而影响人的行为。若一个人的情绪易受其梦境的影响,则吉梦易使其产生良好的心情,而凶梦易使其心情变坏,这种情况若长期存在,则必然会对人产生一定的影响:吉梦使人万事顺心,凶梦使人事事不如意。用图13-3示意如下:

图13-3　梦境所具有的心理预期作用示意图

2. 主张梦具有预兆吉凶祸福的功能

唯心主义思想家多持此观点。如据《二程粹言》卷下《圣贤篇》记载:"刘安节问:'高宗得傅说于梦,何理也?' 子曰:'其心求贤辅,寤寐不忘也。'故精神既至则兆见于梦,文王卜猎而获太公,亦犹是也。"认为梦有预见吉凶祸福的功能。这种观点应得到批判。

3. 简评

对于梦能否预示将来? 弗洛伊德说:"那么梦是否能预示将来呢? 这个问题当然并不成立,倒不如说梦提供我们过去的经验。因为从每个角度来看,梦都是源于过去,而古老的信念认为梦可以预示未来,亦并非全然毫无真理。以愿望达成来表现的梦,当然预示我们期望的将来,但是这个将来（梦者梦见是现在）却被他那不可摧毁的愿望模塑成和过去的完全一样。"（弗洛伊德,1986,p.501）认为梦不可预示将来;如果说梦能预示将来的话,那也只是一种心理的预期作用(愿望达成)。可见,中国古代唯物主义思想家的观点与弗洛伊德的观点有类似之处(汪凤炎,1997,pp.14-17)。

(三)文艺家论梦的功能

在许多文艺家看来,做梦有助于人的发明创造。说得具体些,做梦可激发人的创作激情,还可给人以创作的灵感;梦的内容有时往往也是创作的重要来源之一,甚至有些白日一时难以解决的难题也可以借助梦境予以顺利解决。这方面的例子在古籍里可以找出许多,限于篇幅,这里仅举一例。李白的《梦游天姥吟留别》,就是以梦作为诗歌的创作题材而写出的一首著名的浪漫主义诗歌,这首梦中游天姥山的名诗,内容丰富、曲折多变,形象清晰、多姿多彩,总体格调是催人上进,表达了自己不卑不屈的做人风格。

第三节 心理卫生思想

中国先人一贯讲究心理卫生之道,提倡未病先治,要求人与自然和谐相处,主张以静制躁、顺应自然、无为而治等,使得中国传统文化里的心理卫生思想特别丰富。那么,中国人的心理卫生思想包含哪些内容呢?它们对当代的心理卫生思想有什么启示呢?这是本节要探讨的问题。

一、心理保健的理论基础

(一)"形全者神全"、"抱神以静,形将自正":形神兼顾的共养观

它的含义是:将人看做一个小系统,认为人的生理与心理是相互依赖、相辅相成的,主张保健要做到形(身体)神(精神)共养,既要保养身体(养形)又要保养精神(养心或调神),二者缺一不可。如,尽管从总体上看,庄子与老子类似,有轻形重神的倾向,因此,庄子追求的终极目标是使精神超越出形体,进入无限自由的逍遥游状态。不过,在身心保健问题上,庄子就主张形神要共养。一方面,庄子从宇宙演变的观点出发,认为人有了形体之后才有精神,人的精神是依赖于形体的。《庄子·天地》说:"泰初有无,无有无名;一之所起,有一而未形。物得以生谓之德;未形者有分,且然无间谓之命;留动而生物,物成生理谓之形;形体保神,各有仪则谓之性。"《庄子·天地》又说"形全者神全。"这说明形体健全,精神也就完好,即养形具有促进养神的功效。反之,"形劳而不休则弊,精用而不已则竭。"(《庄子·刻意》)并且认为,心理随着形体的变化而变化,即所谓"其形化,其心与之然"(《庄子·齐物论》),因而庄子主张保健先要养形。另一方面,庄子又认识到,保健若只养形也不能长寿。《庄子·达生》说:"养形必先之以物,物有

余而形不养者有之矣;有生必先无离形,形不离而生亡者有之矣。……世之人以为养形足以存生;而养形果不足以存生,则世奚足为哉!"这说明,保养形体必先用物资,保有生命必先不脱离形体,但只保养形体是不足以保存生命的。换言之,保健也要养神,因为"抱神以静,形将自正,"(《庄子·在宥》)即养神也能促进养形的效果。合言之,既然养形和养神是相辅相成的,保健就要做到形神共养。

这里需指出三点:第一,由于主张形神兼顾的共养观,使得中国传统文化里的多数心理保健观(如动静结合的养形调观)和保健方法(如气功)往往具有养形和养神的双重功效。第二,中国人之所以主张形神兼顾的共养观,其原因在于中国人主张形神结合的形神论。形神合一的形神观可说是中国特色的形神观,这种形神观与西方二元对立的形神观有着根本的不同。第三,形神兼顾的共养观对中国人的保健观影响很大,这使得中国传统心理保健之道有一个突出特点:主张从身心关系角度探讨保健与长寿的途径,兼顾生理因素和心理因素在其中所起的作用,其目的是为了以治形来养神和调神以养形。形神兼顾的共养观至今看来仍有相当的道理。因为科学的心理卫生观也承认,生理是心理的物质基础,离开了生理就无从谈心理卫生或心理保健;同时,心理因素对人的生理健康也有重要影响。所以,今人在进行身心保健时,要以科学的心理卫生观作指导,不能迷信一些歪门邪道的功夫或药物的功效,而要做到形神兼养,不能顾此失彼或厚此薄彼。

(二)"抱神以静"、"流水不腐,户枢不蝼":动静结合的养形调神观

动静结合的养形调神观的含义是:以动养形,以静养神,动静结合,二者辩证统一。假若说形神兼顾的共养观主要是从身心关系入手来探讨心理保健的话,动静结合的养形调神观就是从运动与清静的关系入手来探讨心理保健的。

一方面,中国人一向主张以静制躁来养神调心,认为养神的关键在一"静"字。如《老子·二十六章》说:"静为躁君",主张保健者要"致虚极,守静笃"(《老子·十六章》),即排除各种心理上的杂念,使内心达到"空虚"的极点,从而让内心保持高度的清静状态,这样才能做到以静养心。《庄子·在宥》说:"无视无听,抱神以静,形将自正。必静必清,无劳女形,无摇女精,乃可以长生。目无所见,耳无所闻,心无所知,女神将守形,形乃长生。慎女内,闭女外,多知为败。"这也是主张以静养神。据《论语·雍也》记载,孔子曾说:"知者动,仁者静。知者乐,仁者寿。"据《二程遗书》卷二十二上记载,二程认为:"仁者寿,以静而寿。"可见,仁者寿与心静关系密切。当然,人的精神时时刻刻都在活动,清静养神并不是真的要求心理要如死水一般,同时,有些保健者不能直接从"静"入手来使"心"达到"静"的目的,这样,先哲又主张保健者必须知晓以动导神使之专一的策略。为此,先哲曾讲过一个形象的比喻:"水之性,不杂则清,莫动则平,郁闭而不流,亦不能清,天德之象也。故曰,纯粹而不杂,静一而不变,淡而无为,动而以天行,此养神之道也。"(《庄子·刻意》)水只有没被杂物污染才能清净,没有被搅动才能平静,但完全死水一潭也不能清净。同理,要想养护精神,完全不动神是不妥的,只有排除物累,精神专一而不杂乱,才能做到真正的清静。可见,先哲的真正意思是,"抱神以静"的目的是为了排除心中杂念;"动而以天行"的目的是为了心神专一,而心神专一也就入静了。这两件事实际上是一而二,二而一的,因为正如《庄子·刻意》说:"一而不变,静之至也。"另一方面,先哲又主张保健者要以动养形以怡神。为此,早在先秦时期,《吕氏春秋·尽数》就提出了与西人"生命在于运动"这一名言有异曲同工之妙的名言:"流水不腐,户枢不蝼,动也。形气亦然。"

从心理卫生角度看,动静结合的养神调神观注重于人的心理保持恬淡平和的状态,这是符合现代心理卫生思想的。以静制躁,精神内守,是中国心理保健之道的一个重要经验。同时,先哲强调适度运动对养形怡神的重要性,这一思想对今天重视适度运动在身心保健中的重要作用仍具有启发意义。现代医学研究已证实,运动是生命存在的根本属性,人体的每一个细胞无时无刻不处在运动状态之中;经常性的适度运动可以促进人体的新陈代谢,使身体生长发育得更加完善,各种组织器官的生理功能和形态结构得到健康发展,而这又必然带来心情上的良好状态。正如《吕氏春秋·本生》所说:"天全,则神和矣,目明矣,耳聪矣,鼻臭矣,口敏矣,三百六十节皆通利矣。"这样,今人在进行身心保健活动时,仍要坚持动静结合的养形调神观。

(三)"人……法自然":顺应自然的养形调神观

它的含义是:保健者要通过顺应自然规律来养形调神,促进身心健康,达到长寿目的。这是从个体与自然环境的关系入手来论述身心保健的。在个体与自然环境的关系方面,先哲把人与其生存的自然环境看作一个大系统,认为人体内部的活动与外界天地万物的自然变化相一致(天人合一)。正如《素问·至真要大论》所说:"天地之大纪,人神之通应也。"于是,先哲主张保健者要顺应自然规律来养形调神,促进身心健康,达到长寿目的。《老子·二十五章》说:"人法地,地法天,天法道,道法自然。"主张效法自然是一条贯穿于天、地与人的大法则,人们在进行身心保健时自然也应遵守这条基本法则。

将"人……法自然"法则具体运用到养神上,中国先人的做法主要有三点:一是主张人要效法自然以节制自己的情欲。从《老子·二十三章》可以看到，"故飘风不终朝，骤雨不终日，孰为此者？天地。天地尚不能久，而况于人乎？"以此告诫保健者，既然天与地都不能事事做到两全其美，那么，人在进行心理保健时也要善于节制自己的情与欲，适时关上自己的心门，以使自己的心灵处于恬静平和的状态，避免自己的心灵受到过多外界刺激的影响而早衰或做出错误的应对。可见，道家认为节情寡欲以保健是合乎自然法则的，人效法自然以保健的措施之一，就是要使自己的言行举止有所节制，不要过度。这与儒家"中庸"之道有相通之处。由此也可看出，道家认为节情寡欲与顺应自然两者之间是相通的，并无矛盾之处。二是主张顺应自然以保健，反对过分保健。《老子·五十章》说："生之徒十有三，死之徒十有三，人之生，动之死地，亦十有三。夫何故？以其生生之厚。"认为过分注重保健反而不会长寿。《老子·七十五章》又说："夫唯无以生为者，是贤于贵生。"这说明，在老子的心目中，那些不把保健当成事做的人，反而比过分重视保健的人高明。换句话讲，顺应自然以保健是最高明的。三是推崇顺应自然以调神。中国先哲尤其是道家认为养神的关键是使精神"无为"。在他们看来，所谓"有为"就是与自然抗争，所谓"无为"就是顺应自然，即顺应自然规律以养神。

将"人……法自然"法则具体运用到养形上，中国先人的做法主要有两种：一是主张养形"贵柔"。先秦道家善于将自然规律用于人类社会，而在自然界中存在着大量的以柔胜刚的事例。《老子·七十八章》说："天下莫柔弱于水，而攻坚强者莫之能胜。其无以易之。弱之胜强，柔之胜刚，天下莫不知，莫能行。"《老子·七十六章》说："人之生也柔弱，其死也坚强。万物草木之生也柔脆，其死也枯槁。故坚强者死之徒，柔弱者生之徒。"《老子·九章》说："持而盈之，不如其已；揣而锐之，不可长保。"。这诸多事例表明，守柔的生才是充满生机和活力的生。这样，受道家"人……法自然"思想的深刻影响，中国先人论养生的一个鲜明特点是"贵柔"，即主张养形的关键是使形体"柔软"，所以，道家在养形问题上非常推崇婴儿的状态，因为人的一生中只有处于婴儿阶段的形体是至柔的。这样，《老子·十章》才说："营魄抱一，能无离乎？专气致柔，能婴儿乎？"可见，道家养形"贵柔"的思想也是顺应自然的结果。这一思想渗透到中国传统体育的各家各派中，就形成了刚柔相济的风格。如外家武学中越是修为高的大师越是能由外练而转向内修，由至刚而转向至柔（杨启亮，1996，p.175）。另一是，推崇气功养生，将人与自然看成一个大系统，主张保健者要吸纳天地之精气（不是浊气），而吐出体内的浊气；同时，主张人要效法自然界的一些动物的动作来导引身体，从而促进身心健康。

从心理保健角度看，先哲所主张的顺应自然的养形调神观，不是像西方思想家那样强调人与自然之间矛盾、对立、斗争的一面,而是突出人与自然之间统一、协调、和谐的一面,这是较为切合心理健康要求的。它主张根据生命和自然界的规律来保健,提倡节情寡欲、反对过分保健的观点,对今人进行身心保健都有一定的借鉴作用(汪凤炎等,2004,pp.195–196)。

(四)"鞭后而寿":内外兼顾的共养观

它的含义是:主张保健者要兼顾内外诸因素来保健,将保健当做一个系统工程来看待,做到缺什么就补什么,这样才能收到理想的保健效果。这是从内外关系角度探讨保健问题时提出的一个观点。正如《庄子·达生》所说:

> 善养生者,若牧羊然,视其后者而鞭之。……鲁有单豹者,岩居而水饮,不与民共利,行年七十而犹有婴儿之色;不幸遇饿虎,饿虎杀而食之。有张毅者,高门县薄,无不走也,行年四十而有内热之病以死。豹养其内而虎食其外,毅养其外而病攻其内,此二子者,皆不鞭其后者也。

由此看出,单豹和张毅两人,一个善于保养身心(养内),但却不注意外部防御(养外);一个注意防御外部灾害对身心造成的危害,却不注意保养身心健康,结果二人都不能长寿。因此,善于保健的人要做到内外兼养,既要注意保养身心,以免产生疾病;又要注意外部防御,以免外部灾害危及身心健康。所谓"鞭后而寿"就是说,在进行身心保健时要做到缺什么补什么,这样才会有利于身心健康。

这一思想对今人进行身心保健也具启发意义,它告诉我们,在身心保健问题上,不能人云亦云,而应采取针对性的保健措施,方能取得理想效果。如有的人,其身体并不缺钙,但看到如今风行所谓的"补钙热",于是也跟着别人去补钙,这样做,保健效果不但不好,有时反而有害健康。因为钙虽是人体必需的一种微量元素,不过,只有在身体缺乏时才可适当予以补充,多补不但无益,反而会"弄巧成拙"。

二、心理保健原则

(一)"治未病":预防为主

先哲尤其是医家认识到,与其等疾病发生后再来防治,还不如防患于未然;更何况,疾病一旦发生再来防治,未必都能奏效,于是,他们多主张保健要坚持预防为主("治未病")的原则,做到防患于未然。如《素问·四气调神大论》就说:

> 是故圣人不治已病治未病,不治已乱治未乱,此之谓也。夫病已成而后药之,乱已成而后治之,譬犹渴而穿井,斗而铸锥,不亦晚乎?

这一思想对今人也有可借鉴之处。换句话说,今人在进行身心保健时,也要坚持预防为主的原则。因为,即便在科学昌明的今天,医学界中仍有一些疑难杂病未被攻克,一个人只有坚持未病先治、预防为主的原则,积极进行自我身心保健,才能提高自我免疫力,减少患病的可能性。更重要的是,假若人人都树立起预防为主的意识,平日就会注意养成良好的个人卫生习惯,进而也就会为环保做出一分贡献;环保意识一加强,不但诸如沙尘暴之类的天气将会逐渐减少,甚至最终将会绝迹,而且会减少诸如"SARS"(非典)之类传染病发生与传播的几率,这可说是既利己也利人还利国的好事。

(二)"太上养神,其次养形":养神为主

主张形神共养并不是意味着把养形和养神放在同等重要的位置上,而是突出了养神的首要作用。如《庄子·刻意》说:"纯素之道,唯神是守;守而勿失,与神为一。"强调"神"的内在作用。《庄子·在宥》主张:"抱神以静,形将自正。"并且,先哲论保健多重养德、重节情制欲、重清静养神等保健法,这都说明其把养神放在首位。由于重养神,先哲多反对用巫医和药物来保健。如据《史记·扁鹊传》记载,扁鹊说病有六不治,其六是"信巫不信医。"《吕氏春秋·尽数》也说:"故巫医毒药,逐除治之,故古之人贱之也,为其末也。"认为若忽视调神而只强调巫医或药物的作用,那对保健而言是本末倒置的事情。这些思想对今人正确对待养神和养形、心补与药补的关系都有一定的借鉴意义。

(三)"治人、事天莫若啬":爱惜精神

先哲主张保健要坚持养神为主的原则。为了让保健者更好地保养精神,不至于过度耗费它,进而又提出了爱惜精神这一心理保健原则。这一原则是老子提出来的。《老子·五十九章》说:"治人、事天莫若啬。夫唯啬,是谓早服;早服谓之重积德。重积德则无不克,无不克则莫知其极。……是谓深根固柢长生久视之道。"据《韩非子·解老篇》的解释:"啬之者,爱其精神,啬其知识也。"高亨说:"啬本收藏之义,衍为爱而不用之义。此啬字谓收藏其神形而不用,以归于无为也。"(冯达甫,1991,p. 135)。可见,老子是主张保健者要将"啬"作为保养精神的原则。从"夫唯啬,是谓早服"之语看,这一原则也隐含这一层意思,即保健者若想身心健康,就要早作准备,防患于未然。

(四)"去甚,去奢,去泰":平和适中

先哲认识到,个体处于适宜的内外环境之中有利于其长寿,因此,他们论保健多提倡坚持平和适中的原则。如儒家明确把中庸之道作为最高道德标准。《论语·雍也》说:"中庸之为德也,其至矣乎!"既然"大德……必得其寿",那么保健者就要把中庸之道作为指导自己言行的准则。对儒家而言,这既是修德,又是保健。何谓"中庸"?据朱熹的《四书章句集注·中庸

章句》讲："中者，不偏不倚、无过不及之名。庸，平常也。"可见，中庸之道是要求个人言行等必须保持适中，不宜太过与不及。故而《荀子·修身》才说："治气养心之术：血气刚强，则柔之以调和；知虑渐深，则一之以易良；勇胆猛戾，则辅之以道顺……"主张养心要坚持中庸之道。道家也有类似思想。如《老子·二十九章》主张保健者要做到"去甚，去奢，去泰。"《庄子·在宥》声称："我守其一，以处其和，故我修身千二百岁矣，吾形未尝衰。"更是明确主张保健要做到"处其和"。庄子的这一思想对其后的保健思想家产生了深远的影响。如嵇康在《难宅无吉凶摄生论一首》中明确主张："善养生者，和为尽矣。"参照自然界里存在的一些"过犹不及"的现象，保健要做到平和适中的思想的确是很高明的。如蝙蝠和老鼠均是小型哺乳动物，可蝙蝠大约能活30年，而老鼠仅大约能活3年。导致这一差距的主要原因之一就在于：蝙蝠喜欢倒立着生活且很会悠闲；老鼠喜欢蹿来蹿去忙个不停，吃个不停，生育个不停。从这两种动物的生活习惯可看出，"生命在于运动"是很需要强调适度的呢（雨铃霖，2004，p. 20）。因此，古人的这一思想启示我们，在进行身心保健时，一定要坚持平和适中的原则，凡事不要"过"与"不及"，否则，会给自己的身心健康带来危害。正如《吕氏春秋·尽数》所说："大甘、大酸、大苦、大辛、大咸，五者充形则生害矣。大喜、大怒、大忧、大恐、大哀，五者接神则生害矣。大寒、大热、大燥、大湿、大风、大霖、大雾，七者动精则生害矣。故凡养生，莫若知本，知本则疾无由至矣。"

（五）"害于生则止……利于生者则为"：害止利为

这一原则最早出自《吕氏春秋》。它主张保健者要坚持"害止利为"的原则。这一原则的含义是：从消极方面讲，要节制自己的情欲，避开危害生命的种种灾害；从积极方面讲，要主动做有利于生命长久的事情。《吕氏春秋·贵生》说："圣人深虑天下，莫贵于生。夫耳目鼻口，生之役也。耳虽欲声、目虽欲色、鼻虽欲芬香、口虽欲滋味，害于生则止。在四官者不欲，利于生者则弗为。由此观之，耳目鼻口不得擅行，必有所制。……此贵生之术也。"这里，依陈昌齐说，"弗"当是衍文（张双棣等，1986，p. 39）。它告诉保健者，对于声音、颜色、芬香和美味等的态度要做到，只要这些东西有利于生命长久，即使耳目鼻口四种器官本身不想要，也仍然要去做；反之，如果这些欲望有害于生命，即使耳目鼻口四种器官本身想得到这些欲望，也必须克制自己不去做。这体现出《吕氏春秋》强调人要主动地控制自己的情欲去为保健服务的思想。

（六）"物也者，所以养性也"：以物养性

这一原则最早也出自《吕氏春秋》。以物养性的原则是主张保健者要用外物来保生健命。《吕氏春秋》认识到外物既可以保健也可以伤生，主张保健者应正确处理人与外物的关系,坚持以物养性的原则。《吕氏春秋·本生》说:"人之性寿,物者胡(hú,搅乱)之,故不得寿。物也者,所以养性也,非所以性养也。今世之人,惑者多以性养物,则不知轻重也。"人本是可以长寿的,外物使他迷乱,所以人多数都难长寿。外物本是供养生命的,人们不该损耗生命去追求它。《吕氏春秋·本生》又说:"万物章章,以害一生,生无不伤;以便一生,生无不长。故圣人制万物也,以全其天也。"万物繁盛茂美,如果用以伤害一个生命,那么这个生命没有不被伤害的;如果用以养育一个生命,那么这个生命没有不长寿的。所以圣人制约万物,是用以保全自己生命的。可见,以物养性的原则是要求保健者对外界事物发生的刺激要作出合理的反应,其实质仍是要节欲保健,利用外物来保健。后人主张选择环境以及利用琴、棋、书、画等物进行陶冶性情以保健,都是这个原则的具体应用。

三、心理保健方法

在心理保健方法上,先哲提出了多种方法,限于篇幅,下面仅论述其中的5种:

(一)"古人得道者……论早定也":早立尊生观念法

这里,"早"指"时间上的尽早"之意,即不要等到疾病发生了才来注意身心保健,而是要防患于未然;"生"指"生命"之意,但这里讲的"生命"包括人的"生理之命"(即通常意义上讲的生命)和"精神之命"两层含义。这样,早立尊生观念法,其含义是指一种通过尽早确立爱惜生理之命和精神之命的信念从而达到身心保健目的的心理养生法。此法由《吕氏春秋》明确提出,为后人普遍赞成。《吕氏春秋》主张,养生长寿的首要方法是早立尊生观念。《吕氏春秋·仲春纪第二·情欲》说:

古人得道者,生以寿长,声色滋味能久乐之,奚故?论早定也。论早定则知早啬,知早啬则精不竭。

认为古代的得道之人,生命得以长久的原因在于他们早立尊生的信念,尊生的信念早确立,就可早预防,早爱惜生命,这样精神不会过早衰竭。这是很符合心理卫生学的有关原理的:第一,尊生的信念尽早确立,保健者干任何事都以是否有利于生命的健康发展为准绳,信守"名利诚可贵,爱情价更高,若为生命故,三者皆可抛"的处世原则,这样能使保健者较少发生心理矛盾与冲突,始终让自己的心理处于一种淡泊恬愉的平静状态,当然有利于身心健康。第二,尊生的信念尽早确立,能为保健者提供一种强大的精神动力,从而对自己的生理之命和精神之命均充满了敬畏感,小心维护,不敢轻易毁掉,这当然有利于身心保健。反观今天的极少数人士,对生命缺乏起码的敬畏感,毫不爱惜,这不但不利于自己的身心健康,有时也会给他人和社会带来巨大的灾害。从这个意义上说,鼓励人们尽早树立尊生的信念,这是一条提高全民身心健康水平的有效措施。第三,尊生的信念尽早确立,可以使保健者早一点知道爱惜自己的精力,从而尽早采取有效的防范措施,这样也就使自己的精神不会过早衰竭,从而也对身心健康有利。

需指出,《吕氏春秋》的这一方法是吸收了孔子儒家、老子道家和医家思想的结果,因为《孝经·开宗明义章第一》明确主张"身体发肤,受之父母,不敢毁伤,孝之始也。"这实有要人爱惜生命之义。《老子·五十九章》说:"治人、事天莫若啬。夫唯啬,是谓早服;早服谓之重积德。重积德则无不克,无不克则莫知其极……是谓深根固柢长生久视之道。"这表明,保健者能爱惜精力,早作准备,防患于未然,就能长寿。而如上文所论,医家一向有"未病先治"的思想(汪凤炎等,2004,pp.201-202)。

(二)"故大德……必得其寿":修德保健法

人对外界刺激物的适应方式大致有两种:一是问题定向适应,它指向引发痛苦之源并力图根除之;一是情绪定向适应,它指向内心,在主观上调整自己以求得身心平衡。中国特定的文化背景与社会条件,使中国人主要以情绪定向适应的方式来对待外界刺激物,个体每遇动机冲突,便返回内心,重新调整自己的认知结构,以使内心重新获得平静(魏磊,1988,p.158)。正如《孟子·尽心上》所说:"万物皆备于我矣。反身而诚,乐莫大焉。"同时,先哲于有意无意之中认识到,良好的道德和性格本身就是心理健康的重要标志之一,道德高尚和性格开朗的人,不会患得患失,这样就能免除各种焦虑烦恼,经常保持乐观的情绪状态。正如《论语·宪问》所说:"仁者不忧";《论语·述而》也说:"君子坦荡荡,小人常戚戚。"因此,中国先哲论心理保健大都重视品德的作用。据《中庸》记载,孔子首先明确提出"故大德……必得其寿"的命题。在孔子看来,"德"的核心思想是"仁"。于是,据《论语·雍也》记载,孔子又提出"仁者寿"的命题:"知者动,仁者静。知者乐,仁者寿。"《老子·五十五章》也说:"含德之厚者,比于赤子。"认为道德涵养高深的人,脸色像婴儿一样红润,身体像婴儿一样柔软。换句话讲,道德崇高的人易于长寿,后世描述长寿之人常说"颜如婴儿"、"色若孺子"、"鹤发童颜"之语,其含义与老子的这一观点是相一致的。受孔子儒家和老子道家思想的影响,其后学者论保健大都主张要坚持保健与修德养性相结合的原则,主张通过修德养性的途径来达到保健长寿的目的,将保健与社会环境联系起来。如《庄子·天地》说:"德全者神全。"《庄子·刻意》又说:"德全而神不亏。"葛洪在《抱朴子内篇·对俗》中就说:"欲求仙者,要当以忠孝和顺仁信为本,若德行不修,而但务方术,皆不得长生也。"吕坤在《呻吟语·养生》里说:"今之养生者,饵药、服气、避险、辞难、慎时、寡欲,诚要法也。稽康善保健,而其死也,却在所虑之外,乃知养德尤保健第一要也。"

用今天的眼光看,"大德……必得其寿"的观点是一种单因素论的观点,认为"大德"与"长寿"之间存在简单的一一对应关系,这有失偏颇。试想,若"大德……必得其寿",何以孔子的高足颜回会早逝?看来,品德因素只是影响人的身心健康的诸因素之一,身心健康本是一个复杂的系统工程。但是,在影响个体身心健康的诸因素中,品德因素无疑是最重要的心理因素之一,这样看来,中国先哲提出的"养德尤保健第一要"的观点有相当道理,因为现代心理卫生学研究表明,大凡高寿者多性格开朗、情绪乐观,具有良好的品德修养。其缘由在于:正常的人自身本都有一个功能完善的免疫系统,它确保人不生病;不过,人的免疫系统受到神经系统和内分泌系统的调节,而这两种调节系统尤其是神经系统又深受人的心理因素的影响,其中,道德因素又是最重要的心理因素之一,因为道德感是人的社会性高级情感。这样,一个人若能提高自己的道德修养,就有利于自己保持心情安静,减少心理冲突,这对维持神经系统和内分泌系统的正常运行具有良好的促进作用,而神经系统和内分泌系统的正常运行,又有利于提高自身免疫系统的功能,从而提高自身的免疫力,结果,自然不容易生病,因此,良好的道德修养对促进身心健康是有利的。反之,一个人若缺乏一定的道德修养,势必斤斤计较,患得患失,内心也就难以保持恬淡的状态,正如《论语·述而》所说:"君子坦荡荡,小人常戚戚。"这就易造成其神经系统和内分泌系统的失调,进而降低其自身免疫力。进一步言之,品德败坏之人,其心理长期处于紧张、恐惧、内疚或不安等状态,更易造成其神经系统和内分泌系统的失调,进而使其免疫系统失调,降低其自身免疫力,当然更容易生病。因此,道德高尚的"君子"易长寿,而道德修养差的"小人"则难长寿。巴西著名医生阿尼塞托·马丁斯的研究也证明了这点。马丁斯曾对腐败贪官者的健康等问题进行了为期10年的研究。他对583名被指控犯有各种贪污受贿罪的官员和583名廉政官员的健康状况作了对比调查研究,结果发现:失廉官员中60%的生病,其病为癌症的占53%;心脏病(含心肌梗死、心绞痛、心肌炎等)占17%;脑梗死、脑出血等其他病占30%,在1—6月内死亡5/6。廉政官员583名中,只有16%的人生病,无死亡。另外,他对失廉的583人做了心理测验,其中70%的人心理状况极差,经常服用镇静剂。又对受到免职的16名官员作调查,其平均年龄为41岁,16人免职后,在其他部门得到重新任职,其中15人在1年内生病,6人死亡,只有1人无病。马丁斯最后认为,腐败官员生病的缘由是:长期精神紧张,心理失衡,生活失律;神经功能、新陈代谢、内分泌、消化与排泄功能等紊乱,所以腐败官员极易损害健康,亦难长寿（陈正平，1997，p. 40）。这样，今人在进行身心保健时，也要注意加强自我道德修养（汪凤炎等，2004，pp. 203–204）。

（三）"少私寡欲"：节制情欲法

中国人在对人与自然的关系上也表现出尚和心态。这主要体现在对待欲望与外物关系问题上，儒道诸家多主张和谐解决：既不能过于压抑人欲，也不能使人过于贪欲，而要有所节制，切实贯彻以物养性的原则。这样，先哲论心理保健方法时多主张节制情欲。如《老子·十二章》曾说："五色令人目盲；五音令人耳聋；五味令人口爽；驰骋畋猎，令人心发狂；难得之货，令人行妨。是以圣人为腹不为目，故去彼取此。"因此，老子道家提倡寡欲法以保健，主张保健者要做到"见素抱朴，少私寡欲"（《老子·十九章》）。不独道家如此，儒家亦然。如据《论语·季氏》记载，孔子也提倡节欲以保健，主张："君子有三戒：少之时，血气未定，戒之在色；及其壮也，血气方刚，戒之在斗；及其老也，血气既衰，戒之在得。"要求保健者要根据每个年龄阶段身心发展的特点，排除可能危及身心健康的灾害（色、斗、得），这实际上是开了阶段节欲保健之先河。《荀子·正名》明确提出节欲说："欲虽不可尽，可以近尽也；欲虽不可去，求可节也。"反映到心理保健领域，就是主张节制情欲以保健。《荀子·正名》说："心平愉则色不及佣而可以养目，声不及佣而可以养耳，蔬食菜羹而可以养口，粗纻之履、粗布之衣而可以养体，屋室芦庾葭藳蓐尚几筵而可以养形。"在后人关于节制情欲以保健的言论里，以陶弘景的言论最通俗易懂，方便易行，且道理深刻。陶弘景认为，节制情欲的关键是做到"十二少"。他在《养性延命录·卷上教诫篇第一》里说：

少思、少念、少欲、少事、少语、少笑、少愁、少乐、少喜、少怒、少好、少恶。行此十二少，养生之都契也。

大量资料也表明，一个人若不节制情欲，多难长寿。如有人统计，历代皇帝的平均寿命：秦朝皇帝只有 36.5 岁；汉代皇帝只有 37.1 岁；晋朝、南朝（宋、齐、梁、陈）皇帝刚好 37 岁；隋唐五代帝王的平均寿命最高，也只有 47.7 岁；宋元两代帝王是 46 岁；明清时期帝王是 46.5 岁（马有度，1988，p. 92）。可见，由于历代皇帝多纵情欲，长寿者也鲜见。反之，调查表明，长寿老人均不纵情欲。西方哲人论保健也有类似观点，如培根就主张要节制情欲来养生。培根说："在吃饭、睡觉、运动的时候，心中坦然，精神愉快，乃是长寿底最好秘诀之一。……至于心中的情感及思想，则应避嫉妒，焦虑，压在心里的怒气，奥秘难解的研究，过度的欢乐，暗藏的悲哀。应当长存着的是希望，愉快，而非狂欢；变换不同的乐事，而非过餍的乐事；……"（弗·培根，1983，p. 117）。因此，今人若希望长寿，就要适当节制情欲。

（四）"凡治气养心之术……莫神一好"：陶情冶性法

先哲看到了兴趣爱好对心理保健的作用，主张通过兴趣爱好来陶情冶性，促进个体的身心健康。如孔子将"乐"与"射"等作为其教学内容的一部分，就含有通过"乐"和"射"的教育来陶冶学生性情之义。《荀子·修身》明确主张："凡治气养心之术……莫神一好。"认为大凡理气养心的方法，没有比拥有某种爱好更神速的了。其后人们主张通过音乐、养花和钓鱼等方法来陶情冶性以保健身心，都是荀子这一思想的具体体现。如，魏晋玄学家认识到音乐可以宣导性情，感荡心志，发泄幽情；能使人无欲无争，志趣安泰，神气和平；并且，音乐以"和"为体，可以让人忘却一切烦恼、忧愁和苦闷，摆脱学业、功利、权势的诱惑和干扰，获得愉悦的情感体验，使人由心理的"和"达到生理的"和"（即使生理机能由不平衡达到新的平衡），达到促进身心健康的目的。简言之，音乐具有修身养性的效果，对保健有利，所以，他们提倡音乐陶情冶性法以保健。据《嵇中散集》卷二《琴赋一首》记载，嵇康就认为，弹琴"可以导养神气，宣和情志。处穷独而不闷者，莫近于音声也。是故复之而不足，则吟咏以肆志；吟咏之不足，则寄言以广意。"因此，嵇康主张：善保健者要"绥（安抚）以五弦"（《嵇中散集》卷三《养生论一首》）。这里，"五弦"指五弦琵琶，它是一种拨弦乐器。因此，"绥以五弦"即是一种音乐陶情冶性法。西人论保健也有类似见解。如培根说："至于心中的情感及思想，则应……好奇与仰慕，以保有新鲜的情趣；以光辉灿烂的事情充满人心的学问，如历史、寓言、自然研究皆是也"（弗·培根，1983，p. 117）。

（五）"安步以当车"：运动养形怡神法

先哲也提倡通过适度运动来达到养形怡神的目的，以促进身心健康。具体做法主要有二：一是导引。其中最著名的要数三国名医华佗发明的"五禽戏"。何谓"五禽戏"？据《三国志》卷二十九《方技传第二十九·华佗》记载：

> 佗语普曰："吾有一术，名五禽之戏：一曰虎，二曰鹿，三曰熊，四曰猿，五曰鸟。亦以除疾，并利蹄足，以当导引。体中不快，起作一禽之戏，沾濡汗出，因上着粉，身体轻便，腹中欲食。"普施行之，年九十余，耳目聪明，齿牙完坚。

从"普施行之，年九十余，耳目聪明，齿牙完坚"之语看，"五禽戏"的养生功效是很好的。另一是散步，主张"安步以当车。"反对以车代步的做法，认为"出则以车，入则以辇，务以自佚，命之曰：'招蹷之机。'"（《吕氏春秋·本生》）这一观点对今人特别有警示作用。西人一向有"生命在于运动"的格言，因此，也重视通过运动来保健。如培根就说："在健康的时候，主要的是注意活动"(弗·培根,1983,p.117)。

四、对当代心理卫生的启示

上面在论述中国人的心理卫生观时,已谈及其对当代心理卫生的启示,如"鞭后而寿:一个重要的心理卫生观",等等,为免累赘,这里不重复了,下面只谈三点看法。

(一)心理保健宜遵循生理-心理-自然-社会的整体保健模式

从总体上看,在考虑影响身心健康的诸因素时,中国先哲多用整体思维,强调天人合一和形神合一,主张兼顾生理、心理、自然和社会四个方面的因素,从而在他们的心理保健之道中蕴涵了一个生理-心理-自然-社会的整体保健模式。这可说是中国传统心理保健之道的最大贡献和最大特点(汪凤炎,2000,pp.286-289)。这个模式使我们清楚地认识到,人的身心疾病和身心健康都是生理、心理、自然和社会等四方面的因素综合作用的结果,所以,在进行身心保健时,既不能将心和身分开,也不能将自己与自然和社会相分开。从这一观点出发,人的健康和长寿只能通过调节生理、心理、自然和社会四个方面的因素而获得。此模式较之过去的生物医学模式有明显的优势:后者既是一种还原论的模式,又是一种单因素模式,还体现了心身二元论的观点,导致人们只注重疾病而忽视健康;前者则不是一种还原论的模式,而是一种多因素模式,还体现了唯物主义心身一元论的观点,使得人们既重视疾病又更重视健康,强调要预防为主。此模式较之目前的生物-心理-社会模式也有优势,因为它既涵盖了后者的所有优点,又弥补了后者忽视自然因素对个体身心健康的影响的不足。换句话说,今人关于生理、心理和社会三种因素对身心健康有重要影响的思想在中国古代思想家和医家的著作中都已有论述,但自然因素(像四季的更替)对人身心健康所起的巨大影响,至今仍未引起有关人士的足够重视,而在这点上恰恰中国古人早已看到了。可见,较之现在通用的生物-心理-社会模式,中国文化里所蕴涵的生理-心理-自然-社会的整体模式更具独特性、全面性与合理性。有鉴于此,今人在进行身心保健时,应完善现在通行的生物-心理-社会模式,而采用中国文化里一向倡导的生理-心理-自然-社会的整体保健模式。

(二)心理卫生是一个系统工程

中国人在论心理保健时,多主张将心理保健看作一个系统工程,进而主张"众术合修"(同时使用多种心理保健方法),这一思想至今看来仍是有相当道理的。这可用一个著名个案来做例证。据《丘吉尔长寿之道》(载:《家庭医生》1998年第8期,pp.50-51)记载,人们从英国著名政治家丘吉尔的个人历史档案中发现,他在许多方面本应与长寿无缘:嗜酒;每天睡不上五六个小时;一生活跃在政治舞台上,四面受敌,使得精神长期处于紧张状态;性格暴躁,感情易冲动;是个先天不足的早产儿,自幼体弱多病等。但是,丘吉尔却活至 91 岁才去世。是什么因素使得丘吉尔长寿的呢?许多研究发现,主要有以下几点:意志坚强,百折不挠;酷爱运动,坚持终生;兴趣广泛,多才多艺;劳逸结合,善于休息;诙谐幽默,豁达乐观。因此,丘吉尔能长寿,其实也是预料之中的事。并且,从丘吉尔的长寿之道中我们至少可以得出四点启示:(1)遗传确实是影响寿命的一个因素,但不是决定性的,也不是最重要的,最重要的是靠自己的信念、认识水平和行为;(2)长寿是一个系统工程,不是仅凭哪一点或哪几点就决定了寿命的长短,寿命是多种因素综合作用的结果,只重视某一方面,而忽视其他方面,都是片面的;(3)心理素质是影响健康长寿的重要因素;(4)患有慢性病者,只要有信心,正确对待疾病,认真听从医嘱并加强自我保健,也一定会战胜疾病而获长寿。这说明中国人兼顾生理-心理-自然-社会四因素的整体养生模式和心理保健要做到"众术合修"的观点的确是很有见地的。

(三)宜合理用脑

大致说来,人们对"勤于用脑与长寿的关系"这一问题有两种截然相反的观点:一是认为勤于用脑的人太劳心,故易衰老且寿命也不会长;另一是认为勤于用脑有利于长寿。通过研究先哲的心理保健之道后,我们发现勤于用脑与长寿之间的关系是非常复杂的,历史上有因勤于用脑积劳成疾,最终寿命不长的例证;而勤于用脑的寿星也屡见不鲜。这是为什么呢?我们认为,较合理的解释应是:只有用脑适度(这本身也是一种保健之道)而又注意保健的人才更容易长寿。像春秋战国时期,处于百家争鸣时代的诸子为了使自己的学说能占有一席之地,人人都勤于用脑,以宣扬自己的学说,与此同时,几乎人人又都重视自我保健,这样,先秦诸子大都未因劳心而早死(韩非早死是由于遭受迫害而自杀),相反,孔子享年 72 岁;孟子享年约83 岁;庄子约享年 85 岁;墨子则高寿 92 岁;荀子的寿命大约是 75 岁;老子寿命更长,据司马迁的《史记》卷六十三记载:"老子年百有六十岁,或言二百岁,以其修道而寿也。"虽有些夸张,不过,老子长寿应该是没有疑问的。更重要的是,"以其修道而寿也"之语表明,在司马迁看来,老子长寿的原因就在于他善于修"道"(相当于我们讲的心理保健之道)。又如,中国历代著名医家大都博览群书,勤于用脑,但长寿的居多。对《中国大百科全书·中国传统医学》在"中医史·人物"这一专题中所收录的医家的寿命进行统计后也可发现,在中国古代著名的且可知生卒年的医家中,百岁以上的有 1人,占总人数的 3%;70 岁以上的有 31 人,占总人数的 91%,这与中国自古以来的"人生七十古来稀"的谚语相比,相差很大,其中,年龄最小者也有 64 岁。可见,对著名医家而言,活 70 岁以上也并不是很难的事情(汪凤炎, 2000,p.298)。既然中国古代一些勤于用脑的思想家和医家往往同时又可称得上是"保健思想家",他们多长寿的事实表明,只有用脑适度而又注意保健的人才更容易长寿。这样,今人在进行身心保健时,也应合理用脑。

第十四章

中国近现代心理学史

第一节　古代心理学思想未自然而然地演变成心理科学的成因

　　中国古代有着丰富的心理学思想,但遗憾的是,这些思想未能在近现代自然而然地演变成一门独立的心理学科。换句话说,我国的近现代心理科学并不是在我国古代思想文化传统的基础上自然而然地演变而来的,而主要是从西方传入的。为什么心理科学没有从中国的文化传统中诞生出来,而是首先诞生于西方？这一问题实际上就是所谓的"李约瑟问题":中国古代科技一直处于世界领先水平,为什么近现代意义上的"科学"没有在中国产生？对于这个问题,有很多学者提出了种种见解;现代新儒学的主要工作之一也是探讨为什么在中国传统文化中没有产生出"科学"以及如何将近现代意义的"科学"与中国传统文化"嫁接"起来。限于本书的旨趣,这里不多讲,只从心理学角度简单阐述一下中国古代心理学思想为什么未在近现代自然而然地转变成一门独立的心理科学问题:

　　一是受到思维方式的限制。中国传统思维方式的主要特点是强调主体与客体、人与自然的和谐统一;就其基本模式及其方法而言,是经验综合型的整体思维和辩证思维;就其基本程序和定势而言,则是意向性直觉、意象思维和主体内向思维;提倡对感性经验作抽象的整体把握,而不是对经验事实作具体概念分析;提倡一种有机循环论的整体思维等。这种天人合一式的传统思维方式,尽管对偏重于社会科学倾向的心理学思想的发展是有利的,不过,它容易将人(主体)与人(主体)的关系类推到人(主体)与物(客体)的关系上,从而不利于心理学研究的精确化和科学化,导致中国古代的生理心理学思想和实验心理学思想相对贫乏。相比较而言,西方传统思维方式的主要特点是强调主客体相分离、相对立,提倡理性分析思维,喜用机械决定论的整体思维等。西方这种主客二分式的思维方式,尽管易将人(主体)与人(主体)的关系降为人(主体)与物(客体)的关系,易导致在心理学研究中"人性"的丧失,如曾风靡西方心理学界长达半个世纪之久的行为主义,在其研究中一直将人等同于小白鼠或机器,不能不说与这种思维方式有一定的关系,不过,它对西方偏重于自然科学倾向的心理学思想的发展与心理学的独立和心理学研究的精确化及科学化均起到了一定的促进作用(汪凤炎,1999,pp. 38-39)。

二是以"孝"为核心的封建礼教束缚了人体生理解剖学的发展。虽然《灵枢经·经水》曾说:"若夫八尺之士,皮肉在此,外可度量切循而得之,其死可解剖而视之。"这表明至少在战国后期,医家解剖死者的尸体以了解必要的情况仍是非常平常的一件事情。但是,几乎与此同时,《孝经》诞生了。在先秦时期,因是百家争鸣,诸子学说只要言之成理,均有一席立足之地,这样,《灵枢经·经水》从医学角度入手,主张"其死可解剖而视之。"《孝经·开宗明义章》则从宣扬孝道的角度入手,声称:"身体发肤,受之父母,不敢毁伤,孝之始也。"这两种言论虽然在思想上有矛盾和冲突之处,但都可以并存。可是,自汉武帝采纳董仲舒"罢黜百家,独尊儒术"的主张后,先秦儒家的著作上升为"经典"而处于独尊地位,其他学说或处于"边缘"地位(像道、医两家就是如此),或逐渐灭绝了(像先秦显学的墨学就是如此)。于是,《孝经》所宣扬的"孝道"在汉代及其后中国的两千多年的封建历史上备受尊崇,以至于上至帝王将相,下至黎民百姓,广为传习,影响所及,远至异族异国(胡平生,1996,p. 1)。在这种大背景下,《孝经·开宗明义章》所说的"身体发肤,受之父母,不敢毁伤,孝之始也"也就为后人奉为"圣旨"而予以遵从。在此思想的影响下,随意毁伤自己或他人的肉体(哪怕是尸体),在《孝经》之后的中国传统文化看来,简直是大逆不道的。这导致自《孝经》思想盛行之后,中国古人包括医生再也不敢轻易去解剖死人的尸体,由此导致古代中国没有取得像欧洲19世纪所取得的生理心理学实验的科学成果。

三是中国古代哲学家的心性之学,不大受医学界的生理研究的启发与影响(杨鑫辉,1990,p. 91)。而大家知道,心理学作为一门独立学科之所以于1879年在德国诞生,其中一个重要的机缘就是,心理学之父冯特(W. Wundt)受生理学家研究的启发,运用实验方法来研究意识问题,从而推动了心理学的诞生。与此相反,中国古代的哲学家在研究心性问题的时候,死守"经学"的传统,虽有"六经注我"或"我注六经"的差别,但有一点却是共同的,即不大关注医学界的研究,不善于从医学研究中吸取灵感,从而使中国古代的心性之学失去了与医学"交叉"影响的机会,进而失去了产生一门新兴学科——心理学——的机会。因为大家知道,科学史上有许多事例表明,两种学科的交叉影响往往是一门新兴学科诞生的重要契机。

四是由于种种原因,古代中国人太推崇"学而优则仕",由此导致许多读书人都将自己一生的主要时间和精力放在钻研儒家经典之上,而不重视与"科举"无关的其他知识和技能的学习与钻研,并将与"科举"无关的一些知识与技能看作"雕虫小技"或"奇技淫巧"而予以鄙视,久而久之,就限制了物理学等自然科学在中国的发展。同时,在上述"风气"的习染下,一个人若舍弃仕途而专攻与"仕途无关"的学问,会被正统的士大夫视作"另类"而不愿加以效仿。如明代的郑王朱载堉,为了能潜心自己的研究,曾先后数次上奏折给万历皇帝,恳请辞去自己的"郑王"称号,而将自己的"王位"传给曾诬陷自己父亲并使自己父亲坐牢数年的叔父,后来,万历皇帝为朱载堉的诚心所感动,答应了朱载堉的请求,并下诏给朱载堉建了一个牌楼以向世人彰显朱载堉淡泊名利的作风。朱载堉从此过着学者的生活,著述颇丰,在数学和音乐等诸多领域都取得了巨大成就,是一个兼通自然科学和人文科学的达·芬奇式的伟大人物(比达·芬奇晚 80 年)。如,据 2003 年 7 月 4 日晚中央电视台 10 台"教科文行动·综合篇"栏目的"音乐与科学"专题报导:朱载堉提出的"十二平均律"(将 8 度音平均分为 12 个半音,每个半音之间是绝对相等的)后传入西方,成为西方音乐的核心理论之一,由此西方音乐创作出一系列伟大的篇章,至今西方音乐还将"十二平均律"作为其重要的音乐理论看待。可惜的是,朱载堉的所作所为在当时人们看来实在是太"另类"了,结果,朱载堉的科研成果在中国却影响极小。正如英国的李约瑟博士所说,朱载堉提出的"十二平均律"在中国却很少被应用,这真是一个不可思议的讽刺!由于上述两方面的原因,使得近代中国的物理学也未取得像西方近代物理学那样伟大的成就。而西方心理学得以诞生的另一个重要前提是心理物理学的长足进步,既然中国近代的物理学没有取得西方那样的巨大进步,心理学也就失去了诞生的另一个重要基础。

五是清末民初动荡的社会环境无法为学术研究提供一方净土。任何学术研究(包括心理学研究)都需要具备最起码的物质条件与心理条件:前者包括必要的研究场所、研究经费、研究资料、研究设备等;后者包括从事心理学研究的动机、从事心理学研究所必须掌握的知识与方法等。但令人遗憾的是,清末民初的中国处于内忧外患之中,许多仁人志士不得不投笔从戎,投身于抵抗外国侵略、救国救民的事业中。于内,无法关起门来静下心思潜心做学问(包括研究心理学);于外,当时偌大一个中国已无力为学人提供研究学问的最基本物质条件。从这个意义上说,清末民初动荡的社会环境无法为学术研究提供一方净土,也是导致心理学(甚至包括其他科学——

像物理学、化学、生理学等）无法在中国诞生的重要原因之一（汪凤炎，2008,pp.610−611）。

第二节　中国近代心理学

一、中国近代心理学启蒙时期

（一）西方古代和中世纪的哲学心理学思想的早期传入

从欧洲到达亚洲的新航线于公元 16 世纪被发现。在西欧殖民国家进行海外扩张的形势下，欧洲各国的传教士也在明代中叶纷纷来华。许多传教士相信：所传教理若想获得中国人的认同，"最善之法，莫若渐以学术收揽人心，人心既附，信仰必定随之"（冯承钧，1938,p.42）。于是，这些传教士在传播教理的同时，也传播了西方的科学思想，其中就有心理学思想。当然，这种"科学思想"只是中世纪的传统科学思想，这种"心理学思想"也仅是西方古代和中世纪的心理学思想，它们多不是当时欧洲文艺复兴以来资本主义上升时期的新兴的近代科学。在这些传教士当中，最著名的有利玛窦（Matteo Ricci,1552—1610）、艾儒略（S. J. Julius Aleni,1582—1649）和毕方济（P. Franciseus Sambiasi,1582—1649）等人。由他们在中国介绍的西方心理学思想曾对中国人产生了一定的影响。如由下文可知，《西国记法》等三部著作都肯定了记忆作用在于脑，这对一向相信孟子的"心之官则思"的当时的中国人而言，无疑是一个"新"观点，这种"主脑说"开始动摇了中国"主心说"的传统。

1. 利玛窦的《西国记法》

耶稣会传教士、意大利人利玛窦是耶稣会在中国明代末期进行传教的创始人。他曾于 1595 年到江西南昌，应当时的江西巡抚陆万垓的邀请，教陆的子女学习记忆方法。为此，利玛窦撰写了《西国记法》一书，这可说是中国心理学史上，西方心理学思想传入中国的最开端；并且是首次将西方心理学与中国心理学思想结合起来的一部著作，因为在该书里，利玛窦将西方的"记忆术"与中国古代"六书"的识字特点结合了起来。《西国记法》的中心内容是论述人的记忆功能，介绍增强记忆的方法，全书 70 页，分六篇：（1）原本篇：主要阐述识记及其与脑的关系；（2）明用篇：主要论述如何运用事物图像与地点提示进行识记的方法（相当于现代心理学讲的形象记忆与地点记忆）；（3）设位篇：探讨怎样在想象中建立事物的图像的处所或地方；（4）立象篇：论述以中国文字的"六书"特点对汉字构造成像的方法与利用各种联想方法来达到提高记忆的效果;(5)定识篇:论述运用不同识记方法来识记不同对象的问题;(6)广资篇:挑选一些汉字作为例证,加以分析讲解,以期起到举一反三的作用,让学习者能熟悉所讲记忆方法(利玛窦,1965)。

2. 艾儒略的《性学觕述》

1623年,耶稣会传教士、意大利人艾儒略以中文写成《性学觕述》一书。这是一本问答体的心理学综合读物,全书分八卷,各卷目录是:

卷之一:生觉灵三魂总论,魂怀诸称异同,灵性必有,灵性非气,人惟一魂,人物不共一性,人性非造物主之分体,灵性非由天地非由父母所赋,灵性非由外来非由内出,灵性为造物主化生赋田。

卷之二:灵魂为神与形躯判然为二,灵性身后永在不灭,灵魂不灭善恶同然,灵魂离身自有明觉以受苦乐,灵魂身后不轮回人世。

卷之三:约论生长,论四液。

卷之四:总论知觉外官,目之官,耳之官,鼻之官,口之官,触之官。

卷之五:总论知觉内职,论总知之职,论受相之职,论分别之职,论涉记之职。

卷之六:辨觉性灵性,论嗜欲与爱欲,论运动。

卷之七:记心法,记心辨,论寤寐,论梦,破梦。

卷之八:论嘘吸,论寿夭,论老稚,论生死附诸情论(杨鑫辉,2000,pp.39-40)。

由上述目录可知,《性学觕述》完全出自西方中世纪神学与封建主义经院哲学的体系,具有浓厚的宗教色彩。不过,在剥除其神学的说教与唯心主义理论之后,其中也含有一些心理学思想,如关于知觉的看法,对耳、目、鼻、口、触等感官的认识,对梦和情的认识等。

3. 毕方济的《灵言蠡勺》

1624年意大利传教士毕方济口授、徐光启笔录的《灵言蠡勺》,论述了人的灵魂问题,其目的在于宣传宗教思想。不过,与《性学觕述》类似,在剥除其神学的说教与唯心主义思想之后,其中也含有一些心理学思想,如关于记忆("记含")和理智(即"明悟")的认识,等等。《灵言蠡勺》的目录如下:

卷上

第一篇　论亚尼玛之体

第二篇　论亚尼玛之能

　一论亚尼玛之生能觉能

　二论亚尼玛之灵能

　甲　论记含者

　　乙　论明悟者

　　丙　论爱欲者

卷下

第三篇　论亚尼玛之尊与天主相似

　　一论性相似

　　二论模相似

　　三论行相似

第四篇　论亚尼玛所向至美好之情（杨鑫辉，2000，pp. 55–56）。

（二）中国近代心理学思想

　　相对于中国古代心理学思想而言，中国近代心理学思想有这样的特点：继承和发展了中国古代心理学思想，并保留了运用经验的描述和思辨的方法建构心理学思想的传统；同时，也吸收借鉴了西方近代心理学的某些观点。对中国近现代心理学思想的形成与发展有一定影响的学者主要有龚自珍和梁启超等人。

　　1. 龚自珍的心理学思想

　　龚自珍心理学思想的要点主要有三：一是支持告子的性"无善无不善"的观点，反对孟子的性善论与荀子的性恶论。《龚自珍全集·阐告子》说："龚氏之言性也，则宗无善无不善而已矣，善恶皆后起者。"这使得一直不受重视的告子的人性论思想再一次为人们所认识。二是对"知"与"觉"作了区别。《龚自珍全集·辩知觉》说："知，就事而言也；觉，就心而言也。知有形者也，觉无形者也。知者，人事也；觉，兼天事言矣。知者，圣人可与凡民共之；觉，则先圣必俟后圣矣。"认识到"知"（类似于今人讲的感知觉）与"觉"（类似今人讲的觉悟）之间的差异并将之作了区分，这是可贵的；不过，认为一般人只具有"知"的能力，而将"觉"视作"圣人"的"专利"，这缺乏科学的依据。三是在情意心理学思想方面提出了"宥情"说，具有朴素的唯物主义的因素。《龚自珍全集·宥情》说："情之为物也，亦尝有意乎锄之矣；锄之不能，而反宥之；宥之不已，而反尊之。"主张对情采取宽宥的态度，显示出其对程朱理学里蕴涵的禁欲思想的反叛。

　　2. 梁启超的心理学思想

　　梁启超对心理学的贡献是多方面的，归纳起来主要有四：

　　一是明确区别心理学与哲学的译名，将 Psychology 译为心理学，将 Philosophy 译为哲学。他说："日人译英文 Psychology 为心理学，译英文 Philosophy 为哲学。两者范围截然不同，虽我辈译名不必盲从日人，然日人之译此，实颇经意匠，适西方之语源相吻合"（《新民丛报》第 18 号，1902，p. 3）。

　　二是在教育心理方面，主张按照青少年的生理心理特点划分教育期。

他说:"今中国不欲兴学则已,苟欲兴学,则必自以政府干涉之力强行小学制度始,今试取日本人所论教育次第,撮为一表以明之"(梁启超,1902,pp. 33-36)。在这个"教育期区分表"里,他划分了四个教育期:(1)"5 岁以下家庭教育期,幼稚园期";(2)"6—13 岁小学校期";(3)"14—21 岁中学校期";(4)"22—25 岁大学校期"。同时,他主张教学必须重视开悟学生。他在《变法通议·论幼学》里说:"教童子者,导之以悟性甚易,强之以记性甚难。何以故? 悟性主往(以锐入为主),其事顺,其道通,通故灵。记性主回(如返照然),其事逆,其道塞,塞故钝。是故生而二性备者上也,若不得兼,则与其强记,不如其善悟。何以故? 人之所以异于物者,为其有大脑也,故能悟为人道之极。凡有记忆也,亦求悟也,为其无所记,则无以为悟也。悟赢而记拙者,其所记恒足以佐其所悟之用(吾之所谓善悟者指此,非尽弃记性也,然其所记者实多从求悟得来耳,不可误会)。记赢而悟拙者,蓄积虽多,皆为弃才。惟其顺也,通也,灵也,故专以悟性导人者,其记性亦必随之而增。惟其逆也,塞也,钝也,故专以记性强人者,其悟性亦必随之而减"(梁启超,1896,pp. 46-47)。

三是在社会心理方面,他主张用心理去解释政治和历史。为此,在其史学著作里他常常用"心理"、"社会心理"、"国民心理"、"群众心理"、"个性"和"人格"等词,并用以说明和解释史实或作为史料的研究分析方法。

四是在佛教心理方面。《佛教心理学浅测》是梁启超 1923 年 6 月 3 日为中华心理学会所作的讲演。他在讲演中明确表示:"我确信:研究佛学,应该从经典中所说心理学入手。我确信:研究心理学,应该以佛教教理为重要研究品"(梁启超,1933,pp. 586-601)。该文分为六个部分,第一部分论述佛学研究与心理学的关系;第二部分、第三部分将现代欧美心理与佛教的心识之相,以及小乘俱舍家说的七十五法、大乘瑜伽说的百法进行比较,并且指出佛教的四圣谛八正道等修养功夫,与心理学的见解是相通的;第四、五、六部分具体分析了五蕴的心理学内涵。文章最后指出,佛教这种高深精密心理学,便是最妙法门,教人摆脱人身的苦恼,而进入清寂安谧的理想境界。梁启超对佛教心理学思想的发掘是以现代心理学概念为基本框架的,这对后来的研究有启示作用。例如对五蕴心理学内涵的研究,五蕴是指色、受、想、行、识。用现代心理学概念表示它们则是,色等于有客观性的事物,受等于感觉,想等于记忆,行等于作意及行为,识等于心理活动之统一状态。同时,梁启超将佛教与心理学联系起来,为研究佛学与心理学开辟了新路径。

二、中国近代心理学发端时期

（一）西方心理学思想的初步传播

西方心理学思想的初步传播主要有两种途径：一是通过早期的教会学校进行传播，一是通过翻译西方心理学论著进行传播（杨鑫辉，2000，pp. 98-121）。

1. 早期教会学校与心理学的传播

鸦片战争以后，通过与腐朽的清政府签订一系列不平等条约的途径，西方列强获得了在中国传教与建学校等特权。随着教会活动在中国的发展，中国的教会学校也逐渐多了起来。西方传教士开设教会学校的本来目的是推行其宗教教义，进行文化侵略；不过，一些教会学校曾开设过心理学课程，在客观上使得在其中学习的中国学生受到了一些心理学教育，并在一定程度上推动了心理学在中国的传播。在这些开设心理学课程的早期教会学校中，著名的有二：一是位于山东登州（今山东蓬莱市）的登州文会馆（英文校名是：Teng Choa College），二是由美国圣公会上海主教施若瑟开设的上海圣约翰书院。还需指出两点：一是容闳、黄胜和黄宽等三人当年就是在美国传教士布朗及其美国朋友的帮助下，于 1847 年进入美国马萨诸塞州芒松学校读书的，在该校中，他们学习了心理学课程，成为中国最早学习心理学课程的人。另一是，我国第一部汉译心理学著作是由在上海圣约翰书院主持教务的中国牧师颜永京（时任圣公会会长）翻译的。他在上海圣约翰书院一边讲授心理学课，一边翻译美国学者约瑟·海文（Haven）的著作《心理哲学：包括智、情、意》（*Mental Philosophy：Including the Intellect，Sensibilities and Will*）一书，将之定名为《心灵学》，于 1889 年出版。这是我国最早的一种心理学译著。不过，这本心理学译著就其内容而言，还不是真正意义上的科学心理学著作，而是一部哲学心理学著作，因为海文的这部著作是 1857 年出版的，时隔 22 年后（即 1879 年）心理学才在德国从哲学中独立出来。颜永京为何将 Mental Philosophy 译为心灵学？原由可能有三：（1）当时他不知道有"心理学"这个名字，他译心灵学乃源于希腊文"心理学"原意，即"灵魂学"之意；（2）他译的《心灵学》，开头即讲"人为万物之灵"和"人有心灵"之意，所以译称"心灵学"；（3）他按照我国古籍中对"心"、"性"等精神的东西统称"心灵"，于是译做"心灵学"（杨鑫辉，2000，pp. 110-111）。

2. 通过翻译西方心理学论著进行传播

在教会学校里也有人如颜永京翻译了西方心理学著作，为免重复，这里主要阐述非传教士人员翻译心理学的史实。其中著名的是我国著名学者王国维。他于 1907 年重译了丹麦海甫定原著、英国龙特原译的《心理学概论》(Outlines of Psychology)。这是我国从西方心理学直接译过来的第一部科学心理学著作(当时我国还有从日本心理学间接转译过来的西方科学心理学著作,就时间而言,比之更早)。王国维于1910年又从日文重译了美国禄尔克所写的《教育心理学》一书。

(二) 日本在传播西方心理学思想中的桥梁作用

清末民初的学制主要是仿照日本的教育制度而制定的,学校所选用的教科书(包括心理学教科书)也多译自日本,其中最早的一本是久保田贞所著的《心理教育学》,于1902年由上海广智书局出版;同时,从日本聘请的一些日籍教师,像日籍教师服部宇之吉就是最早在京师大学堂师范馆教心理学的"正教习";并且,当时中国人自编的心理学教材也多出自留日学者,其内容也主要是参考日本心理学的内容,如我国最早自编的名为《心理易解》的心理学著作,出自留日学者陈榥,于1905年在日本东京印行。还需指出,中国现在所用的"心理学"一词,也是来自日本。大家知道,直到现在为止,还未发现中国古籍里有"心理学"一词(汪凤炎、郑红,2001)。"心理学"一词的创译者是日本近代著名哲学家西周(1829—1897),西周译的奚般氏《心理学》于1875年出版,该书的书名就译称《心理学》,书内使用了"哲学"和"心理学"(但有时仍用性理学)两词。所以,日本心理学界公认"心理学"这一名称是西周从"性理学"改译而来,由他所首创和命名。在中国开始刊用"心理学"名称约在1896或1897年。这时期在清光绪维新变法和改革旧教育的背景下,中国开始派遣留日学生,同时,聘请日本老师来中国,并且积极主张翻译日书。在这个过程中,"心理学"的名称也随之传入我国。1902年日本久保田贞著的《心理教育学》在我国出版,1903年我国又出版了日本大濑甚太郎和立柄教俊著的《心理学教科书》。此后,心理学一词在我国通行起来。因此可以判定,心理学一词是由日本引入的(杨鑫辉,2000,pp.138–142)。当然,日本的心理学一词即采自汉字,属于音读,且意思也同汉语一样,其心理学一词也是在中国传统文化的影响下形成的。这样,即使我国近代用以翻译"Psychology"的"心理学"一词来自日本,也只能说是"出口转内销",而不像某些人或某些书说的是"外来语"(燕国材,1998,pp.3–7)。简言之,在西方心理学传入中国的过程中,日本在客观上起到了桥梁或媒介的作用。

三、西方心理学思想在中国的早期传入与初步传播的比较

鸦片战争之后西方心理学思想在中国的初步传播与早期传入相比,出现了四个不同特点:

（一）所处历史背景不同

西方心理学思想早期传入主要是在明代。此时的中国虽然仍是封建王朝，并且从世界历史的角度看，已是一个在走下坡路的封建王朝，但毕竟"百足之虫，死而不僵"，仍是"大明帝国"，当时的中国不但拥有较发达的文化，而且当时的中国人在心理上对自己文化的先进性更是确信无疑（虽有"井底之蛙"之嫌），对于来自西洋的文化思想（包括西洋的心理学思想），当时的绝大多数中国人或者根本不了解，或者只将之作为"奇技淫巧"看待；能够从心理上真正加以认同甚至推崇的人很少。结果，此时传入中国的西方心理学思想只能被极少数思想开放的先进人士（像徐光启）所认可。

西方心理学思想在中国的初步传播则已到了鸦片战争之后。当时的中国已开始进入半殖民地半封建社会，日渐沦落为外国列强的盘中餐。在这种民族存亡的危急时刻，许多先进的中国人在看到西洋文化先进性的同时，为了救国救民，心中逐渐产生了"师夷长技以制夷"的思想。正是在此种思想的影响下，一些中国人才开始奋力学习与宣扬西方先进文化（其中也包括西方的心理学思想），导致西方近现代心理学思想在中国越来越有影响。

（二）传播的途径与人数不同

西方心理学思想的早期传入，其传播途径颇为单一，主要是由西方传教士进行传播；并且，由于交通不便等原因，来中国进行传教的西方传教士的人数本就很少，能有机缘在当时的中国传播西方心理学思想的传教士人数就更少了。

鸦片战争之后西方心理学思想在中国的初步传播，其传播途径就逐渐丰富起来，概括起来主要有三种：一是通过早期的教会学校及传教士进行传播，二是经由日本或日本学人的传播，三是通过翻译西方心理学论著进行传播。与此相适应，在当时的中国介绍与研习西方心理学思想的人数就逐渐多了起来，这之中既有西方传教士，也有从日本请来专门讲授西方心理学的教员，还有极少数研习西方心理学的中国人。

（三）传入的西方心理学思想的内容体系不同

在明代由西方传教士传入中国的西方心理学思想，主要是欧洲中世纪经院哲学家所研习的哲学心理学思想，其思想体系中不但充满了宗教神学色彩，而且主要是通过思辨的方式建构起来的。

鸦片战争之后传入中国的西方心理学思想，虽然刚开始时仍有一些哲学心理学思想，不过，随着 1879 年心理学作为一门独立学科在德国的诞生以及其后的广泛影响，科学心理学思想也逐渐传入中国。此时从西方传入的西方心理学思想，无论从研究主题看，还是从研究方法看，乃至于从思想体系上看，都已经是真正意义上的科学心理学思想了。

（四）产生的影响力不同

早期传入中国的西方心理学思想，只能为极少数当时（即明代）的中国人所认可，产生的影响力极小。例如，《西国记法》当年虽曾在小范围人群内颇吸引人的眼球，但在中国心理学思想史上却未见有何影响，只是到当代中国心理学者研究中国现代心理学思想的起源和发展问题时，才重新发现了这本早被中国人所遗忘的《西国记法》，发现它不但是最早传入中国的西方心理学思想，并且它还是最早尝试将西方心理学思想与中国古代心理学思想相结合的产物（杨鑫辉，2000，pp.37-38），表明西方心理学思想最早传入中国时，走的就是一条中西结合的正确之路。正由于早期传入中国的西方心理学思想没有能够从根本上改变中国古代心理学思想的特质与发展走向，结果，中国古代心理学思想仍按着原有的思路继续向前演进。

鸦片战争之后，由于京师大学堂师范馆以及一些师范学校或师范讲习社都有教师专门教授心理学、在中国翻译或编辑出版的心理学论著越来越多、到日本或美国等国家学习西方心理学思想的人逐渐增长等缘故，已有越来越多的中国人开始学习与研究西方心理学思想，并出现了一些尝试融会中西心理学思想的学人，如梁启超与王国维等。相应地看，此时西方心理学思想对中国人的影响力也越来越大，对促进中国现代科学心理学的建立起到了一定的作用。当然，由于中国近代史非常短暂（自1840年至1919年），无数优秀中华儿女都将主要时间与精力甚至生命献给了民主主义革命运动和救国事业，加之中国近代科学技术发展极端落后。由于这种种原因，中国近代心理学思想虽然受到西方近现代心理学思想的启发，但从总体上看仍未摆脱中国古代心理学思想所擅长的思辨式与经验总结式传统。这意味着，中国近代心理学思想史并未完成如下历史使命：促使中国心理学思想从古代向真正现代意义上的转变，并建立起真正科学意义上的"心理学"这一独立学科。这一未竟的重大历史使命就落到了现代中国心理学研究者身上（汪凤炎，2008，pp.591-593）。

第三节　中国现代心理学

一、中国现代心理学的建立

（一）中国现代心理学建立过程中的重要事件

19世纪末至20世纪40年代，是中国现代心理学的建立时期。中国现代心理学是以中国古代和近代心理学思想为历史渊源，通过引入西方心理学的途径而建立和发展起来的。在中国现代心理学建立的过程里,以下几件事具有重要意义(杨鑫辉,2000,pp.145-209;高觉敷,1985,pp.360-361):

一是蔡元培在任北京大学校长期间,支持陈大齐于1917年在北京大学哲学系创办全国第一个心理学实验室。这里需要说明的是,蔡元培这样做的缘由可能有多种,不过,它与蔡元培在德国留学期间听过心理学课程也不无关系。作为中国现代心理学的主要先驱之一,蔡元培曾于1907—1913年间两次到德国留学,其中三年在莱比锡大学,先后选修了哲学、文学、心理学和美学等课程,并亲聆现代心理学创始人冯特讲授的心理学、实验心理学和民族心理学等三门心理学课程,是现代实验心理学创始人冯特唯一的中国留学生。蔡元培的这一经历,对后来其采取两项重大措施以推动中国现代心理学的建立,肯定有一定的影响。这两项重大措施:一是这里讲的支持陈大齐在北京大学哲学系创办全国第一个心理学实验室;另一是下文要讲的,在任中央研究院院长期间,于1929年倡导创建我国第一个心理研究所。

二是陈大齐于1918年出版了我国第一本自己编著的大学心理学教本:《心理学大纲》。该书是陈大齐利用多年教学的讲义修订而成的,由商务印书馆出版,10年内共印了12次。它以浅近通俗的文言文和新式标点符号,较准确而全面地概括介绍了当时西方科学心理学的丰富内容与最新成就。

三是1920年南京高师(后改为东南大学)在其教育科中建立了中国第一个心理学系。陈鹤琴和廖承志在此首次开设测验课程并以心理测验试验学生。此后,于1926年,北京大学也建立了心理学系。

四是1921年在南京成立了中华心理学会,首任会长是张耀翔教授,中国的心理学研究者首次有了自己专门的学会组织。

五是1922年在上海创办了中华心理学会会刊《心理》杂志,中国的心理学研究首次有了自己专门的学术刊物。

六是蔡元培于1928年创建中央研究院并担任中央研究院院长后,于1929年倡导创建我国第一个心理研究所。这样,我国既有了培养心理学人才的教学机构,也有了研究心理的专门机构。

(二)中国现代心理学建立时期的主要成就

这一时期,我国心理学家在基础心理学与应用心理学两方面都做了大量的研究,取得了一些成果。下面以几位有代表性的心理学家为例来加以说明(高觉敷,1985,pp.369-384):

1. 郭任远

郭任远(1898—1970),广东汕头市人,中国现代心理学家。于1921年

（当时还只是大学四年级学生）发表《取消心理学上的本能说》，将批评锋芒直指当时心理学权威哈佛大学心理学系主任麦独孤和美国行为主义心理学的创始人华生，此文震惊了美国心理学界。接着，郭任远于1922年发表了《我们的本能是怎样获得的》，于1923年发表《反对本能运动的经过和我最近的主张》，于1926年发表《一个心理学革命者的口供》、《心理学的真正意义》，1927年发表《心理学里面的鬼》，1928年发表《一个无遗传的心理》。上述论文全部收进1928年出版的《郭任远心理学论丛》（开明书店）里。黄维荣在该书序言中阐明郭任远的学术观点时说："无论是提倡行为派的心理，反对本能，反对心理学上的遗传，或攻击各种心理学上的神秘概念：总而言之，是在排斥反科学的心理学，不使非科学的谣言重污心理学之名；是在努力做一种清道的功夫，把心理学抬进自然科学——生物科学——之门，完全用严格的科学方法来研究它。"郭任远关于鸟类胚胎发育和训练猫不吃老鼠的实验研究，也得到国际心理学界的好评与重视。

2. 张耀翔

张耀翔（1893—1964），湖北汉口人，中国现代心理学家。1921年中华心理学会成立时，被推举为首任会长。1922年创办了中国第一本心理学刊物《心理》，并任主编。他对中国心理学发展的一大贡献是，较早较全面而系统地研究了中国心理学史，并最早发表了较全面系统地论述中国心理学史的文章，这就是张耀翔1940年发表于《学林》第二辑的《中国心理学的发展史略》一文。这是一篇稍具系统的中国心理学史的开山之作，它既追溯古代，考察现代，又展望了未来。该文从我国"心理"二字的出现，谈到西方心理学的传入，对中国古代心理学思想涉及较广，指出："中国古代心理学研究，几乎全由哲学家及伦理学家兼任。最著者周有老聃、墨翟、杨朱、荀卿、孟轲、庄周、尹喜、韩非、管仲；汉有董仲舒、王充；唐有韩愈、杜牧；宋有朱熹、陆九渊、杨慈湖、程颢、程颐、王安石；明有王守仁；清有戴震、颜元诸子。"（张耀翔，1983，p. 203）"中国古代心理研究不仅限于纯粹学理方面，对于应用也有特殊贡献。"（张耀翔，1983，p. 210）例如心理卫生方面的养生养气，治气养心；心理测验方面的品性测验，"左手画圆，右手画方"测验；中国古代催眠术等。文章最后提出了发展中国心理学的九条建议，这九条建议至今看来仍有启发意义："（1）发扬中国固有心理学，尤指处世心理学，期对世界斯学有所贡献；（2）恢复各大学原有心理学或教育心理学，并酌设心理学院及心理研究所，使斯学日益推广；（3）编纂中国心理学辞典，使学者便于自修；（4）奖励实验，并设心理仪器制作所，使各校易于备置；（5）每年公费留学招考中，应设心理学名额，使专治斯学者有深造机会；（6）多介绍西洋心理学名著，使国内研究者常有新的参考资料；（7）多从事创作及专题研究,使斯学日益进步;(8)创办分科心理学杂志,例如社会心理学杂志、变态心理学杂志等等,使各处研究结果得随时作有系统的发表;(9)竭力提倡应用心理学,尤指工业心理、商业心理、医药心理、法律心理及艺术心理,以应务方之急需。"(张耀翔,1983,p. 224)当然从现在的观点看,文中将古代心理学思想家称为古代心理学家欠精确。有关近代心理学的最早译著和教科书的判断也不确切,近年来发现了更早的版本,但在学科尚未草创之前不应苛求。

3. 汪敬熙

汪敬熙(1893—1968),山东济南人,中国现代生理心理学家。第一个将电子仪器引入中国用于脑功能研究,其主要成果有:一是证明皮肤电反射是由于汗腺的分泌,与意识无关。二是发现了瞳孔收缩与扩张的皮层代表区域。三是利用麦修斯示波器记录到光影通过猫的视野运动时,外膝体内产生的诱发电位。

4. 艾伟

艾伟(1890—1955),湖北江陵人,中国现代心理学家。他对汉字的研究始于1923年,积25年研究成果写成《汉字问题》一书,对提高学习效能,推动汉字简化和汉字由竖排改为横排等,都做出了重要贡献。

二、中国现代心理学的发展时期

中国现代心理学的发展时期在时间上讲,指的是1949年10月1日中华人民共和国成立之后的时期;从中国心理学发展上讲,指的是在中国现代心理学建立时期的基础上,中国心理学于1949年10月之后50余年的发展状况。它可以分为五个阶段(杨鑫辉,2000,pp. 331-371):

(一)学习改造阶段(1950—1956年)

中国现代心理学发展时期的最初阶段的首要任务是进行心理学的学习与改造。在这一阶段,主要做了以下几件事情。

第一,成立中国科学院心理研究所。1950年3月,由中国科学院计划局主持召开了一次心理学座谈会,与会者一致希望早日成立中国科学院心理研究所。1951年3月,政务院批准成立中国科学院心理研究所,任命曹日昌为所长,同年12月心理所正式成立。1953年1月,中国科学院心理研究所改名为心理研究室,曹日昌为室主任。1955年12月在中国科学院第53次院务常务会议上提出1956年将南京大学心理学力量并入科学院心理研究室扩建为心理研究所。1956年3月,院常务会议通过上述决议;8月,国务院批准成立心理所;12月,中国科学院心理研究所在北京正式成立,潘菽任所长,曹日昌和丁瓒任副所长。此举标志着心理所学习改造阶段的结束,转向正式研究的开始。因为当时它是全国唯一的心理学专门研究机构,代表了中国心理学界(包括以后各个时期)的最高水平和心理学发展的趋向,是中国心理学界的核心,起着带头与推动中国心理学事业发展的作用。

第二,建立中国心理学会。1955 年 8 月,中国心理学会在北京正式成立并召开了第一次会员代表大会,有 70 余人出席了会议,会议选举潘菽为新中国心理学会第一任理事长,曹日昌为副理事长。这次会议把新中国的心理学工作者重新团结起来,将心理学建立在马列主义哲学与巴甫洛夫学说基础上,为中国的社会主义建设服务。

第三,调整心理学教学机构。1952 年全国高等院校进行较大规模的院系调整,原清华大学与燕京大学的心理学系部分合并入北京大学哲学系,成立了国内唯一的一个心理专业。南京大学(原中央大学)心理系保留,但后者于 1956 年并入中国科学院心理研究所。其他高等院校心理系则分别并入一些高等院校和部分医学院、体育学院,成为心理学教研室或教研组。

第四,出版心理学刊物。中国心理学会会刊《心理学报》于 1956 年正式出版发行,曹日昌任主编,编辑部设在中国科学院心理研究所编译室。

第五,制定心理学科学规划。1956 年上半年,国务院科学规划委员会召开许多科学家参加科学规划会议,制定了各门科学的 12 年(1956—1967)发展规划。其中,心理学 12 年的发展规划的主要内容是:(1)心理的发生与发展研究;(2)基本心理过程的研究,以视觉、听觉、语言和思维、记忆为重点;(3)个性心理的研究;(4)心理学基本理论与心理学史的研究,其中心理学史以中国心理学史的研究为重点;(5)专业心理学的研究,包括教育心理学、劳动心理学、医学心理学、国防心理学、文艺心理学和体育心理学等,其中以教育心理学、医学心理学、劳动心理学和国防心理学中的航空心理学为重点。在规划中确定将南京大学心理系并入中国科学院心理研究室,并将中国科学院心理研究室扩建成中国科学院心理研究所。这个规划在当时对我国心理学界起了一定的指导与鼓舞作用,让我国心理学工作者明确了心理科学事业对中国社会主义建设的意义,明确了心理学在中国整个科学事业中的地位与在中国积极发展心理学的必要性。这一发展规划后来因客观情况变化,制定不久后就没有再采用。

第六,心理学的学习与改造工作。当时,全国心理学工作者形成了学习辩证唯物主义哲学、巴甫洛夫学说和苏联心理学的热潮,认为学习苏联心理学后就能建立起唯物主义的心理学。于是,中国的心理学工作者提出了在马克思列宁主义思想指导下,在巴甫洛夫学说基础上改造心理学的口号。

(二)初步繁荣阶段(1957—1965 年)

1957 年,中国心理学工作者对心理学教学与科研工作中脱离实际的倾向展开了讨论,探讨心理学怎样联系实际、为经济建设服务的问题。通过讨论,使心理学工作者充分认识到科研工作密切联系实际的必要性,并到各实际部门做工作,促进了应用心理学的发展。遗憾的是,正当心理学工作者鼓足干劲准备大显身手的时候,受到极"左"思潮影响的北京师范大学部分师生于1958年8月发动了一场波及全国的"批判心理学资产阶级方向"的运动,将学术问题与政治问题相混淆,采取将科学与科学工作者一棍子打死的极端武断的做法,给我国心理学的发展带来了直接的严重的损害。这是新中国成立后中国心理学界受到的第一次大的挫折。幸运的是,这次错误的批判运动为时不久就被纠正过来了。在1960年1月召开的第二次中国心理学会全国会员大会上,初步澄清了1958年心理学批判运动造成的混乱思想,总结了1959年以来我国心理学界开展的关于心理学对象、任务、学科性质与方法等问题的争论所取得的研究成果。同时,会议制定了心理学科三年发展规划,选举了新一届中国心理学会领导班子,其中,潘菽为理事长,曹日昌为副理事长。此次会议后,中国现代心理学的初步繁荣景象已开始出现。

（三）遭遇挫折阶段（1966—1976年）

在中国心理学显示出初步繁荣之际不久,姚文元(当时化名葛铭人)于1965年10月28日在《光明日报》上发表了一篇题为《这是研究心理学的科学方法和正确方向吗?》的文章,诬陷心理学的研究是所谓"形而上学"、"唯心主义"、"反科学的",毫无"理论意义和科学价值",将心理学污蔑为资产阶级伪学。这是1958年"心理学批判"的延续与翻版,更是中国心理学事业遭遇致命伤害的前奏。1966年中国开始了"文化大革命",姚文元的这篇恶意攻击心理学的文章竟被当做打击心理学的"宝典",稍有不同观点的人一律被排斥与打击,过去的心理学工作被全盘否定,中国的心理学被牢牢套上了"伪科学"的"紧箍",中国心理学事业遭受了新中国成立以来第二次,也是最大的一次挫折,心理学研究被迫中断10年之久,严重阻碍了中国心理学的发展。

（四）重新恢复阶段（1977—1980年）

自1976年10月起,中国进入了一个新的历史时期,中国的心理学也由此获得了新生,进入了一个重新恢复阶段。这主要体现在以下几个方面:

第一,中国科学院心理研究所和中国心理学各种有关教学与科研组织重新恢复。1977年6月,国务院批示:"恢复心理研究所是很有必要的。"从此中国科学院心理研究所正式恢复,潘菽恢复所长职务。此后,教育系统内的心理学科研与教学组织也陆续得到恢复与发展,北京大学、华东师范大学、北京师范大学与杭州大学相继成立了心理学系,为中国尽快培养心理学后备力量创造了有利条件。在人才培养上,中国科学院心理研究所与北京师范大学等有关高等院校率先在 1978 年开始招收"文革"后第一批心理学硕士研究生。

第二,调整心理学学科规划。为了把中国心理学的发展恢复到最佳状态,由中国科学院心理研究所组织于 1977 年 8 月在北京平谷召开了全国心理学学科座谈会,会上拟定了《规划》草案。除前言外,它共有四部分:一是外国心理学概况,二是奋斗目标,三是研究项目,四是实现规划的措施。在研究规划中又分为心理学基本理论、感觉与知觉、思维与记忆、心理发展、生理心理、教育心理、工程心理和医学心理研究等八个方面;在每个方面均按国内外概况、三年计划、八年规划和二十三年设想进行安排。用今天的眼光看,这是一个较详细与全面的心理学学科发展规划,促进了中国心理学事业的恢复与发展。

第三,恢复中国心理学会的活动。根据中共中央关于全国科学大会的通知中的"科学技术协会和各种专门学会要积极开展工作"的精神,中国心理学会恢复了自己的活动,召开了一些重要会议。如:(1)中国心理学会于 1977 年 11 月召开了在京常务理事扩大会,此次会议主要讨论总会恢复工作与各地分会恢复活动的问题。(2)1978 年 12 月,中国心理学会第二届学术年会在河北保定市召开,来自全国 28 个省、市、自治区的 230 余名代表参加了会议,这次年会距上届年会(1963 年)15 年,是中国心理学工作者"文革"后的一次盛大集会。(3)1979 年 3 月在北京召开了心理学基本理论讨论会,会议明确了心理学基本理论研究工作的方向与内容,并正式成立了中国心理学会心理学基本理论研究会(后改名为中国心理学会理论心理与心理学史专业委员会)。(4)1979 年 11 月,中国心理学会在天津举行第三届学术年会,来自全国 28 个省、市、自治区的 350 余人参加了会议,这次年会以专业分组进行学术交流为主,共分了发展心理和教育心理组,普通心理、实验心理和工程心理组,医学心理和生理心理组,心理学基本理论组,体育运动心理组五个分组。

第四,两大心理学学术刊物复刊。于 1966 年停刊的中国心理学会会刊《心理学报》在 1979 年 8 月复刊,编辑部仍设在中国科学院心理研究所,主编是潘菽。《心理科学通讯》(1991 年改名为《心理科学》)也于 1981 年 1 月复刊,编辑部设在上海师范大学心理系(上海师范大学后改名为华东师范大学)。

第五,中国心理学开始走向世界心理学的大舞台。中国心理学会于 1979 年 7 月提出加入国际心理科学联合会(IUPsyS)的申请,并获国务院批准,然后具体办理各种入会手续。1980 年 7 月 6—12 日,国际心理科学联合会在民主德国莱比锡举行第 22 届国际心理学大会并纪念冯特创建世界第一个心理学实验室一百周年活动。中国心理学会派陈立为团长,徐联仓、刘范、荆其诚为团员的中国代表团前往参加,陈立在会上作了"冯特与中国心理学"的报告,其他三人也分别作了各自专业的学术报告。7 月 9 日,陈立和荆其诚作为中国代表出席国际心理科学联合会代表大会,会上讨论并一致通过接纳中国心理学会加入国际心理科学联合会,成为其第 44 个会员学会。这标志着中国心理学开始走向世界心理学的大舞台(杨鑫辉,2000,pp. 350–359)。

(五)稳定发展阶段(1981—1999 年)

自 20 世纪 80 年代以来至 1999 年,伴随中国改革开放的不断深入,中国的心理学事业进入了一个稳定发展阶段。这主要体现在以下七个方面:

一是心理学研究机构和教学机构不断发展壮大。如中国科学院心理研究所现已发展成为包括 6 个研究室含有 14 个研究方向的心理学研究机构(杨鑫辉,2000,pp. 359–361)。1998 年原浙江大学、杭州大学、浙江农业大学、浙江医科大学四所学校合并成立了浙江大学,由此,前身为 1980 年建立的杭州大学心理学系正式更名为"浙江大学心理与行为科学学院"。该学院具有基础心理学、应用心理学、发展与教育心理学硕士学位授予权,基础心理学和应用心理学博士学位授予权。在工业心理学领域,该学院在国内外享有极高的声誉,在该领域拥有唯一的国家重点实验室——浙江大学工业心理学国家专业实验室。该学院现有儿童成长与智力发展中心、心理学研究所、工业心理学研究所、老年心理学研究所,主要研究领域:工业心理学中人的因素,组织(管理)心理学,普通心理学,社会心理学,发展与教育心理学。

二是人才培养不断跨越新台阶。在中国科学院心理研究所、中国社会科学院社会学研究所、北京大学、北京师范大学、吉林大学、华东师范大学、南京师范大学、西南大学、浙江大学等高等院校或研究所里设有心理学专业博士点,并且,在中国科学院心理研究所设有心理学专业博士后流动站,从而使心理学专业人才培养较之过去上了一个新台阶。

三是积极开展与国际心理学界的学术交流。中国心理学家荆其诚于 1984 年当选为国际心理科学联合会执委(1984—1992),并于 1992 年 7 月在比利时布鲁塞尔举行的第 25 届国际心理学大会上当选为国际心理科学联合会副主席(1992—1996);其后,中国心理学家张厚粲也曾当选为国际心理科学联合会执委(1996—2000),为中国心理学界赢得了荣誉。1996 年 7 月在加拿大蒙特利尔第 26 届国际心理学大会(ICP1996)上,中国心理学会成功获得第 28 届国际心理学大会(ICP2004)的主办权。随后,通过中国科协完成了在外交部和国务院的申报、登记和审批手续。这些重要事实表明,中国的心理学在世界心理学大家庭中扮演着越来越重要的角色。

四是 1999 年 3 月,中国心理学会按照国务院 1998 年 10 月 25 日发布的《社会团体登记管理条例》规定逐项自查,在中国科协主管单位的指导下,经过大量的工作,并经民政部审核通过,中国心理学会成为第一批获准登记的社团组织,并进行了登记换证工作。

五是建立了中国心理学的其他学术组织。中国心理学界除中国心理学会外,还于 1982 年成立了中国社会心理学会,下设若干专业委员会,并于 1990 年创刊出版学术专业刊物《社会心理研究》;1985 年心理学界与医学界等共同建立了中国心理卫生协会,并分别于 1987 年创刊出版专业学术刊物《中国心理卫生杂志》和 1993 年创刊出版专业学术刊物《中国临床心理学杂志》;1985 年心理学界与企业界共同建立了中国行为科学学会,并于 1987 年创刊出版专业学术刊物《行为科学》;等等。

六是中国心理学的研究在量上与质上都有大的改观。在这一时期,中国的心理学研究无论从量上看还是从质上看,较之过去都有了大的飞跃。这从这一时期在《心理学报》、《心理科学》、《心理发展与教育》、《心理学探新》[①]和中国人民大学复印报刊资料《心理学》等刊物上所发表的心理学专业论文以及近几年出版的中国人自己撰写的心理学论著和心理学教材中就可见一斑。

七是将心理学确定为 18 个优先发展的基础学科之一。1999 年,国家科技部开始组织制定"全国基础研究'十五'计划和 2015 年远景规划",并由国家自然科学基金委员会牵头具体实施。根据学科地位、国际发展趋势和前沿性、在中国的现状、未来发展规划和相关政策措施等六个方面的综合状况,将心理学确定为 18 个优先发展的基础学科之一,并促进心理学在中国的迅速普及。

(六)迅猛发展阶段(2000 年—现在)

历史进入 21 世纪以后,伴随中国改革开放事业的高速发展、高校招生规模和校园规模的不断扩大(即全国很多高校都先后展开新校区建设)、国家高等教育"211 工程"的建设、社会对心理学人才需求量的急增等机缘,中国的心理学事业进入了一个迅猛发展阶段。这从以下两个数字就可见一斑:截止到 2008 年秋季,中国各种在读的心理学学生达 10 万多人,高校和各研究机构的心理学系或专业已经达到 187 个。具体地说,当前中国心理

[①] 《心理学探新》杂志于 1981 年创刊,后因故停刊,于 1998 年底获批准为国内外公开发行的理论学术刊物。

学事业的迅猛发展主要体现在以下六个方面：

（1）开设"心理学专业"、"心理学系"或"心理学院"的高校不断增加。自 2000 年以来，很多部属高等院校和省属重点大学在其哲学系、社会学系或教育系内复建或新设心理学专业，或者，复建或新设心理学系。

（2）心理学专业博士点与博士后流动站的发展"由点向面，全面开花"。在 2000 年之前，全国具有心理学专业博士点的单位很少，只有中国科学院心理研究所、北京大学、北京师范大学、华东师范大学、浙江大学（原杭州大学）、华南师范大学、南京师范大学等高等院校或研究所里才有心理学专业博士点；同时，只在中国科学院心理研究所设有心理学专业博士后流动站。进入 21 世纪以来，在短短的 8 年多的时间里，心理学专业博士点与博士后流动站的发展便"由点向面，全面开花"，全国许多高等院校已经拥有心理学的博士点和博士后流动站。

（3）与国外心理学同行开展学术交流活动的频次进一步增多，档次进一步提高。2000 年 7 月 23—28 日，中国心理学会陈永明理事长、荆其诚教授和张厚粲教授等 156 名中国心理学家参加了在瑞典首都斯德哥尔摩的国际中心举行的第 27 届国际心理学大会（ICP2000）。在派出代表的 90 个国家中，中国代表出席人数名列第 8 位，居发展中国家之首。会议期间，中国心理学家、上届国际心理科学联合会执委张厚粲当选为本届国际心理科学联合会副主席（2000—2004）。第 28 届国际心理学大会（ICP2004）于 2004 年 8 月 7—13 日首次在北京顺利召开。第 29 届国际心理学大会（ICP2008）于 2008 年 7 月 20—25 日在德国柏林召开。本次大会由国际心理科学联合会主办，德国心理学家联盟（German Federation of Psychological Associations）承办。来自 70 多个国家和地区的 6 500 多名心理学工作者参加了此次会议，其中包括来自中国大陆及港、澳、台地区的代表 300 多名，是迄今为止中国心理学家赴国外参加国际心理学大会人数最多的一次。据主办方统计，此次学术交流由 90 个大会特邀报告、171 个特邀研讨会、298 个研讨会、4 400个口语报告以及 4 180 个展贴交流组成。中国大陆的心理学家中，中科院生物物理研究所陈霖院士、中国心理学会理事长张侃研究员、中科院心理研究所朱莉琪副研究员分别作大会特邀报告。北京大学心理系韩世辉教授、北京大学心理系周晓林教授、北京大学光华管理学院张志学教授、天津师范大学心理与行为研究院白学军教授等分别在特邀研讨会上作学术报告。而且，来自中国大陆各省市的研究人员和研究生还分别作了 21 个研讨会报告、139 个口语报告，并参加展贴交流 429 次。值得一提的是，参与此次大会的年轻人很多，且涌现出多位具有较高研究水平和学术水平的后起之秀，预示着中国心理科学事业后继有人。除了学术交流活动外，在此次大会上,张侃教授成功当选新一届国际心联副主席(2008—2012)。2009年5月15—19日,国际理论心理学协会(ISTP)2009年大会首次在南京师范大学召开,此次会议的主题是:"东、西、南、北——理论心理学的挑战与变革",在此次大会上,南京师范大学的叶浩生教授成功当选为国际理论心理学协会的执委。无论是高质量的学术交流活动还是成功的职务竞选工作,都充分说明了中国心理学学术水平和研究能力现已在国际上具有较高的影响力。通过全体心理学工作者的共同努力,中国的心理学研究必将迈向更高的目标,取得更大的成就。

(4)创办新的心理学专业期刊。《心理与行为研究》季刊于2003年创刊,主办单位是教育部人文社会科学重点研究基地天津师范大学心理与行为研究院,主编为沈德立教授。

(5)中国心理学的研究成果在量上与质上又有大的改观。进入21世纪以来,中国的心理学研究成果无论从量上看还是从质上看,较之过去有了更大的飞跃。这从近几年在《心理学报》、《心理科学》、《心理发展与教育》和中国人民大学复印报刊资料《心理学》等刊物上所发表的心理学专业论文以及近几年出版的中国人自己撰写的心理学论著和心理学教材中就可见一斑。

(6)心理学被确定为国家一级学科优先发展。2000年,心理学被国务院学位委员会确定为国家一级学科。这表明心理学已正式列入中国主要学科建设系列,从而在点和面上都有力地促进了各科研机构、高等院校中心理学专业研究生的培养工作,进而提高了心理科学在中国的教育和研究水平,并促进了心理学在中国的迅速普及(汪凤炎,2008,pp.680–686)。

第三编

苏俄心理学史

第十五章

苏俄心理学的历史与现状

这里所说的苏俄心理学,是指十月革命前俄国的、苏联时期的以及现在俄罗斯的心理学。相应地说,苏俄心理学历史发展主要包括三个阶段:十月革命前的俄国心理学、苏联时期的心理学以及当前俄罗斯的心理学。

一、十月革命前的俄国心理学

(一) 俄国的社会历史背景

俄国自 1861 年废除奴隶制后,资本主义经济得到迅速发展。到 19 世纪 80 年代,俄国成为与欧美各国不同,带有军事封建性质的国家。由于伟大的革命风暴(1905 年和 1917 年)的即将来临,工人阶级与资产阶级的经济斗争十分尖锐,反映在意识形态领域则是唯物主义与唯心主义的斗争。

在自然科学领域,俄国自然科学家的唯物主义思想在心理学中也产生了巨大的影响。例如 18 世纪俄国哲学和自然科学的奠基人罗蒙诺索夫,他认为物质是整个世界的基础,心灵是物体的反映,外部世界是人认识的源泉。

此外,19 世纪俄国的革命民主主义者赫尔岑、别林斯基、车尔尼雪夫斯基、杜勃罗留波夫等人的思想对俄国进步心理学思想的发展也有很大的影响。

(二) 心理学中唯物主义与唯心主义的斗争

当时,俄国意识形态的唯物主义和唯心主义的斗争也体现在心理学领域中,并使其带有浓厚的政治色彩。一方面,反映在心理学思想领域虽然也有唯物主义因素,但反映当时官方意识形态的唯灵论和思辨学派的唯心主义占着统治的地位。如格罗特和切尔班诺夫等竭力宣扬唯心主义的心理学。另一方面,谢切诺夫、别赫捷列夫等倡导研究心理现象的物质本质即神经过程的科学方法,对唯心主义心理学家所宣扬的灵魂论以有力的打击。因此,在革命前夕,便展开了一场唯物主义路线与唯心主义路线的激烈斗争。

(三) 俄国心理学中唯物主义自然科学传统的代表人物

1. 谢切诺夫

谢切诺夫(I. M. Sechenov, 1829—1905),唯物主义者,俄国伟大的生理学家、心理学家,俄国生理学和心理学中自然科学学派的奠基人。他于1856年毕业于莫斯科大学,先后担任彼得堡外科医学院、新俄罗斯大学、彼得堡大学和莫斯科大学教授,并且是彼得堡科学院名誉院士。谢切诺夫最重要的著作有:《脑的反射》(1863)、《神经中枢生理学》(1891)、《谁去研究和如何研究心理学?》(1873)等。

谢切诺夫的唯物主义思想与当时的革命民主主义者车尔尼雪夫斯基有密切的联系。由于他们是同龄人,而且有着亲密的私人友谊,因此车尔尼雪夫斯基的唯物主义世界观便对谢切诺夫产生了很大的影响。谢切诺夫长期从事神经生理学的实验研究,从而萌发了寻求认识人的心理的新的正确途径的意向,并力图通过生理学的研究去探索心理学的问题。他对大脑的实验研究使他获得了巨大的成功,发现了"中枢抑制"现象,这一发现导致了他对以往关于反射概念的彻底的改造,并建立了新的反射理论。

谢切诺夫把反射理解为有机体与环境相互作用的复杂动作,包括外界对有机体的作用、反射的中枢部分——脑内进行的神经过程、机体的应答活动。谢切诺夫的这一思想说明了以下原理:第一,一切心理活动的源泉都是外界的作用;第二,由于心理过程是反射型的活动,因此它不仅与反射的开端,而且与反射的末端,即人的行动、举止、行为密切相关;第三,由于运动是反射的终末环节,因此它应与感知觉协调一致。

谢切诺夫提出的心理反射理论得出了极为重要的关于心理的反射本质的结论,揭示了心理与大脑的联系,证实了客观世界对心理的制约性。同时他的反射理论否定了对心理的内省主义观点以及关于两种经验(内部经验和外部经验)的观点,否定了心理学中的内省方法,确定了心理活动规律必须借助客观方法进行研究的客观性质。这对当时心理学的发展具有极为重要的意义。

当然,谢切诺夫的观点也有其局限性:首先他不了解生理现象与心理现象各自的本质特征,而将心理现象与生理现象等量齐观;其次,他没有看到社会文化对人的心理的制约性;再次,他的研究没有涉及大脑的神经过程本身,因此他并不了解大脑反射的真正机制。

2. 巴甫洛夫

巴甫洛夫(I. B. Pavlov,1849—1936),俄国伟大的生理学家,诺贝尔奖获得者,苏联科学院院士。1849 年毕业于彼得堡大学医学院。1904 年由于在血液循环和消化系统研究方面的贡献而获得诺贝尔奖。后来,他转向了心理学的研究,转向了对动物和人的高级神经活动规律的研究。他的主要著作有:《动物高级神经活动客观研究二十年:条件反射》(1923)、《大脑两半球机能讲义》(1927)和《巴甫洛夫星期三》(三卷本)等。

针对谢切诺夫反射理论的局限,巴甫洛夫进一步发展了反射理论。他用条件反射的实验方法研究大脑皮层的机能,从而创立了高级神经活动学说。高级神经活动是指在大脑两半球皮层中进行的基本神经过程,即兴奋与抑制的扩散与集中以及它们之间的相互诱导。巴甫洛夫经过长期的大量客观的实验研究,揭示了这些神经过程的基本规律。高级神经活动学说包括条件反射和暂时神经联系两个基本概念。条件反射是巴甫洛夫的重要发现,即通过条件刺激物与无条件刺激物的结合而形成的暂时神经联系。巴甫洛夫的实验揭示,高等动物的暂时神经联系是在大脑皮层上实现的,是条件反射的神经机制。高级神经活动的基本规律是:新的暂时联系是无关刺激物通过无条件刺激物的强化而形成的;暂时联系会因条件刺激物不再伴有无条件刺激物的强化而消退;神经过程存在扩散、集中及相互诱导;条件反射的动力系统的形成,即动力定型的形成。

巴甫洛夫还把大脑皮层的功能分为第一信号系统和第二信号系统的活动。第一信号系统是人和动物共有的,是对现实的直接的感性反映的基础,第二信号系统是人所特有的,是人的抽象、概括思维的机制。在高级神经活动学说基础上,巴甫洛夫还创立了关于高级神经活动的类型学说。

巴甫洛夫关于高级神经活动学说对苏联心理学的建设具有非常重要的意义,是苏联心理学的自然科学基础,也为世界心理学增添了宝贵的财富。高级神经活动的过程既是生理现象也是心理现象,它是心理的基本的神经机制,是心理的物质本体。条件反射是巴甫洛夫继谢切诺夫之后的伟大发现,他的高级神经活动学说给"赤裸裸的灵魂"的唯心主义观点当头一棒,把心理与大脑紧密联系在一起,进一步论证了"心理是脑的机能"的马克思列宁主义的观点。

当然,巴甫洛夫的理论也有其历史的局限性:他的反射弧概念无法解释有机体如何从正在进行的动作结果获得信息从而立即调节自身的行为;巴甫洛夫拒绝使用"心理学"这个术语,而代之以高级神经活动学说,容易使人把心理现象与高级神经活动等同起来。

3. 兰格

兰格(N. N. Langer,1858—1921)是俄国实验心理学的创始人之一,毕业于彼得堡大学之后被派往莱比锡心理学实验室随冯特学习。回国后任新俄罗斯大学教授,并创建了心理学实验室。他被认为是20世纪俄国进步心理学最卓越的代表。在处理"心"与"物"的关系上他坚持唯物主义立场,认为一切心理的意志动作都是实际动作的观念的复制。

1888年兰格提出了注意的运动理论,认为注意的起伏是由于肌肉动作的连续性而产生的。他甚至认为整个心理活动与肌肉的实际运动是紧密相连的。因此,他不同意冯特等人提出的意识是一个自我封闭系统的内省主义观点。兰格认识到心理的进化与完善化是由于它在生物学中有效用,但他不同意把生存竞争、自然选择学说推广到人类活动的所谓的社会达尔文主义。他强调人的社会本质,认为人是社会的和历史的实体,人的心理是心理发展的高级阶段,是借助语言、通过模仿、教育等代代相传的方式而形成的文明成果的总和。

革命前俄国心理学中唯物主义自然科学传统的主要代表除了上述人物之外,还有别赫捷列夫、乌赫托姆斯基等人。

(四) 俄国心理学中唯心主义内省心理学的主要代表人物

1. 格罗特

格罗特(Gelot,1852—1899)是俄国最著名的唯心主义内省心理学学派的代表之一。在从事科学活动的初期,他仅仅醉心于对各种心理现象的实证主义研究,到19世纪80年代中期,则转而去研究人的心理的实质问题。他认为心理学的研究对象是不依赖于物理和生理过程的纯心理内容,因此只有内省法才是心理学的基础。在格罗特看来,心理学的使命就是论证宗教和唯心主义。格罗特心理学思想的另一个重要内容是关于心理能量的观点。格罗特把能量守恒和转化的规律运用于心理学,从唯心主义出发,认为能量是不一定依赖于物质的。只有低级形式的能量才是与物质相联系的,而心理能量则是高级形式的能量,是不依赖于物质的。他不同意说心理现象是受物质构成制约的,相反他试图证明,物理与生理现象是受心理现象所制约的。可以看出,格罗特的主观唯心主义立场是显而易见的。

在当时,冯特的实验心理学在世界各国正日益红火,世界各地有许多学者前往德国莱比锡学习心理学,其中包括俄国的别赫捷列夫等人。但是,别赫捷列夫并不同意冯特的内省主义观点,回国之后于1885年在喀山大学建立了俄国第一所心理学实验室,以对心理的神经生理基础进行直接的客观研究。他被列宁称为"新型的心理学家"。然而,格罗特则是冯特心理学在俄国的代表人物,他认为心理学的目的就是要研究"不伴随物理和生理过程的纯心理内容",纯心理实验必须基于群体的自我观察才有可能,即通过若干参与者的表现才能对自我观察的结果相互加以检验。同时,格罗特也批评了谢切诺夫的"真正的实验心理学家只能是生理学家"的观点。虽然,他的批评也不无道理,但在当时俄国的历史条件下作为唯心主义心理学路线的代表人物,他与谢切诺夫之间的论战关系到心理学是否需要有自己的自然科学基础的重大问题。因此,这次论战归根结底是唯物主义与唯心主义两个根本不同的发展方向之间的争论。

2. 切尔班诺夫

切尔班诺夫(K. I. Chelpanov, 1862—1936)于 1882—1887 就读于敖德萨的新俄罗斯大学,这期间成为格罗特的得意门生。后来被派往德国在冯特的心理学实验室工作和学习,深受冯特和斯顿夫的影响。

切尔班诺夫十月革命前在政治上和一些反动的心理学家一道反对革命,宣扬什么通向新俄罗斯的唯一道路就是改造人的灵魂,在于人的灵魂的内在完善。在心理学的教学和研究中他始终顽固地坚持唯心主义立场。1891 年他在《哲学与心理学问题》刊物上针对兰格发表了题为《对唯物主义的批判》。在他看来,大脑与心理是毫无关联的,他认为心理活动是独立进行的。他对谢切诺夫把心理看成大脑的机能这一唯物主义的命题是从根本上加以反对的。从德国回来后,切尔班诺夫特别起劲地在俄国宣扬冯特的内省主义心理观,把自我观察看做"认识心理现象的唯一源泉",认为实验仅仅是起着辅助的作用,对最简单的低级的心理过程可按冯特的实验方法进行研究,而对高级的智力心理只能依靠内省的途径进行研究。

切尔班诺夫作为莫斯科大学心理学研究所的所长,他在革命前后一直坚持心理学中的内省主义方向,认为心理学是一门独立于一般世界观之外的经验科学,因此,公开反对马克思主义哲学对心理学的指导作用。这种排斥马克思主义的观点,首先受到他的学生布隆斯基和柯尔尼洛夫等人的反对。

二、苏联心理学的初创与斗争

(一) 苏联建国初期的形势及心理学的状况

苏联是人类历史上第一个社会主义国家。为了巩固无产阶级专政,在意识形态方面,以列宁为首的布尔什维克领导人民开展了对各种资产阶级思想的批判,用马克思列宁主义改造一切文化领域。这种尖锐的意识形态斗争也毫不例外地反映在苏联心理学领域。一方面,别赫捷列夫在喀山大学建立的第一个心理学实验室,遵循谢切诺夫的实验路线径直地研究心理现象的物质本性即神经过程。另一方面,受冯特影响最大的切尔班诺夫,作为 20 世纪 20 年代初全苏最有权威的莫斯科心理学研究所所长,培养了一大批心理学的接班人。他为了培植属于自己的势力,不断培养执行内省主义心理学路线的后继者,并肆意歪曲马克思主义,以便牢固地占领自己的地盘。

由此可见,当时苏联心理学面临的形势是相当严峻的,表现为在各种报刊及各种公开的学术会议上两种势力的论战十分激烈。一种势力是坚决主张以马克思列宁主义作为苏联心理学的方法论基础,这一派最早的代表人物主要有布隆斯基、柯尔尼洛夫和维果茨基三人。他们提出了改造传统心理学建立马克思主义心理学的纲领、原则。另一派则以当时最具影响的莫斯科心理学研究所所长切尔班诺夫为代表,打着"捍卫"马克思主义的幌子,企图使苏联心理学摆脱马克思主义的"束缚",其最终目的是企图保住内省主义这块阵地,公开地向马克思主义的苏联心理学挑战。

(二)对苏联心理学领导权的确立

十月革命的胜利,标志着以马克思主义为指导思想的无产阶级掌握了政权。但是,在意识形态领域以马克思主义为指导思想的无产阶级并没有随即轻易地掌握政权,马克思主义对苏联心理学领导权的确立是在 1923 年才实现的。

1923 年 1 月 4 日,这是苏联心理学史上的重要日子。这一天在莫斯科召开了全苏第一届精神神经病学代表大会,会上柯尔尼洛夫作了《心理学与马克思主义》的报告。这个报告第一次在广大的心理学及邻近科学的代表面前站在唯物主义哲学的立场上向旧的唯心主义心理学发起了攻击。柯尔尼洛夫指出:马克思主义影响下的心理学,首先应该根本改变对心理学对象本身的理解,即彻底抛弃精神和物质的二元论,把精神的东西、心理的东西归结为物质的对象,但又不能像庸俗唯物主义那样把心理看成是脑的分泌物。因此柯尔尼洛夫坚决反对当时流行的心身平行论、心身交互作用论。当时拥护柯尔尼洛夫的人很多,包括别赫捷列夫在内的一些老科学家。会后,切尔班诺夫被撤职,柯尔尼洛夫被任命为心理学研究所所长。由于领导权掌握在以柯尔尼洛夫为首的一批年轻的苏联心理学家手中,从此他们便主动积极地开始用辩证唯物主义改造传统的心理学。

全苏第一届精神神经病学代表大会在苏联心理学史上是具有划时代意义的。它标志着辩证唯物主义心理科学的首次胜利,为通向新的心理科学开辟了道路。

(三)向传统心理学开战的早期著名心理学家

20 世纪 20 年代,在马克思主义哲学的哺育下,在苏联心理学界出现了一批积极主张以马克思主义哲学作指导,对传统心理学进行改造的年轻的心理学家,其中布隆斯基、柯尔尼洛夫和维果茨基最具有代表性。这一部分介绍布隆斯基和柯尔尼洛夫,维果茨基的观点将在下章进行阐述。

1. 布隆斯基

布隆斯基(P. P. Blosky,1884—1941),苏联心理学初创时期的主要人物。他于1907年毕业于基辅大学历史系。十月革命后,布隆斯基由原来的主观唯心主义立场转向辩证唯物主义,并积极从事改造传统心理学与建设马克思主义心理学的工作,对苏联心理学的初创起过重要作用。他的主要著作有《科学的改革》(1920)、《科学心理学概论》(1921)、《心理学概论》(1927)、《记忆与思维》(1935)等。

针对当时切尔班诺夫认为实验心理学不需要马克思主义,不会导致唯物主义的错误观点,布隆斯基指出,人的所有形式的活动都具有深刻的社会性,个体的行为是他周围的社会行为的一种功能,不能离开人们的社会生活来进行考察,而应该在人们的历史发展中来研究人们的社会行为。因此,他认为切尔班诺夫把心理学分为个体心理学和社会心理学,而前者不需要马克思主义的观点是荒谬的。正是在这个方面必须改造传统的心理学。

关于心理发展问题,布隆斯基把心理的发展看做从"沉睡的生命"向"完全清醒的生命"的转化。原始清醒生命的出现是心理发展的第二个时期,第三个时期则是不完全清醒的生物行为,完全清醒生活是心理发展的高级阶段。

作为对传统心理学宣战的第一篇檄文,提出从根本上改造传统心理学的第一个号召,布隆斯基是有功绩的。他代表了第一批站在辩证唯物主义与历史唯物主义立场尝试建立新的心理学体系的哲学家、心理学家和教育家的呼声。布隆斯基第一次试图站在唯物主义的立场上,从广泛的方面系统地考察心理学的最重要问题——心理发展问题。

2. 柯尔尼洛夫

柯尔尼洛夫(K. H. Kolnilov,1879—1957),1910年从莫斯科大学毕业后留校担任切尔班诺夫的助教,从事教学与研究工作。1915年担任莫斯科大学心理研究所的高级助理研究员。1921年人民教育委员会委托他在国立第二莫斯科大学创办教育系,并任命他为该系系主任与心理学教授。柯尔尼洛夫具有很好的组织才能,长期担任心理学界的领导工作,1923—1930年以及1938—1940年期间任心理学研究所所长。1943年苏联教育科学院成立,他便先后任该院副院长和院长。他的主要著作有:《无产阶级儿童心理学》(1920)、《早期儿童的研究方法》(1921)、《现代心理学与马克思主义》(1925)、《关于人的反应的学说》(1927)等。

柯尔尼洛夫的心理学观点首先体现在对待心理学与哲学关系问题的看

法上。1923 年在全苏第一届精神神经病学代表大会上的报告中,他指出:"从古到今,心理学多半总是被看成是哲学的一个分支……既然如此,我们就有充分的理由运用马克思主义——这一严格科学的,或者像人们所说的那样,科学内部的哲学世界观对心理学加以重新估计。"(斯米尔诺夫,1984,p. 260)心理是高度组织起来的物质,即人脑的机能,这一原理现在对所有的辩证唯物主义心理学家来说都是常识问题。但在当时柯尔尼洛夫指出来时却遭到一些心理学家的反对。可贵的是柯尔尼洛夫认为,"心理是脑的物质属性"并没有把主观的东西、意识和心理的存在归结为生理过程。他指出,心理现象同生理过程是统一的,但又不能混为一谈。此外,柯尔尼洛夫在阐述人的心理生活时特别注意运用辩证法,如强调了心理过程中的质变与量变、统一和斗争、否定之否定的规律等。

柯尔尼洛夫最早认识到辩证唯物主义哲学应当成为心理学的基础,认识到要解决心理学的核心问题,首先是心理学的对象、心理的本质及其研究的途径等基本理论问题的重要性,他的历史功绩是应该肯定的。当然,年轻的柯尔尼洛夫在科学的道路上也犯了机械论的错误。

三、建立马克思主义心理学的尝试与经验教训

经过两次(1923、1924)全苏精神神经病学代表大会对唯心主义心理学及其代表人物切尔班诺夫的批判后,在苏联要建立与传统心理学不同的,以辩证唯物主义思想指导的心理学这一目标,在心理学界基本达成共识。但怎样的心理学才是符合辩证唯物主义的呢?这就仁者见仁、智者见智了,特别是对心理学的基本问题,大家的分歧很大。并且由于当时大家的马列主义理论水平都还不高,因此在建立马克思主义心理学的尝试中出现了一些错误。

(一)别赫捷列夫的反射学

别赫捷列夫(B. M. Bekhterev,1857—1927)是苏联著名的老一辈生理学家、心理学家和精神病学家。他于 1878 年毕业于俄国外科医学院,毕业后被派到德国的冯特心理学实验室学习,回国后于 1885 年在喀山大学建立了俄国第一个心理学实验室。他的主要著作有:《关于脑功能学说的原理》(1903)、《客观心理学》(1917)、《反射学的基本原理》(1918)、《集体反射学》(1921)、《脑和它的活动》(1929)等。

十月革命后,别赫捷列夫为了反对传统心理学形形色色的流派,创立了反射学,力图以此来建立马克思主义心理学。反射学的基本原理来自谢切诺夫的思想。谢切诺夫曾指出,没有任何一种有意识或者无意识的思维过程是永远没有客观表现的。据此,别赫捷列夫认为反射学的研究对象就是

在大脑参与下所进行的全部反射,研究方法则强调客观的方法,包括反射的记录、反射与外部刺激的相互关系等。别赫捷列夫还广泛利用自己在神经学研究方面的丰富成果,把心理过程与神经过程紧密联系起来,甚至把反射学等同于心理学。此外,别赫捷列夫还用其创立的反射学原理去解释群体行为。按照他的观点,可以用无机界起作用的规律来解释社会现象。他一共列举了二十条在物理现象领域起作用的规律,把它们生拉硬扯地搬到社会现象中来。

反射学是以反对主观唯心主义的姿态出现的,虽然对反对切尔班诺夫的主观唯心主义起到非常重要的作用,但是其错误也是非常明显的。第一体现为机械主义的错误。反射学虽然是以自然科学的唯物主义原理为基础,但它对心理的理解是机械主义的,冒充了辩证唯物主义。这不仅是错误的,而且具有更大的危险性。第二个错误表现在反射学忽视了意识问题,企图建立一种"没有心理的心理学"。第三个则是唯能论的错误。别赫捷列夫的个人反射学和集体反射学积极引用物理学规律的基本思想是建立在唯能论的基础上的,他忽视了社会现象的特点,不了解社会心理和社会发展的真正规律。

（二）反应学的问题

"反应"的概念是柯尔尼洛夫于 1916 年完成的博士论文《关于人的反应学说》中的基本思想。他认为"用反射这种纯粹生理学的概念必然导致机械主义",他提出了"心理是高度组织的物质的特性"、"脑是心理的器官"、"心理是现实存在的反映"等一系列基本命题,进而他提出了"反应学"。他认为,反应学对心理的研究不同于主观心理学忽视对行为的分析,也不同于"反射学"那样忽视心理而只研究行为。柯尔尼洛夫强调人是社会的实体,重视影响人的心理现象的社会因素。他指出,心理现象同生理过程是统一的,但又不能混为一谈。心理学是关于具体社会条件下的生动的、完整的、具体的个体行为的理论。

反应学虽然看到了反射学的错误,并试图弥补其不足,但同样有非常明显的错误。具体表现为:第一,折中主义的错误。反应学企图把反射学对行为研究的机械主义观点与传统主观心理学忽视对行为的分析加以综合,实质上是把机械主义和唯能论的思想未加分析和批判地折中起来。第二,机械论的错误。反应学认为心理过程客观上只能是各种各样的统一的物理机能的特殊表现。它把物理学的定律机械地搬入心理学中,从而抹杀了人的社会历史特点。

（三）对儿童学、心理测验和心理技术学的批判

20 世纪 30 年代,在苏联包括心理学在内的许多学科都非常明显地受到政治因素的影响。最具代表性的就是 1930 年斯大林与哲学和自然科学红色教授学院党支部委员会就哲学战线的形势所进行的谈话,谈话的内容最终以联共(布)中央决议形式公布。受其影响,从 1931 年开始,苏联心理学界开始了以批判反射学、反应学和文化-历史理论为中心的心理学论战,同时对外国的行为主义、格式塔、精神分析等心理学流派进行了批判。除此之外,当时在苏联流行的还有儿童学、心理测验学和心理技术学等学科,由于它们被广泛地运用于教育实践并产生了一定的不良影响,因而联共(布)便以决议的方式对上述学科进行了尖锐的批判。应该承认,这次批判运动中有些是正确的,但在许多地方却不加分析,不分良莠,带有"一棍子打死"的性质,因此造成了相当严重的负面效应。

四、苏联心理学基本体系的形成

(一)20 世纪 30 年代研究人行为的代表大会的召开

1930 年 1 月在列宁格勒(今圣彼得堡)召开了全苏关于研究人的行为的代表大会,这次大会是苏联心理学史上的里程碑。大会深入地批判了心理学中的各种唯心主义流派,特别是当时风行欧美的行为主义的机械论。虽然这次大会也带来了消极的后果(上文已经提到),但还是取得了丰硕的成果,为苏联心理学新体系的形成打下了思想基础,使苏联心理学家明确了建立新型的心理学体系必须有马克思列宁主义哲学作为基础,也明确了必须研究心理的物质本体即脑机能。大会之后苏联心理学家们纷纷回到自己的岗位,吸取过去的教训,为共同建立新型的苏联心理学而工作。

(二)马克思列宁主义哲学——苏联心理学的理论基础

从十月革命后,苏联心理学家在改造传统心理学的过程中试图运用马克思主义哲学来建立新型的苏联心理学。马克思、恩格斯和列宁是马克思列宁主义的奠基人,他们关于心理、意识的论述为苏联心理学的建立提供了理论指导。第一,心理与物质的关系。马克思列宁主义把物质世界看做第一性,而心理现象则是从物质世界派生出来的,是第二性的。这些理论观点为批判传统心理学把心理现象看做第一性以及行为主义的机械唯物主义提供了基础。第二,心理、意识是人脑的机能。辩证唯物主义认为,世界本质上是物质的,心理是物质发展到一定阶段才产生的,心理的发展是伴随有机体的神经系统的发展而发展的,意识是心理发展的最高阶段,是人脑的机能。苏联心理学就是遵循了马克思列宁主义这一原理,十分重视巴甫洛夫的高级神经活动学说,把它视为心理的生理基础。第三,心理是客观世界的反映。辩证唯物主义认为,人的心理,无论其表现形式如何,其源泉和内容始终是客观世界、周围现实。马克思说过:观念的东西不外是移入人的头脑并在人的头脑中改造过的完整的东西而已。列宁也指出：我们的感觉反映客观实在，就是说，反映是不依赖于人类和人的感觉而存在的东西。

把人的心理看做人脑的机能，是客观世界的反映，这是马克思列宁主义关于心理实质的基本理论。苏联心理学家遵循马克思列宁主义的这一基本理论进行科学研究，因而形成了完全不同于传统心理学的新型的苏联心理学体系。

在苏联心理学新体系的形成过程中，鲁宾斯坦作出了重要的理论贡献。

五、20世纪60年代以后苏联心理学的发展

（一）1962年的全苏心理学会议

由于个人迷信和教条主义，在20世纪50年代之前，苏联心理学发展缓慢、思想僵化，甚至出现生物学化的错误，虽然苏联心理学新体系已经建立。鉴于心理学存在的许多问题，1962年5月在莫斯科由苏联科学院、苏联医学科学院、苏联教育科学院和苏联教育部四单位联合召开了主题为"高级神经活动生理学与心理学的哲学问题"的全苏会议。这次会议是继1930召开的关于研究人的行为的代表大会之后的又一个里程碑，对苏联心理学的变化和发展具有重要的历史意义。

会议对1950年召开的两院（苏联科学院和苏联医学科学院）联席会议作了深入的分析和总结。会议一方面肯定了巴甫洛夫学说在奠定马克思主义心理学的自然科学基础方面具有不可估量的重要意义，同时也指出一些人把巴甫洛夫的话奉为金科玉律，对待巴甫洛夫学说采取教条主义态度。可见，这次会议为拨正航向，解放思想，把苏联心理学引向迅速发展的道路具有十分重要的意义。

（二）安诺兴及其机能系统理论

安诺兴（B. K. Anoxin，1898—1974），生物学博士、教授，生理学家、心理生理学家，苏联科学院和医学科学院院士。

安诺兴的研究主要体现在对巴甫洛夫学说的发展上，即提出了机能系统理论。巴甫洛夫关于反射和反射弧的概念及其旧的反射图式无法解释有机体是如何从进行着的动作结果获得信息从而立即调整自身行为的。安诺兴的实验提出了返回传入的概念，发现只有通过返回联系给大脑发出关于动作结果的信息，才能正确地解释有机体的积极适应行为，同时把当前的信息与头脑中所保留的感情经验的信息加以校对，产生对活动的"预见"。在此基础上，安诺兴还提出了机能系统理论，认为，一个单独的行为或动作，并不单是某一脑区的机能，而是包括了一系列脑区的机能系统。一切心理活动，注意、知觉、记忆、思维以及言语动作都不是孤立脑区的作用，而是各脑

区协同作用的结果。

（三）捷普洛夫与涅贝利岑对神经活动类型学说的新发展

捷普洛夫（B. M. Tiepulov，1896—1965）和涅贝利岑（B. T. Nebalizin，1930—1972）都是苏联教育科学院院士或通讯院士，他们进一步发展了巴甫洛夫关于高级神经活动类型的学说。巴甫洛夫在创立高级神经活动学说的过程中发现了不同动物的神经活动具有不同的特点，他根据对 66 只被试动物实验的结果提出了三种最主要的神经系统特性，即神经过程的强度、神经过程的平衡性、神经过程的灵活性，从而把高级神经活动的类型归纳为四种：兴奋型、活泼型、安静型与弱型。20 世纪 50 年代后捷普洛夫和涅贝利岑等人进一步发展了巴甫洛夫的类型学说，他们以人为对象进行大量的实验研究，补充了神经过程的易变性、神经过程的动力性、皮层兴奋的集中性以及皮层的激活性、兴奋与抑制的转化等高级神经活动的特点。这为研究人的个性差异的生理基础增添了有科学依据的内容，从而在苏联创立了差异生理学学派。

（四）列维托夫论"心理状态"

列维托夫（Levytov，1890—1972）在以克鲁普斯卡娅命名的莫斯科州立师范学院任心理学教授兼教研室主任，多年从事对人的心理活动的研究。列维托夫等人经过长期的探索，提出了"心理状态"的概念，认为人的心理活动的结构应该包括心理过程、心理状态和个性特征三个大的部分。1964年列维托夫发表了专著《论人的心理状态》，专门介绍其多年的理论与实验研究的结果。

心理状态又称意识状态，它不同于心理过程和个性特征。心理过程的特点是具有高度的流动性、波动性、起伏性，具有不断变化的性质；个性特征则具有高度的稳定性、固定性、恒常性、少变性，即长期的持续性。个性特征一经形成是不容易改变的。而心理状态则兼而具有暂时性和持续性的特点，即它一经出现并不立即消失，而会保持一定的时间，从几分钟到几天甚至几年，但又不像个性特征那样稳固，因此，心理状态是把心理过程与个性特征联结起来的过渡阶段。心理过程与个性特征的相互联系是通过心理状态实现的。一切心理过程如感知、注意、记忆、思维和想象都是在一定的心理状态背景上进行的。另外，在列维托夫看来，心理状态本身就具有完整的性质。

（五）洛莫夫等人对人的感觉研究的新进展

洛莫夫（B. F. Lomov，1927—1990）是苏联科学院通讯院士，苏联科学院心理学研究所所长。洛莫夫有几个突出贡献：（1）建构工程心理学，（2）提出心理学系统观，（3）开创苏联人的综合研究，（4）感知觉研究成果。如他以及巴尔金等人对阈限研究的结果表明,他们对阈限的观点与传统的心理物理学有着很大的区别。他们认为,传统的心理物理学中严格确定阈限的临界点是不符合实际的。他们的研究说明,对信号产生感觉或不产生感觉或者对信号与信号之间的变化产生感觉或不产生感觉,这之间没有明确界限,而是一个或大或小的区域。

在知觉研究方面,许多苏联心理学家也取得了不少研究成果。例如信号的意义对人的行为的调节作用,反应对刺激物强度的依存关系等。所有这些研究都说明,信号的意义、信号的本质特征以及人对信号的主观态度对人的行为都具有极其重要的意义,而对信息的接受与加工的单纯的数量观远不如信息的价值观来得重要。

(六) 斯米尔诺夫等人对记忆的研究

斯米尔诺夫(A. A. Smirnov, 1894—1980),苏联教育科学院院士,《心理学问题》杂志主编。20 世纪 60 年代以来,以斯米尔诺夫为代表的苏联心理学界对记忆进行了大量的研究,提出了许多问题,借助意识与活动统一观进一步推进了对记忆的研究。斯米尔诺夫等人首先对记忆过程中的识记工程进行了实验研究,结果表明,识记工程包括不同功能的操作:了解要识记的材料并将其纳入识记者的经验之中、将识记材料加以分组归类、确定每组识记材料之间的关系。在斯米尔诺夫的领导下,研究者还对不同年龄儿童的逻辑识记方法进行了实验研究,结果表明,有目的指导的识记大大优于无目的指导的识记。此外,研究者还对记忆的年龄差异和个体差异进行了大量的研究,揭示了活动的性质对记忆效果的影响。

(七) 包诺维奇等人对关系研究的新进展

包诺维奇(L. I. Bozhovich, 1908—1980)是苏联研究个性心理学与教育心理学的著名学者、教授,在苏联教育科学院创建了个性心理学实验室,并长期担任该实验室的领导工作。包诺维奇研究的最大特色在于运用了维果茨基关于心理机能的社会起源理论,她采用独特的形成性自然实验的方法,为解决心理学与教育实践的结合问题作出了贡献。

20 世纪 60 年代后,随着洛莫夫将系统论观点引进心理学,并从哲学中引进结构的概念,苏联心理学对个性进行了系统—结构观的研究。根据波果斯洛夫斯基等人的观点,人们把个性的心理结构分为四个成分:第一,个性的倾向性即人对现实的选择性态度。这是由兴趣、爱好、志向、理想、信念与世界观构成的系统,是个性的最本质的特征,人的个性积极性是由倾向系统来决定的。第二,能力系统。这是保证人的活动获得成功的重要心理条件。第三,性格系统也称为人在社会环境中的行为方式系统,包括道德特征、意志特征等。第四,自我调节系统。

（八）社会心理学研究的复兴

十月革命前,社会心理学在苏联几乎没有什么传统。十月革命后到20世纪30年代曾经活跃一段时间,30年代后期到50年代末社会心理学经历了一个挫折时期,1962年四单位联席会议后,社会心理学才重新活跃起来,并成为苏联心理学研究的一个重要分支。

苏联的社会心理学自成体系,不同于西方的社会心理学体系。它的研究对象是人们在群体的相互交往过程中所产生的各种社会心理现象,包括:大型群体,即宏观社会共同体的社会心理现象,如民族、阶级、职业群体等;小型群体,即微观社会群体中的社会心理现象如人际关系、群体心理气氛、角色、社会定势等;个体的心理现象,如个体如何接受群体的影响、如何掌握群体的价值观等。

彼得罗夫斯基在集体形成、结构、层次、水平等各个方面进行了大量的研究,他的"集体层次测量观"受到国际心理学界的重视。另一个具有国际影响的是安德烈耶娃的研究。她现为莫斯科大学心理系教授。她从马克思主义方法论和建立苏联社会心理学整个体系的角度出发,研究社会心理学的发展,分析西方现代社会心理学理论的现状及主要流派,著有《社会心理学》(1980)、《群体中人际知觉》等。安德烈耶娃认为,社会心理学是处在心理学与社会学的结合点上,研究参加社会群体的人们的行为与活动的规律性,以及这些群体本身特性的科学。目前马克思主义的社会心理学尚在形成过程中,要建成这门学科的完整体系,对许多问题仍需进一步探讨。她的《社会心理学》一书出版后,引起了苏联学术界的重视,被认为是当时这门学科发展的代表作。

第二节　俄罗斯心理学的现状

一、俄罗斯心理学仍然坚持以马克思主义哲学为指导

鲁宾斯坦是苏联心理学理论体系的主要奠基人。十月革命后他致力于使苏联心理学在马克思主义哲学——辩证唯物主义和历史唯物主义的基础上建立起自己的思想体系。鲁宾斯坦所提出的意识和活动统一原则以及决定论原则对于建立马克思主义心理学具有重要的历史意义。

苏联解体后,俄罗斯实行思想的多元化,但以俄罗斯科学院心理学研究所所长布鲁斯林斯基为领导的俄罗斯心理学仍然坚持马克思列宁主义哲学对心理学的指导。有一次记者问他:"苏联心理学与马克思列宁主义哲学

结下了不解之缘,现在你们究竟如何处理俄罗斯心理学的方法论问题呢?"他回答说:"我们当然不能离开我们祖国心理学已经取得的成就,至于方法论依然是那时的方法论,但是不能把马克思主义哲学教条化,要创造性地运用。"(杨鑫辉,2000,p.601)。他的主体心理学就是以马克思主义哲学为指导的最新研究成果,是在新的历史时期对世界马克思主义心理学的新发展。

二、心理学日益成为俄罗斯的热门科学

在政治与经济体制的改革过程中,由于社会实践的需要,心理学愈来愈热门,已成为当今俄罗斯社会最普及的学科之一,受到俄罗斯各族人民的关注。心理学不仅与教育、医疗、婚姻家庭、文学、艺术、法律、商贸、宇航及军事等领域有着传统的紧密联系,而且在当今俄罗斯的多元化政治及其经济私有化的过程中,显出它的独特作用。在社会动荡过程中,人的活动都是以聚群的形式出现的,这就要求俄罗斯的现代心理学把研究重点转向群体心理方面,群体、交往、民意、舆论、决策、角色及心态等,成了人们日益关注和谈论的词汇。因此,在今日的俄罗斯出现了诸如政治心理学、经济心理学、民族心理学、信息心理学、宗教心理学及创造心理学等许多新的心理学学科。

三、实践与应用——当今俄罗斯心理学发展的新课题

苏联解体后,俄罗斯的心理科学受到来自社会实践的巨大冲击。这就要求心理学工作者"走出实验室","走出书斋","到实践的大课堂中去"。

随着俄罗斯经济的私有化以及市场经济的发展,出现了许多新的机构和社会实践部门,这就要求心理学对俄罗斯人民的经济活动进行研究。为此,俄罗斯科学院心理学研究所成立了以阿·勒·菇拉夫列夫(A. L. Gulaflev)、耶·弗·肖洛霍娃(E. V. Shorokhova)、弗·波·巴孜尼亚科夫(F. B. Batzniakov)等为首的课题组。在鲁宾斯坦和布鲁斯林斯基主体心理学思想的指导下,他们对俄罗斯所有制形式变化条件下不同社会群体调节自己经济行为的社会心理因素进行了专门的研究,特别是探讨了经济活动主体的各种积极性和心理态度问题。这方面的研究成果主要有:《经济变化条件下的社会心理动力》(菇拉夫列夫、肖洛霍娃)、《经济行为的社会心理学》(菇拉夫列夫、肖洛霍娃)、《不同所有制条件下经济活动主体的工作积极性和心理态度》(巴孜尼亚科夫)等。

在苏俄心理学的历史上,俄罗斯心理学家非常重视对劳动领域中的心理现象的研究。在俄罗斯科学院心理学研究所(以前为苏联科学院心理学

研究所)有专门的劳动心理学实验室,负责研究劳动主体与技术相互作用中的心理学问题。

洛莫夫是最早把主体心理学思想应用于劳动活动领域的心理学家,他所创建的工程心理学就是劳动心理学的重要分支之一。洛莫夫的著作《人与技术》(1963)、《工程心理学原理》(1986)、《工程心理学的方法论及应用》等是主体心理学思想应用于劳动活动领域的杰出成果。洛莫夫工程心理学最大的特点就是关注人的主体性,把人作为劳动的主体来研究。洛莫夫在论述其工程心理学思想的专著《人与技术》中写道:"无论技术达到了多么卓越的成就,无论创造了多么惊人的自动机,劳动永远是人的自觉的活动,而人则是劳动的主体。"(洛莫夫,1966,p. 15)而在西方工程心理学中,解决"人—机"系统各个环节的协调问题时,主要是把人的动作简化,变成最简单的反应系统,把人的作用简缩为机器的附属品。在洛莫夫的理论中,主体原则贯穿始终。在探讨管理系统协调问题时,他不是把人纳入技术系统框架中,而是考虑到人的需求、人的能力、人的发展。洛莫夫还认为,人是自组织系统,人的发展是由复杂的内部和外部因素联合决定的,不只是接受外界作用,其自身也是一个积极的活动者,改变着周围的环境。在这个自组织系统中,人的心理过程、状态和性质居于中心地位。

苏联解体后,俄罗斯社会发生了巨大的变化,特别是在私有化过程中,企业改组、破产数量增多,使得俄罗斯社会已十分严峻的就业形势更加恶化,尤其是在一些工业企业较多的地区和城市失业人口急剧增长。1996年俄罗斯失业人口数为670万,约占社会有劳动能力人口的9.1%。(张树华,2001,p. 226)对于这一新的社会问题,俄罗斯心理学界很快作出了反应,以帮助失业人员克服危机的心理状态,寻找解决问题的途径和方法。作为代表俄罗斯心理学发展方向的主体心理学积极深入这一问题的研究,努力探讨失业状态下主体积极性的自我调节问题。

四、俄罗斯心理学研究的三大中心

(一)俄罗斯科学院心理学研究所

俄罗斯科学院心理学研究所是今日俄罗斯心理学最主要的研究中心之一,它是从原苏联科学院哲学研究所心理学部分化出来的直属科学院的心理学研究机构。1945年反法西斯战争胜利后,苏联科学院组建了心理学部,最初由鲁宾斯坦兼任研究部主任,后来由彼得洛夫斯基继任。1971年苏联科学院在原心理学部基础上组建直属苏联科学院的新的心理学研究所,由洛莫夫院士担任第一任所长。1989随着苏联解体及1990年洛莫夫去世,苏联科学院心理学研究所便更名为俄罗斯科学院心理学研究所,由布鲁斯林斯基担任所长。

随着俄罗斯社会的发展,主体心理学研究已经成为俄罗斯科学院心理学研究所的共同课题。俄罗斯科学院心理学研究所是主体心理学产生、发展和形成的主要阵地,从鲁宾斯坦到布鲁斯林斯基,主体心理学思想贯穿俄罗斯心理学研究所(包括苏联科学院心理学研究所)的整个发展历程。当前参与研究的人员主要有:阿布里哈诺娃-斯拉夫斯卡娅、辽·伊·安车斐洛娃、科·乌·巴尔金、阿·乌·布鲁斯林斯基、弗·弗·赞科夫、尤·亚·阔里科夫、阿·勒·菇拉夫列夫、列·可·基卡亚、弗·伊·列波斯基、阿·亦·科什金、弗·波·巴孜尼亚科夫、弗·阿·巴拉巴希科夫、达·阿·列别科、韦·阿·卡里卓娃、弗·弗·谢尔琴科、伊·克·斯科特尼科娃、阿·尼·斯拉夫斯卡娅等。在研究的具体领域方面,俄罗斯科学院心理学研究所下属的各个研究室都是以主体心理学思想为指导的,因此主体心理学思想影响了几乎所有当前俄罗斯心理学研究的领域,包括理论心理学、个性心理学、认识心理学、心理物理学、发生心理学、教育心理学、劳动心理学、政治心理学、经济心理学、临床心理学和宇航心理学等。在研究的成果方面,俄罗斯主体心理学研究的成果主要刊登在当今俄罗斯两大主要心理学刊物《心理学杂志》和《心理学问题》上,几乎每期都有关于主体心理学研究的论文,特别是在《心理学杂志》中还专门开辟了"主体心理学研究"专栏。据《心理学杂志》(1996 年第 6 期与 2002 年第 1 期)的统计,在 1991—2001 期间,俄罗斯科学院心理学研究所的研究人员出版的专著、论文集和教材多达218 部(本),其中大部分涉及主体心理学的研究。

(二) 俄罗斯教育科学院心理学研究所

俄罗斯教育科学院是在原苏联教育科学院的基础上于 1991 年由俄联邦组建的,并由彼得罗夫斯基院士担任第一任院长。心理学研究所是俄罗斯教育科学院的五个研究所之一。如果说俄罗斯科学院心理学研究所(包括苏联科学院心理学研究所)是鲁宾斯坦主体心理学思想的主要阵地,那么,俄罗斯教育科学院心理学研究所(包括苏联教育科学院心理学研究所)则是维果茨基社会文化历史学派发展的重要场所。在 20 世纪 50 年代末,当时的苏联科学院便组成了以维果茨基的学生赞可夫和艾利康宁等为首的心理学工作组,对初等教育进行了以维果茨基"最近发展区"理论为指导、以教学与发展为主题的大规模的自然实验,并取得了丰硕的成果。赞可夫实践和发展了维果茨基关于教学与发展关系的思想,探索了学生最优发展的教学途径和手段,认为儿童发展的实质是各种内外因素进行复杂的相互作用的结果;艾利康宁以其创造性的成果发展了维果茨基的心理学思想,研究了不同年龄期的不同形式的主导活动的形成问题;加里培林提出了分阶段形成智力行为的理论;达维多夫早年追随导师艾利康宁学习和共同工作,在教育实践中他进一步发展了维果茨基的社会文化历史理论,他所提出的发展性教学的心理学理论基础源于维果茨基关于教学必须走在发展的前面的思想。达维多夫的科学著作达 200 多种,包括《教育发展的哲学—心理学问题》(1981)、《发展性教学问题》(1986)、《以内涵为基础的教学活动的心理学基础》(1992)等。达维多夫不同意赞科夫提出的通过改善学生的经验的抽象和概括的机制发展学生的思维的观点,提出要通过有目的地形成学生的理论思维的基础和内涵概括的方式来发展学生的思维。他认为儿童 6 岁入学后,所进行的学习活动较之游戏活动质的区别在于儿童开始学习理论知识,而小学儿童心理发展的基础在于通过理论知识的学习形成内涵反省、内涵分析、脑内实验等能力。因此理论知识的学习应该以压缩的形式再现理论知识产生和发展的实际历史过程,以形成理论思维的基础和相应的能力,教学内容的编排和教学活动的展开也应是从抽象到具体。当前,随着对维果茨基教育心理学思想的深入研究和教育实践,研究学生个性发展问题成为当务之急。

(三)莫斯科大学心理学系——俄罗斯最大的心理学人才培训中心

莫斯科大学是以罗蒙诺索夫命名的国立大学,是全俄规模最大、最古老的高等学府。莫斯科大学是苏俄心理学的发源地,早在冯特创立世界上第一个心理学实验室之初,沙皇政府便派切尔班诺夫去莱比锡跟冯特学习。切尔班诺夫回国后于 1907 年来到莫斯科大学,并于 1912 年在莫斯科大学创办了心理学研究所。从 1942 年起莫斯科大学在哲学系创建了以鲁宾斯坦为首的心理学教研室,1966 年扩大为独立的心理学系,由列昂节夫担任系主任。心理学系下设八个教研室。据前一阶段的不完全统计,从 1966 年起全俄共培养了 5 000 多名心理学的专业人才,其中仅莫斯科大学培养的就有 1 959 人。今日莫斯科大学心理学系仍然是全俄心理学专业人才的培训中心。系主任由俄罗斯教育科学院院士克里莫夫教授担任。

第十六章

维果茨基学派

　　维果茨基学派是苏俄心理学发展史上一个举足轻重的学派，不但对苏俄心理学的发展产生了重要影响，在世界心理学的理论宝库中也占有一席之地。它所倡导的文化历史理论、活动理论等独树一帜、别开生面，揭示了人的心理发展的文化历史内涵，突出了人的心理发展的社会起源，辩证地解释了人的心理发展过程。该学派引入心理学的独特的方法论，对心理过程、心理发展尤其是人的高级心理机能发展的创造性见解及提出的一系列概念，如中介、内化、最近发展区、活动等，永远载入了心理学的史册。

第一节　　维果茨基的心理学思想

　　维果茨基是维果茨基学派的创立者、组织者、领导者。他以其独特的人格魅力和才华将一批优秀的学者团结在自己周围，形成了著名的文化历史学派，在批判性分析传统心理学理论的基础上提出了一系列创新性观点与学说。维果茨基是一个富有传奇色彩的人物，38 岁就英年早逝，在生前及死后的一段时间其理论观点遭到了批判和压制。20 世纪 50 年代后，他的理论才逐渐得到传播。时至今日，西方出现了"维果茨基热"，维果茨基的思想进入了当代心理学的话语中心。

一、维果茨基的生平

　　维果茨基（Lev Vygotsky，1896—1934）出生于比罗卢西亚的一个小镇——奥沙。1913 年维果茨基完成了大学预科学习，凭借优异的成绩赢得了一枚金质奖章，在只有百分之三的犹太学生可以进入莫斯科大学的情况下，虽几经周折最终还是被莫斯科大学录取。当时维果茨基感兴趣的学科是历史与哲学，但他接受父母的意见选择了医学，一月之后，又转到了法学院。强烈的求知欲使维果茨基 1914 年决定同时在莫斯科大学和沙尼亚夫斯基人民大学就读。维果茨基在历史、哲学、心理学等方面打下了了坚实的基础,同时坚持文学研究。

1913 至 1915 年,文学、法学、戏剧成为维果茨基兴趣的中心,心理学尚没有进入这一中心。他最早发表的作品是文学评论方面的,不属于心理学范畴,然而,从其心理学思想的进化来看,这些作品具有重要的价值。这一短暂的文学评论生活与"意识"这一词语的出现紧密联系在一起,而意识是维果茨基进一步开展科学研究的关键词。

在沙尼亚夫斯基人民大学期间,维果茨基就酝酿写一篇关于莎士比亚的著名悲剧《哈姆雷特》的论文,并于 1916 年完成。这篇论文作为历史文献反映了他在大学时期的思维模式。虽然这篇论文并不是为了建立一种关于人格与意识的唯物主义心理学,但绝不能将其仅仅视为简单的美学论文,因为其中明显渗透了对心理环境的哲学与文学分析,突出了文化环境对个人的影响即文化决定论思想。

1917 年维果茨基同时从两所大学毕业返回了其家庭所在地戈麦尔,开始了他的教师生涯。在戈麦尔的 7 年,维果茨基为不同种类的学校开设了许多课程,如为成人学校开设了文学与俄语,为教学研究所开设了逻辑与心理学,为艺术学校开设了美学与艺术史。

1919 年维果茨基染上了肺结核,但有惊无险,幸免于难。1924 年之后,维果茨基的兴趣转向了心理学,尤其是教育心理学。1922—1926 年期间,维果茨基写了 8 篇关于心理学的论文,其中 7 篇都与教育问题相关。他还在戈麦尔的教学研究所组织了一个心理学实验室,开展了几项关于学前与学龄儿童的研究。

1924 年,维果茨基到列宁格勒参加第二届精神神经病学代表大会,这在当时是最重要的心理学会议,也是他首次公开面对俄罗斯心理学共同体。在会上,他对在戈麦尔开展的三个研究作了详细说明,他做的报告《反射学方法论与心理学研究》给与会代表留下了深刻印象,他首次提出了条件反射和意识行为的关系,主张科学心理学不能忽视意识这样的重要事实。当时的莫斯科心理学研究所所长柯尔尼洛夫盛情邀请维果茨基到该所工作。维果茨基欣然接受,几周后他离开戈麦尔前赴莫斯科,开始了新的职业生涯。

惜时如金的维果茨基到达莫斯科的当天上午就会见了鲁利亚(Luria)和列昂节夫(Leontiev),勾画工作蓝图,确立了创造一种崭新心理学的宏伟目标。我们经常谈到的"维-列-鲁"三人工作小组就这样形成了,维果茨基成了自然的领袖。开始阶段,他们三人每周在维果茨基的房间会面两次,开展讨论和研究。几年之后,另有维果茨基的学生萨博罗兹赫茨(Zaporozhets)、斯拉维纳(Slavina)、博兹霍维奇(Bozhovich)、莫罗佐娃

（Morozova）、列维纳（Levina）等 5 人加入。

1924 年维果茨基写了第一本有关缺陷学的著作，同年 9 月，他开始在人民教育委员会工作，具体负责有生理缺陷或智力落后儿童的教育工作。1925 年夏天，维果茨基作为代表参加了在英国举办的"聋哑儿童训练和教育国际会议"，同年，他在公共教育委员会的医学教育所筹办了一个异常儿童心理学实验室。1929 年该所成为"实验缺陷所"，即现在的"缺陷学研究所"。他从英国返回后，又患上了肺结核，医生建议他隔离休息。在被隔离期间维果茨基完成了《艺术心理学》的写作。1925 年秋天，他的病情不断恶化，不得不住院治疗，住院期间他完成了著名的方法论论文《心理学危机的历史意义》，准确地分析了当时的心理学状况，其基本概念至今与当代心理学依然密切相关。

1930 年，维果茨基与鲁利亚合作完成了《行为历史的研究：猿、原始人、儿童》。来自不同文化的人的高级心理过程的差异引起了他的兴趣，于是 1931—1932 年他设计了一次在乌兹别克斯坦开展的跨文化研究。维果茨基因为身体原因没有参加这次考察，考察由鲁利亚领导。

由于身体原因，维果茨基争分夺秒，废寝忘食。1934 年春天，他再次遭到肺结核的侵袭，毅然拒绝了医生让他住院治疗的建议，更加忘我地投入工作。他临终前的最后一句话是"我准备好了"。

维果茨基一生笔耕不辍，硕果累累，撰写了 180 部（项）论文及论著，奠定了文化历史学说的理论基础。文化历史理论并非维果茨基一人之力所完成，而是集体智慧的结晶，但维果茨基做出的贡献与付出的努力是最为突出的。这一理论的核心内容集中体现在维果茨基的一系列文章与著作中，其代表作主要有《教育心理学》（1926）、《心理学危机的历史意义》（1927）、《儿童文化发展的问题》（1928）、《高级心理机能的发展历史》（1931）、《思维和语言》（1934）、《儿童发展中的工具和符号》（1960）、《艺术心理学》（1965 年出版）、《心理学中的工具性方法》（1981）、《缺陷学原理》（1983）。

二、维果茨基的心理学理论

维果茨基一生进取不息，奋斗不止，创造性地涉足许多领域。当然，其最突出的贡献是创立了文化历史理论，形成了文化历史学派。

维果茨基主张，应该坚持科学的、决定论的、因果性的解释原则来研究高级心理机能。他反对将复杂的内容分解成简单的成分，认为这样就失去了整体的属性。他坚信马克思主义关于"人的实质由社会关系构成"之论断的正确性，拒绝从大脑深处解释高级心理过程。维果茨基的文化历史理论既丰富又深刻，后人对它的解读歧义丛生。一方面，维果茨基的许多作品没有出版,另一方面,他本人也不断修正、拓展自己的观点。他的工作的开展与著作的撰写都是在与时间赛跑,因而,粗糙与欠成熟在所难免。不过我们还是可以通过其思想的发展过程把握文化历史理论的精髓。

(一)文化历史理论

维果茨基文化历史理论的核心可以总结为四个方面。

1. 个体心理机能的社会起源

维果茨基在《高级心理机能的起源》(1930)一文中明确阐述了包括高级心理机能在内的个体发展的社会起源。"在儿童的文化发展中,每种机能都是在两个方面两次登台,首先是社会的,作为一种心理间范畴的人与人之间的关系,其次是心理的,作为儿童内部的心理内范畴……所有高级心理机能都是社会关系的内化。"儿童通过参与广泛的共同活动并将共同活动的结果内化,获得了有关生活与文化的知识与策略。

内化是维果茨基提出的一个关键概念,与社会决定论相关,是高级心理过程发展的机制。维果茨基指出,人的心理发展的第一条客观规律是:人所特有的中介性的心理机能不是从内部自发产生的,它们只能产生于人们的协同活动和人与人的交往之中。与此相关的第二条客观规律是:人所特有的新的心理过程结构最初必须在人的外部活动中形成,随后才可能转移至内部,成为人的内部心理过程结构。据此,维果茨基阐明了儿童文化发展的总的发生学规律。维果茨基指出,"任何高级心理机能在其发展过程中必然经历一个外部阶段,因为起初它是一种社会机能。"内化过程不是外部活动向事先存在的内部意识的转移,而是通过它形成了内部意识。起初,心理机能存在于儿童与成人互动的水平上,它是心理间的,当它被内化而存在于儿童内部的时候,它就变成心理内的了。

2. 高级心理机能是由工具与符号中介的

维果茨基将人的心理机能区分为两种形式:低级心理机能和高级心理机能。前者具有自然的、直接的形式,后者具有社会的、间接的形式。区别人与动物最根本的东西就是工具和符号。人所特有的高级心理机能是以社会文化的产物——符号为中介的。人类文化随人自身的发展而增长与变化,并对人的一切产生越来越大的影响,正是通过工具的使用和符号的中介,人才有可能实现从低级心理机能向高级心理机能的转化。

人生活在一个符号世界之中,人的行为不是由对象本身决定的,而是由与对象联结在一起的符号决定的,人会赋予客体意义并按照那些意义行动。语言是人类为了组织思维而创造的一种最关键的工具,概念和知识都寓于语言之中。语言是思考与认知的工具,一个人在学习语言时,不仅仅是在学习语词,同时还在学习与这些语词相关的思想;语言可用于社会性的互动与活动,儿童可以凭借语言与他人相互作用,进行文化与思想的交流;语言是自我调节和反思的工具。语言也是通过历史而发展的。符号中介是知识建构的关键。维果茨基认为,符号机制(包括心理工具)中介了社会机能和个体机能,连接了内部意识和外部现实。

3. 心理发展的活动说

维果茨基依据马克思的活动观,通过对人的实践活动的深入分析后指出,人的心理是在活动中发展起来的,是在人与人之间相互交往的过程中发展起来的。维果茨基提出的"心理发展的文化历史学说"有一个重要的理论假设,即"人的心理过程的变化与他的实践活动过程的变化是同步的"。维果茨基早在20世纪20年代就注意到活动在高级心理机能形成中的重要作用,认识到意识与活动的统一性,即意识不是与世隔绝、与活动分离的内部封闭系统,活动是意识的客观表现。因而,可以通过活动对意识进行客观研究,把意识的内容加以物化,转换成客观的语言,转换成客观存在的东西。由此,维果茨基明确区分了"意识"与"心理"这两个本质上不同的概念。"心理"概念适用于动物也适用于人,是人与动物共有的反映形式,而"意识"则是人所特有的最高级的反映形式。

维果茨基提出活动与意识统一的心理学原则,强调意识从来都是整体,是一个完整的系统结构,坚持将意识看作是由理智与激情、认知与情绪—意志这两个不可分割的部分构成的统一的、动态的意义系统。他明确指出,意识与高级心理机能之间的关系是整体与部分之间的关系。这意味着,各种心理机能是相互联系、相互影响、相互制约的,心理的发展不仅表现为各种心理机能的变化,更表现为它们之间的联系与相互关系的变化。这一切正是人的意识所特有的,它们决定了意识的系统结构性。

4. 最近发展区概念

最近发展区概念是维果茨基在1931—1932年将总的发生学规律应用于儿童的学习与发展问题时提出来的。维果茨基将最近发展区定义为:"实际的发展水平与潜在的发展水平之间的差距。前者由儿童独立解决问题的能力而定,后者则是指在成人的指导下或是与能力较强的同伴合作时,儿童能够解决问题的能力。"维果茨基将学生解决问题的能力分成了三种类别:学生能独立进行的、即使借助帮助也不能表现出来的、处于这两个极端之间的借助他人帮助可以表现出来的。维果茨基明确指出了教学与发展之间的关系,认为教学促进发展,教学应该走在发展的前面,"良好的教学走在发展前面并引导之"。

最近发展区是社会文化理论的核心概念之一,它阐明了个体心理发展的社会起源,突出了教学的作用,认为教学应走在发展前面;彰显了教师的主导地位,认为教师是学生心理发展的促进者;明确了同伴影响与合作学习对儿童心理发展的重要意义;启发了对儿童学习潜能的动态评估。

（二）心理学研究的方法论

维果茨基不仅是一位具体的心理学理论研究者,而且是一位方法论研究者。他的思想之所以到今天还具有重要影响,不仅是因为他提出了一些独具特色的理论观点,更重要的是他提出并践行了一种研究心理学的方法论路线,这条路线为传统心理学的改造带来了一股清新的变革之风,对今日心理学的发展依然具有借鉴意义。

1. 研究人的心理发展的辩证方法

维果茨基早在青年时期就开始接触马克思主义。20 世纪 20 年代他率先提出建立一种新心理学的方法论构想,并明确主张应当把马克思主义作为心理学研究的哲学方法论。维果茨基在运用辩证方法研究人的心理发展的过程中,并不是企图将辩证原理简单地强加于现存的心理学理论,而是力求运用辩证原理科学地调查和分析特定心理学研究中的具体问题。维果茨基在他的许多著作中反复强调辩证方法的中心地位,他认为,对方法的探寻是理解人类心理活动形式的一个最为重要的问题。维果茨基试图在更新方法论的前提下,运用辩证方法构建一种统一的科学体系,将现代心理学的一切知识统一起来。由此,维果茨基迈出了超越其同时代心理学家的关键一步。

维果茨基根据马克思主义哲学区分出方法论原则的三种层次:(1) 作为所有科学方法论基础的马克思主义(辩证唯物主义)的总的方法论原则;(2) 具体科学——心理学的方法论原则;(3) 心理学特殊分支需要的独特的研究方法。作为整个科学包括心理学在内的一般方法论,主要表现为决定论原则、系统性原则、发展性原则、质量互变原则;作为心理学的具体方法论可表述为心理发展的文化历史起源理论;作为建立在文化历史理论基础之上的更为具体的方法论的形式表现为因果分析法与单元分析法。按照维果茨基的分析,只有上述这些方法论的分析层次彼此配合,方可建构起心理学方法论的整个大厦。这些思想使维果茨基成为苏俄心理学方法论当之无愧的奠基者之一。

2. 发生学分析方法

维果茨基主张,要理解心理机能的任何方面都必须理解其产生的起源与历史。在处理这一问题时,维果茨基超越了发展心理学家惯常的做法,即关注儿童个体的发生与发展,而探讨了种族发生与社会文化历史的关系。维果茨基使用了发生学的分析方法,考察人的发展的起源和历史。他认为,对发展的分析涉及四种分析水平的相互交织:第一种分析水平是种族发生分析,种族发生分析是将人与其他动物区分开来,其标志是工具的使用,尤其是符号形式的心理工具的使用;第二种分析水平是文化历史分析,关注特定文化和同一文化群体的实践在发展中所起的重要作用,不同文化环境中的人与不同历史时期的人所具有的过程是迥然不同的;第三种分析水平是个体发生分析,主要关注个体特征,如个体的生理或心理需求、年龄、气质等;第四种分析水平是微观发生学分析,关注个体与其所处环境之间真实的互动过程,同时考虑到个体、人与人之间与社会文化因素的相互作用。

3.因果发生分析法和单元分析法

维果茨基在应用辩证方法建立科学心理学理论的过程中,与其同事一起进行了系统的实验研究。在实验研究领域,维果茨基采用了新的研究方法——因果发生分析法。因果发生分析法关注的焦点是心理现象的起源与历史,它着重研究事物的发展过程,而不是发展的产物,目的是在运动中揭示其本质。新方法的使用使研究者有可能摆脱传统的、孤立与静止的研究方法,真正对心理形成与发展的过程本身作动态的、整体的、相互联系的研究。

在运用发生分析法研究心理现象的过程中,维果茨基从"意识是统一整体"的观点出发,提出以"单元分析法"取代将复杂心理整体肢解成丧失整体固有特性的各个成分的"成分分析法"。作为分析产物的单元不同于成分,它具有整体所固有的一切属性,是整体无法进一步分解的活的部分。正如保持着活的有机体所固有的生命特性的活细胞是生物学分析的单元一样,心理学也应该发现自己的分析单元。维果茨基认为,用单元分析法取代成分分析法,进一步为研究者打开了心理学理论研究的大门,指明了解决复杂心理学理论问题的研究道路。

维果茨基在心理学研究中采取了正确的方法论取向,促进了他在该领域中取得举世瞩目的成就。他以辩证方法为指导具体解释了:语言与其他语义符号在人的心理发展中扮演的角色、心理发展中社会互动的作用、概念思维中词义的作用、心理发展过程中初级心理机能与高级心理机能之间的关系、学习与教学的最近发展区等一系列概念和理论问题。

三、对维果茨基的评价

(一) 维果茨基对心理科学的重要贡献

20世纪50年代以来,维果茨基在心理学界的知名度日益提高,他不仅被认为20世纪俄罗斯心理学的一位关键人物,而且被选为20世纪世界范围内最有影响的100位心理学家之一。令人叹为观止的是,这样一位声名显赫的心理学家38岁就英年早逝,从事心理学研究不过短短的10年时间,就以他思想与成果的丰富性、独到性、广泛性以及其生命的短暂性,创造了心理学历史上的一个奇迹,被后人盛誉为"心理学的莫扎特"。

维果茨基的一生短暂而辉煌,奋斗不止,创造不息。虽历经沧桑,他依然矢志不渝。由于出身与种族的原因,求学期间饱尝辛酸;由于身体的原因,屡受疾病的困扰,几度起死回生;由于政治的原因,饱受冷遇与旁落。所有这些坎坷与不幸,都被维果茨基化为科学探索的不竭动力。维果茨基的研究涉及哲学、历史、文学评论、艺术、电影、心理学、教育学、语言学、缺陷学、医学等领域。他提出的文化历史理论成为心理学宝库中的珍品。

1. 创立了心理发展的文化历史理论,创建了文化历史学派

文化历史理论博大精深,其基本主张可以概括如下:人的心理活动是社会学习的结果,是文化和社会关系内化的结果;心理发展本质上是一个社会发生过程;文化是以神经心理系统的形式被内化的,形成了人的大脑的生理活动;高级神经活动是高级心理过程形成和发展的基础;高级神经活动内化了从人类的文化活动与中介符号中引申出来的社会意义;社会活动与实践活动促进了感觉运动格式的内化;高级心理机能的内化过程在本质上具有历史性;在不同的文化历史环境中,知觉、随意注意、记忆、情绪、思维、语言、问题解决、行为等具有不同的形式。

维果茨基的高级心理机能历史起源理论力图证明,人的心理发展的源泉和决定因素是人类历史过程中不断发展的文化,这对消除把心理过程理解为精神内部固有属性的唯心主义观点,克服无视动物行为与人的心理活动的本质差异的自然主义倾向起了积极的作用。他最早将历史主义原则引入了心理学,指出人的高级心理机能是在低级心理机能基础上产生和发展起来的,高级心理机能是历史的产物。正如 A. A. 斯米尔诺夫所指出的:"正是历史原则构成了他的全部理论的核心,维果茨基的主要功绩和他在苏联心理学发展中所作的巨大贡献,也就在于此。"

维果茨基以其渊博的学识、高深的科学素养、高尚的人格和非凡的创造力吸引了一批富有才华的青年学者集结在他的学术旗帜之下,形成了苏俄心理学历史上人数最多、影响最大的学派——社会文化历史学派。苏俄不少成就卓著的心理学家如列昂节夫、鲁利亚、达维多夫、赞科夫等都是这个学派的重要成员。他们各自从不同的角度研究了高级心理机能的社会历史发生问题,如列昂节夫提出的活动理论、鲁利亚创立的神经心理学、加里培林提出的智力形成的阶段理论、艾利康宁与赞科夫等人进行的"教学与发展"的理论与实验研究等,都对苏俄心理学产生了深远的影响。

2. 倡导辩证唯物主义心理学的方法论

维果茨基不仅是一位卓越的心理学理论家与实验者,而且是一位出色

的心理学方法论者。这就是说,维果茨基不仅致力于解决心理学发展中出现的具体问题,而且更为关注对心理学具有重大意义的哲学方法论问题,并将后者视为未来心理科学大厦的基石。维果茨基大力倡导的唯物辩证法,使心理学家在传统方法之外找到了另一条研究人类心理的有效途径。辩证方法的引入使心理学研究方法呈多元化态势,为心理学家揭示人类心理的奥秘提供了新的视角。

3. 影响了现代心理科学的发展

维果茨基提出的众多概念和理论丰富了现代心理学的理论宝库,其理论研究涉及心理学的众多领域,如普通心理学、教育心理学、心理语言学、儿童心理学、神经心理学等,维果茨基以其大胆独特的思想影响并促进了上述各领域的研究,推动了现代心理学的发展。尤其是 20 世纪 70 年代末,以布鲁纳为首的美国教育心理学家将维果茨基的思想介绍到美国后,直接影响了建构主义领域中一个重要学术流派——社会建构主义学说的兴起,从而引发了当代教育心理学中的一场革命。

(二)维果茨基心理学理论的主要局限

由于维果茨基短暂的一生充满紧张的探索,不断提出新的思想,急于建构自己的理论,更由于他英年早逝,未能像冯特、弗洛伊德等心理学家一样到晚年有足够的时间对其早期理论做进一步的修改、补充与完善,因此,维果茨基的理论不可避免地存在一些缺点,如有些词语的使用缺乏准确性,有的假设未能用实验证明,有的理论不够完善。维果茨基思想的局限性突出体现为:其一,维果茨基的文化历史理论早期也曾出现过自然主义的倾向。例如,他将低级心理机能与高级心理机能绝对对立起来,认为儿童的低级心理机能具有纯遗传的自然性质,它们不是以文化符号为中介的,因而没有中介结构。后来,他对这一观点作了重大的修改。其二,维果茨基把历史主义原则引入心理学时,没有分析社会形态的具体性质。脱离具体的社会形态谈历史,只能使历史抽象化。其三,维果茨基过于武断地认为高级心理机能的发展与有机体结构的生物变化无关。发展与变化是永无止境的,维果茨基把心理机能的自然发展过程与文化历史发展过程两者对立起来是没有充分科学根据的。

第二节　列昂节夫的心理学思想

列昂节夫既是维果茨基的同事,又是维果茨基的学生,是文化历史学派的骨干成员,也是文化历史学派的重要奠基者之一。他创立的活动理论后来成为苏联心理学赖以发展的基础性理论。

一、列昂节夫的生平

列昂节夫(Leontiev,1903—1979)是苏联著名心理学家,苏联教育科学院院士,曾任莫斯科大学心理系主任、全苏心理学会主席、国际心联副主席等。他是一位饮誉世界的心理学家。

1924年,列昂节夫毕业于莫斯科大学社会科学系,同年进入莫斯科大学心理学研究所工作。最初他和鲁利亚一起研究"激情",不久他们共同受维果茨基学术思想的影响转而在维果茨基领导下研究人的高级心理机能的文化历史发展理论。1931年,列昂节夫出版了《记忆的发展》一书,该书的基本观点完全不同于传统心理学把记忆看成是人的机体的生理机能的自然主义观点,明确提出,人类的记忆是以工具为中介的,并且探明了这种中介机构的发展。

20世纪30年代初,列昂节夫来到哈尔科夫,担任乌克兰神经心理研究所发生心理研究室主任,并在哈尔科夫师范学院心理学教研室领导一个专门小组,研究人的活动动机及其结构与发生问题。1934年他回到莫斯科,从活动观出发开始着手研究心理反应的起源问题。列昂节夫把自己在这方面的研究成果写成论文,于1940年获得博士学位。

苏联卫国战争期间,列昂节夫和他的同事们组织了一个专门的医院,从事伤员四肢运动功能恢复问题的研究。他得出了一个十分重要的结论:被破坏了的运动功能的恢复在本质上有赖于这种运动的动机、目的和手段。1945年,他和萨博罗兹赫茨合著了《受伤后运动的恢复》一书。

战后,列昂节夫回到了研究岗位,在苏联教育科学院组建了儿童心理学研究室,研究不同形式的活动在儿童心理发展中的作用,提出了主导活动的概念,即在每个年龄阶段总是有某些形式的活动起主导作用。他用活动作标准,提出了个体心理发展分期的新原则。1959年,写成了《心理的发展问题》一书,这本著作长达40多万字,于1963年获得了列宁奖金。1966年他在莫斯科组织召开了第18届国际心理学会议,并担任大会主席。1975年,他发表了另一重要著作《活动、意识、个性》,完成了对活动理论的研究。该书获得了一级罗蒙诺索夫奖,并被译成英、中、德、意、日、匈、芬等多种文字。列昂节夫的一生出版或发表了200多种著作。他于1979年1月21日逝世,享年76岁。

二、列昂节夫的活动理论

列昂节夫创造性地将马克思主义理解的活动范畴引入心理学,对于理解人的意识的产生、发展、结构、历史等问题具有真正关键性的意义,显示了在活动基础上建立统一的、科学心理学系统的可能性。列昂节夫的活动学说的基本观点可以概括为:

1. 活动的对象性

活动总是要指向一定的对象。对象有两种:一是制约着活动的客观事物,二是调节活动的客观事物的心理映像。离开对象的活动是不存在的。

2. 活动的需要性

活动总是由特定的需要来推动的。当相应的客体出现时,需要便立即转化为动机,由动机推动人的活动改变客体使其满足自身的需要。

3. 活动的中介性

正是在活动中,人实现着对客观现实的心理反映,被反映的东西转化为主观映像、观念的东西,而观念的东西转化为活动的客观产物、物质的东西。人对客观现实的积极反映、主体与客体的关系都是通过活动而实现的,活动在主客体相互转化过程中起着极其重要的中介桥梁作用。内省心理学脱离活动去研究意识,行为主义心理学则脱离意识去研究行为,都不能得出科学的结论。

4. 内部活动和外部活动

活动可以分为内部活动与外部活动。从发生学上来说,外部活动是活动的原初的、基本的形式,内部活动起源于外部活动,是外部活动内化的结果。内化是内部活动形成的机制,内部活动又通过外部活动而外化,这两种活动具有共同的结构,可以相互转化。列昂节夫认为,心理学既要研究内部的心理活动,也要研究外部的实践活动,两种活动都应成为心理学的研究对象。

5. 活动和意识的统一

活动和意识的统一意味着,每一个心理过程都是在某种实践或理论活动中进行的,人的心理、意识是在活动中形成与发展起来的,通过活动,人认识周围世界,形成各种个性品质。与此同时,活动本身也受人的心理、意识的调节。心理过程本身也指向于达成一定的目的,借助不同的方式而实现,自身也表现为心理活动。

6. 主导活动观

在人的心理发展的不同阶段总有一种活动起着主导作用,根据主导作用的不同可以对人的心理发展进行阶段划分。学龄前儿童的主导活动是游戏,学龄期儿童的主导活动是学习,到了成人期,劳动便成为人的主导活动。

三、对列昂节夫的评价

列昂节夫是文化历史学派的主要成员,他所创立的活动理论进一步发展了维果茨基的思想,"活动"一词已成为苏俄心理学的基本概念,活动理论成为苏俄心理学的基本理论。如"活动"作为专门的一章被纳入了全苏高等院校的心理学教材,列昂节夫的活动理论的基本内容已为苏俄心理学界普遍接受。列昂节夫的研究成果无论对苏俄心理学的发展,或是对社会文化历史学派的进一步完善,都做出了巨大的贡献。然而,在一些具体问题上诸如活动概念的内涵和外延,内化是心理活动产生的机制等方面,也还有不少的争论。

第三节　鲁利亚的心理学思想

鲁利亚是苏联著名心理学家,心理学与医学教授,苏联教育科学院院士,苏联社会文化历史学派的创始人之一,苏联神经心理学的奠基人。鲁利亚也是维果茨基的学生兼同事,是"维-列-鲁"三人小组的成员之一。

一、鲁利亚的生平

鲁利亚于(Luria,1902—1977)出生于喀山的一个医生家庭,1921年毕业于喀山大学社会科学系,之后进入莫斯科第一医学院就读,先后获得了教育科学与医学博士学位。从1924年起,他作为"三人小组"核心成员之一,与维果茨基与列昂节夫一起共同研究"文化-历史发展理论"。他通过大量的实验论证了"文化-历史发展理论"的基本原理的科学性。1930至1931年间,他对乌兹别克斯坦的中亚西亚经济落后地区居民的心理特点进行了比较研究,和维果茨基先后合著了《行为和历史研究》及《儿童发展中的工具和符号》,证明人类的高级心理机能并不是由先天的遗传得来的而是由后天的生活与教育条件决定的。在苏联卫国战争期间,鲁利亚到一所康复医院担任该院的科研领导人,从事由于脑外伤而引起的心理障碍的诊断与康复问题研究。战后,他回到苏联教育科学院的儿童缺陷研究所,从事语言对正常与异常儿童的随意运动调节作用的研究。到了晚年,鲁利亚把他一生的研究成果进行了总结,从而开拓了心理科学的一个新的重要领域——神经心理学。

鲁利亚著作等身,成果丰厚,有30多本专著,300多篇论文。代表作有《创伤性失语症》(1947)、《脑外伤及其机能的恢复》(1947)、《人的高级皮层机能及其在局部脑损伤下的障碍》(1962)、《人脑和心理过程》(1970)、《神经心理学原理》(1973)、《神经语言学原理》(1975)以及《语言和意识》(1975)等。他的著作被译成了多种文字。鲁利亚在神经心理学方面所取得的巨大成就,引起了国际心理学界的高度关注,获得了国际学术界一系列的荣誉称号,在国际学术界享有崇高威望。1967—1968年他被选为国际心理学联合会副主席。他于1977年逝世,享年75岁。

二、鲁利亚的神经心理学

鲁利亚认为,把心理看成某一皮层的局部定位的机能是错误的,任何一种心理现象都是脑的各部位协同活动的结果。根据这一原理,鲁利亚把大脑分成三个联合区,其中每一联合区在高级心理机能的产生过程中既执行自身特定的功能,又彼此协同工作。第一个机能联合区定位在脑干和皮层下部位,包括上、下行网状系统,其功能是激活皮层,调节其紧张度,使其处于觉醒状态。第二个机能联合区位于大脑皮层的后部,包括枕叶、顶叶和颞叶以及相应的皮层下组织,这个联合区的作用是接受、加工与保存信息。第三个机能联合区位于大脑皮层的前部,主要是前额叶,这是大脑皮层在种系发展过程中最晚出现的组织结构,它与脑的其余部位以及网状组织均有双向联系。第二机能联合区把经过粗略加工的信息送往这里以实现高级的分析与综合,因此,这一机能联合区执行着高级的整合、规划、调节与监督的功能。额叶是人的高级心理活动主要的物质本体。鲁利亚认为,人的随意行为有赖于言语系统的形成,在社会生活条件的影响下,人的言语系统与动作系统在额叶这个机能联合区中加以整合,从而保证了人对行为的自我调节。

三、对鲁利亚的评价

鲁利亚以自己的实证研究支持了文化历史理论的基本原理,对神经心理学的创立和发展做出了巨大贡献。然而,对人的心理活动机制的探索是一个不断深化的过程,不可能一蹴而就,因而,神经心理学的研究结论尚需进一步证实,研究工作尚需深化。鲁利亚在其代表作《神经心理学原理》中坦率直言,该书由于作者手头资料不足还"缺少许多篇章",尤其是对脑的深层结构——下丘脑和丘脑在心理过程中的作用、梦和情绪活动的脑机制以及大脑右半球对人的心理活动的意义等,还有待进一步开展研究。

第十七章

鲁宾斯坦学派

　　鲁宾斯坦是苏联心理学理论体系的重要奠基人,其主体心理学思想也是贯穿苏俄心理学发展的一条重要线索。特别是从 20 世纪 90 年代开始,他的学生布鲁斯林斯基等人将其主体心理学思想进一步发展,创立了作为一个心理学分支的主体心理学,并成为当今俄罗斯科学院心理学研究所乃至整个俄罗斯心理学研究的共同方向。

第一节　鲁宾斯坦的心理学思想

一、鲁宾斯坦的生平

　　鲁宾斯坦(S. L. Rubinstein,1889—1960),苏联杰出的心理学家、哲学家,苏联心理学理论体系的重要奠基人,1889 年 6 月 18 日出生于敖德萨的一个律师家庭。1913 年,鲁宾斯坦在马尔堡大学出色地完成了博士论文《方法论问题的研究》的答辩,获得博士学位。为了揭示对人文科学来说具有关键性的因果性类型,鲁宾斯坦提出了自己的哲学——对心理学观念有重大价值的思想——主体思想。

　　从 1915 年到 1919 年(1913—1914 年 8 月他居住在柏林)鲁宾斯坦在敖德萨大学任心理学和逻辑学副教授,1919 年他担任了新俄罗斯大学哲学和心理学副教授。1921 年在俄罗斯著名的心理学家 N. N. 兰格逝世后,鲁宾斯坦便担任了哲学和心理学教研室主任。1930 年到 1942 年鲁宾斯坦担任了列宁格勒赫尔岑师范学院心理学教研室主任。1934 年鲁宾斯坦发表的《卡尔·马克思著作中的心理学问题》对马克思主义心理学的形成来说是有决定性意义的纲领性论文。1935 年鲁宾斯坦出版了他的第一部专题学术著作《心理学原理》,为此还被授予了教育科学(心理学方向)博士学位。1940 年鲁宾斯坦出版了他的最有学术价值的著作《普通心理学原理》

（1946 年再版），并荣获国家最高奖——斯大林奖金。1943 年鲁宾斯坦被选为苏联科学院通讯院士，成为其中的心理科学的第一位代表。1945 年鲁宾斯坦被选为俄罗斯教育科学院院士，1945—1949 年担任苏联科学院哲学研究所副所长。1947 年开始，受当时斯大林个人崇拜等政治因素的影响，鲁宾斯坦被戴上了"世界主义、崇拜洋化、轻视祖国科学"的帽子。1948—1949 年，他被解除一切职务（直到斯大林逝世后才恢复名誉）。

除上述提到的之外，鲁宾斯坦的著作还有：《存在和意识》、《关于思维和它的研究道路》、《心理学的原则和发展道路》、《苏联心理学中的活动和意识问题》（1945）、《从辩证唯物主义观点看意识问题》（1945）、《巴甫洛夫学说和心理学》（1947）、《巴甫洛夫学说和心理学的哲学问题》（1952）、《心理学的理论问题》（1955）、《哲学和心理学》（1957）、《思维心理学问题和决定论原理》（1957）、《能力问题和心理学理论问题》（1960）、《人与世界》等。

二、鲁宾斯坦的心理学理论

（一）意识和活动统一原则

鲁宾斯坦在 20 世纪 20 年代就形成了主体及其活动的哲学本体论原则。在 1922 年发表的《创造性自我活动原则》一文中，鲁宾斯坦揭示了活动观点的实质："主体在自己的行为中、在自己创造性自我活动的动作中不只被发现并且表现出来；主体也在它们之中被创造出来和被确定下来……"意识和活动统一的原则作为苏联心理学重要的方法论基础，作为鲁宾斯坦主体心理学思想的具体体现之一，它的出现是与克服世界心理学的危机联系在一起的。鲁宾斯坦根据外国心理学发展的内在逻辑，揭示了这场危机的本质，即它的主要倾向、它的主要矛盾。通过批判当时的意识心理学和行为主义心理学，在揭示出这一危机的关键问题是意识和活动的问题后，指出必须通过主体范畴深入地研究它们的统一性，才能揭示出它们的内在联系。意识和活动的联系不只是设定出来的，而且是被揭开的。鲁宾斯坦认为意识和活动不是两种孤立成分的外部联系，它们彼此从内部相互联系和相互制约。一方面，人的活动制约着他的意识，他的心理的联系、过程和特性的形成。另一方面，人的意识，他的心理的联系、过程和特性则实现着对人的活动的调节作用，成为它们完成的条件。

意识和活动统一原则在当时是心理学中一个全新的范畴，它揭示了世界心理学危机的"震中"和断裂的路线，揭示了心理学继续向前发展的道路。可以说，"鲁宾斯坦起了奠基的作用，至少将心理学发展提前了 20～30 年。"鲁宾斯坦提出的意识和活动统一原则作为马克思主义心理学方法论，从科学方法上充分证实了他所揭示的心理学研究对象的正确性，是一种新的认识类型，它保证了能够真实地揭示心理的实质。以这一原则为基础，鲁宾斯坦第一次提出了把心理学作为一个系统，建立现代心理学的科学知识体系的主张。鲁宾斯坦的《心理学原理》(1935)和《普通心理学原理》(1940、1946)这两部专著，就是以意识和活动统一原则为基础的，并成功地尝试了建立心理学的科学知识体系，全面地论述了各种心理学的问题以及它们之间的相互关系。可以说，这两部专著就是意识和活动统一原则的具体化。鲁宾斯坦所提出的心理学的系统性是当时及后来苏联心理学发展的一个重要特点，也使其在世界心理学中占有相应的地位。

（二）决定论原则

1946 年鲁宾斯坦把以前发表的论文《心理学中的哲学根源》的思想加以发展，写成了一本专门的学术著作《心理学的哲学根源》，但当时没有出版。而在此基础上，经过十多年的深思熟虑、加工提炼，他重新写成了《存在和意识》并于 1957 年苏联共产党第二十次代表大会以后出版。在这本书中，鲁宾斯坦把主体心理学思想应用于主体与客体的相互作用，并从马克思主义哲学关于物质对精神的决定作用以及精神对物质的反作用这个一般原理出发研究了心理、意识和客观现实的辩证关系，提出了心理与物质世界的两个关系系统的特征：第一是心理与脑的关系系统的特征，第二是心理与外部世界的关系系统的特征。在这本著作中，鲁宾斯坦以辩证唯物主义的决定论原则为理论核心，以关于心理因素的本性和它在物质世界的普遍相互联系中的地位问题为中心问题，确定其目的为：揭示外部原因是怎样通过主体的内部条件而起作用的；揭示在心理过程、心理活动中外部因素和内部因素间的辩证法；指明心理的因素在物质世界的现象的普遍联系中的地位。

在鲁宾斯坦看来，存在不依赖于主体，但作为客体它始终是同主体相联系着的，不依赖于主体而存在着的事物是随着主体同它们发生关系而成为客体的，即在认识和行动进行中它们成为主体的事物。所以，活动决定于自己的客体，但不是直接的，而是间接的，是通过它的内部的特殊的规律性（通过它的目的、动机），即根据"外部的因素通过内部的因素"的原则来决定的。

鲁宾斯坦的决定论原则是辩证唯物主义的反映论，它强调心理的社会性、实践性和主观能动性，克服了对决定论的机械论的理解。其次，鲁宾斯坦在自己生命的最后 15 年间与自己的学生一道在理论和实验中深入研究了作为过程的心理的因素，提出了重要的决定论原则，实际上这是他的主体和活动的方法论原则运用于心理学的新阶段。

（三）思维理论

在生命的最后 10 年，鲁宾斯坦的理论和实验研究兴趣主要集中在思维问题上。1958 年他出版了《关于思维和它的研究道路》一书。他写道:"心理的因素作为过程或活动而存在乃是心理因素存在的基本形式。与此相适应,思维作为一种过程、一种活动,是思维心理学研究的基本对象。"他的这一论点强调了思维过程的内部条件和规律性,强调了外部条件和内部条件的相互关系。他认为,思维心理学主要是研究思维的过程,而不是研究思维的结果或产物,研究思维的结果或产物是逻辑、数学、物理等其他学科的任务。以思维过程作为思维心理学研究的基本对象,是鲁宾斯坦主体心理学思想发展的必然结果。他认为,思维过程的结构是分析和综合,分析和综合是密不可分的,而抽象和概括则是分析综合的高级形式。对思维的分析,必然会揭示出思维与语言、言语的密切关系。

(四) 主体的表现形式:个性

鲁宾斯坦认为,人——个性——正是心理活动的一个不可欠缺的环节,这个环节能将心理活动的决定性链条闭合,把它的各种特征联结起来。并不是心理和意识直接同活动相联系,而是拥有心理和意识的人在认识着、交往着和行动着。对心理学对象理解的这种改变只有在把个性原则纳入心理学的哲学问题系统的基础上才有可能发生。个性就是人的内部条件完整的总和,是主体对客体完整的内部体会和体验,表现为主体对客观事物稳定的特殊的反映方式。鲁宾斯坦特别指出个性整体作为内部规律性总和的意义,认为一切外部因素对人的影响都通过这些规律得到折射。

三、对鲁宾斯坦的评价

(一) 鲁宾斯坦主体心理学思想的贡献

首先,鲁宾斯坦作为苏联心理学理论体系的主要奠基人,主张以马克思主义思想为指导建立苏联心理学,并于 1934 年发表了《卡尔·马克思著作中的心理学问题》一文。特别是,鲁宾斯坦把马克思关于意识是人的本质力量在活动中的对象化过程这一学说和马克思关于主体对客体世界关系的原理具体运用于心理学。鲁宾斯坦针对当时世界心理学的危机,通过批判当时的意识心理学和行为主义心理学,在揭示出这一危机的关键问题是意识和活动的问题后,指出必须通过主体范畴深入地研究它们的统一性,才能揭示出它们的内在联系。

其次,在主体及其活动问题上,鲁宾斯坦首先提出了意识和活动统一原则。在鲁宾斯坦看来,人的心理、意识是在活动中形成起来的。活动是检验心理、意识正确与否的客观标准,而心理、意识反过来又调节、制约着活动的进行。鲁宾斯坦不是把活动理解为封闭于自身的本质,而是看做主体的表现,不是把意识、心理理解为某种消极的、直观的、感受的因素,而是理解为过程,理解为主体的活动、实在的个体的活动,以及在人的活动本身中、在人的行为中揭示出的成分,从而使人的活动本身成为心理学研究的对象。这样就把新型的苏联心理学与传统心理学从根本上区别开来,使之成为苏联马克思主义心理学的主要原则,从而奠定了苏联心理学的理论基础。

最后,在主体与客体关系问题上,鲁宾斯坦依据马克思主义关于主体对客体的关系原理,强调外化,强调"主体向客体转化",即意识通过主体活动及其产物而形成。鲁宾斯坦认为,活动决定于自己的客体,但不是直接地而是间接地通过它的内部的、特殊的规律性(通过它的目的、动机),即根据"外部的因素通过内部的因素"的原则来实现的。鲁宾斯坦认为,个性表现为内部条件的完整系统,所有的外部影响(教育影响等)都是通过内部条件而折射出来的。内部条件是依赖于以前的外部影响而形成的。因而,通过内部的东西来折射外部的东西就意味着外部影响是由个性发展的全部历史中介出来的。鲁宾斯坦主体心理学思想中的决定论原则是辩证唯物主义的反映论,它强调心理的社会性、实践性和主观能动性,克服了对决定论的机械的理解。

(二)鲁宾斯坦主体心理学思想的局限

鲁宾斯坦为建立马克思主义的苏联心理学,特别是在马克思关于主体与客体相互关系原理基础上创建苏联心理学作出了巨大的贡献,但由于当时的主客观条件的限制,鲁宾斯坦的主体心理学思想还有不够完善的方面。

首先,鲁宾斯坦还没有完整地揭示心理学的主体方法论。鲁宾斯坦意识和活动统一原则是针对当时世界心理学的危机而提出的。通过批判当时的意识心理学和行为主义心理学,揭示出这一危机的关键问题是意识和活动的问题后,他指出必须通过主体范畴深入地研究它们的统一性,才能揭示出它们的内在联系。虽然鲁宾斯坦认识到主体范畴是统一意识和活动问题的关键,但他没有进一步指出作为西方心理学根基的"主客二分"方法论问题。如,在心理学的研究对象问题上,鲁宾斯坦仍然认为"研究作为过程和活动的心理的因素,是心理学的首要课题"。这一点由他的学生阿布里哈诺娃-斯拉夫斯卡娅和布鲁斯林斯基等人作了发展,他们提出了主体方法论,并由此建立了主体心理学。

其次,鲁宾斯坦没有完整地提出主体心理学思想的整体系统观点。鲁宾斯坦提出的意识和活动统一原则以及辩证决定论原则涉及人的心理的整体性和系统性,但鲁宾斯坦没有进一步提出心理学研究的整体性和系统性原则。这一方面的不足后来由安纳耶夫和洛莫夫等人所克服,他们提出了心理学研究的人学理论和心理系统理论。

最后,在心理学具体问题研究方面不够深入。作为整个苏联心理学理论体系的奠基人,鲁宾斯坦特别关注整个心理学的理论建构,也对心理学的一些具体问题进行了研究。但由于各种原因,鲁宾斯坦在心理学具体问题的研究方面还是不够深入。如对思维的研究,鲁宾斯坦只是关注到思维的过程;对心理发展的问题,鲁宾斯坦提出了发展的原则,但对于人如何成长为主体以及人的发展阶段如何划分,他没有继续深入。

第二节 布鲁斯林斯基的心理学思想

一、布鲁斯林斯基的生平

布鲁斯林斯基(A. V. Brushlisky, 1933—2002),是俄罗斯科学院心理学研究所所长、教授、心理科学博士、俄罗斯教育科学院院士、俄罗斯科学院通讯院士、《心理学杂志》主编。

布鲁斯林斯基 1933 年出生于俄罗斯的一个知识分子家庭。1951 年中学毕业后布鲁斯林斯基考上了莫斯科大学心理学系,当时鼎鼎大名的鲁宾斯坦教授担任他们年级的科学指导教师。后来布鲁斯林斯基做了鲁宾斯坦的研究生并与导师一起研究思维问题。1977 年他通过博士论文《作为预测的思维的心理学研究》的答辩,获得博士学位。2002 年 1 月 30 日布鲁斯林斯基受到暴徒袭击意外身亡。在思维研究方面,布鲁斯林斯基的主要成果有:《思维的文化—历史理论》(1968)、《思维心理学与控制论》(1970)等论文,《思维与预测》(1979)、《思维心理学与问题教学》(1983)、《思维心理学》(1989)等著作。进入 20 世纪 90 年代布鲁斯林斯基转向研究主体的心理学问题,1991 年至 1993 年连续发表了有关主体心理学的论文。1994 年他以前两年发表的论文为基础写成了专著《主体心理学》,这样,便标志着心理学的一个新的分支学科——主体心理学的诞生。1996 年布鲁斯林斯基又出版了专著《主体:思维、学习、想象》,1997 年他主编出版了《俄罗斯心理学 20 世纪一百年》。除了上述所提到的著作之外,布鲁斯林斯基的著作还有:《思维与交往》(1999),《心智表象:动力与结构》(主编,1998),《心理科学中的主体问题》(主编,2000),《主体心理学》(主编,2001),《个体与群体主体的心理学》(主编,2002),《主体心理学》(2003)等。布鲁斯林斯基不仅继承了自己导师鲁宾斯坦的主体心理学思想,而且走出了新的一步,揭示了主体心理学的科学原理。其创新在于:第一,布鲁斯林斯基扩展了作为心理决定因素的积极性的内涵,认为"具有高水平积极性、主体性和自主性的人或群体为主体";第二,在主体心理学研究中实现了从微观语义分析向宏观分析方法的转向;第三,布鲁斯林斯基把鲁宾斯坦的主体心理学思想与安纳耶夫关于人的整体观、洛莫夫的心理系统观相结合,系统地研究了主体的动力、结构和调节等问题。

二、布鲁斯林斯基的主体心理学理论

(一) 心理学的研究对象是作为主体的人

针对普遍认可的"心理学是研究心理现象及其规律的科学"的定义,布鲁斯林斯基明确地指出,"心理学的对象不是人的心理,而是人,是具有心理的人;心理学的对象不是各种心理特点和各种积极性,而是人本身,即活动着和进行交往的人","人和他的心理不是两个系统,而是一个统一的系统,在这个系统中,主体是所有心理品质和全部积极性的基础"。对于布鲁斯林斯基来说,主体是人的全部活动的主宰,是他的全部心理生活的载体,是他的身心两个系统的统一体,是社会关系的总和,同时又是人类文化历史的继承者和发明者。而且,心理学研究的是作为连续不断的认识情感过程的并与其间断性的结果(形象、概念、习俗、生产的物质产品)紧密联系的心理在作为主体的个体及人们的活动和交往等进程中如何以及为何表现和发展的。而其他的科学如认识论、逻辑学、社会学、人类文化学都不同于心理学,它们研究由这些过程,特别是由主体所产生的结果。

俄罗斯主体心理学把心理学的研究对象定义为作为主体的人,主要是针对传统的来源于物理学和生理学的心理学概念,同时又有别于人本主义心理学。除了与人本主义心理学一样强调人的整体性、自主性和自我实现之外,俄罗斯主体心理学更明确了人是作为主体的人,是社会关系的总和,其本体论基础是人的社会实践活动。而且不同于西方人本主义心理学的另一方面在于,俄罗斯主体心理学中的主体不只是个人自我实现的主体,还包括作为群体的主体。

(二) 关于心理学的学科性质

按照布鲁斯林斯基的观点,心理学首先是自然科学与人文科学的统一。"在胎儿期末开始形成人的最初级、最简单的心理现象,也就是说,在这种情况下未来婴儿心理的产生,在我看来,体现了最简单的,但已经是直接的自然的和社会的属性的统一。""所以,人的心理从它产生的那一刻(个体发生)就不是只有自然属性而没有社会属性,或相反只有社会属性而没有自然属性,它永远是自然属性和社会属性牢不可破的统一。"在很大程度上,所有人的心理原初的本体论本质合理地决定了心理科学的认识论和发生学基础。心理学总是在自然的与社会的因素不断统一基础上研究人们的心理生活,这成为两个基本学科群:社会人文的与自然的、技术的学科之间联系的最重要环节。心理学的特点在于,按自己的起源,它特别接近哲学,并具有好的发展前景,因为它处于所有学科体系发展的中心,同时它又属于人文的和自然的学科。

在强调心理学自然性与人文性相统一的同时,布鲁斯林斯基认为应该突出心理学的人文性。为此,他特别撰文论述这一问题。他指出:"心理学的人文性是以心理的基本规律为条件的,它首先依据的是决定论原则,克服了唯物主义(存在决定意识)和唯心主义(意识、心理决定存在)的片面性:不是存在,不是心理本身决定人的生活和历史进程,而是主体,即处于存在内部,具有心理的人们,有意识或无意识地在自己活动过程中创造历史。他们认识和改造现实,越来越完整地发现和利用自身规律性,努力揭示和克服自己的错误。"

(三) 主体的活动是心理学理论、实验和实践统一的基础

在布鲁斯林斯基看来,在心理学分裂的所有表现中,最主要的是心理学理论研究、实验研究和实践之间的脱节。因此,他提出以主体及其活动的范畴统一心理学的理论、实验和实践。(1) 主体及其活动是心理学理论、实验和实践有机统一的真正源泉。心理学分裂的重要原因是主流心理学所采取的自然科学方法论导致心理学学科的不断分化,心理现象被划分得越来越细,各自为政,使心理学没有一个共同的基础和出发点。按照俄罗斯主体心理学的观点,主体及其活动就是心理学的共同基础和出发点,是心理学理论、实验和实践有机统一的真正源泉。而且作为主体的人一出生,其活动就不是单纯的实践活动或纯概念的理论活动。"正如我们所看到的,甚至在儿童概念思维即最简单的理论思维形成的最初阶段,也就是把周围现实环境作为客体对待的最初阶段,就标志着感觉器官、实际动作、交往接触和最基本概念(姑且不提动机和情感)的不断的相互联系。在这就出现了经验和理论的统一。这对后来所有的科学和日常认识的发展都是实质性的和极其重要的。"因此,心理学要以主体为基础和出发点,研究属于主体的心理特性、过程、状态、个性等,实现心理学理论、实验和实践的有机统一。(2) 主体的整体性决定着心理学研究的系统性。整体性是主体的基础,一方面它概括地揭示了人的包括自然的、社会的、个别性等所有特性系统整体的不断发展的统一,另一方面,主体的整体性也意味着个体从胎儿期开始的整个发展阶段的统一。"主体的整体性思想意味着他的活动和所有形式的积极性的统一、整合。还在新生儿形成最初的、最简单的实际动作(也就是最初的实践活动的成分)之前,在胎内期间首先已经出现了最初的心理(知觉)现象(后来)调节着最初动作的形成的现象,随着这些实际活动的继续发展,从中分化出特别的理论(认识)活动,但这种活动不是独立为某种自给自足的积极性,因为它的结果最终又包含在最终的活动中,使它上升到更高的水平。"

三、对布鲁斯林斯基的评价

(一)布鲁斯林斯基主体心理学思想的贡献

首先,布鲁斯林斯基主体心理学继续发展了以马克思主义哲学为基础的心理学体系。苏联解体后,俄罗斯实行思想的多元化,但布鲁斯林斯基仍然坚持马克思列宁主义哲学对心理学的指导。有一次在回答记者提问时,他明确指出不会放弃马克思主义哲学的指导地位,但同时指出:不能把马克思主义哲学教条化,要创造性地运用(杨鑫辉,2000,p.601)。他的主体心理学就是以马克思主义哲学为指导的最新研究成果,是在新的历史时期对世界马克思主义心理学的新发展。

其次,布鲁斯林斯基主体心理学促进了心理学主体研究的回归。布鲁斯林斯基主体心理学所研究的对象就是作为心理主体的人,而不是人的各种心理特点和积极性。我国心理学前辈潘菽多次指出:"心理学主要是研究人的,是一种研究人的主要科学。心理学的研究要从人出发而又归结到人。"(潘菽,1989,p.178)朱智贤教授也指出:"不理解作为主体的人,就不能真正理解人的心理。"(朱智贤,1989,p.32)主体心理学关注对主体的研究既是对心理学诞生时冯特所关注的主体研究的回归,也符合当今时代精神的要求。只有确立人的主体地位,在研究中让研究方法服从于研究内容,才有助于心理学知识的整合,才不会使整个心理学的研究只看到心理现象而看不到人。

最后,布鲁斯林斯基主体心理学思想有助于整合分散或分裂的心理学知识和理论。如何看待心理学的分化、如何整合这种分化是国内外心理学家十分关注的问题。主体心理学思想认为,无论多么分散的具体的知识,都可以纳入到主体的概念中来,并放在一个适当的位置上,从而告诉人们一个完整的心理学知识。主体心理学思想强调心理学的对象不是人的心理,而是人,是具有心理的人,强调主体是所有心理品质和全部积极性的基础,有助于将各心理学派和分散的知识整合起来。布鲁斯林斯基指出:"主体是所有心理过程、心理状态、心理特性、意识和无意识的统一的基础。主体的整体性是所有心理过程、心理状态和心理特性的客观基础。所研究问题的本体论意义就在于此。它合理地明确了问题解决的认识论的基础:研究主体心理学——一条建立统一的心理学的道路。"主体的概念能够整合心理学的知识在于主体具有的许多特征是心理的概念所不能包容的。主体是人的全部活动的主宰,是人的全部心理生活的载体,是人的身心两个系统的统一体,是社会关系的总和,同时又是人类文化历史的继承者和发明者。所以,只有从主体的概念去研究人的心理,才不会只看到心理现象而看不到人。

(二)布鲁斯林斯基主体心理学思想的局限

首先,布鲁斯林斯基主体心理学虽然很重视实验研究,但他的许多观点还有待于实验的验证。布鲁斯林斯基主体心理学在感知觉、思维、人际交往、心理物理关系等方面进行了具体的实验研究。但是主体心理学的许多方面还有待实验的检验,例如关于主体的标准问题、关于主体心理发展年龄阶段划分的具体指数、群体主体与非群体主体的区分标准问题、主体积极性的水平问题等方面都缺乏实验数据的支持,因而不能找到适当的标准判断某一个体的积极性水平或主体性水平的高低。当然,或许随着主体心理学的不断发展和完善,这些问题会逐渐得到重视和解决。

其次,布鲁斯林斯基对心理发展的社会文化因素显得不够重视,虽然他高举着心理科学人文性的大旗(他所理解的心理科学的人文性,只是从强调心理发展的主体积极性来考虑的)。当前,西方心理学出现了一种文化转向,强调文化的多样性,认为传统的西方心理学仅仅建立在白人主流文化的基础上,反对心理学中的"通用主义",认为在一种文化条件下的心理学研究成果不能不加选择地应用到另一种文化中,心理学的研究应该同文化的现实结合起来。这种文化转向展现出对文化影响日渐增加的关注,如反思传统中立化心理科学模式的缺陷和弊端,分析文化与心理现象的关系,讨论社会文化对心理科学的影响等。类似地看,把这个问题对应于布鲁斯林斯基主体心理学,也便出现了他所研究的主体心理学是否适合于其他文化的问题,人的主体性、主体积极性是否存在文化差异的问题。这些在他的主体心理学中都没有涉及,不能不说是它的一个不足之处。

总结与展望:心理学的新取向

综观心理学的发展历程可以看出,由于文化、历史与社会的原因,中国、苏俄和西方心理学尽管存在着相互影响和渗透,却经历了不同的发展道路,而且在研究水平和取向上也表现出明显的差异。总体而言,西方心理学自现代心理学诞生以来,始终处于主导地位,影响和推动着世界心理学的整体发展走向。也因为如此,西方心理学的历史构成了本书的主要内容。

众所周知,现代心理学自诞生之日起,众多理论和流派便相继产生。从19世纪末冯特创立内容心理学到20世纪后期形成并影响至今的认知心理学,在现代心理学的百年发展史中,大大小小的心理学理论和流派多达几十个,其中有影响的理论就有十几种,这还不包括苏俄心理学的理论和流派。正如以前各章所论及的那样,各种理论和流派之间始终存在着对立和冲突,如结构主义与机能主义的冲突、人本主义与行为主义的冲突等,心理学理论与流派的冲突和对立构成了心理学史的主要内容。

心理学的对立与冲突,一方面促进了心理学的进步和发展,为心理学最终成为一门门类齐全、结构严谨、方法合理、理论与实践意义兼备的学科奠定了必要的基础;另一方面也充分表明心理学仍然是一门年轻的科学,在研究对象、内容、方法以及学科定位乃至本体论、认识论、方法论等方面还需要进一步探索、整合和凝练。

正因为如此,尽管自20世纪60年代至70年代以来,人本主义和认知心理学相继对整个世界的心理学产生着巨大影响,但由于其自身存在的一些难以超越的问题和缺陷,心理学并未实现统合,也并未停止对学科自身的检讨、反省和探索。目前,这些新兴探索和研究主要体现为三种取向:进化心理学、后现代心理学和积极心理学。

一、进化心理学

一般认为,以1989年美国人类行为和进化协会成立并出版《进化与人类行为杂志》为标志,进化心理学宣告诞生。其创始人主要有巴斯(David Buss)、巴克尔(Jerome Barkow)、科斯梅德斯(Leda Cosmides)、图贝(John Tooby)等。进化心理学试图运用进化的观点来解释人心理的起源、本质以及心理与行为活动的现象和规律。它立足于对西方主流心理学存在的问题和缺陷的反思，并积极汲取生物、神经科学研究的研究成果，从适应和自然选择的角度探索人的心理与行为，对心理学的许多研究领域产生了很大的影响。

（一）进化心理学产生的背景

进化心理学同后现代心理学和积极心理学一样，其产生都基于一个共同的背景，即现代西方心理学自身存在的某些无法克服的缺陷和问题。但不同的是，进化心理学的产生也有其深刻的生物、基因与神经科学的背景。

众所周知，自冯特开始，心理学强调运用实证方法研究人的意识问题。在弗洛伊德那里，潜意识受到空前重视，意识、人格等被看成是本能的延伸。格式塔学派则强调生物场和自在完形的心理学价值。从华生开始，在实证方法被推向极致的同时，意识、潜意识、人格等主观层面的内容被彻底抛弃，人被当做机器或低等动物（白鼠、鸽子）来研究。行为主义的极端和褊狭使之最终走向衰微，随之兴起的认知心理学恢复了意识研究的合法地位，但人的机器本质仍被继续继承。不同的是，人又被喻为对信息进行各种运算和加工的计算机。人本主义既反对弗洛伊德的本能论，也反对行为主义的S-R模式，强调的是人内在的自我实现趋势之于人类的价值和意义，但由于其研究方法的局限性以及由此带来的研究结论的主观性，引来科学主义心理学阵营的激烈反击而陷入困境。总之，20世纪的心理学在一片争吵声中度过，核心表现为两种文化或价值观的分裂与对立。

进化心理学者认为，心理学之所以处于这种各自为政、分崩离析的状态，根本原因是由于缺乏一种能够包括、整合、统一或联结心理学家们的思想、方法和实践的元理论。他们主张，心理的进化观可以包容和提升心理学各种相互冲突的理论和观点，因而可能是心理学走向整合或统一的元理论。

当然，既然该研究取向被冠之以"进化心理学"，就说明其与达尔文的进化论存在深刻渊源。尽管进化论主要是阐释物种起源的一种学说，强调物种的产生和发展源于进化，是突变、适应和自然选择的结果，但进化论同时也暗示人类心理机能的环境适应性本质，强调选择对于动物乃至人类进化的重要性，并以情绪为例阐明人类心理的适应与进化实质。进化论的这些观点或假设对进化心理学的产生具有直接推动作用。从某种意义上说，进化心理学就是达尔文及其现代追随者所倡导的进化论在当代心理学研究中的运用和发展。

进化论之所以在提出一百多年后才被今天的学者用于心理学的研究中去，除了有心理学自身的原因之外，也与20世纪后期生物科学的快速发展存在直接关系。自20世纪80年代以来，神经科学和基因科学得到了迅猛发展，克隆羊技术的诞生引发了世界范围内对于生物科学、基因工程的讨论和关注。心理学作为一门与生物学,尤其与神经、基因科学具有直接关系的学科,理应借助生物学等相关学科的飞速发展和业已取得的成就,尝试探索人类心理和行为的生物学基础。

社会生物学的发展也为进化心理学的形成奠定了基础。20世纪有关心理进化的研究可以分为三个阶段,即传统习性学、社会生物学和进化心理学。研究自然状态下的动物本能行为的传统习性学,在70年代被社会生物学所取代。社会生物学把在动物行为研究中使用的一系列新技术运用于人类,以进化的角度来解释人类的社会行为,认为吸引、养育、互助、攻击等行为是为了生存和繁衍而产生的,其目的在于基因的延续。社会生物学的研究方法、研究成果在许多方面都构成了进化心理学的理论和方法论基础。进化心理学与社会生物学最大的不同可能在于前者提出了进化的心理机制,从而将对于人类行为的适应性本质的研究提升到了认知水平。

(二)进化心理学的基本观点

什么是进化心理学?对此,即使在进化心理学研究者内部也尚未达成共识。但就其研究的重心来看,进化心理学是探索人的心理机制形成及其影响的一种心理学研究取向。进化心理学是对传统有关心理机制理论和观点的反动,同时又继承了传统心理学的主要研究内容、概念和方法,试图用进化、适应和自然选择来解释人类信息加工机制的形成及发展过程。

1. 对外源决定论的反动

科学主义外源决定论对于心理机制的基本预设是人生来是一个"白板",后天社会、文化环境是人的心理和行为产生和发展的决定因素。行为主义以及由其衍生而来的许多教育心理学、社会心理学理论是这种"白板"预设的代表。进化心理学者称之为"标准的社会科学模式"(standard social science model, SSSM)。这一模式认为,只有文化才能解释人类行为、思想等方面的群体间差异和内群体相似性。

进化心理学坚决反对这一模式,认为该模式仅从儿童与成人心理结构的复杂性不同、跨群体心理与行为在儿童期表现出的相似性以及与成人期的差异性就断定人的心理源于社会文化或社会学习的结论是错误的。事实上,人类的许多心理机制与生理机制并不都是与人类的出现而一同出现的,相反是在人类发展的某个时期出现的,是进化的结果。

进化心理学认为,标准的社会科学模式常常采取二分法,把遗传与环境、先天因素与后天因素、生理与文化、本能与推理等对立起来,从而强调某种因素而否定另一种因素的作用。这显然也是一种武断的、与实际情况不符的思维模式。有机体的任何表现都是基因和环境的共同产物,任何群体间差异和群体内相似性都是基因和给基因提供输入的环境两者相互作用的结果。他们还进一步指出,环境和基因一样也是进化的产物;有机体的遗传素质是环境因素起作用的前提。

进化心理学把自己界定为认知科学阵营中的一个门类,图贝等人(Tooby 和 Cosmides)主张:"进化心理学是认知科学的一种方法,在这种方法中,进化生物学与认知的、神经的和行为的科学得以整合起来以指导系统性地测定动物物种——包括人类——的独特性和神经构架。"但是进化心理学并不认同认知心理学(即信息加工认知心理学)关于心理、意识内在机制的预设。在认知心理学那里,人从被看成"白板"到被看成具有普遍适应性的"计算机"。进化心理学在吸取认知心理学的信息加工原则的同时,舍弃了所有的心理过程都是按照同样的信息加工原则进行的预设。从这个意义上说,进化心理学并非仅仅反对所谓标准的社会科学模式,其实也包含对认知心理学的扬弃和批判。

2. 心理机制是进化的产物

在否定心理学中"标准的社会科学模式"的同时,进化心理学倡导的一个基本主张就是心理机制是进化的产物。进化心理学认为,心理学的中心任务就是去发现、描述或解释人的心理机制。而对于心理机制的了解,仅靠对现存心理和行为现象的社会文化层面的表层分析是远远不够的,过去才是了解现在的关键。这就是说,要充分理解人的心理现象就必须了解这些心理现象的起源和适应功能,即心理机制的产生及其作用。进化心理学认为,在人类进化过程中,过去不仅在人类行为、身体和生存策略方面刻下了很深的烙印,同样也在人的心理和相互作用策略方面留下了印记,因为外在环境输入是通过认知过程来产生外显行为的,所以进化与行为之间偶然的联系也是通过心理机制来完成的。换言之,自然选择不仅发生在身体、器官和行为层面,也发生在认知层面上,信息加工过程会为了解决现实的问题而不断地进化。图贝等认为,过去在对有关人类行为的进化过程的研究中,心理机制是被丢失的环节。因此,进化心理学主张,心理学最主要的研究内容在于探索进化的心理机制是如何在行为与进化之间起中介作用的。

3. 心理进化源自压力与适应

既然心理机制是进化的结果,那么进化的动力是什么?进化心理学认为,这种动力源自生存与环境压力,心理机制是在人对压力的适应与选择。

首先,生存压力与适应是心理机制进化的首要动力。食物的获得对任何一个物种而言,都是最主要的压力之一,对人类而言也不例外。可以设想,为了搜寻食物,早期人类可能就已经拥有了某些基本的心智器官以适应对食物的搜寻,诸如认识、辨别食物,寻找食物以及加工和处理食物等。而自从人类祖先从丛林转移到草原,就开始面临一种全新的生活方式:狩猎—

采集。狩猎—采集与自保迫使人类学会直立行走、使用和制造工具,同时对更加完善的知觉系统、记忆系统、逻辑思维系统的要求也迫使人的神经、感官、骨骼、肌肉乃至循环、呼吸、分泌等系统和器官不断进化、选择和适应,与之相依托的心理机能也随之得到进化和发展。

其次,社会压力与适应是心理机制进化的环境动力。进化心理学认为,稳定的社会群体的出现为早期人类带来了强大的选择压力,并直接导致自我意识的进化和发展。群体生活对于人类而言意义重大,但同时又为人类带来了合作与竞争的压力。一方面,一些个体因为具备对于合作的出色认知与适当的个性品质,从而得以获得食物、配偶以及免于捕食者的伤害等,进而具有了再生产的优势。反之则可能被排斥于群体边缘而遭淘汰。另一方面,成功的竞争可能增强群体繁衍后代、保卫领土资源能力。一句话,早期人类的群体生活以及合作与竞争使得群体或个人面临的问题和压力急剧上升,对于这种压力适应与选择的结果,使人类的自我意识和心理机制日趋复杂化和专门化。

最后,生殖与繁衍的压力与适应是心理机制进化的核心动力。从进化的角度看,生存只是一个前提,繁殖后代比个性生存更为重要。进化心理学认为,人的许多生理和心理机制实际上都是在解决这类问题中形成和发展起来的。要成功地繁殖后代,就必须解决同性内的竞争、配偶选择、怀孕、配偶保持、亲本投入、额外的亲本投入等问题。早期人类在面临和适应这种生殖与繁衍压力的历程中,历经大浪淘沙、自然选择,使得那些生殖能力突出、体能体魄强健、智慧出色、个性适宜的个体或族群得以延续和壮大,同时也使相对优越的心理机能随之得到遗传性或获得性进化。

4. 心理机制是"达尔文模块"构成的"瑞士军刀"结构

进化心理学反对主流心理学有关心理机制的假定,认为心理机制不是某种通用的、具有普遍意义的运作机制,而是由大量的特殊但功能上整合设计的处理有机体面临的某种适应问题的机制——"达尔文模块"——构成的"瑞士军刀"结构。

用图贝等人的话说,人类的心理是由"一簇特殊化的机制——具有领域特殊的程序,对领域特殊的表征进行操作,或同时具备这两者——所构成的"。"我们的认知构架类似于成百或上千个功能上专门的计算机(常称为模块)的联盟,被设计来解决对我们狩猎—采集的祖先来说是特有的适应问题。每一个这样的装置都有自己的程序,并对这个世界的不同部分施加自己特有的组织。如存在着为语法归纳、面孔识别、船位推算、解释物体以及从面部来识别情绪的特化系统,存在着探测生命体、眼睛注视方向和欺骗的机制,存在着'心理理论'模块……多种多样的社会参照模块"。每一个领域特殊的达尔文模块皆致力于解决在我们祖先得以进化的环境中的信息处理问题。

科斯梅得斯形象地把各种心理模块间的关系比喻为"瑞士军刀"(一种包括不同工具的集成工具,其中的每一个工具都具有某种特定功能),即人的心理也是由一些认知工具(即模块)装配而成的,每种心理模块都有特定的功能。当然,特定范围的心理机制的存在并不排除性质上更一般意义的机制存在。不过,高层次执行机制本身也是特定范围的,它们的特定功能是去命令、安排或监控其他心理机制的操作。

进化心理学还认为,达尔文模块是一种天赋的计算机制,即支配人类认知结构的许多达尔文模块是自然选择的产物。它们是在人类进化历程中由自然选择所发明的类型,是人类解决种种问题和压力状态时适应与进化的结果。进化心理学家发现,所有功能正常的人都具有一些同样特殊的模块。这充分表明达尔文模块不仅是天赋的、自然选择的,而且是功能分化的和普遍的计算机制。

5. 行为是心理机制和环境互动的结果

进化心理学反对外源决定论,但它并不认为自己是一个内源决定论或遗传决定论者。进化心理学者认为,人的行为是心理机制和环境相互作用的结果。心理机制是社会行为的前提,它对于来自社会环境的影响高度敏感,而社会背景影响着心理机制的表现方式、强度以及频率。

心理机制与环境的互动性可以从两个方面进行理解:其一,从历史的角度看,心理机制进化的动力之一就是人类所面临的社会环境压力。自然选择以及人对于这种压力的适当反应所带来的遗传性或获得性进化本身就充分显示出心理机制的环境制约性。其二,从现实的角度看,环境因素对心理机制的表现也会产生一定影响。如文化背景影响心理机制表现的阈限,个体的发展经历使个体采取不同的行为策略,情境输入影响心理机制的激活。

（三）对进化心理学的评价

进化心理学作为一种最新研究取向在西方心理学领域越来越引起人们广泛的兴趣和关注。许多学者开始接受进化心理学的观点,从进化的角度看待人的心理与行为问题。当前人们的关注点已不仅限于对心理机制的研究上,还试图站在进化心理学的立场上对儿童心理与教育、心理健康、社会心理、行为科学等问题做出新的解释,形成了不少研究成果,对学界造成了较大的影响,以至于在西方已经演变成一种心理学的新运动或新浪潮。

进化心理学所带来的最大冲击无疑是其对心理实质的界定。进化心理学主张心理是人类在漫长的历史演进中,面对生态学和社会压力,经由自然选择、适应和进化而来的一种机能。这种机能是由"达尔文模块"构成的

"瑞士军刀"结构,即诸多通过进化得来的模块一方面高度分化、各司其职,另一方面又相互契合、共同构成一个整体。这一主张有别于西方传统心理学流派有关心理的已有的认识和界定。尽管进化心理学者称自己的理论隶属于认知科学范畴,但同认知心理学在对心理实质的理解以及研究的内容、视角、方法等方面都存在着本质的不同。

撇开门户之见来审视进化心理学,其积极意义是相当明显的。自冯特以来,西方主流心理学一直走的是一条以物理学、机械论为指导的发展道路。这条道路所取得的成就是明显的,但存在的问题也相当突出。随着后现代文化思潮和生命科学的兴起,这种视人如机器的研究取向受到了前所未有的挑战:后现代心理学在彻底解构现代主义心理学的同时,将心理定位于社会建构的产物;进化心理学则从生命科学的视角,将心理定位于人类进化的结果。因此,作为一种新研究取向,同后现代心理学一样,进化心理学拓展了心理学研究的领域,提出了一种新的研究思路和思考问题的视角。对尚处于成长阶段的心理学而言,进化心理学的这种元理论层面的探索和尝试是积极的,也是具有建设性的。

另外,进化心理学的研究已开始由心理机制的元理论探讨向一些具体研究领域渗透。这种渗透首先表现在认知科学领域。尽管进化心理学受到认知心理学的诸多指责,但其"达尔文模块"假设对认知科学家们研究语义知识在头脑中的组织结构很有启发意义,有助于细化对于概念知识组织的研究。其次是其对发展心理学的影响。进化心理学讨论的适应性有助于我们理解发展的目的,而对于发展目的的理解自然可以帮助研究者更好地理解发展的过程和内容。再次是对行为学研究的影响。如探讨消费行为的个体发生过程、种系发生过程以及消费知识的领域特异性等,都有助于我们了解人类所独有的进化过程。

但是,作为一种新的研究取向,进化心理学自身也存在许多问题和缺陷,因而遭遇到的批评和指责甚多,其中受到批评最多的是方法论问题。虽然进化心理学者坚持认为自己是认知科学阵营中的一个门类,采用的是发展了的认知科学的方法,但许多学者认为,所谓进化心理学方法,其实质不过是一种进化史的研究,是一系列的循环推论,不可能借助实验来证实。众所周知,在科学主义仍处于主流地位的心理学领域,任何缺乏实证、实验证据支持,仅靠现象观察与推论的研究都会招致质疑。进化心理学亦不可幸免。

方法论层面所遭受到的质疑必然会殃及理论本身。进化心理学的一个基本预设是心理机制是古人类对于压力(生态学压力和社会压力)的适应与选择。但批评者则认为,对生物体目前的生存与繁衍发挥特定功能作用的机制并不都是自然选择的结果：这些机制既包括先前通过自然选择才行使某种功能而现在却行使了新的功能的那些机制，也包括那些原本只是进化的副产品但现在具有了某种功能的机制。如鸟的羽毛最初是由于其保暖的功能而在进化过程中通过自然选择被确定下来的，但后来这些羽毛却具有了帮助鸟类飞行的功能。

另外，自然选择的机制不能解释现代文化的新颖性和多样性。进化心理学家把达尔文模块的功能限定在我们祖先在其生存环境中所面临的适应问题上，但现代文化的新颖性和多样性显然与我们祖先所面临的适应问题无关。换言之，即使承认心理机制的进化假设，进化心理学单纯强调生存和繁衍在适应和进化中的作用而忽视文化之于心理机制及其进化的影响，也无法很好地解释文化差异以及现代文化高速演进的事实。何况心理机制如果仅靠间接的、效率低下的自然选择而获得进化更是难以想象的。

尽管进化心理学面临的批评和质疑不少，其目前的进展也未能有效地整合基因、环境和经验因素的关系，但以进化的视角审视心理的起源和本质，是以往心理学研究未曾重视但实际上是十分重要的课题。相信随着生物科学、生命科学的进展，作为一个具有较强开放性的研究取向，进化心理学在整合心理学与生命科学，乃至推动心理学各分支的发展等方面都将产生更为积极的影响。

二、后现代心理学

后现代心理学（postmodern psychology）亦称后现代主义心理学，是相对于现代主义心理学而言的。后现代心理学首先对现代西方主流心理学（即科学主义心理学）进行了彻底的解构，然后力图以后现代主义视野重新审视并重构心理学。后现代心理学产生于 20 世纪 80 年代。一般认为，以美国著名社会心理学家格根（Kenneth Gergen）1988 年在澳大利亚悉尼举行的国际心理学大会上所做的"走向后现代的心理学"专题报告为标志，心理学出现了后现代主义转向。

（一）后现代心理学产生的背景

后现代心理学的产生与后现代思潮和后现代主义哲学关联密切。后现代心理学既是后现代思潮影响下的产物，又是后现代主义思想体系的重要组成部分。

后现代思潮形成于 20 世纪中期，是西方发达国家由现代工业社会转向"后工业社会"的过程中对现代西方文化精神和价值取向的一次重要变革。"后现代主义"一词最早是 60 年代中叶在建筑学中使用的。此后，艺术、文学、社会学领域也经常使用这一概念。70 年代，法国的一些哲学家从哲学发展的角度对后现代主义这一历史时期进行了界定。后现代思潮是对后现代主义时期的政治、经济、历史文化、艺术风格等方面的认识和分析，是近二十年来各种哲学思潮、艺术观点、建筑风格、社会心态的汇集。

由于后现代思潮是各种很不相同甚至相互矛盾的观念、思想、见解、方法等的集成，远未形成一个系统、统一的思想体系，加之不同的学者对后现代思潮的理解也各不相同，因而"有多少个后现代主义者就可能有多少种后现代主义的形式"。尽管涵盖于后现代主义这一称谓之下的理论观点和所牵涉的领域异常繁多芜杂，但后现代思潮却普遍存在两个共同的特点，即对现代主义的解构和对后现代主义的建构：在形成初期主要以对现代性进行反思和批判的解构为其主要任务，到了20世纪后期则以后现代视野下文化与哲学的重构为其主导追求。

后现代心理学的产生深受后现代文化思潮的影响，它集中反映了后现代心理学者对现代心理学在本体论、认识论、方法论和科学观层面的深刻反思和批判。现代主义心理学，尤其是代表着现代主义心理学主流而始终居于统治地位的科学主义心理学，主张二元论的世界观（人生活在主客二元的世界中），坚持实在论的心理观（相信心理现象是一种客观实在，是人之所以为人的内在规定性），信奉实证主义的科学观（实证方法是心理学研究的唯一正确的研究方法），信守个体中心主义的研究取向（将个体心灵视作意义、行为发生和解释的中心）。后现代心理学对此提出了诸多质疑和批判，试图站在本体论、认识论和方法论高度对现代心理学进行解构，从元理论层面对心理学的理论和体系予以重构。

同后现代思潮一样，后现代心理学也包含了许多不同的理论流派，如社会建构论心理学、建构主义心理学、释义心理学、解构主义心理学、叙事心理学、女权主义心理学、后认知主义心理学、后实证心理学和话语心理学等。在这些不同的后现代心理学的分支流派之间存在着许多对立与冲突，但又有一些明显的共同特征将它们维系在一起，共同构成了西方心理学中的后现代主义取向。

（二）后现代心理学的主要观点

后现代主义是对现代主义的反动和重构。以社会建构论心理学为代表，后现代心理学站在现代主义心理学的对立面上，首先对心理学中现代主义取向的种种特征进行了批判；此后从后现代主义视角，试图重新认识、界定和建构心理学的理论、研究和学科取向。

1. 对现代主义心理学的批判与解构

后现代心理学认为，在现代心理学中居于统治地位的科学主义心理学由于过度强调研究对象的可观察性，笃信客观普适性真理，坚持以方法论为中心，采取价值中立的立场，固守人为机器的模型，从而使心理学陷入原子论、还原论、客观论、决定论和实证中心论的泥潭，偏离了学科应有的意义和价值（高峰强，2000，p.47-58）。后现代心理学对此进行了深刻的解构与批判。

（1）对主客二元论的批判。现代主义心理学的首要预设是人生活在主客二元的世界中，在主体的经验之外存在着一个客观世界，主体的心理、意识、知识是对客观世界的反映。后现代主义心理学认为，这种二元世界的划分只是一种无法"证伪"亦无法"证实"的预设，是现代主义的一个"宏大叙事"，并没有相应的证据予以支持，因为"一旦我们开始谈论某个对象，我们就已经进入表征世界"。在表征世界之外的"客观世界"不可能进入人的意识领域，因此"二元世界"的划分是一个武断的、不可靠的预设。

（2）对实在论的批判。实在论主张任何事物（包括人）都是有其自身独特的内在规定性的客观实在。基于这种实在论预设，现代主义心理学相信心理（心灵、意识、人格）是一种客观实在，是人之所以为人的内在规定性，心理学的任务就是揭示或发现它们。后现代心理学则认为心理现象并非独立存在的实体，心理学的概念也不存在一个客观存在的"精神实在"作为基础。所谓认知、情绪、人格等一切心理特征都不过是一种话语的建构，并没有一个精神上对等的实体与之相对应。心理并非是人对心灵本质的揭示或发现，而是社会文化的创造或发明。

（3）对科学至上论的批判。在现代主义取向中始终处于统治地位的科学主义心理学坚定地主张科学方法是追求真理的唯一途径。后现代主义心理学对此给予了严厉的批判，认为"热衷于实证方法的心理学日益淡忘了一个简单的事实，即科学方法本身就是一个有争议的问题。科学方法无法科学地证实自身，科学方法也同样无法用自己的方法证实正在使用的方法。一些人反驳说科学的成功就展示了其正确性。但何为成功？你又如何证实成功？"后现代主义心理学者尖锐地指出，方法中心主义使得心理学降格成了一门主要由方法驱动和界定的学科，从而使理论探索只具有次要意义。它认为所谓方法体系只不过是在一个特定时代被人们采用的一个特定视角而已。

（4）对个体中心论的批判。现代主义心理学聚焦于个体的心灵、个体的理性，将"个体心灵"（individual mind）视作意义、行为发生和解释的中心，认为人之所以为人，在于其对现实的反映能力以及以此为基础选择和控制自身行为的能力，这种能力存在于"个体心灵"之中。因此，心理学的任务就是凭借心理学家的个人理性探索、揭示人类"个体心灵"对现实的反映、适应和改造的过程、本质、规律，寻求促进个体反映能力、适应能力的提升。后现代主义心理学将这种个体中心主义预设斥之为盲目"自大"和"自恋"的心理学。在后现代主义心理学看来，祛除了他人、他物的"个体心灵"是虚妄的，是无法独立存在的。

2. 对心理学的后现代重构

在对现代主义心理学解构的同时，这些批判者也开始了心理学的后现代重构的历程。尽管一如批判的视角各不相同。其重构的视角与理论也多有不同，甚至同一个后现代主义者在不同时期的见解也屡有出入，但就其理论发展的走向看，越来越表现出一定的统合倾向：

（1）心理是社会的建构。后现代心理学反对心理学的二元论、实在论、反映论和基础主义的理论预设和研究取向，认为主客二元的世界划分仅只是一种不证自明的假定；心理也并非先在于主观世界的"本质实在"和对客观世界的反映或"摹写"；同样，同所有所谓科学知识一样，心理学知识也非主体之于现实或实在（reality）的中立的"发现"。实际上，知识、心理、意义都只不过是人们在社会生活中的"发明"，是社会的建构。在后现代主义和社会建构论看来，由于所有的知识都是通过语词而社会建构的结果，语词的意义又随着群体和时间的不同而不同，即语词的意义依赖于社会过程，因而我们不可能达到对世界的客观理解。知识只不过是以语言形式表述的社会一致意见。

（2）互动是心理的源泉。后现代心理学主张，"建构"是一种社会现象，它需要通过人与人之间的互动来实现，单个个体无法建构。换言之，认知、情感、自我意识、人格等一切心理现象或特征是在个体与社会的互动中产生的，互动是心理的源泉。在后现代主义看来，且不论情感、自我、人格等复杂心理的建构性和互动性，即使感觉这种最基本的心理现象也不是"外部世界"的信息通过神经系统向"内部世界"的输入，而是特定共同体的社会互动的结果。用格根的话说，"眼睛不仅仅是神经的一部分，它同时也是传统的一部分"；"令人愉快的味道是社会传统的产物"。人们对颜色、味道、气味、疼痛等的感觉和反映无一例外地要受到社会传统、文化、所属群体的影响和制约。

（3）话语是社会建构的中介。话语是语言的结构形式，是通过社会互动而建构心理的媒体或中介。后现代主义心理学主张，话语是先在于个人的存在，因此人们并非通过话语表达自身的认知、情感等心理活动，而是在社会互动历程中借助话语建构着心理。这就是说，情感、意志、认知、人格等并非精神的实在或实体，而是一些话语范畴。换言之，心理是话语的建构和产物。当然，话语本身也存在着建构和重构的历程。"我们用以理解这个世界和我们自己的术语和形式都是一些人为的社会产品，是植根于历史和文化的人际交流的产物。"情感、意志、认知、人格等也同样是一个社会的、历史的和文化的范畴。

（4）话语分析是心理学研究的基本方法。后现代主义心理学普遍反对方法中心主义的研究取向，认为由于人们所处的时代背景、文化氛围和生活环境各不相同，只采用定量分析的方式无法对人的心理生活的丰富性、多样性、复杂性做出恰如其分的理解和阐释，主张心理学研究应以问题为中心，强调问题中心主义的多元方法论。如上所述，后现代主义心理学认为心理是在个体与社会互动历程中形成的，是话语的建构和产物。话语同行动是紧密联系在一起的，话语具有操作的特性。心理学家对于行为的研究不在于寻找行为背后的个人内部世界的原因，而在于对建构行为的话语进行分析，分析是哪些话语通过其操作特点而导致了行为产生的。话语分析理应成为心理学研究的基本方法。与这种基本方法相关的方法还有访谈法、叙述—写作法、介入观察、协调理解、争论研究等方法。他们还创立了 Q 方法，主张将主观性纳入人的行为分析当中，并对其进行测量。

（三）对后现代心理学的评价

后现代心理学作为一种新的研究取向在过去的二十来年里在西方心理学界引起了广泛的注意。许多学者接受后现代心理学的观点，从社会关系中人际互动角度看待心理现象，站在后现代心理学主义的立场上对认知、情绪、记忆、自我、人格等心理学概念重新进行分析，出版了大量研究成果，其影响有日渐增强的趋势。

后现代心理学对西方心理学最大的冲击是它给心理现象的定位。后现代心理学认为根本就不存在一个脱离话语而独立存在的"心理实体"，心理现象是在人与社会的互动中形成的话语建构物。在后现代心理学的视野中，所谓情绪、动机、人格等概念和范畴失去了本体论的基础，心理学研究不再是有关心理本质的事实和规律的探讨，而是对特定文化历史条件下的话语进行分析，找出特定心理形式产生的社会原因。如果这种观点得以成立，则意味着传统心理学的一切研究成果都要推倒重来，心理学将走上一条不同以往的全新道路。这样一种观点对心理学家的冲击力是显而易见的。

后现代心理学提出了一种不同于经验主义的科学观和方法论。后现代心理学主张放弃经验主义的科学观和方法论，把知识放到社会文化背景中加以考虑。后现代心理学强调知识依赖于群体的分享，科学活动因而也受制于群体的规则和规范。只不过这些规则本身也是植根于具体文化历史的，随着社会文化的变迁而改变。我们姑且不论后现代心理学的这些观点正确与否，无论如何，它提出了一种新的科学观和方法论。现代心理学在经验主义科学观的指导下，取得了一定的进步，但是存在的问题也是明显的。

后现代心理学的科学观和方法论给心理学家提供了一种可供选择的方案。这种方案的有效与否还有待时间的检验，但是它毕竟在克服经验主义的弊端方面向前迈进了一步，将对心理学的发展产生积极的影响。

无论后现代心理学的观点能否为心理学家接受，其对克服传统心理学的机械主义还原论倾向和个体主义倾向是有着积极意义的。后现代心理学强调心理、知识的产生是一个能动的过程：知识是"建构"的，而不是"反映"的。建构并非是纯粹的个人建构，而是社会生活中的人际互动造成的。这种观点启示我们要从更广泛的角度认识主体的认知过程在知识获得中的作用：通过建构的过程，主体不仅反映知识，也在"建构"或"创造"知识。这种观点促使我们更为深入地认识主体自身因素对知识的影响，对于克服机械反映论的观点有着明显积极的作用。

后现代心理学从社会文化的角度揭示了心理、知识的社会属性，对于克服传统心理学的个体主义倾向有积极的影响。在后现代心理学的视野中，知识、心理是特定社会历史条件下社会互动和协商的结果，是特定社会的一种共同建构，而非个体和客观世界相互作用的产物。此外，心理、知识的社会属性也表明其并非某种客观的、静态的、中性的东西，而是社会文化的产物，反映了特定文化的价值观。因此仅仅从个体本身来探索行为的原因是远远不够的，应该注意分析行为的社会因素，采取历史的、文化的观点。这种观点对于克服西方心理学的个体主义痼疾是有帮助的。

但是，后现代心理学也由于其观点的激进而面临着众多的批评。批评最多的是后现代心理学的相对主义观点：知识也罢、心理也罢，不过是特定文化历史条件下的话语建构而非真理；一切知识和认识没有真假之分，其价值是相等的。批评者们指出，认识过程的自主性和能动性以及社会文化对知识的影响是应该考虑的因素，但是如果因此而否认心理学知识的客观性，则会陷入虚无主义和怀疑论的泥潭。心理学的知识必然受到文化历史条件的影响，但如果心理学家放弃追求对心理现象的"真理性"的认识这个目标，心理学则会成为一种语言游戏，将损害科学心理学的合理性和合法性。有些批评者指出，如果按照后现代心理学的观点，后现代心理学的理论本身也仅仅是一种建构的产物，没有任何真理性可言，那么后现代心理学的观点又怎么能令人信服呢？

对后现代心理学的另一个批评是它在解释心理现象时所持的激进的观点。依照后现代心理学的观点，心理现象不存在于人的内部，而存在于人与人之间，所谓的心理现象只不过是话语建构的产物。批评者们指出，后现代心理学的观点使人重新看到了激进的行为主义的阴影：行为主义否认心理现象的存在，在行为主义那里，人犹如刺激—反应的机器，有机体是"空洞"

的，是受环境刺激决定的；后现代心理学认为人格等心理现象不存在于人的内部，它们只是理论的假设物，是话语建构的产物，人的行动是话语的操作性产生的结果。因此，一些批评者认为后现代心理学只不过是"新瓶子装旧酒"，是打着后现代旗号的激进行为主义。

由于面临这些众多的批评，后现代心理学本身也在对自身的理论作出修改，一些后现代心理学者试图结合新实在论的观点，承认建构与实在的关系，改变建构主义的激进形象。因而产生了所谓的"新实在论的后现代心理学"。

三、积极心理学

积极心理学（positive psychology）是20世纪末和21世纪初在西方兴起的、以利用心理学目前已比较完善和有效的实验方法与测量手段，来研究人类的力量和美德等积极方面的一种心理学思潮。积极心理学是相对于现代西方主流心理学倡导的"消极心理学"（pathology psychology）而言的，是对现代主义心理学的反动。积极心理学的创始人是美国当代著名心理学家赛里格曼（Martin Seligman）。

（一）积极心理学产生的背景

自心理学从哲学中独立以来，尤其是在二战以后，消极心理学一直统辖着心理学研究的主要领域，而对积极理念、积极情绪、积极人性观等方面的研究始终受到心理学界的排斥和冷落。例如有人对《心理学摘要》电子版的搜索结果表明，自1887年至2000年，有关积极情绪（如快乐、幸福）与消极情绪（如焦虑、抑郁）的研究论文比率数大约为1∶14。另一项相似的统计结果表明，当前约有20万篇文献报道的是心理疾病的治疗问题，其中8万篇涉及压抑现象、6.5万篇涉及焦虑状态，反映积极的理念、潜能的文献仅有1 000篇。可见，消极心理学是20世纪心理学研究的主流，居于统治地位。

实际上，西方主流心理学的这种研究取向有其深刻的社会文化背景。20世纪上叶，世界接连经历了两次大的战争。长期而严酷的战争，极大地破坏了人们的生活。面对一个千疮百孔的世界，对各种问题的修复和解决就成了最紧迫的任务。对于心理学而言，其主要任务就变成了治愈战争创伤和精神疾患，研究心理或行为紊乱的秘密，找到治疗或缓解障碍的方法。尽管无论是在二战之前或之后，心理学家并未停止有关积极心理学的研究，如推孟关于天才和婚姻幸福感的研究，荣格的关于生活意义的研究等都可以看作是对积极心理学的早期探索，人本主义心理学兴起等对积极心理学的产生也不无影响，但由于学科发展的惯性，也由于早期研究在方法论上的局限性，加上世界尚处于"冷战"状态以及严酷的竞争所带来的心理恐慌和压力，这些研究者的努力未能使心理学的研究取向发生根本的转移。

时代推进到 20 世纪 90 年代，世界格局发生了深刻变化，东欧剧变，苏联解体，"冷战"结束，美国经济持续发展。社会、政治、经济和文化的变迁使得人们的心态随之发生了改变，人们对于社会科学（包括心理学）研究取向的期待也在发生变化。当一个国家或民族被饥饿和战争所困扰的时候，社会科学和心理学的任务主要是抵御和治疗创伤；但在没有社会混乱的和平时期，致力于使人们生活得更美好则成为他们的主要使命。正是基于这种时代背景，以赛里格曼为代表的一批心理学家对消极心理学展开了深刻反思和批判，极力倡导积极心理学研究。

赛里格曼认为，心理学自从取得独立地位以后就面临有三项主要使命：治疗人的精神或心理疾病、帮助普通人生活得更充实幸福、发现并培养具有非凡才能的人，这三项使命在第二次世界大战以前均得到了心理学工作者同等程度的关注。而二战以后，心理学把自己的研究重心放在了心理问题的研究上，如心理障碍、婚姻危机、毒品滥用和性犯罪等，心理学正在变成一门类似于病理学性质的学科。心理学研究重心的这种转移实际上背离了心理学存在的本意，因为它导致了"很多心理学家几乎不知道正常人怎么样在良好的条件下能获得自己应有的幸福"。

1997 年，赛里格曼担任美国心理学学会主席后，由于他的大力倡导，积极心理学相继在美国、意大利等地多次召开年会。与此同时，世界著名心理学杂志《美国心理学家》和《人本主义心理学杂志》等也分别在 2000 年和 2001 年出版了积极心理学专辑。积极心理学由此在美国心理学界引起了广泛的兴趣，愈来愈多的心理学家开始涉足该研究领域，并逐渐形成了一场积极心理学运动。在 2004 年出版的《现代心理学史》第八版中，美国心理学史家舒尔茨称积极心理学和进化心理学是当代心理学的最新进展。

（二）积极心理学的基本观点

积极心理学主张心理学要以人固有的、实际的、潜在的、具有建设性的力量、美德和善端为出发点，提倡用一种积极的心态来对人的许多心理现象（包括心理问题）做出新的解读，从而激发人内在的积极力量和优秀品质，并利用这些积极力量和优秀品质来帮助普通人或具有一定天赋的人最大限度地挖掘自己的潜力。

1. 对消极心理学的反思与批判

精神分析、行为主义和认知心理学作为统治 20 世纪西方主流心理学的三大流派，对于人性存在一个共同的隐喻，即否认人性的独特性，将人喻为动物或机器，认为消极性是人心理与行为的基本属性：人要么由本能驱使，要么由环境决定,渲染一种悲观人性论和消极心理论。在研究实践中表现为关注人心理的消极层面,强调对心理疾病的预防和治疗,追求对心理与行为的预测和控制。这种消极心理学模式在整个 20 世纪占据着心理学研究的主导地位。

积极心理学反对将人隐喻为机器或动物,反对心理的本能决定论或环境决定论以及由此带来的悲观主义人性观和消极心理学,认为消极心理学的这种研究取向在一定程度上背离了心理学研究的本意,因而也将难以实现心理学研究的应有价值和社会使命。心理学的目的并不仅仅在于去掉人心理或行为上的问题,而是要帮助人形成一种良好的心理或行为模式。没有问题的人并不意味着一定是一个健康的人、生活幸福的人,同样去掉心理或行为上的问题也并不意味着人就能自然形成一种良好的心理或行为模式。

毋庸讳言,消极心理学在过去一段时间内确实对人类和人类社会的发展做出了很大的贡献。赛里格曼曾在一份研究报告中举例说,当今心理学家们已经能对至少 14 种 50 年前还无能为力的心理疾病进行有效的治疗,这显然是消极心理学的一个重要贡献。但他紧接着又指出,就在我们为心理学的这一成就而欢呼时,却尴尬地发现,尽管生活在今天的人们比过去拥有更充分的自由、更好的物质享受、更先进的技术、更多的教育和娱乐,而饱受心理疾病困扰的人口比率却也在成倍增长。因此,消极心理学不可能通过对问题的修补来为人类谋取幸福。

消极心理学只看到人的心理问题以及外在世界的不良事件和恶劣环境,把心理学的目标定位于消除人心理和社会的各种问题,期望问题被消除的同时能给人类社会带来繁荣。这种价值取向不仅使心理学本身的发展走向了畸形化,也导致了社会价值观的扭曲,影响了社会的和谐发展。消极心理学的视野中不存在利他主义、同情、美德等,有的只是错觉、幻觉、非理性、怪癖、自负等字眼。在消极心理学看来,消极的社会动机是真实的,是放之四海而皆准的,积极的社会动机只是一个副产品,是人类的偶然之为。

2. 积极的价值观取向

积极心理学主张,人的生命系统是一个开放的、自我决定的系统,人既有潜在的自我内心冲突,也有潜在的自我完善能力,一般都能自己决定自己的最终发展状态。基于此,积极心理学主张心理学应把工作重心放在研究和培养人固有的积极潜力上,通过培养或扩大人固有的积极力量而使人真正成为健康并生活幸福的人。

基于这种积极的价值观取向,积极心理学家们致力于对常人的积极情绪与体验、积极认知过程、积极的人格特质、创造力与人才培养等问题的研

究。积极的情绪和体验是积极心理学极为关注的一个课题。当前关于积极
情绪的研究有很多，主观幸福感、快乐、爱等，都成了心理学研究的新热点。
如有关生活事件、金钱观念与主观幸福感的关系研究，有关快乐者与不快乐
者心理特征的比较研究，有关快乐的跨文化研究以及影响因素研究等。积
极心理学主张"积极"是人所固有的内在潜力，因此积极人格特质存在与否
是积极心理学得以建立的基础。故而对于积极人格特质的研究无疑也是积
极心理学研究的重心之一。

积极心理学也不回避对人的精神疾病和心理健康的研究，相反还将之
作为心理学研究的核心使命之一。但与传统心理学对该领域的见解不同的
是，积极心理学强调从正面而不是从负面来界定与研究心理健康。积极心
理学主张从两个方面来寻求问题的积极意义：一是探寻问题为什么会产生
的根本原因，二是从问题本身去获得积极的体验。

积极心理学主张保障心理健康的关键在于对心理疾病的积极预防，而
预防的关键则来自于对人内部积极潜力的塑造或唤醒。换句话说，人类自
身存在着诸如勇气、关注未来、乐观主义、人际技巧、信仰、职业道德、希望、
诚实、毅力和洞察力等可以抵御精神疾病的力量。预防心理疾患的核心任
务就是要建构一门有关人类力量的科学，其使命就在于弄清如何在青年人
身上培养或发掘这些品质。简言之，积极心理学认为通过发掘并专注于处
于困境中的人的自身的力量，就可以做到有效预防疾患，保障心理乃至身体
健康。

积极的心理治疗观主张，心理治疗是治疗师通过对患者赋之以关注、权
威形象、和睦关系、言语技巧、信任等治疗态度与技巧，以灌注希望、塑造力
量、唤起潜能、培养或扩大人类固有的积极力量，从而使之成为一个真正健
康并生活幸福的人的过程。

3. 个体与社会层面兼顾的研究视野

在研究视野上积极心理学摆脱了主流心理学过分偏重个体层面研究的
缺陷，既强调个体心理的研究，也关注对群体和社会心理的探讨。另外，在
对心理现象和心理活动动因的认知上以及在理论或假设的建构上，它也更
强调内因（内在积极的力量）与外因（群体、社会文化与环境）的共同影响和
交互作用。

积极心理学在个体层面的研究目前主要涉及积极情绪、积极认知过程、
积极的人格特质、创造力与天才培养以及心理健康与积极情绪的关系、心理
疾患的积极预防、精神疾病的积极疗法等领域。有关这方面的研究近况和
成果在前面的介绍中已多有涉及，在此不再赘述。值得一提的是，一些积极
心理学者强调心理、人格的积极性和内在性，即使是对于个体层面的研究，

他们也是十分重视社会文化环境（如人种、政治、经济、教育、家庭等）对于个体情绪、人格、心理健康、创造力和心理治疗的影响乃至决定作用的。

积极心理学主张人及其经验是在环境中得到体现的。从最广阔的环境——进化来讲，进化的环境塑造着人类积极的经验。因而群体和社会层面在积极心理学的研究也占据着重要地位。当前这方面的研究主要集中在对人类幸福的环境条件及影响青少年天赋得以体现、发挥的环境因素的探讨上。如布斯从进化的角度对阻碍人们达到积极精神状态的原因提出了三种看法：第一，因为人们目前所生活的环境迥异于祖先们在生活和精神上已经很适应的环境，所以人们在现代的环境中常会有所不适。第二，进化了的机制会造成主观压力，但因其有效而得以保留下来。第三，选择是富于竞争性的，会给人们带来压力。但同时，人们也拥有另一些进化了的机制来得到快乐，如婚姻联结、友谊、紧密的亲属关系、合作性联盟等。

4．以实证研究为主的方法论倾向

积极心理学在研究方法上依然承继了西方现代主流心理学的实证主义方法论倾向，其具体研究方法主要有实验法、量表法、问卷调查法、访谈法等。目前有关积极情绪、主观幸福感、积极人格特质的研究大都采用的是访谈、调查、量表等研究方法；而在有关积极情绪及其与身心健康的关系以及有关创造性思维的脑机制研究等方面则经常采用实验法或实验法与访谈、量表相结合的研究方法。

尽管也可以看到有关积极心理学的一些综述性研究，但总体来看他们在研究方法主要还是沿用当前主流心理学研究的实证方法。但已有一些积极心理学者提出，积极心理学的研究也应当借鉴人文心理学的研究方法，学习和继承质性研究方法的一些优势与长处，以更好地促进积极心理学的繁荣和发展。

（三）对积极心理学的评价

积极心理学目前正处于发展的阶段，试图对它作出全面的评价似乎还为时尚早。但它肯定值得我们密切关注。

积极心理学致力于研究和探索人的积极品质，这既是对人性的尊重和颂扬，更是对人类社会的一种理性反思。正因为人性的积极性，才不仅使得人类在激烈的生存竞争中保持着人之所以为人的自尊，在与其他生命形式共同构成的社会系统中充当着主宰，而且也使人类社会在大多数情况下能以一种万物共存的方式不断向前发展。因此，积极心理学通过对传统心理学的人是"机器"、"动物"预设的反动，高扬人性的积极性、建设性，从某种意义上是对人性的理性复归，反映了长期以来人们对于和平、幸福生活的追求，同时也为心理学的未来展示出了一幅全新而美丽的画卷。正因为如此，积极心理学先是在美国，后在世界心理学界引起了广泛关注和兴趣，形成了一场积极心理学运动。

积极心理学是一种新的研究方向。它既吸收了科学主义心理学的实证主义研究方法，又继承和发展了人文主义心理学的人性观与心理观取向。尽管它对传统心理学存在批判，但不同于后现代心理学对现代心理学的无情颠覆：积极心理学的批判主要集中于研究对象、内容和价值观层面；相对于批判，积极心理学的倡导者似乎更倾向于对消极心理学的反思和纠正。从某种意义上说，积极心理学试图超越现代心理学中科学主义与人文主义的长期对峙与分裂，注重从认识论、方法论和价值观层面对二者给予整合，以期构建一种新的心理学理论体系。尽管它还远未成为一套完整的结构，还不足以与主流心理学相抗衡，但可以预见的是，其面临的批判和指责将少于后现代心理学。实际上，现代主流心理学研究如果能汲取积极心理学的有益成分，将有助于其自身的发展和完善。

当然，作为一种新的研究取向，积极心理学现存的问题还很多，有待发展的研究领域也不少，诸如文化霸权问题、成人化研究取向问题、理论体系的构建问题、研究方法的整合问题、如何正确评价和面对心理学已有研究成就问题等，都是积极心理学面临批评和亟待解决的重要问题。

首先，积极心理学和早期的一些相关研究存在着一定的脱节。如早期有关主观幸福感的研究成果就没有被很好地整合到积极心理学的理论之中。主观幸福感其实早已是社会心理学的研究对象，并已形成了一些极有价值的研究成果，但积极心理学在其研究中却很少提到。其次，积极心理学缺少一个完整有效的理论框架。积极心理学的许多概念大多散见于各种文章和研究报告中，缺乏有效的整合和提升，这就使得积极心理学理论显得散乱而不成系统，同时也缺乏可操作性。再次，积极心理学表现出典型的成人化取向。其研究对象绝大多数是成年人，而且主要是美国社会的成年人。这种成人化研究取向使积极心理学不能很好地对个体积极品质的发展历程、发展途径和相关影响因素做出客观、公正的分析。事实上，一个人的幸福、快乐等是与其价值观、生活背景、社会文化特点和生理特点等因素错综复杂地联系在一起的，我们不能用一种人的幸福涵盖所有其他人（如儿童、东方人等）的幸福。最后，积极心理学对传统心理学的批评过于苛刻，也过于武断。实际上，积极心理学在很大程度上和传统心理学的主张有着很多的相似之处，只不过各自的出发点或落脚点不同而已。积极心理学的理论主张主要有三个方面：一是如何看待心理学的发展和人的发展，二是如何预防心理问题，三是如何看待和治疗心理问题。其中后两个问题本身也是传统心理学的研究核心。如果过分强调对所谓"消极"心理学的否定，甚至连同其有益成分一同抛弃，将势必影响到积极心理学的进一步发展。

　　当然，积极心理学的发展并不会因其尚存有许多问题而停止。只要积极心理学的倡导者和研究者们能以一种积极的心态、包容的精神、开放的视野面对批评者的声音，努力消解自身的缺陷和不足，必将推动积极心理学自身，乃至整个心理学的进一步发展。

　　综观心理学在最近二十年里的发展态势及其研究取向可以看出，随着自然科学和社会科学的发展和进步，以及全球政治、经济、文化因素的变迁，心理学在经历了百年发展之后，正在进入一个自我反思和调整阶段。

　　如前所述，无论是后现代心理学、积极心理学还是进化心理学，它们在形成各自的研究取向和理论架构之前，首先都无一例外地对传统心理学存在的问题和局限进行了深刻的检讨。尽管由于各自的出发点不同，对传统心理学的理解各异，但它们的批评和反思依然存在某些共同的之处：首先，在人性观层面，当代心理学的一些新的研究取向大都反对人是"机器"或"动物"预设，强调人之为人的独特性——"人性"。其次，在心理观层面，最为激进的批判来自后现代心理学，积极心理学和进化心理学似乎更多是对传统心理观的调和与修补。再次，在方法论层面，传统心理学实证霸权倾向受到了来自不同方面的激烈批评，质性研究受到了不同程度的重视，总体表现为强调不同研究方法的对话与融合。除此之外，当代心理学希望通过不同于以往的视角，重新审视心理学的理论与研究，从元理论高度整合已有的研究成果，统合传统心理学中两种文化长期分裂与对峙的局面。

　　后现代心理学、积极心理学和进化心理学的产生，无一例外地对传统心理学构成了冲击和挑战，为心理学研究注入了新的活力，开阔了人们的研究视野，引起了广泛的兴趣和关注。但是，那些认为它们中的某一个将最终取代其他所有的研究取向的观点，认为传统心理学将迅速走向衰亡的论调都是相当武断的、天真的，也是不合时宜的。事实上，尽管当代心理学的这三种研究取向展示出来的活力和生机不可小视，但存在的问题和矛盾并不比其他研究取向少；况且这三种研究取向本身就很难走向统一和融合。从这个意义上说，新的研究取向的出现，客观上进一步强化了心理学的分裂与对峙。其次，尽管主流心理学研究取向饱受指责，然而如果能够及时调整其极端的个体中心主义和实证霸权倾向，随着神经生理学、脑科学乃至基因生物学、数学和物理学的进展，科学主义心理学将再次找到新的理论增长点，焕发出新的活力。

　　作为一门新兴边缘科学，心理学受制于哲学社会科学和自然科学的发展水平及其交互影响。哲学社会科学和自然科学的进展还远未达到对真理的真正把握，加上研究者的视界差异，心理学不同文化阵营的出现及其冲突是学科发展的必然走向。分裂和对立使心理学走向多元，也使学界对心理问题的研究走向深入。人们不必奢望出现一位划时代的"英雄"，高举"真理"的大旗，使心理学走向一元和统一。不同的研究者阵营应以宽容、整合、超越的视域看待不同的人性观、研究取向、方法论和理论构建之间的冲突和对立，从而使心理学沿着建构、解构、重构的螺旋式上升的道路不断向前发展。

参考文献

巴斯.(1987).辩证法和心理学.心理学,7.

班杜拉.(1986).思想和行动的社会基础——社会认知论.上海:华东师范大学出版社.

Best.(2000).认知心理学.北京:中国轻工业出版社.

彼得罗夫斯基.(1986).心理学文选.张世臣等译.北京:人民教育出版社.

波林.(1981).实验心理学史.高觉敷译.北京:商务印书馆.

博登.(1992).皮亚杰.谢小庆,王丽译.北京:法律出版社.

布鲁斯林斯基.(2000).心理科学的人文性.心理学杂志,3.

布鲁斯林斯基.(2002).个体和群体的主体心理学.莫斯科:俄罗斯科学院心理学研究所出版社.

曹日昌.(1987).普通心理学.北京:人民教育出版社.

查普林,克拉威克.(1989).心理学的体系和理论(上下册).林方译.北京:商务印书馆.

查普林,克拉威克.(1984).心理学的理论与体系.林方译.北京.商务印书馆.

车文博.(1989).弗洛伊德主义原著选辑(下卷).沈阳:辽宁人民出版社.

车文博.(1998).西方心理学史.杭州:浙江教育出版社.

车文博.(1999).人本主义心理学评价新探.心理学探新,1:4-15.

车文博.(2001).西方心理学史.杭州:浙江教育出版社.

车文博.(2003).人本主义心理学.杭州:浙江教育出版社.

车文博.(2009).中外心理学比较思想史(3卷).上海:上海教育出版社.

陈鼓应.(1984).老子注译及评介.北京:中华书局.

陈正平.(1997).腐败损健康,贪官难长寿.家庭医生,2.

辞海1989缩印本.(1990).上海:上海辞书出版社.

第28届国际心理学大会组委会.(2001).第28届国际心理学大会筹备进展.心理学报,2:189-190.

方克立.(1982).中国哲学史上的知行观.北京:人民出版社.

冯承钧译.(1938).利玛窦传.载:入华耶稣会士列传.上海:商务印书馆.

冯达甫.(1991).老子译注.上海:上海古籍出版社.

冯特.（1997）.人类与动物心理学论稿.李维,沈烈敏译.杭州:浙江教育出版社.

Ferrucci,P.（1997）.高峰经验.黄美基译.台北:光启出版社.

弗洛伊德.（1986）.梦的解析.赖其万,符传孝译.北京:作家出版社.

弗·培根.（1983）.培根论说文集.水天同译.北京:商务印书馆.

高觉敷.（1982）.西方近代心理学史.北京:人民教育出版社.

高觉敷.（1985）.中国心理学史.北京:人民教育出版社.

高觉敷.（1987）.西方心理学的新发展.北京:人民教育出版社.

戈布尔.（1987）.第三思潮——马斯洛心理学.吕明等译.上海.上海译文出版社.

葛鲁嘉.（1996）.超个人心理学对西方文化的超越.长白学刊,2:84-88.

龚浩然.（2000）.外国心理学流派.载:杨鑫辉主编.心理学通史（第5卷）.济南:山东教育出版社.

郭爱妹.（2000）.中世纪的心理学思想.载:杨鑫辉主编.心理学通史（第1卷）.济南:山东教育出版社.

郭斯萍,郭本禹.（1998）.西方心理学的起源与建立.载:叶浩生主编.西方心理学的历史与体系.北京:人民教育出版社.

郭永玉.（2002）.精神的追寻——超个心理学及其治疗理论研究.武汉.华中师范大学出版社.

汉语大字典.（1992）.武汉:湖北辞书出版社,成都:四川辞书出版社.

赫根汉.（2003）.心理学史导论.第四版.郭本禹等译.上海.华东师范大学出版社.

洪丕谟.（1993）.梦与生活.北京:中国文联出版公司.

胡寄南.（1985）.胡寄南心理学论文选.北京:学林出版社.

胡平生.（1996）.孝经译注.北京:中华书局.

华生.（1998）.行为主义.杭州.浙江教育出版社.

吉尔根.（1992）.当代美国心理学.刘力等译.北京:社会科学文献出版社.

贾林祥.（2006）.联结主义认知心理学.上海:上海教育出版社.

今村仁司.（2002）.马克思、尼采、弗洛伊德、胡塞尔——现代思想的源流.石家庄:河北教育出版社.

考夫卡.（1997）.格式塔心理学原理（上下册）.黎炜译.杭州:浙江教育出版社.

匡春英,熊哲宏.（2000）.新皮亚杰学派:近期研究进展与走向述评.襄樊学院学报,6,9.

莱格夫特.（1987）.梦的真谛.斯榕译.北京:学林出版社.

勒温.（1997）.拓扑心理学.竺培梁译.杭州:浙江教育出版社.

李安德.（1994）.超个人心理学——心理学的新范式.台北:桂冠图书公司.

利玛窦.（1965）.西国记法.载:天主教东传文献.台北:台湾学生书局.

黎黑.（1990）.心理学史:心理学思想的主要趋势.刘恩久译.上海:上海译文出版社.

黎黑.（1998）.心理学史.李维译.杭州:浙江教育出版社.

梁宁建.（2003）.当代认知心理学.上海.上海教育出版社.

梁启超.（1896）.变法通议·论幼学.载:饮冰室合集·文集之一第一册.

梁启超.（1902）.教育政策私议·教育次第第一.载:饮冰室合集·文集之九第四册.

梁启超.（1933）.佛教心理学浅测.载:心理杂志选存.上海:中华书局.

列维-布留尔.（1981）.原始思维.北京:商务印书馆.

林崇德,杨治良,黄希庭.（2003）.心理学大辞典.上海.上海教育出版社.

林方.（1991）.人的价值与潜能.北京:华夏出版社.

刘放桐.（1981）.现代西方哲学.北京:人民教育出版社.

刘文英.（1989）.梦的迷信与梦的探索.北京:中国社会科学出版社.

罗洛·梅.（1987）.爱与意志.蔡伸章译.兰州:甘肃人民出版社.

马斯洛.（1987）.动机与人格.许金声等译.北京:华夏出版社.

马斯洛.（1987）.人性能达的境界.林方译.昆明:云南人民出版社.

马有度.（1988）.中国心理卫生学.成都:四川科技出版社.

冒从虎等.（1985）.欧洲哲学通史.天津:南开大学出版社.

墨菲,柯瓦奇.（1980）.近代心理学历史导引.林方,王景和译.北京:商务印书馆.

潘菽.（1984a）.中国古代心理学思想刍议.心理学报,2.

潘菽.（1984b）.心理学简札.北京:人民教育出版社.

彭彦琴等.（1997）.欲、理与欲、义与利——论中国古代需要心理学思想中的物质需要和精神需要.江西师范大学学报(哲社版),2.

皮亚杰.（1981）.发生认识论原理.北京:商务印书馆.

皮亚杰.（2002）.人文科学认识论.郑文彬译,陈荣生校.北京:中央编译出版社.

普列汉诺夫.（1972）.无政府主义和社会主义.北京:人民出版社.

丘吉尔长寿之道.家庭医生,8.

任继愈.（1990）.中国道教史.上海:上海人民出版社.

萨哈金.（1991）.社会心理学的历史与体系.贵阳:贵州人民出版社.

舒尔茨.（1981）.现代心理学史.杨立能等译.北京:人民教育出版社.

舒尔茨.(1982).现代心理学史.杨立能、李汉松等译.北京:人民教育出版社.

舒尔茨.(1988).成长心理学.李文湉译.北京:三联书店.

汤一介.(1988).中国传统文化中的儒释道.北京:中国和平出版社.

汪凤炎.(1999).新论研究中国古代心理学思想的现实意义.中国人民大学复印报刊资料《心理学》,7.

汪凤炎.(1999a).关于中国古代的人贵论.心理学动态,2.

汪凤炎.(1999b).从心理学角度析理学中的理欲辩.心理科学,2.

汪凤炎.(2000).中国传统心理养生之道.南京:南京师范大学出版社.

汪凤炎,郑红.(2001).中国古代有心理学思想吗?中国人民大学复印报刊资料《心理学》,8.

汪凤炎.(2002).中国传统德育心理学思想及其现代意义.哈尔滨:黑龙江教育出版社.

汪凤炎.(2004).SARS与学习.上海教育科研,9.

汪凤炎.(2008).中国心理学思想史.上海:上海教育出版社.

魏磊.(1988).中国人的人格——从传统到现代.贵阳:贵州人民出版社.

雅罗舍夫斯基.(1997).心理学史.陆嘉玉等译.上海.上海译文出版社.

燕国材.(1983).中国古代心理学思想中的智力问题.教育研究,7.

燕国材.(1988).中国古代心理学思想中的能力问题.江西师范大学学报(哲社版),4.

燕国材.(1998)."心理"正名.心理科学,2.

燕国材.(1998).中国心理学史.杭州:浙江教育出版社.

燕国材.(2004).我国古代智能观的现代诠释.心理科学,4.

燕国材,朱永新.(1991).现代视野内的中国教育心理观.上海:上海教育出版社.

阎国利.(2004):眼动分析法在心理学研究中的应用.天津.天津教育出版社.

严由伟,叶浩生.(2001).论数学心理观的历史性和必然性.内蒙古师大学报(哲社版),1:23-27.

扬克洛维奇.(1989).新价值观——人能自我实现吗?罗雅等译.上海:东方出版社.

杨莉萍.(2000).近代自然科学中的心理学思想.载:杨鑫辉主编.心理学通史(第1卷).济南:山东教育出版社.

杨启亮.(1996).道家教育的现代诠释.武汉:湖北教育出版社.

杨韶刚.(2000).赫尔巴特和陆宰的心理学思想.载:杨鑫辉主编.心理学通

史（第 1 卷）. 济南：山东教育出版社.

杨鑫辉.（1990）. 中国心理学史研究. 南昌：江西高校出版社.

杨鑫辉.（1994）. 中国心理学思想史. 南昌：江西教育出版社.

杨鑫辉.（2000）. 心理学通史. 济南：山东教育出版社.

叶浩生.（1994）. 现代西方心理学流派. 南京：江苏教育出版社.

叶浩生.（1998）. 西方心理学的历史与体系. 北京：人民教育出版社.

叶浩生.（2000）. 古希腊早期自然哲学中的心理学思想. 载：杨鑫辉主编. 心理学通史（第 1 卷）. 济南：山东教育出版社.

叶浩生.（2003）. 西方心理学研究新进展. 北京：人民教育出版社.

叶浩生.（2004）. 西方心理学理论与流派. 广州：广东高等教育出版社.

余嘉元.（2001）. 当代认知心理学. 南京：江苏教育出版社.

雨铃霖.（2004）. 动物随想. 读者,6.

张厚粲.（1997）. 行为主义心理学. 台北：东华书局.

张树华.（2001）. 过渡时期的俄罗斯社会. 北京：新华出版社.

章益.（1983）. 新行为主义学习理论. 济南：山东教育出版社.

中国大百科全书·中国传统医学.（1992）. 北京：中国大百科全书出版社.

中国心理学会.（2001）. 中国心理学会 80 年. 北京：人民教育出版社.

庄耀嘉.（1982）. 人本主义心理学之父——马斯洛. 台北：允晨文化实业公司.

Anderson, T. H.（1980）. Study strategies and adjunct aids. In R. J. Spiro, B. C Bruce & W. F. Brewer（Eds.）. *Theories issues in reading comprehension.* Hillsdale, NJ：Erlbaum.

Atkinson, R. C. & Shiffrin, R. M.（1968）. Human memory：A proposed system and its control processes. In K. W. Spence & J. T. Spence（Eds.）. *The psychology of learning and motivation.* Vol. 2. New York：Academic Press.

Boring, E. G.（1957）. *A history of experimental psychology.* 2ND ed. New York：Appleton Century Croft.

Broadbent, D. E.（1958）. *Perception and communication.* Elmsford, NY：Pergamon Press.

Bruner, J. S., Goodnow, J., & Austin, G..（1956）. *A study of thinking.* New York：John Wiley.

Cherry, E. C.（1953）. Some experiments on the recognition of speed with one and with two ears. *Journal of Acoustical Society of America*, 25：975 − 979.

Chomsky, N.（1957）. *Syntactic structures.* Mouton：The Hague.

Chomsky, N. (1956). Three models for the description of language. In *I R E Transactions on information theory*, Vol. 2, 113 − 124.

Chomsky, N. (1959). Review of Skinner's verbal behavior. *Language*, 35, 26 − 58.

Clark, A. J. & Lutz R. (1992). *Connectionism in context*. Berlin: Springer − Verlag.

Cooper, A. N. & Shepard, R. N. (1973). The time required to prepare for a rotated stimulus. *Memory & Cognition*, 1, 246 − 250.

Darwin, C. (1871). A biographical sketch of an infant. *Mind*, 2.

Deutsch, D. J. & Deutsch, D. (1963). Attention: Some theoretical considerations. *Psychological Review*, 70, 80 − 90.

Feldman, J. A. & Ballard, D. H. (1982). Connectionist models and their properties. *Cognitive Science*, 6, 205 − 254.

Fodor, J. A. & Pylyshyn, Z. W. (1988). Connectionism and cognitive architecture: A critical analysis. In S. Pinker & J. Mehler (Eds.). *Connectionism and symbols*. Cambridge, MA: MIT Press,

Gielen, U. P. & Jeshmaridian, S. S. (1999). Vygotsky: The man and the era. *International Journal of Group Tensions*, 28(3/4).

Goodwin, C. J. (1999). A history of modern psychology. New York: John Wiley and Sons.

Harre, R. (1999). The rediscovery of the human mind: The discursive approach. *Asian Journal of Social Psychology*, 2, 44.

Hebb, D. O. (1949). The organisation of behavior: A nuropsychological approach. New York: John Wiley & Sons.

Hothersall, D. (1990). History of psychology. New York: McGraw − Hill.

Hopfield, J. J. (1982). Neural networks and physical systems with emergent collective computational abilities. *Proceeding of the National Academy of Science*, 79, 2554 − 2558.

Howard, H. (1987). Historical foundation of modern psychology. Kendler: Temple University Press.

Hunter, W. S. (1952). Walter S. Hunter. In E. G. Boring (Ed.). A history of psychology in autobiography. New York: Russell and Russell.

James, W. (1980). Letters to John Dewey. In E. Hardwick (Ed.). The selected letters of William James. Boston: David R. Godine Publisher.

James, C. (1999). A history of modern psychology. Godwin: John Wiley &

Sons.

Jones, D. & Elcock , J. (2001). History and theories of psychology: A critical perspective. London: Oxford University Press .

Kahneman, D. (1973). Attention and effort. Englewood Cliffs, NJ: Prentice − Hall.

Kevin, D. (1997). Social constructionism, discourse, and psychology. *South African Journal of Psychology* ,27(3) ,175 − 183.

Kohler, W. (1925). The mentality of apes. London: Routledge and Kegn Paul. (Original work published in 1917)

Kohler, W. (1929). Gestalt psychology: A introduction to new concepts in modern psychology. New York: Liveright.

Massaro, D. W. & Cowan, N. (1993). Information processing models: Microscropes of the mind. *Annual of Psychology* ,44 ,383 − 425.

McClelland, J. L. & Rumelhart, D. E. (1986) . Parallel distributed processing: Exploration in the microstructure of cognition. (Vol. 2). Cambridge, MA: MIT Press/Bradford Books.

McCulloch, W. S. & Pitts, W. (1943). A logical calculus of the ideas immanent in nervous activity. *Biophysics* ,5 ,115 − 133.

Miller, G. A. (1956). The magical number seven, plus or minus two: Some limits on our capacity for processing information. *Psychological Review* , 63 ,81 − 97.

Minick, N. (1999). The development of Vygotsky's thought: an introduction. In Peter. Lioyd and Charles. Fernyhough. *Lev Vygotsky Critical Assessments* . New York: Routledge.

Minick, N. (1999). The development of Vygotsky's thought: An introduction. In P. Lioyd and C. Fernyhough(Eds.). *Lev Vygotsky Critical Assessments* . New York: Routledge.

Minsky, M. & Papert, S. (1969). Perceptron. Cambridge, MA: MIT Press.

Moll, L. C. (1990). Vygotsky and education: instructional implications of sociohistorical psychology. New York: Cambridge University Press.

Moll, L. C. (1990). Vygotsky and education: instructional implications of sociohistorical psychology. New York: Cambridge University Press.

Neisser, U. (1967). Cognitive psychology. New York: Appleton − Century − Croft.

Newell, A. & Simon, H. A. (1972). Human problem solving. Englewood Cliffs, N

J：Prentice – Hall.

Newell,A. & Simon,H. A.（1956）. The logic theory Machine：A complex information processing system. *IRE Transactions on information Theory*，IT – 2（3）,61 – 79.

Osgood, C. E.（1956）. Behavior theory and the social science. *Behavioral Science*,1,167 – 185.

Posner,M. I. & Petersen, S. E.（1990）. The attention system of the human brain. In W. M. Cowan, E. M. Shooter, C. F. Stevens & R. F. Thompson（Eds.）. *Annual Review of Neuroscience*. Palo Alto,CA：Annual Reviews,25 – 42.

Rendler,H. H.（1987）. Historical foundations of modern psychology. Kendler：Temple University Press.

Riebert,R. W.（1997a）. The collected works of Vygotsky. Vol. 2. New York：Plendum Press.

Riebert,R. W.（1997b）. The collected works of Vygotsky. Vol. 3. New York：Plendum Press.

Riebert, Robert W.（1999）. The collected works of Vygotsky . Vol. 6. New York：Plendum Press.

Roback,A. A.（1964）. History of American psychology. New York：Library.

Rogers,C. R.（1961）. On becoming a person：A therapist's view of psychotherapy. Boston,M A：Houghton Mifflin Press.

Rosenblatt,F.（1958）. The perception：A perceiving and recognizing automation. *Cornell Aeronauticall Laboratory Report*,85,460 – 461.

Rowlands,M.（2001）. The nature of consciousness. New York：Cambridge University Press.

Sahakian,W. S.（1982）. History and systems of social psychology. New York：McGraw – Hill Hemisphere.

Skinner,B. F.（1938）. The behavior of organisms：An experimental analysis. New York：Appleton – Century.

Skinner,B. F.（1953）. Science and human behavior. New York：Appleton – Century – Crofts.

Skinner,B. F.（1957）. Verbal behavior. Englewood Cliffs,NJ：Prentice – Hall.

Smith,M. B.（1973）. On self – actualization：A tranmbivalent examination of a focal theme in Maslow's psychology. *Journal of Human Psychology*,13（2）,6.

Smolensky, P. (1988). On the proper treatment of connectionism. *Behavior Brain Science*, 11, 1 − 23.

Sternberg, S. (1969). Memory − scanning: Mental processes revealed by reaction time experiments. *American Scientist*, 57, 421 − 457.

Stevens, S. S. (1956). The direct estimation of sensory magnitudes − loudness. *American Journal of Psychology*, 69, 1 − 25.

Tichener, E. B. (1896/1921). An outline of psychology. New York: Macmillan.

Titchener, E. B. (1898). The postulates of a structural psychology. *Philosophical Review*, 7, 449 − 465.

Titchener, E. B. (1913). A beginner's psychology. New York: Macmilan.

Tichener, E. B. (1923). Systematic psychology: Prolegomena. Ithaca, NY: Cornell University Press.

Tolman, E. C. (1922) A new formula for behaviorism. *Psychological Review*, 29, 44 − 53.

Treisman, A. M. (1964). Verbal cues, language, and meaning in selective attention. *American Journal of Psychology*, 77, 206 − 219.

VanLehn, K. (1989). Problem solving and cognitive skill. In M. I. Posner (Ed.). *Foundations of cognitive science*. Cambridge, MA: MIT Press.

Veresov, N. N. (1999). Undiscovered Vygotsky: Etudes on the pre history of cultural − historial psychology. Berlin: Peter Lang.

Viney, W. & Brett, D. (1998). A history of psychology. Boston, M A: Allyn and Bacon Press.

Viny, W. (1998). A history of psychology: Ideas and context. Boston, M A: Allyn and Bacon.

Watson, J. B. (1913). Psychology as the behaviorist views it. *Psychological Review*, 20, 158 − 177.

Watson, E. B. (1925). What the nursery has to say about instincts. In C. Murchison (Ed). psychology of 1925. Worcester, MA: Clark University Press.

第1版后记

　　本书是集体智慧的结晶,主编、副主编与各章执笔人通力合作,对本书的各个章节进行了深入细致的讨论,然后由各章执笔人分头写作,形成最后的书稿。各章执笔人为叶浩生(绪论、总结与展望)、严由伟(第一章)、周宁(第二章)、郑荣双(第三章)、贾林祥(第四章、第五章)、任俊(第六章)、施春华(第七章、第八章)、樊琴华(第九章)、邓铸(第十章)、霍涌泉(第十一章)、汪凤炎(第十二章、第十三章、第十四章)、郑发祥(第十五章、第十七章、第十八章)、麻彦坤(第十六章)。书稿完成以后,贾林祥负责统稿,叶浩生最终审定。

　　感谢北京师范大学林崇德教授给予本书的支持,南京师范大学博士研究生况志华、蒋京川为本书的写作作出了无私的奉献,高等教育出版社林丹瑚编辑给予本书以重要支持,在此一并表示衷心感谢。

著　者

2005 年 1 月 20 日

第2版后记

2005 年,本书问世。不知不觉,5 年已经过去了。回过头来看这本书,自然发现许多需要补充和修改的地方,这是为什么我们要修订这本书的原因。

但是历史相对来说是"固定"下来的。虽然人们对于历史的看法经常变换,但是历史事实则是实实在在、相对不变的。我们之所以说历史是建构的,是因为观察历史的视角不同,所看到的事实因而也会产生差异,而心理学史教材阐述的往往是那些经典的和既成事实的内容,因而相对变化较少,这是为什么我们在修订的时候没有大幅改动的缘由。

西方心理学史部分改动较少,因为这部分的内容比较成熟,没有太大的变化,中国心理学史部分改动较多,增加了一些新的内容,因为这个部分的作者汪凤炎教授近年来深入钻研中国古代心理学思想史,有了许多新的认识,因此对原来的内容作了较多的修改。苏俄心理学部分删除了人学学派等内容,因为现在看来,人学学派在心理学史上的地位也许没有原来认为的那么重要。

本书的再版仍然是集体智慧的结晶,各章执笔人为叶浩生(绪论、总结与展望)、严由伟(第一章)、周宁(第二章)、郑荣双(第三章)、贾林祥(第四章、第五章)、任俊(第六章)、施春华(第七章、第八章)、樊琴华(第九章)、邓铸(第十章)、霍涌泉(第十一章)、汪凤淡(第十二章、第十三章、第十四章)、郑发祥(第十五章、第十七章)、麻彦坤(第十六章)。

修订本书的过程中,博士研究生杨文登、李明、殷融做了许多工作,高等教育出版社单玲编辑为本书的修订提供了重要支持,在此一并表示衷心感谢!

叶浩生

2011 年 3 月